Wiehler u.a.
Straßenbau
Konstruktion und Ausführung

Hans-Günther Wiehler u.a.

Straßenbau

Konstruktion und Ausführung

4. Auflage
mit 278 Abbildungen und 123 Tafeln

Verlag für Bauwesen · Berlin

Autoren
Abschnitt 1: Prof. Dr.-Ing. habil *Peter Pilz*
Abschnitt 2 und 3: Prof. Dr.-Ing. Dr. h. c. *Hans-Günther Wiehler*
Abschnitt 4: Prof. Dr.-Ing. habil. *Heike Ralf Händel*

Die Deutsche Bibliothek – CIP-Einheitsaufnahme

Strassenbau : Konstruktion und Ausführung / Hans-Günther Wiehler u. a. [Abschn. 1: Peter Pilz ; Abschn. 2 und 3: Hans-Günther Wiehler ; Abschn. 4: Heike Ralf Händel]. – 4., durchges. Aufl. – Berlin : Verl. für Bauwesen, 1996

ISBN 3-345-00615-4
NE: Wiehler, Hans-Günther

ISBN 3-345-00615-4

4., durchgesehene Auflage
© Verlag für Bauwesen GmbH, Berlin 1996

Printed in Germany
Gesamtherstellung: Druckhaus „Thomas Müntzer", 99947 Bad Langensalza
Hersteller: *Rainer Spitzweg*
Einbandgestaltung: *Christine Bernitz*
Lektorin: Dipl.-Ing. *Barbara Roesler*

Vorwort

Straßenbau und Straßenerhaltung sind in der Regel Leistungen der öffentlichen Hand und zudem von großer verkehrspolitischer wie verkehrswirtschaftlicher Bedeutung. Der moderne Straßenbau umfaßt sowohl den Neubau sowie die vollständige Erneuerung als auch den zwischenzeitlichen Ausbau und Maßnahmen zur Sicherung der Befahrbarkeit. Gegenstand dieses Buches ist die Ausführung von baulichen Verkehrsanlagen für sämtliche Teilnehmer am öffentlichen Straßenverkehr; d. h. Fußgänger-, Fahrrad- und Kraftfahrzeugverkehr. Die Funktionstüchtigkeit des öffentlichen Personennahverkehrs (ÖPNV) ist dabei zu beachten.

Dieses Buch wendet sich an Studierende, die sich mit dem Straßenbau gründlich beschäftigen wollen und an Fachleute, die ihre theoretischen und praktischen Erkenntnisse ergänzen möchten. Dabei werden die mit dem korrespondierenden Band „Planung und Entwurf" vorgegebenen Orientierungen und Festlegungen beachtet.

Die Erdbauwerke aus den verschiedenen Bodenarten und deren Zusammenwirken mit den Straßenbefestigungen werden gründlich behandelt, ebenso die typischen Straßenbaustoffe, die bei der Herstellung der verschiedenen Konstruktionsschichten zum Einsatz kommen. Dazu gehören die entsprechenden Eignungs- und Güteprüfungen als Grundlage der zu vereinbarenden Qualitätsanforderungen.

Der Abschätzung der Beanspruchung von flexiblen und starren Straßenkonstruktionen ist ein besonderer Abschnitt vorbehalten. Damit soll die komplexe Betrachtung der Wirkungen von Verkehr und Klima unterstützt werden.

Es werden wesentliche Anregungen für die technische und wirtschaftliche Auswahl der verschiedenen Konstruktionsschichten sowie deren rationelle Herstellung gegeben. Diese werden durch Beispiele zur betriebs- und volkswirtschaftlichen Bewertung ausgewählter Straßenbauleistungen ergänzt.

Den Verfassern kommt es darauf an, unter Beachtung der gesetzlichen Vorgaben, Studierende und Fachleute zu ermuntern, die vorhandenen Freiräume im Straßenbau auszuschöpfen, um technisch und wirtschaftlich günstige sowie umweltgerechte Lösungen zu finden. Die regionalen Bedingungen sollen dabei beachtet werden. Diese Orientierung unterstützt die Kreativität und fördert die Eigenverantwortung des Straßenbauingenieurs.

Allen, die bei der umfassenden Neubearbeitung der 3. Auflage inhaltlich beratend und technisch fördernd beteiligt sind, sei hiermit gedankt. Besonderer Dank gilt den mitwirkenden Autoren, die wesentliche Abschnitte selbständig bearbeiteten:

Prof. Dr.-Ing. habil. *P. Pilz* (Abschnitt 1.) und
Prof. Dr.-Ing. habil. *H. R. Händel* (Abschnitt 4.)

Dem Verlag für Bauwesen und der Lektorin Frau Dipl.-Ing. *B. Roesler* gebührt für die nachdrückliche Unterstützung besondere Anerkennung.

Prof. Dr.-Ing., Dr. h. c. *Hans-Günther Wiehler*

Inhaltsverzeichnis

1.	Straßenbaustoffe	13
1.1.	Organische Bindemittel	13
1.1.1.	Bitumen	13
1.1.1.1.	Zusammensetzung des Bitumens	14
1.1.1.2.	Eigenschaften des Bitumens	15
1.1.1.3	Bitumenarten	17
1.1.1.4	Nomenklatur	18
1.1.1.5.	Verwendungsformen des Bitumens im Straßenbau	19
1.1.1.5.1.	Straßenbaubitumen nach DIN 1995, Teil 1	19
1.1.1.5.2.	Fluxbitumen nach DIN 1995, Teil 2	19
1.1.1.5.3	Bitumen- und Fluxbitumen-Emulsion nach DIN 1995, Teil 3	20
1.1.1.5.4.	Haftkleber nach DIN 1995, Teil 3	25
1.1.1.5.5.	Kaltbitumen nach DIN 1995, Teil 4	26
1.1.1.5.6.	Sonderbindemittel	26
1.1.1.6.	Zusätze zum Bitumen	27
1.1.1.6.1.	Elastomere	28
1.1.1.6.2.	Thermoplaste (Plastomere)	28
1.1.1.6.3.	Vergleich der Bitumen	28
1.1.1.6.4.	Mineralische Zusätze	29
1.1.1.7.	Untersuchungsmethoden	29
1.1.1.7.1.	Nadelpenetration	29
1.1.1.7.2.	Erweichungspunkt	32
1.1.1.7.3.	Brechpunkt nach *Fraaß*	33
1.1.1.7.4.	Duktilität	34
1.1.1.7.5.	Andere Untersuchungsmethoden	35
1.1.2.	Teerpech	35
1.1.2.1.	Gewinnung des Teerpechs	35
1.1.2.2.	Zusammensetzung des Teerpechs	36
1.1.2.3.	Probleme der Wiederverwendung	37
1.1.2.4.	Haftverbesserer	39
1.2.	Zement und Kalk	39
1.2.1.	Zement	39
1.2.1.1	Physikalische Prüfung der Zemente	41
1.2.1.1.1.	Biegezug- und Druckfestigkeit	41
1.2.1.1.2.	Mahlfeinheit	42
1.2.1.1.3.	Erstarren	43
1.2.1.1.4.	Raumbeständigkeit	43
1.2.1.1.5.	Schwinden	45
1.2.2.	Kalk	45

1.3.	**Mineralstoffe**	46
1.3.1.	Gebrochene und ungebrochene natürliche Zuschlagstoffe	46
1.3.2.	Prüfung von ungebrauchten und gebrauchten Mineralstoffen	48
1.3.2.1.	Korngrößenverteilung	48
1.3.2.2.	Kornform	50
1.3.2.3.	Reinheit und schädliche Bestandteile	50
1.3.2.4.	Sandäquivalent	51
1.3.2.5	Widerstandfähigkeit gegen Schlag von Splitt, Kies und Schotter	52
1.3.2.6.	Widerstand gegen Frost-Tau-Wechsel	53
1.3.2.7.	Widerstand gegen Hitzebeanspruchung	53
1.3.2.8.	Affinität zu Bitumen	53
1.3.2.9.	Stoffliche Zusammensetzung	54
1.4.	**Fugenvergußmassen**	54
1.4.1.	Fugenvergußmassen auf Bitumenbasis	54
1.4.2	Prüfung der Fugenvergußmassen	54
1.5.	**Bordsteine, Kantensteine, Pflaster**	57
1.5.1.	Bord- und Kantensteine	57
1.5.2.	Pflastersteine	58
1.5.3.	Platten	59
2.	**Straßenkörper – Grundüberlegungen für die Ausführung**	60
2.1.	**Bestandteile des Straßenkörpers**	60
2.2.	**Erdbauwerke**	62
2.2.1.	Oberbodenbehandlung und Verwendung	62
2.2.2.	Böden und ihre Verwendungsmöglichkeiten	70
2.2.2.1.	Bodenarten	70
2.2.2.2.	Verdichtungsmöglichkeiten und Verdichtungsanforderungen	71
2.2.2.2.1.	Grobkörnige Böden	71
2.2.2.2.2.	Gemischtkörnige und feinkörnige Böden	72
2.2.2.2.3.	Felsgestein	74
2.2.3.	Herstellung der Erdbauwerke	74
2.2.3.1.	Einstufung von Boden und Fels	75
2.2.3.2.	Anforderungen und ihre Prüfung	76
2.2.3.3.	Wesentliche Teilprozesse	79
2.2.3.4.	Transportwege im Erdbau	80
2.2.3.5.	Wettereinfluß	82
2.2.3.6.	Planumsentwässerung	84
2.3.	**Oberflächenentwässerung**	88
2.3.1.	Grundüberlegungen	88
2.3.2.	Anlagen für Landstraßen	90
2.3.2.1.	Sicherung von Damm- und Einschnittböschungen	91
2.3.2.2.	Straßengraben	91
2.3.2.3.	Entwässerungsmulden	92
2.3.2.4.	Entwässerungsanlagen mit kleinem Längsgefälle	95
2.3.2.5.	Entwässerungsanlagen mit großem Längsgefälle	95
2.3.2.6.	Entwässerungsanlagen bei begrenzter Breite	96

2.4.	**Tragschichten**	97
2.4.1.	Untere Tragschichten-Frostschutzschichten	97
2.4.1.1.	Anforderungen	97
2.4.1.2.	Herstellung	103
2.4.1.3.	Wärmedämmschichten	105
2.4.1.4.	Schlußfolgerungen für den frostbeständigen Aufbau	107
2.4.2.	Bodenverbesserungen und -verfestigungen	108
2.4.2.1.	Bodenverbesserung mit Kalk	109
2.4.2.2.	Bodenverfestigung mit Zement	113
2.4.2.3.	Bodenverfestigung mit anderen Bindemitteln	119
2.4.2.4.	Grundsätze der Herstellung (Maschinen/Leistungen)	119
2.4.2.5.	Wirtschaftliche Wertung	130
2.4.3.	Tragschichten aus ungebundenem Natur- oder Bruchgestein	131
2.4.3.1.	Kiessandtragschichten	131
2.4.3.2.	Tragschichten aus Schotter-Splitt-Sand-Gemengen	138
2.4.3.3.	Schottertragschichten	140
2.4.3.4.	Packlage	145
2.4.4.	Tragschichten mit bituminösen Bindemitteln	146
2.4.4.1.	Bituminöse Makadam-Tragschichten	146
2.4.4.2.	Asphalt-Tragschichten	147
2.4.5.	Tragschichten mit hydraulischen Bindemitteln	158
2.4.5.1.	Hydraulisch gebundene Tragschichten	158
2.4.5.2.	Beton-Tragschichten	161
2.5.	**Deckschichten**	162
2.5.1.	Bituminöse Deck- und Schutzschichten	162
2.5.1.1.	Oberflächenschutzschichten	163
2.5.1.1.1.	Doppelte Oberfächenbehandlungen (Schotterstraßen; DOB)	163
2.5.1.1.2.	Oberflächennachbehandlung (OBN)	164
2.5.1.1.3.	Bituminöse Schlämme	166
2.5.1.2.	Hohlraumreiche Deckschichten	169
2.5.1.2.1.	Mischsplittbeläge	169
2.5.1.2.2.	Dränasphalt	170
2.5.1.3.	Hohlraumarme Deckschichten	171
2.5.1.3.1.	Anforderungen	171
2.5.1.3.2.	Asphaltbeton	176
2.5.1.3.3.	Asphaltbinder	192
2.5.1.3.4.	Splitt-Mastix-Asphalt	192
2.5.1.3.5.	Gußasphalt	195
2.5.1.3.6.	Asphaltmastix	199
2.5.1.3.7.	Weitere Asphaltdeckschichten	200
2.5.1.4.	Prüfungen an Asphaltgemischen	200
2.5.2.	Deckschichten aus Zementbeton	211
2.5.2.1.	Anforderungen	211
2.5.2.2.	Konstruktive Gestaltung der Betondecken	222
2.5.2.2.1.	Problematik	222
2.5.2.2.2.	Fugenarten, Fugenfunktion, Fugenherstellung	222
2.5.2.2.3.	Fugenabdichtung	229
2.5.2.2.4.	Besonderheiten der Fugenanordnung	229
2.5.2.3.	Sonderbauweisen	230
2.5.2.4.	Prüfungen am Zementbeton	233
2.5.2.5.	Grundsätze für die Herstellung von Betondecken	236

2.5.3.	Pflasterdecken	241
2.5.4.	Straßenbahn-Gleisbereiche	244
2.5.5.	Befestigungen für Geh- und Radwege	247
2.5.5.1.	Nichtbefahrbare Gehwegbefestigungen	248
2.5.5.2.	Befahrbare Geh- und Radwegebefestigungen	249
2.5.5.3.	Besondere Fußgängeranlagen	250
2.5.6.	Randeinfassungen – Fahrbahnbegrenzung	251
2.5.6.1.	Anforderungen	251
2.5.6.2.	Abmessungen und konstruktive Gestaltung	252
2.5.6.3.	Beispiele für Randeinfassungen	252
2.5.7.	Oberflächenentwässerungsanlagen für Stadtstraßen	254
2.5.8.	Leitungsanordnung im Straßenquerschnitt	261
3.	**Bemessung von Straßenbefestigungen**	**264**
3.1.	**Grundlagen**	**264**
3.1.1.	Verkehrsbeanspruchung	264
3.1.2.	Tragfähigkeitsschwankungen - Tragfähigkeitsmessungen	272
3.1.3.	Kennwerte der Befestigungsschichten	274
3.1.3.1.	Ungebundene Befestigungsschichten	274
3.1.3.2.	Bituminös gebundene Befestigungsschichten	275
3.1.3.3.	Hydraulisch gebundene Befestigungsschichten	277
3.2.	**Bemessung von flexiblen Staßenbefestigungen**	**278**
3.2.1.	Empirische Verfahren	279
3.2.1.1.	Dickenindexverfahren nach dem AASHO – Versuch	279
3.2.1.2.	Bemessungsverfahren in anderen Ländern	280
3.2.2.	Rechnerische Verfahren	282
3.2.2.1.	Elastisch-isotroper Halbraum	283
3.2.2.2.	Kriterien der vertikalen Verformung	285
3.2.2.2.1.	Ersatzhöhenverfahren	285
3.2.2.2.2.	Mehrschichtsysteme	287
3.2.2.3.	Abschätzung der Zugspannungen in bituminös gebundenen Befestigungsschichten	293
3.2.3.	Schlußfolgerungen und Regelbefestigungen nach RSTO 86 (89)	297
3.3.	**Bemessung von Betondecken**	**301**
3.3.1.	Grundlagen	301
3.3.2.	Spannungen aus Verkehrskräften	302
3.3.3.	Spannungen infolge ungleichmäßiger Temperaturverteilung	305
3.3.4.	Spannungsnachweis – Näherung	308
3.3.5.	Schlußfolgerungen und Regelbefestigungen nach RSTO 86 (89)	312
4.	**Bauausführung**	**313**
4.1.	**Grundsätzliche Ziele**	**313**
4.1.1.	Inhalt ausführungstechnischer Untersuchungen für Teilarbeiten	313
4.1.2.	Bauablaufplanung	315
4.2.	**Grundlagen der Leistungsermittlung von Straßenbaumaschinen**	**315**
4.2.1.	Einflußfaktoren einer intensiven und extensiven Nutzung	316
4.2.2.	Leistungsermittlung zyklisch arbeitender Baumaschinen	318
4.2.3.	Leistungsermittlung kontinuierlich arbeitender Baumaschinen	318

4.2.4.	Beispiel einer Leistungsbestimmung – Straßenfertiger	319
4.2.5.	Leistungsermittlung von Maschinenkomplexen	320
4.2.6.	Einfluß der Witterungsbedingungen auf die Leistungskennwerte	322
4.2.7.	Zusammenfassung	326
4.3.	**Ermittlung der Herstellungskosten für Bauleistungen**	**327**
4.3.1.	Lohnkosten	328
4.3.2.	Gerätekosten	330
4.3.3.	Stoffkosten	331
4.3.4.	Transportkosten	333
4.3.5.	Gemeinkosten der Baustelle	333
4.4.	**Herstellung von Asphaltstraßen**	**335**
4.4.1.	Besonderheiten von Asphaltgemischen	335
4.4.2.	Aufbereitung von Asphaltmischgut	335
4.4.3.	Mischguttransport	339
4.4.4.	Einbau von Asphaltbefestigungen	341
4.4.5.	Verdichten von Asphaltschichten	342
4.4.6.	Wiederverwendung von Asphalt	343
4.4.7.	Berechnungsbeispiel – Herstellung einer Asphalt-Tragschicht	343
4.4.7.1.	Baumaschinen und Geräte	344
4.4.7.2.	Baustoffbedarf	345
4.4.7.3.	Arbeitspersonal	345
4.4.7.4.	Ermittlung von Leistungskennwerten, Leistungsberechnung	346
4.5.	**Grundsätze der Herstellung von Betonstraßen**	**354**
4.5.1.	Besonderheiten des Straßenbeton	354
4.5.2.	Aufbereiten des Straßenbetons	354
4.5.3.	Betontransport	355
4.5.4.	Einbau des Straßenbetons	355
4.5.5.	Nachbehandlung	360
4.5.6.	Herstellen der Fugen	361
4.6.	**Rentabilitätsbetrachtungen**	**363**
4.6.1.	Wirtschaftliche Einsatzbereiche und Einsatzgrenzen	363
4.6.2.	Relativkostenvergleiche	367
4.7.	**Ausführungsunterlagen und Vertragsbedingungen**	**369**
4.7.1.	Abschluß des Angebotes	369
4.7.2.	Bauausführungsunterlagen	369
4.7.3.	Baudurchführung	370
4.7.4.	Abnahme	370
4.7.5.	Gewährleistung	370
4.7.6.	Abrechnung	371
4.8.	**Wechselwirkung zwischen Konstruktion, Bauausführung und Wirtschaftlichkeit**	**371**

Literaturverzeichnis . . . 372

Sachwörterverzeichnis . . . 380

1. Straßenbaustoffe

1.1. Organische Bindemittel

1.1.1. Bitumen

Bitumen kann aus Erdöl oder anderen natürlichen Vorkommen gewonnen werden. Der entscheidende Ausgangsstoff für die Bitumengewinnung ist das Erdöl.

Für Europa ist die Ölförderung Afrikas und des Nahen Ostens von Bedeutung. Die vorhandenen Erdölreserven der Erde werden mit 137 Gt angegeben (1991). Daraus ergibt sich, daß bei konstanter Förderung von 3 Mt/Jahr die bis jetzt bekannten Erdölreserven in ca. 45 Jahren aufgebraucht sein werden. Von diesen Reserven befinden sich 61% im Nahen Osten, 12% in den USA und nach dem derzeitigen Erkundungsstand 10% in Rußland. Rußland zählt mit zu den Hauptlieferanten für Europa.

Das Erdöl stellt ein sehr komplexes Gemisch aus verschiedenen Kohlenwasserstoffen dar, die der Paraffin-, Naphten- und Aromatenreihe angehören. Je nachdem, ob paraffinische oder naphtenische Kohlenwasserstoffe im Erdöl überwiegen, bezeichnet man dieses als paraffinbasisch oder naphtenbasisch.

Paraffinbasische Öle enthalten nur verhältnismäßig wenig Aromaten, naphtenbasische Öle sind reich daran. Die Zusammensetzung ist je nach Fundort verschieden. Die Farbe kann gelb, grün, braun oder schwarz sein, die Konsistenz dick- oder dünnflüssig.

In der Natur ist vom mineralstofffreien Bitumen bis zum bitumenarmen Gestein jeder Übergang zu finden. Gemische aus Bitumen und mineralischen Anteilen bezeichnet man als Asphalt. Die Einteilung dieser Asphalte erfolgt nach der Menge der Mineralkomponente und der Härte des Bitumens.

Am bekanntesten ist der natürliche Asphalt aus dem Trinidader Asphaltsee. Im See steht der Asphalt in folgender Zusammensetzung an:

39% Bitumen
30% Mineralstoffe
31% emulgiertes Salzwasser

Nach der Reinigung hat raffinierter Trinidadasphalt oder das Trinidad-Epuré folgende Zusammensetzung:

53 bis 55% Bitumen
36 bis 37% Mineralstoffe
 9 bis 10% restliche Bestandteile.

Weitere Handelsformen sind:

Trinidad-Pulver und
Trinidad-Epuré Z

Trinidad-Pulver ist eine Mischung aus feingemahlenem Trinidad-Epuré mit Steinmehl-Zusätzen im Verhältnis 1:1.

Trinidad-Epuré Z ist auf eine Korngröße von 0/8 mm zerkleinertes Trinidad-Epuré, das in Kunststoffsäcken geliefert wird. Ein Kieselgurzusatz von max. 3 M.-% wirkt einem Wiederverkleben entgegen [1].

Asphaltite sind Naturasphalte, die im allgemeinen fast keine Mineralstoffe enthalten. Die zwei bekanntesten Asphaltite sind Gilsonit und Grahamit. Auch die durch ihren hohen Gehalt an Mineralstoffen charakterisierten Asphaltkalksteine und Asphaltsande gehören zu den natürlichen Asphalten. Durch Mahlen des Asphaltkalksteins wird ein Asphaltrohmehl hergestellt, aus dem unter Zusatz von B 45 oder B 25 durch Kochen bei 180 bis 200 °C eine innige Mischung, Asphalt-Mastix, entsteht.

1.1.1.1. Zusammensetzung des Bitumens

Bitumen sind Gemische aliphatischer (paraffinischer), alicyclischer (naphtenischer) und aromatischer (einfache und mehrfache Ringe) Kohlenwasserstoffverbindungen. Den Hauptteil des Bitumens bilden naphtenische und aromatische Ringsysteme mit oder ohne Seitenketten. Die rein aliphatischen Anteile, wie Paraffine, sollten nur in geringen Mengen vorhanden sein. Paraffine, d. h. bei Normaltemperatur feste Paraffinkohlenwasserstoffe, darf Bitumen nur bis maximal 3 % enthalten, weil sie seine Klebeeigenschaften verschlechtern und seine Duktilität und Plastizität vermindern.

Der Molekularmassenbereich der im Bitumen vorhandenen Verbindungen ist sehr weit. Er beginnt bei den niedrigmolekularen ölartigen Maltenen und endet bei den hochmolekularen Asphaltenen. Erstere haben Molekularmassen von 500 bis 1000, letztere solche von 5000 bis 100000 g/mol. Die Maltene können wieder in Öle, Ölharze und Asphaltharze getrennt werden. Nach der heute allgemeingültigen Auffassung sind die Asphaltene in der geschlossenen öligen Phase der Maltene als Dispersionsmittel dispergiert. Durch Adsorptionskräfte sind die Asphaltene mit Schutzschichten aus Öl- und Asphaltharzen umgeben, die als Schutzkolloide, Peptisatoren und Stabilisatoren für die Asphaltene wirken. Asphaltene und Schutzschicht zusammen ergeben die Mizelle. Das sind kugelige Gebilde, deren Kerne aus den Anteilen mit den höchsten Molekularmassen bestehen. Bei der Mizelle handelt es sich um ein genau abgewogenes Gleichgewichtssystem molekularer Kräfte, deren Struktur nicht ständig gleichbleibt, sondern sich verändert (z. B. durch Temperatureinwirkungen).

Das rheologische Verhalten des Bitumens wird vom Anteil an Asphaltenen, evtl. auch durch deren Art und Beschaffenheit, jedoch besonders von der Menge und chemischen Konstitution der Harze und Öle bestimmt. Kernasphaltenfreie bzw. kernasphaltenarme Erdölrückstände

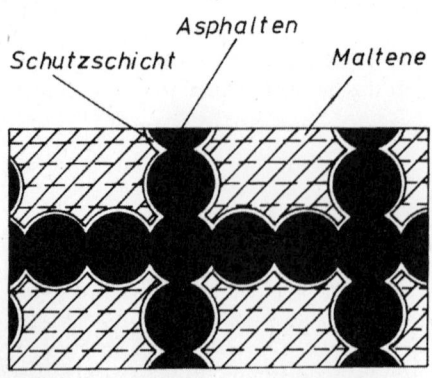

Bild 1.1 *Gelbitumen (schematisch)*

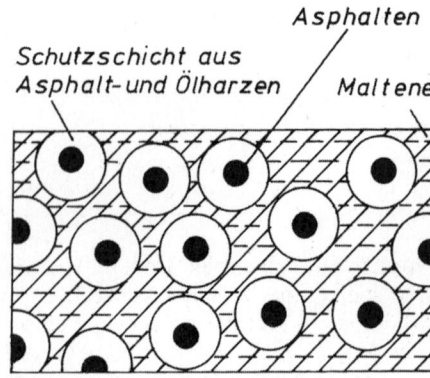

Bild 1.2 *Solbitumen (schematisch)*

1.1. Organische Bindemittel 15

(bis 1 %) sind Bitumen des sogenannten Soltyps (Bild 1.1). Reicht die Öl-Phase nicht aus, oder ist sie auf Grund ihrer chemischen Zusammensetzung nicht in der Lage, die Asphaltene gut zu dispergieren, so schließen sich die Asphaltene aneinander. Sie bilden dann ein Gerüst bzw. es bildet sich eine Struktur heraus. Wir haben ein Bitumen vom Gel-Typ vor uns (Bild 1.2). Zwischen diesen beiden Extremzuständen sind viele Abstufungen möglich. Entscheidend für den Grad der Strukturbildung ist der Aromatizitätsgrad der Harz-Öl-Phase (Maltene) sowie die Menge, Löslichkeit und Assoziationsneigung der Asphaltenanteile. Eine paraffinisch-naphtenische Harz-Öl-Phase dispergiert die Asphaltene weniger gut als eine naphtenisch-aromatische.

1.1.1.2. Eigenschaften des Bitumens

Infolge des mizellaren, kolloidalen Aufbaus sind die Bitumen thermoplastische, durch Temperaturänderung in ihren Eigenschaften veränderliche Stoffe. Wegen einer Reihe wertvoller technischer Eigenschaften werden sie in zahlreichen Industriezweigen, vor allem im Bauwesen, geschätzt. Bei Erwärmung über eine bestimmte Temperatur werden die Bitumen flüssig.

Dichte in g/cm³
Die Dichte eines Stoffes ist das Verhältnis seiner Masse zu seinem Volumen. Früher war neben der Dichte noch das Dichteverhältnis im Gebrauch. Die Dichte der Destillationsbitumen steigt mit Abnahme der Penetration bzw. Zunahme des Erweichungspunktes Ring und Kugel. Die Dichte von geblasenem Bitumen hängt vom verwendeten Einsatzmaterial ab, ist aber im allgemeinen kleiner als die der Destillationsbitumen. Für den allgemeinen Gebrauch können die Werte der Tafel 1.1. verwendet werden.

Die Dichte nimmt mit steigender Temperatur ab. Der Volumen-Temperatur-Koeffizient von Bitumen beträgt zwischen 15 und 200 °C durchschnittlich 0,00061 m³/m³ K. Näherungsweise gilt:

$\rho_t = \rho_{25} - 0{,}000\,61\,(t - 25)$ Bitumen
$\rho_t = \rho_{25} - 0{,}000\,70\,(t - 25)$ Straßenpech

t Temperatur
ρ_t Dichte bei der Temperatur t
ρ_{25} Dichte bei 25 °C

Tafel 1.1 Abhängigkeit der Dichte von der Penetration

Penetration in 0,1 mm	Dichte in g/cm³ bei 25 °C
200	1,02 ± 0,02
80	1,02 ± 0,02
65	1,03 ± 0,02
45	1,04 ± 0,02
25	1,06 ± 0,03

Spezifische Wärme in Joule je Kelvin und Kilogramm
Die spezifische Wärme c ist bei den verschiedenen Bitumen nahezu identisch. Ihre Größe erhöht sich leicht bei steigender Temperatur und ist etwa nur halb so groß wie für Wasser. Das bedeutet, daß nur etwa halb soviel Joule benötigt werden, um 1 kg Bitumen um 1 K zu erwärmen. Für überschlägliche Berechnungen des Wärmebedarfs ist die Kenntnis dieses Wertes nützlich. In Tafel 1.2 sind einige Werte angegeben.

Tafel 1.2 Spezifische Wärme c in Abhängigkeit von der Temperatur

Temperatur in °C	Spezifische Wärme in J/K·kg
0	1700
100	1900
200	2100
300	2300

Wärmeleitfähigkeit λ in Watt je Meter und Kelvin
Die Wärmeleitfähigkeit wird durch die Wärmeleitzahl λ ausgedrückt. Sie ist praktisch für alle Bitumensorten gleich und beträgt zwischen 0 und 75 °C etwa 0,151 bis 0,163 W/m K. Diesem niedrigen Wert entspricht die gute Wärmedämmeigenschaft von Bitumen.

Elektrische Eigenschaften
Zu den elektrischen Eigenschaften des Bitumens gehören die spezifische elektrische Leitfähigkeit, die Dielektrizitätskonstante und die Durchschlagfestigkeit.

Die elektrische Leitfähigkeit ist mit $1 \cdot 10^{-11}$ bis $10 \cdot 10^{-11}$ S/m sehr gering (35 ... 90 °C). Deshalb ist Bitumen gut als Isoliermittel in der Elektroindustrie geeignet. Die Leitfähigkeit erhöht sich mit steigender Temperatur.

Die Dielektrizitätskonstante beträgt

bei 20 °C 2,7 bis 2,8 und
bei 80 °C 2,9 bis 3,0.

Für die Durchschlagfestigkeit findet man in der Literatur Werte zwischen 10 und 60 KV/mm, wobei sie mit härter werdendem Bitumen zunimmt. Bei steigender Temperatur nimmt sie ab.

Oberflächenspannung
Die Oberflächenspannung ist als diejenige Energie definiert, die nötig ist, um die Oberfläche einer Flüssigkeit um einen Quadratzentimeter zu vergrößern. Für Berechnungen und Untersuchungen über die Benetzung von festen Stoffen, vor allem von Gesteinen, spielt die Oberflächenspannung eine gewisse Rolle, obwohl sie selbst darüber wenig aussagt. Aufschluß gibt der Randwinkel zwischen Bitumen und Gestein.

Wasserdurchlässigkeit
Die Wasserdurchlässigkeit des Bitumens beträgt $0,75 \cdot 10^{-10}$ bis $1,8 \cdot 10^{-10}$ g/cm h Pa (Diffusionskonstante). Das ist die Menge Wasserdampf in g, die in einer Stunde bei einem Dampfdruckunterschied von 1 Pascal durch eine 1 cm dicke Schicht von Bitumen mit der Oberfläche 1 cm^2 diffundiert. Damit ist dieser Wert kleiner als bei Kautschuk und vielen Kunststoffen. Bitumen eignet sich deshalb ausgezeichnet zur Abdichtung und für den Schutz von Stoffen aller Art gegen die Einwirkung des Wassers.

Verhalten gegenüber chemischen Einflüssen
Bitumen ist beständig gegen die Einwirkung von organischen und anorganischen Salzen, aggressiven Wässern, Alkalien und schwachen Säuren jeder Konzentration. Je härter das Bitumen, desto größer ist seine Widerstandsfähigkeit gegenüber chemischen Einflüssen. Nicht ganz unempfindlich ist Bitumen gegen die Einwirkung von Luftsauerstoff und Sonnenbestrahlung.

1.1. Organische Bindemittel

Die daraus resultierende Oxydation beschränkt sich jedoch auf die Oberfläche und verläuft sehr langsam. Unbedingt zu vermeiden sind übermäßig hohe Temperaturen bei der Herstellung von Bitumen-Mineral-Gemischen, die die Oxydation beschleunigen. Von den meisten organischen Lösungsmitteln wird Bitumen aufgelöst. Besonders während der Bauausführung sind durch geeignete Maßnahmen Schäden durch abtropfende Treibstoffe und Öle zu verhindern.

1.1.1.3. Bitumenarten

Die destillative Aufarbeitung des Erdöls geschieht technisch zuerst bei Normaldruck. Der dabei anfallende Rückstand wird anschließend im Vakuum weiter zerlegt. Insgesamt betrug die Raffineriekapazität der Welt im Jahre 1970 2,7 Gt, 1980 3,3 Gt und 1990 4,6 Gt.

Der Bitumengehalt des Erdöls liegt, bezogen auf B 200, zwischen 5 und 70%.

Die drei wichtigsten Verfahren der Bitumenherstellung sind:

1. Destillation
2. Extraktion, Fällung
3. Blasen, Oxydation

Im folgenden sollen die einzelnen Herstellungsverfahren etwas näher besprochen werden.

Destillation

Um das Verfahren der Destillation zu erläutern, sei zunächst eine Laboratoriumsdestillation erläutert: Das im Kolben befindliche Rohöl wird erhitzt. Dabei verdampfen die Komponenten in der Reihenfolge ihrer Siedepunkte, kondensieren im angeschlossenen Kühlrohr und werden aufgefangen. Im Kolben verbleibt das Bitumen als Destillationsrückstand.

Großtechnisch erfolgt die Destillation ähnlich. Man unterscheidet diskontinuierliche oder fraktionierte, halbkontinuierliche und kontinuierliche Destillation. Das zur Zeit bekannteste System der destillativen Erdölverarbeitung ist die Rektifikationskolonne. Im Röhrenofen wird das Rohöl zunächst auf 350 °C erhitzt und gelangt anschließend in die unter atmosphärischem Druck stehende Kolonne. Hier werden die einzelnen Destillate, die auf den angebrachten Böden kondensieren, abgezogen und in Strippkolonnen geleitet, wo sie von mitgerissenen unerwünschten leichteren Destillaten befreit werden. Über einen Wärmeübertrager und Kühler gelangen die Destillate dann in den Sammelbehälter.

Die schwerer siedenden Bestandteile erhitzt man in einer zweiten Stufe nochmals auf dieselbe Temperatur und leitet sie in eine unter vermindertem Druck stehende Kolonne. Hier werden abermals leichtere Bestandteile von den verbleibenden schwereren getrennt. Dabei handelt es sich dann bereits um Straßenbaubitumen, die je nach Rohöl, evtl. noch durch eine weitere Verarbeitungsstufe auf die verschiedenen Spezifikationen nach DIN 1995 gebracht werden. Hochvakuumbitumen erhält man durch noch weiteres Destillieren von hochsiedenden Ölen in einer zweiten Vakuumkolonne.

Bei hohen Betriebstemperaturen besteht die Gefahr der thermischen Spaltung. Um auch hochmolekulare Substanzen ohne Gefahr destillieren zu können, werden die Siedepunkte der Stoffe durch Verminderung des Druckes herabgesetzt. Derartige Vakuumdestillationsanlagen arbeiten bei einem Druck von 30 bis 50 Torr (40 bis 70 mbar). Es ist einleuchtend, daß bei der Vakuumdestillation härtere Bitumen anfallen, als bei der atmosphärischen Destillation.

Extraktion

Verschiedene flüssige Kohlenwasserstoffe, vor allem Propan, lösen unter bestimmten Bedingungen Öl und Paraffin gut, die bituminösen Anteile hingegen nur in geringerem Maße. Das macht man sich zunutze, indem bei der Schmierölherstellung die öligen Bestandteile auf Grund ihrer günstigeren Löslichkeit von den bituminösen Bestandteilen getrennt werden.

Industriell wird die Propanextraktion, d. h. die Entasphaltierung mit Propan, am meisten angewandt. Je nach Einsatzmaterial und Betriebsbedingungen können 30 bis 70% Bitumen gewonnen werden. Äthan als Lösungsmittel liefert eine große Menge weiches bituminöses Material. Butan dagegen liefert ein Bitumen mit höherem Erweichungspunkt und geringerer Ausbeute. Der Effekt von Propan liegt zwischen beiden. Bei den Lösungsmitteln handelt es sich um „Flüssiggase", die bei normalem Druck und normaler Temperatur gasförmig sind, aber schon bei mäßigen Überdrücken in den flüssigen Zustand übergehen. Propangas wird auch für Camping und Haushalt verwendet.

Ursprünglich führte man die Entasphaltierung mit Propan diskontinuierlich durch. Die modernen Großindustrieverfahren verwenden die kontinuierlichen Gegenstromkolonnen. Die in diesen Kolonnen im Gegenstrom fließenden Öl- und Propanmengen mischen sich innig mit dem Einsatzmaterial und die Komponenten werden kontinuierlich voneinander getrennt. Vom verarbeiteten Rohstoff und den Herstellungsbedingungen abhängig können mit dem Verfahren die unterschiedlichsten Sorten von den Straßenbaubitumen bis zu den spröden, leicht mahlbaren Qualitäten, gewonnen werden.

Blasen
In Fällen, wo die Vakuumdestillation unwirtschaftlich ist, z. B. wenn nur ein geringer Anteil hochsiedendes Gasöl im Rohöl vorhanden ist, oder zur Herstellung besonderer Bitumen, wendet man den Blasprozeß an. Der dabei wesentlichste Vorgang ist die partielle Oxydation der Kohlenwasserstoffe. Daher werden die geblasenen Bitumen auch oxydierte Bitumen genannt.

Der Blasprozeß führt zur Zunahme der Asphaltene. Es bildet sich eine Struktur heraus. Der Bitumenblasprozeß ist eine heterogene Reaktion zwischen gasförmiger Phase (Luft) und flüssiger äußerer Phase (Erdölkohlenwasserstoffe). Der Sauerstoff der Luft kommt mit den Kohlenwasserstoffen des Bitumens in Berührung und bildet mit einem Teil des Wasserstoffes Wasser, das dann als Wasserdampf das System verläßt. Die zurückbleibenden Moleküle sind demzufolge ungesättigter als das Einsatzmaterial. Diese ungesättigten Moleküle führen schließlich zur chemischen Reaktion, wobei allerdings nur sehr wenig Sauerstoff gebunden wird. Das Blasen ist ein exothermer Prozeß, d. h., es wird an die Umgebung Wärme abgegeben. Üblicherweise wird das Blasprodukt auf Anstieg des Erweichungspunktes RuK, Abnahme der Nadelpenetration bei 25 °C, Zunahme der Asphaltene und Zunahme der Viskosität je Zeiteinheit untersucht. Diese Kennwerte werden von der Luftgeschwindigkeit (cm^3/min g), der Temperatur (°C) und der Blasdauer (min) beeinflußt. Der Blasgeschwindigkeit sind durch die Kompressorenleistung Grenzen gesetzt. Das Erhitzen auf die vorgegebene Temperatur ist kein Problem. Schwieriger ist das Konstanthalten der Temperatur, da laufend Wärme frei wird. Teilweise müssen für diesen Zweck Kühlschlangen vorgesehen werden.

1.1.1.4. Nomenklatur

Mit der Einführung der DIN 55946 wurde in der Vielfalt der Begriffe Klarheit geschaffen. Es können zwei große Gruppen unterschieden werden:

1. Bitumen und bitumenhaltige Straßenbaubindemittel
2. Bitumenhaltige Bautenschutzstoffe

Folgende Produkte auf Bitumenbasis werden unterschieden:

1. Bitumen und bitumenhaltige Straßenbaubindemittel
   Straßenbaubitumen
   Angeblasene Bitumen
   Geblasene Bitumen (Oxydationsbitumen)
   Extraktionsbitumen (Fällungsbitumen)

1.1. Organische Bindemittel 19

Fluxbitumen
Kaltbitumen
Bitumenemulsion
Haftkleber (Verschnittbitumenemulsion)

2. Bituminöse Bautenschutzstoffe
Klebstoffe
Vergußstoffe
Spachtelstoffe
Anstrichstoffe
Bit. Zusatzmittel für Beton und Mörtel.

1.1.1.5. Verwendungsformen des Bitumens im Straßenbau

Der größte Anteil der Bitumenproduktion wird im Straßenbau und im Bautenschutz verwendet. Im Laufe der Zeit haben sich bestimmte Verwendungsformen durchgesetzt, deren Zusammenhänge Bild 1.3. darstellt. In Tafel 1.3. sind die Bitumen und bitumenhaltigen Bindemittel für den Straßenbau mit den zugehörigen Standards aufgeführt.

Im Folgenden sollen die einzelnen Verwendungsformen näher besprochen werden.

Tafel 1.3 Bitumen und bitumenhaltige Bindemittel

DIN	Titel
1995, Teil 1	Straßenbaubitumen
1995, Teil 2	Fluxbitumen
1995, Teil 3	Bitumenemulsion, Haftkleber
1995, Teil 4	Kaltbitumen

1.1.1.5.1. Straßenbaubitumen nach DIN 1995, Teil 1

Straßenbaubitumen sind vorzugsweise im Asphaltstraßenbau verwendete Bitumen, deren Anforderungen in DIN 1995 festgelegt sind [4]. Sie werden im Straßenbau und in verwandten Gebieten eingesetzt. Sie dienen der Herstellung von warm- bzw. kaltverarbeitbaren Straßenbau-Bindemitteln wie Fluxbitumen und Bitumenemulsionen. Außerdem finden sie Anwendung für den Bautenschutz.

Straßenbaubitumen werden nach Ihrer Nadelpenetration klassifiziert und danach bezeichnet. In Tafel 1.4. sind die Bitumensorten mit den zugehörigen technischen Forderungen angegeben.

1.1.1.5.2. Fluxbitumen nach DIN 1995, Teil 2

Fluxbitumen sind Mischungen aus mindestens 75% Straßenbaubitumen B 200 oder B 80 nach DIN 1995, Teil 1, deren Verarbeitbarkeit durch die Zugabe von schwerflüchtigen Fluxölen auf Mineralölbasis herabgesetzt worden ist.

Durch das Verschneiden des Bitumens soll seine Viskosität vermindert werden und es wird ein leichter handhabbares Produkt gewonnen. Vor der Verarbeitung muß es nicht so stark erwärmt werden. An der Einbaustelle bleibt nach dem Verdampfen der schwerflüchtigen Fluxöle das Bitumen zurück.

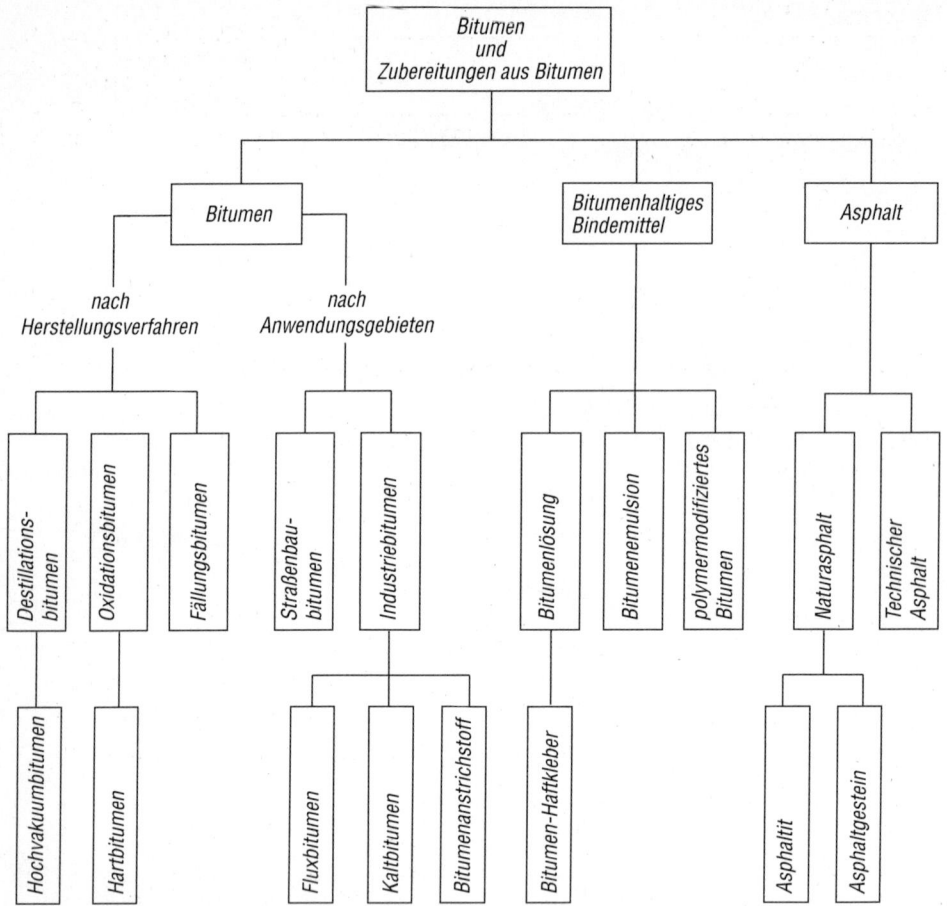

Bild 1.3 *Verwendungsformen des Bitumens*

Verschnittbitumen wurden Ende der Zwanziger Jahre in Europa eingeführt. Damals wurde es mit Steinkohlen-Teeröl verschnitten. Heute dürfen diese als Verschnittmittel nicht mehr zugemischt werden.

1.1.1.5.3. Bitumen- und Fluxbitumenemulsion nach DIN 1995, Teil 3

Bitumenemulsionen sind kolloidale Systeme von Bitumen und Wasser, die durch intensives Mischen unter Verwendung von Emulgatoren und gegebenenfalls Stabilisatoren hergestellt werden. Je nach chemischem Charakter (Ladung, pH-Wert des wäßrigen Emulgators), nach Bindemittelart, Bindemittelgehalt und Verhalten gegenüber Gestein, unterscheidet man anionische und kationische Bitumen- und Verschnittbitumenemulsionen mit unstabilem (U), halbstabilem (H) und stabilem (S) Charakter. In DIN 1995, Teil 3, sind nur die Anforderungen für unstabile Bitumenemulsionen enthalten.

1.1. Organische Bindemittel

Tafel 1.4 Anforderungen an Straßenbaubitumen

Lfd. Nr.	Eigenschaft		B200	B80	B65	B45	B25	Prüfung nach
1	Nadelpenetration (100 g, 5 s, 25 °C)	0,1 mm	160...210	70...100	50...70	35...50	20...30	DIN 52010
2	Erweichungspunkt Ring und Kugel	°C	37...44	44...49	49...54	54...59	59...67	DIN 52011
3	Brechpunkt nach *Fraaß*	höchstens °C	−15	−10	−8	−6	−2	DIN 52012
4	Asche	höchstens %	0,5	0,5	0,5	0,5	0,5	DIN 52005
5	Gehalt an Trichlorethen-Unlöslichem	höchstens %	0,5	0,5	0,5	0,5	0,5	DIN 52014
6	Gehalt an Cyclohexan-Unlöslichem abzüglich Asche	höchstens %	0,5	0,5	0,5	0,5	0,5	DIN 52005 DIN 52014
7	Duktilität bei 7 °C bei 13 °C bei 25 °C	mind. cm mind. cm mind. cm	– – –	5 – –	– 8 –	– – 40	– – 15	DIN 52013
8	Paraffin	höchstens %	2,0	2,0	2,0	2,0	2,0	DIN 52015
9	Dichte bei 25 °C	mind. g/cm^3	1,000	1,000	1,000	1,000	1,000	DIN 5204
10	relative Masseänderung durch thermische Beanspruchung	höchstens %	1,5	1,0	0,8	0,8	0,8	DIN 52016
11	Anstieg des Erweichungspunktes Ring und Kugel durch therm. Beanspruchung	höchstens °C	8,0	6,5	6,5	6,5	6,5	DIN 52016 DIN 52011
12	Verminderung der Nadelpenetration durch thermische Beanspruchung	höchstens %	50	40	40	40	40	DIN 52016 DIN 52010
13	Duktilität nach therm. Beanspruchung bei 7 °C bei 13 °C bei 25 °C	mind. cm mind. cm mind. cm	– – –	2 – –	– 2 –	– – 15	– – 5	DIN 52016 DIN 52013

Tafel 1.5 Anforderungen an Fluxbitumen

Lfd. Nr.	Eigenschaft		Sorte FB 500	Prüfung nach
1	Äußere Beschaffenheit		gleichmäßig	DIN 52002
2	Wassergehalt	höchstens %	0,5	DIN ISO 3733
3	Ausflußzeit mit dem Straßenpech-Ausflußgerät 10-mm-Düse bei 50 °C	s	120–180	DIN 52023 Teil 1
4	Siedeanalyse Destillat bis 360 °C	höchstens %	3,0	DIN 52024
5	Eigenschaften des Destillations-Rückstandes a) Erweichungspunkt Ring und Kugel b) Nadelpenetration (100 g, 5 s, 25 °C)	mind. °C mind. 0,1 mm	30,0 100*)	DIN 52024 DIN 52011 DIN 52010
6	Asche	höchstens %	0,5	DIN 52005
7	Gehalt an Trichlorethen-Unlöslichem	höchstens %	0,5	DIN 52014
8	Wassereinwirkung auf Bindemittelüberzug		Splitt vollständig umhüllt	DIN 52006 Teil 3

*) Fluxbitumen nach dieser Norm hat eine Nadelpenetration von etwa 500 Zehntel-Millimetern

In einem Emulsionssystem unterscheidet man zwei Phasen: Die „geschlossene" oder „äußere" Phase, in der sich die „offene" oder „innere" Phase in Form kleiner Kügelchen in der Schwebe befindet. Normalerweise stellt die wäßrige Emulgatorlösung die äußere, das Bitumen die innere Phase dar. Theoretisch wäre auch eine umgekehrte Emulsion möglich. Ihre Existenz hat jedoch keine praktische Bedeutung, da dann die Dünnflüssigkeit nicht mehr gewährleistet ist. Für den Flüssigkeitsgrad der Emulsion ist die Viskosität der wäßrigen äußeren Phase sowie die Teilchengröße der dispersen Phase bestimmend. Die Dünnflüssigkeit wird durch die Forderung einer leichten Verspritzbarkeit bestimmt. Die dickflüssige Grenze soll ein unerwünschtes Ablaufen von den bestrichenen Flächen verhindern. Die obere Grenze für den Bitumengehalt dürfte etwa bei 70 M.-% liegen.

Will man Bitumen in Wasser zerteilen, so ist das schwer, und gelingt es, so wird man nach kurzer Zeit feststellen, daß sich das Bitumen zusammenballt und absetzt.

Die Grenzflächenspannung muß durch geeignete Stoffe herabgesetzt werden. Diese Stoffe nennt man Emulgatoren. Sie ermöglichen überhaupt erst eine Zerteilung und die Erhaltung des Schwebezustandes. Die Emulgatoren sind oberflächenaktive Stoffe, deren Moleküle sich aus einem wasserfreundlichen und einem wasserfeindlichen Teil aufbauen. Der wasserfeindliche Teil verankert sich im Bitumenkügelchen, die wasserfreundliche Seite orientiert sich zum Wasser hin. Das Bitumenkügelchen ist dann von einer Schutzschicht umgeben, die gleichzeitig Träger elektrischer Ladungen ist und somit eine Abstoßung der Bitumenkügelchen untereinander bewirkt.

Die meisten Emulgatoren der anionischen Emulsion bestehen aus Seifen, d. h. Verbindungen von Fettsäuren und Laugen (fettsaure Salze). Ein solches Salzmolekül besitzt auf der wasserfeindlichen Seite eine negative und auf der wasserfreundlichen Seite eine positive elektrische Ladung. Solche Emulsionen bezeichnet man deshalb als anionische Emulsionen, weil der anionische Teil der Emulgatormoleküle den Ladungssinn der Bitumenkügelchen bestimmt.

1.1. Organische Bindemittel

Die Verbindung einer beliebigen organischen Säure RCOOH mit z.B. Natronlauge NaOH verläuft wie folgt:

Fettsäure	Natronlauge	fettsaures Na
RCOOH +	NaOH	$\rightarrow$ RCOO$^{(-)}$ Na$^{(+)}$ + H$_2$O

Das Radikal R ist der Stamm einer beliebig höheren Fettsäure. Das Salzanion RCOO$^{(-)}$ bildet die innere Emulgatorschicht (orientiert sich zum Bitumen), das Salzkation Na$^{(+)}$ orientiert sich nach außen (Bild 1.4).

Den Emulgator einer kationischen Emulsion kann man aus einem Amin (RNH2) und einer anorganischen Säure (HCl) zusammensetzen. Das basische Amin ergibt mit der Säure:

$$RNH_2 + HCl \rightarrow RNH_3^{(+)} Cl^{(-)}$$

Das entstehende Salz spaltet sich im Wasser in zwei verschieden geladene Teilchen (Ionen) auf, wovon sich das oleophile Kation zum Bitumen orientiert (Bild 1.5).

Der physikalische Unterschied zwischen anionischen und kationischen Emulsionen liegt im Ladungssinn der dispergierten Bitumenteilchen. Bei der anionischen Emulsion sind die Bitumenteilchen negativ, bei der kationischen positiv geladen. Mittels der Elektrophorese kann der Ladungssinn leicht bestimmt werden.

Kommt Bitumenemulsion mit Gestein in Berührung, so beginnt sie „abzubinden". Unter dem „Abbinden" werden die Vorgänge verstanden, die nach dem Aufbringen der Emulsion auf das Gestein zur Ausbildung eines wasserfreien, fest haftenden Bitumenüberzuges führen. Das „Brechen" leitet den Abbindevorgang ein. Das geschieht bei der anionischen Emulsion dadurch, daß bei Berührung mit Gestein emulgatorhaltiges Emulsionswasser adsorbiert wird. Dadurch wird das Gleichgewicht in der Emulgatorschutzschicht zerstört und die Bitumenteilchen schließen sich zu einem zusammenhängenden Bitumenfilm zusammen. Dieser Vorgang ist chemisch gesehen eine Adsorption, zu der unter Umständen noch ein Neutralisationsvorgang tritt, wobei basisches Gestein mit den Fettsäureresten der inneren Emulgatorschicht reagiert.

Bei quarzreichen Gesteinen treten Schwierigkeiten bei der Verarbeitung von anionischen Emulsionen auf, da die Haftung am Gestein oft ungenügend ist. Mit kationischen Emulsionen wird hier eine bessere Haftung erzielt. Eine Erklärung dafür kann nur im elektrischen

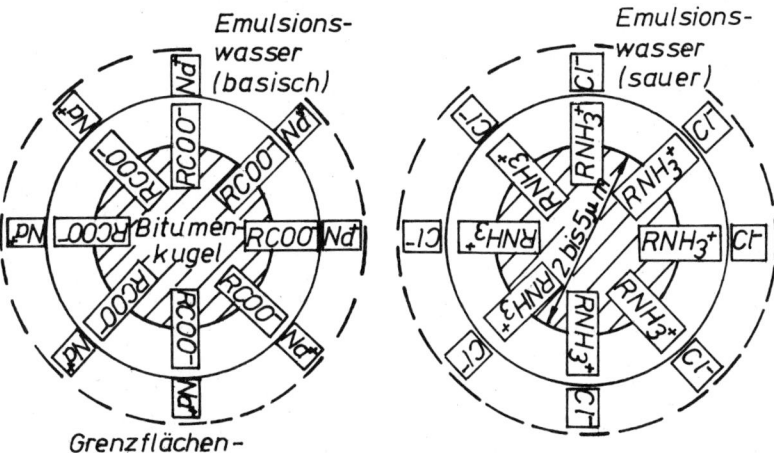

Grenzflächen-
aktive anionische
Schutzschicht

Bild 1.4 *Prinzipbild einer anionischen Bitumenemulsion*
Bild 1.5 *Prinzipbild einer kationischen Bitumenemulsion*

Verhalten der Gesteine gesucht werden, deren Oberflächen wie Kathoden wirken (negative Elektrode). Wie bereits erwähnt, sind die Bitumenkügelchen der kationischen Emulsion positiv geladen, womit die Haftung offensichtlich auf Anziehung entgegengesetzt elektrisch geladener Stoffe beruht. Dabei wird das Emulsionswasser vom Gestein verdrängt.

Die bei uns zur Verwendung kommenden Bitumenemulsionen sind in DIN 1995, Teil 3, standardisiert (Tafel 1.6).

Das Brechverhalten (früher: Stabilitätsgrad) der unstabilen anionischen Emulsionen wird nach [5] bestimmt. An einem Basaltgemisch wird geprüft, ob die zu prüfende Bitumenemulsion damit vollständig bricht.

Tafel 1.6 Anforderungen an Bitumenemulsionen

Lfd. Nr.	Eigenschaft		Sorte U 60	Sorte U 70	Sorte U 60 K	Sorte U 70 K	Prüfung nach
1	Ladungsart		anionisch		kationisch		DIN 52044
2	Äußere Beschaffenheit		braun, flüssig, homogen				DIN 52002
3	Wassergehalt	höchstens %	42,0	32,0*)	42,0	32,0*)	DIN 52048
4	Siebrückstand	höchstens %	0,5**)	0,5	0,5**)	0,5	DIN 52040
5	Lagerbeständigkeit (Siebrückstand) nach 4 Wochen nach 1 Woche	höchstens %	0,5 –	– 0,5	0,5 –	– 0,5	DIN 52042
6	Ausflußzeit mit dem Straßenpech-Ausflußgerät 4-mm-Düse bei 20 °C 4-mm-Düse bei 40 °C	s höchst. s höchst.	12 –	– 60	12 –	– 60	DIN 52023 Teil 1
7	Art des eingesetzten Straßenbaubitumens nach DIN 1995, Teil 1		ist anzugeben				
8	Eigenschaften des zurückgewonnenen Bindemittels a) Asche b) Erweichungspunkt RuK	höchstens % höchst. °C mind. °C	2,5 49,0 37,0***)				DIN 52041 DIN 52005 DIN 52041 DIN 52011
9	Brechverhalten		Prüfung bestanden		–		DIN 52047 Teil 2
	Brechverhalten	höchstens g	–		200		DIN 52047 Teil 1
10	Wassereinwirkung auf Bindemittelüberzug		Splitt vollständig umhüllt				DIN 52006 Teil 1

*) für Faßware höchstens 34%.
**) U 60 und U 60 K, die als „frostbeständig" bezeichnet werden, müssen noch nach DIN 52043 geprüft werden. Siebrückstand dann höchstens 3%.
***) Bei Zugabe von Fluxmitteln auf Mineralölbasis sind auch niedrigere Erweichungspunkte RuK zulässig.

1.1. Organische Bindemittel

Aus dem trockenen Basalt-Edelsplitt und dem Basalt-Edelbrechsand ist ein Mineralstoffgemisch nach Tafel 1.7 vorzubereiten:

20 g der Bitumenemulsion werden in das Mineralstoffgemisch 30 s kräftig eingerührt. Es wird festgestellt, ob innerhalb der Mischdauer Klumpenbildung eintritt.

Tafel 1.7 Mineralstoffgemisch zur Ermittlung des Brechverhaltens

Kornklasse mm	Anteil g
0/0,09	1
0,09/0,25	2
0,25/0,71	5
0,71/2	7
2/5	85

1.1.1.5.4. Haftkleber nach DIN 1995, Teil 3

Bei den Haftklebern handelt es sich zumeist um lösungsmittelhaltige Bitumenemulsionen, die dem Verkleben der Asphaltschichten bei Mehrschichtsystemen dienen sollen. Die Anforderungen sind aus Tafel 1.8. ersichtlich.

Tafel 1.8 Anforderungen an Haftkleber

Lfd. Nr.	Eigenschaft		Sorte HK	Prüfung nach
1	Ladungsart		wird vom Hersteller angegeben	DIN 52044
2	Äußere Beschaffenheit		braun, flüssig, homogen	DIN 52002
3	Wassergehalt	höchstens %	60	DIN 52048
4	Siebrückstand	höchstens %	0,5	DIN 52040
5	Ausflußzeit mit dem Straßenpech-Ausflußgerät	höchstens s	6	DIN 52023 Teil 1
6	Gewichtsverlust durch Verdunstung	höchstens %	70	DIN 52045 Teil 2
7	Erweichungspunkt Ring und Kugel des Verdunstungsrückstandes	mind °C	37,0	DIN 52045 Teil 2 DIN 52011
8	Wassereinwirkung auf Bindemittelüberzug		Splitt vollständig umhüllt	DIN 52006 Teil 1
9	Benetzungsfähigkeit	höchstens min	20	DIN 52046

1.1.1.5.5. Kaltbitumen nach DIN 1995, Teil 4

Kaltbitumen ist eine Bitumenlösung, die aus weichen bis mittelharten Straßenbaubitumen besteht, deren Viskosität durch Zusatz von leichtflüchtigen Lösemitteln herabgesetzt ist. Die technischen Forderungen sind Tafel 1.9 zu entnehmen.

Tafel 1.9 Anforderungen an Kaltbitumen

Lfd. Nr.	Eigenschaft		Sorte KB	Prüfung nach
1	Äußere Beschaffenheit		schwarz, flüssig, homogen	DIN 52002
2	Ausflußzeit mit dem Straßenpech-Ausflußgerät 4-mm-Düse bei 25 °C	höchstens s	200	DIN 52023 Teil 1
3	Masseverlust durch Verdunstung	höchstens %	30,0	DIN 52045 Teil 1
4	Erweichungspunkt Ring und Kugel der Verdunstungsrückstandes	höchstens % mind. %	49 27	DIN 52045 Teil 1 DIN 52011
5	Wassergehalt	höchstens %	0,5	DIN ISO 3733
6	Asche	höchstens %	0,5	DIN 52005
7	Wassereinwirkung auf Bindemittelüberzug		Splitt vollständig umhüllt	DIN 52006 Teil 2
8	Klebeverhalten		Splittkörner nicht herausgefallen	DIN 52033
9	Dichte bei 25 °C	g/cm^3	wird vom Hersteller auf Wunsch mitgeteilt	DIN 52004

1.1.1.5.6. Sonderbindemittel

Die Sonderbindemittel auf Bitumen-Basis sind in den Technischen Lieferbedingungen [6] beschrieben. Danach werden unterschieden:

1. Regeneriermittel
2. Bitumenemulsionen für dünne Schichten im Kalteinbau
3. Porenfüllmassen.

Regeneriermittel sind dünnflüssige Bitumenlösungen, die vor der Verarbeitung nicht erwärmt werden müssen. Durch ihr hohes Eindringvermögen sind sie zur Aktivierung von gealterten Bindemittelfilmen in Asphaltdecken sowie zur Anreicherung des Bitumengehaltes von ausgemagerten oder bindemittelarmen hohlraumreichen Befestigungen geeignet.

1.1. Organische Bindemittel

Die Bitumenemulsionen für dünne Schichten im Kalteinbau unterscheiden sich von denen nach DIN 1995 durch das Brechverhalten, d. h. die Menge des Quarzmehls, das zum vollständigen Brechen unter Rühren benötigt wird, ist um 25 % geringer. Die Emulsion ist nicht ganz so stabil.

Porenfüllmassen setzen sich aus Mineralstoffen, Bitumen, Lösemittel und geringen Mengen Wasser zusammen. Die Verarbeitung erfolgt ohne Erwärmung. Sie sind geeignet für die Nachbehandlung zu rauh oder offenporig hergestellter Asphaltdecken sowie für die Oberflächenversieglung.

1.1.1.6. Zusätze zum Bitumen

Durch Zusätze zum Bitumen können dessen Eigenschaften verschiedenartig verändert werden. Bekannt ist die Verwendung von Mineralpulvern (anorganische) und Polymere bzw. Weichmacher (organische). Die mit letzteren Stoffen modifizierten Bitumen werden unter dem Sammelbegriff „Polymermodifizierte Bitumen (PmB)" zusammengefaßt.

Plaste können nach ihrem Verhalten beim Erwärmen in zwei Hauptgruppen eingeteilt werden, in Duroplaste und Thermoplaste. Thermoplaste sind Stoffe, die sich durch Erwärmen beliebig oft in einen plastischen Zustand überführen lassen, also in der Wärme weich und formbar werden. Dazu gehören auch die Bitumen. Duroplaste sind auf einer bestimmten Verarbeitungsstufe ebenfalls plastisch. Durch thermische und andere Weiterbehandlung werden sie jedoch hart, unlöslich und unschmelzbar. Sie lassen sich durch Wiedererwärmung nicht mehr in den plastischen Zustand zurückversetzen. Die Herstellung erfolgt durch Polymerisation und Polykondensation.

Die Eigenschaften der PmB sind in den „Technischen Lieferbedingungen für polymermodifizierte Bitumen in Asphaltschichten im Heißeinbau" festgelegt [7].

Polymermodifizierte Bitumen sind nach [2] physikalische Gemische von Bitumen mit Polymer- Systemen oder Reaktionsprodukte zwischen Bitumen und Polymeren. Die Polymerzusätze verändern das elastoviskose Verhalten von Bitumen. Gebrauchsfertige polymermodifizierte Bitumen (PmB) sind im Sinne der TL PmB mit Polymeren homogen aufbereitete Bitumen. Als Polymere werden heißlagerbeständige, bitumenverträgliche Elastomere (Tabellen A und B der TL PmB) und Thermoplaste (Tabelle C der TL PmB) eingesetzt, deren stoffliche Eigenschaften umweltverträglich sind.

Mischungen mit anderen Polymersystemen, z. B. Duroplaste, sind nicht Gegenstand der TL PmB 89, Teil 1.

Zur Beurteilung der PmB sind zwei zusätzliche Prüfverfahren eingeführt worden:

1. Elastische Rückstellung nach dem Halbfadenverfahren
   in Anlehnung an DIN 52013 [13] bei 25 °C.
Die Probekörper werden bis zu einer Fadenlänge von 20 cm ausgezogen und der Faden innerhalb 10 s mit der Schere in Fadenmitte in zwei Halbfäden getrennt. Die elastische Rückstellung ist definiert als der Abstand, der sich nach 30 min zwischen den beiden Halbfadenenden einstellt. Sie wird in %, bezogen auf die Ausgangsdehnung von 20 cm, angegeben.

2. Homogenität nach Heißlagerung nach dem Tubenverfahren
   (3 Tage bei 180 °C senkrecht lagern)
Danach erfolgt die Bestimmung des EP RuK im oberen und unteren Teil der Tube.

Tafel 1.10 Vorwiegend verwendete Polymere

Typ	Elastomere
NR	Polyisopren (Naturkautschuk)
CR	Polychloropren
SBR	Styrol-Butadien-Random
SBS	Styrol-Butadien-Styrol
EPDM	Ethylen-Propylen-Dien-Terpolymer

Typ	Thermoplaste
ACM	Ethylenbutylacrylat-Copolymer
EVA	Ethylen-Vinylacetat-Copolymer
aPO	amorphes Polyolefin-Terpolymer

1.1.1.6.1. Elastomere

Den Kautschukabkömmlingen liegt als Baustein das Isopren (Typ NR) zugrunde. Auf der Basis des Butadiens läßt sich synthetischer Kautschuk herstellen, wobei auch Mischpolymerisate oder chloriertes Butadien benutzt werden.

Zu den Dien-Elastomeren gehört Buna z. B. in Latexform, das früher direkt an Mischanlagen dem Bitumen zugesetzt wurde.

Styrol-Butadien-Kautschuk (Typ SBR) ist ein Copolymer aus Butadien und 25 ... 30% Styrol und ist mit dem Naturkautschuk verträglich.

Chloropren-Kautschuk (Polychloropren) erhält seine vernetzende Wirkung von Füllstoffen wie z. B. Zinkoxid und Magnesiumoxid (Typ CR).

In der Mineralölindustrie werden Sonderformen angeboten, deren Einsatz sich nach dem Verwendungszweck richtet. So werden z. B. für die Herstellung von Dränasphalt, zur Herstellung von Emulsionen und für Oberflächenbehandlungen speziell abgestimmte Produkte bereitgestellt.

1.1.1.6.2. Thermoplaste

Diese Klasse von Kunststoffen wird aus Monomeren hergestellt, die bei normalen Temperaturen gasförmig (z. B. Ethylen, Propylen und Vinylchlorid oder flüssig (z. B. Styrol) sind. Die gasförmigen Monomere werden verflüssigt bzw. in Lösung gebracht und dann polymerisiert. Thermoplaste sind warm verformbar und warm bildsam. Es sind Kunststoffe mit unterschiedlich geformten und verzweigten Makromolekülen. Die Längen der Molekülketten bestimmen die Eigenschaften. Sie ergeben sich durch die Reaktionsbedingungen im Verlaufe der Polymerisation. Ihr Formänderungsverhalten ist temperaturabhängig.

1.1.1.6.3. Vergleich der Bitumen

Auf Tafel 1.11 sind vergleichend die Kennwerte eines Normenbitumens B 65 nach DIN 1995 und zweier polymermodifizierter Bitumens PmB 65 nach TL PmB dargestellt. Hinsichtlich der Forderungen treten besonders der Brechpunkt und die Duktilität hervor. Die untere Grenze des Brechpunktes liegt bei dem PmB um 7 K niedriger. Die Duktilitäten klassifizieren die verschiedenen PmB. Die Vorteile der Polymerisierung sollten bei Vorliegen hoher Belastung genutzt werden, wobei vorzugsweise das PmB 45 A verwendet wird.

1.1. Organische Bindemittel

Tafel 1.11 Vergleich wichtiger Kennwerte eines Normenbitumens B 65 mit den polymermodifizierten Bitumen PmB 65 A und C

Kennwert		Einheit	B 65	PmB 65 A	PmB 65 C
Nadelpenetration		mm 10^{-1}	50–70	≥ 50	≥ 50
Erweichungspunkt RuK		°C	49–54	48–55	48–55
Brechpunkt nach Fraaß		°C	≤ -8	≤ -15	≤ -15
Duktilität bei 13 °C		cm	≥ 8	≥ 100	≥ 15
Elastische Rückstellung		%	–	≥ 50	–
Nach thermischer Beanspruchung					
Erweichungspunkt RuK	Anstieg	K	6,5	6,5	6,5
	Abnahme	K	–	2,0	2,0
Nadelpenetration Anstieg Abnahme		% %	– 40	10 40	10 40
Elastische Rückstellung		%	–	≥ 50	–
Duktilität bei 13 °C		cm	≥ 2	≥ 50	≥ 8

1.1.1.6.4. Mineralische Zusätze

Für die Brauchbarkeit eines Füllstoffes sind seine Feinheit (max. 0.5 mm Korngröße) sowie seine Unlöslichkeit und Unquellbarkeit in Wasser maßgebend. Kalkhaltige Füllstoffe scheiden für die Herstellung chemikalienbeständiger Bitumenmassen aus. Auf Grund der Kornform sind die Wirkungen der korpuskularen, lamellaren und fibrillaren Füllstoffe verschieden.
Zur Herstellung farbiger Bitumenprodukte kommen nur anorganische Pigmente mit hohem Färbevermögen wie Eisenoxidrot, Eisenoxidgelb, Chromoxidgrün und Titandioxid in Frage. Auch farbige Gesteinsmehle können zum Färben verwendet werden (roter Porphyr).

1.1.1.7. Untersuchungsmethoden

1.1.1.7.1. Nadelpenetration

Die Eindringtiefe ist eine Viskositätskennzahl, die der Klassifizierung einiger Bitumen dient. Bei den Straßenbaubitumen nach DIN 1995 wird sie allein zur Bezeichnung herangezogen. Bei den geblasenen Bitumen ist sie Bestandteil der Kennzeichnung (DIN 52010).
Unter der Nadelpenetration wird die Einsinktiefe verstanden, um die eine Prüfnadel unter den Bedingungen der DIN 52010 [8] in das zu prüfende Bitumen eindringt (25 °C, 100 g, 5 s). Die Nadelpenetration wird in Zehntel-Millimetern angegeben. Die Prüfung wird mit dem Penetrometer durchgeführt (Bild 1.6).
Als Ergebnis der Prüfung gilt der Mittelwert aus den Einzelwerten. Zur Bildung des Mittelwertes dürfen nur Werte herangezogen werden, deren kleinste und größte Werte sich nicht mehr als in Tafel 1.12. angegeben, unterscheiden.Der Mittelwert muß jedoch aus mindestens drei Einzelwerten gebildet werden.

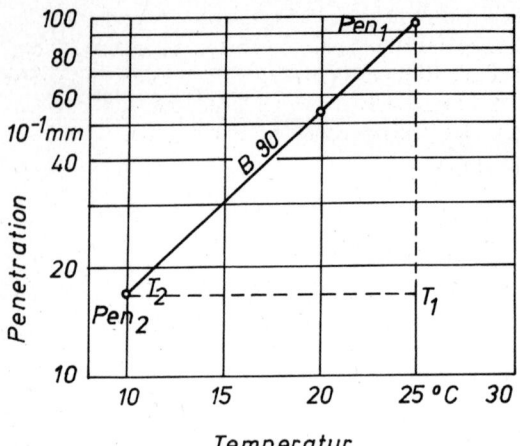

Bild 1.6 Abhängigkeit der Penetration von der Temperatur

Tafel 1.12 Zulässige Spanne zwischen größtem und kleinstem Penetrationswert

Mittelwert	Zulässige Spannweite	
0,1 mm	0,1 mm	%
0– 19	2	–
20– 49	3	–
50– 99	4	–
100–124	5	–
125–350		4

Bezeichnung: Prüfung DIN 52010 – A 25 – 100 – 5

Bei dieser Prüfung wird nur ein Punkt aus der Penetrations-Temperatur-Funktion herausgegriffen.

Pfeiffer/Doormaal haben für Bitumen eine logarithmische Funktion für die Temperaturabhängigkeit der Nadelpenetration aufgestellt. Sie lautet bei konstanter Belastung und Belastungsdauer ($t = 5$ s):

$$\log Pen = A \cdot T + K$$

T Temperatur in °C
A, K Konstante

Wird bei T_1 die Penetration Pen_1 und bei T_2 die Penetration Pen_2 bestimmt, so kann der Neigungsfaktor

$$A = \frac{\log Pen_1 - \log Pen_2}{T_1 - T_2}$$

berechnet werden.

Penetrationsindex (PI)

Ebenfalls von *Pfeiffer* wurde zur Charakterisierung des Bitumens der Penetrationsindex (*PI*) eingeführt. Dazu machte er die Voraussetzung, daß die Bitumen beim Erweichungspunkt RuK eine Penetration von 800 1/10 mm aufweisen. Damit ergibt sich die Möglichkeit, aus der Penetration bei 25 °C und dem Erweichungspunkt RuK den Penetrationsindex zu berechnen.

Aus dem Nomogramm (Bild 1.7.) kann man ablesen:

$$A = \frac{v}{u} = \frac{\log 800 - \log Pen_{25}}{T_{RuK} - 25} = \frac{20 - PI}{10 + PI} \cdot \frac{1}{50}$$

Daraus erhält man für

$$PI = \frac{20u - 500v}{u + 50v}$$

oder

$$PI = -10\left(1 - \frac{3u}{50v + u}\right)$$

Neuerdings ist erkannt worden, daß die Voraussetzung von *Pfeiffer* nicht bei allen Bitumen zutrifft. Man wendet daher zur Berechnung

$$\frac{\log Pen_1 - \log Pen_2}{T_1 - T_2} = \frac{20 - PI}{10 + PI} \cdot \frac{1}{50}$$

an, wobei hier jedoch ein Fehler derart begangen wird, daß die Verbindungsgerade zwar bei 25 °C beginnt, jedoch nicht durch 800 verläuft. Dieser Fehler kann vernachlässigt werden. Trägt man die Penetration bei 25 °C in Abhängigkeit von der Temperatur T_{RuK} auf, ergeben sich e-Funktionen.

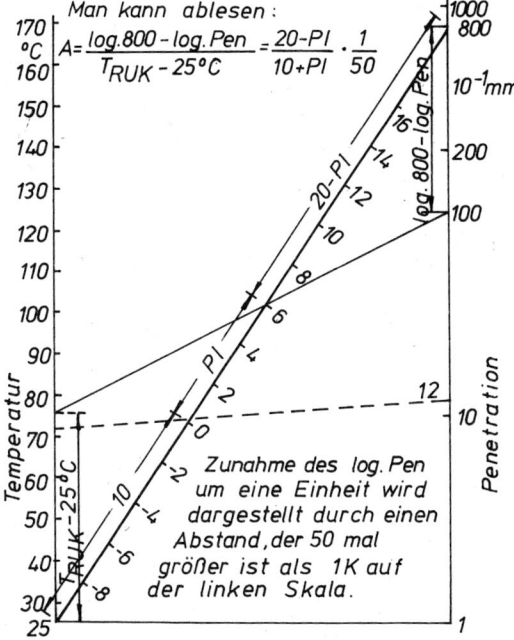

Bild 1.7 *Nomogramm zur Ermittlung des Penetrationsindex PI*

$$\frac{\log 800 - \log Pen_{25}}{T_{RuK} - 25} = \frac{1(20-PI)}{50(10+PI)}$$

$$\frac{(2,903 - \log Pen_{25})}{u} = \frac{20-PI}{10+PI} \cdot \frac{1}{50}$$

Daraus wird für $PI = 0$:

$$\log Pen = 2,903 - \tfrac{1}{25}(T_{RuK} - 25)$$
$$\log Pen = 2,903 - \tfrac{1}{25} T_{RuK} + 1$$
$$\log Pen = 3,903 - 0,04 T_{RuK}$$

Der Penetrationsindex ist ein Maß für die Temperaturempfindlichkeit. Je kleiner der *PI*, desto stärker die Temperaturempfindlichkeit. Er liefert eine Aussage über den kolloidalen Zustand des Bitumens bei Gebrauchstemperatur.

$PI < -2$	→ Pechtyp;
PI –2 bis +2	→ Soltyp;
$PI > +2$	→ Geltyp

Gemäß den Schweizer Normen muß ein im Straßenbau verwendetes Normbitumen einen *PI* von −1,00 bis +0,7 aufweisen. In den USA wird für Normbitumen ein Bereich von −0,8 bis 0,0 vorgeschrieben. Bei uns liegen die Normbitumen zwischen −2,0 und +2,0. Die europäische Normung sieht eine Abhängigkeit der Grenzen des *PI* von der Viskosität vor.

1.1.1.7.2. Erweichungspunkt

Wir unterscheiden den Erweichungspunkt (EP) Ring und Kugel nach DIN 52011 [9], den EP *Krämer-Sarnow* nach DIN 52025 [10] und den EP *Wilhelmi* nach DIN 1996 [11].

Am häufigsten wird der EP RuK bestimmt. Der EP RuK ist die Temperatur, bei der eine Bindemittelschicht unter der Auflast einer Stahlkugel unter standardisierten Bedingungen eine bestimmte Verformung erreicht. Er wird bei vermutlichen Erweichungspunkten zwischen 25 °C und 160 °C angewandt. Das Verfahren wird verwendet für die Prüfung von

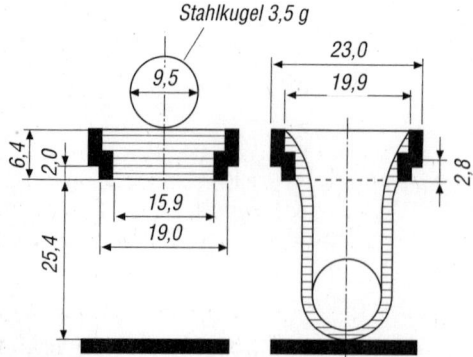

Bild 1.8 Ring und Kugel vor und nach Durchführung der Prüfung

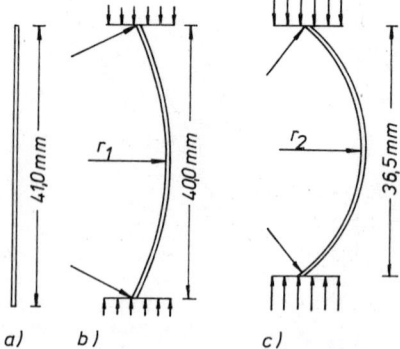

Bild 1.9 Belastungsregime bei der Bestimmung des Brechpunktes nach Fraaß

1.1. Organische Bindemittel 33

Bitumen (DIN 1995 u.a.)
Straßenpech
alterungsbeständiges Straßenpech
Pechbitumen
Bitumenpech
Bitumen aus Bitumen-Emulsionen (DIN 42041)
Bitumen aus Asphalt (DIN 1996, Teil 6)
Bitumen aus der Siedeanalyse von Fluxbitumen (DIN 52024)

Parameter:
Erwärmungsgeschwindigkeit: 5 K/min, Beginn: bei +5 °C
Ende: Wenn Bindemittel die untere Platte erreicht.
Für vermutete Erweichungspunkte < 80 °C ist als Badflüssigkeit Wasser zu benutzen, für EP > 80 °C Glycerin oder ein Glycerin-Wasser-Gemisch. Hält man die Heizgeschwindigkeit bei den Versuchen nicht konstant, so wird sich der Temperaturunterschied zwischen dem Bitumen und der Badflüssigkeit verändern. Abgelesen wird in jedem Fall die Temperatur der Badflüssigkeit, so daß man unterschiedliche Erweichungspunkte erhält (Tafel 1.13). Unterschiede treten auch dann auf, wenn die Badflüssigkeit gerührt wird oder nicht.

Tafel 1.13 EP-Änderungen bei abweichender Heizgeschwindigkeit

Heizgeschwindigkeit zwischen Bad und Bitumen	Temperaturunterschied
K/min	°C
2,5	1,3
5,0	2,7
10,0	5,3

1.1.1.7.3. Brechpunkt nach Fraaß

Die Bestimmung des Brechpunktes nach *Fraaß* ist in DIN 52012 [12] standardisiert. Der Brechpunkt nach *Fraaß* ist die Temperatur, bei der eine Schicht des Bindemittels beim Biegen unter den Bedingungen der DIN bricht oder Risse bekommt.

Auf Bleche mit den Abmessungen $0,15 \pm 0,02 \cdot 20 \pm 0,2 \cdot 41 \pm 0,05$ mm wird eine 0,5 mm $\pm$ 0,02 mm dicke Bitumenschicht aufgebracht.

Bei einer Abkühlungsgeschwindigkeit von 1 K/min ist die Kurbel mit einer Umdrehung/Sekunde zu drehen und damit das Bindemittelplättchen zu biegen. Falls sich kein Riß zeigt, wird wieder entlastet. Danach wird die Temperatur um 1 K erniedrigt und die Belastung erfolgt erneut. Dieser Zyklus wird solange durchgeführt, bis sich der erste Riß auf dem Bindemittelplättchen zeigt.

Die Bestimmung des Brechpunktes nach *Fraaß* hat einen relativ großen Steubereich. Eine Verbesserung ließe sich nur durch strengere Normung der Apparatur sowie des Verfahrens zustande bringen. Es wurden bereits vollautomatische und halbautomatische Geräte entwickelt, bei denen nur noch der Temperaturabfall durch den Laboranten zu regeln ist.

1.1.1.7.4. Duktilität

Die Duktilität ist die Fähigkeit eines Bindemittels, sich unter den Bedingungen der DIN 52013 [13] zu einem Faden auseinander ziehen zu lassen.

Die Duktilität wird in fast allen Ländern geprüft. Meist wird die Prüfung bei einer Fadenlänge von 100 cm abgebrochen. *Dow* beschrieb sie zu Beginn dieses Jahrhunderts.

Die angegebenen Bitumenformstücke werden bei bestimmten Temperaturen mit bestimmter Geschwindigkeit auseinandergezogen. Im Augenblick, wenn der Faden reißt, wird die Länge in cm abgelesen.

Die Fadenlänge ist eine Funktion der

a) Kohäsion des Bindemittels und damit der Temperatur
b) Viskosität des Bindemittels
c) Dehnungsgeschwindigkeit

$$L = f(K, \eta, v)$$

Nach Standard wird die Temperatur in Abhängigkeit von der Bitumenart gewählt. Die Ausziehgeschwindigkeit beträgt $v = 5$ cm/min. Trägt man die Duktilität in Abhängigkeit von der Temperatur auf, so erhält man Glockenkurven.

Wie *Zenke* festgestellt hat, ändert sich die bei tieferen Temperaturen als 25 °C ermittelte Duktilität in Abhängigkeit von der Temperierdauer, d. h. sie nimmt mit zunehmender Temperierdauer ab. Dieser Duktilitätsabfall beruht auf thixotropen Strukturausbildungen innerhalb des kolloiddispersen Gefüges. Der Nachweis wurde über die Strukturauflösung durch intensive mechanische Beanspruchung erbracht.

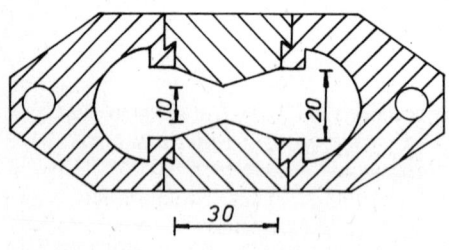

Bild 1.10 Form zur Herstellung der für die Duktilitätsbestimmung benötigten Prüfkörper. Bei der Prüfung werden nach Abnahme der mittleren Formteile die äußeren Formteile auseinander bewegt.

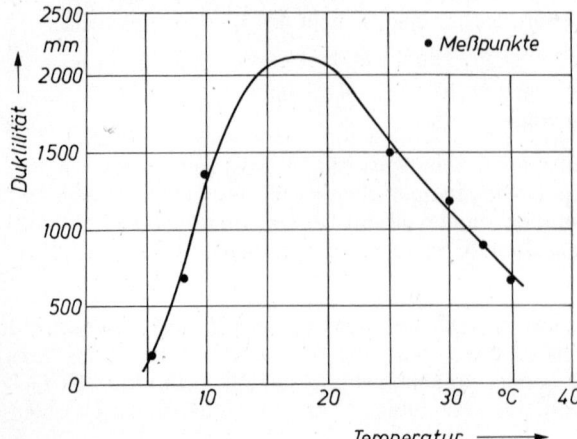

Bild 1.11 Abhängigkeit der Duktilität von der Temperatur

1.1. Organische Bindemittel

1.1.1.7.5. Andere Untersuchungsmethoden

Nach den 4 gebräuchlichsten Untersuchungsmethoden, die für Bitumen in fast allen Straßenbaulaboratorien durchgeführt werden können und die relative Viskositätskennwerte darstellen, ist die Prüfung der absoluten Viskosität von Interesse. In der Asphalttechnologie wird dieser Begriff ganz allgemein für das thermoplastische Verhalten bituminöser Stoffe benutzt.

Zur Unterscheidung des physikalisch exakt definierten Begriffs der newtonschen Viskosität von der Zähigkeit für teilweise ganz verschiedene Meßwerte, spricht man von absoluter und konventioneller Viskosität. Konventionelle Meßwerte sind meist weniger aussagefähig. Das hat seinen Grund darin, daß bitumen- und pechhaltige Stoffe weder feste Körper noch Flüssigkeiten sind. Die konventionellen Methoden sagen aus, welchen Wert die Viskosität bei den jeweiligen Versuchsbedingungen hat. Aus der Vielzahl der Verfahren sind folgende besonders hervorzuheben, bei welchen es gelang, die absolute Viskosität zu ermitteln, die dem Versuch entspricht

Erweichungpunkt RuK
Erweichungspunkt *Krämer-Sarnow*
Tropfpunkt nach *Ubbelode*
Brechpunkt nach *Fraaß*

Die Viskosität ist temperaturabhängig. Trägt man auf der Ordinate $\log \log \eta$ und auf der Abzisse $\log T$ (absolute Temperatur) auf, so ergeben sich Geraden.

1.1.2. Teerpech

1.1.2.1. Gewinnung des Teerpechs

Unter dem Teerpech versteht man die durch thermische Zersetzung organischer Naturstoffe gewonnenen, flüssigen bis halbfesten Erzeugnisse. Teerpech zählt zu den bituminösen Stoffen und wird im allgemeinen nach dem Ursprungsstoff bezeichnet. So erhält man aus Holz Holzteer, aus Braunkohle Braunkohlenteer und aus Steinkohle Steinkohlenteer. Die Verwendung von Teerpech als Bindemittel im Straßenbau ist verboten. Früher wurde vielfach Teerpech im Straßenbau verwendet. Das war einmal auf das Fehlen von Bitumen zurückzuführen und zum anderen war das bei der Verkokung anfallende Teerpech einer Verwendung zuzuführen. Bindemittel-Gesteins-Gemenge, die Teerpech enthalten, werden als pechhaltige Gemische bezeichnet. Als Klebe- und Dichtungsmittel im Bautensschutz wird es noch verwendet.

Die Unterschiede zwischen Bitumen und Teerpechen liegen in der Zusammensetzung, d. h. besonders im Gehalt an polycyclischen aromatischen Kohlenwasserstoffen (PAK), von denen es in der Natur schätzungsweise 200 bis 300 verschiedene Verbindungen gibt. Bei einigen PAK's, zum Beispiel bei Benzo(a)pyren, das auch beim Rauchen entsteht, besteht der sehr starke Verdacht auf Canzerogenität, was durch Langzeitversuchen an Mäusehaut festgestellt wurde.

Tafel 1.14. zeigt die großen Unterschiede zwischen Steinkohlenteerpech und Bitumen hinsichtlich des Gehaltes von 11 ausgewählten PAK's.

Tafel 1.14 PAK-Anteile in Bitumen und Teerpech

Bestandteile	Steinkohlenteerpech	Teerbitumen	Normbitumen B80
Fluoranthen	43000	4976	0,15
Pyren	29000	2890	0.30
Benzo(a)antracen	12500	3668	0,50
Chrysen	10000	3773	3,70
Benzo(f)fluoranthen	9000	1159	0,80
Benzo(e)pyren	7000	1511	4,00
Benzo(a)pyren	12500	2005	0,68
Perylen	3300	578	1,30
Indeno(1,2,3-cd) pyren	9300	1096	
Benzo(ghi)perylen	3300	814	3,20
Anthanthren	2100	570	0,15
Summe	141000	23040	24,2

1.1.2.2. Zusammensetzung des Teerpechs

Teerpech besteht im wesentlichen aus aromatischen Kohlenwasserstoffen wie Benzol (C_6H_6), Naphtalin ($C_{10}H_8$), Anthrazen ($C_{14}H_{10}$) und Phenol (C_6H_5OH).

Phenol hat einen durchdringenden Geruch und einen brennenden, ätzenden Geschmack. Es wirkt sehr giftig. Die Aufbereitung phenolhaltiger Wässer bereitet große Schwierigkeiten. Durch die Wasserdampfflüchtigkeit der Phenole können diese beim Verdampfen des Wassers aus den Substanzgemischen selektiv isoliert werden.

Teerpech besteht nicht nur aus den vier angegebenen Stoffen. Es ist ein Gemisch aus etwa 10000 Verbindungen. Davon hat man etwa 300 isolieren und nachweisen können. Ähnlich wie beim Bitumen wandte man Trennverfahren mit selektiv wirkenden Lösungsmitteln an. Solche Lösungsmittel sind z. B. Toluol, Nitrobenzol, Methanol und Anthrazenöl-Pyridin. Mit Hilfe dieser Lösungsmittel läßt sich Teerpech in drei Teerharze und zwei Teeröle aufteilen. Auch Teerpech ist eine kolloidale Auflösung von höhermolekularen Harzen in niedrigermolekularen Ölen. Der Kern der Mizellen wird von den toluolunlöslichen H- und M-Harzen gebildet, die von den N-Harzen und evtl. Anteilen der m-Öle in Form einer Schutzschicht umgeben sind. Die geschlossene ölige Phase besteht aus m-und n-Ölen. Tafel 1.15. zeigt die Aufteilung.

Ähnlich dem geblasenen Bitumen lassen sich beim Teerpech durch Lufteinblasen zusätzliche H-Harze erzielen. Durch Zurückfluxen dieser harten Teerpeche wird das Mizellgerüst, das sich infolge der vergrößerten Mizellkerne gebildet hat, mit Teerölen gefüllt. Solche Produkte werden als Sonderteere bezeichnet. Will man den Unterschied zwischen einem normalen Teer und einem Sonderteer herausstellen, so bedient man sich der Sol- und Gelstruktur. Der normale Teer läßt sich als Sol, der Sonderteer als Gel auffassen.

1.1. Organische Bindemittel

Tafel 1.15 Gruppenaufteilung von Teerpechen

Gruppe	Molekulargröße	Kurzname	Löslichkeit
1	hochmolekular	H-Harze	unlöslich in Anthrazenöl-Pyridin
2	mittelmolekular	M-Harze	unlöslich in Toluol löslich in Anthrazenöl
3	niedrigmolekular	N-Harze	unlöslich in Methanol löslich in Toluol
4	mittelmolekular	m-Öle	unlöslich in verd. Methanol löslich in Methanol
5	niedrigmolekular	n-Öle	löslich in Methanol

1.1.2.3. Probleme der Wiederverwendung

Teerpech besteht vornehmlich aus aromatischen Kohlenwasserstoffen. Daher ist es in den naphtenisch-paraffinischen Erdölkohlenwasserstoffen nicht oder nur sehr schwer löslich. Die äußerst dicht gepackten Kohlenwasserstoffmoleküle bewirken, daß Wasser in Teerpech weitgehend unlöslich und somit Teerpech praktisch wasserundurchlässig ist. Die im Teer enthaltenen Phenole und Teerbasen stellen natürliche Netz- und aktive Haftmittel dar. Das erklärt das gute Benetzungs- und Kapillareindringungsvermögen. Auf Grund seiner Beständigkeit gegen Bodenbakterien und gegen das Eindringen von Wurzeln ist Teerpech für Rohrisolierungen und im Bautenschutz gut geeignet. Gegen Licht- und Lufteinflüsse ist er weniger resistent als Bitumen. Er altert, d. h. er wird unter den Witterungseinflüssen härter und spröder, als es dem Verlust an flüchtigen Stoffen entspräche. Dieses Verhalten kann man damit erklären, daß die ungesättigten Kohlenwasserstoffverbindungen durch Oxydation zu

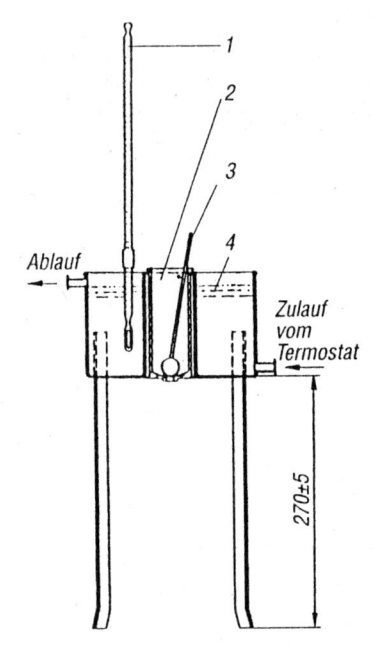

Bild 1.12 Straßenpechausflußgerät
1 Thermometer; 2 Ausflußgerät; 3 Verschlußstab; 4 Temperierbad

Molekülen mit Harzcharakter polymerisieren. Bezüglich seiner physikalischen Eigenschaften kann gesagt werden, daß z. B. die Plastizitätsspanne von Weichpech 26 bis 32 K beträgt und die vergleichbaren Werte des destillierten Bitumens nur von den Sonderpechen erreicht werden (47 bis 69 K, Bild 1.12).

Teerharze haben maximale Dichten von 1,6, die Teeröle etwa 1,2 g/cm^3 bei 25 °C. Eine Zunahme der Dichte bei den zäheren Teeren ist daher ganz erklärlich. Als kubischer Ausdehnungskoeffizient wird 0,00071 m^3/m^3 K angenommen.

Um die Vorzüge der beiden Baustoffe Bitumen und Teer zu vereinigen, hat man schon frühzeitig versucht, sie miteinander zu mischen. Durch den Teer kann die Haftung am Gestein verbessert werden, durch das Bitumen die Plastizitätsspanne und die Alterungsbeständigkeit günstiger gestaltet werden. Dieser Sachverhalt ist besonders bei der Wiederverwendung von Straßenaufbruch oder Fräßgut zu berücksichtigen. Es ist nicht immer aus den Straßenbüchern ersichtlich, ob und zu welchem Zeitpunkt Straßenpech in der Konstruktion verwendet wurde. Eine Kontrolle ist erforderlich. Dazu steht ein einfaches Schnellerkennungsgerät (Teerpistole) zur Verfügung, das nach einer organoleptischen Vorkontrolle eingesetzt wird. Eine quantitative Bestimmung der Straßenpechanteile ist damit nicht möglich. Auf eine Darstellung chromatographischer Methoden wird hier verzichtet.

Teerpech kommt nicht frei in der Natur vor, sondern entsteht bei der thermischen Zersetzung organischer Naturstoffe. Vor 100 Jahren wurde Steinkohle ausschließlich verfeuert. Als man feststellte, daß durch ihre Erhitzung unter Luftabschluß Leuchtgas gewonnen werden konnte, begann eine Entwicklung, die zur Entdeckung zahlreicher Stoffe führte. Koks ist der Rückstand der trockenen Destillation. In dem Gemisch aus gasförmigen Kohlenwasserstoffen befinden sich zunächst auch noch Kohlenwasserstoffverbindungen, die bei gewöhnlicher Temperatur flüssig oder fest sind. Sie bilden nach ihrer Abscheidung den Rohteer. In der Anfangszeit wurde Teerpech als Abfallprodukt aufgefaßt und man wußte nicht recht, was man mit ihm anfangen sollte. Daraufhin entzog man ihm durch Destillation die leichter siedenden Bestandteile und verkaufte sie als Imprägnieröl. Das zurückbleibende Hartpech fand bei der Brikettierung Verwendung. Um aus dem Rohteer einen Straßenteer herzustellen, kann man grundsätzlich zwei Wege beschreiten:

1. Es wird solange destilliert, bis der Rückstand die gewünschte Zusammensetzung aufweist.
   Ein auf diese Weise gewonnenes Teerpech bezeichnet man als destilliertes Teerpech.
2. Die bei der fraktionierten Destillation erhaltenen Ölanteile werden im gewünschten Verhältnis dem Teerpech zugemischt. Die auf diesem Wege hergestellten Teerpeche werden präparierte Teerpeche genannt.

Ähnlich wie beim Bitumen unterscheidet man auch beim Teerpech verschiedene Verwendungsformen. In DIN 1995, Teil 5, sind die in Tafel 1.16 angegebenen Bindemittel enthalten.

Tafel 1.16 Verwendungsformen des Teerpechs

Straßenpech	Lösung von Steinkohlenteer-Spezialpech in Lösemitteln
Bitumenpech	Mischung überwiegend aus Straßenpech mit Straßenbaubitumen
Kaltpechlösung	Lösung von Straßenpech in leichtflüchtigen Lösemitteln

Nach DIN 1995 sind auch Mischungen von 85...90 M.-% Straßenpech mit 10...15 M.-% Straßenbaubitumen erlaubt, wenn ein Mischen ohne Ölabscheidung in Emulsions- oder Tropfenform möglich ist.

Auf eine genauere Besprechung der einzelnen Arten wird an dieser Stelle verzichtet, da eine Verwendung im Straßenbau nicht mehr statthaft ist.

1.1.2.4. Haftverbesserer

Die Wassereinwirkung auf Bindemittelüberzüge der bitumenhaltigen Bindemittel wird nach DIN 52006, Teil 1 bis 3 [14], durch Wasserlagerung bestimmt. Dabei wird das Haftvermögen an einem charakteristischen Prüfgestein in Gegenwart von Wasser beurteilt und festgestellt, ob der Bindemittelüberzug den Splitt noch vollständig bedeckt.

Stellt man fest, daß die Haftung des Bindemittels am Gestein ungenügend ist, so kann eine Verbesserung durch Zusätze zum Gestein oder zum Bindemittel oder zu beiden vorgenommen werden. Bindemittel haften ausreichend an hydrophoben Mineralflächen, schlecht an hydrophilen. Zu den ersteren gehören die basischen Gesteine, die einen Überschuß an mehrwertigen Kationen an der Mineraloberfläche aufweisen, zu den hydrophilen vorwiegend die sauren mit einem Überschuß an Kieselsäure. Durch Hydrophobierung saurer Gesteine, z. B. mit Kalkhydrat, kann die Bindemittelhaftung verbessert werden. Als Zusätze zu den Bindemitteln kommen in Frage: Seifen, Montanwachse und Harze, früher Steinkohlenteere, Teeröle und -peche und Amine. Bei den Emulsionen wurde das Problem durch die Schaffung der kationischen Emulsionen weitgehend gelöst, deren Emulgator aus Aminen, also haftverbessernden Stoffen, besteht und deren wäßrige Phase sauer reagiert.

Lange Zeit wurde dem Bitumen als Haftverbesserer Romonta zugegeben. Beim Rohmontawachs handelt es sich um ein aus der Braunkohle durch Extraktion gewonnenes Hartwachs von braunschwarzer Farbe, das bei normaler Temperatur hart ist, eine Dichte von etwa 1,02 bis 1,03 g/cm^3 bei 20 °C hat und bei etwa 80 °C schmilzt. Romonta ist ein Zwischenprodukt der Montanwachsindustrie. Es wurde nach dem Tank und vor dem Kesselwagen durch inline-blending zugegeben. Dabei handelt es sich um die Möglichkeit, durch ein in die Pumpleitung eingeführtes Rohr den Haftverbesserer zugeben zu können. Im Jahre 1967 wurden in der DDR z. B. 1169 t Romonta, 1970 1308 t verbraucht, um die Haftung der Bitumen zu verbessern. Ein weiterer Haftverbesserer war der Phenosolvanextrakt aus Leuna, der seit 1968 dem Verschnittbitumen (Fluxbitumen) zugegeben wurde.

1.2. Zement und Kalk

1.2.1. Zement

Zemente sind feingemahlene hydraulische Bindemittel für Mörtel und Beton, die auch unter Wasser erhärten. Zu unterscheiden sind Portlandzement (PZ), Eisenportlandzement (EPZ), Hochofenzement (HOZ), Portlandölschieferzement (PÖZ) und Traßzement (TrZ).

Von anderen hydraulischen Bindemitteln unterscheiden sich die Zemente durch ihre höhere Festigkeit. Die Einteilung der Zemente in Sorten erfolgt nach der Druckfestigkeit, die an Mörtelprismen nach 28 Tagen bestimmt wird. Die Widerstandsfestigkeit gegen atmosphärische und chemische Einwirkungen hängt von der chemischen Zusammensetzung und den Anteilen der folgenden Klinkerminerale ab:

Trikalziumsilikat   3 CaO SiO$_2$ (C$_3$S)
Dikalziumsilikat   2 CaO SiO$_2$ (C$_2$S)
Trikalziumaluminat   3 CaO Al$_2$O$_3$ (C$_3$A)
Tetrakalziumaluminatferrit 4 CaO Al$_2$O$_3$ FeO$_3$ (C$_4$AF)

Den Hauptbestandteil bildet das C$_3$S, das schnell erhärtet. Das C$_2$S erhärtet langsamer, ist für die Nachhärtung wichtig und bestimmt auch die Sulfatbeständigkeit. Die Festigkeitsklassen der Zemente nach DIN 1164 [19] sind aus Tafel 1.17 zu ersehen.

Die Festigkeitsklassen Z25, Z35 und Z45 sind auch nach oben begrenzt. Für die Herstellung von Fahrbahndecken aus Beton werden außer Traßzement alle Arten verwendet (vgl. auch ZTV Beton [27]). In der Regel wird dazu Zement der Festigkeitsklasse Z35 genutzt. Z45 F wird eingesetzt, wenn eine hohe Anfangsfestigkeit gewünscht wird bzw. wenn der Beton bei niedrigen Temperaturen schneller erhärten soll.

An Zemente werden definierte Anforderungen gestellt (Tafel 1.18):

Tafel 1.17 Festigkeitsklassen der Zemente nach DIN 1164

Festigkeitsklasse	Druckfestigkeit in N/mm^2 nach			
	2 Tagen	7 Tagen	21 Tagen	28 Tagen
Z 25*	–	10	25	45
Z 35 L*	–	18	35	55
Z 35 F*	10	–	35	55
Z 45 L*	10	–	45	65
Z 45 F*	20	–	45	65
Z 55	30	–	55	–

Tafel 1.18 Anforderungen an Zemente

Kennwert	Anforderung
Mahlfeinheit	≥ 2200 cm^2/g Sonderfall: ≥ 2000 cm^2/g Straßenbau: ≤ 4000 cm^2/g
Erstarrungsbeginn	≥ 1 Stunde
Erstarrungsende	≤ 12 Stunden
Druckfestigkeit	siehe Tafel 1.17
Hydratationswärme	≤ 270 J/g (bis 7. Tag)

1.2. Zement und Kalk

1.2.1.1. Physikalische Prüfung der Zemente

Gemäß den in den Tafeln 1.17 und 1.18 angegebenen standardisierten Forderungen ist die Qualität der Zemente sorgfältig zu überwachen, um dem Verbraucher eine gleichbleibende Beschaffenheit des Endprodukts zu garantieren. Zur Feststellung der Gütemerkmale, wie Druckfestigkeit nach 28 Tagen, Mahlfeinheit, Raumbeständigkeit, Erstarren, Schwinden u. a., sind standardisierte physikalische Prüfungen vorzunehmen [16].

1.2.1.1.1. Biegezug- und Druckfestigkeit

Für diese Prüfung werden als Prüfkörper drei Mörtelprismen der Abmessung 40 mm × 40 mm × 160 mm gleichzeitig hergestellt. Die Prismenformen (Bild 1.13) sind innen leicht zu ölen, und die Fugen sind mit geeigneten Mitteln abzudichten. Der Mörtel muß aus 1 Masseteil Zement, 3 Masseteilen Prüfsand und 1/2 Masseteil Wasser bestehen.

Die Kornzusammensetzung des Prüfsandes darf sich in dem auf Bild 1.14 dargestellten Bereich bewegen. Die Mischung erfolgt mit dem Schaufelmischer. Zunächst werden Wasser und Zement 30 s lang bei niedriger Geschwindigkeit der Mischschaufel gemischt; innerhalb weiterer 30 s wird der Sand zugesetzt, und danach wird 30 s mit hoher Geschwindigkeit gemischt. In der darauf folgenden Pause von 1,5 min wird der an der Wand des Behälters haftende Mörtel mit einem Gummistab entfernt (15 s) und in die Mitte des Troges gegeben. Eine weitere Mischzeit von 60 s schließt den Mischvorgang ab.

Nach dem Mischen wird das Ausbreitmaß des Mörtels auf einem besonderen Rütteltisch festgestellt. Der Mörtel wird in die Formen eingefüllt, auf dem Schocktisch verdichtet und bis zur Entformung mind. 20 h im Feuchtluft-Lagerungskasten gelagert.

Die Bestimmung der Biegezugfestigkeit erfolgt mit dem Biegezuggerät, dessen Wirkung auf den Prüfkörper in Bild 1.15 dargestellt ist. Durch in den Belastungseimer des Gerätes gleich-

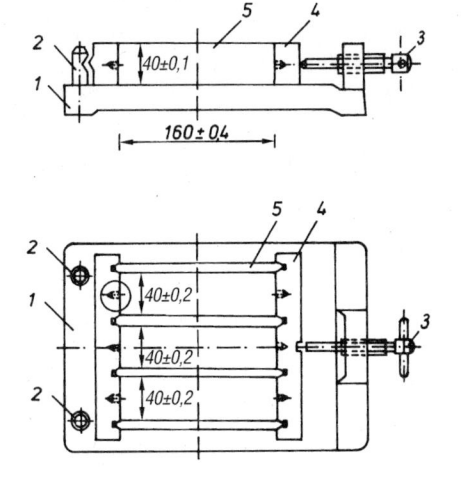

Bild 1.13 Formen zur Herstellung von Mörtelprismen
1 Unterlagsplatte; 2 Widerlager; 3 Spannschraube; 4 Stirnkeil; 5 Längskeil

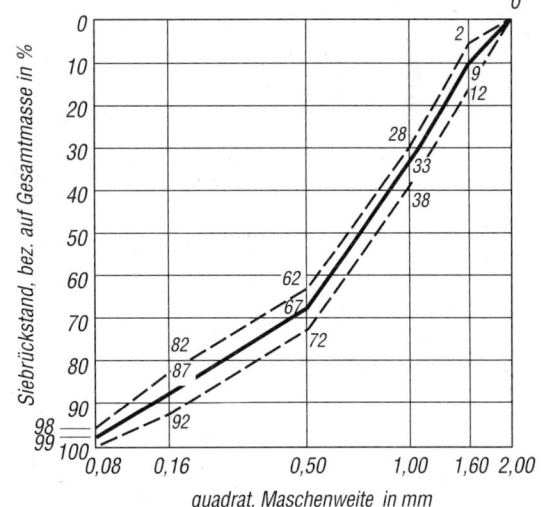

Bild 1.14 Kornzusammensetzung des Prüfsandes

mäßig einlaufenden Schrot wird über ein Hebelsystem die um 50 N/s ± 5 N/s zunehmende Kraft P am Prüfkörper erzeugt. Die Berechnung der Biegezugfestigkeit erfolgt nach der Gleichung:

$$\sigma_{BZ} = M/W = 3F_L l/2ba_2 = 1{,}5 \cdot F_L \cdot l/b^3, \quad \text{weil} \quad a = b \text{ in N/mm}^2$$

Mit $l = 100$ mm und $a = b = 40$ mm wird

$$\sigma_{BZ} = 234 \cdot 10^{-5} F_L /\text{mm}^2$$

Die Druckfestigkeit wird an den bei der Biegeprüfung anfallenden Prismenhälften bestimmt. Dazu werden Druckplatten mit einer Fläche von 40 mm x 40 mm und einer *Rockwell*-Härte von $RH = 60$ untergelegt. Die Kraft wird mit einer Geschwindigkeit von 2400 ± 200 N/s bis zum Bruch gesteigert.

1.2.1.1.2. Mahlfeinheit

10 g des vorbereiteten Zements sind auf dem 90-µm-Sieb zu sieben. Der Rückstand ist in Prozent der Einwaage mit einer Genauigkeit von 0,1% anzugeben und mit den Forderungen der Tabellen 1.12 und 1.13 zu vergleichen.

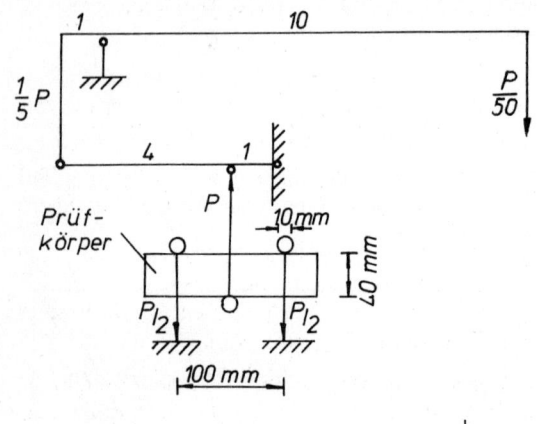

Bild 1.15 Belastungsregime der Prüfkörper im Biegezuggerät

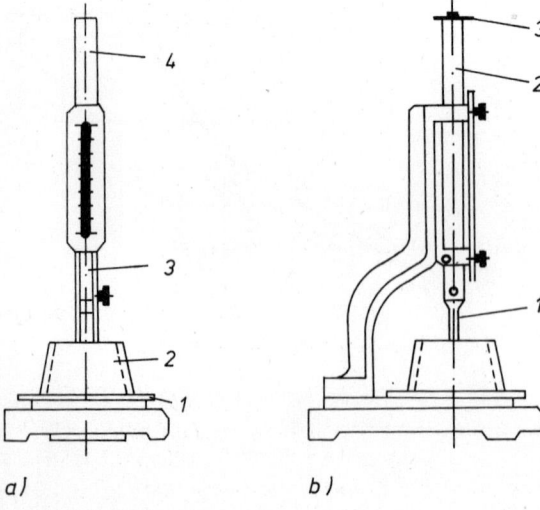

Bild 1.16 Vicat-Nadelgerät
a) mit Tauchstab; b) mit Nadel
1 Glasplatte; 2 Ring zur Aufnahme des Zementleims; 3 Tauchstab;
4 Meßstange; 5 Nadel; 6 Zusatzgewicht

1.2. Zement und Kalk

Standardzemente sollen einen Siebdurchgang durch das 90-µm-Sieb von mindestens 85 bis 90 % aufweisen. Damit wird nichts über die Kornverteilung dieses Siebdurchgangs ausgesagt. Einen diesbezüglichen Anhaltspunkt liefert die spezifische Oberfläche nach *Blaine*, die größer als 2000 cm^2/g sein soll.

1.2.1.1.3. Erstarren

Der Erstarrungsbeginn des Zements ist eine Funktion der chemischen Zusammensetzung, der Mahlfeinheit, des Anmachwasserzusatzes und der Temperatur. Je nach chemischer Zusammensetzung und Mahlfeinheit sind unterschiedliche Wassermengen zur Erzielung der Normalsteife erforderlich. Deshalb ist die Anmachwassermenge zu bestimmen. Der Zementbrei hat Normalsteife, wenn der Tauchstab des zur Bestimmung verwendeten Vicat-Nadelgeräts (Bild 1.16) 30 s nach dem Loslassen 5 bis 7 mm über der Platte steht. Der für die Ermittlung der Normalsteife erforderliche Tauchstab läßt sich durch eine Nadel ersetzen. Diese Nadel dringt in den Zementbrei ein. Der Erstarrungsbeginn ist dann erreicht, wenn die Nadel 3 bis 5 mm über der Platte im Zementbrei steckenbleibt, wobei die Zeit von Beginn der Wasserzugabe an gerechnet wird.

Zur Bestimmung des Erstarrungsendes wird die untere Fläche der Probe benutzt. Dazu muß der Ring mit dem Zementbrei von der Platte abgezogen werden. Er wird umgekehrt wieder unter die Nadel gebracht. Es ist in Abständen von 15 min zu messen. Das Erstarren gilt als beendet, wenn die Nadel noch höchstens 1/2 mm in den erstarrten Brei eindringt.

1.2.1.1.4. Raumbeständigkeit

Die Raumbeständigkeit wird durch den Kochversuch oder mit dem *La Chatelier*-Ring (Bild 1.17) ermittelt. Für den Kochversuch werden je 75 g Zement mit Wasser zu einem normsteifen Brei angerührt, zu einer Kugel geformt und auf einer leicht geölten Glasplatte durch Rütteln zu einem Kuchen von etwa 70 mm Durchmesser und 10 mm Höhe in Kuchenmitte ausgebreitet. Nach 24stündiger Lagerung im Feuchtluft-Lagerungskasten werden sie von der Glasplatte gelöst und mit der ebenen Seite nach oben in ein mit kaltem Wasser gefülltes Gefäß gelegt. Das Wasser wird in ungefähr 15 min zum Sieden gebracht. Nach einer Kochzeit von 3 h läßt man die Kuchen im Gefäß abkühlen und beurteilt sie.

Die Kochprobe gilt als bestanden, wenn die Kuchen scharfkantig und kantenfest sind, keine Radial- und Netzrisse aufweisen, keine Volumenvergrößerung zu erkennen ist und die Verkrümmung der Kuchen höchstens 2 mm beträgt, was sich durch ein angelegtes Lineal leicht feststellen läßt.

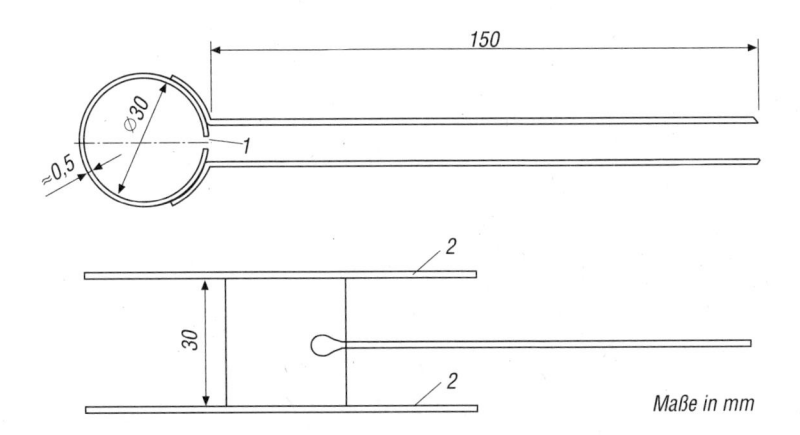

Bild 1.17
Le-Chatelier-Ring
1 Spalt; 2 Glasplatte

Maße in mm

Der *Le-Chatelier*-Ring besteht aus einem federnden Blechstreifen aus einer Kupfer-Zink-Legierung mit Meßnadeln und muß die im Bild 1.17 gezeigten Maße aufweisen. Zu dem Ring gehört ein Paar ebener Glasplatten, deren Fläche größer als die des Ringes ist. Eine solche Glasplatte soll mindestens 75 g wiegen.

Der Zementleim von Normalsteife wird in den leicht geölten Ring gefüllt, der sich auf der ebenfalls leicht geölten Glasplatte befindet, abgestrichen und mit der anderen Glasplatte abgedeckt. Der Ring darf sich dabei nicht öffnen. Nach 24 h Feuchtlagerung ist die Entfernung A zwischen den Nadelspitzen zu messen. Anschließend wird innerhalb von 30 min auf Kochtemperatur erwärmt, 3 h gekocht und nach dem Kochen die Entfernung B zwischen den Nadelspitzen gemessen. Nach dem Abkühlen wird die Entfernung C zwischen den Nadelspitzen festgestellt. Ein Maß für die Einschätzung der Raumbeständigkeit ist die mittlere Meßwertdifferenz $C-A$, die der Abschätzung der späteren Ausdehnung des erhärteten Zements dient, die auf der Hydratation von freiem Calciumoxid bzw. freiem Magnesiumoxid beruht. In Ausnahmefällen darf auch die Meßwertdifferenz $B-A$ herangezogen werden, wenn nachgewiesen ist, daß keine nennenswerten Unterschiede zur Meßwertdifferenz $C-A$ bestehen.

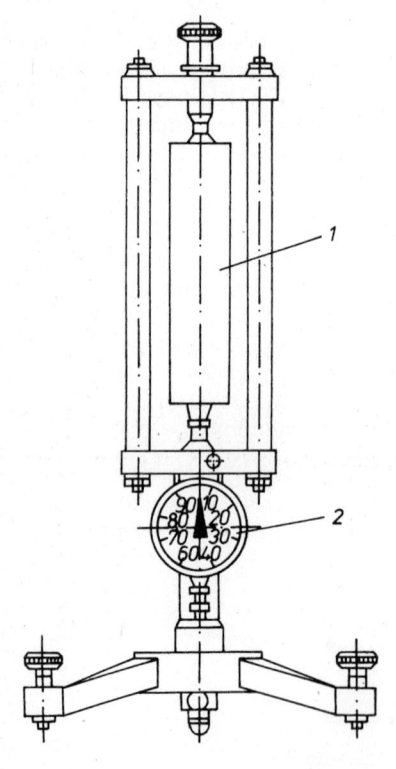

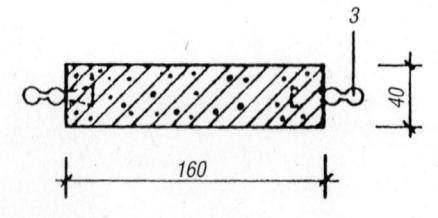

Bild 1.18 Schwindmeßgerät
1 Schwindmeßkörper; 2 Meßuhr; 3 Meßzapfen

1.2. Zement und Kalk

1.2.1.1.5. Schwinden

Schwinden und Quellen des Zements sind Volumenänderungen, die mit dem Schwindmeßgerät gemessen werden (Bild 1.18). Die Mörtelprismen werden dazu an den Stirnseiten mit je einem Meßzapfen versehen, die einen kugeligen Kopf von 4,5 mm Durchmesser haben. Die Prüfkörper werden in Wasser gelagert und nach 7, 14, 21 und 28 Tagen gemessen. Die auf die Ausgangslänge bezogene Längendifferenz wird in Promille angegeben und als Schwindmaß bezeichnet. Für die Größe des Schwindmaßes ist besonders die Hydratation des Zements, d.h. die Bildung des Zementsteins auf Grund chemisch-physikalischer Vorgänge, verantwortlich. Weitere Einflußfaktoren sind Art und Mahlfeinheit des Zements, Zementsteinmenge je Kubikmeter Mörtel, Verdichtung, Lagerungsart u.a.

1.2.2. Kalk

Je nachdem, ob die Kalke an der Luft oder unter Wasser erhärten, werden sie zu den nichthydraulischen bzw. hydraulischen Bindemitteln gezählt. Der Erhärtungsvorgang ist das Resultat physikalischer und chemischer Vorgänge. Für den Straßenbau ist Kalk für die Verfestigung und „Austrocknung" bindiger Erdstoffe interessant. Er wird als Kalkoxid (Branntkalk (CaO)) und Kalkhydrat ($Ca(OH)_2$) verwendet. Maßgebend für die Verwendbarkeit ist der CaO-Gehalt, während Hydraulefaktoren eine untergeordnete Rolle spielen. Ausgangsstoff für die Herstellung des Kalkes ist der Kalkstein. In reiner Form besteht dieser aus Kalziumkarbonat $CaCO_3$. In der Natur kommt Kalziumkarbonat als Muschelkalk, Marmor, Kreide und Jurakalk vor. Die Zusammensetzung der Vorkommen ist verschieden. So treten Ton, Magnesiumkarbonat $MgCO_3$, Siliziumdioxid SiO_2 und Eisenoxid Fe_2O_3 in unterschiedlichen Mengen auf.

Tafel 1.19 Anforderungen an Kalke

Nr.	Handelsform	Chemische Zusammensetzung			
		CaO + MgO	MgO	CO_2	SO_3
1	Weißfeinkalk	≥80	≤10	≤7	≤2
2	Weißstückkalk	≥80	≤10	≤7	≤2
3	Weißkalkhydrat	≥80	≤10	≤7	≤2
4	Carbidkalkhydrat	≥80	≤10	≤7	≤2
5	Dolomitfeinkalk	≥80	≥10	≤7	≤2
6	Dolomitkalkhydrat	≥80	≥10	≤7	≤2
7	Wasserfeinkalk	≥70		≤7	≤2
8	Wasserkalkhydrat	≥70		≤7	≤2
9	Hydraulischer Kalk			≤12	≤4
10	Hochhydraulischer Kalk				≤4

Durch Brennen des Kalksteines wird folgender endothermer, reversibler Vorgang ausgelöst:

$$CaCO_3 \rightarrow CaO + CO_2$$

Dazu sind 18 000 J/mol nötig. Das Kohlendioxid wird ausgetrieben, und es entsteht Branntkalk in stückiger Form. Mit dem Brennen treten auch Wasseraustritt und Volumenverlust ein.

Durch Hydration wird aus dem Branntkalk Kalkhydrat:

$$CaO + H_2O \rightarrow Ca(OH)_2.$$

Kalk wird in Form des Kalkoxids und des Kalkhydrats im Straßenbau verwendet [17]. Branntkalk wird aus Kalkstein, Dolomit oder Karbidkalkhydrat durch Brennen unterhalb der oder bis zur Sintergrenze hergestellt. Es sind 12 Sorten standardisiert, die sich in der chemischen Zusammensetzung, der Körnung und der Ergiebigkeit unterscheiden. Ein Weißstückkalk nach DIN 1060, Teil 1, enthält mindestens 80 % CaO + MgO und wird in gekörnter Form ausgeliefert. Für den Straßenbau kommen nur die feinkörnigen, aufgemahlenen Sorten in Betracht (Tafel 1.19).

Die Verwendung der Baukalke für Bodenverbesserungen und Bodenverfestigungen erfolgt nach den Richtlinien der Forschungsgesellschaft für das Straßen- und Verkehrswesen.

1.3. Mineralstoffe

Unter Mineralstoffen werden ungebrauchte natürliche (Fest- oder Lockergesteine) und künstliche Gesteine (z.B. Hochofenschlacke) sowie gebrauchte wiederverwertbare (Recyclingbaustoffe einschließlich Ausbauasphalt) und industrielle Nebenprodukte verstanden, soweit sie gebrochen und ungebrochen als Schotter, Splitt, Kies, Sand und Füller sowie als korngestufte Gemische für Fahrbahndecken und Tragschichten (Oberbau) verwendet werden.

1.3.1. Gebrochene und ungebrochene natürliche Mineralstoffe

Anforderungen an natürliche Mineralstoffe, die bei der Herstellung und Instandsetzung von Oberbauschichten im Straßen- und Wegebau verwendet werden, sind in [18] enthalten. Für Fahrbahndecken aus Beton und Betontragschichten kann auch Zuschlag nach DIN 4226, Teil 1 [19], verwendet werden. Zusätzlich gelten dann die Anforderungen bezüglich der schädlichen Bestandteile und des Gesteinsmehles als Betonzusatzstoff nach DIN 1045 [20].

Natürliche Mineralstoffe sind Felsgestein, Kies und Sand. Tafel 1.20 zeigt die Lieferkörnungen.

Wichtige technische Anforderungen sind zu beachten

      Gewinnung und Aufbereitung
      Verwitterungsbeständigkeit (Frost- und Raumbeständigkeit)
      Rohdichte, Porigkeit
      Widerstandfähigkeit gegen Schlag
      Würfeldruckfestigkeit
      Korngrößen, -verteilung, Unter- und Überkorn
      Kornform
      Anteil an gebrochenen Körnern
      Reinheit

1.3. Mineralstoffe

Tafel 1.20 Lieferkörnungen natürlicher Mineralstoffe

Benennung und Bezeichnung der Lieferkörnungen		
Natursand und Kies	Brechsand, Splitt, Schotter	Edelbrechsand, Edelsplitt, Füller
Natursand 0/2	Brechsand-Splitt 0/5	Füller 0/0,09
Kies 2/4	Splitt 5/11	Edelbrechsand 0/2
Kies 4/8	Splitt 11/22	Edelsplitt 2/5
Kies 8/16	Splitt 22/32	Edelsplitt 5/8
Kies 16/32	Schotter 32/45	Edelsplitt 8/11
Kies 32/63	Schotter 45/56	Edelsplitt 11/16
		Edelsplitt 16/22

1.3.2. Prüfung von ungebrauchten und gebrauchten Mineralstoffen

Zum Nachweis der Güteeigenschaften der Mineralstoffe sind die Prüfverfahren nach den „Technischen Vorschriften für Mineralstoffe im Straßenbau TP Min-StB" [21] bzw. sonstige Prüfvorschriften anzuwenden. Zum Nachweis der Güteeigenschaften von Lavaschlacke sind die Prüfverfahren anzuwenden, die im „Merkblatt über Lavaschlacke im Straßen- und Wegebau" [22] angegeben sind. Zu beachten sind auch die „Richtlinien für die Güteüberwachung von Mineralstoffen im Straßenbau RG Min-StB" [23].

1.3.2.1. Korngrößenverteilung

Die Korngrößenverteilung wird nach DIN 52098 [24] bestimmt. Sie gibt die Massenanteile der in einer Gesteinskörnung enthaltenen Korngrößen wieder und wird meist als Summe der Massenverteilung der Siebdurchgänge über den Nennöffnungsweiten der Analysensiebe dargestellt.

Man unterscheidet verschiedene Verfahren, z. B. Handsiebung in ruhender Luft (Verfahren A), in Wasser (B), Maschinensiebung in Luft (C) und in Wasser (D). Die Siebsätze können aus Rundsieben mit mind. 200 mm Durchmesser mit Drahtsiebboden bis 2 mm Maschenweite und Lochplatten mit Quadratlochen >2 mm Lochweite bestehen. Zu beachten ist ferner der größte zulässige Rückstand auf dem Siebboden, was unter Umständen Einfluß auf den gewählten Siebdurchmesser hat.

Tafel 1.21 zeigt die geltenden Prüfkorngrößen. Die zulässigen Höchstwerte für Unterkorn- und Überkornanteile sind in Tafel 1.22 dargestellt.

Falls die Lieferkörnungen schwer herstellbar sind, können auch Brechsand- und Splittkörnungen aus mindestens zwei benachbarten Körnungen hergestellt werden (z. B. 8/16). Dabei sind allerdings die Verhältnisse der Körnungen zueinander besonders zu beachten.

Tafel 1.21 Prüfkorngrößen und Kornklassen

ungebrochene Mineralstoffe			gebrochene Mineralstoffe		
Prüfkorn-größen mm	Rund-werte mm	Korn-klassen mm/mm	Prüfkorn-größen mm	Rund-werte mm	Korn-klassen mm/mm
		0/0,063			0/0,063
0,063	0,063		0,063	0,063	
		0,063/0,125			0,063/0,09
0,125	0,125		0,09	0,09	
		0,125/0,25			0,09/0,25
0,25	0,25		0,25	0,25	
		0,25/1,0			0,25/0,7
1,0	1		0,71	0,7	
		1/2			0,7/2
2,0	2		2,0	2	
		2/4			2/5
4,0	4		5,0	5	
		4/8			5/8
8,0	8		8,0	8	
					8/11
		8/16	11,2	11	
					11/16
16,0	16		16,0	16	
					16/22
		16/32	22,4	22	
					22/32
31,5	32		31,5	32	
					32/45
			45,0	45	
		32/63			45/56
			56,0	56	
					56/63
63,0	63		63,0	63	

1.3. Mineralstoffe

Tafel 1.22 Unter- und Überkornanteile

Benennung und Bezeichnung der Lieferkörnungen	Zulässige Höchstwerte für	
	Unterkorn M.-%	Überkorn M.-%
Füller, Edelbrechsand, Edelsplitt		
Füller 0/0,09	–	20 bis 2 mm
Edelbrechsand 0/2	–	15 bis 5 mm
Edelsplitt 2/5	10	10 bis 8 mm
Edelsplitt 5/8	15 jedoch höchst. 5% < 2 m	10 bis 11,2 mm
Edelsplitt 8/11	15 jedoch höchst. 5% < 5 mm	10 bis 16 mm
Edelsplitt 11/16	15 jedoch höchst. 5% < 8 mm	10 bis 22,4 mm
Edelsplitt 16/22	15 jedoch höchst. 5% < 11,2 mm	10 bis 31,5 mm
Brechsand, Splitt, Schotter		
Brechsand-Splitt 0/5	–	20 bis 8 mm
Splitt 5/11	20	10 bis 22,4 mm
Splitt 11/22	20	10 bis 31,5 mm
Splitt 22/32	20	10 bis 45 mm
Schotter 32/45	20	10 bis 56 mm
Schotter 45/56	20	10 bis 63 mm
Natursand, Kies		
Natursand 0/2 (DIN 4226)	–	10 bis 4 mm
Natursand 0/2	–	25 bis 8 mm
Kies 2/4	15	10 bis 8 mm
Kies 4/8	15	10 bis 16 mm
Kies 8/16	15	10 bis 31,5 mm
Kies 16/32	15	10 bis 63 mm
Kies 32/63	15	10 bis 90 mm

1.3.2.2. Kornform

Die Kornform wird nach DIN 52114 [25] bestimmt. An Korngrößen > 4 mm wird mit einem Kornform- Meßschieber das Verhältnis von Länge l zu Dicke d bestimmt. Als Kornlänge gilt das größte Maß, das das Korn in irgendeiner Richtung hat. Die Korndicke wird senkrecht zu dieser Richtung gemessen. Man unterscheidet im allgemeinen zwei Kornformklassen: Kornformklasse G und S. In der Regel ist das Grenzverhältnis

$$l : d = 3 : 1.$$

Je größer das Verhältnis, umso ungünstiger ist das Korn geformt (plattig, spießig, Kornformklasse S) und umgekehrt. Es ist aber auch eine Einteilung in mehrere Kornformklassen möglich. Jede Meßprobe muß mindestens 300 Körner umfassen. In Tafel 1.23 sind die Forderungen angegeben.

Tafel 1.23 Anforderungen an die Kornform

Bezeichnung	max. Anteil der Kornklasse S in M.-%
Kies > 4 mm Splitt > 5 mm Schotter und Lieferkörnungen 0/8 bis 0/63	50
Edelsplitt > 5 mm	20

1.3.2.3. Reinheit und schädliche Bestandteile

Die Lieferkörnungen dürfen keine Fremdstoffe enthalten. Sie dürfen ferner keine organischen Verunreinigungen, mergligen und tonigen Körner und Feinstanteile in schädlichen Mengen enthalten. Der Anteil an abschlämmbaren Bestandteilen darf die Werte der Tafel 1.24. nicht überschreiten.

An den Asphaltmischanlagen werden diese Anteile über die Entstaubung im Eigenfüllersilo gesammelt und als Füller verwendet. Besteht der Verdacht auf bindige Anteile, so sind mineralogische Untersuchungen erforderlich.

Tafel 1.24 Zulässige Anteile an abschlämmbaren Bestandteilen

Lieferkörnung	abschlämmbare Bestandteile < 0,063 in M.-%
bis 0/5	sind festzustellen
2/4 bis 2/5	≤ 3,0
2/8 bis 5/8	≤ 2,0
5/11 bis 8/11	≤ 1,5
8/16 und größer	≤ 1,0

$$S\ddot{A} = \frac{h}{H}\ 100\ \%$$

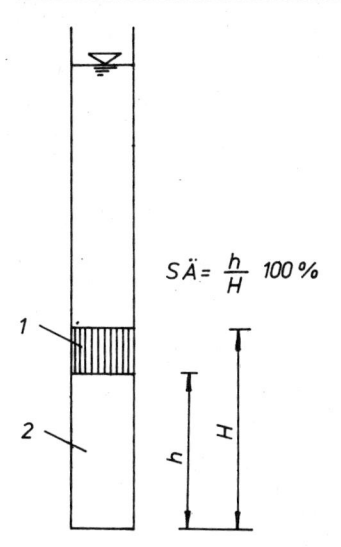

Bild 1.19 Bestimmung des Sandäquivalents
1 ausgeflocktes Feinkorn; 2 Grobkorn

1.3.2.4. Sandäquivalent

Unter dem Sandäquivalent versteht man das Verhältnis der Schichthöhe des Grobkornbettes zur Gesamtschichthöhe, die aus der Höhe des Grobkornbettes und der des ausgeflockten Feinkornes besteht (Bild 1.19). Ein definiertes Sandvolumen von 80 ... 90 cm³ wird in eine Waschlösung gegeben und gewaschen. Das Waschen erfolgt in einem Meßzylinder, der in 30 s 90 mal etwa 20 cm hin- und herbewegt wird. Anschließend werden mit einem Spülrohr die Feinteile im abgesetzten Sand nach oben gespült. Nach einer Standzeit von 20 min wird die Höhe H am Zylinder ermittelt, der Meßstempel eingesetzt und h abgelesen (Bild 1.20).

Die Bestimmung erfolgt unterschiedlich, je nachdem, ob das Probegut vorwiegend runde oder vorwiegend kantige Kornform aufweist. Dazu wird das Material >1 mm abgesiebt und nur der Rest wie bereits beschrieben behandelt. Dadurch ist jedoch eine Korrektur erforderlich, um die Werte vergleichbar zu machen (Bild 1.20). h_2 wird nach Zugabe der Körnung 1 bis 5 ermittelt.

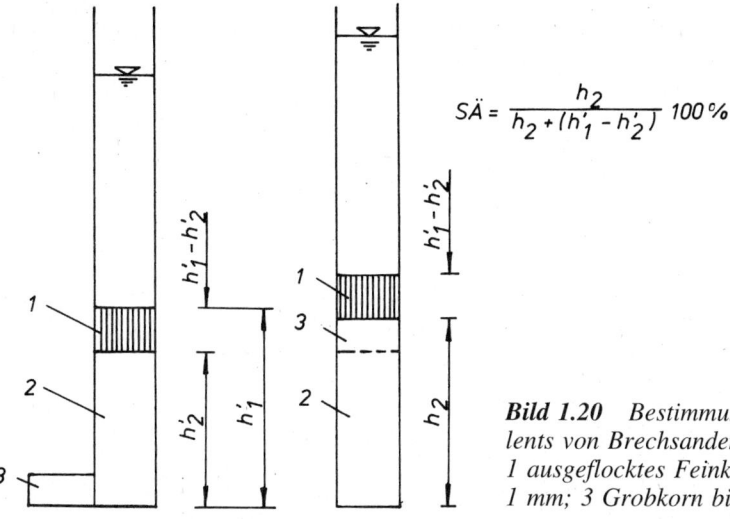

$$S\ddot{A} = \frac{h_2}{h_2 + (h'_1 - h'_2)}\ 100\ \%$$

Bild 1.20 Bestimmung des Sandäquivalents von Brechsanden
1 ausgeflocktes Feinkorn; 2 Grobkorn bis 1 mm; 3 Grobkorn bis 5 mm

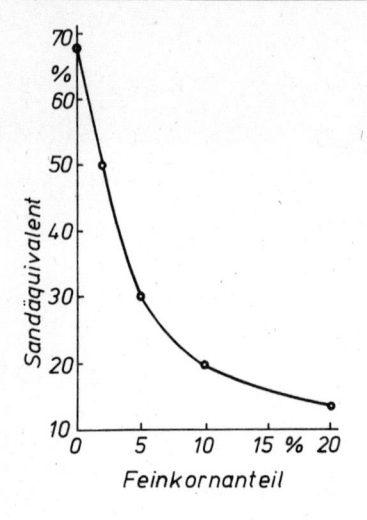

Bild 1.21 Abhängigkeit des Sandäquivalents vom Feinkornanteil

h_2 Höhe des gesamten Sandbettes (0 bis 5 mm)
h'_2 Höhe des Sandbettes ohne Korngröße 1 bis 5 mm
h'_1 Höhe des Sandes < 1 mm und des ausgeflockten Gesamtfeinkornes

In den Technischen Lieferbedingungen für Mineralstoffe ist keine Forderung enthalten. Jedoch haben einzelne Länder solche festgelegt. Für den Eignungsnachweis sollte das Sandäquivalent am Material 0/2 > 55 % sein (Bild 1.21).

1.3.2.5. Widerstand gegen Schlag von Splitt, Kies und Schotter

Die Mineralstoffe müssen ausreichend widerstandsfähig gegen Zertrümmerung beim Schlagversuch sein. Das wird an einer ausgewählten Kornklasse geprüft. So kann z. B. die Kornklasse 2/11,2 oder die Kornklasse 8/12,5 gewählt werden. Die Zertrümmerung erfolgt durch 10 Schläge aus 370 mm Höhe im Schlaggerät. Der Grad der Zertrümmerung wird durch Prüfsiebung mit festgelegten Analysensieben festgestellt. Der Schlagzertrümmerungswert wird in Abhängigkeit von der Bauklasse und der Konstruktionsschicht des Straßenoberbaues als oberer Grenzwert in % festgelegt (Tafel 1.25.). Schlagzertrümmerungswerte werden auch nach Frost-Tau-Wechselbeanspruchung und nach Hitzebeanspruchung bestimmt und mit den Ausgangswerten verglichen.

Tafel 1.25 Empfohlene obere $SZ_{8/12}$-Grenzwerte in %

Bauklasse	SV	I	II	III	IV	V	VI
Deckschichten	18	18	18	18	22	26	26
Oberflächenbehandlung					18	18	18
Schlämmen				18	22	26	26
Binderschichten	22	22	22	22	22		
Tragdeckschichten	siehe TL Min-StB [18]						

1.3. Mineralstoffe

1.3.2.6. Widerstand gegen Frost-Tau-Wechsel

Mineralstoffe nach [18] müssen frostbeständig sein. Der einfachste Nachweis wird über die Wasseraufnahme geführt. Ist die Wasseraufnahme kleiner als 0,5 %, so gilt des Gestein als frostbeständig. Bei größeren Prozentsätzen ist ein Nachweis zu führen. Dabei wird der Zuschlagstoff einer definierten mehrmaligen Frost.-Tau-Beanspruchung ausgesetzt. Kriterium für die Beurteilung sind die dabei auftretenden Absplitterungen, die bestimmte Maximalwerte nicht übersteigen dürfen (Tafel 1.26).

Tafel 1.26 Absplitterungen und Feinstkornanteil nach Frostbeanspruchung

Mineralstoffe	Absplitterungen max. in M.-%	Anteil an Korn < 0,71 mm max. in M.-%*
Schotter > 32 mm	3,0	1,5
Splitte und Kiese	3,0	1,0
Edelsplitte	1,0	entfällt

* Nachweis nur bei Überschreitung der Höchstwerte in der mittleren Spalte bis 5 M.-%.

1.3.2.7. Widerstand gegen Hitzebeanspruchung

Besonders die Zuschlagstoffe, die im Asphaltstraßenbau verwendet werden sollen, müssen in der Trockentrommel des Mischwerkes erhitzt werden. Dabei kann es zu Kornzerstörung kommen. Die Zuschlagstoffe sind dann als hitzebeständig anzusehen, wenn nach einer Erhitzung auf 700 °C im Muffelofen nur geringe Abplatzungen, d. h. maximal 3%, auftreten. Außerdem darf der Splittschlagfestigkeitswert um nicht mehr als 3% zunehmen.

1.3.2.8. Affinität zu Bitumen

Eine gute Haftung zwischen Mineralstoff und Bitumen ist Voraussetzung für eine lange Nutzungsdauer der Asphaltbefestigung. Eine Überprüfung erfolgt durch Wasserlagerung eines mit Bitumen umhüllten Splittes der Kornklasse 8/11. Danach wird visuell festgestellt, ob die Oberfläche des Gesteins noch vollständig mit Bitumen umhüllt ist [14].

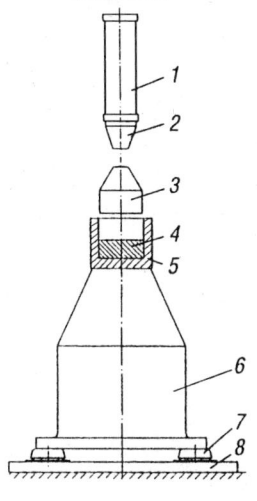

Bild 1.22 Gerät zur Bestimmung der Schlagfestigkeit von Splitt und Schotter
1 Schlagschaft; 2 Schlagkopf; 3 Stempel; 4 Probe; 5 Mörser; 6 Amboß; 7 Schwingelement; 8 Grundplatte

1.3.2.9. Stoffliche Zusammensetzung

Die stoffliche Zusammensetzung ist besonders bei der Verwendung gebrauchter Baustoffe wichtig. Eine Festlegung gibt es bisher nur für die gebrauchten Baustoffe, die in Tragschichten ohne Bindemittel (ToB) eingesetzt werden sollen [28]. Danach dürfen z. B. nur bestimmte Mengen an Ziegelschutt und Asphaltaufbruch enthalten sein. Die Vorschriften der einzelnen Bundesländer enthalten, soweit überhaupt Regelungen existieren, neben Gemeinsamkeiten auch unterschiedliche Anforderungen. Verschiedentlich werden zwei Sorten von RC-Material unterschieden, die sich durch ihre wasserwirtschaftlichen Anforderungen unterscheiden. Für den Einsatz im klassifizierten Straßennetz kommen nur hochwertige gebrauchte Baustoffe in Frage, die die strengen Forderungen des Vorschriftenwerkes erfüllen.

1.4. Fugenvergußmassen

1.4.1. Fugenvergußmassen auf Bitumenbasis

Fugenvergußmassen dienen dem Verfüllen der Fugen in Bauwerken aus Mauerwerk, Stahlbeton oder Stahl, der Fugen von Deckschichten aus Pflaster und Beton sowie der Fugen zwischen Decksplanken von Schiffen und im Schienenbereich städtischer Verkehrsflächen. Danach unterscheidet man

– Betonfugenvergußmassen (Art A), normal und kraftstoffresistent, für Fugen in Betondecken, in Asphaltdecken sowie zwischen Asphaltdecken und Beton, Bordsteinen usw.
– Pflastervergußmassen (Art B) für Fugen in Pflasterdecken
– Schienenvergußmassen (Art C) für Fugen zwischen Schiene und Fahrbahnbelag.

Zu ihrer Herstellung werden Straßenbaubitumen bzw. geblasene Bitumen mit mineralischen Füllstoffen und Elastomeren, Weichmachern und Kunststoffen gemischt. Meist werden Fugenvergußmassen in Verbindung mit Voranstrichmitteln verwendet. Mit diesen bilden sie dann ein gemeinsam wirkendes und zu prüfendes System.

In Tafel 1.27 sind die Forderungen an die Fugenvergußstoffe nach den Technischen Lieferbedingungen (TL bit Fug 82) [29] angegeben. Fugenvergußmassen werden im allgemeinen heiß verarbeitet. Sie müssen mit den Voranstrichstoffen verträglich sein.

1.4.2. Prüfung der Fugenvergußmassen

Zur Einschätzung der Qualität der Fugenvergußmassen dienen folgende Prüfverfahren:

      Vergießbarkeit (Vergießtemperatur)
      Erweichungspunkt
      Beständigkeit gegen Überhitzung
      Konuspenetration
      Fließlänge
      Beständigkeit gegen Wärmeeinwirkung
      Dehnbarkeit und Haftvermögen nach *Rabe*
      Kugelfallversuch nach *Herrmann*.

Das Wärmeverhalten wird durch die Erweichungspunkte Ring und Kugel, *Wilhelmi*, die Verformung nach *Nüssel* und das Fließen charakterisiert. Bild 1.23 zeigt die prinzipielle Versuchsanordnung zur Bestimmung des Erweichungspunktes *Wilhelmi*. Die Verformung nach

1.4. Fugenvergußmassen

Tafel 1.27 Anforderungen an Fugenvergußmassen

Nr.	Eigenschaften		Einheit	Anforderungen			
				Art A normal	Art A resistent	Art B	Art C
1	Vergießtemperatur		°C	ist anzugeben			
2	Erweichungspunkt Ring und Kugel		°C	≥85	≥60	≥60	≥85
3	Dichte bei 25 °C		g/cm³	ist anzugeben			
4	Entmischungsneigung	im heißen Zustand	M.-%	≤3	≤3	≤3	≤3
5	Konuspenetration bei 25 °C	im Anlieferungszustand	1/10 mm	40–90	≤130	–	≤30
		nach Kraftstoffeinwirkung	1/10 mm	–	≤155	–	–
		Differenz vor und nach Kraftstoffeinwirkung	1/10 mm	–	≤25	–	–
6	Beständigkeit gegen Wärmeeinwirkung	Änderung der Konuspenetration	%	≤25	x	–	–
		Änderung des EP RuK	°C	x	x	–	–
7	Fließlänge	bei 60 °C nach 5 Stunden	mm	≤5	≤30	x	x
8	Beständigkeit gegen Überhitzung	Änderung des EP RuK	°C	≤10	x	–	≤10
		Fließlänge nach Erhitzung	mm	≤5	≤30	–	–
9	Masseänderung	bei 165 °C in 5 Stunden	M.-%	≤1	–	–	–
10	Kugelfallversuch nach Herrmann	Fallhöhe 120 cm bei 0 °C		–	–	3*	–
		Fallhöhe 250 cm bei –20 °C		–	–	–	3*
		Fallhöhe 500 cm bei –20 °C		3*	x	–	–
11	Formbeständigkeit in der Wärme	bei 45 °C nach 3 Stunden	Wert	–	–	≤10	–
		bei 45 °C nach 24 Stunden		≤6,5	≤8,5	–	≤4,5
12	Dehnbarkeit und Haftvermögen	ohne Vorbehandlung bei –10 °C	mm	–	≥5	–	–
		ohne Vorbehandlung bei –20 °C	mm	≥5	–	–	≥2
		nach Kraftstoffwirkung bei –10 °C	mm	–	≥5	–	–
		nach Wassereinwirkung bei –20 °C	mm	x	–	–	–

x Ist vom Hersteller anzugeben
* Keine Beschädigung bei 3 von 4 geprüften Kugeln

Nüssel ist das Verhältnis von Durchmesser zu Höhe einer ursprünglich kugelförmigen Probe, die 24 Stunden bei einer Temperatur von 45 °C gelagert wurde. Auch die Fließlänge einer bei 60 °C gelagerten und 75° geneigten Probe wird zur Beurteilung des Wärmeverhaltens herangezogen.

Das Verhalten bei niedrigen Temperaturen wird durch die Kugelfallhöhe und die Dehnbarkeit nach Rabe charakterisiert. Bei der Bestimmung der Kugelfallhöhe werden drei Kugeln

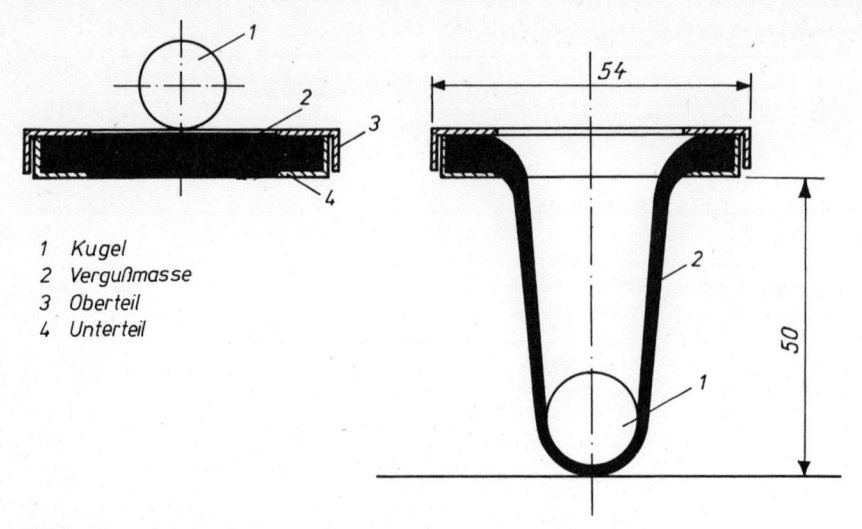

Bild 1.23 Bestimmung des Erweichungspunktes Wilhelmi

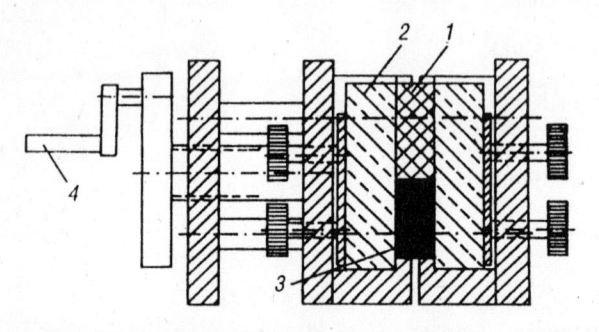

1 Kugel
2 Vergußmasse
3 Oberteil
4 Unterteil

Bild 1.24 Senkrechter Schnitt durch das Fugenmodelll nach Rabe
1 Vergußmasse; 2 Betonplatte; 3 Metallstab; 4 Kurbel

geformt, deren Massen je 50 g ± 1g betragen. Nach einer vierstündigen Lagerung bei –10 °C im Kühlschrank entnimmt man die Kugeln mit einer ebenfalls abgekühlten Zange und läßt sie aus einer Höhe von 4 m auf eine Stahlplatte fallen. Die Kugeln dürfen dabei weder zerspringen noch Risse zeigen. Die Prüfung wird auch in modifizierter Form durchgeführt.

Um das Haftvermögen einer Vergußmasse und die Dehnbarkeit zu ermitteln, wendet man das Fugenmodell nach Rabe an (Bild 1.24). Es besteht im wesentlichen aus zwei senkrecht stehenden Stahlplatten von denen die eine fest und die andere beweglich ist. In das Gerät werden zwei Betonplatten 35 mm × 72 mm × 218 mm eingelegt, die aus einem speziell zusammengesetzten Zuschlagstoffgemisch bestehen und jeweils nur für einen Versuch verwendet werden dürfen. Nach dem Aufbringen des Voranstrichs auf die Betonplatten werden diese in das Prüfgerät eingespannt. Ihr Abstand beträgt 15 mm. Die Fuge wird mit der heißen Fugenvergußmasse gefüllt und im Kühlschrank bei –10 °C bzw. –20 °C temperiert. Hat die Masse die Temperatur von –10 °C bzw. –20 °C erreicht, werden in Zeitabständen von 6 min die Platten um 1/10 mm auseinandergezogen. Diese Dehnungen sind solange fortzusetzen, bis sich die Masse von der Wandung des Betonkörpers löst oder in sich reißt. Die Entmischungsneigung wird ermittelt, indem die zu prüfende Masse auf 150 °C erhitzt, gut gerührt und in einem Gefäß mit den Größenverhältnissen Höhe : Breite = 2 : 1 im Trockenschrank 30 min. bei 150 °C gelagert wird. Nach dieser Zeit wird die obere Hälfte in ein anderes Gefäß abgegossen. Nun werden beide Proben wieder gut gerührt und der Aschegehalt bestimmt. Der Unterschied im Aschegehalt darf nicht mehr als 3 % betragen.

1.5. Bordsteine, Kantensteine, Pflaster

1.5.1. Bordsteine, Kantensteine

In solchen Fällen, wo das seitliche Abfließen des Oberflächenwassers verhindert werden soll oder wo eine Abgrenzung zwischen Fahrbahn und Gehweg vorgesehen ist, werden Randabschlüsse in Form der Bordsteine eingesetzt. Kantensteine dienen besonders der seitlichen Abgrenzung von Sport- und Grünanlagen. Um die Anzahl der Typen zu beschränken, sind Form und Masse genormt. Bild 1.25 zeigt zwei einfache Anwendungsbeispiele. Die technischen Forderungen betreffen besonders die Druckfestigkeit, Frostbeständigkeit und die Beschaffenheit. Die Oberflächenbearbeitung ist je nach Form verschieden. Ausreichende Trittsicherheit muß gewährleistet sein. Verwendet werden können alle Natursteine, die die geforderten Eigenschaften aufweisen (z.B. Granit, Quarzporphyr, Granodiorit u. a.). Randabschlüsse aus Beton sind billiger als Naturstein, sind jedoch auch anfälliger gegen mechanische Beschädigung. Die Randabschlüsse erhalten meist ein stabiles Widerlager („Rückenstütze") aus Beton, dessen Abmessungen aus den Querschnitten ersichtlich sind.

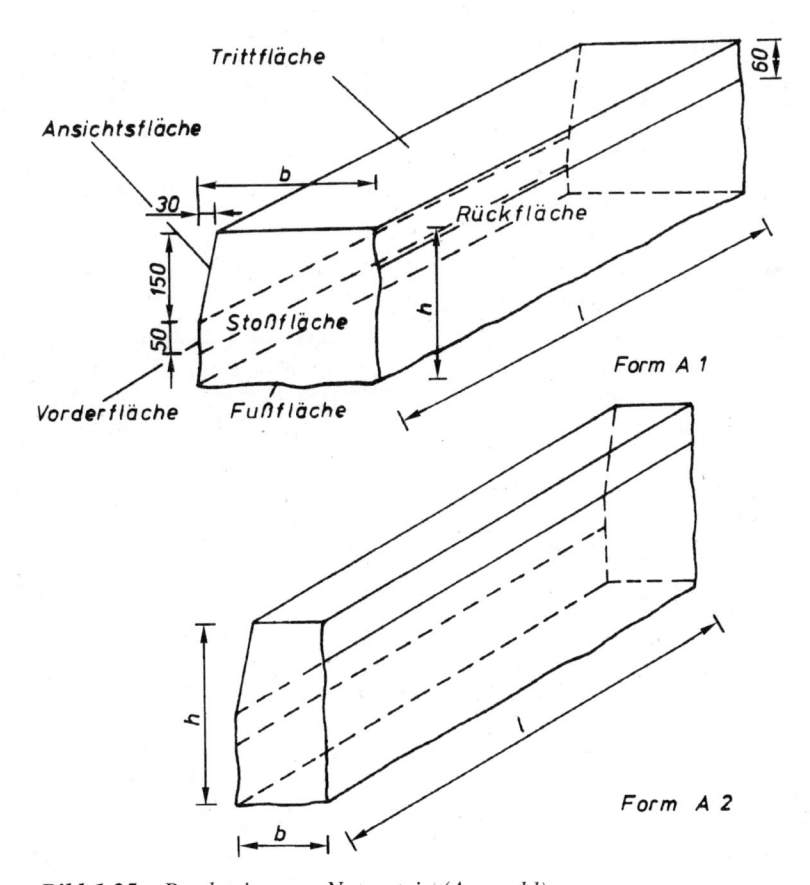

Bild 1.25 *Bordsteine aus Naturstein (Auswahl)*

1.5.2. Pflastersteine

Eine der ältesten Bauweisen für die Befestigung von Straßen und Wegen ist die Pflasterbauweise. Noch in den Fünfziger Jahren wurden Autobahnen in Pflasterbauweise hergestellt (z. B. A72 zwischen Treuen und Pirk). Besonders in Sachsen gibt es noch Bundesstraßen in Pflasterbauweise. Die Anwendung der Pflastersteine aus Naturstein ist heute vor allem aus gestalterischen Gründen für Fußgängerzonen interessant. Auch Betonsteinpflaster nach DIN 18501 wird zunehmend genutzt. Hier sind der Form nach Quadrat-, Rechteck-, Sechseck- und zahlreiche Verbundpflastersteine zu unterscheiden, deren Kanten auch gebrochen sein können (gefast).

Für Klinkerpflaster kommen nur Pflasterklinker zur Verwendung, die der DIN 18503 entsprechen. Diese geformten Steine wurden bis zur Sinterung gebrannt.

Pflastersteine aus Naturstein sollen der DIN 18502 [30] und den TL Min-StB [18] entsprechen. Nach der Größe der verwendeten Steine unterscheidet man Groß-, Klein- und Mosaikpflaster. Einige Anforderungen sind auf Tafel 1.28 dargestellt.

Tafel 1.28 Anforderungen an Pflastersteine aus Naturstein

1. Großpflastersteine

Größe	Breite in mm	Länge in mm	Höhe in mm	Gesteinsart
1	160	160–220	160	Granit
2	160	160–220	140*	Granit Basalt, Basalt-Lava, Grauwacke, Melaphyr
3	140	140–200	150	
4	140	140–200	130*	
5	120	120–180	130	

2. Kleinpflastersteine

Größe	Breite	Länge	Höhe	Gesteinsart
1	100	100	100	Granit, Diorit Gabbro Grauwacke
2	90	90	90	
3	80	80	80	

3. Mosaikpflastersteine

Größe	Breite	Länge	Höhe	Gesteinsart
1	60	60	60	wie Kleinpflaster
2	50	50	50	
3	40	40	40	

* Nur in Güteklasse I

1.5.3. Platten

Platten können aus Beton, Klinker oder Naturstein bestehen. Gehwegplatten aus Beton sollten den Anforderungen der DIN 485 genügen. Für die Herstellung von Natursteinplattenflächen können alle Natursteine verwendet werden, die den Anforderungen der TL Min-StB [18] entsprechen. Hier ist besonders die Druckfestigkeit und der Widerstand gegen Verwitterung zu überprüfen.

2. Straßenkörper – Grundüberlegungen für die Ausführung

Die zweckmäßige Gestaltung der Erdbauwerke, die Auswahl der Straßenbefestigung und das realisierbare Herstellungsverfahren entscheiden weitgehend über Qualität, Nutzungsdauer und Wirtschaftlichkeit der Straßenbefestigungen.

- Die Erdbauwerke aus den jeweiligen Bodenarten sind im Straßenkörper angemessen zu berücksichtigen.
- Die Straßenbefestigungsschichten der Mehrschichtsysteme (Oberbau) weisen im Regelfall nach oben hin zunehmende Tragfähigkeitswerte auf.
- Die Abmessungen des Oberbaus sind in Abhängigkeit von der voraussichtlichen Verkehrsbeanspruchung und der geforderten Nutzungsdauer technisch und wirtschaftlich zu differenzieren.
- Für die Befestigungsschichten sind wirtschaftlich zu gewinnende, in der Nähe der Einbaustellen erhältliche, Hauptbaustoffe einzusetzen, um die Baukosten gering zu halten.
- Die Wechselwirkungen zwischen technischen Forderungen, konstruktiven Lösungsmöglichkeiten und den rationellen Herstellungsverfahren sind stets zu beachten.

2.1. Bestandteile des Straßenkörpers

Zur Sicherung der Verwendung von eindeutigen Fachbegriffen ist deren Definition und möglichst anschauliche Erklärung notwendig [31,32]. Die konsequente Anwendung einheitlicher Begriffe soll auch die Verständigung der Fachleute im internationalen Rahmen erleichtern [33].

Unter dem Oberbegriff „Straßenkörper" wird die Gesamtheit der Straßenverkehrsanlage innerhalb der Straßenbegrenzungslinien verstanden (Bild 2.1). Die äußeren Grenzen der Straßenverkehrsanlage weisen bei öffentlichen Straßen den Teil des Grund und Bodens aus, der für diese besondere Zweckbestimmung zur Verfügung steht. Die Straßenbegrenzungslinien sind dauerhaft markiert (Grenzsteine) und sollten grundbuchamtlich gesichert sein. Der Straßenkörper besteht aus den Erdbauwerken, dem Oberbau für die Verkehrsflächen, Randstreifen, Seitenstreifen und den Oberfächenentwässerungsanlagen. Die wichtigsten Bestandteile des Straßenkörpers sind in Bild 2.1 eingetragen.

Als Oberbau wird die Gesamtheit aller Befestigungsschichten für die Verkehrsflächen bezeichnet. Der Oberbau ist mit den Erdbauwerken der wesentliche Teil des Straßenkörpers. Zum Oberbau gehören die Trag- und Deckschichten, welche die Verkehrskräfte aufnehmen, verteilen und über den Unterbau bzw. direkt auf den Untergrund übertragen. Bild 2.2 enthält das Schema des Straßenkörper-Aufbaus. Die einzelnen Schichten unterscheiden sich durch ihre Funktion, die Baustoffzusammensetzung, die Widerstandsfähigkeit gegen Kräfteeinwirkungen und die Reihenfolge der Fertigung.

Befestigungsschichten, die sich in begrenztem Umfang den Verformungen des Unterbaus und des Untergrundes ohne Zerstörung anpassen können, werden als „flexibel" bezeichnet. Hiervon werden „starre" Befestigungsschichten unterschieden, die infolge ihrer praktisch konstant hohen Elastizitätskennwerte relativ große Biegezugspannungen aufnehmen und dadurch begrenzte Schwachstellen des Unterbaus überbrücken können.

2.1. Bestandteile des Straßenkörpers

Bild 2.1 Straßenanschnitt als Prinzipquerschnitt

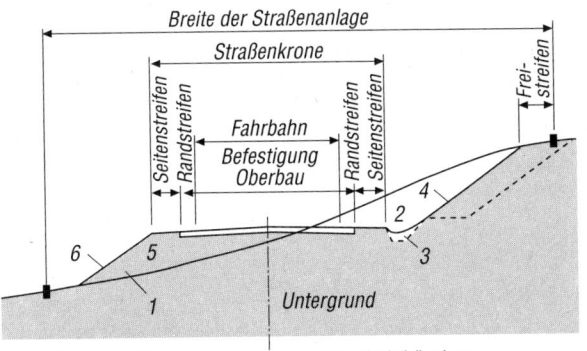

1 Erdbauwerk (Damm)
2 Erdbauwerk (Einschnitt)
3 Mulde vor Graben
4 Einschnittböschung
5 Unterbau
6 Dammböschung

Bild 2.2 Bezeichnung der Schichten im Straßenkörper
BOK Befestigungsoberkante; TPL Tragschichtplanum; uTPl Planum der unteren Tragschicht; UBPl Unterbauplanum; UPl Untergrundplanum ▼

Oberbegriff	Funktion	Prinzipbeispiele oder allgemeine Anforderungen			
▼ BOK					
	Decke ▼ TPL	Bit. Verschleiß- und Bindersch.	Pflaster Klein | Groß		Zementbeton
Oberbau (Befestigung)	obere Tragschicht ▼ u TPL	Ein- oder Mehrschichtig*			
	untere	nur erforderlich bei a) frosttempfindlichen Erdbauwerken als Frostschutzschicht		b) großer Verkehrsbeanspruchung (bessere Kraftverteilung, Verringerung der Kornumlagerung)	
▼ UBPL		evtl. Filterschicht			
Unterbau	evtl. Bodenverbesserung	evtl. Bodenverbesserung			
	Dammschüttung oder nachverdichtete Bodenschicht	Anstreben der Tragfähigkeitskennwerte nach gültigen Vorschriften (ZTVE 94)			
▼ UPL					
Untergrund	natürlich gelagerter Boden	natürlich gelagerter Boden			

* Beispiel für obere Tragschichten

Asphalttragschicht			Bodenverfestigung mit Zement	Tragschichten mit hydr. Bindemittel	Schotter
Kiestragschicht	Schottertragschicht	Bodenverf. mit Zement			

Die Elemente des Straßenkörpers werden nach ihrer Funktion bzw. ihrer Anordnung bezeichnet. Als Untergrund wird der unveränderte natürlich gelagerte Boden verstanden. Sämtliche bei der Ausführung der Erdarbeiten geformten und verdichteten oder nachverdichteten Bodenschichten gehören zum Unterbau. Dazu zählen sämtliche Dämme, die nachverdichtete Schicht des Erdbauwerks in Einschnitten und ggf. die als Abschluß eines Erdbauwerks ausgeführte Bodenverbesserung. Die Oberfläche, die auf ihre Sollhöhe abgeglichen ist, wird Planum genannt, z.B. Unterbauplanum, Tragschichtplanum.

Bei den Tragschichten können untere und obere Tragschichten unterschieden werden. Diese Differenzierung erlaubt eine wirtschaftliche Berücksichtigung der Eigenschaften des vorhandenen Unterbaus, der Straßenbeanspruchung und der örtlichen Baustoffsituation.

Die Deckschichten sind an der Oberfläche den Verkehrskräften und den Witterungseinflüssen direkt ausgesetzt. Die bituminösen Decken werden häufig in zwei Schichten hergestellt, die als Deck- und Binderschicht bezeichnet werden. Fertigungstechnische und bauwirtschaftliche Gründe wirken oft der Zusammenfassung zu einer Befestigungsschicht entgegen.

Die Einzelheiten für den Unterbau und den Oberbau sind prinzipiell in Bild 2.2 dargestellt [34].

2.2. Erdbauwerke

Die umweltschonende, verkehrstechnisch und volkswirtschaftlich begründete Linienführung einer Straße schließt sorgfältige Überlegungen und Ermittlungen für die Erdarbeiten ein.

Die Erdbauleistungen sind oft sehr ungleichmäßig verteilt. Dieses ist bei den mittleren Mengenangaben zu beachten. Der Umfang der Erdarbeiten bei Neubauten wird hauptsächlich von der Topographie, der erforderlichen Fahrstreifenzahl, der maßgebenden Entwurfsgeschwindigkeit und den damit verbundenen Parametern bestimmt. Vorrangig werden hier die häufig vorkommenden Lockergesteine berücksichtigt.

Die notwendigen bodenmechanischen Kenntnisse werden vorausgesetzt.

2.2.1. Oberbodenbehandlung und -verwendung [35]

Die Erdarbeiten mit den anorganischen Böden können erst beginnen, nachdem der Oberboden entfernt wurde.

Die Geländebreite, die für die Herstellung der Dammkörper, Anschnitte und Einschnitte benötigt wird, ist von der Trassenachse nach Bild 2.3 abzustecken „Oberboden ist die oberste Schicht des Bodens, die neben anorganischen Stoffen, z. B. Kies-, Sand-, Schluff-, Tongemischen, auch Humus und Bodenlebewesen enthält" [32]. Für die Entwicklung dieser von Bakterien belebten Humusschicht ist oft sorgfältige Bodenbewirtschaftung über lange Zeiträume notwendig. Die Oberbodenschicht reguliert den Wasserhaushalt und bietet Schutz vor Wind- und Wassererosion. Es ist vorgeschrieben, daß die im Regelfall bis 30 cm dicken Oberbodenschichten planmäßig abgetragen, gelagert und wiederverwendet werden [36]. Die dafür erforderlichen Arbeitsleistungen und Ausführungsmöglichkeiten sind gründlich zu überlegen und vollständig in die Leistungsverzeichnisse aufzunehmen.

Abtragen und Lagerung des Oberbodens
Wächst auf der Oberfläche des Oberbodens Rasen (Weiden oder Wiesen), ist das Gras kurz zu mähen. Wenn die geschlossene Grasnarbe nicht für die Gewinnung von Fertigrasen geeignet oder vorgesehen ist, muß diese vor dem Oberbodenabtrag zerkleinert werden.

2.2. Erdbauwerke

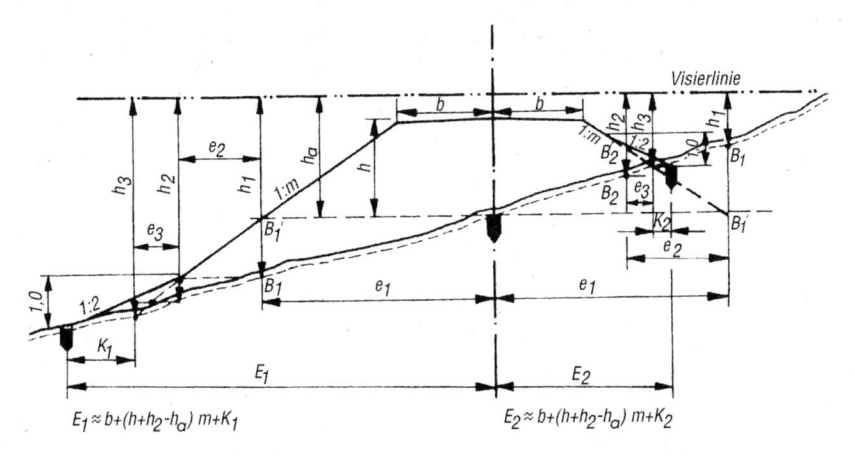

Bild 2.3 Abstecken der Breite der Erdbauwerke

$E_1 \approx b+(h+h_2-h_a) m+K_1$

$E_2 \approx b+(h+h_2-h_a) m+K_2$

Für das Abdecken von erosionsgefährdeten Böschungsteilen sind in erforderlichem Umfang aus gut verwurzelten Rasenflächen (Weiden) Rasensoden von ca. 30cm x 30cm in einer Dicke von etwa 5 cm aufzunehmen. Dazu wird die Rasenfläche mit Schneidmessern, die an Traktoren angebaut sind, vorgeschnitten und mit Schälmessern vom übrigen Oberboden getrennt. Bei größeren Erdbaustellen ist darauf zu orientieren, daß die frisch aufgenommenen Rasensoden über kurze Entfernungen behutsam transportiert und wieder angedeckt werden. Sonst ist es sinnvoll Rasenstapel von 0,60 m Höhe und etwa 1,20 m Breite anzulegen. Diese Stapel, bei denen Rasen auf Rasen und Wurzel auf Wurzel liegen muß, sind innerhalb von 3 Wochen an erosiongefährdeten Böschungen anzudecken.

Der Oberboden von den zu beräumenden, vorbereiteten Oberbodenflächen wird am Rand der Erdbauflächen zu Oberbodenmieten aufgesetzt (aufgeschoben). Bindige Oberböden dürfen nur bei weicher bis fester Konsistenz bearbeitet werden [36]. Bei anhaltendem Regen oder durchfeuchtetem Oberboden sind die Arbeiten solange zu unterbrechen, bis die „Verklebung" des Oberbodens ausgeschlossen ist. Für das Abtragen und Aufsetzen des Oberbodens sind Maschinen einzusetzen, die kleine Flächendrücke übertragen und eine lockere Struktur der Mieten sichern. Dazu können leichte Planierraupen, Straßenhobel oder leichte Bagger mit Greiferausrüstung verwendet werden [36]. Unsachgemäßes Arbeiten kann den Oberboden verderben und damit zum Verstoß gegen gesetzliche Bestimmungen führen.

Oberbodenmieten werden parallel zur Straßenachse angeordnet und zur Vermeidung übermäßiger Unkrautentwicklung zweckmäßig mit Schmetterlingsblütlern angesät. Mit Lupinen und Serradella konnten gute Erfahrungen gesammelt werden.

Bei größeren Erdbauarbeiten wird der Oberboden länger als ein Jahr in Mieten gelagert. Dabei ist die Mietenhöhe auf 3,0 m gemäß Bild 2.4 zu begrenzen. Für die Abmessungen von Oberbodenmieten bei Autobahnen soll Bild 2.5 als Orientierung dienen.

Die Entfernung und Lagerung des Oberbodens ist stets in Verbindung mit dem Fortschritt der Herstellung der Erdkörper zu organisieren, damit ungünstige Wettereinwirkungen möglichst verhindert werden. So kann z.B. vorschnell freigeräumter bindiger Boden, der über Winter und in Tauperioden übermäßig Niederschlag aufnehmen kann, außerordentlich nachteilige Auswirkungen auf die technische und wirtschaftliche Ausführung der gesamten Erdarbeiten im Frühjahr haben.

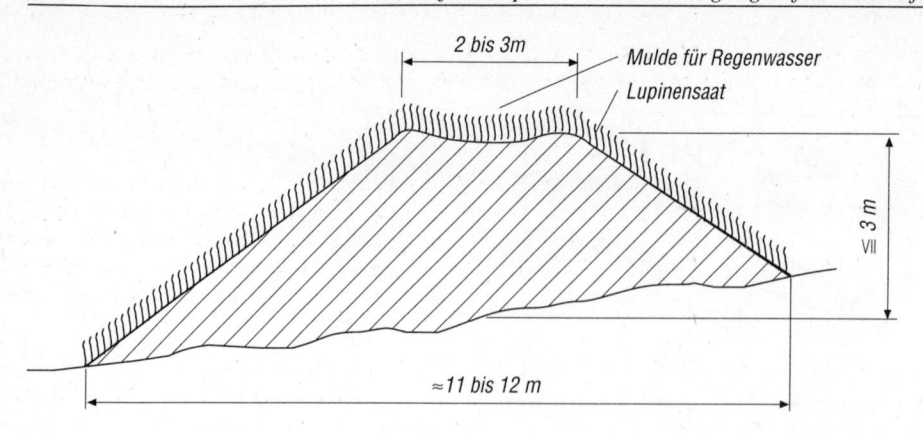

Bild 2.4 *Oberbodenmiete; max. Höhe 3,0 m bei Lagerung bis 3 Jahren [35]*

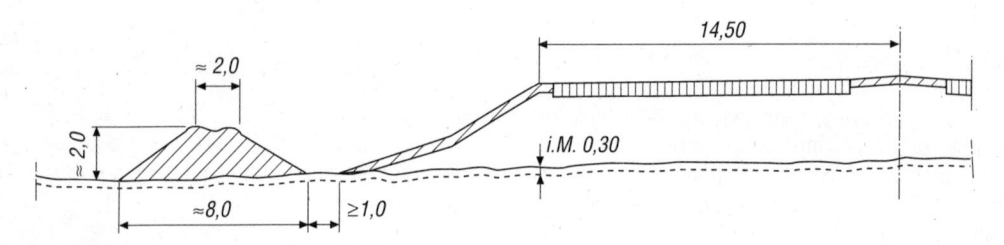

Bild 2.5 *Oberbodenmiete; Prinzipbeispiel für Autobahnen bei 0,30 m dicker Oberbodenschicht*

Auftragen und Festlegen des Oberbodens

Nachdem die Erdbauwerke aus den anorganischen Böden endgültig geformt und verdichtet worden sind, ist in Abhängigkeit von der Erosionsempfindlichkeit der Oberboden aufzutragen. Die besonders erosionsempfindlichen Oberflächen werden mit einer etwa 10 cm dicken Oberbodenschicht versehen und diese mit Rasensoden im Verband belegt. Ggf. wird eine Befestigung mit 30 cm langen Holzpflöcken (nicht imprägniert) vorgenommen. Als besonders erosionsgefährdet gelten:

- Kronenkanten der Seitenstreifen bei sandigen Böden
- Dammböschungen im Tiefpunktbereich von Wannen
- Obere und untere Teile von langen Einschnittböschungen
- Böschungskegel an Brücken und Durchlässen
- Mulden- und Grabensohlen mit $p \geq 3\%$

Ist die Beschaffung von Rasensoden für bestimmte Bereiche der Trasse aus technischen und wirtschaftlichen Gründen schwierig, so ist für die gefährdeten Oberflächen die Sicherung mit Rollrasen (Fertigrasen) vorzusehen. Diese Rasenmatten sind auf ausgewählten landwirtschaftlichen Nutzflächen zu gewinnen, bzw. als spezielle Vorleistung (2 Jahre vor Gewinnung und Einbau) anzusäen und sorgfältig zu pflegen. Der Rollrasen wird unmittelbar vor der Verwendung auf Größe von 40 cm x 250 cm in 2 bis 2,5 cm Dicke geschnitten, geschält und aufgerollt (40 bis 50 kg) zur Einbaustelle transportiert. Der Rollrasen wird auf einer 10 cm dicken Oberbodenschicht senkrecht zur Böschungsneigung ausgerollt und mit Holzrammen festgeklopft.

2.2. Erdbauwerke

Alle anderen Oberflächen der Erdbauwerke an Damm-, Einschnitt- und Grabenböschungen sowie auf Seiten- und Trennstreifen sind aus den Oberbodenmieten mit einer Vegetationsschicht abzudecken.

Für die Schichtdicke gelten Richtwerte nach Tafel 2.1.

Die Vegetationsschicht wird auf den verdichteten und aufgerauhten Böschungen gleichmäßig verteilt und angeklopft. Anschließend werden etwa 20 g/m^2 anerkannte Regel- und Saatgut-Mischungen Rasen (RSM) eingearbeitet und leicht gewalzt [37]. Die Entwicklung des Rasens kann durch Mulchen gefördert werden. Torfmull oder Häckselstroh werden mit oder ohne Haftmittel gleichmäßig aufgetragen [35]. Als Haftmittel haben sich auch Bitumenemulsionen (200 g/m^2) bewährt.

Tafel 2.1 Richtwerte für die Dicke der Vegetationsschicht (Oberboden)

	Bereich	Dicke in cm
Rasenansaat	Seitenstreifen, Trennstreifen	3 bis 5
	ebene Flächen, Böschungen	10 bis 15
Gehölzpflanzung	Böschungen	15 bis 20
	ebene Flächen	20
	Trennstreifen	40

Der gleichmäßige Auftrag des Oberbodens auf Damm- und Einschnittböschungen wird zweckmäßig mit Teleskopbaggern ausgeführt. Bei besonders langen Böschungen, wie sie ausnahmsweise im Autobahnbau vorkommen, erfolgt das Andecken mit Zugschaufelbaggern.

Das Ansäen von Grassaat in Handarbeit ist nur bei kleinen Flächen vertretbar. Zur Erhöhung der Arbeitsproduktivität sind maschinelle Verfahren entwickelt worden, die sich für das Aufbringen verschiedener Grassamen in Abhängigkeit von der Qualität der anzusäenden Oberfläche eignen.

Die Anwendung der Naßansaat (maschinelles Anspritzverfahren) sollte auf schwer zugängige Böschungsflächen beschränkt werden. Bei diesen Hydrosaatverfahren kann zur Verhinderung der Erosion ein geeignetes Klebemittel und ggf. auch ein geeigneter Mineraldünger zugegeben werden [38].

In Bild 2.6 sind die günstigen Zeiträume für die Aussaat und die Pflanzarbeiten angegeben.

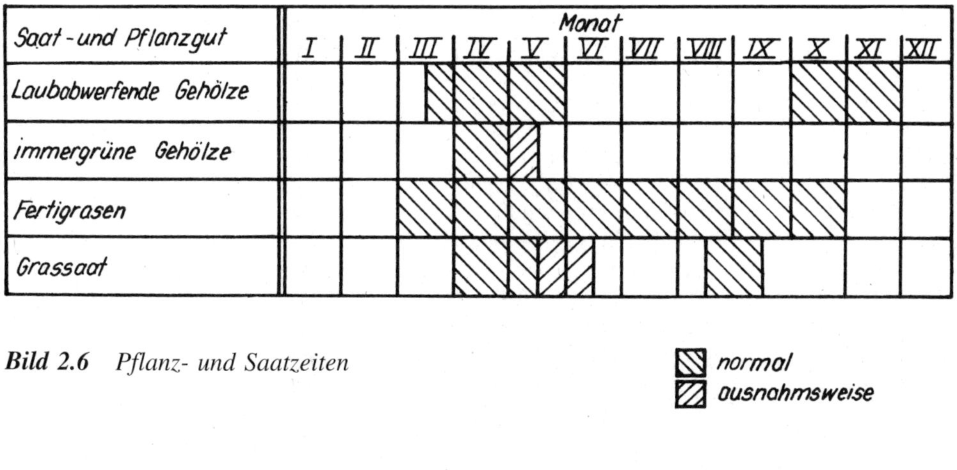

Bild 2.6 Pflanz- und Saatzeiten

◨ normal
▨ ausnahmsweise

Tafel 2.2 Bodenklassifikation für bautechnische Zwecke (DIN 18196, Auszug) [45]

Sp. 1	2	3	4	5	6	7
Zeile / Hauptgruppen	Definition und Benennung					
		Korngrößen-massenanteil		Lage zur A-Linie	Gruppen		Kurzzeichen Gruppensymbol[2]
		Korndurchmesser ≤0,06 mm	≤2 mm			
1 / Grobkörnige Böden	kleiner 5%	bis 60%		Kies	enggestufte Kiese	GE
2					weitgestufte Kies-Sand-Gemische	GW
3					intermittierend gestufte Kiessandgemische	GI
4		über 60%		Sand	enggestufte Sande	SE
5					weitgestufte Sand-Kies-Gemische	SW
6					intermittierend gestufte Sandkiesgemische	SI
7 / Gemischtkörnige Böden	5 bis 40%	bis 60%		Kies-Schluff-Gemische	5 bis 15% ≤0,06 mm	GU
8					über 15 bis 40% ≤0,06 mm	GŪ*
9				Kies-Ton-Gemische	5 bis 15% ≤0,06 mm	GT
10					über 15 bis 40% ≤0,06 mm	GT̄*
11		über 60%		Sand-Schluff-Gemische	5 bis 15% ≤0,06 mm	SU
12					über 15 bis 40% ≤0,06 mm	SŪ*
13				Sand-Ton-Gemische	5 bis 15% ≤0,06 mm	ST
14					über 15 bis 40% ≤0,06 mm	ST̄*

2.2. Erdbauwerke

8	9	10	11	12	13	14	15	16	17	18	19	20	21
Erkennungsmerkmale unter anderem für Zeilen 16 bis 21	Anmerkungen[1])												
	Beispiele	Bautechnische Eigenschaften						Bautechnische Eignung als					
Trocken-festigkeit | Reaktion beim Schüttel-versuch | Plastizität beim Knet-versuch		Scherfestigkeit	Verdichtungsfähigkiet	Zusammendrückbarkeit	Durchlässigkeit	Witterungs- und Erosions-empfindlichkeit	Frostempfindlichkeit	Baugrund für Gründungen	Baustoff für Erd- u. Baustr.	Baugrund für Straßen- und Bahndämme	Baustoff für Erd-Stau-dämme/Dichtung	Baustoff für Erd-Stau-dämme/Stützkörper	Baustoff für Dränagen
steile Körnungslinie infolge Vorherrschen eines Körnungsbereiches	Fluß- und Strandkies Terassen-schotter vulkanische Schlacke	+	+○	++	– –	+–	++	+	–	+	– –	+	++
über mehrere Korngrößenbereiche kontinuierlich verlaufende Körnungslinie		++	++	++	–○	+	++	++	++	++	– –	++	+○
meist treppenartig verlaufende Körnungslinie infolge Fehlens eines oder mehrerer Korngrößenbereiche		++	+	++	–	○	++	++	+	++	– –	++	+○
steile Körnungslinie infolge Vorherrschen eines Körnungsbereiches	Dünen- u. Flugsand Berliner Sand Beckensand Tertiärsand	+	+○	++	–	–	++	+	– –	+○	– –	○	+
über mehrere Korngrößenbereiche kontinuierlich verlaufende Körnungslinie	Moränensand Terassensand Granitgrus	++	++	++	–○	+○	++	++	+	–	– –	–	+○
meist treppenartig verlaufende Körnungslinie infolge Fehlens eines oder mehrerer Korngrößenbereiche		+	+	++	–○	+○	++	+	○	+	– –	+	+○
weit oder intermittierend gestufte Körnungslinie Feinkornanteil ist schluffig	Moränenkies Verwitterungs-kies Hangschutt Geschiebe-lehm	++	+	++	○	+○	–○	++	++	+	–	+	–
		+	+○	+	+	–○	– –	+	+○	–○	+○	–	– –
weit oder intermittierend gestufte Körnungslinie Feinkornanteil ist tonig		+	+	+	+○	+○	–○	++	++	+	–○	+○	–
		+○	○	+○	++	+○	–	+○	+○	+○	+	– –	– –
weit oder intermittierend gestufte Körnungslinie Feinkornanteil ist schluffig	Tertiärsand	++	+	+	○	○	++	+○	○	–○	–		
	Auelehm Sandlöß	+	○	+○	+	–	– –	○	–○	–○	+○	– –	
weit oder intermittierend gestufte Körnungslinie Feinkornanteil ist tonig	Terassensand Schleichsand	+	+○	+○	+○	○	–○	+	+	+○	○	–	– –
	Geschiebe-lehm Geschiebe-mergel	+○	–○	+○	+–	–○	–	○	○	○	+	– –	– –

Tafel 2.2 (Fortsetzung)

Sp.	1	2	3	4	5	6	7
15	Feinkörnige Böden	über 40%		$p \geq 4\%$ oder unterhalb der A-Linie	Schluff	leicht plastische Schluffe $\quad w_L < 35\%$	UL
16						mittelplastische Schluffe $\quad 35\% \leq w_L \leq 50\%$	UM
17						ausgeprägt zusammendrückbare Schluffe $\quad w_L > 50\%$	UA
18				$p \geq 7\%$ und oberhalb der A-Linie	Ton	leicht plastische Tone $\quad w_L < 35\%$	TL
19						mittelplastische Tone $\quad 35\% \leq w_L \leq 50\%$	TM
20						ausgeprägt plastische Tone $\quad w_L > 50\%$	TA
21	organogene [3]) u. Böden mit organischen Beimengungen	über 40%		$p \geq 7\%$ und unterhalb der A-Linie	nicht brennbar- oder nicht schwelbar	Schluffe mit organischen Beimengungen und organogene Schluffe $\quad 35\% \leq w_L \leq 50\%$	OU
22						Tone mit organischen Beimengungen und organogene Tone $\quad w_L > 50\%$	OT
23		bis 40%				grob- bis gemischtkörnige Böden mit Beimengungen humoser Art	OH
24						grob- bis gemischtkörnige Böden mit kalkigen, kieseligen Bildungen	OK

[1]) Die Spalten 10 bis 21 enthalten als grobe Leitlinien Hinweise auf bautechnische Eigenschaften und auf die bautechnische Eignung nebst Beispielen in Spalte 9. Diese Angaben sind keine normativen Festlegungen.
[2]) Die Querbalken über den Kurzzeichen U und T oder das daneben gestellte * Symbol darf entfallen.
[3]) Unter Mitwirkung von Organismen gebildete Böden.

2.2. Erdbauwerke

8			9	10	11	12	13	14	15	16	17	18	19	20	21
niedrige	schnelle	keine bis leichte	Löß Hochflutlehm	−○	−○	−○	−○	− −	− −	+○	− −	−○	○	− −	− −
niedrige bis mittlere	langsame	leichte bis mittlere	Seeton Beckenschluff	−○	−	−○	+	−	− −	○	−	−○	+○	− −	− −
hohe	keine bis langsame	mittlere bis ausgeprägte	vulkanische Böden Bimsböden	−	−	−	++	−○	−○	−○	−	−	−○	− −	− −
mittlere bis hohe	keine bis langsame	leichte	Geschiebemergel Bänderton	−○	−○	○	+	−	− −	○	−	−○	++	− −	− −
keine	keine	mittlere	Lößlehm Beckenton Keuperton, Seeton	−	−	−○	++	−○	−○	○	−	−○	+	− −	− −
sehr hohe	keine	ausgeprägte	Tarras Lauenburger Ton Beckenton	− −	− −	− −	++	○	+○	−○	−	−	− −	− −	− −
mittlere	langsame bis sehr schnelle	mittlere	Seekreide Kieselgur Mutterboden	−○	−	−○	+○	− −	− −	− −	− −	− −	− −	− −	− −
hohe	keine	ausgeprägte	Schlick, Klei tertiäre Kohletone	− −	− −	−	++	−○	−○	− −	− −	− −	− −	− −	− −
Beimengungen pflanzlicher Art meist dunkle Färbung Modergeruch „Glühverlust" bis etwa 20% Masseanteile			Mutterboden Paläoboden	○	−○	−○	○	+○	−○	−	○	−	− −	− −	− −
Beimengungen nicht pflanzlicher Art, meist helle Färbung, leichte Masse, große Porosität			Kalk-Tuffsand Wiesenkalk	−	○	−○	−○	○	+	−○	○	−○	− −	− −	− −

Legende: Bedeutung der qualitativen und wertenden Angaben

	Spalte 10		Spalte 11		Spalte 12 bis 15		Spalte 16 bis 21
− −	sehr gering	− −	sehr schlecht	− −	sehr groß	− −	ungeeignet
−	gering	−	schlecht	−	groß	−	weniger geeignet
−○	mäßig	−○	mäßig	−○	groß bis mittel	−○	mäßig brauchbar
○	mittel	○	mittel	○	mittel	○	brauchbar
+○	groß bis mittel	+○	gut bis mittel	+○	gering bis mittel	+○	geeignet
+	groß	+	gut	+	sehr gering	+	gut geeignet
++	sehr groß	++	sehr gut	++	vernachlässigbar klein	++	sehr gut geeignet

Böschungsteile, auf denen die Gefahr des Abrutschen von Oberboden besteht, sollten durch Lebendverbau gesichert werden. Dazu kommen vor allem Flechtzäune in unterschiedlicher Anordnung zur Anwendung [39]. Oft wird der abgetragene Oberboden nur teilweise für das Andecken der Vegetationsoberflächen der Straßenanlage benötigt. Die überschüssigen Oberbodenmengen sind in Abstimmung mit dem Auftraggeber und den Landwirtschaftsbetrieben sorgfältig zur Verstärkung der Oberbodenschicht auf den angrenzenden Nutzflächen zu verteilen.

Über die Bepflanzung der Böschungen, Trenn- und Seitenstreifen gibt es aus den Erfahrungen entwickelte Vorschriften und Richtlinien [35]. Dabei ist stets der zukünftig erforderliche Wartungs- und Pflegeaufwand zu berücksichtigen [40]. Bei umfangreichen Aufgaben und in Zweifelsfällen wird es stets zweckmäßig sein, einen erfahrenen Landschaftsgärtner mit den speziellen Teilaufgaben zu beauftragen.

2.2.2. Böden und ihre Verwendungsmöglichkeiten

2.2.2.1. Bodenarten

Für den konstruktiven Erdbau werden anorganische Lockergesteine und Felsgesteine unterschiedlicher Zusammensetzung und Festigkeit verwendet. Im Flach- und Hügelland bestehen die oberflächennahen Schichten vorwiegend aus grobkörnigen, gemischtkörnigen und fein-

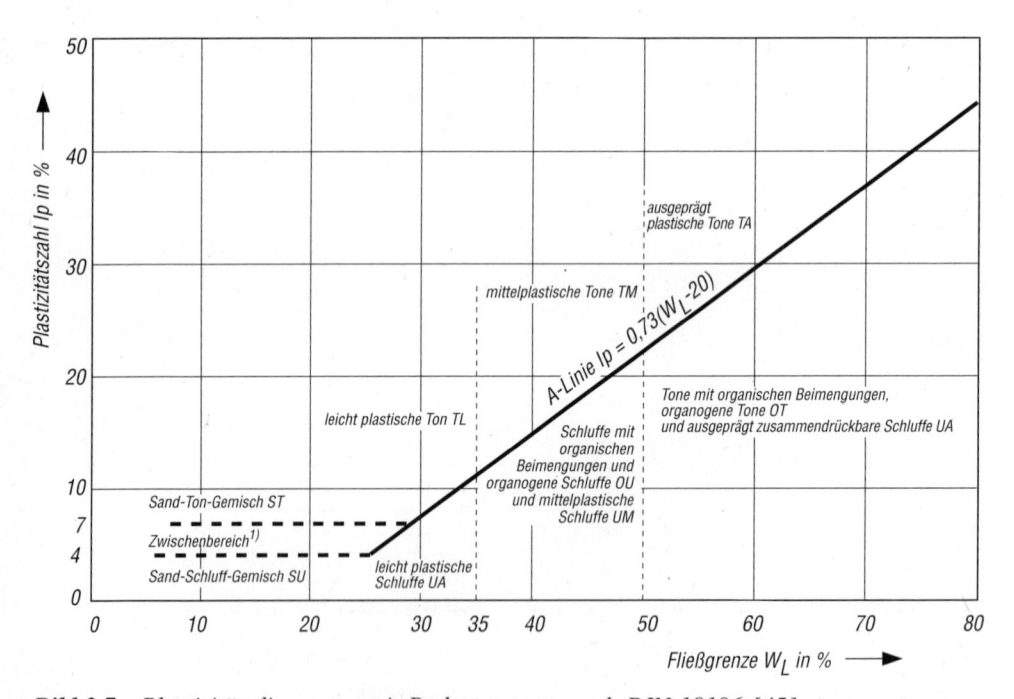

Bild 2.7   Plastizitätsdiagramm mit Bodengruppen nach DIN 18196 [45]
[1]) Die Plastizitätszahl von Böden mit niedriger Fließgrenze ist versuchsmäßig nur ungenau zu ermitteln. In den Zwischenbereich fallende Böden müssen daher nach anderen Verfahren, z.B. nach DIN 4022 Teil 1, dem Ton- und Schluffbereich zugeordnet werden.

2.2. Erdbauwerke

körnigen Böden. Über deren Verwendung zur Herstellung der Erdbauwerke ist auf der Grundlage von Baugrunduntersuchungen und Baugrundgutachten zu entscheiden.

Für die mineralischen Lockergesteine gilt die Bodenklassifikation nach Tafel 2.2. Die organisch durchsetzten Lockergesteine und die organogenen Böden können bis zu Tiefen von etwa 5 m Tiefe ausgebaggert und durch mineralische Böden ersetzt werden. Bei größeren Torf- oder Moorschichten wird mit Verdrängungssprengungen ein beständiger Erdkörper angestrebt [41, 42].

Die Gewinnung von Felsgestein und der Einbau sind ausführlich in [42] behandelt.

Die Böden, die im Flachland und Hügelland sehr häufig für den konstruktiven Erdbau zu verwenden sind, werden in der Tafel 2.2 in den Zeilen 1 bis 20 mit ihren bautechnischen Eigenschaften generell beschrieben. Besonders häufig sind vor allem die gemischtkörnigen Böden, die gleichkörnigen Sande und die feinkörnigen Böden. Für die weitergehende Unterscheidung mit Hilfe der Atterbergschen Grenzwerte kann Bild 2.7 herangezogen werden. Diese häufig vorkommenden Bodenarten sind meist für die Herstellung der Erdbauwerke geeignet.

2.2.2.2. Verdichtungsmöglichkeiten und Verdichtungsanforderungen

2.2.2.2.1. Grobkörnige Böden

Grobkörnige Böden kommen vorwiegend als enggestufte (gleichkörnige) Sande (SE), seltener als intermittierend gestufte Kiessande (GI) oder Sandkiese (SI) und ganz selten als weitgestufte Kiessande (GW) oder Sandkiese (SW) vor. Der natürliche Wassergehalt w_n ist im

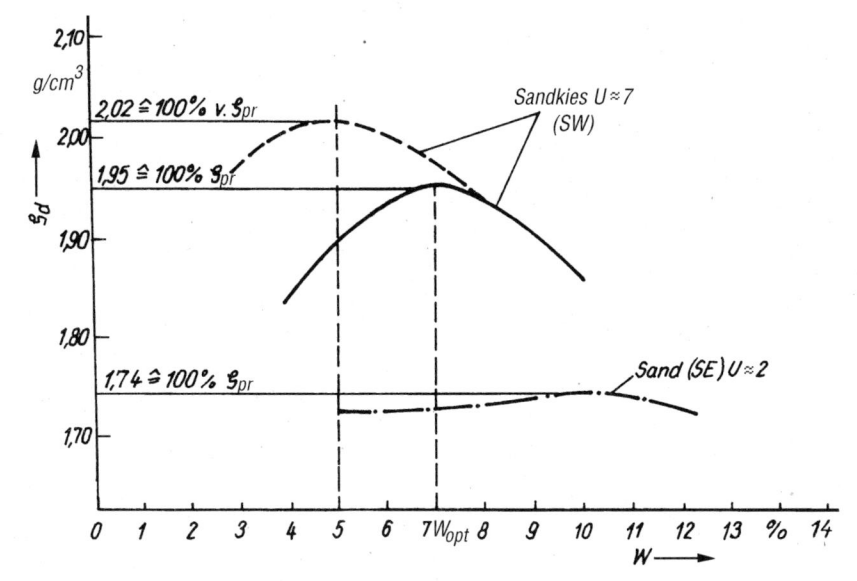

Bild 2.8 Verdichtungskurven für grobkörnige Böden [43]
——————— einfache Proctorverdichtung $\approx 0,6$ N/mm³;
- - - - - verbesserte Proctorverdichtung $\approx 2,75$ N/mm³;
—·—·—·— einfache Proctorverdichtung

Regelfall kleiner als der optimale Wassergehalt w_{opt} beim Proctorversuch [43, 44]. Aus diesem Sachverhalt sind zwei Schlußfolgerungen zu ziehen:

- Bei grobkörnigen Böden sind mit höherer Verdichtungsarbeit Trockenrohdichten (ρ_d) erreichbar, die gleiche oder größere Werte als 100% Proctordichte ausmachen:

$$\rho_d \geq \rho_{Pr}$$

- Bei grobkörnigen Böden mit hoher Durchlässigkeit ist im Regelfall die höhere Verdichtungsarbeit aus technischen und wirtschaftlichen Gründen den Bemühungen zur Erhöhung des Wassergehaltes vorzuziehen.

Die Zusammenhänge sind in Bild 2.8 dargestellt.

2.2.2.2.2. Gemischtkörnige und feinkörnige Böden

Die gemischtkörnigen und feinkörnigen Böden enthalten unterschiedliche Anteile an Schluffen und Tonen. Ihre bodenmechanischen Unterscheidungsmerkmale sind in Bild 2.7 eingetragen. Das entscheidende Merkmal dieser Böden besteht darin, daß auftretende Schwankungen des Wassergehaltes erhebliche Veränderungen der physikalisch-mechanischen Eigenschaften dieser Böden bewirken. Infolge der großen kapillaren Steighöhe dieser gemischtkörnigen und feinkörnigen Böden gilt im Regelfall $w_n > w_{opt}$. Diese natürliche Bedingung ist zu berücksichtigen.

Die Böden mit unterschiedlichen bindigen Anteilen enthalten infolge des höheren natürlichen Wassergehaltes, der durch das Flocken- und Wabengefüge der Tonteilchen bedingt ist, ein höheres Gesamtporenvolumen als weitgestufte Kiessand- oder Sandkiesgemische (GW, SW). Daraus ergibt sich die Begründung für geringere Trockenrohdichten (Tafel 2.3).

In Bild 2.9 sind für zwei bindige Böden Verdichtungskurven aufgetragen. Der leicht plastische Schluff ist äußerst wasserempfindlich und sein natürlicher Wassergehalt $w_n \approx 23\%$ liegt derartig ungünstig, daß die erdbautechnische Bearbeitung besonders wetterempfindlich ist. Mit $w_p \approx 15\%$ und $w_L \approx 25\%$ muß die Bauablaufplanung diese Wetterempfindlichkeit sorgfältig berücksichtigen.

Tafel 2.3 Proctordichten und optimale Wassergehalte

Bodenart		Proctorverdichtung		verbesserte Proctorverdichtung	
		w_{opt}	ρ_{Pr}	w_{opt}	ρ_{Pr}
Kiessand,	GW; U ≈ 35	7	2,12	5	2,23
Sandkies,	SW; U ≈ 7	10	1,98	8	2,08
intermittierender Sand,	SI; U ≈ 5	13	1,87	10	1,98
enggestufter Sand,	SE; U ≈ 2	–	1,70	–	1,78
Sand, schluffig,	SU	16	1,79	13	1,90
Schluffiger Ton,	ST	22	1,62	16	1,79
Ton	TM	30	1,44	23	1,60

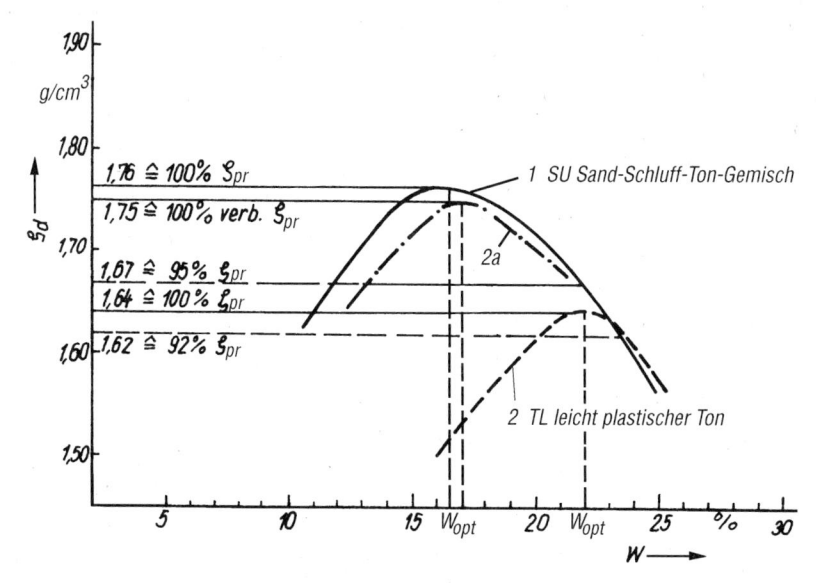

Bild 2.9 *Verdichtungskurven für gemischtkörnigen (SU) und feinkörnigen (TL) Boden [43] 1 Lößlehm; Autobahn A14 Leipzig-Dresden (1970); 2 und 2a leichtplastischer Ton*

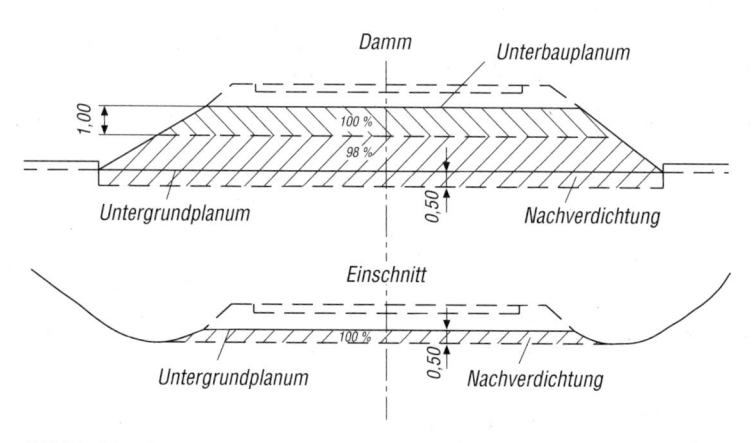

Bild 2.10 *Verdichtungsanforderungen für Erdbauwerke aus grobkörnigen Böden: GW, GI, GE, SW, SI, SE*

In den Bildern 2.8 und 2.9 sind auch die Kurven für die Verdichtungsarbeit von 2,75 Nmm/mm³ eingezeichnet worden. Damit wird der Zusammenhang zwischen Wassergehalt und Verdichtungsarbeit anschaulich erklärt:

- Bei $w_n < w_{opt}$ sind mit Hilfe größerer Verdichtungsarbeit Trockenrohdichten erreichbar, die ρ_{Pr} überschreiten.
- Bei $w_n > w_{opt}$ werden die erreichbaren Trockenrohdichten entscheidend von w_n bestimmt und sind stets kleiner als ρ_{Pr}. Zusätzliche Verdichtungsarbeit wird durch den auftretenden Porenwasserüberdruck unwirksam.

Bild 2.11 Verdichtungsanforderungen für Erdbauwerke aus gemischt- und feinkörnigen Böden

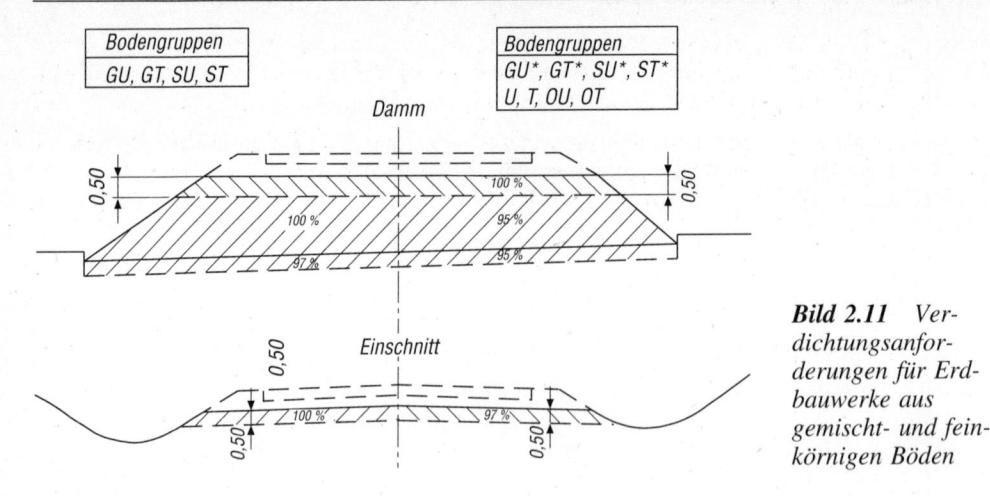

Diese Erkenntnisse sind in den Verdichtungsanforderungen [45] beachtet worden und werden hier in den Bildern 2.10 und 2.11 wiedergegeben. Die technischen Forderungen sind hier in Verbindung mit den praktischen Bedingungen und den wirtschaftlichen Möglichkeiten formuliert worden. Die Mindestwerte sind in Abhängigkeit von der Bodenart und der Lage im Erdbauwerk festgelegt. In Tafel 2.3 sind für repräsentative Bodenarten die Werte für die einfache und die verbesserte Proctordichte angegeben.

2.2.2.2.3. Felsgestein

Bei Felsgesteinen werden Lockerung und Zerkleinerung mit Sprengungen vorgenommen [42]. Die damit hergestellten Dämme weisen einen hohen Hohlraumgehalt auf, der durch Einrütteln von Kiessanden o.ä. weitgehend auszufüllen ist. Aus dem gelösten Felsgestein entsteht infolge der Gefügeauflockerung ein größeres Volumen. Die Auflockerung ist bei der Mengenermittlung zu beachten und mit folgendem Ansatz zu erfassen:

$$\frac{1}{1-\varphi} = \frac{\rho_d}{\rho_1} \qquad \varphi = 1 - \frac{\rho_1}{\rho_d}$$

φ bleibende Auflockerung
ρ_d Rohdichte des kompakten Felsgesteins
ρ_1 Rohdichte des zerkleinerten, verdichteten Felsgesteins

2.2.3. Herstellung der Erdbauwerke

Auf der Grundlage von Baugrunduntersuchungen wird danach gestrebt, die Linienführung des Straßenzuges so zu gestalten, daß unter Beachtung der Straßenkategorie, auftretender Verkehrskosten und landschaftsgestalterischer Gesichtspunkte möglichst geringe Erdbauleistungen notwendig werden.

Wenn die in den Einschnitt- und Anschnittbereichen vorhandenen Böden für die Herstellung der Dammbereiche geeignet sind, sollte auf den Erdmengenausgleich mit geringen Transportentfernungen geachtet werden. Soweit die gewonnenen Böden für die Herstellung von Dämmen ungeeignet sind, sollen sie umweltschonend bzw. umweltverbessernd in geeignete Geländevertiefungen eingebracht werden. Es kann wirtschaftlich sein, Boden aus Seitenentnahmen für die Herstellung der Erdbauwerke zu verwenden.

Wegen der gleichmäßigen Tragfähigkeit und zur Sicherung der Frostbeständigkeit kann die obere Schicht der Erdbauwerke aus grobkörnigem Material hergestellt werden. Bei Seitenentnahmen ist darauf zu achten, daß die Erdarbeiten landschaftsschonend vorbereitet, ausgeführt und abgeschlossen werden.

2.2.3.1. Einstufung von Boden und Fels

Die Einteilung der Böden und Felsgesteine [47] in Boden- und Felsklassen verfolgt zwei Ziele:

- Orientierung für die Auswahl der zweckmäßigen Löse-, Lade-, Transport- und Einbaumaschinen.
- Orientierung für die Ermittlung der erreichbaren Leistungen in Abhängigkeit von den einsetzbaren Maschinen und für die Kalkulation der entsprechenden Selbstkosten.

Aus [47] wird folgende Einteilung übernommen:

Klasse 1: Oberboden gemäß 2.2.1.
Klasse 2: Fließende Bodenarten: Bodenarten, die von flüssiger bis breiiger Beschaffenheit sind und die das Wasser schwer abgeben.
Klasse 3: Leicht lösbare Bodenarten: Nichtbindige bis schwachbindige Sande, Kiese und Sand-Kies-Gemische mit bis zu 15% Beimengungen an Schluff und Ton ($\varnothing < 0{,}06$ mm) und mit höchstens 30% Steinen $\varnothing > 63$ mm bis zu 0,01 m^3 Rauminhalt. Organische Bodenarten mit geringem Wassergehalt (z. B. feste Torfe).
Klasse 4: Mittelschwer lösbare Bodenarten: Gemische von Sand, Kies, Schluff und Ton mit mehr als 15% Anteil $\varnothing < 0{,}06$ mm. Bindige Bodenarten von leichter bis mittlerer Plastizität, die je nach Wassergehalt weich bis halbfest sind und höchstens 30% Steine $\varnothing > 63$ mm bis zu 0,01 m^3 Rauminhalt enthalten.
Klasse 5: Schwer lösbare Bodenarten: Bodenarten gemäß den Klassen 3 und 4, jedoch mit mehr als 30% Steinen $\varnothing > 63$ mm bis zu 0,01 m^3 Rauminhalt. Nichtbindige und bindige Bodenarten mit höchstens 30% Steinen von über 0,01 m^3 bis 0,1 m^3 Rauminhalt. Ausgeprägt plastische Tone, die je nach Wassergehalt weich bis halbfest sind.
Klasse 6: Leicht lösbarer Fels und vergleichbare Bodenarten: Felsarten, die einen inneren mineralisch gebundenen Zusammenhalt haben, jedoch stark klüftig, brüchig, bröckelig, schiefrig, weich oder verwittert sind, sowie vergleichbar feste oder verfestigte bindige oder nichtbindige Bodenarten.(z. B. durch Austrocknung, Gefrieren, chemische Bindungen). Nichtbindige und bindige Bodenarten mit mehr als 30% Steinen von über 0,01 m^3 bis 0,1 m^3 Rauminhalt.
Klasse 7: Schwer lösbarer Fels: Felsarten, die einen inneren mineralisch gebundenen Zusammenhalt und hohe Gefügefestigkeit haben und die nur wenig klüftig oder verwittert sind; Steine von über 0,1 m^3 Rauminhalt.
  0,01 m^3 Rauminhalt entspricht einer Kugel mit $\varnothing$ 0,30 m, 0,1 m^3 Rauminhalt entspricht einer Kugel mit $\varnothing$ 0,60 m.

In Tafel 2.4 sind die ergänzenden Vertragsbedingungen für die Boden- und Felsklassen zusammengestellt [45].

In den Leistungsbeschreibungen sind ausführliche und zutreffende Angaben über die vorhandenen Boden- und Felsklassen zu fordern. Dazu müssen angemessen umfangreiche Baugrund- und Bodenuntersuchungen vorliegen. Mit dieser sorgfältigen Vorarbeit werden spätere Differenzen zwischen Auftraggeber und den ausführenden Betrieben weitgehend vermieden.

Tafel 2.4 Boden- und Felsklassen mit ergänzenden Vertragsbedingungen [45]

Boden- oder Felsklasse	Boden- und Felsarten bei entsprechender Beschaffenheit
2	– organische Böden der Gruppen HN, HZ und F – feinkörnige Böden der Gruppen UL, UM, UA, TL, TM, TO sowie organogene Böden und Böden mit organischen Beimengungen der Gruppen OU, OT, OH und OK, wenn sie eine breiige oder flüssige Konsistenz (Ic ≤ 0,5) haben; – gemischtkörnige Böden der Gruppen SU*, ST*, GU*, und GT*, wenn sie eine breiige oder flüssige Konsistenz haben und ausfließen.
3	– grobkörnige Bodenarten der Gruppen SW, SI, SE, GW, GI und GE; – gemischtkörnige Böden der Gruppen SU, ST, GU und GT; – Torfe der Gruppen HN mit geringem Wassergehalt, soweit sie beim Ausheben standfest bleiben.
4	– feinkörnige Böden der Gruppen UL, UM, TL und TM; – gemischtkörnige Böden der Gruppen SU*, ST*, GU*, GT*
5	– feinkörnige Böden der Gruppen UA, TA und OT
6	– Fels, der nicht den Kriterien der Klasse 7 entspricht; – Bodenarten der Klassen 4 und 5 mit fester Konsistenz
7	– angewitterter und unverwitterter Fels mit Kluftkörpern, deren Rauminhalt mehr als 0,01 m^3 beträgt; – Schlackenhalden gehören zu dieser Klasse nur, soweit es sich um verfestigte Schlacken handelt.

Wird zur Erleichterung des Lösens bei den Klassen 6 und 7 durch Bohr- und Sprengarbeit gelockert, ändert sich die Einstufung nicht.

2.2.3.2. Anforderungen und ihre Prüfung

In Abschnitt 2.2.2. wurden die verschiedenen Böden auf ihre Verwendbarkeit als Baustoffe in Erdbauwerken untersucht sowie technische und wirtschaftliche Anforderungen dafür begründet. Im Zusammenhang mit den Anforderungen als Damm, Einschnitt oder Anschnitt (Regelquerschnitt) ist folgendes von Bedeutung:

– Die geometrische Form ist weitgehend beständig herzustellen. Deshalb ist auf eine gleichmäßige und hohe Verdichtung zu achten, die größere Setzungen ausschließt und ungleichmäßige Setzungen vermeiden hilft. Bei grobkörnigen Böden bereitet die Einhaltung dieser Forderungen keine Schwierigkeiten. Bei gemischtkörnigen und feinkörnigen Böden sind die durch die Witterungseinflüsse verursachten Wassergehaltsschwankungen während der Gewinnung, auf dem Transport und an den Einbaustellen gering zu halten, damit die in den Bildern 2.10 und 2.11 dargestellten Anforderungen hinsichtlich einer möglichst gleichmäßigen Verdichtung mit entsprechenden Tragfähigkeitskennwerten erfüllt werden können [44, 45, 48, 49].
– Im Regelfall ist es möglich gleichkörnige Sande (SE) auf 100 % der Proctordichte zu verdichten und auf der Oberfläche Tragfähigkeitskennwerte E_{V2} > 70 N/mm^2 [50, 51] zu erhalten.
– Bei bindigen Böden, deren natürlicher Wassergehalt w_n in mitteleuropäischen Klimagebieten über dem optimalen Wassergehalt w_{opt} liegt, zwingen die Verdichtungsmöglichkeiten und die davon abhängigen Tragfähigkeitskennwerte zu wirtschaftlichen Überlegungen, die bei den technischen Forderungen (vertraglich) angemessen zu berücksichtigen sind.

2.2. Erdbauwerke 77

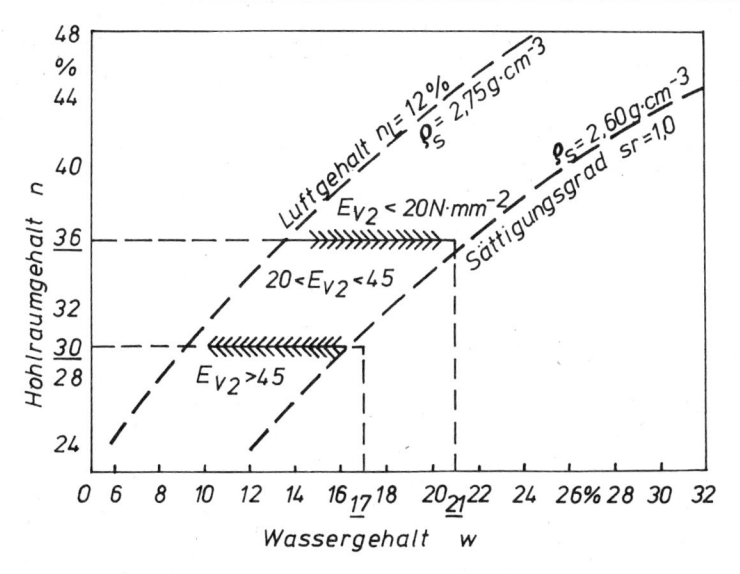

Bild 2.12 Tragfähigkeitskennwerte [51] $E_{V2} = f(n,w)$ für gemischt- und feinkörnige Böden; Bereich: $26\% < w_L < 76\%$; $8\% < I_P < 49\%$

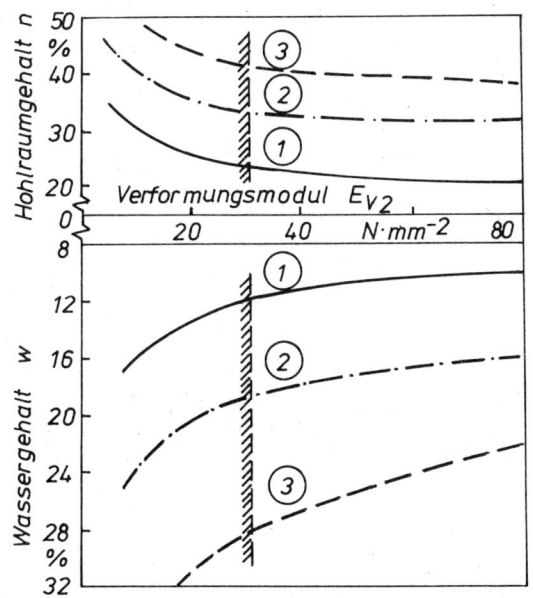

Bild 2.13 Tragfähigkeitskennwerte E_{V2} für verschiedene Böden in Abhängigkeit vom Hohlraumgehalt n und dem Wassergehalt w
1 Feinsand, tonig, schluffig $I_P = 12\%$;
2 Ton-Schluff-Gemisch $I_P = 26\%$;
3 Ton $I_P = 44\%$

Wie aus Bild 2.12 zu erkennen ist, können für bindigen Unterbau (Dämme) oder nachverdichteten Untergrund E_{V2}-Werte von 20 N/mm² als durchaus brauchbar angesetzt werden, während beständige Werte mit mehr als 30 N/mm² selten vorkommen. Dagegen können in den Tauperioden in den oberen Unterbauschichten zeitweise Werte < 20 N/mm² auftreten [51]. Zur Verdeutlichung dieser Zusammenhänge sind in Bild 2.13 die Tragfähigkeitskennwerte E_{V2} für drei verschiedene bindige Böden als f(n,w) eingezeichnet. Es wird deutlich, daß $E_{V2} > 30$ N/mm² bei Böden mit höheren bindigen Anteilen nicht zu erwarten sind.

Für die Ermittlung der Tragfähigkeit des Unterbaus oder des Untergrundes sind zwei Meßverfahren weit verbreitet:

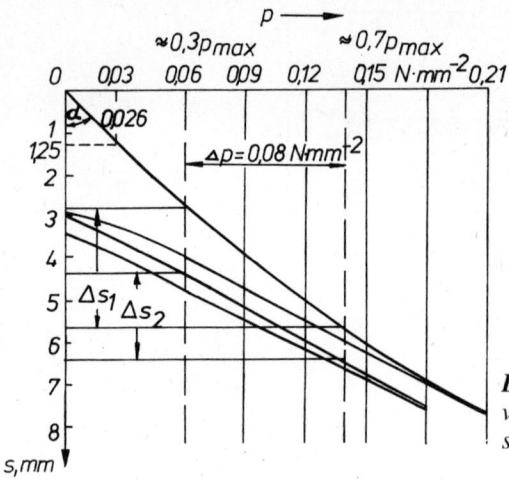

Bild 2.14 Auswertung eines Plattendruckversuches (sehr feuchter, toniger Schluffsand)

$$E_{V1} = \frac{1,5 \cdot \Delta p \cdot r}{\Delta s_1} = \frac{1,5 \cdot 0,08 \cdot 250}{0,29} = 10,4 \, \text{N/mm}^2$$

$$E_{V2} = \frac{1,5 \cdot \Delta p \cdot r}{\Delta s_2} = \frac{1,5 \cdot 0,08 \cdot 250}{0,21} = 14,4 \, \text{N/mm}^2$$

Der Plattendruckversuch [43, 52]

Der Versuch wird mit einem normalen Plattendruckgerät ausgeführt. Für Bodentragfähigkeitsnachweise bzw. Bodenverdichtungsabschätzungen wird die Lastplatte mit 500 mm ⌀ ($A = 19600 \, \text{mm}^2$) verwendet, die bis zu einer spezifischen Flächenkraft $p = 0,2 \, \text{N/mm}^2$ belastet wird. Die nächste Laststufe folgt jeweils erst, wenn die Setzung auf ≤ 0,02 mm abgeklungen ist. Die Kraft-Setzungs-Linien sind in Bild 2.14 dargestellt. Mit der gleichen Versuchsanordnung kann aus der Erstbelastung und einer vorgegebenen Setzung von 1,25 mm die Bettungszahl K bestimmt werden, die für die Spannungsberechnung an Zementbetonbefestigungen auf elastischer Bettung verwendet wird. Die mit der Lastplatte von 500 mm Durchmesser ermittelte Bettungszahl ist auf die Lastplatte von 760 mm Durchmesser mit dem Faktor $f = 0,76$ umzurechnen (Berücksichtigung der geringeren Tiefenwirkung). Dadurch wird ein Vergleich mit den Spannungsberechnungen nach *Westergaard* ermöglicht [53]. Bei einem Plattendurchmesser von 300 mm ist $f = 0,5$ einzusetzen. In dem Beispiel nach Bild 2.14 wird:

$$K = \frac{p}{s} \cdot 0,76 = \tan \alpha \cdot 0,76 = \frac{0,026}{1,25} \cdot 0,76 = 0,016 \, \text{N/mm}^3$$

Der Stempeleindruckversuch (CBR-Versuch) [50, 54]
(CBR = Californian Bearing Ratio)

Diese Prüfung wurde für die Beurteilung der Tragfähigkeit des Unterbaus bzw. des Untergrundes entwickelt, um davon auf die erforderliche Dicke der Straßenbefestigung zu schließen. Der durch dieses einfache empirische Verfahren zu ermittelnde CBR-Wert ist bei der Überarbeitung der Bemessungsvorschriften in verschiedenen Staaten als maßgebende Grundgröße für die empirische Bemessung von flexiblen Straßenbefestigungen beibehalten oder übernommen worden. Der CBR-Wert wird mit Hilfe der Flächenkraft bestimmt, die notwendig ist, um einen Stempel von $2000 \, \text{mm}^2$ Grundfläche mit $v = 1,25 \, \text{mm/min}$ 2,5 mm tief,

2.2. Erdbauwerke

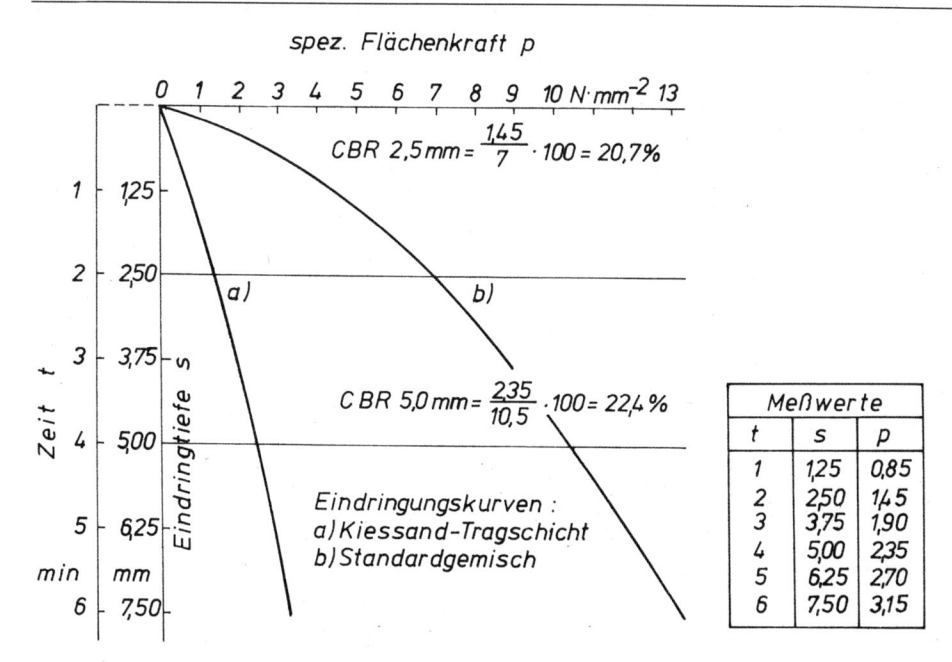

Bild 2.15 *Auswertung eines CBR-Versuches*

also in 2 min, in den Boden zu drücken. Diese spezifische Flächenkraft wird als Verhältnis zu der spezifischen Flächenkraft ausgedrückt, die notwendig ist, um den Stempel in gleicher Weise in ein Schottersplittgemenge (Standardgemisch) zu drücken. Bild 2.15 zeigt die Auswertung des Stempeleindringversuches auf einer Kiessandschicht. Es werden die CBR-Werte bei 2,5 und 5,0 mm Eindringung berechnet. Der kleinere Wert (im Normalfall bei 2,5 mm) ist maßgebend.

Der grundsätzliche Unterschied der beiden Verfahren besteht darin, daß beim Plattendruckversuch die Verformung unter einer stufenweise eingetragenen Kraft gemessen wird, während beim Stempeleindruckversuch die Kraft gemessen wird, die für das zeitlich vorgeschriebene Eindringen des Stempels nötig ist.

2.2.3.3. Wesentliche Teilprozesse

Die Erdarbeiten mit Lockergesteinen werden je nach Leistungsumfang und Transportentfernung mit Flachbaggern und Verdichtungsmaschinen oder mit Universalbaggern, Kipp-Lkw (Dumper) und Verdichtungsmaschinen ausgeführt [55].

Als Flachbagger sind für den Straßenbau hauptsächlich Schürfkübel geeignet. Sie können bei großen Bodenmengen und kurzen Transportentfernungen (bis etwa 2 km) der Ausführung mit Universalbaggern wirtschaftlich überlegen sein. Planierraupen und Straßenhobel sind nur für kleinere Erdarbeiten als Flachbagger verwendbar (Bild 2.16). Sie gehören aber auf jede Erdbaustelle und dienen u. a. der Ausführung ergänzender Regulierungs- und Planierarbeiten.

Der Einsatz von Universalbaggern – überwiegend mit Hochlöffel – aber auch mit Tieflöffel, Schleppschaufel- oder Greiferausrüstung – herrscht bei Transportentfernungen > 1 km und in kleinen Erdbaubetrieben vor. In großen Erdbaubetrieben ist die ergänzende Ausrüstung mit Flachbaggern betriebswirtschaftlich günstig. Die bei größeren Erdarbeiten einzusetzenden Universalbagger sollen ein Grabgefäßvolumen aufweisen, bei dem die Dumper oder Kipp-Lkw mit 4 bis 6 Arbeitsspielen beladen werden können [41].

Bild 2.16 *Straßenhobel beim Planieren*

Das Lösen und Laden der Lockergesteine ist auch bei gemischt- und feinkörnigen Böden im Regelfall nicht als technisch und ausführungsseitig besonders schwierig anzusehen. Wesentlich ist die zutreffende Ermittlung der Transportfahrzeuge.

Beispiel: Hochlöffelbagger mit 180° Schwenkwinkel [56]:

$$L_t = I \cdot \varphi \cdot \alpha \cdot \frac{1}{t_z}$$

I	Grabgefäßinhalt = 1 m^3
φ	Füllungsgrad = 1,0
α	Auflockerung für Bodenklasse 3 = 0,75
t_z	Arbeitsspieldauer = 27 s = 0,45 min = 0,0075 h
	$L_t = 1,0 \cdot 1,0 \cdot 0,75 \cdot 1/0,0075 = 100$ m^3/h technische Leistung
	$L_N = L_t \cdot K = 100 \cdot 0,52 \quad = 52$ m^3/h Nutzleistung
K	Produkt aus verschiedenen leistungsmindernden Einflußfaktoren (s. Abschn. 4). K unterliegt durch Wettereinflüsse erheblichen Schwankungen.

Für mittlere Transportbedingungen wird die Fahrzeuganzahl aus der 1,2 fachen Nutzleistung für die mittlere Transportentfernung berechnet. Damit können Unregelmäßigkeiten im Fahrzeugumlauf weitgehend abgefangen werden (s. Abschn.4).

2.2.3.4. Transportwege im Erdbau

Bei der Herstellung der Erdbauwerke für neue Straßen (oft auch bei wesentlichen Verbreiterungen) hat der anstehende Boden bzw. der eingebaute Boden den Dumpern oder Kipp-Lkw als Transportweg zu dienen. Hieraus leiten sich wesentliche Überlegungen und Untersuchungen ab:

2.2. Erdbauwerke

- Bei großen Erdbauarbeiten sind für die Pflege der Bodentransportwege Straßenhobel und geeignete Verdichtungsmaschinen (abhängig von der Bodenart) einzusetzen [57]. Mit der laufenden Beseitigung der Unebenheiten (Fahrspuren) werden die Rollwiderstände relativ gering gehalten, die Fahrzeugbeanspruchung bleibt in wirtschaftlichen Grenzen und es wird eine gleichmäßige mittlere Fahrgeschwindigkeit möglich.
- Bei Erdarbeiten mit gemischt- und feinkörnigen Böden ist für schnelle Oberflächenwasserabführung bei sämtlichen Zwischenbauzuständen zu sorgen. Mit Rücksicht auf die Beschaffenheit der als Transportweg genutzten Unterbaubereiche und die Qualität der Verdichtung an den Einbaustellen ist bei Überschreitung bestimmter Niederschlagsintensität und -dauer die Arbeit zeitweise zu unterbrechen.
- Bei gemischt- und feinkörnigen Böden kann es für die Qualität der oberen Unterbau- bzw. Untergrundschicht und zur Erhöhung der Bodentransportleistungen günstig sein, wenn diese Schicht mit Kalkhydrat verbessert oder verfestigt wird.

Rollwiderstände für Erdfahrbahnen:

gleichkörniger Sand (SE) in Abhängigkeit von der Ebenheit und ρ_d $w_o = 0{,}08$ bis $0{,}25$
gemischt- oder feinkörniger Boden, gut gepflegt $w_o = 0{,}03$ bis $0{,}05$
gemischt- oder feinkörniger Boden, ungenügend gepflegt $w_o = 0{,}05$ bis $0{,}08$
gemischt- oder feinkörniger Boden mit sehr unregelmäßigem Oberflächenprofil $w_o = 0{,}08$ bis $0{,}15$

Für die Geschwindigkeit gilt:

$$1 \text{ km/h} = \frac{1}{3{,}6} \text{ m/s}$$

Es wird mit $\Sigma W = (F_e + F_n) \cdot (w_o + w_s)$:

$$\Sigma W = Z = \frac{Leistung}{Geschwindigkeit} = \frac{P_{tr}}{v} < F_{tr} \cdot f$$

$$P_{mot} = \frac{P_{tr}}{\eta} = \frac{\Sigma W \cdot v}{0{,}85}$$

ΣW Summe der Streckenwiderstände in kN
$Z = F_{tr} \cdot f$ Zugkraft, Antriebskraft in kN
P_{tr} Leistung ab den Antriebsrädern in kN·m/s
P_{mot} Motorleistung in kN·m/s
$\eta = 0{,}85$ Wirkungsgrad
F_e Radkräfte aus Eigenmasse in kN
F_n Radkräfte aus Nutzladung in kN
F_{tr} Vertikalkräfte der angetriebenen Räder in kN
w_o Rollwiderstand
w_s Steigungswiderstand
f Haftreibungsbeiwert

Aus den Gleichungen wird der Rollwiderstand als Gütekriterium für die Fahrbahnoberfläche deutlich. Gleichzeitig wird der Einsatz von allradgetriebenen, widerstandsfähigen Nutzkraftfahrzeugen unterstrichen, bei denen mit der Haftreibung genügend Antriebskräfte auf die Fahrbahn übertragen werden können. Für den ständigen Einsatz auf grobkörnigen, gemischt- und feinkörnigen Böden ist die Ausrüstung der Nutzkraftfahrzeuge mit Niederdruckreifen wirtschaftlich.

Bild 2.17 *Großdumper und Planierraupe beim Bodeneinbau*

Beispiel: 3-achsiger Muldenkipper, 180 kW = 180 kN · m/s
$F_e = 200$ kN; $F_n = 210$ kN

Gemischtkörniger Boden: Fall I $w_o = 0,04$; $w_s = 3\%$
Fall II $w_o = 0,12$; $w_s = 3\%$

Fall I: $\Sigma W = (200 \text{ kN} + 210 \text{ kN}) (0,04 + 0,03) = 28,7$ kN

$$v_H = \frac{0,85 P_{mot}}{\Sigma W} = \frac{0,85 \cdot 180 \text{ kN} \cdot \text{m/s}}{28,7 \text{ kN}} = 5,33 \text{ m/s} \approx 19,2 \text{ km/h}$$

Fall II: $\Sigma W = (200 \text{ Kn} + 210 \text{ kN}) (0,12 + 0,03) = 61,5$ kN

$$v_H = \frac{0,85 \cdot 180 \text{ kN} \cdot \text{m/s}}{61,5 \text{ kN}} \approx 2,5 \text{ m/s} \approx 9,0 \text{ km/h}$$

Mit dieser Vergleichsbetrachtung und der damit möglichen Einschätzung der erforderlichen Fahrzeugzahl (s. Abschn. 4) wird der Einfluß der Transportwege auf die Leistung und die Wirtschaftlichkeit von Erdarbeiten deutlich (Bild 2.17).

2.2.3.5. Wettereinfluß

Die Anforderungen an die Qualität der Erdarbeiten können bei Niederschlägen zu zeitweiligen Unterbrechungen der Arbeit mit gemischtkörnigen und feinkörnigen Böden zwingen. Derartige Entscheidungen erfordern die ständige Zusammenarbeit mit den nächstgelegenen meteorologischen Stationen, damit die voraussichtliche Intensität und Dauer des Regens berücksichtigt werden kann.

Bei hoher Gesamtleistung des Erdbau-Maschinenparks kann es zur Sicherung der Qualität zweckmäßig sein, die Erdarbeiten schon bei Regenbeginn einzustellen. Dadurch wird das Einkneten des Wassers in den bindigen Boden vermieden und die Zeitdauer bis zur möglichen Wiederaufnahme der Arbeit kurz gehalten [58, 59].

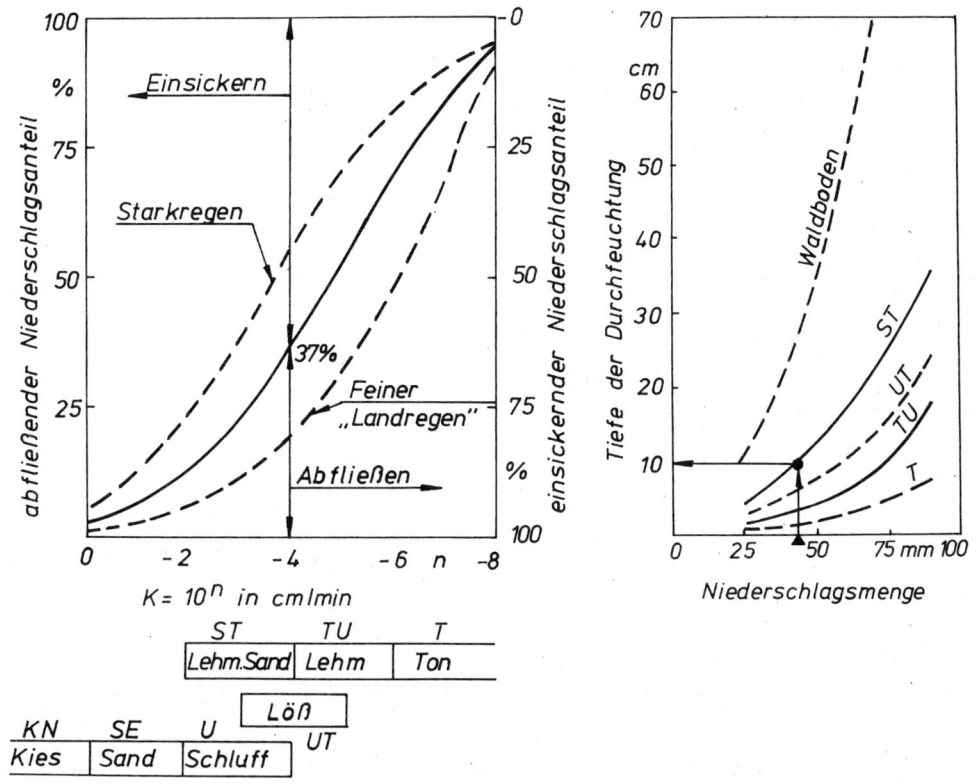

Bild 2.18 Verteilung des Niederschlagswassers auf Abfluß und Einsickern in Abhängigkeit von der Bodenart

Bild 2.19 Tiefe der aufgeweichten Bodenschicht in Abhängigkeit von der Niederschlagsmenge

Nachfolgend werden die Grundüberlegungen zur Ermittlung der Regenausfallzeit nach [50] anhand der Bilder 2.18 bis 2.20 wiedergegeben In Bild 2.18 ist die Relation des abfließenden Wassers und des versickernden Niederschlagsanteils zum Gesamtniederschlag, abhängig von der Bodenart, für verschiedene Regenintensitäten dargestellt. Die schnelle Durchfeuchtung der gemischtkörnigen, schwachbindigen Böden ist besonders zu beachten. Als Beispiel wird ein toniger Sand (ST) mit einer Wasserdurchlässigkeit $k = 10^{-4}$ cm/min angenommen, auf den 45 mm Regen innerhalb von 36 h fallen. Die Tiefe der Durchfeuchtung beträgt bei funktionstüchtiger Oberflächenentwässerung und unter der Bedingung, daß die Erdtransportwege während des Regens und bis zur ausreichenden Austrocknung von Nutzkraftfahrzeugen nicht befahren werden, etwa 10 cm (Bild 2.19). Aus Bild 2.20 ist zu entnehmen, daß bei einer relativen Luftfeuchtigkeit von i. M. 70 % zur Regendauer noch zwei Tage Arbeitsunterbrechung für das Austrocknen hinzukommen. Die mit dem Diagramm möglichen Abschätzungen gelten für sommerliches Wetter.

Wird bei anhaltendem Regen bis zur Leistungsgrenze der Fahrzeuge weitergearbeitet, so tritt neben der übermäßigen Fahrzeugbeanspruchung mit hohem Verschleiß und höherem Kraftstoffverbrauch nach dem Regen eine 4- bis 5-fache Wartezeit bis zur Austrocknung der durchgekneteten Bodenschicht auf. Beides führt zu Qualitätsproblemen und betriebswirtschaftlichen Verlusten, die zu vermeiden sind.

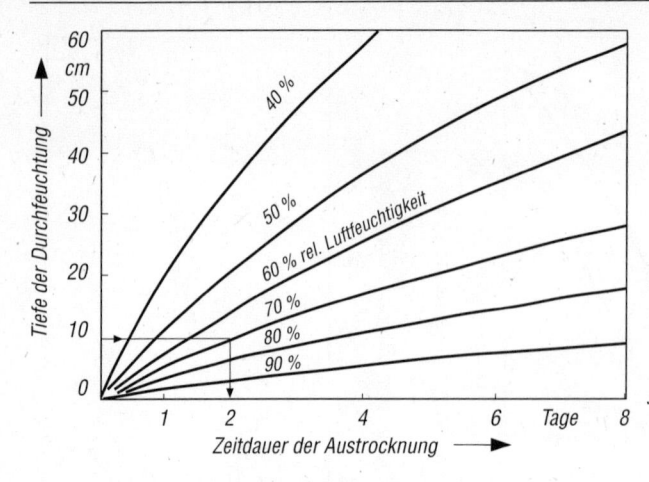

Bild 2.20 Austrocknung von Böden bei unterschiedlicher relativer Luftfeuchtigkeit und unterschiedlicher Tiefe der Durchfeuchtung

Bei Erdarbeiten mit gleichkörnigen Böden verursachen Wettereinwirkungen keine wesentlichen Veränderungen des Arbeisablaufs. Nur in Perioden strengen Frostes können wesentliche Leistungs- und Qualitätsunterschiede auftreten. Bei gemischt- und feinkörnigen Böden unterliegen die Erdbauleistungen durch Wettereinflüsse bedeutenden Schwankungen. In den Jahreszeiten mit hoher relativer Luftfeuchtigkeit und niedrigen Temperaturen erzwingen die Einhaltung der Qualitätsanforderungen an die Erdbauwerke und das Wetter erhebliche Leistungsabfälle.

2.2.3.6. Planumsentwässerung

Die Herstellung der Erdbauwerke aus gemischt- und feinkörnigen Böden erfordert während der Bauausführung mit allen Zwischenzuständen stets die eindeutige Abführung des Niederschlagswassers. Damit wird im Zusammenwirken mit der Bauausführung eine weitgehende Gleichmäßigkeit der Erdbauwerke angestrebt. Das bedeutet, daß im Baggerschacht (Einschnitt), auf den Erdtransportwegen für den gleislosen Transport und an den Einbaustellen zu jeder Zeit die schnelle Wasserabführung zu sichern ist. Aus dieser Forderung leiten sich für die Arbeitsvorbereitung ergänzende Planungsleistungen ab, in den diese Zwischenzustände ausführungstechnisch festgelegt sind. Nur wenn diese Sorgfalt durchgesetzt wird, sind die vereinbarte Qualität und günstige Arbeitsbedingungen erreichbar.

In Verbindung mit 2.2.3.5. kann folgende Orientierung gegeben werden: Während anhaltender Frostperioden und in Zeiten mit relativ hoher Niederschlagsintensität und geringer Verdunstung sollten die Erdarbeiten mit gemischt- und feinkörnigen Böden weitgehend eingeschränkt werden. Dagegen ist es möglich mit grobkörnigen Böden in der Regel ganzjährig zu arbeiten Das bedeutet, daß auf ausreichend beständigen Transportwegen (evtl. Bodenverbesserung) auch Material für untere Tragschichten transportiert und eingebaut werden kann.

In den Einschnittbereichen ist dafür zu sorgen, daß das Niederschlagswasser schnell nach den Seiten zu Gräben mit ausreichendem Längsgefälle abgeführt wird und diese an einen natürlichen Vorfluter anbinden. In Bild 2.21 ist ein Einschnittquerschnitt mit Planumsentwässerungsanlagen in verschiedenen Bauzuständen dargestellt. Das Grobplanum von Zwischensohlen soll mit einer Querneigung von etwa 6% angelegt werden. Das Feinplanum der Erdbauwerke erhält bei gemischt- und feinkörnigen Böden eine Querneigung $\geq 4\%$. Weil die Oberfläche der Erdbauwerke im Regelfall für den Erdtransport und für die technologischen Transporte bei der Herstellung der unteren Tragschichten verwendet wird, ist es sinnvoll, die obere Schicht als „Baustraße" herzustellen bzw. zu sichern [45, 61].

2.2. Erdbauwerke

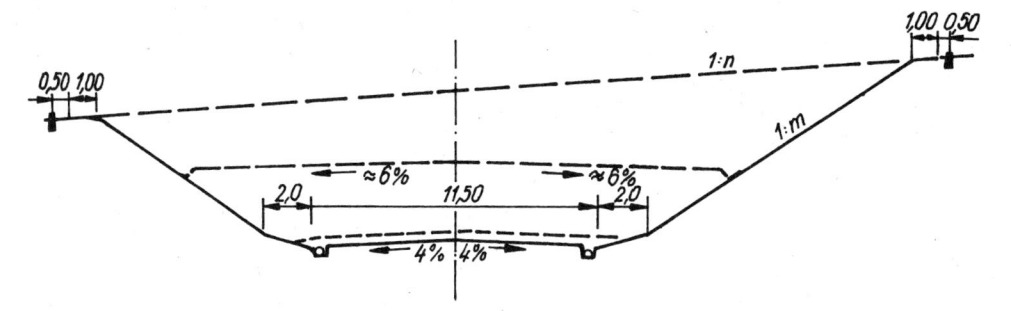

Bild 2.21 Planumsentwässerung für zweistreifige Bundesstraße

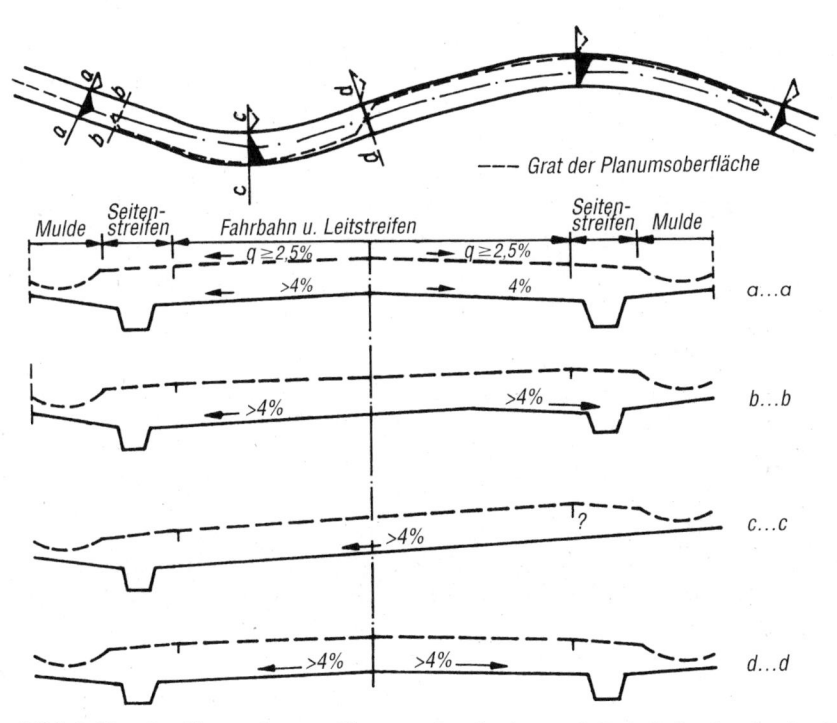

Bild 2.22 Problematik von Planumsoberfläche und Fahrbahnoberfläche in Kurven (bei gemischt- und feinkörnigem Erdbauwerk)

Für die vollendete Staßenverkehrsanlage ist anzustreben, daß eindringendes Sickerwasser oder auch durch Temperaturschwankungen austretendes Kapillarwasser schnell zu unterirdischen Sammelleitungen geführt wird. Damit werden gleichmäßige Veränderungen des Konsistenzindexes im oberen Bereich der Erdbauwerk so gut wie möglich gesichert. Sickerwasser kann im Bereich der Seitenstreifen, besonders im Anschluß an die Straßenbefestigung und durch unzulängliche Oberflächenentwässerungsanlagen eindringen. Hierbei ist an die langzeitigen Veränderungen zu denken, die durch die Vegetation, Kleintiere u. a. bewirkt werden. Im Bild 2.22 ist am Beispiel einer Wendelinie die Oberflächengestalt für einen Einschnittbereich erklärt. Die fragwürdige Abführung des Sickerwassers im Breich des Schnittes c–c ist unbefriedigend. Aus technischen, ausführungsseitigen und aus wirtschaftlichen Gründen ist

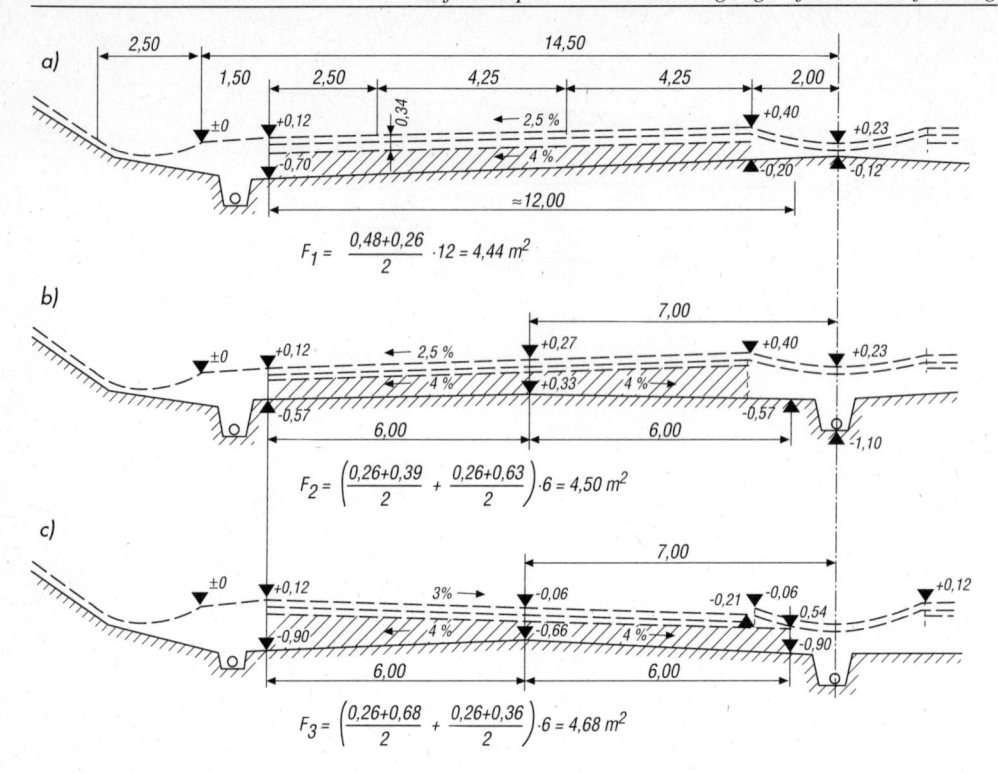

Bild 2.23 Prinzipvarianten für die Planumsentwässerung in Autobahnquerschnitten:
a) Gerade mit einfachem Dachprofil; b) Gerade mit doppeltem Dachprofil; c) Kurve mit doppeltem Dachprofil bei nach innen geneigter Fahrbahn

es zweckmäßig, das Dachformprofil der Querschnitte a–a und d–d über sämtliche Kurven für die Erdbauwerke beizubehalten. Für die schnelle Wasserabführung während der Bauausführung, wenn die Längssicker als Gräben genutzt werden, weist diese Lösung eindeutig Vorteile auf. Diese gleichbleibende Oberflächengestalt des Erdkörpers wird auch für die Dammbereiche ausgeführt.

Im Autobahnbau macht die Breite der Einschnittbereiche eine weitere Unterteilung der Entwässerungsanlagen während der Bauzeit und auch für die Sickerwasserabführung notwendig. In Bild 2.23 sind die Lösungsmöglichkeiten dargestellt. Bei den Querschnitten b) und c) wird die Anordnung von provisorischen Rohrleitungen während der Erdarbeiten notwendig:

• Querdurchlässe, damit Wasser aus dem mittleren Graben abgeleitet werden kann.
• Durchlässe im mittleren Graben, dort wo die Bodentransportfahrzeuge verkehren sollen.

Durch gut durchlässige untere Tragschichten oder Filterschichten kann Sickerwasser auf das Erdplanum gelangen. Infolge der Querneigung von ≥ 4% tritt das Sickerwasser an Grabenoder Dammböschungen wie z. B. in Bild 2.24 offen aus. Sind Mulden für die Oberflächenentwässerung vorgesehen, wird das Wasser in Längssickern Bild 2.25 gesammelt. Diese werden im Übergangsbereich Einschnitt-Damm oft seitlich ins Freie geführt. Liegt die Längssickerleitung unter dem Mittelstreifen, wird sie in den Kontrollschächten an die Oberflächenentwässerungsleitung angebunden. Die Rekonstruktion von Straßen ist häufig als frostbe-

2.2. Erdbauwerke

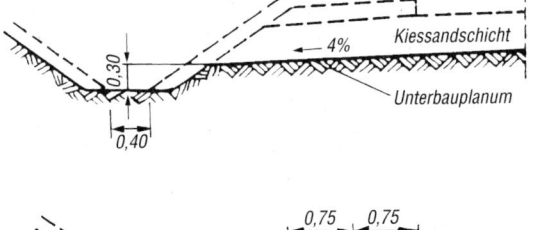

Bild 2.24 Planumsentwässerung bei Dämmen und bei Einschnitten mit offenen Gräben

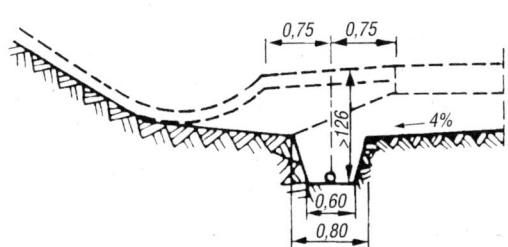

Bild 2.25 Planumsentwässerung bei Einschnitten mit Mulden

ständige Erneuerung der Befestigung auszuführen. Dann kann die Herstellung von Sickerschlitzen in Verbindung mit Längssickern nach Bild 2.26 sinnvoll sein. Für die Abstände gilt Tafel 2.5.

Die Sickerleitungen werden hauptsächlich aus endlosen, flexiblen Kunststoffrohren oder Steinzeugrohren ∅ 80 bis 125 mm hergestellt. Die aus der Melioration bekannten Tonrohre sind von den durchbrochenen, gewellten Kunststoffrohren weitgehend verdrängt worden. Vorwiegend werden PVC-U-Rohre (gewellt, ∅ 100 mm, endlos) verwendet. Im Vergleich zu den Tonrohren ergeben sich trotz höherer Materialkosten geringere Herstellungskosten. Das ist auf die bedeutende Steigerung der Produktivität zurückzuführen. Die fertigungstechnischen Unterschiede sind aus Bild 2.27 zu erkennen. Tonrohre können an den Stößen bis zu 5 mm große Öffnungen aufweisen. Damit das Einschlämmen von Sand und Feinteilen verhindert wird, ist mindestens eine Filterschicht aus Einkornklassensplitt oder -kies der Körnung 5/8 (4/8) vorzusehen. Kommt für die Auffüllung und die Frostschutzschicht gleichkörniger Sand (SE) zum Einsatz, so ist eine weitere Filterschicht mit der Körnung 2/5 (2/4) anzuordnen. Die gewellten PVC-U-Rohre mit Schlitzen von 0,5 oder 1 mm Breite und 4 mm Länge sind filterstabil, d. h. sie können unmittelbar mit dem Material für die untere Tragschicht überdeckt werden [62]. Damit vereinfacht sich die Arbeitsausführung wesentlich.

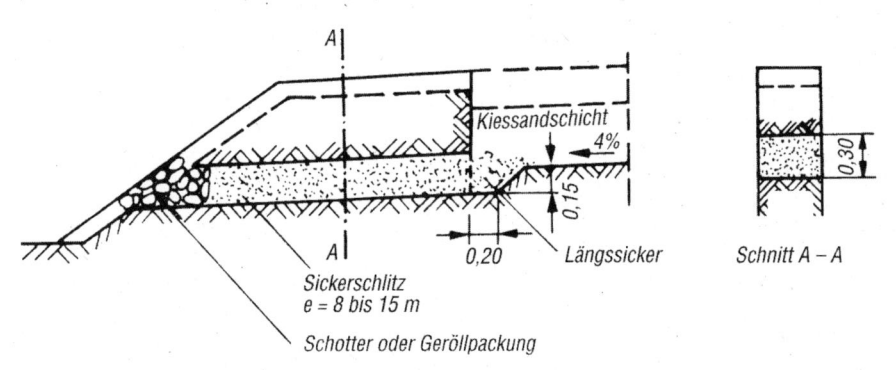

Bild 2.26 Sickerschlitze mit Längssicker

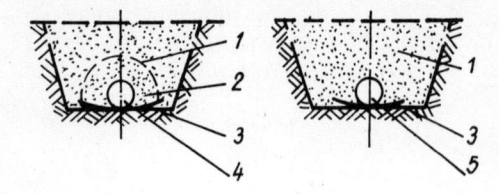

Bild 2.27 *Sickerleitung aus Tonrohren und Kunststoffrohren*
1 Kiessand; 2 Splitt oder Kies 4/8; 3 Kunststoffolie; 4 Tonrohr $\varnothing$ 100 mm, 330 mm lang; 5 Welldränrohr PVC-U $\varnothing$ 110 mm

Mit den Bildern 2.23 und 2.25 wird die Anordnung der Längssicker unter den Seitenstreifen empfohlen. Damit sind für die Herstellung der Sickergräben günstige Bedingungen geschaffen, und eine Verbindung der Längssicker mit den Oberflächenentwässerungsanlagen wird sicher ausgeschlossen. Es wird eine Verlegungstiefe von etwa 1,25 m unter der Kronenkante notwendig, um Zerstörungen durch Schilderpfosten, Leitplankenpfosten u. ä. zu vermeiden. Die Sickerrohrleitungen werden zweckmäßig auf einer Kunststoffolie nach Bild 2.27 verlegt, die das Eindringen von Feinstoffen verhindert. Zur Überwachung und notwendigen Reinigung sind einfache Kontrollschächte $\varnothing > 600$ mm im Abstand von 50 bis 80 m anzuordnen.

Tafel 2.5 Abstand der Sickerschlitze

Längsneigung p	Abstand in m
$\geq 1,5\%$	≤ 8
$\geq 3,0\%$	10
$\geq 4,5\%$	15

Bei grobkörnigen Böden sind wegen der hohen Durchlässigkeit während der Bauausführung keine Maßnahmen für die Wasserabführung notwendig. Die Planumsoberflächen werden parallel zur Befestigungsoberfläche, in der Regel mit 2,5% Querneigung hergestellt.

2.3. Oberflächenentwässerung

2.3.1. Grundüberlegungen

Die schnelle Abführung des Oberflächenwassers von den Verkehrsflächen dient der Verkehrssicherheit und mindert die Abnutzung der Befestigungsoberfächen. Aus diesen Gründen sind für die Befestigungsoberfläche in Abhängigkeit von der Deckschicht folgende Mindestquerneigungen einzuhalten [62]:

Bituminöse und Betondecken	$q \geq 2,5\%$
Pflasterdecken	$q \geq 3,0\%$
Schotterdecken (Provisorien)	$q \geq 4,0\%$
Beton- und Natursteinplatten	$q \geq 2,0\%$

2.3. Oberflächenentwässerung

Bei zweistreifigen Straßen kann eine einseitige Querneigung angeordnet werden. Im Regelfall und für breitere Straßen kommt das Dachformprofil mit möglichst kleinem Ausrundungsbereich in Fahrbahnmitte zur Ausführung.

Durch Mittelstreifen getrennte Fahrbahnen sind grundsätzlich nach außen geneigt. Ausgenommen hiervon sind Querneigungsänderungen, die aus fahrdynamischen Gründen in Kurven notwendig werden. Damit die Durchfeuchtung der Seiten- und Mittelstreifen sowie des Unterbaus vermieden wird, ist die Ableitung des Wassers in offenen oder überdeckten, funktionstüchtigen Entwässerungsanlagen zu sichern.

Die Bemessung der Oberfächenentwässerungsanlagen berücksichtigt das anteilige Einzugsgebiet, den für das Gebiet maßgebenden Berechnungsregen und die Art der Oberfläche mit den unterschiedlichen Versickerungsanteilen.

Ermittlung der anfallenden Wassermengen

Die Wassermenge Q, die der Entwässerungsanlage zufließt, wird berechnet:

$$Q = r_{15} \cdot \psi \cdot A_E \quad \text{in } m^3/s$$

ψ Abflußbeiwert
r_{15} Berechnungsregen = Regenspende mit bestimmter Häufigkeit und der Regendauer von 15 min in $m^3/s \cdot ha$
A_E Fläche des Einzugsgebietes in ha
Q Oberfächenabfluß

In Tafel 2.6 sind die Abflußbeiwerte enthalten. Für erste Näherungsrechnungen und bei kleinen Flächen kann $r_{15} = 0,1 \; m^3/s \cdot ha$ gesetzt werden. Bei größeren Flächen sind die örtlichen Aufzeichnungen der meteorologischen Stationen zu verwenden und auch die in [62] angegebenen Zeitbeiwerte zu berücksichtigen.

Tafel 2.6   Abflußbeiwert ψ in Abhängigkeit von der Art der Oberfläche

Art der Oberfläche	Abflußbeiwert
Einzelabflußbeiwerte	
Asphalt- und Zementbetondeckschichten, Pflaster mit Fugenverguß	0,80 bis 0,90
Pflaster ohne Fugenverguß	0,50 bis 0,70
Schotterdeckschichten	0,40 bis 0,60
Sand- und Kieswege	0,15 bis 0,30
Gärten, Wiesen, Spiel- und Sportplätze	0,10 bis 0,20
Park-, Wald- und Ackerflächen	0,00 bis 0,10
Gebietsabflußbeiwerte	
sehr dichte Bebauung (Stadtkern)	0,60 bis 0,80
geschlossene Bebauung (Reihenhäuser)	0,50 bis 0,60
Gruppenhäuser in Aufteilung	0,40 bis 0,50
offene Bebauung (Doppel- und Einzelhäuser)	0,30 bis 0,40
weiträumige offene Bebauung (Garten- und Randgebiete)	0,20 bis 0,30

Für offene Gerinne gilt: $Q = A \cdot v$ in m³/s

v mittlere Fließgeschwindigkeit in m/s
A wasserführender Querschnitt in m²

v wird nach *Mannig-Strickler* berechnet:

$$v = k_{St} \cdot R^{2/3} \cdot I^{1/2}$$

k_{St} Geschwindigkeitsbeiwert
$R = A/U$ hydraulischer Radius in m
I Sohlgefälle

Die k_{St}-Werte sind aus Tafel 2.7 zu entnehmen.

Tafel 2.7 Geschwindigkeitsbeiwerte k_{St} für verschiedenartige Oberflächenbeschaffenheit der Gerinne

Oberflächenbeschaffenheit des Gerinnes	Geschwindigkeitsbeiwert k_{st}
Erdkanäle, stark bewachsen	0,20 bis 0,25
Erdkanäle mit groben Steinen ausgelegt	0,25 bis 0,30
Erdkanäle mit Kiessandsohle u. gepflasterten Böschungen	0,45 bis 0,50
Kanäle aus Mauerwerk und Beton	0,60
Sorgfältig abgeglichenes Bruchsteinmauerwerk	0,70
Glatter Verputz	0,90 bis 0,95

Die Berechnung von Rohrleitungen erfolgt nach *Prandtl-Colebrook*. In [62] sind die dafür erforderlichen Diagramme und Tabellen abgedruckt. Wesentlich ist der Unterschied der Rauhigkeitsbeiwerte k_b:

Beton- und Stahlrohre $k_b = 1{,}5$ mm
Kunststoffrohre $k_b = 0{,}4$ mm

2.3.2 Anlagen für Landstraßen

Die Landstraßen in Mitteleuropa weisen im Regelfall in Einschnitten die seitlich der Fahrbahnen angeordneten Gerinne auf. Mit Ausnahme der Niederungsgebiete, in denen die Straßen oft durch wasserführende Gräben begrenzt sind, handelt es sich bei den Gräben oder Mulden um Einrichtungen, die das Niederschlagswasser schnell den natürlichen Vorflutern zuführen. Bei den Dammabschnitten wird das Oberflächenwasser über Seitenstreifen und Böschungen schadlos auf das angrenzende Gelände geleitet. In Trinkwasserschutzgebieten sind u. U. besondere Maßnahmen notwendig, die eine Beeinträchtigung des Trinkwassers ausschließen [63].

2.3. Oberflächenentwässerung

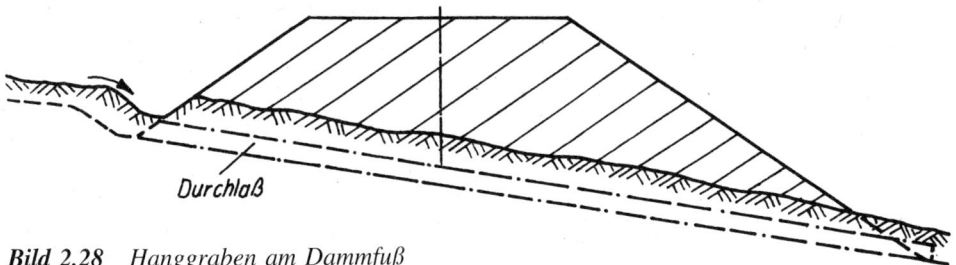

Bild 2.28 Hanggraben am Dammfuß

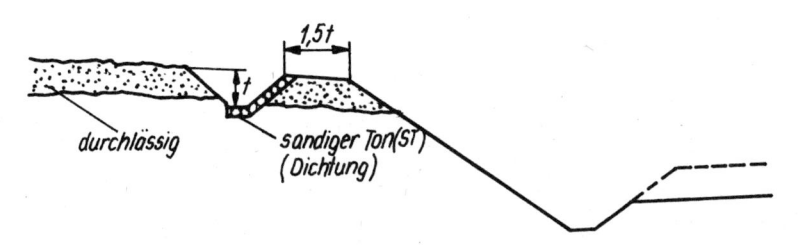

Bild 2.29 Hanggraben als Erosionsschutz für Einschnittböschung

2.3.2.1. Sicherung von Dämmen und Einschnittböschungen

Bei quergeneigtem Gelände und größerer Fläche, deren Entwässerung durch einen Sraßendamm gestört wird, kann die Anordnung eines Hanggrabens nötig werden. Dieser Hanggraben soll die Durchfeuchtung des Dammfußes und der Ausbildung von Rutschebenen entgegenwirken (Bild 2.28). Am Geländetiefpunkt (in Längsrichtung) ist ein Durchlaß einzubauen, der das Niederschlagswasser schadlos durch den Damm führt.

Bei tieferen Einschnitten kann der Erosion durch Niederschlagswasser mit einem Hanggraben begegnet werden. Derartige Gräben sind nur in gemischt- und feinkörnigen Böden sinnvoll bzw. sind nach Bild 2.29 mit Dichtungen zu versehen. Weitere Maßnahmen zur Sammlung und Abführung von Quell- und Sickerwasser aus Einschnittbereichen sind in [62] zu finden.

2.3.2.2. Straßengraben

Im vorhandenen Straßennetz ist der Straßengraben vorherrschend. Für niedrigere Straßenkategorien mit geringer Verkehrsstärke und $V_E < 80$ km/h wird er auch zukünftig seine Berechtigung haben. Folgende Vorteile sind mit dem offenen Graben verbunden:

• einfache Herstellung
• Verbindung mit der Planumsentwässerung
• einfache Kontroll- und Unterhaltungsmöglichkeit

Als Nachteile sind für offene Gräben anzuführen:

• Der tiefe Graben kann Fahrzeuge, die von der Fahrbahn abkommen, gefährden
• Die Grabenbreite beansprucht relativ große Flächen

Mit Vergleichsbetrachtungen kann bei besonders hohen Flächenwerten eine Tieflage der Oberflächenentwässerung begründet werden.

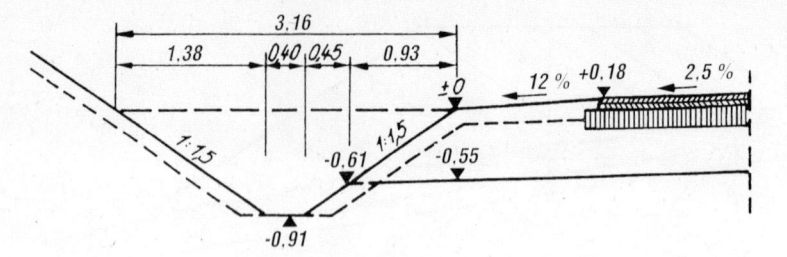

Bild 2.30 Grabenquerschnitt bei bindigen Böden

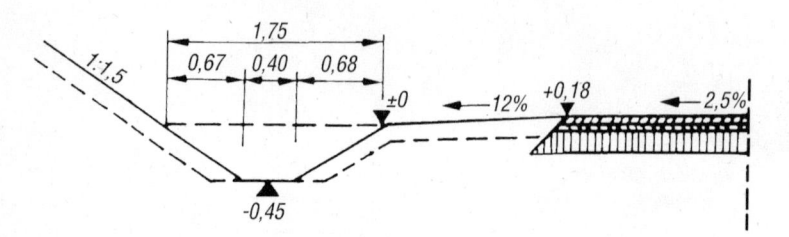

Bild 2.31 Grabenquerschnitt bei grobkörnigen Böden

In Bild 2.30 ist ein Straßengraben bei gemischt- oder feinkörnigem Unterbau dargestellt. Als Oberflächenentwässerungsanlage bei grobkörnigem Unterbau mit einer Durchlässigkeit $k > 10^{-2}$ cm/min gilt Bild 2.32 als Regellösung. Es handelt sich um einen flachen Graben in dem das Wasser schnell versickert und der sich von einer Mulde unwesentlich unterscheidet. Durch den Vergleich der Bilder 2.30, und 2.32 mit Bild 2.31 werden die Aufwandsunterschiede für die Herstellung und Unterhaltung der Entwässerungsanlagen an Landstraßen hervorgehoben, die von den als Untergrund und Unterbau vorhandenen Böden verursacht werden.

2.3.2.3. Entwässerungsmulden

Die höheren Geschwindigkeiten auf überregionalen Straßen haben zur Entwicklung von muldenförmigen Gerinnen geführt. Damit wird die Trennung von Oberflächen- und Planumsentwässerung notwendig. Wenn es sich um Einschnittlängen handelt, aus denen die Mulde das

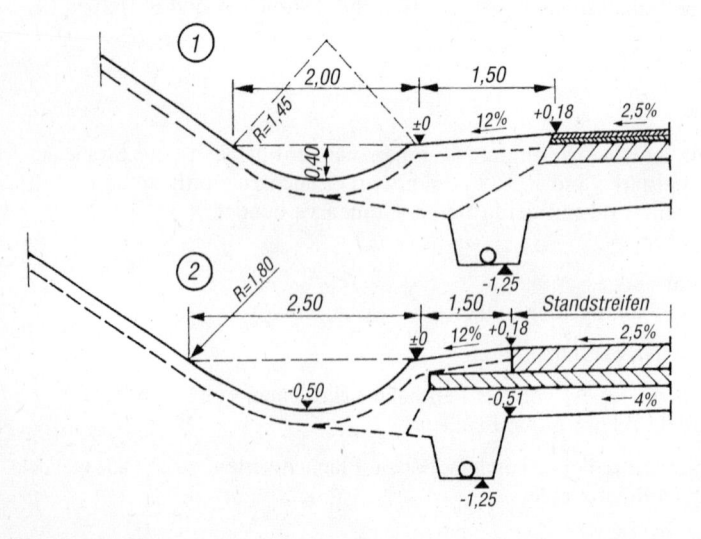

Bild 2.32 Entwässerungsmulden
1 Landstraße mit $V_E > 80$ km/h;
2 Autobahn

2.3. Oberflächenentwässerung

Oberflächenwasser abführen kann, ist darauf zu achten, daß Verbindungen zwischen Oberflächen- und Planumsentwässerung ausgeschlossen sind. In Bild 2.32 sind Beispiele für Mulden dargestellt.

Die Kontrolle und gegebenenfalls die Reinigung der Sickerwasserleitungen erfordern ein systematisches Unterhaltungsregime. Eventuell auftretende Verstopfungen können zum Stauen des Sickerwassers führen und die Tragfähigkeit des Unterbaus (Untergrunds) erheblich beeinträchtigen. Noch ungünstiger kann sich diesbezüglich eine Verbindung zwischen der Mulde (Oberflächenentwässerung) und der Sickerleitung auswirken. Unter diesem Gesichtspunkt ist die ordnungsgemäße Bauausführung besonders sorgfältig zu überwachen. Hierzu können spezielle Zwischenabnahmen vereinbart werden.

Vergleicht man die Bilder 2.30 und 2.32, so wird deutlich, daß bei zweistreifigen Landstraßen im Einschnittbereich mit der Anordnung von Mulden im Vergleich zu Gräben rd. 2,30 m^2/m weniger Fläche beansprucht werden.

Bei besonders langen Autobahneinschnitten kann es vorkommen, daß der Muldenquerschnitt nicht in der Lage ist, das Oberflächenwasser abzuführen. Dann wird eine Rohrleitung ≥ 500 mm ⌀ unter dem Muldenabschnitt nach Bild 2.33 verlegt, der als Oberflächenentwässerungsanlage allein nicht mehr ausreicht.

Durch Straßenabläufe ist dann die Abführung in die nach hydraulischen Grundsätzen berechnete Abflußleitung zu sichern. In Kurven von Autobahnen und für durch Mittelstreifen getrennte Richtungsfahrbahnen ist bei einseitiger Querneigung der Fahrbahnen eine besondere Entwässerungsleitung im Mittelstreifen anzuordnen (Bild 2.34).

Über Straßenabläufe am Kurvenrand wird das Oberfächenwasser durch besondere Ablaufnischen dieser Rohrleitung zugeführt (Bilder 2.35 und 2.36). Diese Leitungen werden auch in Kurven auf Dämmen notwendig.

Handelt es sich um Trinkwasserschutzgebiete, können an den Fahrbahnrändern besondere Entwässerungsanlagen erforderlich werden [61, 63].

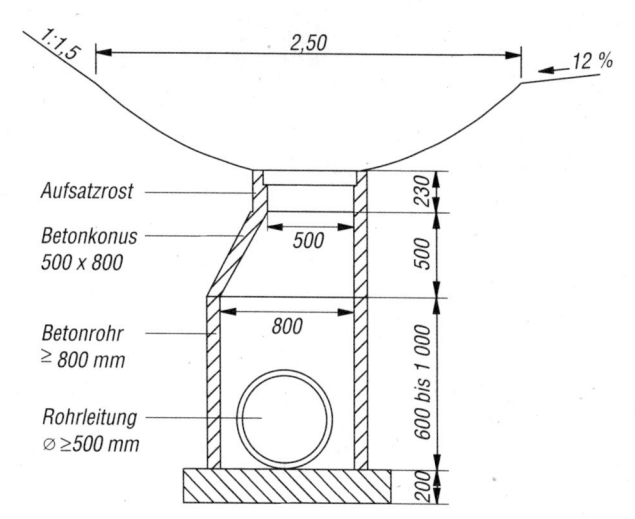

Bild 2.33 Sammelleitung unter einer Mulde bei langen Einschnittstrecken (Autobahn)

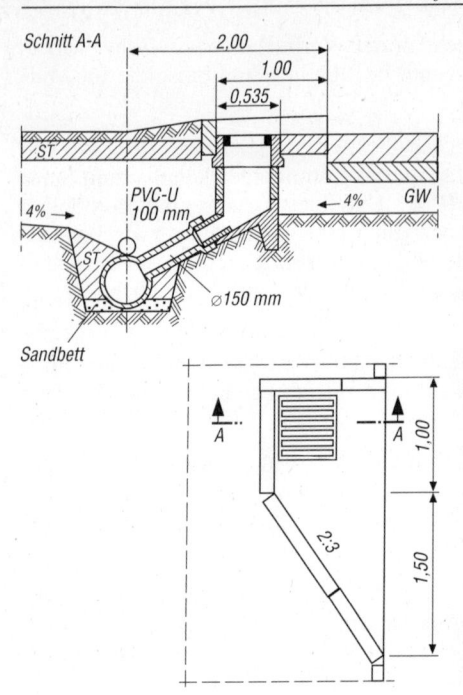

Bild 2.34 Kurvenentwässerung bei Autobahnen, Huckepackanordnung der Planumsentwässerung

Bild 2.35 Oberflächenentwässerungsleitung ⌀ 300 mm aus PVC-H-Rohren; Länge der Elemente 6,0 m

Bild 2.36 Entwässerungsleitungen in Huckepackverlegung am Kontrollschacht ⌀ 300 mm PVC-H-Rohre für Oberflächenwasser, ⌀ 110 mm PVC-U-Leitung für Sickerwasser

2.3. Oberflächenentwässerung

2.3.2.4. Entwässerungsanlagen mit kleinem Längsgefälle

Oberflächen der normalen Mulden- und Grabenquerschnitte sind mit Rasen bewachsen. Diese genügen für $p \geq 1\%$ (bei Gräben noch bis 0,5%) den Anforderungen für schnelle Wasserabführung. Auf Abschnitten mit kleinerem Sohlgefälle sollte die Sohle mit Betonfertigteilen ausgelegt werden, die mit ihrem größeren k-Wert wesentlich günstigere Abflußbedingungen sichern. In Bild 2.37 ist für einen Graben der Querschnitt mit einem Fertigteil dargestellt. Bei 0,50 m Länge beträgt die Masse je Stück ≈ 62 kg. Bei Mulden können ähnliche Profile verwendet werden.

Komplizierte Entwässerungsbedingungen können für die Fahrbahnentwässerung in Kurven am Mittelstreifen bei Längsgefälle $p \leq 0,5\%$ auftreten. Hier ist dann im Bereich des Leitstreifens die Herstellung eines besonderen Schnittgerinnes mit $p \geq 0,5\%$ notwendig. Grundsätzlich ähnliche Verhältnisse können bei Anschnitten im Flachland auftreten. Dort sind an den Grabentiefpunkten Durchlässe anzuordnen, die das Oberfächenwasser zur Dammseite ableiten. (Bild 2.38).

2.3.2.5. Entwässerungsanlagen bei großem Längsgefälle

Überschreitet das Längsgefälle 4%, so können Wassergeschwindigkeiten entstehen, die zerstörend wirken. Dann werden Kaskaden angeordnet, wie diese in Bild 2.39 eingezeichnet sind. Derartige Anlagen kommen häufiger im Mittelgebirge vor; jedoch sind diese Bedingungen auch im Flachland beim Einführen von Straßengräben in kreuzende Vorfluter vorhanden.

Ähnliche Verhältnisse liegen vor, wenn in Dammabschnitten Gradientientiefpunkte liegen und größere Wassermengen über die Dammböschung abzuführen sind. Hier müssen entsprechend breite Mulden mit energieabbauender Oberflächengestalt angeordnet werden. In Bild 2.40 sind aus Fertigteilen Stufen in eine Böschung eingebaut worden, die diese Aufgabe erfüllen können. Diese Lösung ist bei kleinen Ausrundungsradien der Gradiente ausreichend, während bei großen Ausrundungsradien die Breite der Anlage nicht genügt, um mit hinreichender Sicherheit Ausspülungen zu verhindern. Es kann dann eine breitere Anlage notwendig werden.

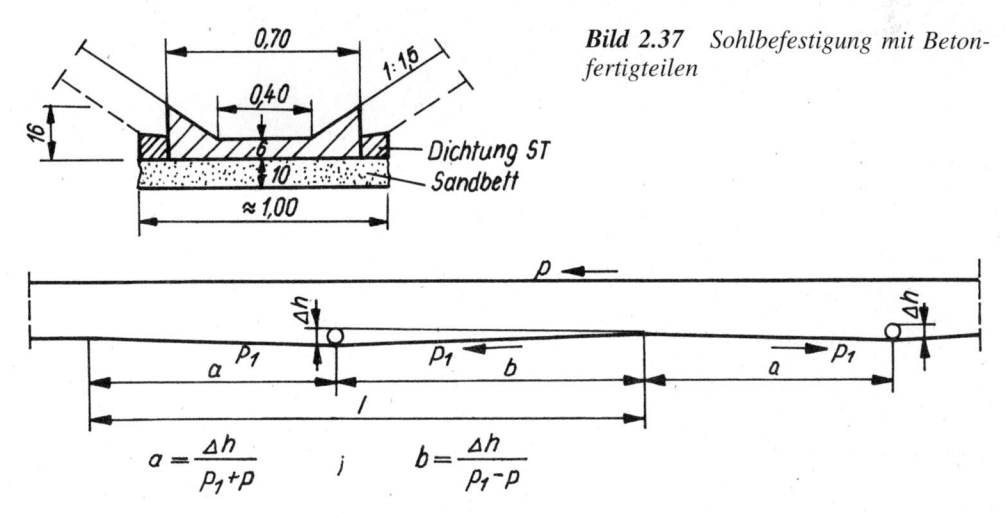

Bild 2.37 Sohlbefestigung mit Betonfertigteilen

$$a = \frac{\Delta h}{p_1 + p} \quad ; \quad b = \frac{\Delta h}{p_1 - p}$$

Bild 2.38 Grabensohlneigung bei Anschnitten und $p < 0,5\%$; **Beispiel:** $\Delta h = 0,30$ m; $p_1 = 0,8\%$; $p = 0,2\%$; $a = 30$ m; $b = 50$ m

Bei kurzen Rinnen kann eine Rauhbettrinne ausreichen. Diese besteht aus einer Grobschottermulde (Grobschotter 80/120) nach Bild 2.41, in die Oberboden eingerüttelt ist, damit ein beständiger Grobschotterrasen mit rauher Oberfläche entsteht.

Bei stärkerem Gefälle ≥ 30% ist das Schottergerüst mit Zementmörtel auszufüllen oder der Schotter in einer 10 cm dicken Zementbetonschicht zu versetzen.

2.3.2.6. Entwässerungsanlagen bei begrenzter Breite

Im Mittelgebirge sind über größere Strecken Anschnitte herzustellen. Bergseitig ist aus technischen und wirtschaftlichen Gründen die Anlage offener Gerinne meist nicht möglich. Dann wird der sogenannte Spitzgraben im Bereich der Befestigung angeordnet, der teilweise gleichzeitig die Funktion des Leitstreifens erfüllt. In Bild 2.42 ist eine Spitzrinne mit 0,50 m Breite und dazu ein Randstreifen von 0,30 m eingezeichnet, damit der Straßenablauf nicht in den Fahrstreifen ragt. Bei der Querung von Trinkwasserschutzgebieten kann eine prinzipiell ähnliche Abführung des Oberflächenwassers der Straßenanlage vorgesehen werden.

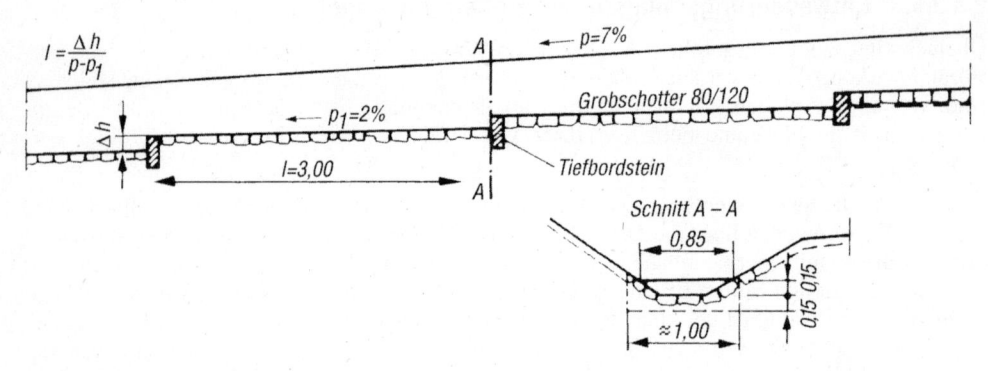

Bild 2.39 *Kaskade im Graben;* **Beispiel:** $p = 7\%$; $p_1 = 2\%$; $\Delta h = 0,15$ m; $l = 3,0$ m

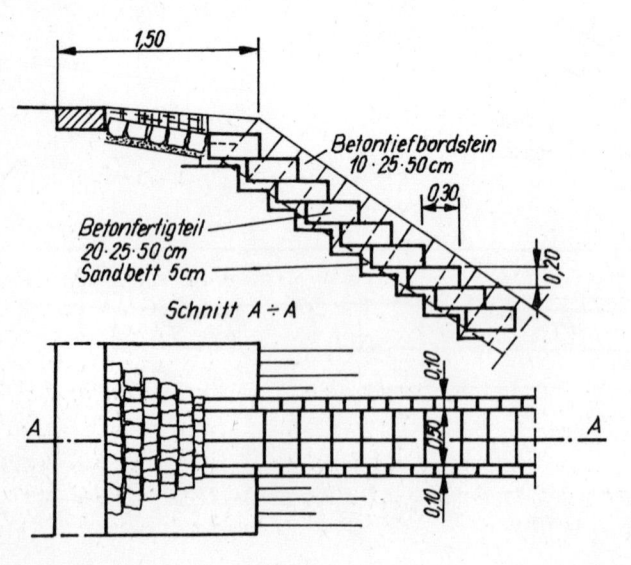

Bild 2.40 *Kaskade für Gradiententiefpunkte*

Bild 2.41 Rauhbettmulde

Bild 2.42 Spitzgraben mit Straßenablauf

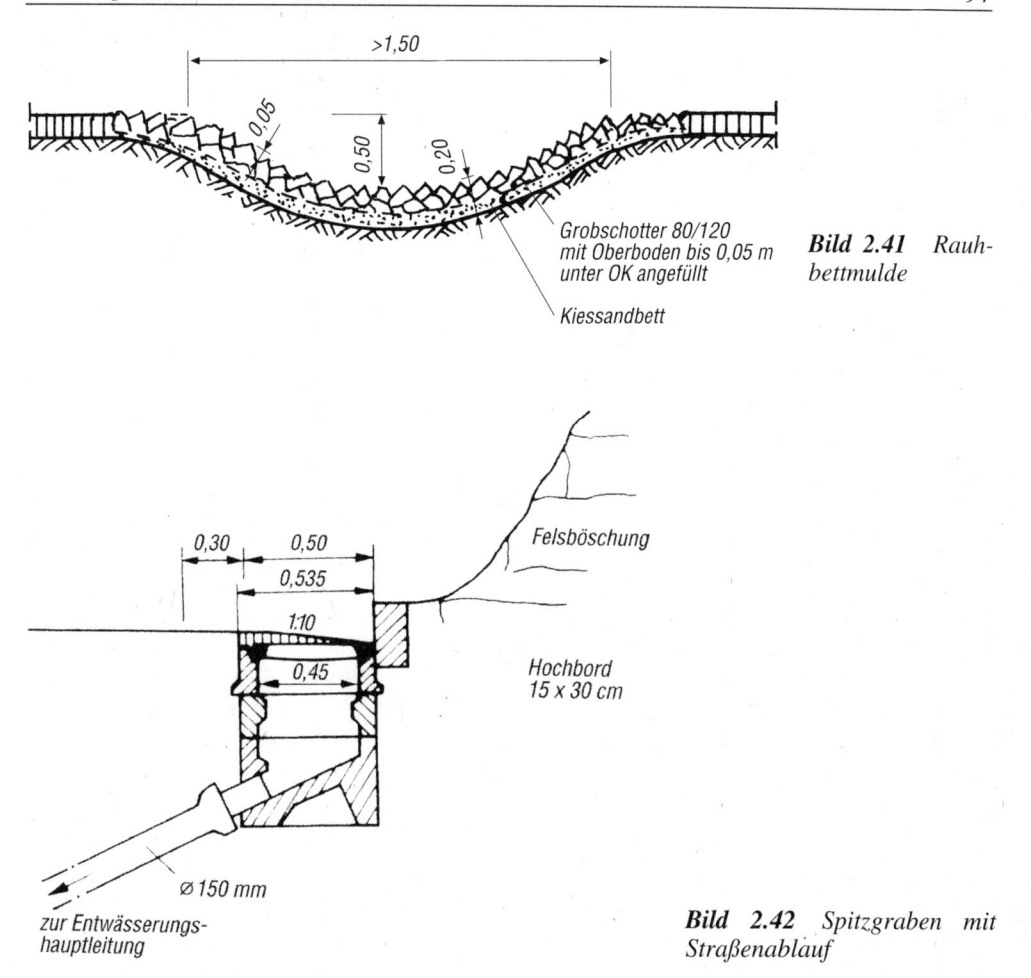

2.4. Tragschichten

2.4.1. Untere Tragschichten – Frostschutzschichten

2.4.1.1. Anforderungen

Straßenunterbau bzw. Straßenuntergrund aus gemischtkörnigen und feinkörnigen Böden unterliegen in Mitteleuropa, infolge der in diesen Klimazonen auftretenden jahreszeitlichen Unterschiede des Wassergehaltes oder des Aggregatzustands des Wassers in diesen Böden, bedeutenden Tragfähigkeitsschwankungen. Bei grobkörnigen Böden treten keine wesentlichen Wassergehaltsschwankungen und damit auch keine Tragfähigkeitsschwankungen auf (Bild 2.43).

An gemischt- und feinkörnigen Böden bewirkt Frost eine „Verfestigung", die je nach Eindringgeschwindigkeit des Frostes mit mehr oder weniger ausgeprägter Ausbildung von Eislinsen durch den kapillaren Wassernachschub verbunden ist. Die Tragfähigkeit der gefrore-

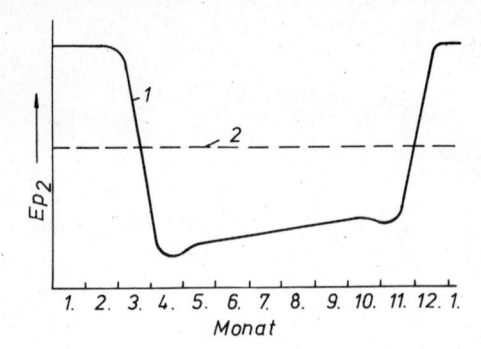

Bild 2.43 Prinzipielle Darstellung der Tragfähigkeit des Straßenunterbaus (-untergrundes) 1 gemischt- und feinkörnige Böden = frostempfindlich; 2 grobkörnige Böden = frostbeständig

nen bindigen Bodenschicht ist sehr hoch. Mit der Eislinsenbildung treten von der Bodenart abhängige Volumenänderungen auf, die sich bei ungenügend frostbeständigen Straßenbefestigungen als Frosthebungen auswirken. Unterschiedliche Frosthebungen infolge unterschiedlicher Bodenarten oder Wassergehalte können zu Scherbrüchen im Oberbau führen, die an der Oberfläche als bis zu mehrere cm hohe Stufen sichtbar werden.

In der Tauperiode ist der Unterbau oder Untergrund aus bindigem Boden mit Wasser angereichert. Bis zum völligen Auftauen weisen diese Böden wegen der gestauten Feuchtigkeit ihre geringste Tragfähigkeit auf. Erst mit der gleichmäßigen Verteilung der Wasseranreicherung im bindigen Boden bzw. der seitlichen Wasserabführung in der Frostschutzschicht nimmt die Tragfähigkeit wieder zu, bis schließlich die Konsolidierung erreicht ist. Auch nach langen Regenperioden kann die Tragfähigkeit abfallen (Bild 2.43).

An den nicht frostbeständig gebauten oder erneuerten Straßenabschnitten muß in Abhängigkeit vom Witterungsablauf im Frühjahr mit Tragfähigkeitsschäden gerechnet werden. Die Auswertung der auf witterungsbedingte Wasseranreicherung im Unterbau oder Untergrund zurückzuführenden Tragfähigkeitschäden am Straßenoberbau dient zwei Zielen:

- Abgrenzung der frostbeständigen (grobkörnigen) von den frostempfindlichen (gemischt- und feinkörnigen) Böden und den verwitterungsempfindlichen Felsgesteinen.
- Einleitung von Maßnahmen, mit denen den Tragfähigkeitsschwankungen der bindigen Böden innerhalb des Straßenkörpers entgegengewirkt werden kann.

Über Frostkriterien sind viele Untersuchungen angestellt worden. In Bild 2.44 sind die Kriterien dargestellt, die zu den Festlegungen in [64, 65] geführt haben und nach denen die besonderen Frostschutzschichten, die gleichzeitig als untere Tragschichten wirken, zu bemessen sind. Die Grenze von 10 bis 20% des Anteils <0,1 mm [66] bedarf im Einzelfall der konkreten Überprüfung. Enggestufte Sande (SE), die in diesem Bereich liegen und oft <2% Schluffkorn enthalten, sind frostbeständig.

Zur Bestimmung der Frostempfindlichkeit wird der Anteil der Körnung <2 mm verwendet. Große Bedeutung für die Abschätzung der Größe und des Umfangs der Frost-Tau-Schäden besitzt das aus [67] übernommene Diagramm von Kübler, in das die Kältesummenlinien eingetragen werden. Wird die K-Linie nicht erreicht, so gilt die nächstniedrigere Gefährdungsstufe (Bild 2.45).

Die Tragfähigkeitsschwankungen von gemischt- und feinkörnigem Unterbau oder Untergrund müssen in Grenzen gehalten werden, damit die gesamte Straßenkonstruktion nicht überbeansprucht wird. Seit dem Auftreten der ersten größeren Frost-Tau-Schäden in den 30iger Jahren werden deshalb die Straßenkonstruktionen mit gemischt- und feinkörnigem Unterbau oder Untergrund durch eine Frostschutzschicht verstärkt. Diese Frostschutzschicht wirkt als untere Tragschicht und erfüllt folgende Aufgaben:

2.4. Tragschichten

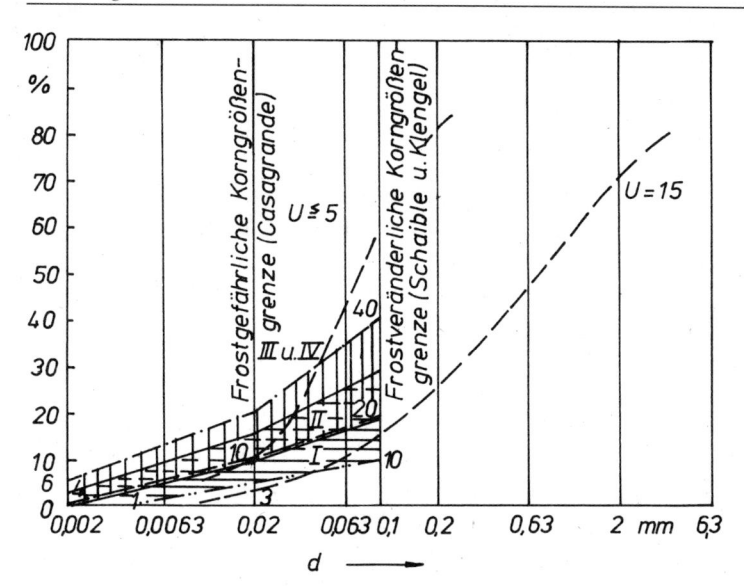

Bild 2.44 Abgrenzung frostempfindlicher und frostbeständiger Böden
– – – – Bereichsgrenzen in Abhängigkeit vom Anteil der Fraktion < 0,02 mm und U nach Casagrande;
–·–·– Obere und untere Bereichsgrenzen nach Schaible;
–··–··– Obere und untere Bereichsgrenzen nach Klengel;
▓▓▓ frostempfindlich (Schaible);
≡≡≡ frostempfindlich (Klengel)

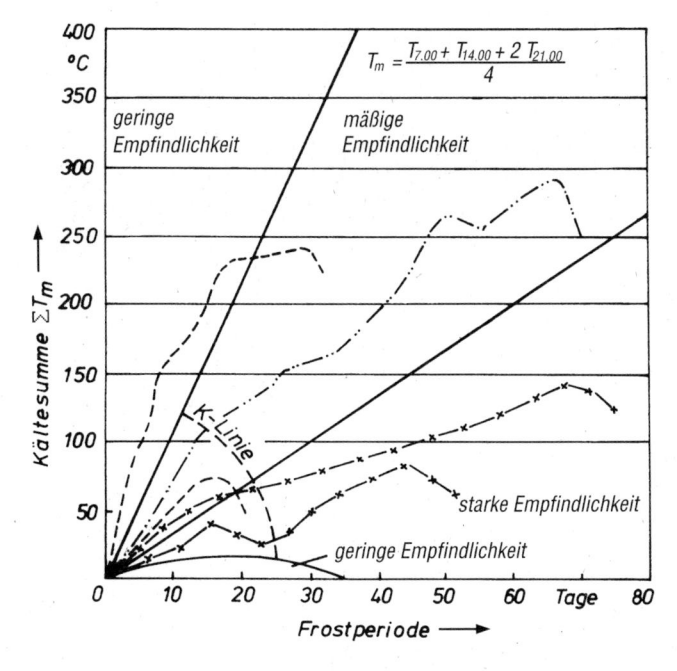

Bild 2.45 Kältesummenkurven
– – – – geringe Empfindlichkeit;
–··–··– mäßige Empfindlichkeit;
-×-×-×-× starke Empfindlichkeit

$$T_m = \frac{T_{7.00} + T_{14.00} + 2\,T_{21.00}}{4}$$

- Reduzierung der auf den Unterbau oder Untergrund übertragenen spezifischen Flächenkräfte
- Verringerung der Dicke der gefrierenden bindigen Bodenschicht auf ein Maß, bei dem die auftretenden Tragfähigkeitsschwankungen die Beständigkeit der Straßenkonstruktion nicht beeinträchtigen.

Aus den intensiven Untersuchungen sind die in [64] enthaltenen Richtlinien entstanden. In Abhängigkeit von der Bodenart wird die Frostempfindlichkeit gemäß Tafel 2.8 klassifiziert. Die drei Frostempfindlichkeitsklassen sind in Abhängigkeit vom Feinkornanteil und dem Ungleichkörnigkeitsgrad in Bild 2.46 graphisch dargestellt [45, 64].

Tafel 2.8 Klassifikation der Frostempfindlichkeit von Bodenarten

Frostempfindlichkeit		Bodengruppen (DIN 181965)
F 1	nicht frostempfindlich	GW, GI GE
		SW, SI, SE
F 2	gering bis mittel frostempfindlich	TA
		OT, OH, OK[1]
		ST, GT[2]
		SU, GU[2]
F 3	sehr frostempfindlich	TL, TM
		UL, UM, UA
		OU[1]
		ST*, GT*
		SU*, GU*

[1]) Bei diesen Bodenarten wird i. allg. die erforderliche Tragfähigkeit auf dem Planum nicht erreicht.
[2]) Zu F1 gehörig, wenn Körnungsbedingungen nach Bild 2.46 vorliegen.

Damit die untere Tragschicht für lange Zeit funktionstüchtig bleibt, kann die Zwischenschaltung einer Filterschicht notwendig sein. Diese Filterschicht muß den in Bild 2.47 dargestellten Forderungen genügen und hat folgende Aufgaben zu erfüllen:

- Verhindern des Aufsteigens von feinen Bodenteilchen in die untere Tragschicht. Bedingung hierfür ist, daß 15% des gröbsten Filtermaterials keiner als der 4- bis 5fache Durchmesser von 85% des feinsten Unterbau- bzw. Untergrundmaterials sind:

$$D_{F15max} \leq 4 \text{ bis } 5 \; D_{U85min}$$

- Relativ schnelle seitliche Abführung des Sickerwassers auf der Unterbau- bzw. Untergrundoberfläche zwecks Vermeidung örtlicher Wasseranreicherungen.

Bedingung hierfür ist, daß 15% des feinsten Filtermaterials größer als des 4 bis 5 fache Durchmesser von 15% des gröbsten Unterbau- bzw. Untergrundmaterials sind:

$$D_{F15min} \geq 4 \text{ bis } 5 \; D_{U15max}$$

2.4. Tragschichten

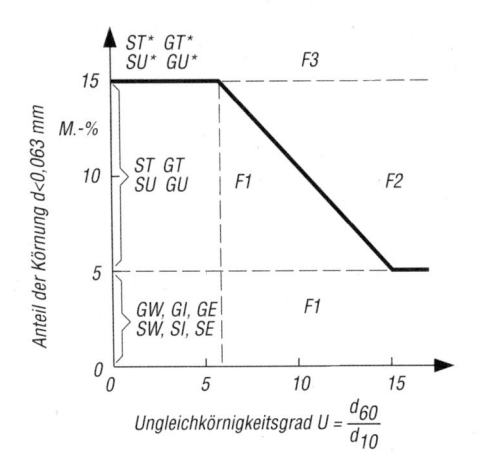

Bild 2.46 Abgrenzung der Frostempfindlichkeitsklassen F1 und F2 in Abhängigkeit vom Ungleichkörnigkeitsgrad U und dem Feinkornanteil

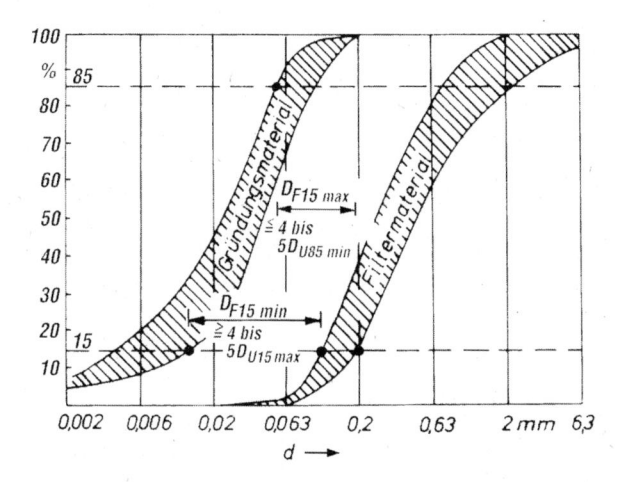

Bild 2.47 Filterkriterium nach Terzaghi

Bei den meist sehr sandhaltigen unteren Tragschichten werden keine besonderen Filterschichten benötigt, wenn sie selbst das Filterkriterium nach Bild 2.47 erfüllen.

Die Abmessungen der Frostschutzschichten richten sich nach der Frosteinwirkungszone (Bild 2.48) [84] und den Richtwerten der Tafel 2.9 entsprechend der Bauklasse der Straße. Außerdem ist Tafel 2.10 zu beachten.

Tafel 2.9 Richtwerte für die Dicke des frostbeständigen Aufbaus

Frostempfindlichkeitsklasse	Dicke in cm bei Bauklasse		
	SV	I bis IV	V und VI
F 2	60	50	40
F 3	70	60	50

Tafel 2.10 Mehr- oder Minderdicke für frostbeständigen Straßenaufbau infolge örtlicher Verhältnisse

Örtliche Verhältnisse		A	B	C	D	E
Frosteinwirkung gem. Bild 2.48	Zone I	±0				
	Zone II	+5				
	Zone III	+15				
Lage der Gradiente	Einschnitt, Anschnitt, Damm < 2 m		+5			
	In geschlossener Ortslage und etwa in Geländehöhe		±0			
	Damm > 2 m		−5			
Lage der Trasse	Nordhang, Schattenlage			+5		
	Übrige Lagen			±0		
Wasserverhältnisse	Ungünstig gemäß [45]				+5	
	Günstig				±0	
Ausführung der Randbereiche (z. B. Seitenstreifen, Radwege, Gehwege)	Außerhalb geschlossener Ortslage sowie in geschlossener Ortslage mit wasserdurchlässigen Randbereichen					±0
	In geschlossener Ortslage mit teilweise wasserundurchlässigen Randbereichen sowie mit Entwässerungseinrichtungen					−5
	In geschlossener Ortslage mit wasserundurchlässigen Randbereichen und geschlossener seitlicher Bebauung sowie mit Entwässerungseinrichtungen					−10

Ein technisches und wirtschaftliches Problem bei der Auswahl des Materials für die Frostschutzschicht und deren Schichtdicke bilden die Forderungen der ZTVE-StB [45]. Für die meisten gemischt- oder feinkörnigen Böden werden $E_{V2} \geq 45$ N/mm² auf dem Unterbau bzw. Untergrund ohne Bodenverbesserung im Regelfall nicht erreicht werden können. Dieser Sachverhalt ist in Bild 2.12 eindeutig erklärt. Damit ist auch das Erreichen der E_{V2}-Werte von 100 N/mm² bzw. 80 N/mm² auf der Oberfläche der Frostschutzschicht (Zweischichtsystem) nur mit besonderen Anforderungen an die Zusammensetzung der Frostschutzschicht oder einer Verfestigung des oberen Teils der Frostschutzschicht erreichbar.

2.4. Tragschichten 103

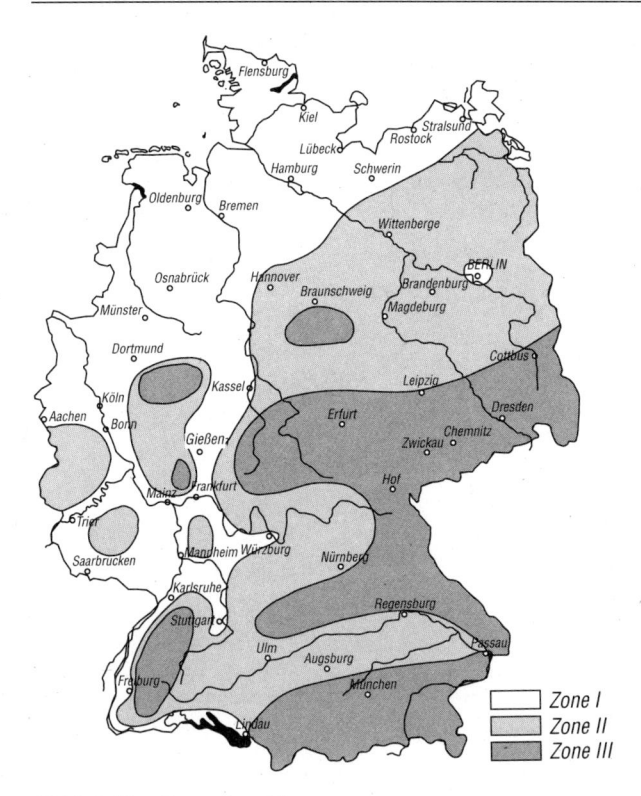

Bild 2.48 *Frosteinwirkungszonen*

Da es sich hier um Anforderungen handeln kann, die im Einzelfall wesentliche Auswirkungen auf die Baukosten haben, ist u.U. vor Abschluß der Bauverträge eine technisch vertretbare Abweichung vom Regelwerk [45] zwischen dem Auftraggeber und dem ausführenden Betrieb zu prüfen und zu vereinbaren.

2.4.1.2. Herstellung

Das Material, welches für die Herstellung von unteren Tragschichten wirtschaftlich günstig beschafft werden kann, hat oft einen sehr hohen Sandanteil. Infolge des geringen Ungleichkörnigkeitsgrades beträgt ρ_{Pr} = 1,70 bis 1,75 g/cm^3, und es liegt eine geringe Scherfestigkeit vor. Die oft erhobene Forderung nach $U > 7$ bzw. vorgegebenen Sieblinienbereichen kann aus wirtschaftlichen Gründen häufig nicht durchgesetzt werden. Wesentlich bleiben die Frostbeständigkeit des Materials und seine Filterwirkung.

Die untere Tragschicht ist auf gleichmäßig verdichtetem und profilgerecht abgeglichenem Unterbau oder Untergrund (± 3 cm) herzustellen. Ihre Herstellung kann als Erdbauleistung mit ausgewähltem, eventuell auch mit besonders aufbereitetem Material und vorgegebener Schichtdicke aufgefaßt werden. Das Material wird aus einem möglichst nahe gelegenen Kiessandvorkommen mit Hochlöffelbagger gewonnen und mit allradgetriebenen Kipp-Lkw zur Einbaustelle transportiert. Je nach Tragfähigkeit des Unterbaus (Untergrunds) wird auf der Planumsoberfläche gefahren oder die Kipp-Lkw benutzen die untere Tragschicht selbst als

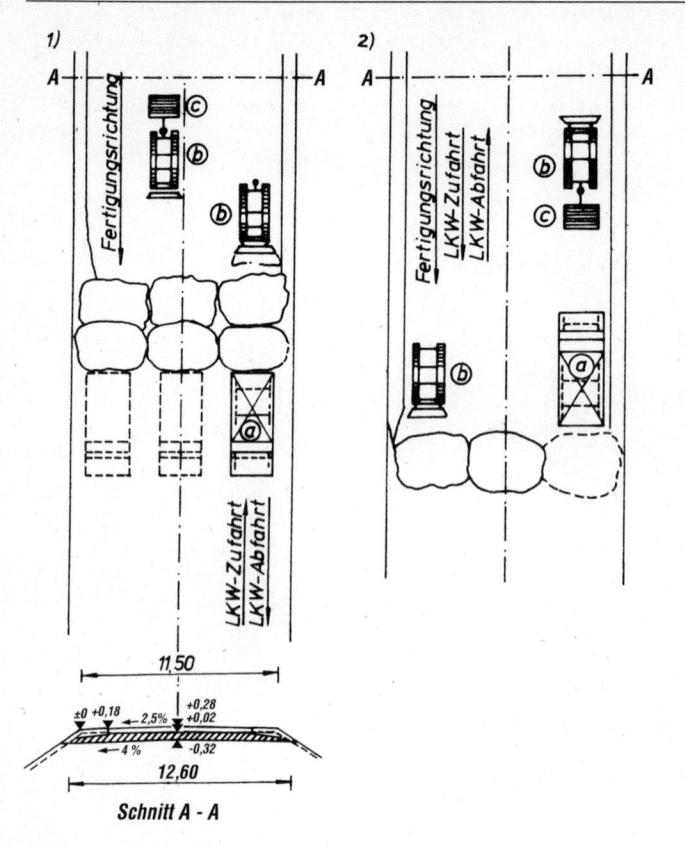

Bild 2.49 *Einbau der unteren Tragschicht*
1) Antransport auf dem Unterbau; 2) Antransport auf Tragschicht, Vorkopfeinbau
a) Lkw-Hinterkipper mit etwa 12 t Nutzladung; b) Planierraupe;
c) Anhänge-Vibrationswalze

Transportweg. Das abgekippte Kiessandmaterial wird mit einer kleineren Planierraupe profilgerecht verteilt und anschließend mit Anhängevibrationswalzen verdichtet. In Bild 2.49 sind die beiden Möglichkeiten prinzipiell erklärt.

Die Benutzung des Unterbauplanums (Untergrundplanums) als Transportweg ist für den gesamten Arbeitsablauf vorteilhaft. Die planierte und verdichtete untere Tragschicht wird nicht wiederholt zerfahren, und der nächste Teilfertigungsprozeß, die Herstellung der oberen Tragschicht, wird nicht gestört. Bedingung ist eine ausreichende Tragfähigkeit des Unterbaus (Untergrunds), die ggf. durch eine Bodenverbesserung der oberen Schicht mit Kalk erreicht werden kann. Ist die Beständigkeit des Unterbauplanums durch die Transportfahrzeuge gefährdet, wird die untere Tragschicht im Vorkopfeinbau (Bild 2.49, rechts) ausgeführt. Hierbei werden die Lkw auf dem lockeren Kiessand im Bereich der Kippe hoch beansprucht. Die Oberfläche der unteren Tragschicht wird von den Lkw immer wieder verformt und aufgelockert; die Planier- und Verdichtungsarbeiten müssen häufig wiederholt werden. Der Abstand des folgenden Teilprozesses ist u. a. auch von der Lage der Zu- und Abfahrten abhängig.

2.4. Tragschichten

In beiden Fällen müssen die Lkw beladen wenden, bevor sie das Material rückwärts abkippen. Deshalb ist auch die Kombination beider Varianten zu prüfen, bei der die beladenen Lkw auf der unteren Tragschicht zufahren und auf dem Unterbau (Untergrund) ohne Wendemanöver leer abfahren. Für den in Bild 2.49 gezeigten zweistreifigen Querschnitt einer Bundesstraße werden bei 0,40 m mittlerer Dicke der unteren Tragschicht etwa 5,0 m³ Kiessand je lfdm benötigt.

Diese großen Materialmengen und die dazugehörigen Transportkosten beeinflussen die Kosten für den Straßenoberbau auf bindigem Unterbau (Untergrund) erheblich. Deshalb sollten die Entwurfsarbeiten für neue Straßenverkehrsanlagen und umfassende Erneuerungen erweitert werden. Sie haben die in der Nähe der Baustrecke vorhandenen Kiessandvorkommen zu erfassen, im Leistungsverzeichnis zu berücksichtigen und die Herstellung der unteren Tragschicht bereits im Rahmen der Erdarbeiten vorzusehen. Das zwingt zur überlegten Disposition der Arbeit mit den gemischt- und feinkörnigen bzw. grobkörnigen Böden an der Baustrecke und kann zu günstigen Selbstkosten und Preisen führen.

2.4.1.3. Wärmedämmschichten

Um die für die unteren Tragschichten benötigten großen Materialmengen einzusparen, wurde nach Möglichkeiten gesucht, auf andere Weise Schwankungen des Wassergehalts im bindigen Unterbau (Untergrund) weitgehend auszuschließen. Es wird das Ziel verfolgt, die Frosteindringung in den bindigen Unterbau (Untergrund) dauerhaft zu verhindern oder so gering zu halten, daß keine Schäden auftreten können. Dazu an verschiedenen Orten mit unterschiedlichen Wärmedämmschichten unternommene Versuche [68] führten zu folgenden Erkenntnissen:

- An Wärmedämmschichten darf sich das Wärmeleitvermögen nach dem Einbau nicht wesentlich ändern, d. h. durch den Verkehr darf die Dichte nicht erhöht werden, und in die Luftporen darf kein Wasser gelangen.
- Die Wärmedämmschichten müssen mit dem Fertigungsprozeß der folgenden Befestigungsschichten verträglich sein. Technologische Transporte dürfen an den Wärmedämmschichten keine nachteiligen Veränderungen bewirken.
- Der gesamte Oberbau muß vom Gesichtspunkt der Kosten und der Arbeitsproduktivität vorteilhaft sein.

In [69] sind zu diesen Problemen durchgeführte umfangreiche Untersuchungen ausgewertet. Es wird nachgewiesen, daß mit Blähton oder ähnlichen Zuschlagstoffen mit hohem Luftporenanteil eine wirksame Dämmschicht herstellbar ist. Bitumen als Bindemittel sichert wegen seiner schlechteren Wärmeleitfähigkeit bessere Ergebnisse als Zement. Bei den Untersuchungen wurden die in Tafel 2.11 angeführten Werte für die Wärmeleitzahl ermittelt bzw. zusammengestellt, die als Orientierung dienen können. Für die Bewertung der Wärmedämmschichten wurden drei Varianten auf Versuchsstrecken erprobt.

Zur Abschätzung der erforderlichen Dicke der Wärmedämmschicht wurde in [69] folgende Näherungsformel abgeleitet:

$$d = \frac{\lambda_D \times H'}{(\vartheta_E - t)\lambda_{OF}}(\vartheta_0 - t) - \lambda_D(R_v + R_n)$$

Tafel 2.11 Wärmetechnische Anhaltswerte für Befestigungsschichten

Baustoff	Dichte kg/m³	Wärme-leitwert λ W/m·K	Spez. Wärme-kapazität c kJ/K·kg	Temperatur-leitzahl $\lambda/c\cdot\rho$ W·cm²/kJ
Zementbeton	2400	1,51		
Zementverfestigung	2200	1,12	0,043	118
Asphaltbeton	2300	1,21	0,053	99
Blähton, ungebunden	1250	0,22		
Blähton-Beton-Tragschicht B80	1400	0,56	0,048	83
Bituminöse Blähton-Sand-Tragschicht	1500	0,32	0,043	49
Polystyrol-Schaumstoffbeton	950	0,20	0,107	19
Polyurethan-Hartschaum	100	0,04	0,184	21

λ_D Wärmeleitwert der Dämmschicht nach Tafel 2.11
H' Dicke der Schicht auf offenem Feld, an deren Unterseite die jährlichen Temperaturschwankungen äußerst gering sind. Nach [70] wird die Tiefe, in der die jährliche Temperaturschwankung etwa 1 K beträgt, für Sand mit 8 m angegeben
ϑ_E Temperatur des Bodens in der Tiefe H', nach [70] $\vartheta_E = 10{,}9\,°C$
ϑ_0 vorgesehene Mindesttemperatur an der Unterseite der Dämmschicht (+0,5 °C)
t langjährige mittlere Lufttemperatur des kältesten Monats nach Angaben der meteorologischen Station (Dresden-Strehlen, Monat Januar: $t = -0{,}2\,°C$)
λ_{OF} Wärmeleitwert des offenen Feldes für feuchten Sand (0,705 W/m·K)
R_v Wärmedurchlaßwiderstand der Deckschicht einer Straße: $R_v = 1/\alpha$
       (wird mit 18,6 W/m²·K angesetzt)
ΣR_n Summe der Wärmedurchlaßwiderstände der n Befestigungsschichten über der Dämmschicht in m²·K/W

Mit der Berechnung der Schichtdicke ist noch nichts über die Anordnung der Dämmschicht innerhalb der Gesamtkonstruktion und die Auswirkungen auf die Tragfähigkeit ausgesagt. Die Beispielkonstruktionen in Bild 2.50 weisen eine Überbauung der Dämmschichten zwischen 22 und 36 cm aus. Diese wird für notwendig gehalten, damit u. a. das schnellere Abkühlen im Herbst und im Winter und die langsamere Erwärmung im Frühjahr im Vergleich mit

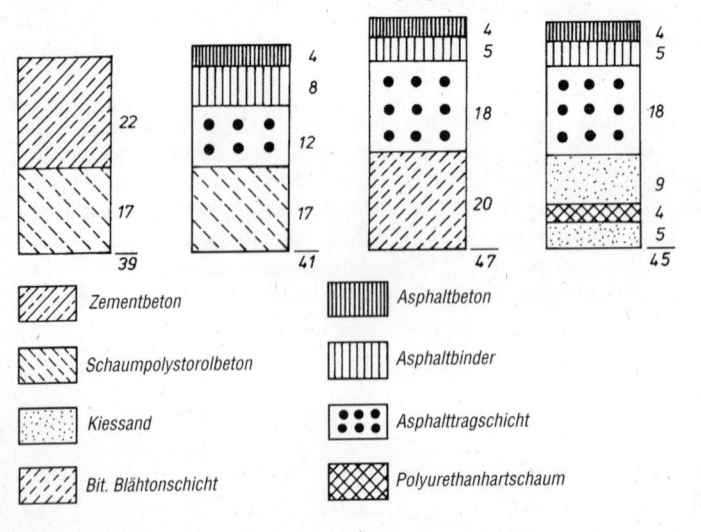

Bild 2.50 Fahrbahnkonstruktionen mit Wärmedämmschichten für Bauklasse I

2.4. Tragschichten

Straßenkonstruktionen ohne Dämmschichten gedämpft werden. Bei intensiver Sonneneinstrahlung im Sommer werden in den Asphaltdeck- und Asphaltbinderschichten über Wärmedämmschichten höhere Temperaturen gemessen als in den Konstruktionen ohne Wärmedämmschichten.

Bisherige Entwicklungen und Erprobungen führen zu folgenden Ergebnissen:

- Wärmedämmschichtmaterialien mit einem beständigen $\lambda_D > 0{,}35$ W/m·K sind als Ersatz für ungebundene untere Tragschichten über bindigem Unterbau (Untergrund) nicht geeignet.
- Es sollte die nach den Grundsätzen der Tragfähigkeit mögliche geringste Überbauung der Dämmschicht auf ihre praktische Bewährung geprüft werden.
- Die Wärmedämmschichten müssen seitlich etwa 0,50 bis 1,0 m über den Befestigungsbereich hinausreichen, damit die durchfrierende Zone genügend Abstand hat.
- Technologische und wirtschaftliche Aufwendungen werden die praktische Anwendung auf Ausnahmen beschränken, die ggf. als Nebenangebot anerkannt werden.

2.4.1.4 Schlußfolgerungen für den frostbeständigen Aufbau

- Die auf gemischtkörnigem und feinkörnigem Unterbau (Untergrund) anzuordnenden unteren Tragschichten (Frostschutzschichten) können häufig nur aus enggestuften Sanden (SE) wirtschaftlich hergestellt werden.
- Die enggestuften Sande erfüllen im Regelfall das Filterkriterium, und es wird keine besondere Filterschicht notwendig.
- Die Tragfähigkeitskennwerte E_{V2} für diese enggestuften Sande (SE) liegen zwischen 70 und 90 N/mm². Bei geringer Tragfähigkeit des Unterbaus (Untergrunds) um 20 N/mm² werden die in [34] und [45] geforderten E_{V2}-Werte auf der Oberfläche der unteren Tragschicht von 120 (100) oder 100 (80) N/mm² mit vertretbaren Schichtdicken aus ungebundenem Material nicht erreicht.
- Die in [45] mit Richtliniencharakter (Abschnitt 3.4.7) empfohlenen Maßnahmen und Vereinbarungen zwischen Auftraggeber und Ausführungsbetrieb erfordern von beiden Seiten besondere Sorgfalt.
- Die Verfestigung des oberen Teils der unteren Tragschicht kann die Tragfähigkeit bedeutend erhöhen; gleichzeitig werden technologisch günstige Bedingungen für die Herstellung der oberen Tragschicht geschaffen.
- Im flächenerschließenden Straßennetz existieren noch viele Straßenabschnitte deren Befestigungen unmittelbar auf bindigem Unterbau hergestellt wurden. An ihren Oberflächen zeigen sich durch Verkehr und Witterung über längere Zeit verursachte Verformungen und Schadstellen mit unterschiedlichem Umfang. Es ist möglich, die in der Tauperiode auftretenden Tragfähigkeitsschäden (leicht, mittel, schwer) zu klassifizieren [66]. Mit Hilfe der Frostsummenlinien und dem Diagramm von Kübler (Bild 2.45) kann der zu erwartende Tragfähigkeitsschaden abgeschätzt werden.
- Bei der Erneuerung von Bundesstraßen und wichtigen Landesstraßen ist der Abschluß des frostbeständigen Ausbaus vorrangig. Im flächenerschließenden Straßennetz kann „zwischenzeitlicher Ausbau" aus volkswirtschaftlichen Gründen vertreten werden.
- Besteht der Unterbau (Untergrund) aus grobkörnigen und damit frostbeständigem Boden, gestalten sich Herstellung und Instandhaltung von Straßenkonstruktionen günstiger als bei gemischt- und feinkörnigen Böden. Das wirkt sich positiv auf den Arbeitablauf und damit auf geringere Kosten und Preise aus.

2.4.2. Bodenverbesserungen und -verfestigungen

Im praktisch Sprachgebrauch ist die Unterscheidung von Verbesserungen und Verfestigungen [71] in allgemeingültigen Begriffen eingeführt:

- *Bodenverbesserung:*
  Erhaltung oder Verbesserung der unter günstigen Bedingungen vorhandenen Bodeneigenschaften für alle praktisch zu erwartenden Einwirkungen durch Umwandlung der Struktur.
- *Bodenverfestigung:*
  Verbesserung der Kornzusammensetzung von anstehenden grobkörnigen Böden mit zusätzlich eingemischten Körnungen und anschließender Verdichtung (Kiessandschichten) oder die Verkittung von anstehenden, verbesserten oder besonders eingebrachten Böden (z. B. Sande) in möglichst dichter Lagerung mit hydraulischen oder bituminösen Bindemitteln.

Die Verbesserungen und Verfestigungen erhöhen die Tragfähigkeit der Konstruktionsschichten, indem innere Reibung und Kohäsion erhöht bzw. ständig gesichert werden (Bild 2.51).

Bei Verbesserungen und Verfestigungen wird der als Erdkörper eingebaute Boden oder das für die untere Tragschicht eingebaute rollige Material als Hauptzuschlagstoff verwendet. Zusatzstoffe, Bindemittel und erforderliches Wasser werden mit geigneten Maschinen auf der Trasse gleichmäßig zugegeben und mit dem Boden gemischt. Dann folgt die Verdichtung und eventuell eine Nachbehandlung. Auf der Basis praktischer Erfahrungen entwickelte und vervollkommnete Maschinenkomplexe haben zur zunehmenden Anwendung dieses Herstellungsverfahrens beigetragen. Mit relativ geringem Transportaufwand können verschiedene Konstruktionsschichten besonders wirtschaftlich hergestellt werden. Die im Vergleich zu stationär erzeugten Gemischen größere Streuung der Qualitätskennwerte hat die Verbreitung nicht aufgehalten, sondern die ständige Entwicklung der Herstellungstechnik gefördert. Die Untersuchung der Anwendungsmöglichkeiten verdient aus technischen, technologischen und wirtschaftlichen Gründen besondere Aufmerksamkeit.

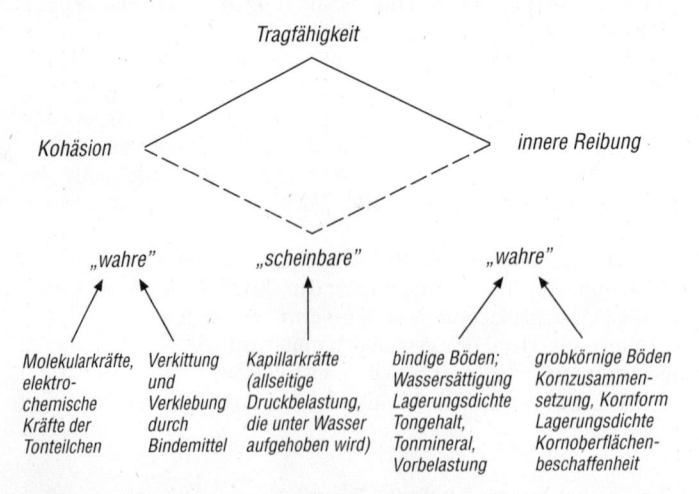

Bild 2.51 *Einflüsse auf die Tragschichten von Lockergesteinen und ungebundenen Tragschichten*

2.4.2.1. Bodenverbesserungen mit Kalk

Wirkung

Das Einmischen von $Ca(OH)_2$ oder CaO in gemischt- oder feinkörnige Böden bewirkt einen Strukturwandel durch chemische Reaktionen, die dem Boden höhere Beständigkeit gegenüber Wasser verleihen und mit angemessener Verdichtung seine Tragfähigkeitseigenschaften verbessern. Die komplexen Wirkungen sind in Bild 2.52 dargestellt.

Die Kennwerte der bindigen Böden werden durch das Einmischen von Kalk verändert:

- Bei der Verwendung von $Ca(OH)_2$ wird der wirksame Wassergehalt verringert, d.h. ein Teil des Wassers wird durch Anlagerung in den Bodenkügelchen (Koagulation) praktisch unwirksam gemacht. Damit kann die Erhöhung von w_{opt} und der Abfall von ρ_{Pr} in Bild 2.53 begründet werden.
- Wird CaO verwendet, bewirkt die durch den Löschvorgang freigesetzte Wärmemenge $CaO + H_2O = Ca(OH)_2 + 64$ kJ je 1% CaO-Zumischung eine Reduzierung des Wassergehaltes um $> 1\%$.
- Die Atterbergschen Grenzen werden erhöht, während für den Plastizitätsindex $I_P = w_L - w_P$ meist keine wesentliche Änderung eintritt (Bild 2.54).
- Der Konsistenzindex wird besonders über die Zunahme von w_P erhöht, wodurch, gemäß Bild 2.55, die Festigkeit und damit die Tragfähigkeit zunehmen.

Die komplexe Sofortwirkung der Kalk-Bodenverbesserung und die Beurteilung der Gleichmäßigkeit ist mit Hilfe der Konusprüfung möglich. Der in Bild 2.56 abgebildete Konus wird durch Schläge mit einer Fallmasse m (1,0 bis 1,5 kg) bei konstanter Fallhöhe so tief eingetrieben, bis eine projizierte Fläche A erreicht ist. Die vorzugebende Fäche A wird aus Versu-

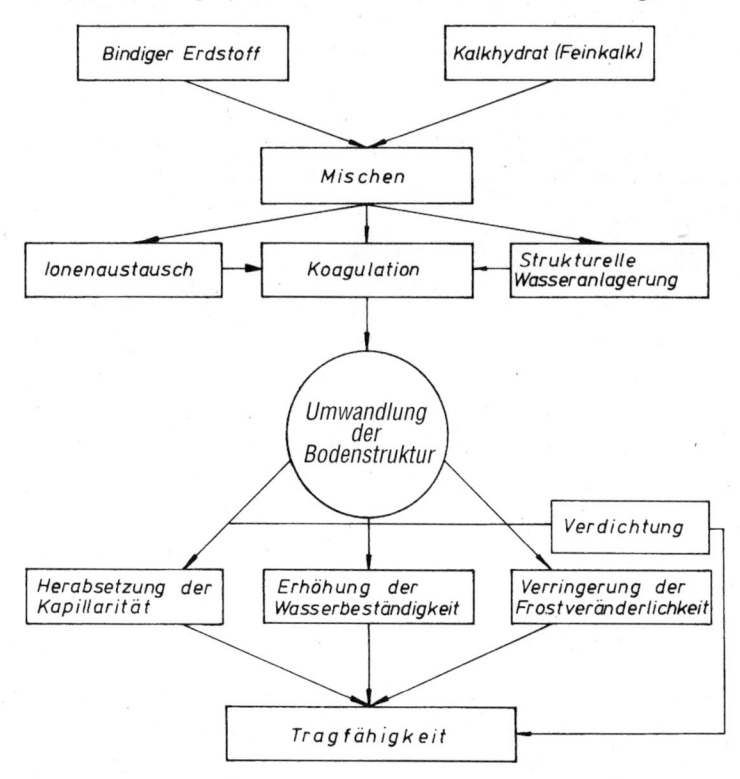

Bild 2.52 Wirkungsweise der Bodenverbesserung mit Kalk

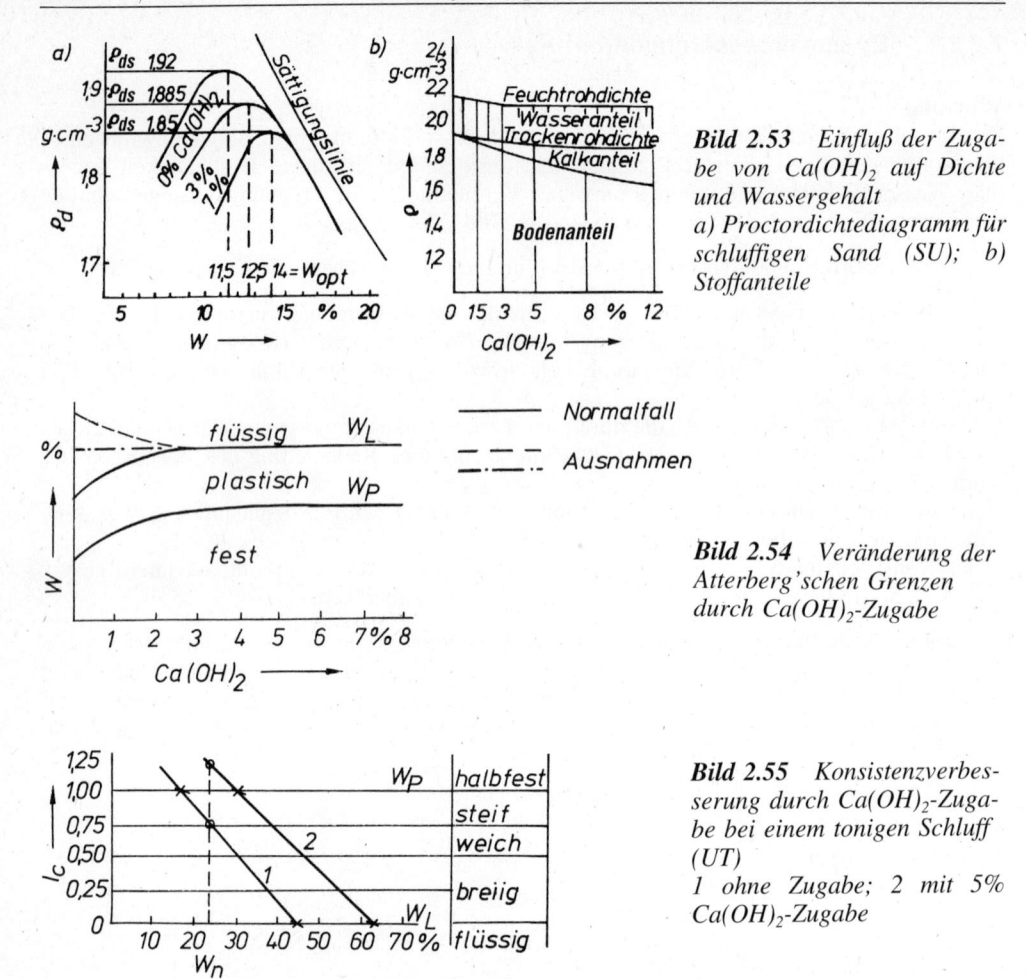

Bild 2.53 Einfluß der Zugabe von $Ca(OH)_2$ auf Dichte und Wassergehalt
a) Proctordichtediagramm für schluffigen Sand (SU); b) Stoffanteile

Bild 2.54 Veränderung der Atterberg'schen Grenzen durch $Ca(OH)_2$-Zugabe

Bild 2.55 Konsistenzverbesserung durch $Ca(OH)_2$-Zugabe bei einem tonigen Schluff (UT)
1 ohne Zugabe; 2 mit 5% $Ca(OH)_2$-Zugabe

chen bestimmt. Die Anzahl n der erforderlichen Schläge erlaubt Rückschlüsse auf die Qualität und kann auch in Abhängigkeit von der zugegebenen Menge $Ca(OH)_2$ in einem Auswertediagramm dargestellt werden.

In [72] wird die Bodenverbesserung mit Kalk durch vier fließend ineinander übergehende Stadien erklärt. Gemäß Bild 2.57 können die *Sofortwirkung*, zu der das Initial- und das Gelstadium gehören, und die *Langzeitwirkung* („Neolith"-Stadium) unterschieden werden. Straßenbautechnisch ist primär die Sofortwirkung von Interesse, während das Langzeitverhalten besonders wegen der unterschiedlichen Bodenzusammensetzung noch nicht sicher genug beurteilt werden kann. Die Zunahme der Tragfähigkeit wird bei der Bemessung der Straßenbefestigungen noch nicht berücksichtigt [34].

Die Anwendung der Bodenverbesserung mit Kalk wird empfohlen für:

- Herstellung brauchbarer Transportwege beim gleislosen Erdbau,
- Erhöhung der Tragfähigkeit des Unterbaus (Untergrunds) aus gemischt- oder feinkörnigen Böden, die gleichzeitig als Transportweg bei der Herstellung der unteren Tragschicht dienen,

2.4. Tragschichten

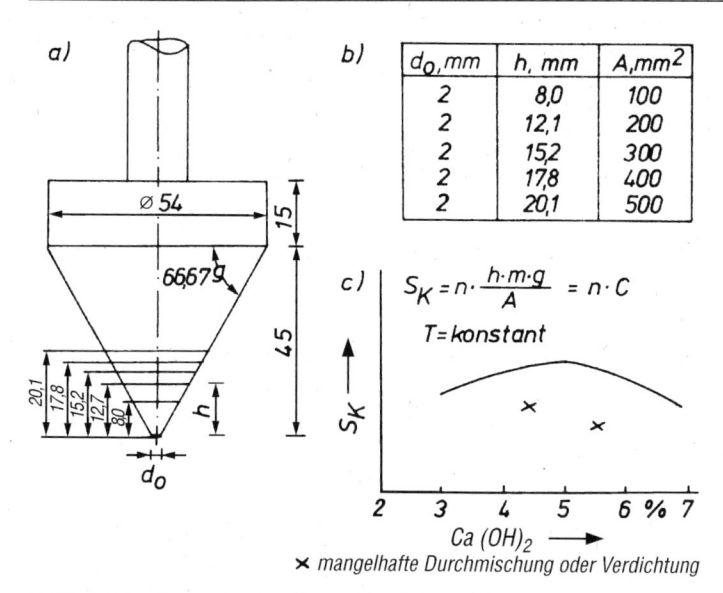

Bild 2.56 Prinzipdarstellung für die modifizierte Konusprüfung
a) Kegelförmiger Konus; b) $A = f(h)$, c) Auswertediagramm

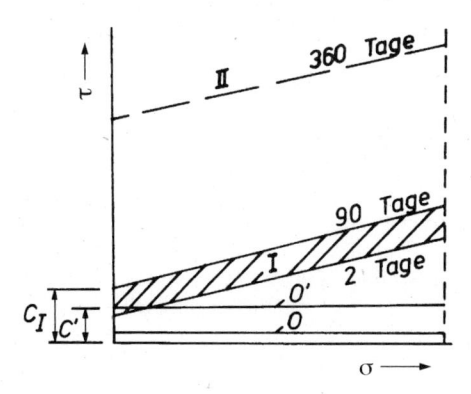

Bild 2.57 Prinzip der Stabilisierungswirkung
O' Ton, lufttrocken; O Ton, wassergelagert;
I Soforteffekt; II Langzeiteffekt

- Herstellung zeitweilig benötigter Wirtschaftswege bei Sicherung guter Entwässerungsbedingungen,
- Strukturwandlungen an bindigen Böden mit $w_n \gg w_{opt}$, die ihre Verwendbarkeit für den konstruktiven Erdbau herbeiführen,
- Strukturwandlungen an bindigen Böden zur Vorbereitung ihrer Verfestigung mit Zement.

Baustoffe
Die Bodenverbesserung mit Kalk setzt voraus, daß ausreichende Anteile mit $Ca(OH)_2$ reagierenderer Tonmineralien im verwendeten Boden vorhanden sind. Es können bindige Kiese (GT), bindige Sande (ST), Schluffe (UL, UM) und Tone (TL, TM) mit Kalk verbes-

sert werden. Aus technologischen Gründen sind Böden, die Steine >63 mm enthalten, auszuschließen. Bei hochplastischen Tonen (TA) mit $I_p > 30\%$ wird der Verbesserungsprozeß schwer ausführbar. Rollige Erdstoffe sind mit Kalkeinmischungen nicht zu verbessern.

Im Regelfall wird $Ca(OH)_2$ (Kalziumhydrat) verwendet. Zugabeanteile von 3 bis 6% erreichen die gewünschte Bodenverbesserung. Feinkalk (CaO) wird nur dann verwendet, wenn der zu hohe natürliche Wassergehalt verringert werden muß. Bei der Verarbeitung von CaO sind besondere Arbeitsschutzmaßnahmen zu treffen und durchzusetzen.

Qualitätsanforderungen
Abhängig von dem vorhandenen Boden, dem eingesetzten Bindemittel, der Dicke der verbesserten Schicht und dem eingesetzten Maschinenpark sowie dem Zweck der Bodenverbesserung ist die Festlegung und Kontrolle von Qualitätsmerkmalen möglich:

- Nachweis der Veränderung der Atterbergschen Grenzen und Berechnung des auf der Baustelle erreichbaren Konsistenzindex.
- Nachweis der Veränderung der E_{V2}-Werte mit Hilfe des Plattendruckgerätes bzw. über Einsenkungsmessungen mit dem Benkelmanbalken [73]. Systematische Messungen zu verschiedenen Zeitpunkten führen zur Ermittlung von Grundwerten, die zur Bemessung flexibler Straßenoberbauten verwendet werden können. Die sorgfältige Aufzeichnung der Versuchs- und Meßergebnisse sowie deren Auswertung für typische Böden in bestimmten Territorien sind für die Begründung von Qualitätsanforderungen zu nutzen.

Eignungsprüfungen [74]

- *Prüfkörper*
  Der für die Herstellung der Prüfkörper erforderlichen Bodenmenge wird durch Lufttrocknung der Wassergehalt bis etwa 3% unter der Plastizitätsgrenze entzogen und nach Zerkleinerung in einem luftdicht abgeschlossenen Behälter gelagert.

- *Proctorversuche*
  Mit Hilfe von Proctorversuchen werden die Proctordichte und w_{opt} bestimmt. Für jeden Probekörper ist das Material in einem Labormischer gleichmäßig zu durchmischen. Die erforderliche Wassermenge ist bei trockenem Boden 24 Stunden vorher zwecks gleichmäßiger Durchfeuchtung zuzugeben. Vor Versuchsbeginn wird das Boden-Wassergemisch 120 s bei mittlerer Drehzahl gemischt.

- *Kalkzugabe*
  Die vorgesehene Kalkmenge und erforderliches Wasser werden der vorbereiteten Bodenmenge von Hand untergemischt und 120 s lang maschinell eingemischt. Das Boden-Kalk-Gemisch wird beim Einsatz von Kalkhydrat eine Stunde und bei der Verwendung von Feinkalk 24 Stunden verschlossen gelagert, um die Kalk-Boden-Reaktionen zu ermöglichen. Dann erfolgt ein weiterer Mischprozeß von 120 s und die Bestimmung des Wassergehaltes. Nach 24 Stunden wird an Gemischproben (Körnung < 0,4 mm) die Bestimmung der Atterbergschen Grenzen vorgenommen.

- *Probekörperherstellung und -lagerung*
  Mit drei verschiedenen Kalkgehalten werden unter Beachtung des Proctorversuches je drei Probekörper ($d/h = 100/120$ mm) hergestellt und dabei der mittlere natürliche Wassergehalt an der Einbaustelle angestrebt. An den Probekörpern wird nach dem Ausformen die Masse bestimmt. Anschließend erfolgt die Verpackung in Klarsichtfolien und zusätzlich in Plastikbeuteln. In einem Feuchtraum mit $\geq 98\%$ relativer Luftfeuchtigkeit werden die Probekörper bei $(40 \pm 2)\,°C$ 7 Tage gelagert.

2.4. Tragschichten

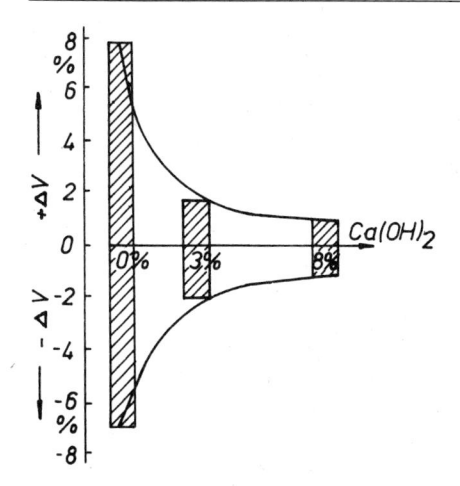

Bild 2.58 Einwirkung der Zugabe von $Ca(OH)_2$ auf Schrumpfen und Quellen bei tonigem Sand (ST)

- *Einachsiale Druckfestigkeit*
  Es wird die Druckfestigkeit bei einer Vorschubgeschwindigkeit von 1mm/min zur Festlegung der praktischen Kalkzugabe bestimmt. Werden an das Kalk-Boden-Gemisch nach Verdichtung Anforderungen gestellt, die auf dauerhaft tragfähig und frostbeständig gerichtet sind ($\sigma_{Br} \geq 0{,}2$ N/mm^2), ist der einaxialen Druckfestigkeitsprüfung eine umfangreiche Frostbeanspruchungsprüfung vorzuschalten.

- *Dauer der Eignungsprüfungen*
  Für die Bodenverbesserung genügen 3 bis 4 Tage. Bei angestrebter Bodenverfestigung mit $Ca(OH)_2$ oder CaO werden mindestens 5 Wochen erforderlich.

- *Quellen und Schrumpfen* [50]
  Die Erhöhung der Wasserbeständigkeit läßt sich durch Messen des Quellens und Schrumpfens (Bild 2.58) an mit unterschiedlichen Kalkzugaben bei w_{opt} hergestellten Probekörpern nachweisen.

2.4.2.2. Bodenverfestigung mit Zement [71, 75]

Wirkung
Der geeignete bzw. aufbereitete Boden wird nach dem Einmischen einer festgelegten mittleren Zementmenge und günstigem Wassergehalt verdichtet. Durch die Hydratation des Zementes entsteht eine frostbeständige, in bestimmbaren Grenzen biegezugfeste Tragschicht, die in Abhängigkeit von der Bauklasse innerhalb des Straßenoberbaus evtl. auch des Unterbaus eingesetzt werden kann.

Auf die Anordnung von Fugen kann wegen des hohen Restporengehalts und der begrenzten Festigkeitswerte verzichtet werden. Es ist danach zu trachten, daß auftretende Risse möglichst kleine Rißweiten aufweisen und die Rißverzahnung wirksam bleibt. Wesentlichen Einfluß auf die Rißentwicklung haben die Schwindwirkungen, die Reibung an der Unterseite und die Festigkeitsentwicklung der Zementverfestigung [76]. Aus umfangreichen Analysen sind Schlußfolgerungen für den Herstellungsprozeß gezogen worden:

- Verwendung eines Wassergehaltes, der etwa 3% unter w_{opt} liegt und Sicherung möglichst geringer Streuungen
- Verwendung eines Nachbehandlungsmittels, welches den Wasserentzug weitgehend reduziert. Ein zweilagig aufgesprühter Kunstharzfilm (doppelte Menge wie bei Zementbeton) von 2 mal 250 g/m^2 unterstützt die Ausbildung von schmalen Haarrissen. Dies wird durch

viskoelastische Eigenschaften der Zementverfestigung im Anfangsstadium im Zusammenwirken mit der Reibung an der Unterseite gefördert. Eine weitere Möglichkeit der Verringerung von Rißanzahl und Rißweiten besteht in der direkten Überbauung mit dünnen bituminösen Schichten. Erfolgt diese etwa 24 h nach der Herstellung der Zementverfestigung, dann sind Reflexionsrisse bei Überbauungsdicken von 60 (80) mm weitgehend auszuschließen.

Bei wesentlicher Erwärmung treten in der porenreichen Schicht Kriecherscheinungen auf, und es können keine Überschreitungen der Druckfestigkeit entstehen. Diese Hypothese ist durch die praktischen Erfahrungen bestätigt worden.

Baustoffe
Die Eignung der Böden für die Zementverfestigung ist in Bild 2.59 nach [77] dargestellt. Zusätzlich sind die häufig vorkommenden gleichkörnigen Sande eingetragen, die mit Zement gut verfestigt werden können. Die Grenzlinie zum groben Bereich ist ohne praktische Bedeutung, weil derartige Siebsummenlinien in der Natur nicht vorkommen. Kiessande mit Kieskornanteilen > 50% sind selten anzutreffen. Wo sie verfügbar sind, ist zu untersuchen, ob sie nicht wirtschaftlicher für höherwertige Konstruktionsschichten eingesetzt werden können. Böden, die dem Bereich B (Bild 2.59) zuzuordnen sind, sind vor der Verwendung für eine Zementverfestigung durch das Einmischen von Ca(OH)2 „aufzuschließen" [75]. Das gilt auch für Böden, deren Anteile < 0,002 mm mehr als 5% bzw. < 0,02 mm mehr als 10% betragen. Die hohen Ton- und Schluffanteile erlauben ohne die Bodenverbesserung (Krümmelstruktur) nicht die gleichmäßige Einmischung des Zementes.

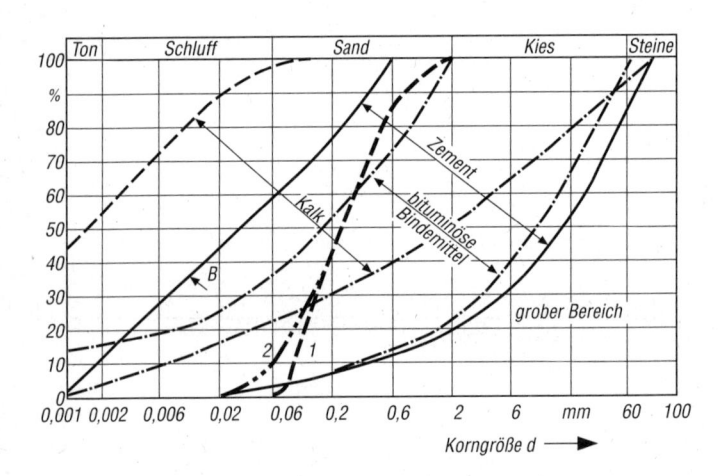

Bild 2.59 Kornverteilung für Bodenverbesserungen und Bodenverfestigungen
1 gleichkörniger Sand, $U \approx 3$; 2 schluffiger

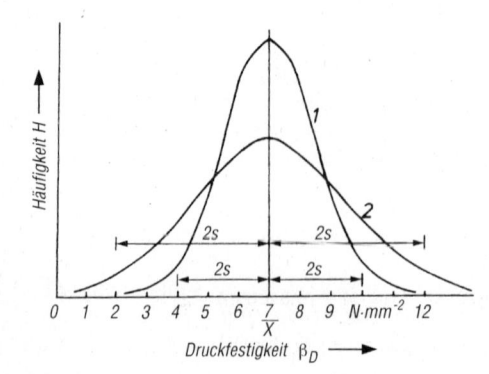

Bild 2.60 Normalverteilung der Festigkeiten bei Zementverfestigungen (Prinzip)
1 Spezialmaschinen und bewährter Facharbeiterstamm, $s \approx 1,5$ N/mm²;
2 Behelfsmaschinen oder Baustellenbedingun-

2.4. Tragschichten

Qualitätsanforderungen [71, 75]

Qualitätswerte sind bei Anwendung des Baumischverfahrens stets in Verbindung mit den einsetzbaren Maschinen vorzunehmen. Gegenüber den Konstruktionsschichten, die aus stationär aufbereitetem Gemisch hergestellt werden, sind beim Baumischverfahren größere Streuungen der Qualitätswerte unvermeidbar. Zur prinzipiellen Erklärung wird die Häufigkeitsverteilung der Festigkeitswerte im Bild 2.60 herangezogen. Bei großen Bauaufgaben kann mit vielen Bohrkernen eine Festigkeitsuntersuchung auf statistischem Wege erfolgen. Das hinsichtlich des Streuungsmaßes von der maschinentechnischen Ausrüstung, der Sorgfalt der Arbeitsausführung und anderen Einzeleinflüssen abhängige Ergebnis wird als annähernd normal verteilt erscheinen. Auf der Grundlage von Erfahrungen und Analysen sollten die Qualitätsanforderungen vereinbart werden.

In Tafel 2.12 sind die Güteanforderungen gemäß [71] enthalten. Es kann sinnvoll sein, zwei Güteklassen als Orientierung zu verwenden.

$$x \approx 7 \text{ N/mm}^2 \qquad s \leq 2{,}5 \text{ N/mm}^2$$
$$x \approx 5 \text{ N/mm}^2 \qquad s \leq 2{,}5 \text{ N/mm}^2$$

Tafel 2.12 Kriterien für die Bestimmung der Bindemittelmenge (Zement, Tragschichtbinder, hochhydraulischer Kalk) bei der Eignungsprüfung für frostbeständige Verfestigungen [71]

Bodenart	Frostwiderstand [2])	Druckfestigkeit [1])
SW-SI-SE GW-GI-GE	–	Zement 4 N/mm² im Alter von 7 Tagen oder 6 N/mm² im Alter von 28 Tagen
SU-ST-GU-GT und die Böden der vorstehenden Zeile, die brüchiges, poröses oder angewittertes Korn enthalten	$\Delta l \leq 1\text{‰}$	Hochhydraulischer Kalk 6 N/mm² im Alter von 28 Tagen
SU-GU-UL-UM ST-GT-TL-TM-TA	$\Delta l \leq 1\text{‰}$	–

[1]) Druckfestigkeiten zur Festlegung des Bindemittelgehaltes
[2]) Ausdehnung des Prüfkörpers in Längsrichtung

Festigkeitsgrundlagen

Folgende Faktoren beeinflußen wesentlich die Festigkeit:

- U Kornzusammensetzung:
  Sie beeinflußt die Lagerungsdichte bzw. die Feuchtrohdichte in feststellbaren Grenzen.
- W Wassergehalt:
  Er ist vom natürlichen Wassergehalt w_n und der Wasserzugabemenge abhängig.
- Z Zementgehalt:
  Zement kann mit wegeabhängigen Dosiergeräten weitgehend gleichmäßig verteilt werden.
- ρ_d Ergebnis der Verdichtung, die dem Mischprozeß unmittelbar folgt.
  Die Verdichtung ist zu kontrollieren und evtl. zu verändern.
- N Nachbehandlung:
  Sie ist als Bestandteil des Herstellungsprozesses durchzusetzen:

$$\beta_D = f(U, W, Z, \rho_d, N); \qquad \beta_D \text{ Druckfestigkeit}$$

Die Überlagerung sämtlicher Einflüsse kommt in Bild 2.60 zum Ausdruck. Mit den Bildern 2.61 bis 2.63 werden die Einzelwirkungen deutlich gemacht. Die Herstellung an den Überlappungsstellen (Längsnähte und Quernähte) erfordert besondere Sorgfalt.

Eignungsprüfungen [71]
Für grobkörnige Böden genügt meist die Kurzprüfung:
1. Prüfung der Wirkung organischer Beimengungen:
   Prüfung mit 3%iger Natronlauge (24 h) und Bestimmung des pH-Werts
2. Bestimmung der Kornzusammensetzung.
3. Ermittlung des erforderlichen Zementgehalts.
   Bild 2.64 zeigt das Ablaufdiagramm der Kurzprüfung. Bedeutende organische Beimengungen werden nach Tafel 2.13 eingeordnet und können zur Durchführung der vollständigen Prüfung zwingen. Für schluffige und tonige Böden ist die vollständige Prüfung, bestehend aus den Schritten 1. bis 3. und folgenden weiteren Schritten erforderlich [71, 75]:
4. Naßlagerungsbeständigkeit:
   Die in Klarsichtfolie und Plastikbeutel eingehüllten Probekörper werden sofort in einem Feuchtraum bei einer Temperatur von + (40 ± 2) °C und einer relativen Luftfeuchtigkeit von ≥98% gelagert. Temperatur und Luftfeuchtigkeit sind zweimal täglich zu kontrollieren. Nach 7 Tagen Feuchtraumlagerung wird die Masse der Probekörper bestimmt und der Masseverlust berechnet.

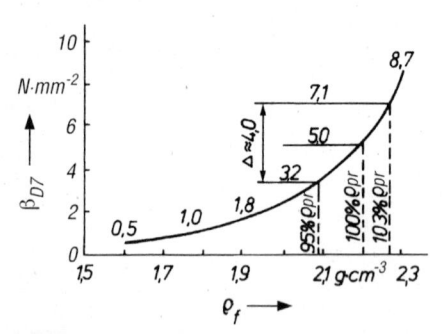

Bild 2.61 Einfluß der Verdichtung auf β_{D7}
Beispiel: Kiessand mit 7,5 % Zement verfestigt

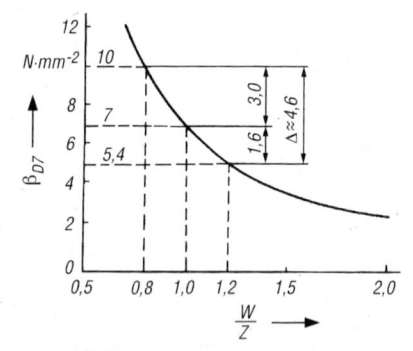

Bild 2.62 Einfluß von Wassergehaltsschwankungen auf β_{D7} für verschiedene sandige Böden, die mit der gleichen Zementart verfestigt wurden

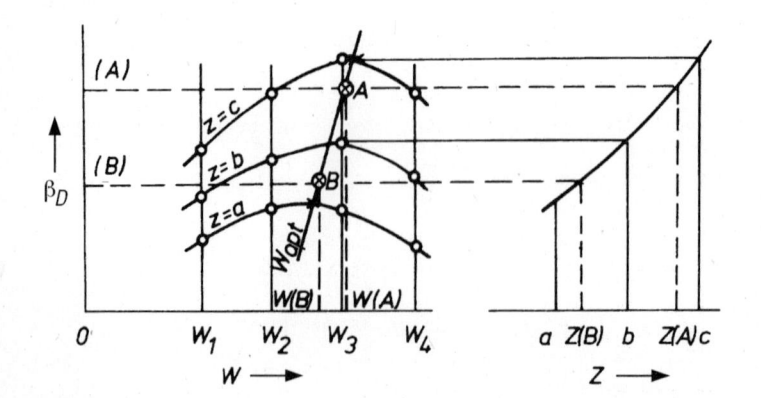

Bild 2.63 Abhängigkeit der Druckfestigkeit von W und Z (Zementgehalt)

2.4. Tragschichten

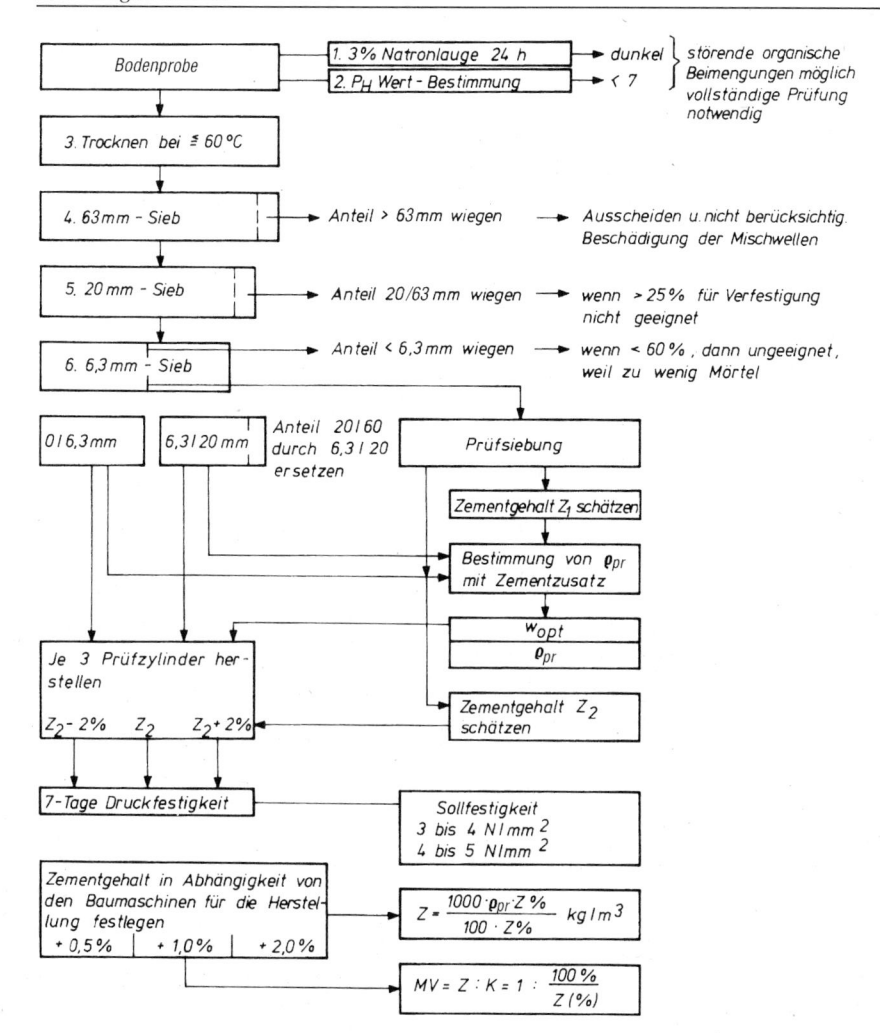

Bild 2.64 *Ablaufdiagramm der Kurzprüfung für Zementverfestigungen*
Z_1, Z_2, Z Zementgehalt in % von der Bodenmasse

Flussdiagramm:
- Bodenprobe
  - 1. 3% Natronlauge 24 h → dunkel
  - 2. P_H Wert - Bestimmung → < 7
  - } störende organische Beimengungen möglich vollständige Prüfung notwendig
- 3. Trocknen bei ≤ 60 °C
- 4. 63 mm - Sieb → Anteil > 63 mm wiegen → Ausscheiden u. nicht berücksichtig. Beschädigung der Mischwellen
- 5. 20 mm - Sieb → Anteil 20/63 mm wiegen → wenn > 25 % für Verfestigung nicht geeignet
- 6. 6,3 mm - Sieb → Anteil < 6,3 mm wiegen → wenn < 60 %, dann ungeeignet, weil zu wenig Mörtel
- 0 | 6,3 mm ; 6,3 | 20 mm ; Anteil 20/60 durch 6,3 | 20 ersetzen → Prüfsiebung
- Zementgehalt Z_1 schätzen
- Bestimmung von ϱ_{pr} mit Zementzusatz
- w_{opt} ; ϱ_{pr}
- Je 3 Prüfzylinder herstellen: $Z_2 - 2\%$; Z_2 ; $Z_2 + 2\%$
- Zementgehalt Z_2 schätzen
- 7-Tage Druckfestigkeit
- Sollfestigkeit 3 bis 4 N/mm² ; 4 bis 5 N/mm²
- Zementgehalt in Abhängigkeit von den Baumaschinen für die Herstellung festlegen: + 0,5 % ; + 1,0 % ; + 2,0 %
- $Z = \dfrac{1000 \cdot \varrho_{pr} \cdot Z \%}{100 \cdot Z \%}$ kg/m³
- $MV = Z : K = 1 : \dfrac{100 \%}{Z (\%)}$

Tafel 2.13 Wertung organischer Beimengungen für Zementverfestigungen

pH-Wert	Farbe nach 24 h Natronlaugeversuch	Voraussichtliche Eignung
>7	farblos bis tiefgelb	gut
<7	tiefgelb	zweifelhaft
<7	rotbraun bis braun	schlecht
entfällt	schwarz	ungeeignet

5. Frost-Tau-Prüfung:
7 Tage Feuchtraumlagerung der Prüfkörper bei ≥98% relativer Luftfeuchtigkeit und +20 °C auf wasseransaugendem Filz. Diese 1 cm dicke Filzunterlage steht in einem flachen Behälter zu 3/4 ihrer Höhe in Wasser. Nach 4 h werden die Prüfkörper ohne Filzunterlage in einer Frostkammer eingefroren. Die Kapazität der Kälteaggregate und die Belegung der Frostkammer müssen so aufeinander abgestimmt sein, daß sich in der Mitte der Prüfkörper folgender Temperaturverlauf ergibt:

Abfall der Temperatur von +20 °C auf 0 °C in 2 bis 3 Stunden
von 0 °C auf −15 °C in 5 bis 6 Stunden

Anschließend bleiben die Prüfkörper ≥8 h bei −15 bis −20 °C in der Frostkammer. Danach erfolgt in einem Feuchtraum bei +20 °C das Auftauen. Die Prüfkörper werden dabei wieder auf den Filz gestellt, um Wasser aufsaugen zu können. Sie stehen mit der Stirnfläche auf dem Filz, die vorher nicht darauf stand (Wechsel der Stirnflächen). Die konstante Temperatur von +(20 ± 2) °C ist mit Thermostaten zu sichern. Es werden 12 Frost-Tau-Wechsel durchgeführt, ≙12 Tagen. Vor und nach jedem Frost-Tau-Wechsel ist eine Massebestimmung der Prüfkörper durchzuführen und eine visuelle Beurteilung zu protokollieren. Die Verlängerung der Prüfkörper zwischen dem 1. und dem 12. Gefrieren muß ≤ 0,1% bleiben, um die Anforderungen an den Frostwiderstand zu erfüllen. Nach dem letzten Auftauen erfolgt die Ermittlung der Druckfestigkeit.

Es ist zu fordern, daß $\beta_{FT} > 0{,}75\, \beta_{D21}$ ist.

Weil die Frost-Tau-Prüfung als die härtere Beanspruchung anzusehen ist, kann auf die Naßlagerungsbeständigkeits-Prüfung häufig einvernehmlich verzichtet werden.

Erforderliche Anzahl an Prüfkörpern:
- 5 Prüfkörper für Proctorverdichtungsversuche mit konstantem Zementgehalt zur Ermittlung von w_{opt}
- Je drei Prüfkörper (1 Satz) mit drei unterschiedlichen Zementgehalten für β_7 und β_{28} für Kurzprüfung (18 Prüfkörper)
- Zusätzlich bei vollständiger Prüfung für β_N; β_{FT} und einen Satz für die Untersuchung des Langzeitverhaltens bzw. Vergleichsprüfungen (27 Prüfkörper).

Bei sämtlichen Prüfkörpern wird der im Proctorversuch ermittelte Wassergehalt w_{opt} eingehalten. In Tafel 2.14 ist für verschiedene Böden der Zementbedarf angegeben. Die in Bild 2.65 eingetragenen Siebsummenlinien mit ihren Körnungsbändern geben eine erste Orientierung für den unterschiedlichen Zementbedarf bei der Verfestigung von Sanden.

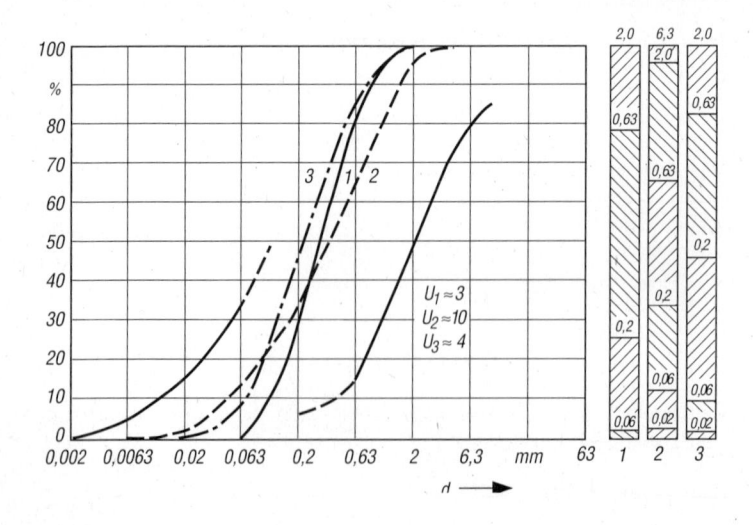

Bild 2.65 Körnungsbereich mit typischen Siebsummenlinien für Sand und zugehörigen Körnungsbändern

2.4. Tragschichten

Tafel 2.14 Orientierungswerte für Zementbedarf

Bodenart	$R_7 > 3$ N/mm² [1])			$R_7 > 4$ N/mm² [1])		
	Proctor-verdichtung	Druck-prüfung	Zement-bedarf	Proctor-verdichtung	Druck-prüfung	Zement-bedarf
	M.-%	M.-%	kg/m³	M.-%	M.-%	kg/m³
Kiessande	5	3, 5, 7	80 ... 120	6	4, 6, 8	100 ... 140
Sande	7	5, 7, 9	100 ... 150	8	6, 8, 10	120 ... 170
Enggestufte Sande	9	7, 9, 11	120 ... 180	11	9, 11, 13	150 ... 210
Schluffige Böden	10	8, 10, 12	120 ... 180	12	10, 12, 14	160 ... 220
Tonige Böden	12	10, 12, 14	160 ... 200	14	12, 14, 16	180 ... 240

[1]) Werte, die auf der Baustelle gefordert werden. Bei Eignungsprüfung sind um etwa 20% höhere Werte zu erreichen.

Damit die Prüfergebnisse rechtzeitig verfügbar sind, ist für die Prüfungen ein angemessener Zeitraum vorzusehen. Wenn bei grobkörnigen Böden schädliche organische Beimengungen ausgeschlossen werden können, genügt die Kurzprüfung mit β_7 und einem Zeitbedarf von zwei Wochen. Bei der vollständigen Prüfung werden mindestens 5 Wochen, im Falle von Ergänzungsprüfungen bis zu 8 Wochen benötigt.

In neuerer Zeit werden Anstrengungen unternommen, um Filteraschen aus der Energieerzeugung für hydraulisch gebundene Tragschichten nützlich zu verwenden. Bei enggestuften Sanden (SE) läßt sich durch den Einsatz von Filteraschen aus den Kraftwerken eine beachtliche Reduzierung des Zementanspruchs erreichen. Filteraschen, die keine wirksamen Hydraulefaktoren enthalten, können bei der Verfestigung enggestufter Sande (SE) zu etwa 40% geringerem Zementeinsatz führen. Hier wirkt die Filterasche über die Verbesserung der Kornzusammensetzung auf den Zementbedarf [78,79].

2.4.2.3 Bodenverfestigung mit anderen Bindemitteln

In den gültigen Vorschriften sind weitere Möglichkeiten zur Herstellung von Bodenverfestigungen enthalten [71]. Die Verwendung von hochhydraulischem Kalk kann u. U. aus wirtschaftlichen Gründen sinnvoll sein. Die Eignungsprüfung entspricht der für Zementverfestigungen. Bodenverfestigungen mit bituminösen Bindemitteln im Ortsmischverfahren sind nur selten praktisch ausgeführt worden. Bei grobkörnigen Böden wird neben der Bindmittelzugabe noch das zusätzliche Einbringen von Füller (Kalksteinmehl) notwendig, um eine angemessene „Festigkeit" zu erreichen. Damit entstehen Materialkosten, die dem wirtschaftlichen Vergleich mit denen für eine Zementverfestigung unterlegen sind.

2.4.2.4. Grundsätze der Herstellung (Maschinen/Leistungen)

Durch Bodenverbesserungen oder Bodenverfestigungen lassen sich bestimmte Konstruktionsschichten rationell und wirtschaftlich herstellen.

Folgende Gesichtspunkte sind zu beachten:

- Die maschinentechnische Ausrüstung soll dem voraussichtlichen jährlichen Leistungsumfang und den mittleren Baulosgrößen entsprechen.
- Für die Arbeitsausführung sind speziell qualifizierte Arbeitskräfte, denen die hohe Verantwortung für die Qualität des Endproduktes bewußt ist, einzusetzen.
- Die territorial vorwiegend vorhandenen Böden sind zu berücksichtigen
- Geringer Umschlag- und Transportaufwand für Zusatzstoffe und Bindemittel ist anzustreben.

Hauptmaschinen
Für größere Bauleistungen sind Spezialmaschinen entwickelt worden, die den Fertigungsprozeß inhaltlich (Qualität) und leistungsmäßig entscheidend bestimmen. Es handelt sich um sogenannte Eingangmischer oder Mehrgangmischer, von denen in Tafel 2.15 einige Typen aufgeführt sind. Der Eingangmischer wird meist für größere Leistungen eingesetzt. Das Arbeitsteil kann hydraulisch gehoben und gesenkt werden; damit ist eine gute Manövrierfähigkeit auf engem Raum gesichert. Im Arbeitsteil sind je eine Fräs- und eine Mischwelle angeordnet, die gegenläufig rotierend in einem Übergang ein gleichmäßiges Bodengemisch herstellen, daß anschließend verdichtet wird. Bild 2.66 zeigt die Maschine. Dem Übergang des Eingangmischers hat im Regelfall eine Nachverdichtung zu folgen.

Bei Mehrgangmischern, die nur eine Fräswelle = Mischwelle aufweisen, sind mehrere Arbeitsgänge notwendig, um ausreichend gleichmäßige Durchmischung zu erzielen (Bilder 2.67 und 2.68). In Tafel 2.15 sind für größere Leistungen die Maschinen als Ein-, Zwei- und Dreiwellenmischer mit unterschiedlicher Arbeitstiefe und für kleinere Aufgaben auch Anbaugeräte, die von Traktoren (Kriechgang) oder Raupen gezogen werden, aufgeführt [80].

Wichtige ergänzende Spezialmaschinen
Maschinen zur gleichmäßigen Verteilung von staubförmigen Bindemitteln (Zement, Kalk o. ä.) haben durch höhere Qualitätsanforderungen und große Leistungen besondere Bedeutung erlangt (Bild 2.69). Tafel 2.16 enthält Angaben über Verteilermaschinen. Die Streuraupen mit einem Flächendruck $< 0,06$ N/mm^2 verursachen keine wesentlichen Verformungen an der verdichteten und abgeglichenen Bodenschicht. Die angehängten Maschinen, die mit Niederdruckreifen ausgerüstet sind, werden mit geeigneten Traktoren eingesetzt. Bei enggestuften Sanden (SE) treten dabei Verformungen der Oberfläche auf.

Weitere in den Straßenbaubetrieben auch für andere Teilprozesse vorhandene Maschinen sind in der erforderlichen Größe und Anzahl dem Verfestigungs- (Verbesserungs-) Komplex zuzuordnen.

Herstellung zementverfestigter Schichten
Bild 2.70 zeigt die Teilprozesse mit Ausnahme der Nachbehandlung bei der Arbeit mit einem Eingangmischer. Damit die Zementverteilung auch in den Überlappungsbereichen gleichmäßig erfolgt, orientieren sich die Fahrer der Verteiler ebenso wie die Fahrer der Hauptmaschine an sorgfältig eingemessenen Fluchtstäben Bei enggestuftem Sand ist es für die Qualität des Endproduktes wichtig, daß Straßenhobel und Vibrationswalze stets zur Verfügung stehen, um bei Unregelmäßigkeiten, die z. B. an Abfahrten und Wendestellen der verschiedenen Arbeitsmaschinen auftreten, umgehend den Sollzustand wiederherstellen zu können. Es ist einzusehen, daß bei enggestuften Sanden Raupenfahrwerke für die Zementverteiler ebenso zweckmäßig sind wie für die Verfestigungsmaschinen, um die Unregelmäßigkeiten an der Oberfläche der Zementverfestigung klein zu halten. Schwer lösbar ist die Aufgabe der Wasserzugabe. In Bild 2.70 wird ein parallel zur Verfestigung vorhandener Arbeitsweg benutzt. Das ist z. B. in Streckenabschnitten mit hohen Dämmen nicht möglich. Dann beeinträchtigen auch die Wasserfahrzeuge die Ebenheit der Verfestigung, wenn sie bei der Herstellung der letzten Bahn vor der Verfestigungsmaschine fahren müssen.

2.4. Tragschichten

Tafel 2.15 Maschinen für Bau-Mischverfahren [80]

Hersteller	Typ	Arbeits-breite m	Maximale Schicht-dicke cm	Motor-leistung KW	Geschwindigkeit		Länge m	Masse t
					Arbeiten m/min	Transport km/h		
BOMAG GmbH Boppard	MPH – 50 [1][2][4][5][6][7]	2,44	30	113	0 bis 58	0 bis 20	6,52	7,4
	MPH – 100 [1][4][5][6][7]	2,01	37	257	0 bis 62	0 bis 22	8,54	13,0
J. & H. Hoes Geräte-bau GmbH&Co.K.G. Wardenburg-Westerholt	595	2,10	40	196	0 bis 80,5	0 bis 29	8,4	14,5
	Multimix [2][3][6]	a) 2,0 b) 2,3	25	a) ab ≈ 60 b) ab ≈ 90	[3]abhängig vom Zugfz.	abhängig vom Zugfz.	2,5	1,4
Rex Nord/USA Vertrieb: MBU Ulm GmbH	HDS	1,98	26	100	27,4	0 bis 24	6,81	6,2
	SPDM	2,31	60	233	27,4	0 bis 15	8,58	16,0

[1]) selbstfahrend; [2]) mitgegenläufigem Rotor; [3]) Anbaugerät; [4]) mit hydraulischem Fahrantrieb; [5]) mit kompletter Bindemittel-Förder und Verteileintrichtung; [6]) entgegengesetzt zur Fahrtrichtung laufender Rotor; [7]) mit hydrostatischem Antrieb

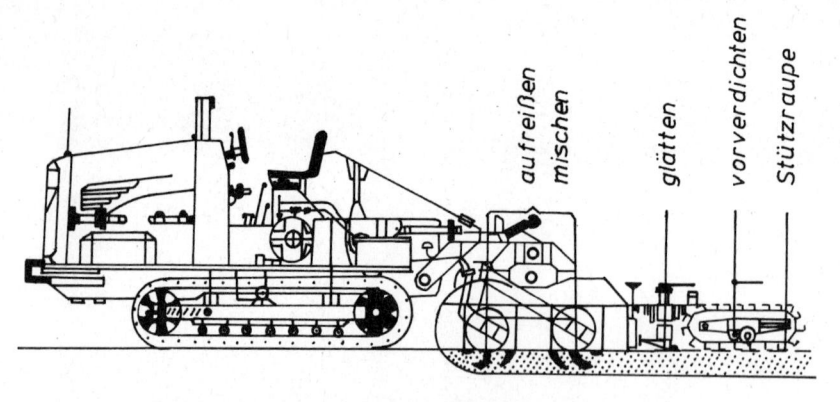

Bild 2.66 Arbeitsprinzip eines Eingangmischers

Bild 2.67 Kleiner Mehrgangmischer

Die Fertigung mehrerer Bahnen nebeneinander ist als Regelfall anzusehen. Die Fertigungslänge muß abhängig von der Lufttemperatur und Zementart so festgelegt werden, daß der Hydratationsprozeß an der zuvor gefertigten benachbarten Bahn das Auffräsen eines etwa 10 cm breiten Streifens als Überlappungsbereich noch bei relativ geringer Abnutzung der Mischerpratzen gestattet. Am Ende jeder Fertigungsbahn wird die frische Verfestigung mit einem Spaten senkrecht abgestochen. Beim Ansetzen des nächsten Fertigungsabschnitts entsteht eine Arbeitsfuge. Dieser Bereich wird mit Hilfe einer kleinen Vibrationsplatte nachgearbeitet.

Die ordnungsgemäße Nachbehandlung durch Aufsprühen eines Kunstharzfilms sichert den Hydratationsprozeß. Die Zementverfestigung darf 7 Tage nach der Herstellung nicht befahren werden. Die Festigkeitsentwicklung ist u.a. von der Lufttemperatur und anderen Faktoren abhängig. Abweichungen von dieser 7-Tage-Frist sind im Einzelfall zu begründen. Für die täglichen Einsatzdispositionen sind bei der nächstgelegenen meteorologischen Station regelmäßig Informationen über die örtliche Wetterentwicklung einzuholen. Regenwetter schließt die ordnungsgemäße Herstellung von Zementverfestigungen aus. Mit Hilfe der Wettervorhersage wird das technische und wirtschaftliche Risiko der Bauausführung eingeschränkt.

Bild 2.68 Großer Mehrgangmischer

Bild 2.69 Bindemittelverteiler (Zellenraddosierung)

Beispiel:
Die untere Tragschicht (oberer Teil einer Frostschutzschicht, 20 cm Schichtdicke) für eine zweistreifige Landesstraße ist zu verfestigen. Bei n nebeneinanderliegenden Bahnen und 2 m Arbeitsbreite der Maschinen beträgt die Gesamtbreite der Verfestigung max. $B = 2{,}0$ m + $(n - 1) \cdot 1{,}9$ m, so daß bei $n = 4$ max. $B = 7{,}70$ m und bei $n = 5$ max. $B = 9{,}6$ m beträgt. Hier genügen 7,70 m. Die Überlappungsstreifen können auch größer ausgeführt werden, um eine vorgegebene Breite B nicht zu überschreiten. Dann ist darauf zu achten, daß die Arbeitsbreite des Zementverteilers entsprechend reduziert wird und die Düsen für die Wasserzugabe im Überlappungsbereich geschlossen werden. Mit dem Eingangmischer können in einer Schicht zwei Abschnitte von rund 350 m mit je 4 Arbeitsbahnen hergestellt werden, wenn keine störenden Niederschläge zu erwarten sind.

Tafel 2.16 Übersicht aus [80]

Hersteller	Typ	Art des Fahrwerks	Fassungsvermögen m³	Streubreite m	Streumenge kg/m²	Art der Dosierung	Motorleistung kW
J.&H.Hoes Gerätebau GmbH & Co. K.G. Wardenburg	Bindemittel-Verteiler	Anbaugerät für Unimog-Lkw	3 bis 7	2,0	≈ 5 bis 36	Schlitzverschluß-prinzip	67 bis 157
RESPEKTA Baumaschinenges. mbH. Düsseldorf	SR 110 Z0	Raupenfahrzeug 460 mm Bodenplattenbreite	7,5	2,25	0 bis 40 stufenlos	hydr. Zellenrad	81

Fertigungszeit für eine Bahn:
    Einsetzen   etwa 2 min
    Arbeitsfahrt etwa 45 min für 350 m; $v \approx 8$ m/min
    Ausfahren   etwa 6 min
    Rückfahrt   etwa 9 min für 350 m; $v \approx 40$ m/min
                            62 min

Mit rund 62 min wird gesichert, daß die Überlappung mit ≥ 0,10 cm vor dem Erstarrungsbeginn der vorher gefertigten Bahn hergestellt wird.

    Zementbedarf: 30 kg/m²
    2 m · 350 m · 0,030 t/m²   21 t je Bahn von 350 m
    Für eine Schicht maximal:
    5400 m² · 0,030 t/m²   162 t

Das entspricht etwa 21 Füllungen des Zementverteilers mit 6,5 m³ ≙ 7,8 t Fassungsvermögen. Damit die Verfestigungsmaschine kontinuierlich arbeiten kann, werden zwei bis drei Zementverteiler SR 110 o. ä. benötigt. Für die Fahr- und Füllzeit stehen dann ≥ 35 min zur Verfügung. Die ständige Änderung der Entfernung zwischen den Umfüllpunkten und dem Arbeitsabschnitt kann damit abgefangen werden.

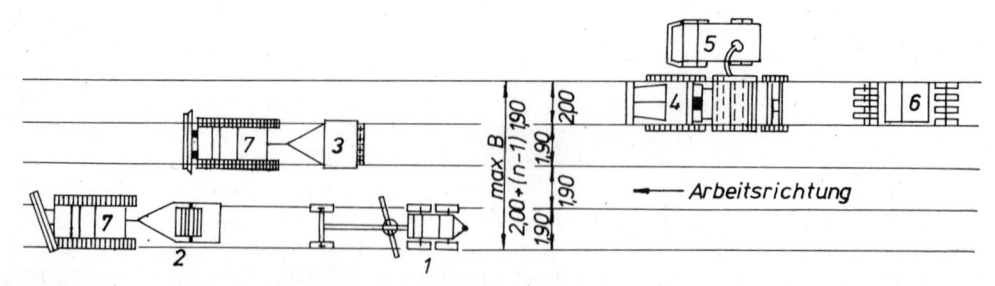

Bild 2.70 Prinzip des Maschineneinsatzes für die Zementverfestigung
1 Straßenhobel; 2 Vibrationsanhängewalze; 3 Zementverteiler; 4 Verfestigungsmaschine; 5 Wasserwagen; 6 Gummiradwalze; 7 Zugraupe

2.4. Tragschichten

Wasserbedarf:

$w_{opt} - w_n = w_{erf}$

10 M.% − 4 M.% = 6 M.%

0,06 · 0,20 m · 2000 kg/m³ = 24 kg/m² = 0,024 t/m²

2,0 m · 350 m · 0,024 t/m² = 16,8 t = 16,8 m³ je 350 m Bahn

Für eine Schicht maximal:

5400 m² · 0,024 t/m² = 130 t = 130 m³

Das enspricht bei 6,5 m³ Tankinhalt 20 Wasserwagenfüllungen. Bei günstiger Lage der Wasserentnahmestellen (Hydrant oder natürliches Gewässer) kann die Wasserversorgung mit zwei Tankwagen gesichert werden. Die Verbindung zwischen der Wasserpumpe an der Hauptmaschine und dem Wasserwagen wird durch einen Schlauch hergestellt. In Tafel 2.17 sind die vorwiegend benötigten Maschinen angeführt.

Tafel 2.17 Maschinen- und Geräteliste für Zementverfestigungskomplex

BGL-Nr. (1991)	Bezeichnung	Leistung kW	Masse t	Mittlerer Neuwert DM	Nutzungszeit Jahre	Rep.-kosten DM	Abschr. u. Verz. DM
5611−0022	1 Bodenvermörtler	120	8,3	398800	6	8770	13950
2911−0140	2 Wasserwgn.-Lkw	120/195	14,0	300000	8	6160	8940
5625−0050	3 Zementverteiler	80	9,9	993900	6	21870	39750
3360−0095	1 Straßenhobel	95		260000	5	6670	8865
3301−0075	1 Zugraupe	75		208000	4	6450	7900
3610−2000	1 Gummiradwalze	63	7,0(20)	207600	8	2810	4620
5343−0200	1 Faßspritze, Motor		0,25	13000	6	325	390
3521−0635	1 Vibrationsplatte	2,6	0.035	2250	4	59	101
1301−0050	1 tranportabler Zementsilo 50 t	−	3,15	17000	8	170	391
4620−0032	1 Kreiselpumpe 68 m³/h	3,2	0,066	5470	8	98	153
				Σ 2406020		Σ 85060	

Bei mittleren und kleinen Baustellen wird der Komplex einschichtig eingesetzt. Bei sehr großen Bauaufgaben, etwa im Autobahnbau, kann der zweischichtige Einsatz zweckmäßig sein. Dazu sind u. U. mobile Beleuchtungseinrichtungen vorzuhalten. Der Aufwand für die Lohnkosten wird im Zweischichtbetrieb etwas höher. Dagegen werden die anteiligen Abschreibungsentgelte und die Gemeinkosten sinken.

Mit einem funktionstüchtigen Maschinenkomplex können 60 bis 90 km (zweistreifige Straßen) Zementverfestigung im Jahr hergestellt werden. Es ist eine wichtige bauorganisatorische Aufgabe, die Einsatztermine für die verschiedenen Baustellen längerfristig abzustimmen. Dazu gehört auch die detaillierte Ortserkundung (Zementumschlag, Wasserentnahmemöglichkeiten, Transportwege, Zu- und Abfahrten usw.), um evtl. Maschinen- oder Fahrzeugzuführungen vorzubereiten. In Tafel 2.18 sind verschiedene Angaben über die Leistungen und den Arbeitszeitaufwand für 15 Arbeitskräfte bei langfristig gesicherten Aufträgen zusammengestellt.

Tafel 2.18 Orientierungsübersicht für Einsatzzeit, Betriebszeit, Leistungen und Arbeitsproduktivität eines Maschinenkomplexes mit 15 Arbeitskräften bei der Herstellung von 7,7 m breiter Zementverfestigung, 0,20 m dick

Fall	Einsatz-zeit Monate	Arbeits-tage	Betriebs-tage	Leistung je Betriebs-schicht	Betriebs-tage im Mon.	Monats-leistung m^2	Jahresleistung	
							m^2	km
a	8,4	176	124	5400	15	81000	680000	90
b				4600		69000	580000	75
c				3800		57000	480000	60

Fall	Arbeits-stunden je Tag 14 AK	Arbeits-stunden je Mon. i.M.	Arbeitsproduktivität an Betriebstagen		Arbeitsproduktivität im Monatsmittel	
			m^2/h	h/m^2	m^2/h	h/m^2
a	131,25	≈ 2750	41,1	0,024	29,5	0.034
b			35,0	0,029	25,1	0,040
c			28,9	0,035	20,7	0,048

Folgende Arbeitskräfte werden mit dem Maschinenkomplex eingesetzt:

1 Maschinist für Straßenhobel
1 Raupenfahrer für Vibrationsanhängewalze
1 Maschinist für Verfestigungsmaschine
1 Maschinist für Gummiradwalze
1 Arbeitskraft für Setzen der Fluchtstäbe und Nachbehandlung
1 Arbeitskraft für das An- und Abkuppeln des Wasserschlauchs und die Nacharbeit an den Einsatzstellen
1 Arbeitskraft für Überwachung der Wasserdosierung und Nachbehandlung
3 Raupenfahrer für Zementverteiler
2 Fahrer für Wasserwagen
1 Arbeitskraft für Wasserpumpe (natürliches Gewässer)
1 Arbeitskraft für Zementumfüllplatz
1 Laborant

In Tafel 2.19 ist der jährliche Materialbedarf bei sehr günstigen Bedingungen angegeben.

Tafel 2.19 Baustoffmengen für die Zementverfestigung der unteren Tragschicht zweistreifiger Landesstraßen (Jahresleistung 60 bis 90 km)

Fall	Zement ZL 35		Nachbeh.-Mittel		Wasser	
	kg/m^2	t/a	kg/m^2	t/a	l/m^2	m^3/a
a	i.M. 30	10400	0,4	272	24	16500
b		17400		232		14000
c		14400		192		11500

Bild 2.71 Schaffußwalze

Bild 2.72 Geräteträger mit vorne und hinten angebauten Vibrationsverdichtern

Herstellung von Bodenverbesserungen mit Kalk
Mit Rücksicht auf den Zeitbedarf für den Ionenaustausch und die dadurch bewirkte Strukturänderung des Boden-Kalk-Gemisches ist der Einsatz von Mehrgangmischern mit 2 bis 3 Übergängen zweckmäßig. Bei kleinen Fräs-Misch-Maschinen ist vorheriges Auflockern mit einem großen Vielschaarpflug zu empfehlen. Der überwiegende Teil der auf die Mischwelle des Mehrgangmischers übertragenen Leistung steht dann für das Durchmischen zur Verfügung, und es wird eine angemessen gleichmäßige Schichtdicke erreicht. Zur Verdichtung werden mittelschwere Gummiradwalzen eingesetzt. Die Kombination mit Schaffußwalzen (Bild 2.71) ist möglich.

Oft wird der Unterbau (Untergrund) als Transportweg für den Erdbau genutzt und zur Erhöhung der Tragfähigkeit mit Kalk verbessert. Es ist dann zweckmäßig, den Bodenverbesserungsprozeß als Bestandteil der Erdarbeiten aufzufassen und durch umsichtige Organisation den kontinuierlichen Einsatz des Bodenverbesserungskomplexes zu sichern. Damit wird die technische und technologische Weiterentwicklung der Bauausführung gefördert.

Der Aufschluß von schwach bindigen Böden durch das Einmischen von $Ca(OH)_2$ (2 bis 3%) als Vorbereitung für eine Zement- oder bituminöse Verfestigung ist an Versuchsstraßen erprobt worden. Diese Anwendung der kombinierten Verfestigungen ist aus wirtschaftlichen Gründen selten und wird hier nicht weiter behandelt [77].

Beispiel:
Wegen des kontinuierlichen Einsatzes wird hier ein Maschinenkomplex für kleine bis mittlere Leistungen als ausreichend angenommen:

    1 Traktor mit Anbau-Mehrgangmischer 5601–0025 (60 kW) (Bilder 2.72 und 2.73) $v = 250$ bzw. 470 m/h
    1 Kalktransportanhänger mit Zug-Traktor, Arbeitsgeschwindigkeit $v = 470$ m/h
    1 Gummiradwalze 3610–2000
    1 Bindemittelsilo 50 t

In dieser Beispielbetrachtung wird mit 3 Übergängen der Hauptmaschine gerechnet. Auf den in 15 cm Dicke mit 5% $Ca(OH)_2$ zu stabilisierenden Boden sind 13 kg/m² Kalk auszustreuen. Eine Füllung des Kalktransportanhängers genügt für

$$\frac{7000 \text{ kg}}{13 \text{ kg/m}^2 \cdot 2{,}0 \text{ m}} = 270 \text{ m}; \quad 2 \text{ m} = \text{Arbeitsbreite}$$

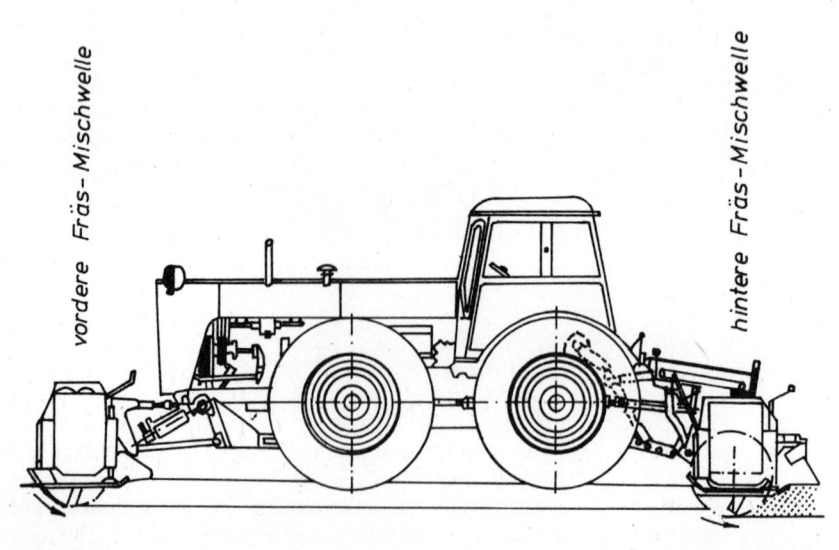

Bild 2.73 *Arbeitsprinzip des D4 KB mit vorderer und hinterer Fräs-Mischwelle*

2.4. Tragschichten

Teilprozeß	Frostschutzschicht (Mechanische Verfestigung)	Zement- verfestigung	Bituminöse Verfestigung *	Kalk- stabilisierung
1. Planieren-Verdichten	Straßenhobel Zugraupe $v = 0{,}3$ bis $0{,}7$ m/s Vibrationsanhängewalze	wie mech. Verfestigung	wie mech. Verfestigung	Straßenhobel Gummiradwalze $v = 1{,}2;\ 3{,}0;\ 5{,}5$ m/s oder Schaffußwalze $v = 0{,}3$ bis $0{,}7$ m/s
2. Verteilen v. Zusatzstoffen oder staubförmigen Bindemitteln	Zufahren mit LKW und auf Schwad mengenmäßig abkippen	Verteiler auf Raupe mit Druckbehälter oder von Raupe gezogener Anhängeverteiler mit Niederdruckreifen Menge 12 bis 50 kg/m²	Verteiler wie bei Zementverfestigung für Kalksteinmehl oder Kalkhydrat Menge 5 bis 15 kg/m²	Verteiler wie bei Zementverfestigung für Kalkhydrat oder Weißfeinkalk Menge 8 bis 25 kg/m²
3. Zugabe von Wasser oder flüssigem Bindemittel	im Regelfall entbehrlich, weil geforderte Verdichtung durch erhöhte Verdichtungsarbeit erreicht werden kann	Wasserwagen, der parallel zur Arbeitsbahn fährt. Wasser wird über Mischaggregat zugegeben. Menge 7 bis 25 kg/m²	Goudronator, der parallel zur Arbeitsbahn fährt. Bitumenemulsion S 60 wird über Mischaggregat eingesprüht 15 bis 35 kg/m²	Entfällt im Regelfall, weil $w_n > w_{opt}$
4. Mischen	Straßenhobel, mehrfaches umwälzen	Eingangmischer mit 1 bis 3 Fräs- und Mischwellen. Arbeitsbreite ≈ 2 m Schichtdicke 15 bis 25 cm $v = 4$ bis 8 m/min	wie Zementverfestigung	Mehrgangmischer mit einer Fräs- und Mischwelle in 2 bis 4 Übergängen
5. Verdichten	Zugraupe $v = 0{,}3$ bis $0{,}7$ m/s Vibrationsanhängewalze	Vibrationsbohle oder gekoppelte Vibrationsplatten am Trägerfahrzeug oder Gummiradwalze	Gummiradwalze	Schaffußwalze und oder Gummiradwalze
6. Nachbehandlung	—	Aufsprühen eines Kunstharzfilmes $0{,}4$ kg/m²	—	—

Bild 2.74 Wesentliche Teilprozesse für die Baumischverfahren und zweckmäßige Maschinen

* wird aus wirtschaftlichen und technischen Gründen selten ausgeführt

Fertigungszeit für eine Bahn:
1. 270 m : 250 m/h (Fahrt im 1. Gang) = 1,08 h
2. 270 m : 470 m/h (2 Fahrten im 2. Gang = 1,15 h
3. 270 m : 10000 m/h (3 Leerfahrten) = 0,08 h
Wenden und Einsetzen 0,19 h
_____
2,50 h

In zwei Schichten können täglich 7 Bahnen von 270 m Länge Bodenverbesserung ausgeführt werden.

$A = (2,0 \text{ m} + 6 \cdot 1,90 \text{ m}) \cdot 270 \text{ m/d} = 3600 \text{ m}^2/\text{d}$

Es wird die gleiche Anzahl Betriebstage wie für die Zementverfestigung (Tafel 2.16) angesetzt.

Monatsleistung i. M.: $15 \text{ d} \cdot 3600 \text{ m}^2/\text{d} = 54000 \text{ m}^2$
Arbeitsproduktivität: $21 \text{ m}^2/\text{h}$ oder $0,05 \text{ h/m}^2$

Es werden 21 Arbeitstage je Monat berücksichtigt, in welchen witterungsbedingte und arbeitsorganisatorische (Umsetzen, Reparaturen) Ausfallzeiten enthalten sind, die i. M. 15 Betriebstagen entsprechen.

Bedarf an $Ca(OH)_2$: je Tag rd. 49 t bzw. etwa 6000 t im Jahr

In jeder Schicht sind 7 Arbeitskräfte notwendig. Die einfacheren Maschinen bedingen geringere Reparatur- und Abschreibungskosten. Durch den geringen Materialeinsatz werden die Selbstkosten auch positiv beeinflußt.

Die Anwendung der Bodenverbesserung mit Kalk zur Sicherung tragfähiger Verkehrsflächen für die technologischen Boden- und Baustofftransporte ist bei gemischt- und feinkörnigen Böden zu fördern. Die ständige Sicherung der Oberflächenwasserabführung und der Pflegearbeiten ist notwendig. In neuerer Zeit werden häufiger Maschinen für die sogenannte Tiefenstabilisierung gefordert und auch Prototypen vorgestellt. Mit Hilfe der Bodenverbesserung mit Kalk an 30 bis 40 cm dicken Bodenschichten wird die Einschränkung von Frosthebungen und Tragfähigkeitsschwankungen in einem Maß für möglich gehalten, daß z. B. obere Tragschichten unmittelbar auf dem verbesserten Unterbau (Untergrund) eingebaut werden können. Diese Entwicklung wird besonders durch die Braunkohlentagebaue und den Hauptwirtschaftswegebau für die Großflächenlandwirtschaft gefördert. Hierfür werden Spezialmaschinen mit besonders großer Motorleistung benötigt, für welche ein gesichertes Baubedürfnis vorliegen muß. In Bild 2.74 sind die wesentlichen Teilprozesse und die Baumaschinen für die Technik des Baumischverfahrens zusammengestellt.

2.4.2.5. Wirtschaftliche Wertung

Die praktische Anwendung der Bodenverbesserungen und Bodenverfestigungen wird hauptsächlich vom Inhalt und Umfang der auszuführenden Bauleistungen beeinflußt. Bei großen Neubauleistungen können sich die technologischen und wirtschaftlichen Vorteile umfassend auswirken. Selbst bei der Erneuerung und gleichzeitigen Verbreiterung von Autobahnen und Bundesstraßen können sowohl Bodenverbesserungen mit Kalk, als auch Zementverfestigungen des oberen Teils der Frostschutzschicht die gesamte Bauausführung erleichtern und sich günstig auf die Preise der Vergleichsangebote auswirken.

Beim systematischen Bau von Umgehungsstraßen kann in bestimmten Regionen die wiederholte Anwendung für die bauausführenden Betriebe und die zuständige Straßenverwaltung Vorteile ausweisen. Die Bodenverbesserungen erlauben die rationellere Ausführung der Erd-

2.4. Tragschichten

arbeiten (bei gemischt- und feinkörnigen Böden) und sichern durch die höhere Tragfähigkeit und damit bessere Befahrbarkeit den wirtschaftlichen Antransport und Einbau der unteren Tragschichten. Wesentlich ist auch die Orientierung auf die in [45] geforderte Tragfähigkeit auf der Unterbau- (Untergrund-) Oberfläche.

Wegen der kostengünstigen Beschaffbarkeit (Material- und Transportkosten) werden für die untere Tragschicht häufig mehr oder weniger enggestufte Sande (SE) verwendet. Diese trotz Verdichtung sehr hohlraumreichen und verformbaren (geringe innere Reibung) Sandschichten können mit Hilfe einer Zementverfestigung zu einem sehr tragfähigen Element des Straßenoberbaus werden. Diese Transport- und Arbeitsebene verbessert die Bedingungen für die Herstellung der oberen Oberbauschichten erheblich.

Die Qualität der ausgeführten Bodenverbesserungen und Bodenverfestigungen ist mit dem einsetzbaren Maschinenkomplex entscheidend von der Qualifikation und Zuverlässigkeit der eingesetzten Arbeitskräfte abhängig. Die technischen und technologischen Entwicklungen sind vorrangig auf die Gleichmäßigkeit der Verbesserungen oder Verfestigungen (Tragfähigkeits- und Festigkeitskennwerte) gerichtet. Dazu gehört auch die Reduzierung der Abweichungen von den Sollhöhen im Quer- und Längsprofil.

2.4.3. Tragschichten aus ungebundenem Natur- oder Bruchgestein

Hier werden die Korngemenge aus ungebrochenem und gebrochenem Material behandelt, deren Tragwirkung nur auf der inneren Reibung bei möglichst dichter Lagerung beruht. Größtkorn, Kornform und Kornoberflächenbeschaffenheit werden neben der Kornzusammensetzung wirksam. Grundsätzlich anders wirkt die Packlage, die zwar historisch überholt ist, jedoch als weitverbreitete vorhandene Tragschicht erwähnt wird. Diese Art der ungebundenen Tragschichten muß besonders im flächenerschließenden Straßennetz noch längere Zeit ihre Funktion erfüllen.

2.4.3.1. Kiessandtragschichten

Die aus natürlichen Kiessand- und Sandvorkommen gewonnenen Tragschichtmaterialien können häufig nicht so verdichtet werden, daß die geforderten Tragfähigkeitswerte auf der Oberfläche der unteren Tragschicht von 120 N/mm^2 (Bauklassen SV, I bis IV) bzw. 100 N/mm^2 (Bauklassen V und VI) erreicht werden können. Das ist meist auf die geringen Ungleichkörnigkeitsgrade zurückzuführen. Trotz intensiver Verdichtung bleiben hohe Resthohlraumgehalte mit verhältnismäßig geringer innerer Reibung und größerer Verlagerungsempfindlichkeit. Werden diese aus wirtschaftlichen Gründen als Frostschutzschichten eingebaut, so ist deren obere Schicht oft im Baumischverfahren mit Zement zu verfestigen (s. Abschn. 2.4.1. und 2.4.2.)

Die Tragfähigkeit von Kiessandtragschichten beruht allein auf der inneren Reibung. Die Kornzusammensetzung ist in Verbindung mit der Lagerungsdichte die entscheidende Einflußgröße.

Bestimmung theoretischer Siebsummenlinien
• *Fullerkurve:*

$$p = \frac{d^{1/2}}{D^{1/2}} \cdot 100\% = K \cdot d^{1/2}; \qquad K = \frac{100}{D^{1/2}} = \text{Konstante}$$

p	Prozentsatz, der das Sieb mit der Maschenweite bzw. Quadratlochweite d passiert
d	Siebmaschenweite in mm
D	Siebmaschenweite, die das Größtkorn passiert in mm

Für die Ungleichkörnigkeit U und die Abstufung C lassen sich für die Fullerkurve konstante Werte mit der Grundformel berechnen.

$$d_{10} = 0{,}01D$$
$$d_{30} = 0{,}09D$$
$$d_{60} = 0{,}36D$$

$$U = \frac{d_{60}}{d_{10}} = 36$$

$$C = \frac{d_{30}^2}{d_{60} \times d_{10}} = \frac{0{,}09^2}{0{,}36 \times 0{,}01} = 2{.}25$$

Es ist erwiesen, daß C kein brauchbares Kriterium für die Kornzusammensetzung abgibt. Die mitunter angegebene Begrenzung $1 < C < 3$ ist für die Abschätzung der erreichbaren Lagerungsdichte nicht verwendbar. Zeigt die Siebsummenlinie im Bereich d_{30} einen leicht konvexen Verlauf, so wird $C < 1$, obwohl ein durchaus brauchbares Korngemenge vorliegt.

- *Modifizierte Fullerkurven*
  Mit Rücksicht auf die stärkere Einbeziehung von Sandkorn und günstigen Verdichtungsmöglichkeiten kann folgender Ansatz gewählt werden:

$$p = \frac{d^m}{D^m} 100\%; \qquad 0{,}35 < m < 0{,}5$$

Bei kleinem Größtkorn D kann es notwendig sein, das Kleinstkorn d_0 mit Rücksicht auf die Frostbeständigkeit zu begrenzen:

$$\frac{d^m - d_0^m}{D^m - d_0^m} 100\%$$

- *Aufbauwert nach Jahn*
  Eine einfache Gesetzmäßigkeit wurde empirisch gefunden:

$$\text{Für } d = \frac{D}{2^i} \quad \text{wird} \quad p_i = A^i \, 100\%; \qquad i:0(1)n$$

Der Aufbauwert A mit 0,7 bis 0,8 entspricht den praktischen Anforderungen. Die Kurven für $A = 0{,}7$ sind den Fullerkurven mit $m = 0{,}5$ ähnlich.

Sieblinienbereich zur Bestimmung der günstigsten Kornzusammensetzung von Kiessandtragschichten aus zwei Korngemengen

In Bild 2.75 sind die Bildungsgesetze an die zugehörigen Siebsummenlinien angeschrieben. Für die beiden Bereiche sind die Bereichsgrenzen als Rechtecke für die jeweilige Siebmaschenweite auf Schablonen (im Bild links) projiziert worden. Diese Schablonen werden zweckmäßig auf Transparentpapier o. ä. gezeichnet. Das praktische Vorgehen bei der Ermittlung einer günstigen Kornzusammensetzung aus zwei Ausgangskörnungen mit Hilfe der Schablonen ist in Bild 2.76 dargestellt. Es wird ein Quadrat mit 100% Seitenlängen gezeichnet. Rechts und links davon sind die Zusammensetzungen der Ausgangskörnungen angeführt, die auf den Ordinaten abgetragen werden. Die für gleiche Siebmaschenweite geltenden Durchgangswerte p werden gradlinig miteinander verbunden. Mit Hilfe der Schablonen wird eine Siebsummenlinie aus beiden Korngemengen gesucht, die möglichst innerhalb des Bereiches (hier Bereich I) oder mindestens dicht daran liegt. Im Beispiel des Bildes 2.76 ergeben

2.4. Tragschichten

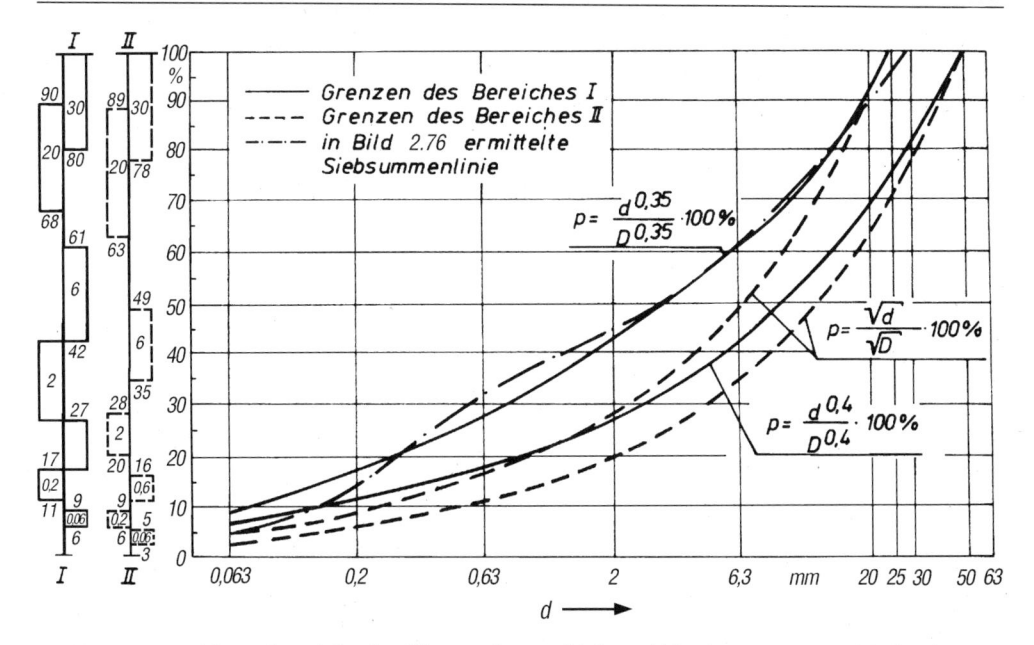

Bild 2.75 Sieblinienbereiche für Kiessandtragschichten (Abszissenwerte im Maßstab $C \cdot \lg d$ aufgetragen)

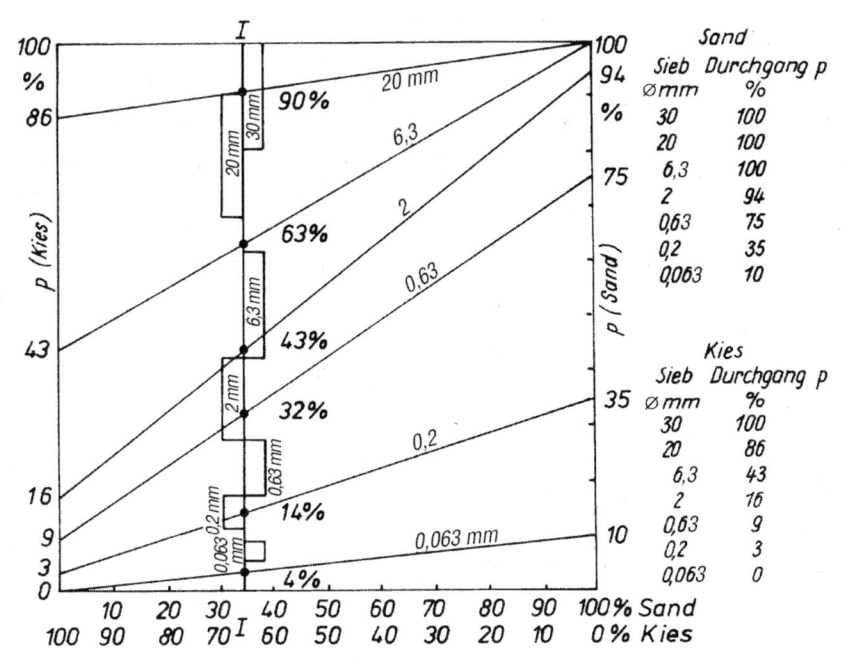

Bild 2.76 Graphische Darstellung der günstigen Zusammensetzung von zwei Ausgangskörnungen

35% Sand und 65% Kiessand (unter der Schablone abgelesene Abszissenwerte) eine Kiessandtragschicht, deren Siebsummenlinie in Bild 2.75 als strichpunktierte Linie in der Nähe der oberen Grenze (d. h. relativ hoher Sandanteil) des Bereichs I verläuft.

Verbesserung der Siebsummenlinie eines Naturkiessandes durch Zugabe bestimmter Kornklassen

Oft ist die Verwendbarkeit örtlicher Kiessandvorkommen für die Herstellung von ungebundenen Tragschichten oder – hier besonders sorgfältig – von Tragschichten, die mit hydraulischen oder bituminösen Bindemitteln gemischt und eingebaut werden sollen, zu prüfen. Am Beispiel eines Naturkieses, der für die Zementbetonherstellung mit einer Sortieranlage aufbereitet werden soll, werden die Anteile der zuzuführenden Fehlkörnungen ermittelt. Zunächst wird die Körnung ≥ 32 mm abgeschieden und das Gemenge in vier Kornklassen getrennt. Die Ist-Werte der Kornklassen werden mit den Sollwerten verglichen. In Tafel 2.20 werden die k-Werte berechnet. $k_{max} = 1,5$ bedeutet, daß $1/1,5 \cdot 100\% = 66,7\%$ des Hauptzuschlagstoffs aus dem Natursand gewonnen werden können. Die fehlenden Kornklassenanteile sind durch Splittlieferungen oder aus nachgebrochenem Überkorn zu decken. Die alleinige Verwendung ist wegen $k_{min} = 0,25$ (Anteil der Kornklasse 11/32 ist nur zu 25% im Naturkiessand vorhanden) auszuschließen.

Tafel 2.20 Berechnung der zusätzlich zu beschaffenden Kornklassenanteile

Kornklasse mm	Anteile		$k =$ Ist/Soll	Anteil der Kornklasse am angestrebten Gemenge M.-%	Erforderlicher Zusatz
	Ist M.-%	Soll M.-%			
11/32	8	32	0,25	8/1,5 = 5,3	26,7
5/11	17	13	1,31	17/1,5 = 11,3	1,7
2/5	30	25	1,20	30/1,5 = 20	5,0
0/2	45	30	1,50	45/1,5 = 30	0
				Σ 66.6	Σ 33,4

Wird eine Frostschutzschicht aus zwei natürlichen Vorkommen in der Nähe der Einbaustelle vorgesehen; z.B. ein vorwiegend sandiges Gemenge aus einem Tagebau und ein vorwiegend Kieskorn enthaltendes Gemenge aus Flußablagerung werden mit allradangetriebenen Kipp-Lkw antransportiert und auf dem Unterbau- (Untergrund-)Planum abwechselnd auf Schwad abgekippt. Mit Hilfe eines leistungsfähigen Straßenhobels erfolgt wiederholtes Umwälzen in Längsrichtung bis ein homogenes Kiessandgemenge vorhanden ist. Abschließend folgt die Verdichtung mit Vibrationswalzen und profilgerechter Abgleich der Frostschutzschicht (Bild 2.49).

In Tafel 2.21 sind die Verdichtungsanforderungen für Frostschutzschichten enthalten. Kiessandschichten als Frostschutzschichten werden gemäß den Anforderungen über frostempfindlichem Unterbau (Untergrund) mit den kostengünstig beschaffbaren Materialien hergestellt. Diesen Sachverhalt müssen auch die Mindesttragfähigkeitsanforderungen auf der Oberfläche der unteren Tragschichten als Frostschutzschichten berücksichtigen. Zur Erklärung der Zusammenhänge wird mit Bild 2.77 die Tragfähigkeit des Zweischichtsystems (gemessen auf der Oberfäche der Kiessandtragschicht) nachgewiesen. In Bild 2.78 wird die Tragfähigkeit auf unterschiedlich dicken Kiessandschichten in Abhängigkeit von der Verdichtung dargestellt.

2.4. Tragschichten

Tafel 2.21 Mindestanforderungen für den Verdichtungsgrad D_{Pr} von Baustoffgemischen in der Frostschutzschicht

Bereiche	Baustoffgemische	D_{Pr} in %	
		Bauklassen SV, I bis V	Bauklasse VI*
Oberfläche Frostschutzschicht bis 0,2 m Tiefe	GW, GI sowie Baustoffgemische aus Brechsand, Splitt und gegebenenfalls Schotter der Lieferkörnungen 0/5 bis 0/56	103	100
	GE, SE, SW, SI	100	
unterhalb 0,2 m Tiefe	alle Baustoffgemische	100	

* sowie bei Rad- und Gehwegen und sonstigen Verkehrsflächen

Die Verdichtungswirkung auf Kiessandschichten über dem Unterbau (Untergrund aus gemischt- und feinkörnigem Boden) in Bild 2.79 läßt erkennen, daß im Anfangsstadium, d. h. bei der Zwischenabnahme der unteren Tragschicht, ggf. geringere Werte vereinbart werden können. Die Wechselwirkungen zwischen E_{V2} des Unterbaus (Untergrunds), der Schichtdicke der unteren Tragschicht und der erreichten Verdichtung lassen die begrenzte Verdichtungsmöglichkeit erkennen. Wenn Kiessandtragschichten bis ρ_{Pr} oder darüber verdichtet werden, kann dafür mit einem E-Modul von 160 bis 250 N/mm² gerechnet werden.

Ergänzend wird für Kiessande mit $U > 7$ als untere Tragschichten in Bild 2.80 der Einfluß der Tragfähigkeit des Unterbaus (Untergrunds) und der Schichtdicke auf die Tragfähigkeit des Zweischichtsystems hervorgehoben. Über den Frostschutzschichten werden im Regelfall die weiteren Oberbauschichten aus gebundenen Baustoffgemischen eingebaut. Über grobkörnigem, meist aus verlagerungsempfindlichem enggestuftem Sand (SE) bestehendem Unterbau (Untergrund) kann die Anordnung von Kiestragschichten vorgesehen werden. Hier sind an die Kornzusammensetzung hohe Anforderungen zu stellen. Gegebenenfalls sind die Verbesserungen der Kornzusammensetzung durch Zusatz von gebrochenen Kornklassen vorzunehmen. Die praktischen Bedingungen beschränken die Wahl des Größtkorn in den meisten Fäl-

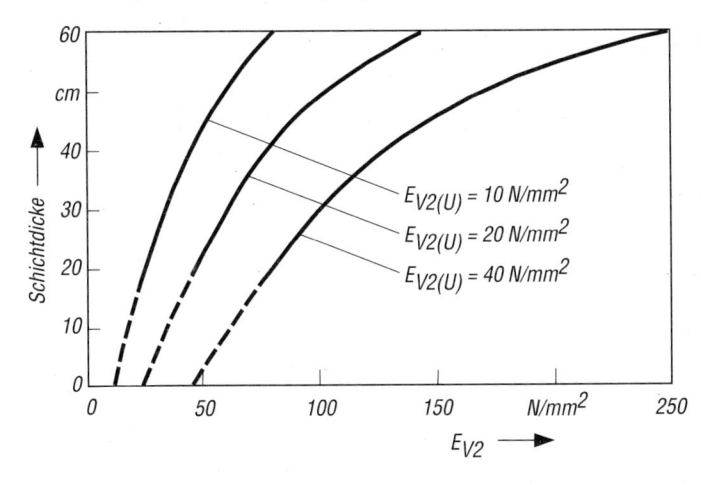

Bild 2.77 E_{V2} des Zweischichtsystems Unterbau (Untergrund) – untere Tragschicht aus Kiessand als Funktion der Tragfähigkeit des Unterbaus (Untergrunds) und der Schichtdicke

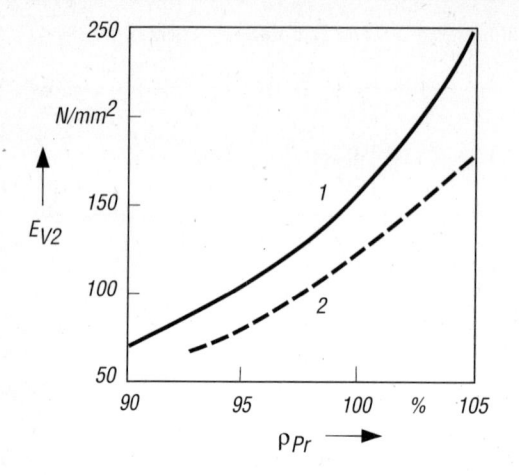

Bild 2.78 Tragfähigkeitswerte E_{V2} auf der Oberfläche von unteren Tragschichten
1 Kiessanddämme U > 7 bei 1,50 m Höhe;
2 Kiessand U > 7 als Frostschutzschicht von 30 cm Dicke über Unterbau (Untergrund) mit $E_{V2} \approx 45$ N/mm²

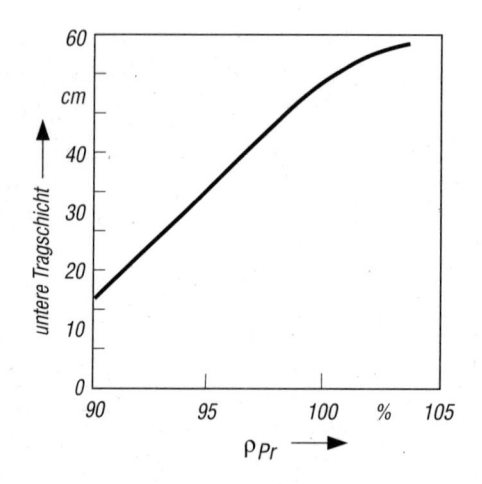

Bild 2.79 Tendenz der Verdichtbarkeit von Kiessandschichten in Abhängigkeit von der Schichtdicke bei Tragfähigkeitswerten des bindigen Unterbaus (Untergrunds) von 10 bis 30 N/mm²

len auf 32 mm. Im Einzelfall kann beim Rückgriff auf enggestufte Sande auch die Wahl eines kleineren Größtkorns vertreten werden. Mit Rücksicht auf die Frostbeständigkeit muß dabei der Anteil < 0,06 mm auf 8% begrenzt werden.

Aus $$p = \frac{d^{1/2} - d_0^{1/2}}{D^{1/2} - d_0^{1/2}} \cdot 100 = C_1 \cdot d^{1/2} + C_2$$

folgt $$d_0 = \frac{d^{1/2} - p/100\% \cdot D^{1/2}}{1 - p/100\%}$$

Mit $d_0 = 0,06$ mm und $p = 8\%$ wird für

$$D = 4 \text{ mm}; \quad d_0 \approx 0,01 \text{ mm und} \quad p = \frac{52,6\% \cdot d^{1/2}}{\text{mm}^{1/2}} - 5,3\%$$

$$D = 6 \text{ mm}; \quad d_0 \approx 0,005 \text{ mm und} \quad p = \frac{42,0\% \cdot d^{1/2}}{\text{mm}^{1/2}} - 3,0\%$$

2.4. Tragschichten 137

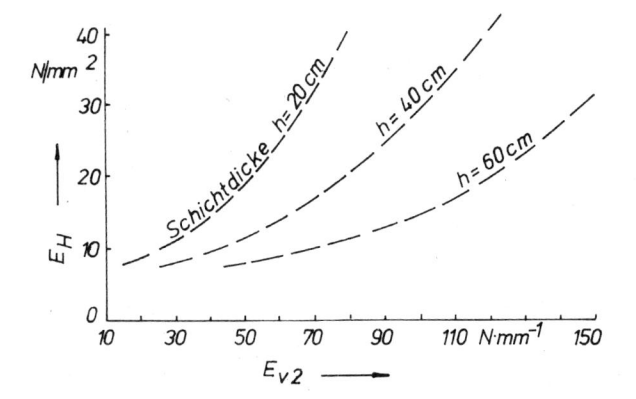

Bild 2.80 Tragfähigkeit E_{V2} auf der Oberfläche der unteren Tragschicht; $U > 7$ in Abhängigkeit von der Schichtdicke h und der Tragfähigkeit des Unterbaus (Untergrunds) $E_{V2}(U)$ (Mittellinien der gemessenen Werte)

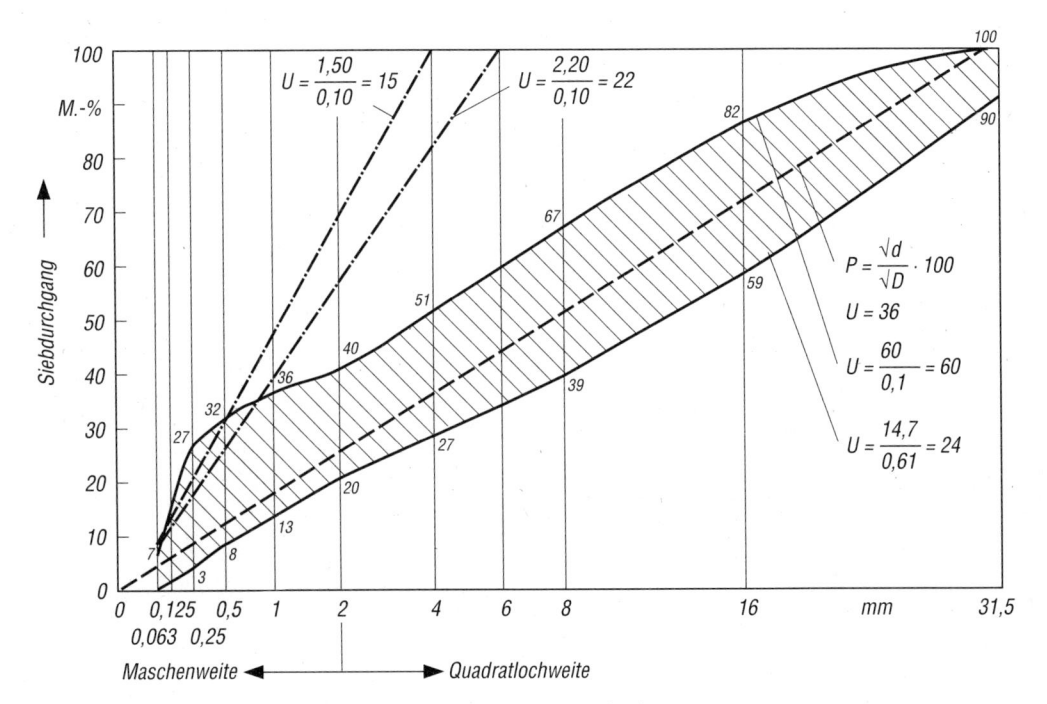

Bild 2.81 Kornzusammensetzung für Kiessandtragschichten
Sieblinienbereich nach [65] (Abszissenwerte im Maßstab $c \cdot d^{1/2}$ aufgetragen)

Diese theoretischen Überlegungen sind in Bild 2.81 aufgetragen. Sie sollen die Möglichkeit des Einsatzes von kieshaltigen Sanden für Tragschichten unterstreichen. Dazu wurden die praktisch möglichen Siebsummenlinien mit hohen Sandanteilen nach [82] ermittelt. Der nach [65] vorgeschriebene Sieblinienbereich ist hier für die Lieferkörnung 0/32 eingezeichnet. Bild 2.82 gibt denselben Sieblinienbereich wieder; hier ist jedoch die Abszisse in logarithmischem Maßstab unterteilt.

Es dürfen auch Siebsummenlinien mit Ausfallkörnungen zugelassen werden. Dabei ist zu sichern, daß der Anteil < 0.063 mm unter 8% bleibt.

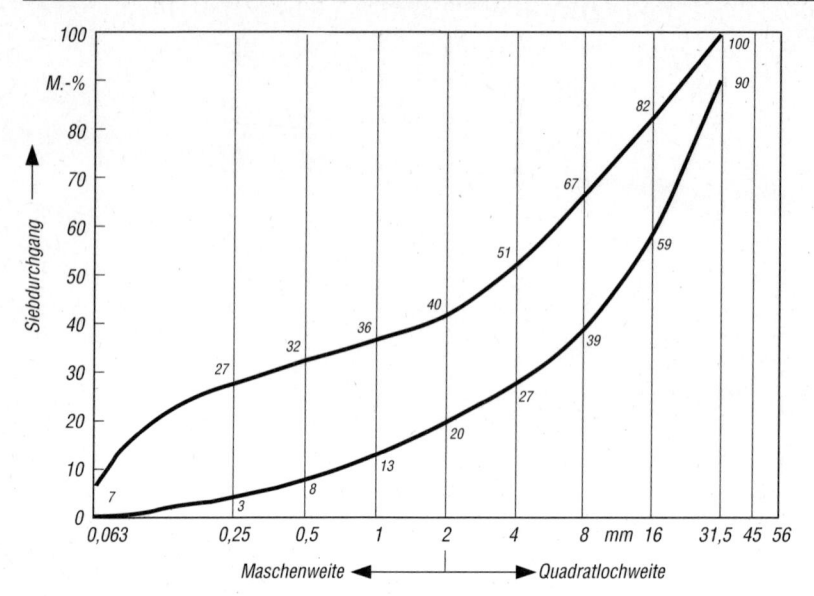

Bild 2.82 Sieblinienbereich für Kiestragschichten 0/32 aus [65]

2.4.3.2. Tragschichten aus Schotter-Splitt-Sand-Gemengen

Mit dem Ziel, ungebundene Tragschichten aus Korngemengen herzustellen, die nach der Verdichtung verhältnismäßig hohlraumarm und mit großer innerer Reibung eine hohe Tragfähigkeit erreichen, sind die in [65] vorgeschriebenen „Schottertragschichten" entstanden. Die Schotteranteile betragen beim Korngemenge 0/56 maximal 39% und beim Korngemenge 0/32 maximal 10%.

Diese Schotter-Splitt-Sand-Gemenge werden im Regelfall in den Steinbrüchen aus einzelnen Kornklassen gemischt und verladen. Beim Transport besteht bei den gröberen Gemengen die Gefahr der Entmischung (Bild 2.83). Mit Anfeuchten kann dem entgegengewirkt werden. Dieses gleichmäßig zusammengesetzte Tragschichtmaterial soll ohne Zwischenlagerung mit Hilfe eines Fertigers in gleicher Schichtdicke eingebaut und verdichtet werden. In Bild 2.83 ist nur der Sieblinienbereich 0/56 eingetragen. Ggf. sind die Sieblinienbereiche 0/32 und 0/45 aus [65] zu entnehmen.

Die Tafel 2.22 enthält die Anforderungen, die an den Verdichtungsgrad und den Verformungsmodul auf ungebundenen Tragschichten gestellt werden.

Folgende Angaben bilden die Grundlage für die Güteüberwachung:

      Korngrößenverteilung
      Proctordichte mit Wassergehalt
      Lieferwerk

Zu den Überwachungsprüfungen gehören:

      Korngrößenverteilung für ≤ 2500 t Baustoffgemenge
      Verdichtungsgrad im Abstand von 500 m; mindestens je 6000 m^2
      Verformungsmodul in Abstimmung mit dem Auftraggeber
      Profilgerechte Oberfläche und Ebenheit ± 2,0 cm, nach Erfordernis

2.4. Tragschichten

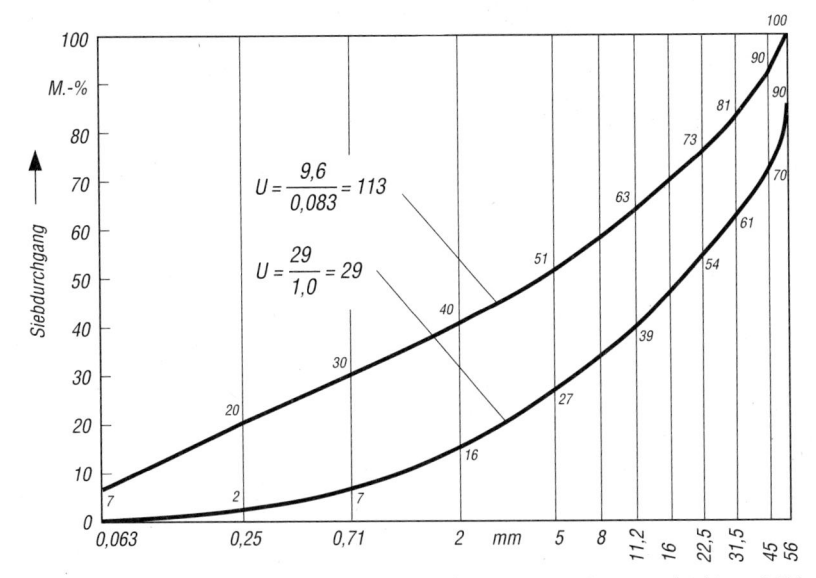

Bild 2.83 Sieblinienbereich für Schotter-Splitt-Sand-Tragschichten 0/56 (Schottertragschichten nach [65])

Tafel 2.22 Tragfähigkeitswerte E_{V2} in N/mm² für ungebundene Tragschichten [65]

Schichtdicke cm	Kiessandtragschichten		Schotter-Splitt-Sand-Gemenge-Tragsch.		$\dfrac{E_{V2}}{E_{V1}}$
	20	25	15	20	
E_{V2} bei Frostschutzsch. mit $E_{V2} > 120$ N/mm²	≥ 150	≥ 180	≥ 150	≥ 180	2,2
E_{V2} bei Frostschutzsch. mit $E_{V2} > 100$ N/mm²	≥ 120	≥ 150	≥ 120	≥ 150	2,5
Ohne Frostschutzschicht E_{V2} auf Unterbau (Untergrund) ≥ 45 N/mm²	Bauklassen SVI bis IV ≥ 150		Bauklassen V und VI ≥ 120		Geh- und Radwege ≥ 80

Für die Bestimmung der Proctordichte ist der Versuchszylinder von $d_1 = 150$ mm zu verwenden. Zu Vergleichszwecken wird die Trockenrohdichte mit Hilfe der modifizierten Wasserersatzmethode (Ballon-Verfahren) bestimmt. Ggf. sind bei ausreichender Erfahrung auch radiometrische Verfahren zur Bestimmung der Dichte und des Wassergehaltes zugelassen.

Der Verformungsmodul auf der Oberfläche der ungebundenen Tragschicht ist mit dem Plattendruckversuch (Lastplatten – Ø 300 mm) nachzuweisen.

Das Anfeuchten der Korngemenge soll primär die Entmischung vermeiden helfen. Die Verdichtungsanforderungen können mit entsprechend höherer Verdichtungsarbeit erfüllt werden (Bild 2.8).

Die Herstellung derartig aufwendiger, ungebundener Tragschichten werden Ausnahmen bleiben. Aus technischen und wirtschaftlichen Gründen wird in den meisten Fällen die Verwendung als Zuschlagstoffgemenge für bituminös- oder zementgebundene Schichten zweckmäßiger sein.

2.4.3.3. Schottertragschichten

Die eigentlichen Schottertragschichten haben durch leistungsfähige Baumaschinen eine beachtliche Weiterentwicklung erfahren. Ihre Anwendung hat sich besonders bei zwischenzeitlichen Ausbaumaßnahmen an Landesstraßen als Tragschichtverbreiterung bewährt. Es ist zu sichern, daß das gut verdichtete Schottergerüst durch weitgehende Ausfüllung der Hohlräume in einer stabilen Lage gehalten wird. Weil der Einsatz von Vibrationsanhängewalzen die gleichmäßig hohe Verdichtung dickerer Schotterschichten in einer Lage ermöglicht, hat sich mit der Herstellungstechnik der Begriff Rüttelschotter gebildet. Derartige Rüttelschotterschichten können die Anforderungen der Bauklassen II bis VI, unter Berücksichtigung der vorliegenden Erfahrungen, erfüllen.

Anforderungen

Die in DIN 18315 zugelassenen Abweichungen erlauben weiterhin die Verwendung der Schotterkörnung 32/63 und auch der Überlaufkörnungen der Kornklassen 63/80 oder 63/100. In Abhängigkeit von der Rohdichte ρ_s des Gesteins (Quarzporphyr, Grauwacke, Diabas u. ä.) und der erzielbaren Verdichtung wird je cm Schichtdicke eine Schottermasse von 17 bis 19 kg/m² benötigt. Bei der Auswahl des zum Ausfüllen der Zwischenräume benötigten Füllmaterials (etwa 25% der Schottermasse) sind zwei wichtige Forderungen zu erfüllen:

- Die Kornzusammensetzung des Füllmaterials ist so festzulegen, daß es mit Sicherheit in die Zwischenräume der gesamten Schotterschicht eingerüttelt (ausnahmsweise auch eingeschlämmt) werden kann. Hierbei ist die Umkehrung der Filterregel von Terzaghi nach Bild 2.84 zu verwenden:

$$4 \cdot d_{85} \text{ Füllmaterial} < d_{15} \text{ Schotter}$$

Zu den eingezeichneten Beispielen gehören folgende Rechnungen:
$$4 \cdot 7{,}5 \text{ mm} = 30 \text{ mm} < 34 \text{ mm (Beispiel 1)}$$
$$4 \cdot 14 \text{ mm} = 56 \text{ mm} < 58 \text{ mm (Beispiel 2)}$$

Im zweiten Fall ist es für die sichere Ausfüllung des Überlaufschotters zweckmäßiger ein Sand-Splitt-Gemenge 0/11 statt 0/16 zu verwenden.

- Das Füllmaterial soll keine Körnungsanteile < 0,06 mm enthalten, damit das Einrütteln auch bei regnerischem Wetter nicht beeinträchtigt wird. Die Verwendung von Brechsanden hat sich nicht bewährt, weil die feinen Körnungen bei Niederschlägen verkleben und die ordnungsgemäße Ausführung der Rüttelschottertragschicht verhindern. Werden Natursand-Splitt-Gemenge oder Naturkiessande mit begrenztem Größtkorn verwendet, läßt sich diese Unzulänglichkeit vermeiden.

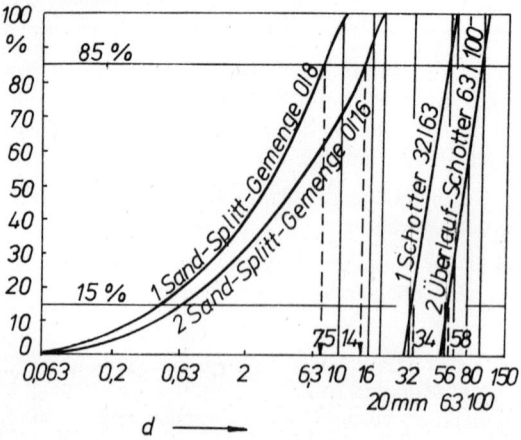

Bild 2.84 Überprüfung der Kornzusammensetzung des Füllmaterials in Abhängigkeit von der Kornzusammensetzung des Schotters

2.4. Tragschichten

In Tafel 2.23 sind die für Schottertragschichten benötigten Baustoffmengen angegeben. Der Hohlraumgehalt des gut verdichteten Schottergerüstes vor dem Einrütteln des Füllmaterials liegt zwischen 30 und 35 Vol.% und auch nach dem Einrütteln verbleibt ein bedeutender Resthohlraumgehalt zwischen 12 und 20%.

Tafel 2.23 Materialbedarf für verschieden dicke Rüttelschottertragschichten aus unterschiedlichem Gestein (Rohdichte) mit abgeschätztem Hohlraumgehalt

Schicht-dicke cm	Schotter in kg/m²		Füllmaterial in kg/m²		Gesamtmasse in kg/m²		Resthohlraum Vol.-%	
	$\rho_s = 2{,}65$ g/cm³	$\rho_s = 2{,}85$ g/cm³	$\rho_s = 2{,}65$ g/cm³	$\rho_s = 2{,}85$ g/cm³	$\rho_s = 2{,}6$ g/cm³	$\rho_s = 2{,}85$ g/cm³	$\rho_s = 2{,}65$ g/cm³	$\rho_s = 2{,}85$ g/cm³
15	255	285	64	71	319	356		
20	340	380	85	95	425	475	≈ 20 %	≈ 17 %
25	425	475	106	119	531	594		

Beständige Tragwirkung von Schottertragschichten setzt die weitgehende Ausfüllung mit Füllmaterial voraus. Mit diesem wichtigen Qualitätsmerkmal wird gesichert, daß unter dynamischer Beanspruchung der für Schottertragschichten bestimmbare E-Modul von 300 bis 600 N/mm² nicht durch Auflockern des Schotterverbandes und Abreiben des Schotters in der oberen Tragschichtzone absinkt [83].

Schichtdicken
Nach [34] kommen in Abhängigkeit von der Bauklasse und der Art der oberen Befestigungsschichten Schichtdicken von 15, 20 und 25 cm zur Ausführung. Die Forderungen nach Begrenzung des Größtkorns in [65] müssen hier nicht erfüllt werden. Erfahrungen bestätigen, daß die Begrenzung der maximalen Schotterabmessung auf die halbe Schichtdicke ($< h/2$) ausreicht, um mit Vibrationswalzen eine weitgehend gleichmäßig dichte Lagerung zu erreichen.

Herstellung
Auf dem in Längs- und Querrichtung auf Soll-Höhen abgeglichenen Unterbau (Untergrund) bzw. unterem Tragschichtplanum (± 2 cm auf 4 m) wird der Schotter mit Kipp-Lkw antransportiert und auf Schwad abgekippt. Danach wird er mit einem Straßenhobel gleichmäßig verteilt. Die lockere Schichthöhe muß die nachfolgende Verdichtung berücksichtigen. Eine mittelschwere Vibrationswalze, von einer Zugraupe mit kleiner Arbeitsgeschwindigkeit (0,3 bis 0,7 m/s) gezogen, verdichtet die Schicht in mehreren Übergängen gleichmäßig. Es werden i. M. 6 Übergänge erforderlich. Anschließend wird das Füllmaterial, je nach Dicke der Tragschicht, in 3 oder 4 Teilmengen aufgestreut und jeweils mit mindestens zwei Walzübergängen eingerüttelt. Das Aufstreuen in kleinen Teilmengen von < 20 kg/m² ist zur Vermeidung der „Brückenbildung" und damit zur Sicherung der weitgehenden Ausfüllung des Schottergerüstes strikt durchzusetzen. Zur gleichmäßigen Verteilung des Füllmaterials und entsprechend gleichmäßiger Ausfüllung des Schottergerüstes ist die Verwendung von Anbausplittverteilern zu empfehlen.

Ausführungsüberlegungen am Beispiel:
Es ist eine 20 cm dicke Rüttelschottertragschicht herzustellen, als Teilleistung für einen Straßenneubau ($d2$, RQ 10), der auf Grund des Strukturwandels in einem Landkreis zur besseren Verkehrserschließung auszuführen ist. Die Fahrbahnbreite beträgt 6,50 m, die Befesti-

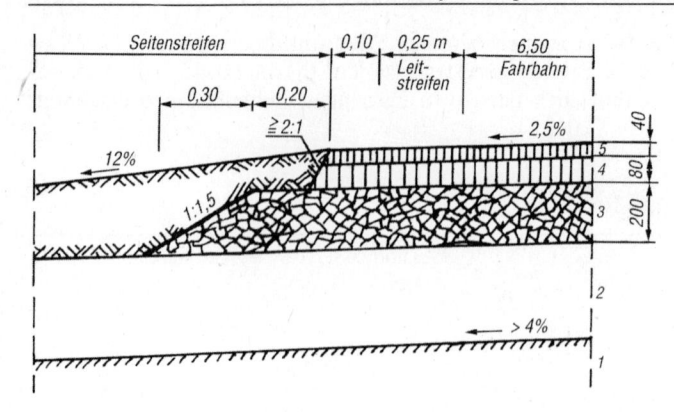

Bild 2.85 Randausbildung einer Straßenkonstruktion nach [65] für eine Landesstraße (Bauklasse IV; 3.2) mit Rüttelschottertragschicht
1 Unterbau (Untergrund); *2* Frostschutzschicht; *3* Rüttelschotter-Tragschicht; *4* Aspaltbinderschicht; *5* Asphaltbeton

gungsbreite 7,00 m (Bild 2.85). Die Schottertragschicht wird für Bauklasse IV (3.2) gemäß [34] mit 12 cm dicken bituminösen Schichten überbaut. Auf Randeinfassung wird verzichtet. Nach Bild 2.85 ist eine i. M. 7,90 m breite Tragschicht herzustellen.

Bei der Fertigung von ungebundenen Tragschichten wird meist die Verdichtungsmaschine als leistungsbestimmend betrachtet. Für eine Schichtleistung von etwa 150 m Länge genügt eine Vibrationsanhängewalze mit 4 t Eigenmasse, die von einer Zugraupe mit einer Arbeitsgeschwindigkeit von 30 m/min = 1,8 km/h in 5 Bahnen (Walzenbreite 1,50 m) über die Schotterschicht gezogen wird.

Schotterverdichtung:	$5 \cdot 6$ Übergänge	= 30 Übergänge
Füllmaterial einrütteln:	$4 \cdot 5 \cdot 2$ Übergänge	= 40 Übergänge
70 Übergänge erfordern bei 150 m Abschnittslänge:		350 min
70 Wendemanöver erfordern bei i. M. 2 min:		140 min

Bei dieser Schichtleistung wird die Leistungsfähigkeit der Verdichtungsmaschine voll ausgenutzt. Auf diese Leistung sind die Arbeitskräfte, die übrige Ausrüstung mit Maschinen und die Organisation des Materialzulaufs abzustimmen.

Materialbedarf und Materialzufuhr
Es wird Quarzporphyrschotter 63/80 mit $\rho_s = 2{,}65$ g/cm³ verwendet; das Sand-Splittgemenge hat dieselbe Dichte. Nach Bild 2.85 werden je Schicht benötigt:

150 m · 7,90 m · 0,340 t/m² = 403 t Schotter 63/80
150 m · 7,90 m · 0,085 t/m² = 101 t Sand-Splitt-Gemenge 0/11

Vereinfachend wird angenommen, daß der Antransport von einem Steinbruch über 10 km mittlere Entfernung mit leichten Lastzügen (Nutzladung des Lkw 5 t und des Anhängers 5 t) möglich ist. Die Beladung erfolgt mechanisch aus Schottersilos. Das Sand-Splitt-Gemenge 0/11, das etwa die Hälfte der Hohlräume ausfüllen soll, ist mit Einzel-Lkw mit angebautem Splittverteiler anzutransportieren.

Mit diesem Füllmaterial 0/11 ist die weitgehende Hohlraumausfüllung nur in lufttrocknem Zustand möglich. Bei höherem Feuchtigkeitsgehalt verhindert die Kohäsion der Feinanteile das ordnungsgemäße Ausfüllen des verdichteten Schottergerüstes. Bei günstigen Entwässe-

2.4. Tragschichten

rungsbedingungen über eine untere Tragschicht kann das Einschlämmen mit Hilfe von Wassersprengwagen nützlich sein. Der Witterungs- und Feuchtigkeitsabhängigkeit kann begegnet werden, wenn die Korngrößen < 0,06 mm (besser < 0,2 mm) ausgeschlossen werden können.

Umlaufzeit für die Lastzüge:

Beladen und Rücken		5 min
Lastfahrt Straße 8 km mit	$v = 30$ km/h	
und Baustelle i. M. 2 km mit	$v = 15$ km/h	24 min
Rückfahrt Straße 8 km mit	$v = 40$ km/h	
und Baustelle i. M. 2 km mit	$v = 15$ km/h	20 min
Entladen und Wenden		5 min
		54 min

Benötigt werden für den Antransport des Schotters 4 Lastzüge sowie zum Antransport und Verteilen des Füllmaterials 2 Lkw.

Bei enggestuftem Sand (SE) als Unterbau oder untere Tragschicht ist es im Interesse der Qualität und der Effektivität zweckmäßig, einen Teil des Schotters im Vorkopfeinbau in den Sand einzurütteln, um einen technologischen Transportweg (Schotterstabilisierung) herzustellen. Dazu werden etwa 150 kg/m^2 verwendet und 15 Walzgänge (3 Übergänge) notwendig. Dabei steigt der Sand in der etwa 9 cm dicken Schotterschicht bis an die Oberfläche auf. Dieses Aufsteigen ist mit 2,5 cm zusätzlicher Höhe beim Unterbau- (Untergrund-) Planum bzw. unterem Tragschichtplanum zu berücksichtigen. Die Füllmaterialmenge kann dann um 40% gekürzt werden: Es genügen 60 t, die in 3 Teilmengen (etwa 17 kg/m^2) in die obere Schotterlage (190 kg/m^2) von oben her eingerüttelt werden. In diesen Fällen wird die Verwendung der Schotterkörnung 32/63 für das Stützgerüst empfohlen.

Arbeitskräfte, Baumaschinen, Arbeitsgänge

In Tafel 2.24 sind Arbeitskräfte, Baumaschinen und Arbeitsgänge für den Teilprozeß „Rüttelschottertragschicht" 20 cm zusammengestellt. Je Schicht können damit 150 m Tragschicht bei 7,90 m Breite hergestellt werden. Es ist zu beachten, daß verschiedene Arbeitsgänge wiederholt von den gleichen Arbeitskräften mit denselben Baumaschinen auszuführen sind (Angaben in Klammern). Einzelentscheidungen sind besonders für den Kraftfahrzeugeinsatz mit und ohne Anhänger oder für den Transport und die Verteilung des Füllmaterials zu treffen. Der Baufortschritt und die Änderung der Transportentfernung sind dafür maßgebend. Wichtig ist die Möglichkeit, kurzfristig über eine einsatzfähige Reservewalze mit Zugraupe zu verfügen, damit bei zufälligem Ausfall der Verdichtungsmaschine kein längerer Stillstand für die Arbeitskräfte und die übrige Ausrüstung auf der Baustelle eintritt.

Mit den Arbeitskräften aus Tafel 2.24 läßt sich die Arbeitsproduktivität ermitteln:

$$\frac{150 \text{ m} \cdot 7,90}{12 \cdot 8,0 \text{ h}} = 12,34 \text{ m}^2/\text{h} \quad \text{oder} \quad 0,081 \text{ h}/\text{m}^2$$

Zu beachten ist, daß der Arbeitszeitaufwand für die Gewinnung und Aufbereitung der Baustoffe sowie für evtl. notwendige Vorlauftransporte nicht enthalten ist.

Hauptbaustoffe aus örtlichen Vorkommen

In den Betrieben der Grundstoffindustrie fallen Hochofen- und Metallhüttenschlacken an. Wenn erreicht werden kann, daß diese Schlacken durch allmähliche Abkühlung hohe Festigkeitswerte erreichen, ist der nach entsprechenden Brech- und Sortierprozessen anfallende Schotter- und Überlaufschotter hervorragend für Schottertragschichten geeignet [84, 85, 86]. Die direkte Anlieferung in der näheren Umgebung führt zu geringem Transportaufwand.

Tafel 2.24 Genereller Fertigungsablauf für Rüttelschottertragschicht auf unterer Tragschicht aus Sand (12 Arbeitskräfte)

Arbeitsgang	Arbeitskräfte		Arbeitsmittel	
	Anz.	Tätigkeit	Anz.	Maschine
1. Nachverdichten und Feinplanieren der unteren Tragschicht	1 1	Maschinist Maschinist	1 1	Zugraupe mit Vibrations-Anhängewalze Straßenhobel
2. Antransportieren des Schotters für die Schotterstabilisierung u. Vorkopf-Abkippen	1 1 6	Laderfahrer Einweiser Kraftfahrer	1 6	Mobilgreifbagger Lkw-Kipper 5 t
3. Verteilen des Schotters für die Schotterstabilisierung	(1)	Maschinist	(1)	Straßenhobel
4. Einrütteln der ersten Schotterschicht	(1)	Maschinist	(1)	Zugraupe mit Vibr.-Anhängewalze
5. Antransportieren des Schotters für die 2. Schotterschicht	(6)	Kraftfahrer	(6) 4	Lkw-Kipper 5 t Kipp-Anhänger 5 t
6. Verteilen	(1)	Maschinist	(1)	Straßenhobel
7. Einrütteln der 2. Schotterschicht	(1)	Maschinist	(1)	Zugraupe mit Vibr.-Anhängewalze
8. 10. 12. Verteilen von etwa 18 kg/m^2 Füllmaterial (Sand-Splitt-Gemenge)	(3)	Kraftfahrer	(3) 3	Lkw-Kipper 5 t Anbausplittverteiler
9. 11. 13. Einrütteln des Füllmaterials	(1)	Maschinist	(1)	Zugraupe mit Vibr.-Anhängewalze
14. Kontrolle der Höhen und der Profile mit Korrekturanweisungen	1 1	Vorarbeiter (Polier) Facharbeiter		Nivelliergerät, Visiertafeln, Profillatte

In den Kiessandgewinnungsstätten fallen Körnungen > 32 mm an, die als Zuschlagstoffe im Regelfall nicht verwendet werden. Für Straßen der Bauklassen V und VI lassen sich aus den Geröllen 63/80 und 32/63 im Verhältnis 2 : 1 gemischt und wie Schottertragschichten eingebaut, Steingerüste herstellen, die mit Kiessand ausgefüllt als obere Tragschicht geeignet sind.

Viele verbrauchte Straßen werden umfassend erneuert. Dabei fallen erhebliche Mengen an wiederverwendungsfähigem, ungebundenem Material (Schotter, Packlage, Kopfsteinpflaster, Polygonalpflaster u. ä.) an. Nach entsprechender Aufbereitung sind diese Stoffe als gebrochenes und klassiertes Material in erster Linie für neue ungebundene Tragschichten geeignet.

In allen Anwendungsfällen sind die unter 2.4.3.2. angeführten Eignungs- und Güteüberwachungsprüfungen, ggf. modifiziert, durchzuführen. Die Rüttelschottertragschichten sind für das flächenerschließende Straßennetz auch von kleineren Baubetrieben wirtschaftlich ausführbar. Entscheidendes Kriterium im Vergleich mit den Tragschichten aus Schotter-Splitt-Sand-Gemengen (2.4.3.2.) bleiben die gleichmäßig hohen Tragfähigkeitswerte.

Besonderheiten
Der Anwendung von Rüttelschottertragschichten sind in der Nähe von Hochbauten Grenzen gesetzt. Hier sind dann Flächenrüttler mit kleinerer Masse oder statische Walzen zur Verdichtung einzusetzen, damit Schäden an den Hochbauten vermieden werden.

2.4.3.4. Packlage

Die Packlage ist eine technisch und wirtschaftlich überholte Tragschicht, mit der der Straßenbauer bei Aufbrucharbeiten, bzw. der Wieder- und Weiterverwendung vorhandenen Straßenbaumaterials zu rechnen hat. Die meisten Straßen die vor 1950 gebaut wurden, weisen als Tragschicht die Packlage auf. Diese Konstruktionsschicht geht auf den französischen Straßenbauingenieur *Tresaguet* (1716 bis 1796) zurück, der die Packlage 1764 einführte.

Die meisten Straßen, die im 19. Jahrhundert und in der ersten Hälfte des 20. Jahrhunderts in Europa gebaut wurden, sind aus zwei wesentlichen Gründen mit Packlage-Tragschichten hergestellt worden:

- Die Packlage ermöglichte die Verwendung verhältnismäßig großer Steinstücke, die durch die manuelle Zerkleinerung größerer Sammelsteine bzw. vorgesprengten Felsgesteins gewonnen wurden. Dabei wurde allgemein, besonders bei untergeordneten Straßen, auf geringe Transportentfernungen geachtet.
- Die Zerkleinerung zu Schotter (etwa 30/60 mm) mußte bis in die 30er Jahre noch häufig von Hand erfolgen. Deshalb wurden damit nur die Deckschichten nach der von Mac Adam (1756 bis 1838) 1823 in England eingeführten „modernen Straßenbauweise" hergestellt.

Die Packlagesteine wurden nach Bild 2.86 so versetzt, daß die Längsseiten senkrecht zur Straßenachse verlaufen, um eine Kipp- und Lockerungswirkung durch Radkräfte zu vermeiden.

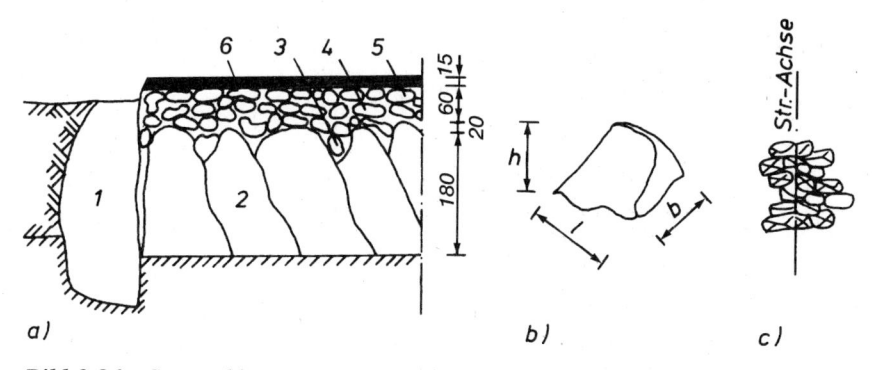

Bild 2.86 *Setzpacklage*
a) Regelausführung von Landstraßen bis etwa 1930: 1 Tiefbordstein; 2 Packlage; 3 Zwicke; 4 Schotterausgleich; 5 Schotterdeckschicht; 6 Doppelte Oberflächenbehandlung
b) Packlagestein: h Höhe; b Fußbreite; l Fußlänge; c) Setzprinzip

Bewertung der Packlageschichten
Nachteile:

- Schwankungen der Unterbau-Tragfähigkeit lassen das Eindrücken einzelner Packlagesteine zu, und wegen der unzureichenden Kraftverteilung bewirken größere Radkräfte Verdrückungen und Verformungen, die sich als Unebenheit an der Fahrbahnoberfläche abbilden. Diese Erscheinung ist besonders an Straßen mit gemischt- oder feinkörnigem Unterbau (Untergrund) ohne untere Tragschicht (Frostschutzschicht) zu beobachten.
- Der hohe Arbeitszeitaufwand für Materialaufbereitung, Transport und Einbau machte die Herstellung der Packlage unwirtschaftlich.

Vorteile:
- Die vorhandenen Packlageschichten können bei Aus- und Umbauarbeiten in die neue Konstruktion einbezogen werden. Hierzu ist die Frostbeständigkeit zu prüfen.
- Wenn die alte Packlageschicht aufgenommen werden muß, kann dieses Material mit mobilen Brechanlagen in Baustellennähe zerkleinert und klassiert werden. In der neuen Befestigung kann u. a. daraus eine Tragschicht als Schotter-Splitt-Sand-Gemenge oder auch eine Schottertragschicht hergestellt werden.

Vergleich von Schotter- bzw. Rüttelschotter- und Packlage-Tragschichten
Die industrielle Entwicklung der Natursteinindustrie und die zunehmenden Radkräfte haben dazu geführt, daß die Packlage von der Schotter- bzw. Rüttelschottertragschicht verdrängt wurde:

- Infolge der Verspannung (innere Reibung) des Schottergerüstes übertrifft die kraftverteilende Wirkung der Schotter-Splitt-Sand-Tragschicht und der Rüttelschottertragschicht diejenige der Packlage. Die Schottertragschichten können über die Schichtdicke den verschiedenen Bauklassen besser angepaßt werden [34]. Damit sind die Schottertragschichten der Packlage technisch überlegen.
- Vernachlässigt man die Aufwendungen für die Materialaufbereitung, so steigt die Arbeitsproduktivität etwa von 2,27 m^2/h bei Packlage auf 12,34 m^2/h bei Rüttelschotter.
- Bei fast gleicher Materialeinsatzmenge und gleichartigem Grundmaterial ist mit dem Schritt zur technisch besseren Lösung der Schottertragschicht beim Einbau eine Steigerung der Arbeitsproduktivität auf $\approx$ 540% erreicht worden. Gleichzeitig konnten damit wesentliche Verbesserungen der Arbeitsbedingungen für die Arbeitskräfte erreicht werden.

Diese Entwicklungsetappe kann als herausragendes Beispiel der Straßenbautechnik bezeichnet werden. Die Rüttelschottertragschicht behält für das flächenerschließende Straßennetz weiterhin Bedeutung. Den Anforderungen an hochbeanspruchte Straßen kann sie technisch und wirtschaftlich im Regelfall nicht mehr gerecht werden.

2.4.4. Tragschichten mit bituminösen Bindemitteln [65]

2.4.4.1. Bituminöse Makadam-Tragschichten

Hier handelt es sich um Befestigungsschichten, die inzwischen technisch und wirtschaftlich überholt sind. Sie sind in die Vorschriften nicht mehr aufgenommen worden. Weil diese bituminösen Makadam-Schichten bei flächenerschließenden Landes- und Kreisstraßen noch oft vorhanden sind, werden sie hier knapp erwähnt. Außerdem kann an ihnen auch die historische Entwicklung des bituminösen Straßenbaus erkannt werden.

2.4. Tragschichten

Tränkmakadam-Schichten

Das verdichtete Schottergerüst (etwa 40/60 mm) von 80 mm Dicke wurde mit etwa 20 kg/m² Keilsplitt (11/22) festgelegt. Anschließend erfolgte mit 4 bis 5 kg/m² Verschnittbitumen das Tränken (verkleben). Weitere 20 bis 25 kg/m² Splitt 11/22 wurden dann mit Glattradwalzen eingedrückt bis die Schottersteine durchtraten.

Streumakadam-Schichten

Mit dem Einsatz von Mischanlagen zur gleichmäßigen Umhüllung von Splitt bestand die Möglichkeit mit bituminösem Bindemittel umhüllten Splitt (50 kg/m² Mischsplitt 8/22) in ein (besser zwei) Lagen gleichmäßig aufzustreuen und mit statischen Walzen in den Schotter einzudrücken. Zur Erklärung dieser noch oft anzutreffenden Befestigungsschicht dient Bild 2.87.

Mischmakadam-Schichten

Hier war man bemüht Schotter und Splitt in den Mischanlagen mit bituminösem Bindemittel gleichmäßig zu umhüllen. Dabei traten erhebliche Schwierigkeiten bei der Verwendung von Korngrößen > 35 mm auf. Diese Schwierigkeiten entstanden durch Überbeanspruchung der Mischmaschinen.

Diese bituminösen Makadamschichten sind im Regelfall mit dünnen Schutzschichten als doppelte Oberflächenbehandlungen oder Mischsplittbeläge überzogen worden. Bei guter Arbeitsausführung und systematischen, einfachen Instandhaltungsarbeiten haben diese Befestigungen im Nebenstraßennetz die theoretisch angesetzten Nutzungszeiten mit vertretbarem Gebrauchszustand erheblich überschritten. Es ist abzusehen, daß sie an vielen Straßen noch längere Zeit den Verkehrsanforderungen gerecht werden müssen.

2.4.4.2. Asphalttragschichten [65]

Die zunehmende Beanspruchung der Bundesstraßen und wichtiger Landesstraßen durch schwere Nutzkraftwagen hat die Verwendung dickerer bituminös gebundener Tragschichten gefördert. Drei äußere Bedingungen sind für die schnelle Verbreitung der Asphalttragschichten (heißgemischte bituminöse Tragschichten) bestimmend:

- Bereitstellung ausreichender Mengen von Straßenbaubitumen zu vertretbaren Preisen
- Möglichkeiten der Verwendung kostengünstig beschaffbarer Hauptzuschlagstoffe (örtliche Kiessandvorkommen o. ä.)
- Verfügbarkeit leistungsfähiger Mischanlagen mit funktionstüchtigen Erwärmungs- und Dosieranlagen für Zuschlagstoffe und Bindmittel.

Die Asphalttragschichten sind besonders anpassungsfähig und deshalb auch gut zur Verstärkung vorhandener Straßenkonstruktionen geeignet. Ihre Befahrbarkeit, bereits kurz nach der Herstellung, hat sich bei umfassenden Erneuerungsaufgaben, bei denen die weitgehende Aufrechterhaltung von Verkehrsmöglichkeiten erforderlich ist, als technisch und wirtschaftlich vorteilhaft bewährt.

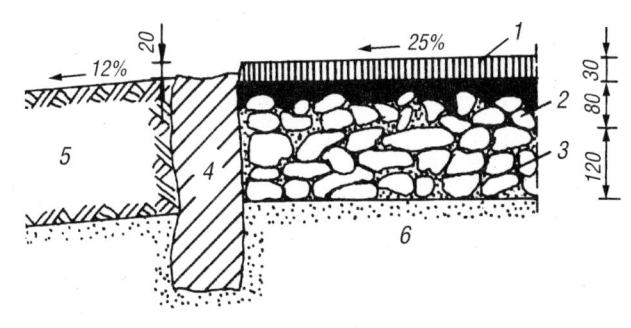

Bild 2.87 Randbereich einer Straßenkonstruktion mit Streumakadam-Tragschicht; etwa für Bauklasse V
1 Mischsplittdeckschicht;
2 Streumakadam-Tragschicht;
3 Schottertragschicht;
4 Tiefbordstein; 5 Oberboden;
6 untere Tragschicht (Sand)

Anforderungen und Wirkungsweise

Bei den Asphalttragschichten ist es möglich, die Wirkungen der inneren Reibung des Zuschlagstoffgerüstes und der Kohäsion des Bindemittels, beeinflußbar durch die Bindemittelsorte und den Füllergehalt, zu kombinieren. Damit wird eine gute Verteilung der Verkehrskräfte gesichert und eine Verringerung der Schichtdicken gegenüber nichtgebundenen Tragschichten möglich [34].

Vorteilhaft ist die Anpassungsmöglichkeit an die unterschiedlichen Verkehrsbeanspruchungen (Bauklassen). Die kraftverteilende Wirkung wird von folgenden Faktoren beeinflußt:

- Kornzusammensetzung, Kornform, Kornoberfächenbeschaffenheit
- Bindemittelsorte
- Bindemittelmenge
- Füllerart, Füllermenge
- Verdichtung

Besonders empfindlich wirken sich Temperaturänderungen an Asphalttragschichten auf deren Widerstand gegen Verformungen aus. Das entspricht dem grundsätzlichen thermoplastischen bzw. viskoelastischen Verhalten bituminöser Gemische. Es ist deshalb zwingend, die Tragfähigkeitskennwerte und andere Gütemerkmale bei bestimmten Temperaturen zu prüfen und zu vergleichen.

Baustoffe und Gemischzusammensetzungen

- Als Zuschlagstoffe kommen Naturkiessande, Natursande, Brechsande und Splitte (gebrochene Natursteine, gebrochene Hochofen- und Hüttenschlacken, Leichtzuschlagstoffe u.a.). zur Anwendung. Das Größtkorn ist auf 32 mm begrenzt.
- Füller (< 0,09 mm), generell Gesteinsmehle 0 bis 0,09 mm, sind für die Stabilität bituminöser Konstruktionsschichten, besonders bei höheren Temperaturen, bedeutungsvoll.
- Als Bindemittel werden im Regelfall Straßenbaubitumen B80 oder B65 verwendet.

Die Entwicklung der orientierenden Angaben über die Zusammensetzung der Zuschlagstoffe wird hauptsächlich von den zeitabhängigen Verformungen an hochbeanspruchten Straßenkonstruktionen bestimmt. Dafür sind die Wandlungen der Siebsummenlinienbereiche und die geforderten Anteile an gebrochenem Korn kennzeichnend. Die Differenzierung nach Siebsummenlinienbereichen mit dem Ziel der weitgehenden Einbeziehung örtlicher Baustoffe wird in Bild 2.88 deutlich. Außerdem ist eine Zuordnung der Zuschlagstoffgemenge zu den Bauklassen und der Einbauart in Tafel 2.25 vorgegeben. Mit zunehmendem Grobkornanteil nimmt der Fülleranteil ab. Bei den Korngemengen mit hohen Sandanteilen sind besonders hohe Fülleranteile notwendig. Als Füller kommen hauptsächlich Kalksteinmehle, Schiefermehle, Rückgewinnunggesteinsstäube u. a. zum Einsatz. Die Füllerbewertung wird in Abschnitt 2.5.1. behandelt. Bei dicken Tragschichten kann die zweischichtige Herstellung sinnvoll sein. Dabei können unterschiedliche Anforderungen an die Güte der Asphalttragschichten mit den Unterschieden der Temperaturschwankungen vertreten werden.

Eignungsprüfungen – Güteprüfungen

Für die komplexe Prüfung von bituminösen Gemischen ist die Marshall-Prüfung umfassend eingeführt [87]. Mit der Prüfung der Stabilität ist es nicht möglich, beide Komponenten der Tragfähigkeit (innere Reibung und Kohäsion) getrennt zu bestimmen. Das Versuchsprinzip führt zur Unterbewertung der inneren Reibung. Mit diesem Prüfverfahren sind viele Erfahrungen gesammelt worden, die für Vergleiche wichtig sind. Durch ergänzende Untersuchungen wurde die Verwendungsmöglichkeit von natürlichen Zuschlagstoffen mit hohen Sandanteilen geklärt (Bilder 2.89 und 2.90) [88]. Damit sind auch Gemische herzustellen, die der Gemengezusammensetzung A0 entsprechen [65].

2.4. Tragschichten

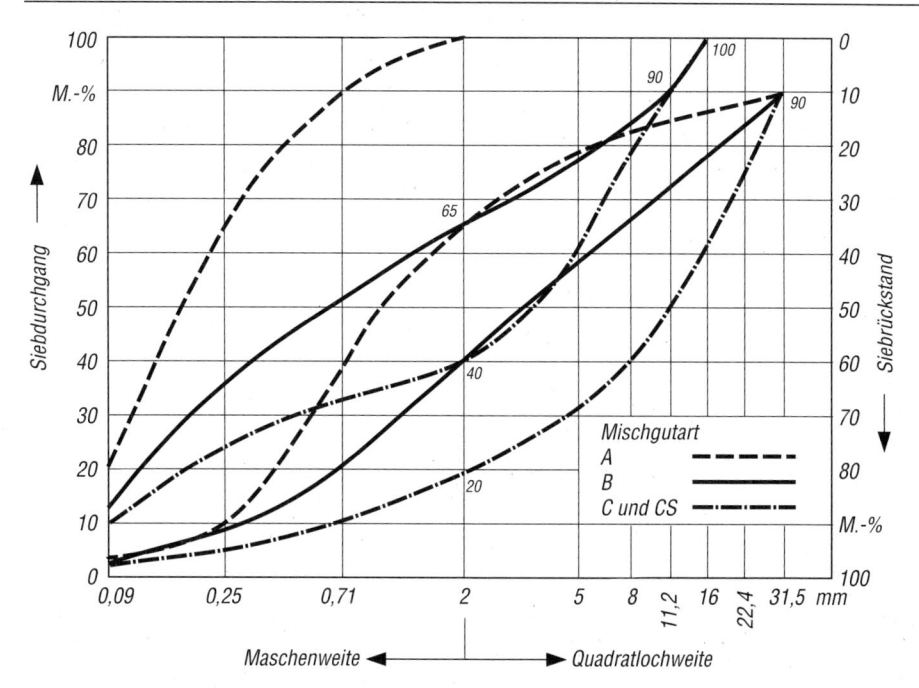

Bild 2.88 Sieblinienbereiche für Asphalttragschichten

Tafel 2.25 Zuordnung der Gemische zu den Bauklassen und der Einbauart [65]

Einbauart		Bauklasse			
		I	II bis IV	V und VI	SV oder besondere Beanspruchungen
einschichtig		B, C, CS	B[1]), C, CS	B, C, CS	CS
mehr-schichtig	obere Schicht	B[2]), C, CS	(B[1]), C, CS)[3]	(B, C, CS)[3]	CS
	untere Schicht	A, B, C, CS (A0)[3]	(A0, A, B, C, CS)[3]		B, C, CS (A0, A)3)

[1]) bei einer Deckschichtdicke ≥ 8 cm
[2]) nicht zu verwenden, wenn untere Schicht aus A0 oder A besteht
[3]) nur bei Asphaltoberbau

Bei der Marshallprüfung sind zu bestimmen [87]:

Prüfkörperrohdichte ρ'_A in g/cm^3
Hohlraumgehalt H_{bit} in Vol.%
Stabilität S_M in N
Fließwert Fl_M in 1/10 mm

In Bild 2.91 ist ein Beispiel der Auswertung von Marshallprüfungen dargestellt.

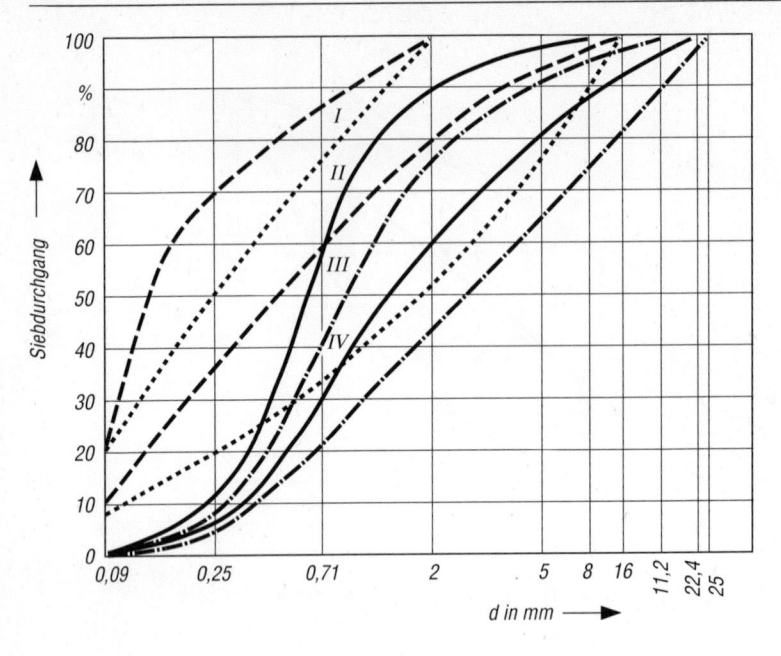

Bild 2.89 Bereiche der natürlichen Sande und Kiessande nach [88] zum Vergleich mit Bild 2.88

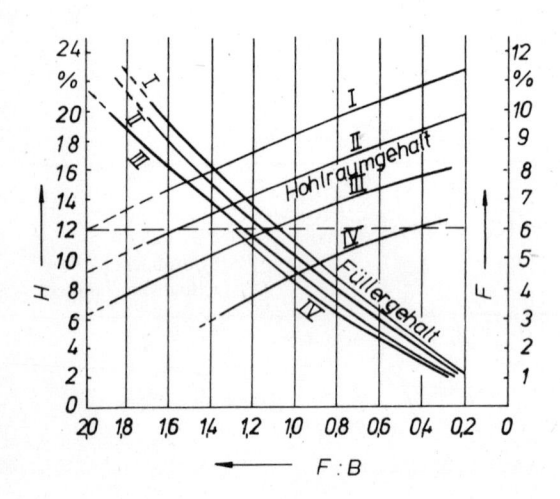

Bild 2.90 Zusammenhang zwischen Füllergehalt, Füller-Bindemittel-Verhältnis und Hohlraumgehalt für Gemenge I bis IV aus Bild 2.89 nach [88]

Bei Tragschichten wird für die Aufbereitungsanlage im Regelfall die Bindemittelmenge vorgegeben, mit der die höchsten Stabilitätswerte erreicht werden. Dadurch wird auf eine hohe, beständige Tragfähigkeit orientiert. Für diese überbauten Schichten ist die Hohlraumarmut im Hinblick auf Wasserzutritt und Alterung zweitrangig. In Verbindung mit hohen Stabilitätsforderungen wird sie aber für hochbeanspruchte Straßen auch wesentlich. Die praktischen Bedingungen bei der Verwendung von Naturkiessanden sind in Bild 2.91 verdeutlicht. Die eingetragenen Werte wurden bei Verwendung eines B80 und Fülleranteilen von 5 bis 6% erreicht. Die Unterschiede der beiden Gemische liegen ursächlich in den Hohlraumgehalten von 10,9 und 7,9%. In beiden Gemischen sind < 30% Splitt 11/22 bzw. 16/32 enthalten, die die Siebsummenlinie verbessern, jedoch die innere Reibung mit den bruchrauhen Oberfächen in dem Sand-Kies-Gemenge nicht wirksam beeinflussen.

2.4. Tragschichten

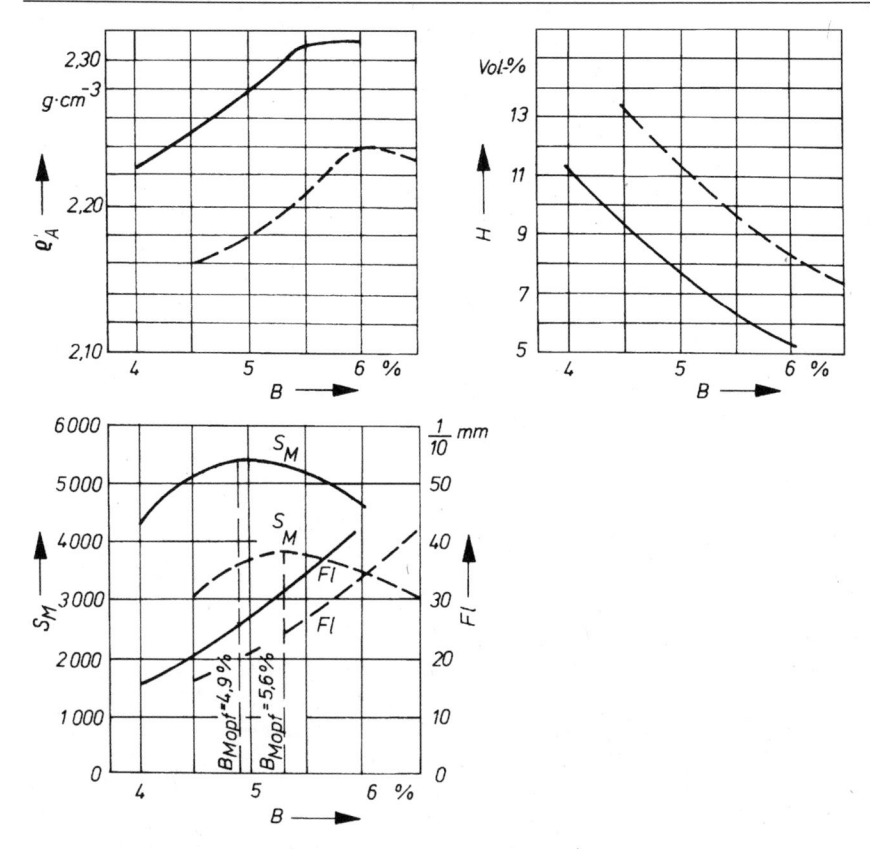

Bild 2.91 *Ergebnisse der Marshallprüfung für zwei Asphalt-Tragschicht-Gemische mit unterschiedlicher Kornzusammensetzung bei sonst gleichen Bedingungen (B80; F : B = 1,2 : 1)*

Erfahrungen bestätigen, daß für die Bauklassen II bis VI die Gemischarten AO und A im unteren Teil der Asphalttragschicht eingesetzt werden können (Tafel 2.25).

Es ist zu beachten, daß in bituminösen Straßenkonstruktionen im Nebenstraßennetz (Bauklassen IV bis VI) sehr hohe Temperaturen (Bild 2.92) mit sehr kleinen Tragfähigkeitswerten nur an wenigen Tagen im Hochsommer auftreten und kleinere Verformungen durch den Verkehr wieder ausgebügelt werden.

Hingegen sind an hochbeanspruchten Straßen der Bauklassen SV und I bis III, die von vielen Nutzkraftwagen (max. Achskräfte 115 kN oder 2 × 95 kN bei Doppelachsen bzw. 3 × 80 kN bei Dreifachachsen mit > 1,30 m Achsabstand [89]) im Spurverkehr befahren werden, erhebliche plastische Verformungen entstanden, die den Fahrbahnzustand und die Oberflächenentwässerung erheblich beeinträchtigen.

Hieraus resultiert die Forderung nach Gemischen mit qualitativ höheren Gütemerkmalen, die in die Richtung der hohlraumarmen Asphaltschichten weisen [90]. Für diese Asphalttragschichten entstehen höhere Material- und Herstellungskosten.

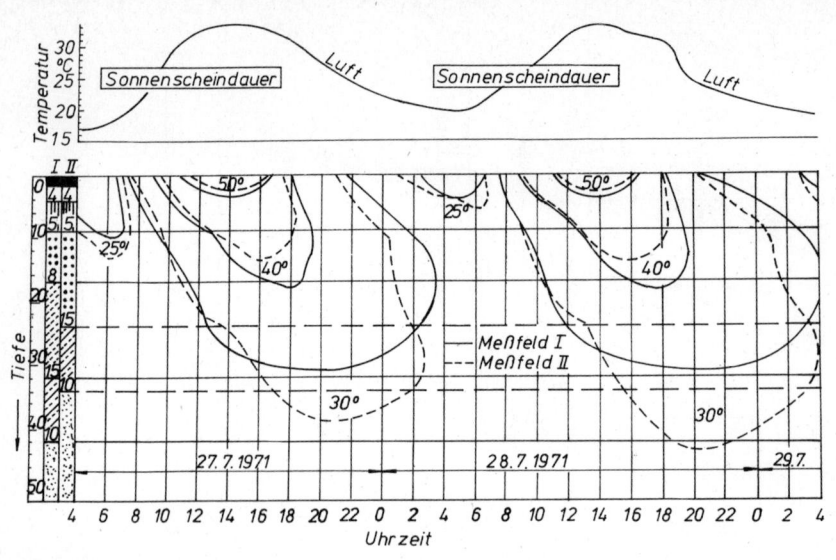

Bild 2.92 *Temperaturverlauf in Fahrbahnkonstruktionen mit bituminösen Konstruktionsschichten an besonders warmen Sommertagen* [69]

In Tafel 2.26 werden in den beiden letzten Zeilen Stabilitäten > 5000 bzw. 8000 N gefordert. Damit sind Ansprüche an die Gemischzusammensetzung verbunden, die sich von denen für Deckschichten für gering beanspruchte Straßen kaum unterscheiden. Es ist jedoch zu beachten, daß mit Resthohlraumgehalten > 12 Vol.% und Fülleranteilen (< 0,09 mm) unter 5 M.% die geforderten Marshallstabilitäten für die Bauklassen IV bis VI im Regelfall nicht erreicht werden können. Im Gemisch CS muß mindestens 60% gebrochenes Korn > 2 mm, bezogen auf das Zuschlagstoffgemenge, vorhanden sein. Das Verhältnis Brechsand zu Natursand wird mit ≥ 1 gefordert [65].

Tafel 2.26 Anforderungen an Zuschlagstoffe und Gemische für Asphalttragschichten, Auszug aus [65]

Gemischart	Körnung mm	Körnung > 2mm im Zuschlagstoffgem. M.-%	Körnung < 0,09 mm im Zuschlagstoffgem. M.-%	Marshallstabilität bei 60 °C ≥ N	Marshall-Fließwert 1/10 mm	Hohlraumgeh. (berechnet am Marshall-Probekörper) Vol.-%
A0	0/2 bis 0/32	0 bis 80	2 bis 20	2000	15 bis 40	4 bis 14
A	0/2 bis 0/32	0 bis 35	4 bis 20	3000	15 bis 40	4 bis 14
B	0/22; 0/32 0/16*	35 bis 60	3 bis 12	4000	15 bis 40	4 bis 12
C	0/22; 0/32 0/16*	60 bis 80	3 bis 10	5000	15 bis 40	4 bis 10
CS	0/22; 0/32 0/16*	über 60 bis 80	3 bis 10	8000	15 bis 50	5 bis 10

* Nur für Ausgleichsschichten

2.4. Tragschichten

Die dickeren Tragschichten für den vollständig bituminös gebundenen Asphaltoberbau werden aus wirtschaftlichen Gründen selten verwendet.

Aufbereitung des Asphalt-Tragschicht-Gemisches
Das Herstellungsprinzip von bituminösen Trag- und Deckschichten ist ähnlich. Bei den Tragschichtgemischen werden jedoch häufig nur zwei Zuschlagstofffraktionen und Füller verwendet. Dosiert wird endgültig über Einzeldoseure oder Dosierwaagen unter Verzicht auf ein Heißabsieben zur Feindosierung. Damit können die in Tafel 2.27 angegebenen Abweichungen in der Regel eingehalten werden. Ggf. ist bei den Gemischen C und CS eine weitere Differenzierung der Zuschlagstofffraktionen erforderlich. Der Verzicht auf das Heißabsieben wirkt mit seinem geringeren Zeitbedarf für die Beschickung des Mischers positiv auf die Mischleistung. Diese wird durch eventuell höhere Feuchtigkeit von Natursanden nicht wesentlich beeinträchtigt. Kritisch kann sich zu hohe Feuchtigkeit von Brechsand auf den Trockentrommeldurchsatz und die Gesamtleistung auswirken. Deshalb ist es angebracht das Brechsandlager zu überdachen. Schnelle und vollständige Abführung von Niederschlagswasser ist am Aufbereitungskomplex zu sichern.

Tafel 2.27 Toleranzen für die arithmetischen Mittel der Kornanteile über 2 mm und unter 0,09 mm [65]

Anzahl der Prüfergebnisse	1	2	3 bis 4	5 bis 8	9 bis 10	≥ 20
Toleranzen in M.-% für den Kornanteil > 2 mm	±9,0	±7,0	±6,0	±5,0	±4,0	±3,0
Toleranzen in M.-% für den Kornanteil < 0,09 mm	+7,0 / −3,0	+6,7 / −2,7	+6,4 / −2,4	+6,1 / −2,1	+5,8 / −1,8	+5,5 / −1,5

Die Mischleistung einer Aufbereitungsanlage wird von der Trockentrommel bestimmt. Die Zusammenhänge lassen sich mit folgenden Ansätzen erklären [81]:

Wenn von der erforderlichen Aufenthaltsdauer des Gesteinsgemenges in der Trockentrommel ausgegangen wird, errechnet sich das benötigte Trommelvolumen V_T zu:

$$V_T = \frac{G \cdot t}{\rho_s \cdot \tau}$$

G Durchsatz an Gesteinsgemenge in kg/h
ρ_s Schüttdichte des Gesteinsgemenges in kg/m³
τ Füllungsgrad der Trommel (bei Trommeln mit Hubschaufeln τ = 0,1 bis 0,12)
t Aufenthaltsdauer des Gesteinsgemenges in der Trommel (durch Versuche bestimmt) in h

Oft wird statt t die „durchschnittliche spezifische Feuchtigkeitsverdampfung" w als Ausgangsgröße für die Bemessung von Trockentrommeln verwendet. Dieser Wert gibt an, welche auf die Leervolumeneinheit der Trommel bezogene Feuchtigkeitsmenge in der Zeiteinheit das Gemenge verläßt; als Anhalt gilt w = 200 bis 250 kg/m³·h. Im Zusammenhang mit der in der Zeiteinheit zu verdunstenden Feuchtigkeitsmenge W ergibt sich:

$$V_T = \frac{W}{w}$$

w spezifische Feuchtigkeitsverdampfung in kg/m³·h
W zu verdunstende Feuchtigkeitsmenge in kg/h

Die Geschwindigkeit der Abgase an der Austrittsöffnung der Trockentrommel soll < 3 m/s sein, damit die kleinen Materialteilchen nicht durchgeblasen werden. Der Trockentrommeldurchmesser D kann berechnet werden [111]:

$$V_{ab} = \frac{\pi \cdot D^2}{4}(1-\tau)\upsilon$$

V_{ab} Volumenstrom der Abgase am Trockentrommelende in m³/h
υ Geschwindigkeit der Abgase am Trockentrommelende in m/h (= 1/3600 m/s)

Beispiel:
Trockentrommel für stündlichen Durchsatz von 120 t Gesteinsgemenge bei mittlerem Feuchtigkeitsgehalt von 4%:

W = 120000 kg/h · 0,04 = 4800 kg/h
w = 220 kg/m³ · h

$$V_T = \frac{4800 \text{ kg} \cdot \text{h}}{220 \text{ kg/m}^3 \cdot \text{h}} \approx 22 \text{ m}^3$$

Füllungsgrad $\tau \approx 0,1$; Schüttdichte i. M. 1,5 kg/dm³

$$V_{ab} \text{ angenähert} = \frac{120000 \text{ kg/h}}{1500 \text{ kg/m}^3 \cdot 0,1 \cdot 0,04} = 20000 \text{ m}^3/\text{h}$$

Mit v = 2 m/s · 3600 s/h = 7200 m/h wird

$$D^2 = \frac{20000 \text{ m}^3/\text{h} \cdot 4}{\pi \cdot 0,9 \cdot 7200 \text{ m/h}} = 3,92 \text{ m}^2; \quad D \approx 2,0 \text{ m}$$

$$L = \frac{22 \text{ m}^3 \cdot 4}{\pi \cdot (2,0)^2} \approx 7,0 \text{ m} = \text{Länge der Trockentrommel}$$

Das Verhältnis $D:L$ wird zwischen 1:2 und 1:6 gewählt. In den Bildern 2.93 und 2.94 sind die Zusammenhänge zwischen mittlerem Wassergehalt und mittlerem Heizölbedarf sowie zwischen den Kornklassen und dem Wassergehalt dargestellt. Bei Trockentrommeln, die nach dem Gegenstromprinzip betrieben werden, sind i. M. 8 kg Heizöl je t Gesteinsgemenge notwendig. Darin ist der Heizölbedarf für das Erwärmen des Bindemittels zum Umfüllen aus evtl. Vorratstanks in den Vorwärmkessel nicht enthalten. Als Anhaltswert (der durch Kontolle des spezifischen Verbrauchs zu verbessern ist) sind für das Umfüllen vom Kesselwagen in den Bindemitteltransporter, von diesem in Vorratsbehälter usw. etwa 2 kg je t Gemisch anzusetzen, so daß der Gesamtbedarf mit bis zu 10 kg Heizöl je t Asphaltgemisch gerechnet werden kann.

Erprobung von alternativen Brennstoffen ergaben praktische Realisierungsmöglichkeiten [94]. Infolge der technischen und wirtschaftlichen Nachteile unterblieb die breitere Anwendung.

Auf die Einhaltung der in Tafel 2.28 bzw. 2.29 angegebenen Temperaturen ist bei der Herstellung und beim Einbau zu achten. Zu hohe Temperaturen führen zu Veränderungen des Bindemittels (Schnellalterung), zu niedrige Temperaturen erschweren und beeinträchtigen die Herstellung homogener bituminöser Gemische. Bei der Erwärmung der Zuschlagstoffe sind der Förderweg und die kalte Füllerzugabe zu berücksichtigen.

2.4. Tragschichten

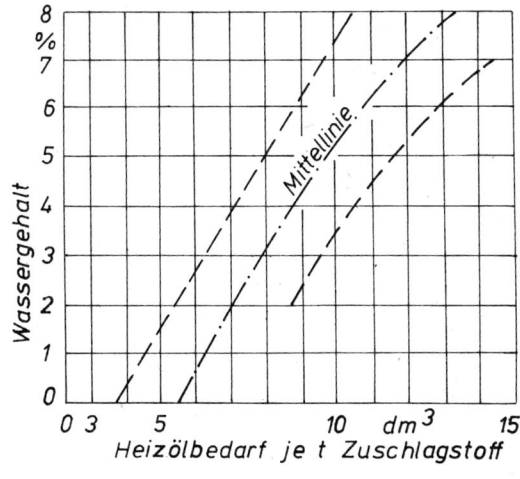

Bild 2.93 Heizölbedarf in Abhängigkeit vom Wassergehalt [92]

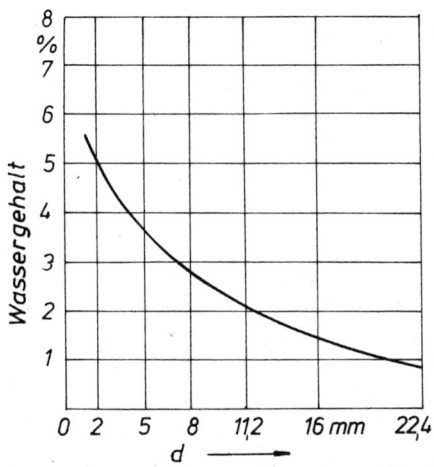

Bild 2.94 Abhängigkeit des Wassergehaltes von den Korngrößen als Orientierung [92]

Tafel 2.28 Temperaturen für Bindemittel und Gemische [93]

Bindemittel	Zulässige Höchsttemperatur für Bindemittel °C	Zulässige Höchsttemperatur des Gemisches beim Verlassen des Mischers oder Silos °C	Mindesttemperatur im abgeladenen Gemisch an der Einbaustelle °C
B25	200	–	–
B45	190	190	130
B65	180	180	120
B80	180	180	120
B200	170	170	100
FB500	140		

Tafel 2.29 Temperaturen für Bindemittel, Zuschlagstoffe und Gemische [95]

Bitumen	Höchsttemperatur °C		Mindesttemperatur des Gemisches unmittelbar vor dem Walzen °C	
	Bitumen Mineralstoffe*	Gemisch ab Anlage	Schichtdicke ≤ 50 mm	Schichtdicke ≥ 50 mm
B40/50	180	170	150	140
B60/70	170	160	140	130
B80/100	160	150	130	120
B120/150	155	145	125	115
B180/220	150	140	120	110

* Mineralstofftemperaturen zum Zeitpunkt der Bindemittelzugabe

Transport
Der Transport bituminöser Gemische erfolgt mit Kipp-Lkw (ggf. mit Abdeckung). Fahrzeugtypen und Fahrzeuganzahl sind nach technisch-wirtschaftlichen Grundsätzen festzulegen (s. Abschnitt 4).

Einbau
Bituminöse Tragschichten werden in der Regel mit Straßenfertigern eingebaut. Grundsätzlich sind das Verteilermaschinen, die aus einem Aufnahmekübel mit Längsförderer (Plattenband) und Querförderern (Verteilerschnecken) das Gemisch gleichmäßig aufziehen und mit einer Stampfbohle (Tamper) sowie einer beheizten Vibrationsbohle vorverdichten. Moderne Fertiger können an einem Leitdraht höhen- und seitenrichtig elektronisch gelenkt werden. Raupenfahrwerke sind z. B. auf unteren Tragschichten oder Unterbau (Untergrund) aus enggestuften Sanden (SE) notwendig. Fertiger mit Reifenfahrwerken sind wegen ihrer schnellen Umsetzbarkeit für Instandsetzungen und Teilerneuerungen vorzuziehen, jedoch auf eine ausreichend tragfähige Arbeitsfahrbahn angewiesen. Die Fertigerbreiten betragen als Kleinfertiger 0,60 bis 2,50 m, für Straßenfahrbahnen 2,0 bis 12,0 m. Diese sind stufenlos oder stufenweise in 0,25 bzw. 0,50 m Schritten zu verändern. Die Schichtdicken können von dünnen Ausgleichsschichten mit 3 bis 4 cm bis zu einlagig einzubauenden Tragschichten von 20 cm reichen [96,97].

Aus Erfahrung lassen sich für die Verdichtung folgende Forderungen erheben:

- Mit dem Straßenfertiger ist eine möglichst hohe Verdichtung anzustreben.
- Aus irgendwelchen Gründen (Fahrzeugpannen o. ä.) unter die festgelegte Mindesteinbautemperatur (Tafel 2.28) abgekühltes Gemisch ist für die Befestigung von provisorischen Verkehrsflächen auszusondern.
- Eine größere Schichtdicke wirkt sich infolge der langsameren Abkühlung positiv auf die Verdichtung aus (Bild 2.95).
- Ausreichende Verdichtung ist Voraussetzung für die geforderte Stabilität (Bild 2.96).

Die Nachverdichtung von bituminösen Tragschichten kann günstig mit Gummiradwalzen erfolgen. Die an Glattradwalzen erprobte Wasserberieselung der Bandagen, um das Ankleben bituminöser Gemische zu verhindern, läßt sich auf Gummiradwalzen nicht erfolgreich übertragen. Gummiradwalzen sind beim Beginn der Verdichtung auf dem heißen Gemisch solan-

2.4. Tragschichten

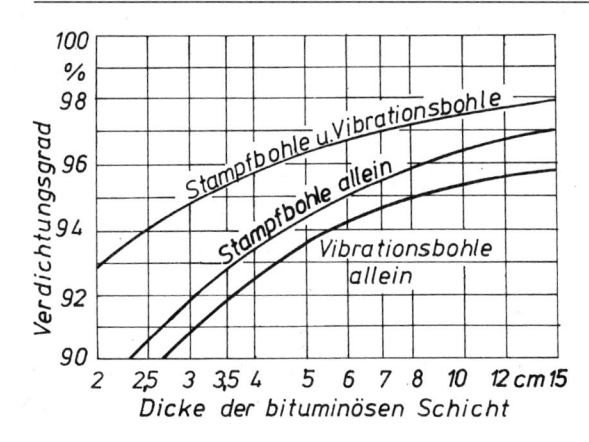

Bild 2.95 Tendenz der Vorverdichtung von bituminösen Gemischen in Abhängigkeit von der Schichtdicke und den Verdichtungsaggregaten des Fertigers [97]

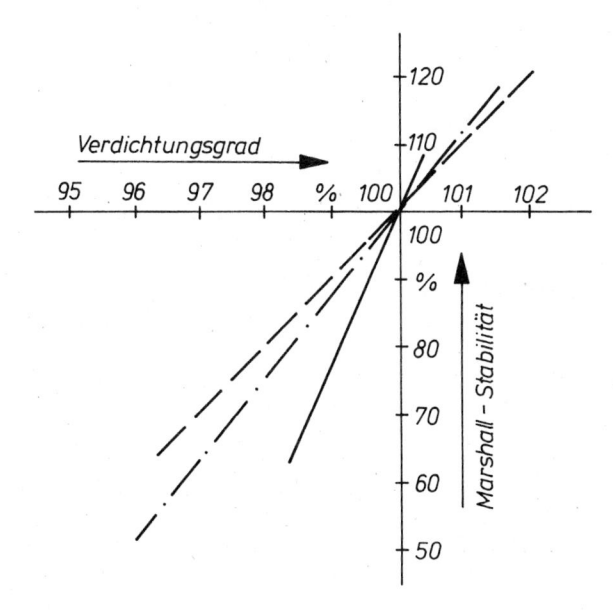

Bild 2.96 Tendenz der Wechselwirkung Verdichtung–Stabilität bei heiß gemischten Asphalttragschichten
——— vorwiegend Rundkorn; – – – vorwiegend gebrochenes Korn; –·–·– Rundkorn und gebrochenes Korn

ge zu bewegen, bis die Reifen eine Temperatur um 60 °C erreicht haben, bei der das Anhaften von bitumenumhüllten Körnern unterbleibt. Deshalb ist es u. U. zweckmäßig die Gummiradwalze zeitweilig unmittelbar hinter dem Fertiger einzusetzen. Für die Verdichtung von bituminösen Gemischen, insbesondere Tragschichten, haben sich Vibrationstandemwalzen mit großen Bandagendurchmessern bewährt [97, 98, 99].

Sehr häufig sind Tragschichten halbseitig zu fertigen. Zu empfehlen ist, bei dickeren Schichten den Anschlußbereich (Abschrägung) mit einer besonderen Anbauvorrichtung an der Walze (Kantenrolle) zu verdichten. Ausreichende Verbindung wird bei der großen Wärmekapazität der Anschlußbahn mit deren Verdichtung erreicht. Bei dünnen Schichten ist wie an den Nahtstellen von Deckschichten gemäß Abschn. 2.5.1.3. zu verfahren. Dort ist auch eine ausführliche Darstellung der Verdichtung und des Verdichtungsregimes in Verbindung mit unterschiedlichen Temperaturverhältnissen zu finden.

2.4.5. Tragschichten mit hydraulischen Bindemitteln

Diese 10 bis 20 cm dicken Konstruktionsschichten werden aus in stationären Mischanlagen erzeugten Gemischen hergestellt. Sie werden im Regelfall mit bituminösen Schichten oder Zementbetondeckschichten überbaut.

2.4.5.1. Hydraulisch gebundene Tragschichten [65]

Wenn diese Tragschichten fugenlos (ohne Kerben) hergestellt werden sollen, muß die Druckfestigkeit auf < 12 N/mm^2 begrenzt werden. Als Mindestdruckfestigkeit sind 7 N/mm^2 gefordert. Es wird angenommen, daß sich Temperaturdruckspannungen infolge des hohen Hohlraumanteils nicht zerstörend ausbilden können (Kriechen). Aus Schwinden und Abkühlen auftretende Zugspannungen können im Anfangsstadium feine Risse verursachen. Zu ihrer Reduzierung wird auf die in Abschn. 2.4.2.2. empfohlenen Maßnahmen verwiesen.

Fugenlose, hydraulisch gebundene Tragschichten werden in großem Umfang in Frankreich verwendet. In Bild 2.97 ist der Sieblinienbereich dargestellt, der dort infolge günstiger geologischer Bedingungen wirtschaftlich realisiert werden kann. Mit 3 bis 3,5% Zementzugabe werden die geforderten Druckfestigkeiten von 7 bis 10 N/mm^2 nach 90 Tagen erreicht. Beim Autobahnneubau wurden mit Doppelwellen-Durchlauf-Mischern Aufbereitungsleistungen von 200 bis 300 m^3/h erzielt.

In neuerer Zeit haben sich hydraulisch gebundene Tragschichten, die aus 80% Hauptzuschlagstoffen (nach Bild 2.97), etwa 20% Hochofenschlacke und 1% Kalk als Katalysator hergestellt werden, umfassend durchgesetzt. Das wurde durch den späten Erstarrungsbeginn begünstigt, der es gestattet bis etwa 12 h nach dem Einbau noch Korrekturen an der Oberfäche in Quer- und Längsrichtung vorzunehmen [101]. Magerbetontragschichten nach den Erfahrungen in Frankreich können nur bei örtlich günstigen Materialvorkommen hergestellt werden.

Die in den Vorschriften enthaltenen Bereiche [65] sind von der Tendenz ähnlich, fallen aber mit höheren Anteilen $> 0,25$ bzw. 2 mm auf.

Als Bindemittel werden Zement, Tragschichtbinder oder hochhydraulischer Kalk verwendet. Dabei sind schnell erstarrende Bindemittel auszuschließen. Für die Eignungs- und Kontrollprüfungen werden zylindrische Probekörper mit Durchmesser $D = 150$ mm und Höhe $H = 125$ mm hergestellt. Beim Anteil der Körnung $< 0,063$ mm größer als 5% ist die Prüfung des Frostwiderstandes nach Abschn. 2.4.2.2. durchzuführen.

Der ebenfalls in Bild 2.97 eingetragene Sieblinienbereich aus den britischen Richtlinien ist mit der Begrenzung der Zementzugabe von 5 bis 6,7% verbunden. Damit werden dort Festigkeitswerte von 10 N/mm$^2 < \beta < 15$ N/mm^2 erreicht [102]. In Großbritannien sind damit bei fugenloser Herstellung und 10 cm bituminöser Überbauung positive Ergebnisse erreicht worden. Diese Bauweise ist auf Mitteleuropa nicht übertragbar, weil hier mit höheren Temperaturbeanspruchungen (Spannweite: $T_{max} - T_{min}$) zu rechnen ist.

2.4. Tragschichten

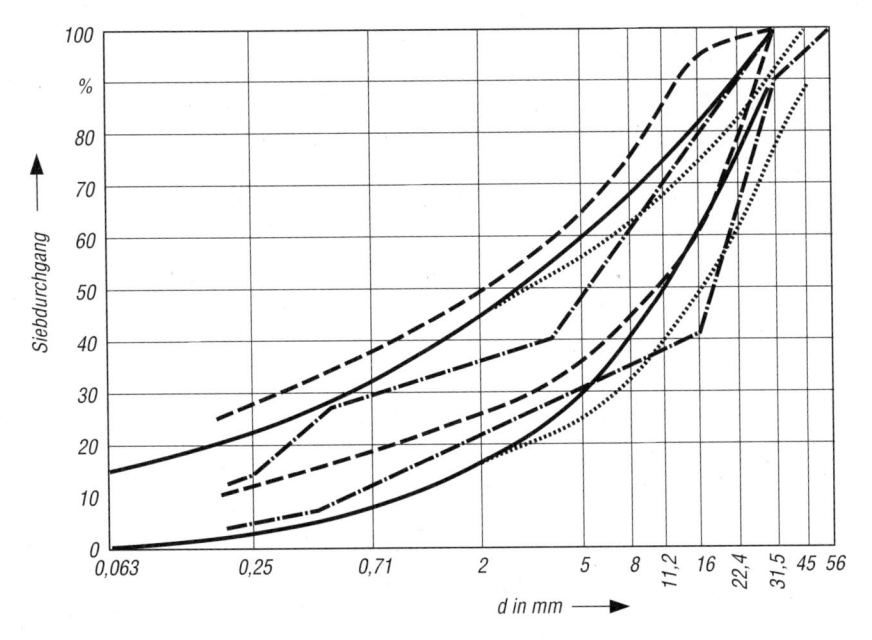

Bild 2.97 Siebsummenlinien für hydraulisch gebundene Tragschichten (Magerbetone)
—— 0/32 — — — französische Richtlinie (grave ciment) [100];
········ 0/45 nach [65]; —·—·— britische Richtlinie [102]

Verwendung sandreicher Mineralstoffgemenge; Sandbeton-Tragschicht

Damit die zahlreichen natürlichen Sandvorkommen als Zuschlagstoff für hydraulisch gebundene Tragschichten herangezogen werden können, ist mit [103] eine Orientierung gegeben worden. Für Aufbereitung und Einbau gelten die Anforderungen nach [65]. Der gegenüber Bild 2.97 erweiterte Sieblinienbereich ist in Bild 2.98 dargestellt (Bereich A). Die Eignungsprüfungen erfolgen auch hier an zylindrischen Probekörpern D/H = 150/125 mm. Die differenzierten Festigkeitsanforderungen in Abhängigkeit von der Überbauung,

– bituminös: $6 \text{ N/mm}^2 < \beta < 8 \text{ N/mm}^2$
– Beton $7 \text{ N/mm}^2 < \beta < 12 \text{ N/mm}^2$

lassen sich unter praktischen Bedingungen für den ersten Fall kaum einhalten und bedürfen deshalb ergänzender, realisierbarer Vereinbarungen.

Wesentlich bleibt, daß diese Sandgemenge den Einsatz verhältnismäßig hoher Zementzugaben erfordern. Wegen der meist geringen Gewinnungskosten für die Hauptzuschlagstoffe ergeben sich trotz der höheren Zementzugaben niedrige Selbstkosten. Mit Eignungsprüfungen (s. Abschn. 2.4.2.2.) wird der Zementanteil bestimmt. Im Vergleich zum Baumischverfahren (Bodenverfestigung von Sanden mit Zement) treten geringere Streuungen der Festigkeitswerte auf. Mit Sicherheit muß verhindert werden, daß Druckfestigkeiten > 12 N/mm² auftreten, um bei hohen Temperaturen, vor der Überbauung, Stauchbrüche auszuschließen. Andererseits sind hohe Anforderungen an die Frost-Tausalz-Beständigkeit zu stellen. Dies ist sowohl für Tragschichten unter dünner bituminöser Überbauung als auch für Tragschichten unter Zementbetondeckschichten wichtig. Zweckmäßig sind in Zweifelsfällen 50 Zyklen der erweiterten Frost-Tau-Prüfung [104] oder mit der Manschettenmethode (3%ige NaCl Lösung) durchzuführen [105]. Diese Anforderungen sind auch von gleichartigen Tragschichten, die im Baumischverfahren gemäß Abschn. 2.4.2.2. hergestellt werden, zu erfüllen. Erfahrungen bestätigen, daß die beiden widersprüchlichen Anforderungen bei enggestuften Sanden mit

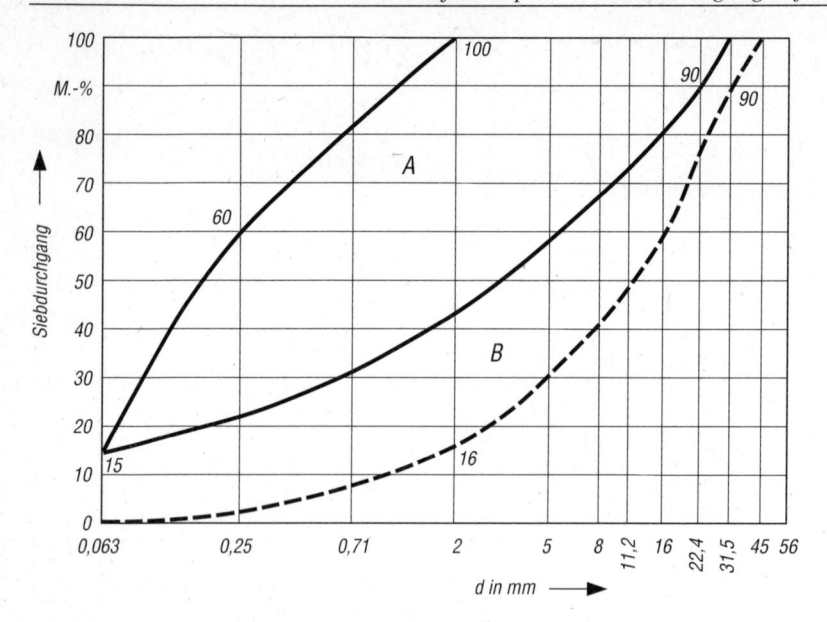

Bild 2.98 Sieblinienbereich A für hydraulisch gebundene Tragschichten aus sandreichen Mineralstoffgemengen; Bereich B nach ZTVT-StB 86 [65]

etwa 12% Zementzugabe erfüllt werden. Zur Senkung des hohen Zementanspruchs kann es wirtschaftlich sein, die Sieblinie des Natursandes durch Zumischen von inertem Feinkorn zu verbessern. Der Anteil < 0,063 mm darf dabei 15 M.% nicht überschreiten. Wichtige Informationen über das Verhalten von Sandbetonen sind in Bild 2.99 wiedergegeben.

Zementschotter-Tragschicht
Bei der Herstellung der Zementschottertragschicht handelt es sich nicht um den Einbau eines mit Zement und Wasser fertig gemischten Schotter-Splitt-Sand-Gemenges [108], sondern um eine wirtschaftliche Möglichkeit, die an untergeordneten Straßen häufig vorhandenen Schotterschichten (bis 20 cm dick), die meist nur mit sehr dünnen bituminösen Schutzschichten versehen sind, weiter- bzw. wiederzuverwenden. Diese Schotterschichten werden mit einem Straßenhobel aufgerissen. Anschließend werden mit unterschiedlicher Schareinstellung der wiederverwendungsfähige Schotter (Schotter-Splitt-Gemenge) und das Feinmaterial getrennt ausgesetzt. Die mit Bitumen verklebten Schollen sind zu entfernen oder zu zerkleinern. Nach Entfernung des Feinmaterials wird der Schotter auf der festen Tragschicht profilgerecht einplaniert und mit Vibrationswalzen verdichtet. In das verdichtete Schottergerüst wird Zementmörtel eingerüttelt. Bei 25 bis 30% Hohlraumgehalt und 15 cm Schichtdicke werden 35 bis 40 l/m^2 Zementmörtel zum Ausfüllen benötigt. Folgendes Mörtelgemisch (Menge für 1 m^3 Mörtel) wird empfohlen:

     1580 kg Sand 0/5
     400 kg Zement
     240 kg Wasser

Das W/Z-Verhältnis ist notwendig, damit der Mörtel vollständig eingerüttelt werden kann. Vor dem Auftragen des Mörtels ist der Schotter anzufeuchten. Diese Bauausführung ist für kleine Bauaufgaben geeignet, bei denen der Mörtel in transportablen Mischmaschinen unmittelbar in der Nähe der Einbaustelle hergestellt und mit Kleindumpern ausgefahren und verteilt wird. Raum- und Scheinfugen sind nicht erforderlich. Bei der Kürze der Tagesabschnitte

2.4. Tragschichten

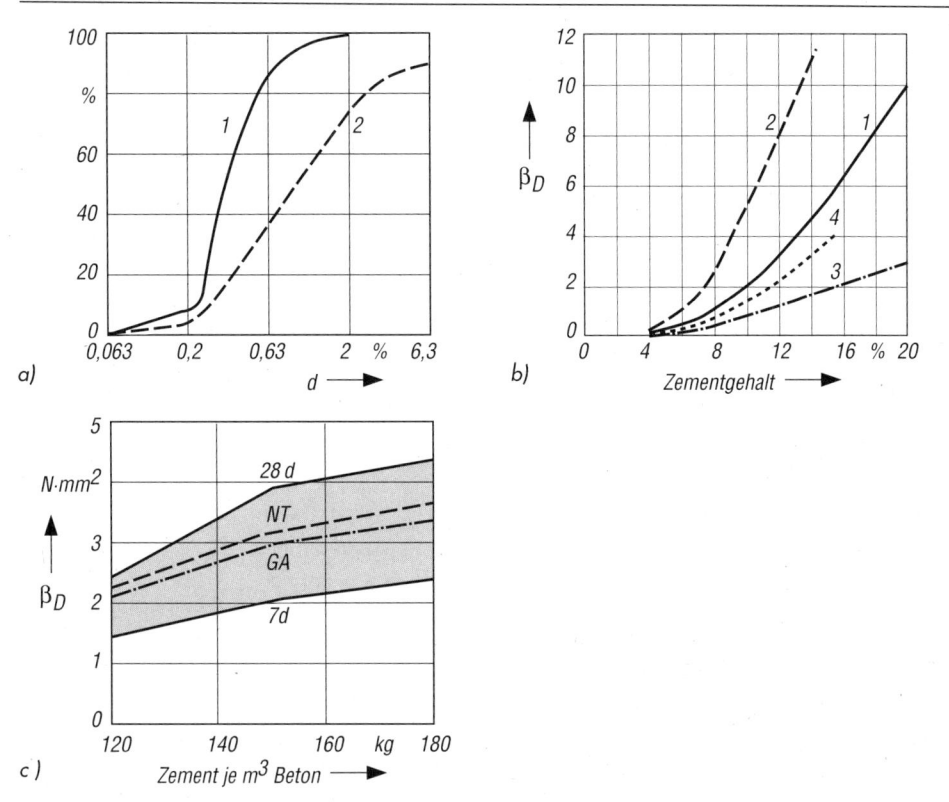

Bild 2.99 Wechselbeziehungen zwischen Kornzusammensetzung, Zementgehalt und Druckfestigkeit
a) Zuschlagstoffe: 1 Mittelsand; 2 Kiessand [106]; b) Festigkeiten mit Zuschlagstoffen nach a) in Abhängigkeit vom Zementgehalt nach 28 Tagen [106]: 1 Druckfestigkeit mit Mittelsand; 2 Druckfestigkeit mit Kiessand; 3 Biegezugfestigkeit mit Mittelsand; 4 Biegezugfestigkeit mit Kiessand; c) Druckfestigkeiten in Abhängigkeit vom Zementgehalt mit einem enggestuften Sand [106]

entstehen viele Preßfugen. Haarrisse wirken sich infolge der Überbauung mit bituminösen Schichten nicht schädlich aus. Diese Bauweise kann für die Anpassung von Kreis- und Gemeindestraßen an die höheren Verkehrsanforderungen wirtschaftlich sein, wenn frostbeständiger Unterbau (Untergrund) vorhanden ist.

2.4.5.2. Beton-Tragschichten

Hierunter werden 10 bis 20 cm dicke Beton-Tragschichten für hochbeanspruchte Straßenkonstruktionen verstanden. Der Beton muß den Festigkeitsklassen B15 oder B25 nach [20] entsprechen. Damit wird die Anordnung von wirksamen Querschnittsunterbrechungen (Fugen) in kleinen Abständen notwendig. Die Querfugen sind als Scheinfugen in Abständen < 5 m einzuschneiden oder einzurütteln. Die Sicherung verteilter, gleichmäßiger Längenänderungen ist für die Beständigkeit der Tragschicht und der darüber angeordneten bituminösen Binder- und Deckschichten wichtig. Deshalb sind zur Unterbrechung des Betons Fugenspalten, mit Hilfe von eingerüttelten PVC-Folien nach Bild 2.100a zweckmäßig, die mehr als die Hälfte der Schichtdicke trennen.

Das Zuschlagstoffgemenge muß ein gut abgestufter Kiessand sein, der etwa den Anforderungen nach Bild 2.97 entspricht. Die höheren Festigkeiten werden mit höheren Zementmengen erreicht. In Bild 2.100b sind die Tendenzen des Klimaeinflusses auf die notwendige

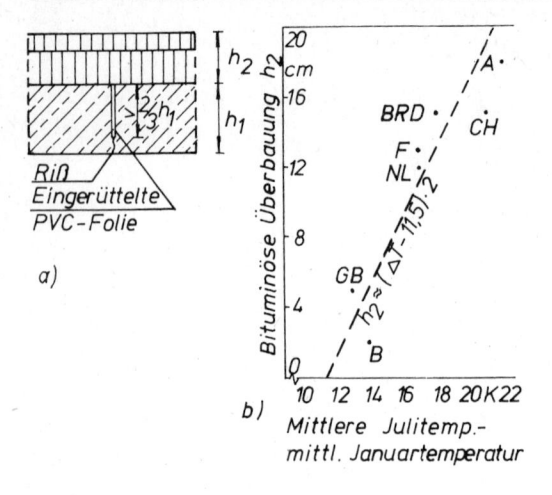

Bild 2.100 Betontragschicht mit bituminöser Überbauung
a) Konstruktionsaufbau h_1 Tragschichtdicke; h_2 Überbauungsdicke;
b) Tendenz der Auswirkungen klimatisch bedingter Temperaturschwankungen auf die bituminöse Überbauung zementgebundener Tragschichten [109]

Überbauungsdicke zementgebundener Tragschichten dargestellt [109]. Es handelt sich um eine Näherung aus der eindeutig die Abhängigkeit von den absoluten mittleren Temperaturunterschieden und damit der Einfluß des Klimagebietes hervorgeht. Auf die Rißbildung wirken weitere Einflüsse, z. B. die Temperatur bei der Herstellung und die Kornzusammensetzung der Zuschlagstoffe.

Die Kombination von starren Tragschichten und bituminösen Überbauungen (Asphalttrag-, -binder- und -deckschichten) kann aus technischen und wirtschaftlichen Gründen für hochbeanspruchte Straßen günstig sein. Transport und Einbau erfolgen nach den Grundorientierungen für Betondecken (s. Abschn. 2.5.2. und 4.).

2.5. Deckschichten

2.5.1. Bituminöse Deck- und Schutzschichten

Die Entwicklung und Anwendung des Baustoffs Straßenbaubitumen hat in den letzten 60 Jahren den Fortschritt auf dem Gebiet der Deckschichten maßgebend bestimmt. Die grundsätzliche Bewährung unter den Verkehrs- und Klimabeanspruchungen sowie die günstigen Verarbeitungsmöglichkeiten von Bitumen und bituminösen Gemischen haben den industriellen Straßenbau wesentlich gefördert. Die rasch ansteigende Erdölförderung und -verarbeitung haben dazu geführt, daß die Straßenbau-Bindemittelindustrie den Bedarf zunehmend befriedigen konnte. Es wurden und werden erhebliche Anstrengungen unternommen, um die Erdölrückstände der unterschiedlichen Rohstoffvorkommen für Straßenbauzwecke aufzubereiten.

Bevor an die Herstellung von bituminösen Deck- und Tragschichten gedacht wurde, hatten mit zunehmendem Kraftfahrzeugverkehr bereits dünne, unter Verwendung bituminöser Bindemittel hergestellte Verschleiß- und Schutzschichten Verbreitung gefunden. Damit wurden drei Ziele angestrebt:
- Reduzierung des Instandhaltungsaufwandes an den vorwiegend aus Schotterschichten bestehenden Deckschichten der Landstraßen. Den Sogkräften der Kraftfahrzeuge konnten die sandgeschlämmten Schotterdecken ungenügend widerstehen.

2.5. Deckschichten

- Beseitigung der erheblichen verkehrsbedingten Staubbelästigung an und auf den sandgeschlämmten Schotterstraßen.
- Lärmdämpfung und Verbesserung der Reinigungsmöglichkeiten für städtische Straßen.

2.5.1.1. Oberflächenschutzschichten

Die Erfindung, die die Entwicklung und Verbreitung des bituminösen Straßenbaus maßgeblich beeinflußt hat, geht auf Dr. med. *Ernest Gugliominetti* (1862 bis 1943), genannt „Dr. Goudron" zurück. Veranlaßt durch die Staubbelästigungen auf den Schotterstraßen in Südfrankreich, hat er 1902 in Monte Carlo den ersten Versuch einer Straßenteerung unternommen. Diese Oberflächenbehandlung hat schnell Verbreitung gefunden. Die umfangreiche Anwendung in vielen Staaten hat den technischen und technologischen Reifeprozeß gefördert. Viele flächenerschließende Landstraßen mit bituminösen Oberflächenschutzschichten und entsprechenden Nachbehandlungen erfüllen in Gebieten mit sandigem Untergrund seit Jahrzehnten die Verkehrsanforderungen.

2.5.1.1.1. Doppelte Oberfächenbehandlung (Schotterstraßen; DOB)

- Reinigung
Mit Motorkehrmaschinen wird die Schotterdeckschicht von Verunreinigungen und losen Bestandteilen befreit. Es kommen Besenwalzen zum Einsatz, die mit unterschiedlichen Borsten besetzt sind. Das Schottergerüst darf bei den Reinigungsarbeiten nicht gelockert werden.

- Erste Oberflächenbehandlung
Je m^2 gereinigter Schotterfläche werden etwa

    2,0 kg FB 500 aufgespritzt
    20 kg Splitt 8/11 oder 11/16 aufgestreut

und mit einer Gummiradwalze oder Tandemglattradwalze von 4 bis 8 t Masse angedrückt.

- Zweite Oberfächenbehandlung
Auf die erste Schicht werden je m^2 etwa

    1,3 kg FB 500 gespritzt
    15 kg Splitt 5/8 aufgestreut

und mit der Tandemwalze angedrückt.

Die Qualität der DOB ist von folgenden Faktoren wesentlich abhängig:

- Profilgerechte Ausbesserung der Fahrbahnoberfläche.
- Saubere Oberfläche und trockene Witterung als Voraussetzung guter Haftung des Bindemittels am Schottergerüst.
- Verwendung von Edelsplitt, der die mosaikartige Anordnung der Splittkörner fördert und die Rollsplittmengen klein hält (Bild 2.101).
- Gleichmäßige Verteilung des Bindemittels mit Rampenspritzen und gleichmäßige Splittverteilung mit Anbausplittverteilern.
- Sorgfältiges Aufkehren der nicht angeklebten Splittkörner auf die Fahrspuren bei hohen Lufttemperaturen.

Der Straßenverkehr vollendet die Oberflächenschutzschicht, indem er die Splittkörner bei hohen Lufttemperaturen tiefer in das Bindmittel drückt und den größten Teil des Rollsplittes „anklebt". Der übrige Rollsplitt ist zusammenzukehren und auf Lagerplätzen abzusetzen. Nach einem und auch nach zwei Jahren kann bei hochsommerlichen Temperaturen das Nach-

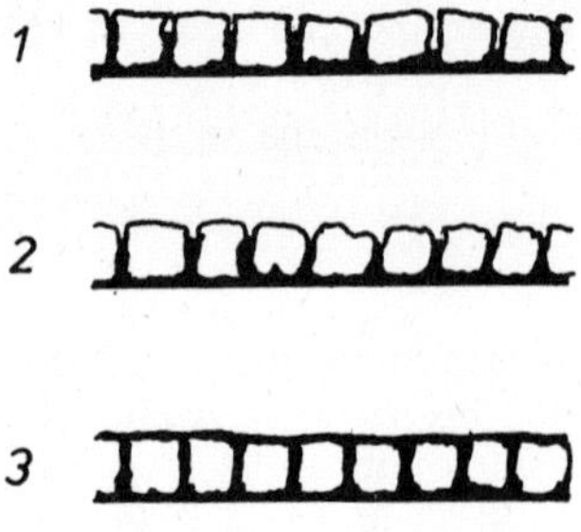

Bild 2.101 Oberflächenbehandlung
1 angestrebtes Arbeitsergebnis; 2 zu wenig Bindemittel, ungenügende Verklebung; 3 zu viel Bindemittel, unzureichende Gleitreibung

streuen mit Edelsplitt 5/8 notwendig werden. Bei begrenzten Möglichkeiten wurden auch einfache Oberflächenbehandlungen (OB), das entspricht einer Erstbehandlung mit Edelsplitt 8/11, ausgeführt.Mit einfachen und doppelten Oberflächenbehandlungen ist u. a. das Straßennetz des Landes Sachsen in der Zeit von 1924 bis 1930 zum qualitativ besten in der Weimarer Republik verändert worden. Hier kam hauptsächlich unstabile Bitumenemulsion als Bindemittel zur Anwendung [111]. In der Zeit nach dem zweiten Weltkrieg konnten mit einer DOB viele Nebennetzstraßen wirtschaftlich erhalten werden. Auch als Abschluß von Tränkmakadamschichten kam die DOB zur Ausführung. Mit den Aufbereitungsanlagen für bituminöse Gemische können Schutzschichten in besserer Qualität hergestellt werden.

Gegenwärtiger Entwicklungsstand [93]
Schotterdeckschichten sind kaum noch anzutreffen. Deshalb wird die DOB vorwiegend zur Regenerierung der bituminösen Oberflächen von Nebenstraßen verwendet. Dazu wird in Tafel 2.30 der Materialbedarf angegeben. Als Alternative treten die Anwendung der einfachen Oberflächenbehandlung mit doppelter Splittanstreuung oder die Sandwichoberflächenbehandlung auf. Bei letzterer handelt es sich darum, daß das Bindemittel zwischen zwei Splittlagen aufgespritzt wird [111]. Das schließt eine verhältnismäßig schwierige Ausführung ein, die moderne Maschinen und eine erfahrene Ausführungsbesatzung zur Voraussetzung hat. Durch die Einführung der polymermodifizierten Bindmittel haben sich die praktischen Anwendungsmöglichkeiten verbessert. Zur zutreffenden Ermittlung des Bindemittelanspruchs werden häufig widersprüchliche Angaben gemacht. In [111] sind dazu praktikable Anregungen für den Einzelfall zu finden.

2.5.1.1.2. Oberflächennachbehandlung (OBN)

Die OBN wird in großem Umfang zur Regenerierung abgenutzter Mischsplittbeläge sowie zur Instandhaltung durch DOB geschützter Straßen ausgeführt. Der Materialbedarf ist in Tafel 2.30 unter einfacher Oberfächenbehandlung angegeben. Die Arbeitsausführung entspricht der Zweitbehandlung bei der DOB. Bei den Oberflächenbehandlungen zur Regenerierung werden unterschiedliche, auf die Belastung der Straße zugeschnittene Splittkörnungen verwendet (für schweren Verkehr Splitt 11/16, sonst 8/11 oder 5/8). Mit der OBN ist stets eine Erhöhung der Makrorauhigkeit anzustreben. Bei Strecken mit mittlerer bis schwerer Verkehrsbeanspruchung kann es nützlich sein den Splitt der Körnungen 8/11 oder 11/16 mit etwa 0,4 bis 0,5 M.% B200 bei Temperaturen um 150 °C teilweise vorzuumhüllen [111]. Die Splittkörner verkleben bei diesen Mengen nicht miteinander, jedoch wird die Adhäsion zwischen aufgespritztem Bindemittel und vorbehandeltem Splitt unterstützt.

Für die Ausführung sind sehr leistungsfähige Maschinenkombinationen im Einsatz (Bilder 2.102 und 2.103). Mit einer Mannschaft von 10 Arbeitskräften werden Tagesleistungen von 9000 bis 15000 m^2 erreicht. Mit Rücksicht auf den Verkehr, die Arbeitsbedingungen und die Regelabschnittslängen kann die Tagesleistung im Landes- und Kreisstraßennetz nicht erhöht werden. Besonders sorgfältig ist die Höhe des Spritzbalkens am Rampenspritzgerät zur Siche-

2.5. Deckschichten

Tafel 2.30 Baustoffmengen für Oberflächenbehandlungen [93]

Bindemittelart	Bindemittelsorte	Lage bzw. Schicht	Bindemittelmenge kg/m²	Edelsplittmenge in kg/m² bei Körnung			
				2/5	5/8	8/11	11/16
1. Einfache Oberflächenbehandlung							
Unstabile Bitumenemulsion	U 70 K		1,5 bis 2,0	–	10 bis 17	–	–
			1,8 bis 2,3	–	–	12 bis 18	–
Unstabile Bitumenemulsion	U 60 K		1,6 bis 2,2	–	10 bis 17	–	–
Fluxbitumen	FB 500		1,0 bis 1,5	–	11 bis 16	–	–
			1,2 bis 1,8	–	–	13 bis 18	–
2. Einfache Oberflächenbehandlung mit doppelter Splittabstreuung							
Unstabile Bitumenemulsion	U 70 K	1. Lage	1,8 bis 2,3	–	–	10 bis 16	–
		2. Lage	–	3 bis 5	–	–	–
		1. Lage	2,0 bis 2,4		–	–	14 bis 19
		2. Lage	–	3 bis 5	–	–	–
3. Doppelte Oberflächenbehandlung							
Unstabile Bitumenemulsion	U 70 K	1. Schicht	1,0 bis 1,5	–	–	9 bis 15	–
		2. Schicht	1,3 bis 2,0	–	7 bis 13	–	–
		o,.2. Scht.	1,3 bis 2,0	6 bis 11	–	–	–
Unstabile Bitumenemulsion	U 70 K	1. Schicht	1,0 bis 1,3	–	7 bis 13	–	–
		2. Schicht	1,3 bis 1,7	6 bis 11	–	–	–
Fluxbitumen	FB 500	1. Schicht	1,1 bis 1,5	–	–	12 bis 16	–
		2. Schicht	0,9 bis 1,4	–	10 bis 12	–	–
4. Sandwich – Oberflächenbehandlungen							
Unstabile Bitumenemulsion	U 70 K	1. Schicht	1,2	–	–	11 bis 13	–
		2. Schicht		13 bis 15	–	–	–
		1. Schicht	1,4 bis 1,5	–	–	12 bis 14	–
		2. Schicht		14 bis 16	–	–	–
		1. Schicht	1,7 bis 1,8	–	–	–	13 bis 15
		2. Schicht		–	15 bis 17	–	
Fluxbitumen	FB 500	1. Schicht	1,0	–	–	11 bis 13	–
		2. Schicht		13 bis 15	-	–	–
		1. Schicht	1,2 bis 1,3	–	–	12 bis 14	–
		2. Schicht		14 bis 16	–	–	
		1. Schicht	1,4 bis 1,5	–	–	–	13 bis 15
		2. schicht		–	15 bis 17	–	

Bild 2.102 Rampenspritze beim Aufspritzen von Bitumenemulsion

Bild 2.103 Anbausplittstreuer (wegeabhängig) mit geringer Fallhöhe des Splittes

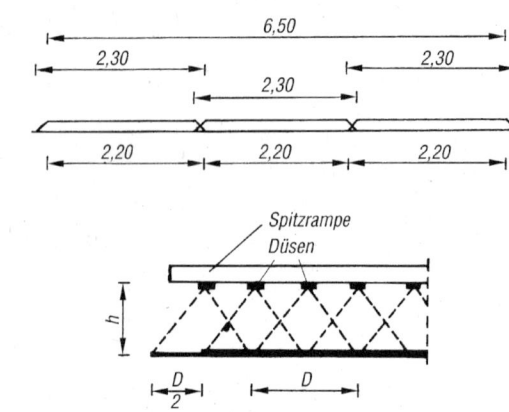

Bild 2.104 Arbeitsbahnen mit Überdeckung bei Oberflächenbehandlung mit Rampenspritze; $D = f(h)$

rung der Soll-Bindemittelmenge in den Überlappungsbereichen nach Bild 2.104 einzustellen. Spritzrampenbreite und Splittverteilerbreite sind aufeinander abzustimmen. Ist der letzte Arbeitsstreifen schmaler als die Normalarbeitsbreite nach Bild 2.104, so ist die erforderliche Breite durch Schließen einzelner Düsen am Spritzbalken und Abdecken eines entsprechenden Bereiches des Splittverteilers einzustellen [112]. Für Oberfächenbehandlungen werden Flux-Bitumen und unstabile Bitumenemulsionen mit Additiven, zunehmend auf der Basis polymermodifizierter Bitumen eingesetzt [111, 113, 114]. Damit wird dem „Schwitzen" der behandelten Flächen entgegengewirkt.

2.5.1.1.3. Bituminöse Schlämme [93]

Zum Abdichten oder zum Beschichten von bituminösen Fahrbahndecken werden parallel zu den OBN bituminöse Schlämmen eingesetzt. Ursprünglich wurde Heißbitumen in einem Zwangsmischer mit Füller und Wasser zu einem Konzentrat aufbereitet. Anschließend wurden Sand und Wasser zugesetzt. Seitdem hochstabile anionische Bitumenemulsionen verfügbar sind, konnte der Herstellungsprozeß verkürzt und effektiver gestaltet werden.

Beim Abdichten offener Oberflächen (z. B. abgenutzte Mischsplittbeläge) werden je m² 4 bis 5 kg Feuchtmasse ≙ 3 bis 4 kg Trockenmasse in zwei Arbeitsgängen aufgetragen. Der Einsatz kontinuierlich arbeitender Fahrmischer ist an die Liefermöglichkeit kationischer Bitumenemulsionen mit Dope-Mitteln (Brechzeitverzögerer) gebunden [115]. Die Dope-Mittel

2.5. Deckschichten

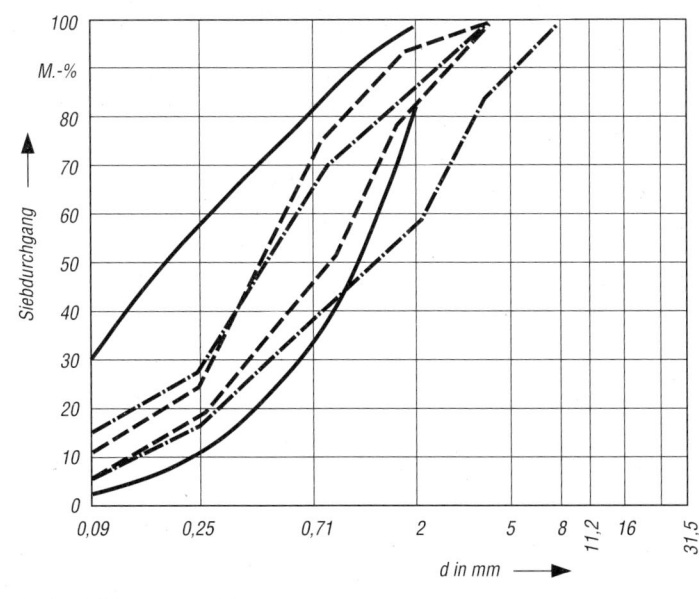

Bild 2.105 Sieblinienbereich für Schlämme 0/2
— nach [115];
– – – Frankreich;
–·–·– USA

Tafel 2.31 Baustoffbedarf für Bitumenschlämme 0/2 aus [93]

1. Mineralstoffe	Edelbrechsand und/oder Natursand, Gesteinsmehl
Körnung mm	0/2
Kornanteil > 2mm M.-%	≤ 20
2. Bindemittel Bindemittelart/-sorte	
a) bei warmer Witterung Temperatur > 15 °C	Bitumenemulsion, stabil, kationisch oder anionisch;
b) bei kühler Witterung Temperatur 5 bis 15 °C	Bitumenemulsion, stabil, kationisch
Bindmittelgehalt in der Trockenmasse[1]) M.-%	8,0 bis 12,0
3. Einbaumenge	
Trockenmasse kg/m²	1,5 bis 5,0
Wasser kg/m²	nach Verarbeitbarkeit

[1]) ohne Wasseranteil

ermöglichen das Mischen der kationischen Emulsionen mit Füller und Sand gemäß Bild 2.105 und bewirken eine Brechzeit, nach dem Auftragen der Schlämme, von etwa fünf Minuten. In Tafel 2.31 sind die Baustoffe aufgeführt.

Die mit Schlämmen behandelten Flächen sind solange zu sperren bis die Schicht durchgetrocknet ist. So darf eine zweite Schicht erst dann aufgebracht werden, wenn die erste befahrbar ist. Weil bei günstigem Wetter die mit Schlämme versehenen Flächen bald nach der Behandlung befahrbar sind, können mit besonderen Aufbereitungs- und Verlegemaschinen große Leistungen erreicht werden [116]. Auf Bild 2.105 ist das Funktionsprinzip der Schlämmeaufbereitung und -verlegung dargestellt.

Aus den guten Erfahrungen mit bituminösen Schlämmen haben sich gleichartige Einbauverfahren für „Dünne Schichten im Kalteinbau" entwickelt [117].

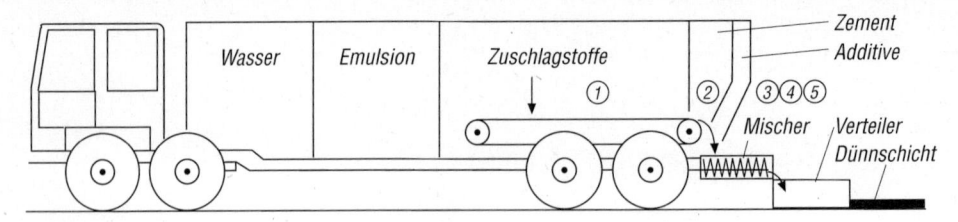

Bild 2.106 Misch- und Verlegegerät für dünne Schichten im Kalteinbau
1 Zuschlagstoffe   Austrag auf Förderband;
2 Zement   Austrag auf Förderband;
3 Wasser   Eintrag in Mischer;
4 Additive   Eintrag zusammen mit Wasser;
5 Emulsion   Eintrag in Mischer

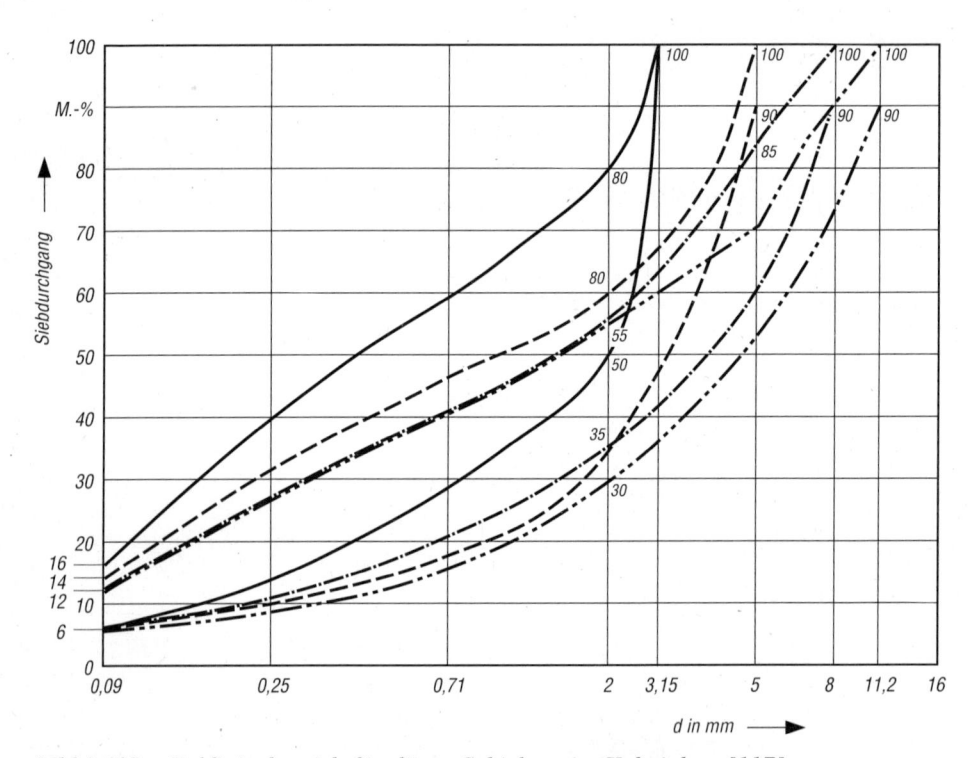

Bild 2.107 Sieblinienbereich für dünne Schichten im Kalteinbau [117]
——— Gemenge 0/3;   - - - - Gemenge 0/5;
—·—·— Gemenge 0/8;   —··—··— Gemenge 0/11

Die primär für die Instandsetzung vorgesehenen Rezepturen werden in Tafel 2.32 wiedergegeben. In Abhängigkeit vom Anwendungszweck werden Zuschlagstoffgemenge von 0/3 bis 0/11 mm mit speziellen kationischen Bitumenemulsionen in den Misch- und Einbaugeräten nach Bild 2.106 gemischt und ein- oder mehrlagig aufgetragen. Diese Beschichtungsschlämmen sind hinsichtlich des Fülleranteils < 0,09 mm sehr sorgfältig zu überwachen. In Bild 2.107 sind die Sieblinienbereiche eingezeichnet. Ein Anwalzen dieser Schichten ist nicht notwendig. Im Regelfall kann die Verkehrsfreigabe der überzogenen Flächen nach etwa 30 min erfolgen.

2.5. Deckschichten

Tafel 2.32 Dünne Schichten im Kalteinbau-Gemischzusammensetzung [117]

Gemischsorte			0/11	0/8	0/5	0/3
1. Zuschlagstoffe			Edelsplitt, -Brechsand, -Füller			
Körnung		mm	0/11	0/8	0/5	0/3
Kornanteil < 0,09 mm		M.-%	6 bis 12	6 bis 12	6 bis 14	6 bis 16
Kornanteil > 2 mm		M.-%	45 bis 70	45 bis 65	40 bis 65	20 bis 50
Kornanteil > 5 mm		M.-%	–	≥ 15	≤ 10	≤ 10
Kornanteil > 8 mm		M.-%	≥ 15	≤ 10	–	–
Kornanteil > 11 mm		M.-%	≤ 10	–	–	–
2. Bindemittel			Spezielle Bitumen-Emulsion, kationisch			
Bitumensorte			(B65) B80	(B65) B80 B200	(B65) B80 B200	– B80 B200
Bindemittelgehalt in der Emulsion		M.-%	60 bis 67	60 bis 67	60 bis 67	60 bis 67
Bindmittelgehalt in der Trockenmasse		M.-%	5 bis 6,5	5 bis 7	5,5 bis 8	7 bis 9
3. Zusätze			Nach besonderen Angaben			

2.5.1.2. Hohlraumreiche Deckschichten

2.5.1.2.1. Mischsplittbeläge

Mit den einfachen Aufbereitungsmaschinen zum Mischen und Umhüllen von Splitt mit Bitumen (primär Fluxbitumen) wurde nicht nur die Herstellung von Mischsplitt für die Streumakadamschichten möglich. Es konnten auch hohlraumreiche Mischsplittbeläge als Deck- und Schutzschichten über Tragschichten aus Tränk- oder Streumakadam sowie gereinigten und angespritzten Schotterdecken verlegt werden.

Diese dünnen Beläge wurden in Mengen von 40 bis 90 kg/m² eingebaut. Damit die gleichmäßige Verteilung mit einem Fertiger an der unteren Mengengrenze möglich blieb, war das Größtkorn auf 11 mm begrenzt. Für einen Mischsplittbelag von 60 kg/m² war folgende auf 1 m² bezogene Zusammensetzung üblich:

38 kg Splitt 11/16 (12/18)	63,3%
19,3 kg Splitt 5/11 (5/12)	32,2%
2,7 kg FB 60/90	4,5%
60,0 kg	100 %

Mischsplittbeläge wiesen in verdichtetem Zustand Anfangshohlraumgehalte um 15% auf. Der Verkehr bewirkte mit der Nachverdichtung auch geringe Kornzertrümmerungen. Die möglichst schadlose Nachverdichtung wurde durch die Verwendung eines niedrigviskosen Bindemittels, z. B. FB 60/90 aus B200 gesichert. Mischsplittbeläge haben sich infolge der niedrigen Viskosität des Bindemittels als verhältnismäßig unempfindlich gegenüber begrenzten Verformungen erwiesen. Das ist durch ihre Bewährung auf den nicht frostbeständig ausgebauten Nebennetzstraßen bestätigt.

Mischsplittbeläge haben sich für leichte Verkehrsbeanspruchung technisch und wirtschaftlich als Deckschichten bewährt. Die Herstellung war mit einfachen Trocken- und Mischanlagen (Erwärmung des Gesteins auf 130 °C, keine Heißabsiebung) unter Verwendung von Fluxbitumen (Verschnittbitumen) möglich. Das Fluxbitumen erlaubte Mischtemperaturen von 100 °C und Einbautemperaturen von 70 °C. Nach dem Auftragen mit Ausgleichsverteilern folgte die Verdichtung der dünnen Schichten mit Tandemwalzen (6 bis 10 t). Die Verkehrsübergabe war unmittelbar nach dem Verdichten möglich. Dann blieb der offene Belag 4 bis 6 Wochen der Verkehrseinwirkung ausgesetzt. In dieser Zeit konnten die Lösungsmittel weitgehend entweichen. Erst dann wurden die hohlraumreichen Deckschichten mit einem dichtenden Porenschluß (OBN oder bituminöse Schlämme) versehen.

Auf vielen Nebenstraßen sind diese Beläge noch anzutreffen. Ihre lange Gebrauchsdauer ist auf die wiederholten Oberfächennachbehandlungen zurückzuführen.

2.5.1.2.2. Dränasphalt [93]

Die Entwicklung des Asphaltstraßenbaus hat in letzter Zeit zahlreiche Erprobungen und Anwendungen des Dränasphalts aufzuweisen. Diese Drainasphalte sind durch einen Hohlraumgehalt um 20 Vol.% gekennzeichnet. Mit dieser neuartigen, hohlraumreichen Deckschicht werden zwei Ziele verfolgt:

- Vermeidung eines Wasserfilms auf der Fahrbahnoberfläche und der sichtbeeinträchtigenden Sprühfahnen.
- Reduzierung der Rollgeräusche und damit der Fahrgeräusche.

Die Forderung eines hohen beständigen Resthohlraumgehaltes in einer Asphaltdecke stellt neue Anforderungen an die Unterlage und die Gemischzusammensetzung:

Die Unterlage des Dränasphalts ist zu versiegeln, damit darauf das Niederschlagswasser ohne Schaden für die Befestigung seitlich abgeführt werden kann. Die Versiegelung wird auf einem Asphaltbinder zweckmäßig mit einem polymermodifizierten Bindemittel, 1,0 bis 1,2 kg/m^2 erreicht. Dieses wird mit einem zuverlässig dosierenden Rampenspritzgerät heiß aufgetragen. Damit die Verlegung des Gemisches nicht beeinträchtigt wird, ist diese Bindmittelschicht mit 5 bis 8 kg/m^2 Splitt abzustreuen. Das Gemisch besteht aus sehr sorgfältig aufgebautem Splittgemenge 2/11 mm mit sehr geringem Sand-Füller-Anteil und einem polymermodifizierten Bindemittel (PMB). Die Vorgabe von etwa 5% PMB macht bei diesem hohlraumreichen Gemisch den Zusatz eines Bindmittelträgers (0,2 bis 0,3% Cellulose) erforderlich.

In Anlehnung an die „Richtlinie für Dränasphaltschichten auf Flugplätzen" wird in [119] über systematische Erprobungen und Erfahrungen berichtet. Dort wurde auch Bild 2.108 als Rezepturorientierung für die Kornzusammensetzung entnommen. Beim Einbau ist darauf zu achten, daß keine Bindemittelanreicherung im Naht- oder Randbereich eintritt. Der Einbau sollte bei ≥ 120 °C, besser bei 140 °C erfolgen und zur Verdichtung eine Tandemglattmantelwalze eingesetzt werden. Der lärmmindernde Effekt läßt sich bei Gemischen 0/8 und 0/11 mit 2 bis 4 dB(A) nachweisen. Es gibt zahlreiche Erprobungen und Erfahrungen mit z. T. sehr widersprüchlichen Aussagen. Dort wo die selbstreinigende Wirkung nicht gesichert ist, bringt der Reinigungsaufwand erhebliche Probleme. Kann das Wasser seitlich nicht ungehindert abfließen, so kann durch Wasserstau und Gefrieren im Winter die Glatteisbildung gefördert werden.

2.5. Deckschichten

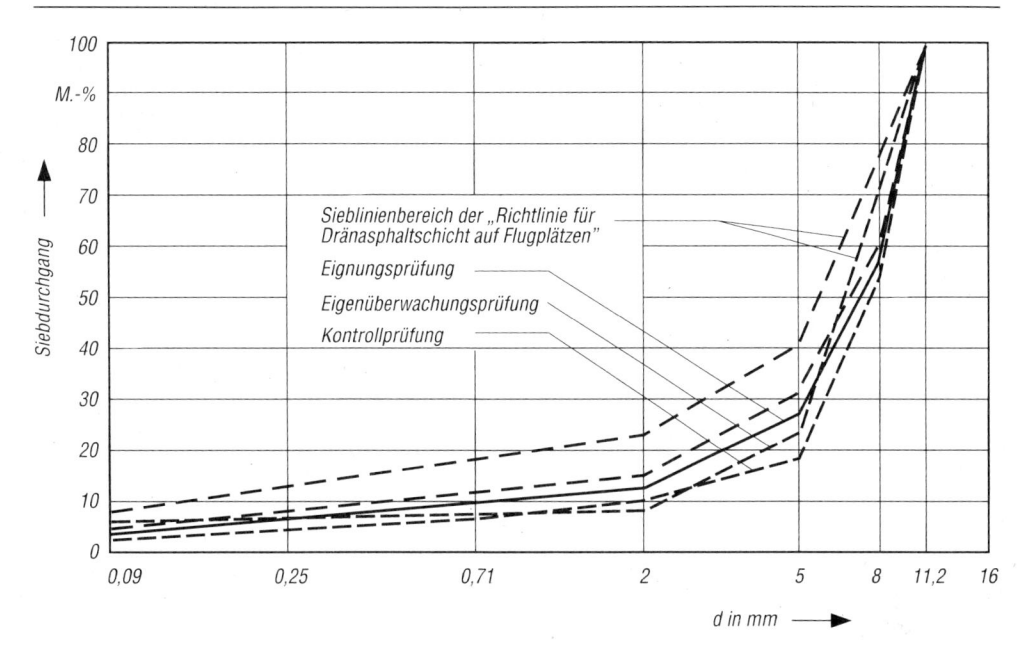

Bild 2.108 *Kornverteilungskurven eines Objektes: Eignungs-, Eigenüberwachungs- und Kontrollprüfungsvergleich [119]*

Die sehr aufwendige Herstellung wird die praktische Anwendung begrenzen. Der Preis wird im Vergleich zu einem Asphaltbeton 0/11 gleicher Schichtdicke (3 bis 6 cm) immer höher ausfallen. Die Empfehlungen lassen erkennen, daß noch weitere Untersuchungen notwendig sind [120, 121].

2.5.1.3. Hohlraumarme Deckschichten

Entsprechend der hohen Verkehrsbeanspruchung müssen die Deckschichten für Bauklassen SV, I bis V hohen Widerstand gegen Schubkräfte besitzen, homogen zusammengesetzt sein, geringe Abnutzung durch den Verkehr aufweisen, beständig hohe Beiträge zur Griffigkeit bei feuchter Fahrbahnoberfläche sichern und günstiges Reflexionsverhalten zeigen. Diese Eigenschaften können durch die Verwendung von hohlraumarmen Asphaltgemischen weitgehend erreicht werden.

Während die Anforderungen an den Widerstand gegen äußere Kräfte durch Eignungs- und Kontollprüfungen nachzuweisen sind, werden an die Ebenheit, die Gleitreibung und das Polierverhalten noch uneinheitliche Forderungen gestellt. Zwar existieren bereits Vorschriften für die Prüfverfahren, jedoch fehlen teilweise noch verbindliche Kriterien. Die Anstrengungen zur Festlegung allgemeiner Anforderungen an die Fahrbahnoberflächen aus hohlraumarmen Asphaltdeckschichten sind in vielen Staaten intensiviert worden. Dabei soll die Entwurfsgeschwindigkeit zur Differenzierung der Wechselwirkungen zwischen Kraftfahrzeug und Fahrbahn als kennzeichnender Qualitätskennwert herangezogen werden.

2.5.1.3.1. Anforderungen

Die anzustrebenden Eigenschaften von Oberflächen hohlraumarmer Deckschichten werden als Abnahme-Orientierung für neugebaute und erneuerte Straßenabschnitte vorangestellt:

Ebenheit
Hierfür werden zwei Meßverfahren empfohlen:

- 4m-Richtscheit oder Schnur. Die empfohlenen Werte sind in Tafel 2.33 enthalten. Die gleichen Werte gelten für Messungen mit dem „Planograph", der praktisch einem fahrbaren 4m-Richtscheit entspricht und über ein bewegliches Rad die Höhenänderungen aufschreibt [122].
- Auswertung der Streuungen, der mit dem Winkelmesser aufgenommenen und registrierten Winkelabweichungen w (Tafel 2.34). Mit Hilfe ergänzender Ausrüstungen können die Größen der Winkelabweichungen ausgedruckt und damit für die rechentechnische Auswertung verfügbar gemacht werden [122]. Das Meßprinzip besteht darin, daß an zwei gelenkig verbundenen Sehnen von 1,0 m Länge die gegenseitigen Winkelabweichungen gemessen werden (Bild 2.109). Beim Abfahren der Meßlinien wird in gleichen Abständen der Winkel w_i registriert; 60 cm (entsprechen einem Laufradumfang) haben sich bei Vergleichsuntersuchungen als zweckmäßig erwiesen.

Tafel 2.33 Grenzwerte für die Unebenheit bei maschinellem Einbau auf Straßen der Bauklassen SV, I bis VI [93]

Unterlage	Unebenheit in mm innerhalb einer 4 m langen Meßstrecke		
	Tragdeck-schichten	Binder-schichten	Deck-schichten
a) auf nicht mit Bindemittel gebundener Unterlage	≤ 10	≤ 10	–
b) auf mit Bindemittel gebundener Unterlage mit zul. Unebenheit > 6 mm	≤ 10	≤ 6	≤ 6
c) auf Asphaltunterlage mit zul. Unebenheit < 6 mm	–	–	≤ 4

Tafel 2.34 Standardabweichung s (Winkelmesser in Abhängigkeit von V_E)

Entwurfsgeschwindigkeit V_E in km/h	≥ 80	80 > V_E > 50	< 50
Standardabweichung der Winkeländerung	$s \leq 2{,}0‰$	$s \leq 2{,}4‰$	$s \leq 2{,}8‰$

Für Zustandsanalysen, die eine Bewertung der Oberflächenveränderungen nach dem Kriterium Ebenheit über längere Zeit ermöglichen bzw. die Beurteilung vorhandener Straßen mit dem Kriterium Befahrbarkeit erlauben, sind eine große Anzahl rationell aufnehmender und auswertender Spezialfahrzeuge entwickelt worden [123, 124]. Für die Bauabnahme sind einfach handhabbare, ggf. unmittelbar auffindbare Mängel nachweisende Ausrüstungen wichtig.

Gleitreibungsbeiwert der Fahrbahnoberfläche
An die Straßenoberfläche sind als Grundlage hoher Gleitreibungswerte grundsätzlich folgende Forderungen zu stellen:

- Sicherung ausreichender Mikrorauhigkeit der Oberfläche durch Verwendung von Zuschlagstoffen aus schwer polierbarem Gestein.

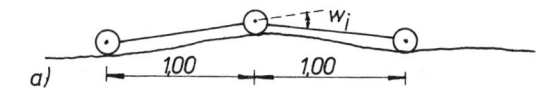

2.5. Deckschichten

Nr.	w_i-Werte +	w_i-Werte -	w_i^2
1	2,5		6,25
2	3,9		15,21
3		0,2	0,04
4	1,2		1,44
5	2,9		8,41
6	0,0		0,00
7	0,0		0,00
8	2,3		5,29
9	1,0		1,00
10	2,0		4,00
Σ	15,8	0,2	41,64

Nr.	w_i-Werte +	w_i-Werte -	w_i^2
Übertr.	15,8	0,2	41,64
11	4,0		16,00
12	2,9		8,41
13	3,0		9,00
14	2,0		4,00
15		1,2	1,44
16	1,7		2,89
17	2,0		4,00
18	2,9		8,41
19	2,2		4,84
20	1,8		3,24
Σ	38,3	1,4	103,87

Bild 2.109 Ebenheitsmessung mit dem Winkelmesser
a) Meßprinzip; b) Beispielauswertung

b) $S = \sqrt{\dfrac{20 \cdot 103{,}87 - 36{,}9^2}{20(20-1)}} = 1{,}37\,‰$

Obere Toleranz bei 95 % Wahrscheinlichkeit;
$s_O = 1{,}73 \cdot 1{,}37\,‰ = 2{,}37\,‰$

- Sicherung hoher Makrorauhigkeit durch Verwendung zäher Gesteine und nicht zu hoher Feinkornanteile im Gemisch.
- Schnelle Abführung des Oberflächenwassers durch Quer- und Längsneigung.

Bei trockenem Wetter weisen sämtliche Fahrbahnoberflächen ausreichend hohe Gleitreibungsbeiwerte auf. Bei Ausbildung von Eisfilmen auf der Fahrbahnoberfläche hat die Deckschicht keinen wesentlichen Einfluß mehr auf die Gleitreibung. Deshalb sind die Mindestforderungen an die Gleitreibung auf regennasse Oberfächen bezogen. In Bild 2.110 sind die idealisierten Oberflächentypen und die Abhängigkeit des Gleitbeiwertes von der Geschwindigkeit dargestellt. Damit wird die Bedeutung der beständigen mikro- und makrorauhen Fahrbahnoberflächen für Straßen, auf denen Geschwindigkeiten > 50 km/h gefahren werden, nachdrücklich unterstrichen.

Typ	Oberflächengeometrie	Erklärung
a	———	keine Feinrauhheit, keine Grobrauhheit
b	∿∿∿∿	Feinrauhheit
c	⌒⌒⌒	Grobrauhheit, ohne Feinrauhheit
d	⌒∿⌒∿	Feinrauhheit + Grobrauhheit

a)

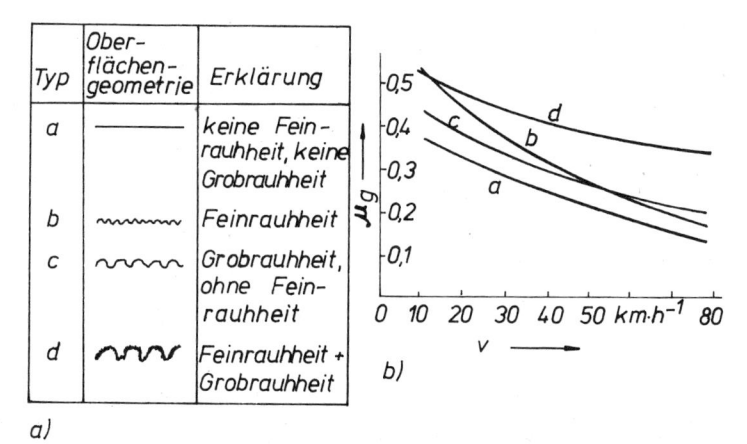

Bild 2.110 Prinzip der Wechselwirkungen Rauhigkeit-Gleitbeiwert (feucht)
a) idealisierte Oberflächengeometrie;
b) Tendenz der Gleitbeiwerte μ_g in Abhängigkeit von der Geschwindigkeit

- Bestimmung des Gleitreibungsbeiwertes μ_g mit dem SRT-Pendelgerät (Skid-Resistance-Tester) [125]
  Das Pendelgerät ist für die Durchführung von Stichprobenmessungen sowie zu Kontrollmessungen geeignet. Der kleinere Pendelausschlag ergibt den höheren SRT-Wert. Weil der SRT-Wert allein nur ungenügend die Makrorauhigkeit der Fahrbahnoberfläche erfaßt, wird ergänzend die Rauhtiefe gemessen.
- Messung der Rauhtiefe
  Hierzu wird eine Sandmenge (Feinsand 0,063/0,2 mm) von 25 cm³ auf der Fahrbahnoberfläche mit einer Hartgummischeibe eingestrichen und aus der mit Sand ausgefüllten Fläche auf die Rauhtiefe geschlossen:

$$T = \frac{25000 \text{ mm}^3}{A \text{ in mm}^2}$$

In Tafel 2.35 sind die Anforderungen angegeben. Bei Oberflächen mit sehr geringer Makrorauheit wird die Anwendung des Ausflußmessers empfohlen [125].

Tafel 2.35 Untere Toleranzgrenze für Gleitreibungsbeiwert μ_g und Rauhtiefe T

Entwurfsgeschwindigkeit	$V_E > 50$ km/h	$V_E \leq 50$ km/h
Gleitreibungsbeiwert	$\mu_g \geq 55$ SRT-Einheiten	$\mu_g \geq 50$ SRT-Einheiten
Rauhtiefe	$T > 0,5$ mm	nicht festgelegt

- Messung mit dem blockierten Schlepprad
  Die Unterschiede der Griffigkeit in Abhängigkeit von der Oberfächengestalt, der Oberflächenbeschaffenheit (Witterung) und der Geschwindigkeit sind besonders mit Hilfe von blockierten Rädern und den dabei bestimmten Gleitreibungsbeiwerten durch viele Untersuchungen aufgeklärt worden. Die Forderungen, die mit dem blockierten Schlepprad kontrolliert werden können, sind als wichtige Ergänzung zur SRT-Messung in Tafel 2.36 aufgeführt. Es ist möglich für bestimmte Straßenabschnitte Korrelationen zwischen SRT-Messung und Gleitreibungsbeiwert bei bestimmter Geschwindigkeit zu finden [125]. Wichtiger sind die Bestimmung des Gleitreibungsbeiwertes bei hohen Geschwindigkeiten und die Verringerung der Streuungen auf den gleichartigen Fahrbahnoberflächen. An Bild 2.111 ist die Spannweite zu erkennen, die praktisch schwer einzuschränken ist [126, 127].

Tafel 2.36 Untere Toleranzgrenze für den Gleitreibungsbeiwert (blockiertes Schlepprad) [117]

Entwurfsgeschwindigkeit V_E	40 km/h	60 km/h	80 km/h
Gleitreibungsbeiwert μ_g	$\geq 0,42$	$\geq 0,33$	$\geq 0,26$

Tafel 2.37 Untere Toleranzgrenze für den Polierwert in SRT-Einheiten nach [117]

Entwurfsgeschwindigkeit V_E	> 50 km/h	≤ 50 km/h
Polierwert	$p_w \geq 45$ SRT	$p_w \geq 40$ SRT

2.5. Deckschichten

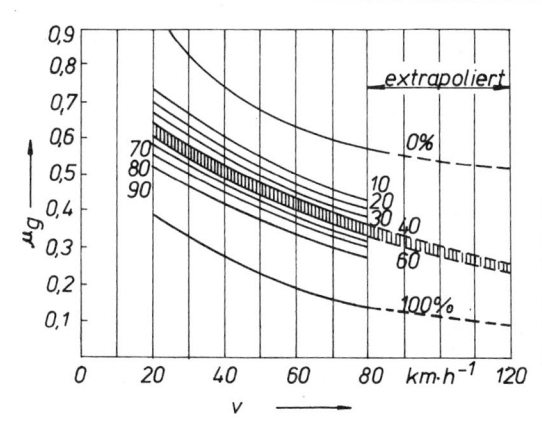

Bild 2.111 Streubreite der Gleitbeiwerte am blockierten Schlepprad auf hochwertigen, neuen, nassen Fahrbahnoberflächen [126]
60 % bedeutet: 60 % aller Werte waren größer als der Kurvenverlauf anzeigt

Bestimmung der Polierbarkeit als Grundlage der Mikrorauhigkeit
Hierzu sind Vorrichtungen entwickelt worden, mit denen das Polierverhalten von Deckschichtproben geprüft werden kann [128, 129]. Mit dem Poliergerät nach [128] liegen Erfahrungen vor, die es gestatten, Grenzwerte des Polierwiderstandes festzulegen (Tafel 2.37). Schlecht polierfähig und deshalb bevorzugt zu verwenden sind Quarzporphyre, Diorit, Diabas und bedingt Grauwacke. Basalte und Kalksteine sind für Fahrbahnoberflächen nicht geeignet. Bei Veränderungen des Gesteinsgemenges für Asphaltdeckschichten kann eine Polierprüfung in Auftrag gegeben werden. Diese Poliermaschinen sind nur in wenigen Laboratorien vorhanden. In [130] sind neue Vorschriften enthalten, nach denen der Polierwert von Splitt mit Hilfe sehr aufwendiger Vorrichtungen bestimmt werden kann. Dieser Nachweis ist von den Zuschlagstofflieferanten zu erbringen.

Helligkeit – Reflexionseigenschaften [131, 132]
Die Verkehrssicherheit und der wirtschaftliche Umgang mit Elektroenergie bei Straßenbeleuchtungen zwingen zur stärkeren Beachtung der Farbgebung und der Refexionseigenschaften von Fahrbahnoberfächen [133]. Die Reflexionseigenschaften werden von der Rauheit der Oberfläche beinflußt. Rauhe Oberflächen reflektieren das einfallende Licht diffus, was der Blendwirkung feuchter Fahrbahnoberflächen bei Dunkelheit entgegenwirkt. Bei glatten Oberflächen treten verkehrsgefährdende Blendwirkungen auf. Helle, widerstandsfähige Zuschlagstoffe bewirken einen höheren, auch für nasse Oberflächen ausreichenden Reflexionsgrad (Tafel 2.38).

In Tafel 2.39 sind die Anforderungen an städtische Hauptnetzstraßen angegeben, die schrittweise erfüllt werden sollten. Der Leuchtdichtekoeffizient

$$q_p = L/E \text{ in cd/lm}$$

kann mit einer relativ einfachen Meßanordnung und dazugehörigen Auswertevorschriften berechnet werden. Dabei sind:

L Leuchtdichte eines Flächenelements in cd
E Beleuchtungsstärke des gleichen Flächenelements in lm

Die vorgeschlagenen Forderungen sind bei Umbauten und Erneuerungen durchzusetzen, damit sie im Laufe einer längeren Zeit umfassend auf den städtischen Hauptstraßen realisiert werden.

Tafel 2.38 Reflexionsgrade bei verschiedenen Fahrbahnoberflächen

Fahrbahnoberflächen ohne besondere Aufhellung			Fahrbahnoberflächen mit aufgehellten Zuschlagstoffen		
Art der Deckschicht	Reflexionsgrad		Asphaltbeton 0/11	Reflexionsgrad	
	trocken	feucht		trocken	feucht
Asphaltbeton	0,15	0,07	mit 40% Quarzit	0,28	0,21
Gußasphalt	0,10	0,05	mit 60% aufgehelltem Flint	0,31	0,26
Granitpflaster	0,20	0,09	mit 40% synthetischem Aufheller	0,32	0,29
Zementbeton	0,30	0,15			
Oberflächenbehandlung mit heller Schlämme	0,16	0,14	Barytweiß	1,00	1,00

Tafel 2.39 Helligkeitsanforderung für städtische Hauptstraßen

Fahrbahnbeschaffenheit	trocken	feucht
Reflexionsgrad auf Barytweiß bezogen	>0,25	>0,20
Leuchdichtekoeffizient q_p	$0,060 < q_p < 0,150$	

2.5.1.3.2. Asphaltbeton [93]

Die hohe Schubfestigkeit dieser als Deck- und Binderschicht verwendeten heiß einzubauenden Aspaltgemische resultiert aus der großen inneren Reibung des Zuschlagstoffgemenges und der mit mittelharten Bitumen und angemessenen Fülleranteilen gesicherten Kohäsion. Der mit 1 bis 5 Vol.% festgelegte, gleichmäßig verteilte Hohlraumgehalt für die Eignungsprüfung (Marshallkörper) bzw. <6 bzw. <7 Vol.% für die eingebaute Schicht sichern die beständige Abstützung des Korngerüstes und eine gleichmäßig geschlossene Oberfläche. Die Verwendung ausgesuchter Zuschlagstoffe und deren Rezeptur sind auf dauerhafte Mikro- und Makrorauhigkeit der Fahrbahnoberfläche sowie geringen Verschleiß gerichtet, um möglichst hohe Gleitreibungswerte und eine geringe Abnutzung zu gewährleisten.

Baustoffe
- Zuschlagstoffe
  Verwendet werden Edelsplitte und Edelbrechsande aus Eruptiv- oder hartem Sedimentgestein. Für die Deckschichten werden besonders gute Adhäsioneigenschaften gegenüber Bitumen, geringe Polierfähigkeit, hoher Abnutzungswiderstand und möglichst helle Farbe verlangt. Natursande 0/2 mm müssen gleichmäßig zusammengesetzt und von schädlichen organischen Beimengungen frei sein.
- Füllstoffe – Füller
  Als Füllstoffe werden vorwiegend Kalksteinmehle, Schiefermehle und Rückgewinnungsfüller eingesetzt. Füllstoffe sollen ungleichkörnig zusammengesetzt sein und mit mehr als 80% das 0,09 mm-Maschensieb passieren.

2.5. Deckschichten

- Straßenbaubitumen
  Die hohen Qualitätsanforderungen können nur im Heißeinbau erfüllt werden. Es werden Bitumen B65 oder B80 verwendet.
- Qualitätsanforderungen an das Asphaltgemisch und Eignungsprüfung:
  Raumdichte und Hohlraumgehalt am Probekörper
  Einbaumasse und Einbaudicke
  Verdichtungsgrad $\geq 97\%$
  Hohlraumgehalt am Bohrkern.

Zu Vergleichszwecken werden Spaltzugprüfungen durchgeführt. Die dabei gewonnenen Dehnungsmeßwerte können zur Berechnung des E-Moduls herangezogen werden.

Als Ergänzung der Marshallstabilität sind für Deckschichten aussagefähige Scherfestigkeitsprüfungen zu entwickeln, da diese die Festigkeitseigenschaften des Gemisches besser wiedergeben können.

Gewährleistung günstiger Siebsummenlinien

In Bild 2.112a und b sind die Siebsummenlinien für die verschiedenen Asphaltbetone angegeben, die die Beschaffbarkeit der Baustoffe und die Schichtdicke bzw. die Anordnung in der Deckschicht berücksichtigen. Diese „klassischen" Sieblinienbereiche sind das Ergebnis von Erfahrungen. Weitere Anforderungen enthält Tafel 2.40. Bei der Bestimmung der Zuschlagstoffzusammensetzung mit günstigen Sollsiebsummenlinien ist zu beachten, daß die einzelnen Fraktionen Über- und Unterkornanteile enthalten. Dementsprechend sind die Anteile der einzelnen Fraktionen festzulegen.

Tafel 2.40 Anforderungen für Asphaltbeton (Heißeinbau)

Asphaltbeton		0/16 S	0/11 S	0/11	0/8	0/5
Brechsand-Natursand-Verhältnis		$\geq 1:1$	$\geq 1:1$	$\geq 1:1$	$\geq 1:1$	–
Bindemittelsorte		B65 (B80)[1]	B65 (B80)[1]	B80 (B65)[1]	B80 (B65)[1]	B80 (B200)[1]
Bindemittelgehalt	M.-%	5,2 bis 6,5	5,9 bis 7,2	6,2 bis 7,5	6,4 bis 7,7	6,8 bis 8,0
Hohlraumgehalt am Marshallkörper Vol.-% Baukl. SV, I, II, IIIS, StSLW Baukl. III und IV Baukl. V und VI		3,0 bis 5,0	3,0 bis 5,0	2,0 bis 4,0 1,0 bis 3,0	2,0 bis 4,0 1,0 bis 3,0	1,0 bis 3,0
Einbaudicke Einbaumasse	cm kg/m²	5,0 bis 6,0 120 bis 150	4,0 bis 5,0 95 bis 125	3,5 bis 4,5 85 bis 115	3,0 bis 4,0 75 bis 100	2,0 bis 3,0 45 bis 75
Verdichtungsgrad	%	≥ 97	≥ 97	≥ 97	≥ 97	≥ 96
Hohlraumgehalt, eingebaut (Bohrkern)		≤ 7	≤ 7	≤ 6	≤ 6	≤ 6

[1]) Nur in besonderen Fällen

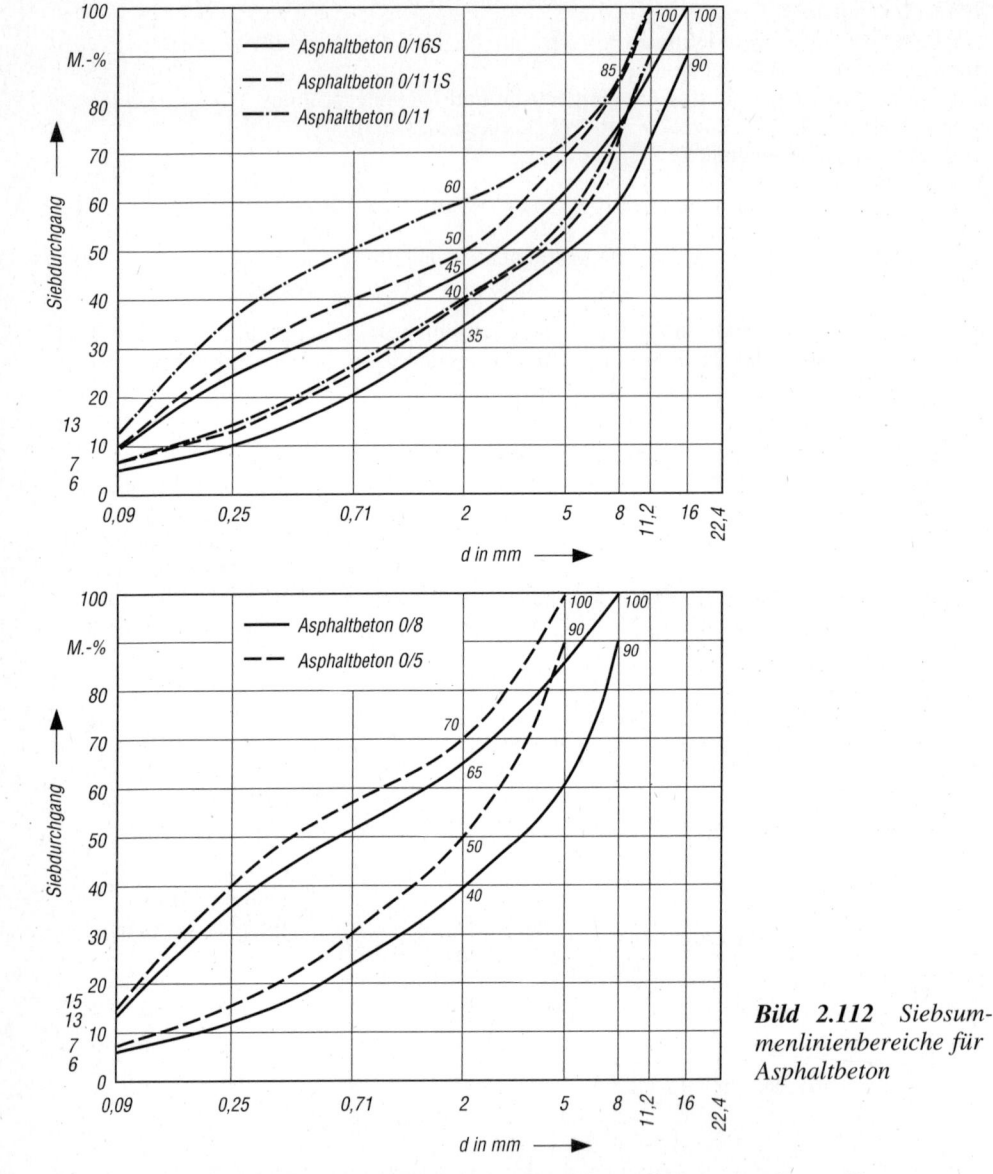

Bild 2.112 Siebsummenlinienbereiche für Asphaltbeton

In Tafel 2.41 wird das Schema für die iterative Ermittlung einer vorgegebenen Kornzusammensetzung aus verschiedenen Ausgangsfraktionen an einem Beispiel gezeigt [134]. Dabei werden die Über- und Unterkornanteile der Ausgangsfraktionen berücksichtigt. Bekannte Werte:

g_{i0} Anteil der Kornklasse i am gesamten Zuschlagstoffgemenge nach der Sollinie
$\Sigma g_{i0} = 100\%$

q_{ik} Anteil der Kornklasse i in der Fraktion k in %

Die Berechnung der Korrekturfaktoren c_k^i des Zugabeanteils der einzelnen Ausgangsfraktionen k beginnt in jeder Näherungsstufe mit der gröbsten Fraktion, bezieht sich auf die der Korngrößenbezeichnung der jeweiligenAusgangsfraktion entsprechenden Kornklasse ($i = k$) und wird nach folgender Formel vorgenommen:

2.5. Deckschichten

Tafel 2.41 Schema und Beispiel für die Ermittlung einer Sollsieblinie aus gegebenen Fraktionen: Asphaltbeton 0/11 S

Ausgangsfraktionen, Kornklassen i			$i=1$ <0,09 mm	$i=2$ 0,09 bis 2,0	$i=3$ 2,0 bis 5,0 mm	$i=4$ 5,0 bis 8,0 mm	$i=5$ 8,0 bis 11,2 mm	$i=6$ 11,2 bis 16,0 mm	Korrekturfaktor $C_k^x \%$	Zugabeanteil g_{zk}
k			%	%	%	%	%	%		
	Sollsieblinie	g_{i0}	10	35	15	17	23	0		
$k=1$ <0,09 mm	Siebanalyse	q_{i1}	86,5	13,5						
	1. Näherung ($x=1$)	g_{i1}^1	7,2	1,1					8,3	
	2. Näherung ($x=2$)	g_{i1}^2	7,0	1,1					8,1	
	3. Näherung ($x=3$)	g_{i1}^3	6,9	1,1					8,0	8,0
$k=2$ 0,09 bis 2,0 mm	Siebanalyse	q_{i2}	7,2	78,3	12,3	2,2				
	1. Näherung ($x=1$)	g_{i2}^1	2,7	29,2	4,6	0,8			37,3	
	2. Näherung ($x=2$)	g_{i2}^2	3,0	32,7	5,1	0,9			41,7	
	3. Näherung ($x=3$)	g_{i2}^3	3,1	33,2	5,2	0,9			42,4	42,4
$k=3$ 2,0 bis 5,0 mm	Siebanalyse	q_{i3}	0,5	4,2	89,1	6,2				
	1. Näherung ($x=1$)	g_{i3}^1	0,1	0,6	12,4	0,8			13,9	
	2. Näherung ($x=2$)	g_{i3}^2	0,0	0,5	9,9	0,7			11,1	
	3. Näherung ($x=3$)	g_{i3}^3	0,0	0,4	9,1	0,7			10,2	10,2
$k=4$ 5,0 bis 8,0 mm	Siebanalyse	q_{i4}		1,0	2,4	92,1	4,5			
	1. Näherung ($x=1$)	g_{i4}^1		0,2	0,4	14,5	0,7		15,8	
	2. Näherung ($x=2$)	g_{i4}^2		0,1	0,4	14,4	0,7		15,6	
	3. Näherung ($x=3$)	g_{i4}^3		0,1	0,4	14,3	0,7		15,5	15,5
$k=5$ 8 bis 11,2 mm	Siebanalyse	q_{i5}			2,1	4,8	90,8	2,5		
	1. Näherung ($x=1$)	g_{i5}^1			0,5	1,1	21,3	0,6	23,5	
	2. Näherung ($x=2$)	g_{i5}^2			0,5	1,1	21,7	0,6	23,9	
	3. Näherung ($x=3$)	g_{i5}^3			0,5	1,1	21,7	0,6	23,9	23,9
$k=6$ 11,2 bis 16 mm	Siebanalyse	q_{i6}								
	1. Näherung ($x=1$)	g_{i6}^1								
	2. Näherung ($x=2$)	g_{i6}^2								
	3. Näherung ($x=3$)	g_{i6}^3								
		g_{i0}^3	10,0	34,8	15,2	17,0	22,4	0,6	$\sum_1^m g_{zk}$	100%

$$c_k^x = c_k^{x-1} + 100 \frac{g_{i0} - \sum_{k=k+1}^{m} g_{ik} - \sum_{k=1}^{k} g_{ik}^{x-1} - \sum_{i=k+1}^{n} g_{ik}^{x-1}}{\sum_{k=1}^{k} q_{ik} + \sum_{i=k+1}^{n} q_{ik}}$$

c_k^x Korrekturfaktor für die Fraktion k aus der x-ten Näherung in %
c_k^{x-1} Korrekturfaktor für die Fraktion k aus der der Näherung vorausgegangenen Näherung in %
g_{ik}^x Anteil der Kornklasse i aus der Fraktion k am gesamten Zuschlagstoffgemenge in der x-ten Näherungsstufe

Unter gewissen Voraussetzungen vereinfacht sich die Formel zur Berechnung der Korrekturfaktoren:

- Für die erste Näherungsstufe entfallen die Glieder mit dem hochgestellten Index $x-1$. Es existieren dann c_k^{x-1} nicht und auch keine Werte g_{ik}^{x-1}.
- Eine Summierung über $i = k+1$ erfolgt nur bei der gröbsten Fraktion, wenn diese Überkornanteile enthält. Damit werden die Überkornanteile der gröbsten Fraktion auf deren Sollkornanteil angerechnet. Enthält die gröbste Fraktion kein Überkorn, so sind auch hier die Glieder:

$$\sum_{i=k+1}^{n} g_{ik}^{x-1} \quad \text{und} \quad \sum_{i=k+1}^{n} q_{ik} = \text{Null}.$$

- Mit den Korrekturfaktoren c_k^x können die Kornklassenanteile aller Fraktionen k berechnet werden:

$$g_{ik}^x = c_k^x \cdot q_{ik}$$

Der Ist-Anteil der Kornklasse i am gesamten Zuschlagstoffgemenge ergibt sich für die Näherung x als Summe der Kornklassenanteile g_{ik}^x aller Fraktionen k:

$$g_{i0}^x = \sum_{k=1}^{m} g_{ik}^x$$

Die Iterationsrechnung kann abgebrochen werden, wenn $g_{i0}^x = g_{i0}$ weitgehend erfüllt wird.

Im Regelfall reicht die dritte Näherung aus, und c_k^3 ist dann der Zugabeanteil g_{ik} der Fraktion k.

Die Arbeitsschritte können am Beispiel der Tafel 2.41 verfolgt und überprüft werden. Inzwischen ist das Verfahren rechentechnisch aufbereitet und für die schnellen Korrekturen der Fraktionsdosierung an den Mischanlagen verfügbar [135]. Die Anwendung dient nicht nur der regelmäßigen Kontolle der angelieferten Fraktionen und evtl. Korrektur der Vordosierung. Bei Veränderung der Lieferwerke ist im Regelfall auch eine Veränderung an den Doseuren notwendig.

Wenn wesentliche Rohdichteunterschiede bestehen, sind die Kornklassenanteile nicht in Masse-, sondern in Volumenanteilen des Gesamtgemenges zu berechnen. In Tafel 2.42 ist ein Beispiel angeführt, in dem gleichzeitig die unterschiedliche Rohdichte der verschiedenen Blähtonfraktionen abzulesen ist [89].

Füller, Anforderung und Verhalten
Der Füller muß in Asphaltgemischen zwei Aufgaben gerecht werden:

         Ausfüllung der Hohlräume
         Versteifung des Bindemittels

2.5. Deckschichten

Tafel 2.42 Berücksichtigung unterschiedlicher Rohdichten bei der Ermittlung günstiger Siebsummenlinien und deren Umrechnung in Masseanteile

Zuschlagstoffart und Kornklasse	ρ_1	Anteile	$\rho_1 \cdot$ Anteile	ber. Anteile
	g/cm³	Vol.-%	g/cm³ · Vol.%	M.-%
Sand 0/2	2,653	28,0	74,3	45,0
Blähton 0/5	1,378	29,1	40,1	24,3
Blähton 5/11	1,255	26,7	33,5	20,3
Blähton 11/22	1,054	16,2	17,1	10,4
Summe		100,0	165,0	100,0

Für hohlraumarme Gemische wird die Füllermenge nach zwei Verfahren abgeschätzt:

Theorie der weitgehenden Hohlraumfüllung mit der Fullergleichung

$$p = (d/D)^{1/2} \cdot 100 \quad \text{(Tafel 2.43)}$$

Tafel 2.43 Berechnung des Füllerbedarfs nach dem Hohlraumminimum

Korngemenge	in mm	0/4	0/8	0/11	0/16	0/22
Mindestfülleranteil	in %	15,0	10,6	9,0	7,5	6,4

Mörteltheorie

Aus dem vorgesehenen Sand-Splitt-Gemenge mit dem zugehörigen günstigen (rechnerisch) Bindemittelgehalt werden Marshallprobekörper hergestellt und deren Hohlraumgehalt H_{bit} bestimmt. Bis auf den festgelegten Resthohlraumgehalt ΔH (i. M. 3 Vol.%) ist dieser mit bituminösem Mörtel (Gemisch aus Bitumen und Füller) auszufüllen:

$$M = \frac{\rho_M}{\rho_{R,bit}}(H - \Delta H)$$

M erforderliche Mörtelzusatzmenge in M.% bezogen auf die Menge des Sand-Splitt-Bitumen-Gemisches = 100%
ρ_M Gemischrohdichte des Mörtels
$\rho_{R,bit}$ Rohdichte des Sand-Splitt-Bitumen-Gemisches
$(H-\Delta H)$ mit bituminösem Mörtel auszufüllender Hohlraum in Vol.%

Wenn die Mörtelmenge bekannt ist, gilt für die benötigte Füllermenge (ebenfalls in M.% auf die Menge des Sand-Splitt-Bitumen-Gemisches bezogen):

$$F_ü = \frac{100\% - B}{100\%} \cdot M$$

B Bindemittelgehalt, bei dem die höchste Rohdichte an Marshallkörpern aus bituminösem Mörtel bestimmt wurde in % (für Kalksteinfüller $B \approx 16\%$).

Die empfohlenen Füller-Bindemittelverhältnisse sind als Orientierung zu verwenden: Für Asphaltbetone gilt folgender Bereich:

$$F:B \text{ etwa } 5/5 \text{ bis } 15/9 = 1,0 \text{ bis } 1,67$$

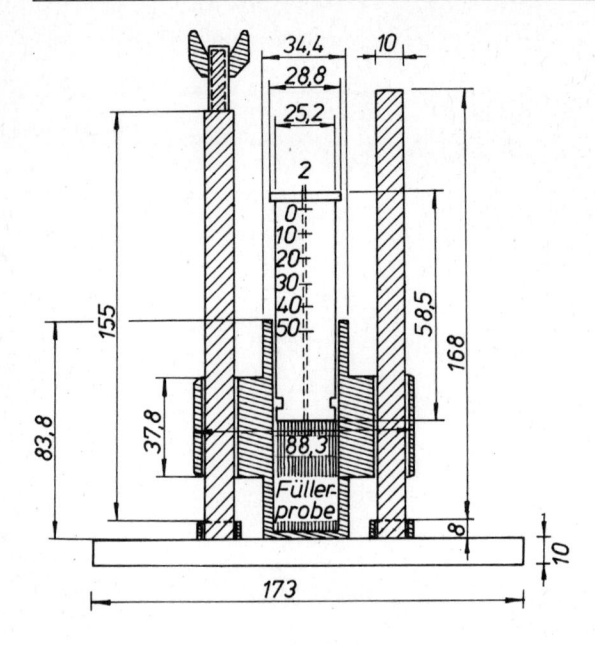

Bild 2.113 Füllerverdichtungsgerät nach Ridgen
Gesamtmasse einschließlich Füllerprobe 850 bis 900 g; Masse des auf dem Füller aufsitzenden Lastkörpers 350 g

Im konkreten Fall ist es zweckmäßig, die erforderliche Füllermenge mit der Mörteltheorie abzuschätzen. Die endgültige Festlegung erfolgt unter Beachtung des jeweiligen Füllermaterials und der Bindemittelsorte mit der komplexen Eignungsprüfung.

Beurteilungsmöglichkeiten für Füller
- Bestimmung des Erweichungspunktes R u K mit verschiedenen F:B-Verhältnissen
- Hohlraumgehaltsbestimmung am trockenen, verdichteten Füllstoff nach *Ridgen*
- Bestimmung des Koeffizienten der Hydrophilie
- Angenäherte Berechnung der Oberfläche nach *Pöpel*

Die Hohlraumgehaltsbestimmung nach *Ridgen* hat sich als sehr aussagefähig erwiesen. Mit Hilfe einer Vorrichtung nach Bild 2.113 werden 10 g des trocknen Füllers verdichtet und der je Volumen des verdichteten Füllers verbliebene Hohlraum berechnet:

$$H = 1 - \frac{m}{A \cdot d \cdot \rho_F}$$

m	Masse des verdichteten Füllers ($m = 10$ g)
A	Querschnitt des Versuchszylinders
d	Höhe des verdichteten Füllers im Versuchszylinder in cm
ρ_F	Reindichte des Füllers in g/cm³
ρ_{Ri}	$= \rho_F (1 - H) = m/(A \cdot d)$
ρ_{Ri}	Trockendichte nach *Ridgen* in g/cm³

Das Ergebnis der Hohlraumgehaltsbestimmung kann weiterverwendet werden. Bei hoher Verdichtung eines Füller-Bindmittelgemisches wird innerhalb des vom Füller beanspruchten Volumenanteils V_{Fa} eine dem Volumenanteil $V_{Fa} - V_F = V_{Fa} \cdot H$ entsprechende Bitumenmenge gebunden (Bild 2.114). Ist $V_{FR} = 1 - H$ der Anteil des Füllerkorns am Volumen der trockenverdichteten Füllerprobe nach Ridgen, dann stehen die Volumenanteile V_{Fa} und V_F am Volumen des Füller-Bindemittel-Gemisches zu V_{FR} in folgender Beziehung:

$$V_{Fa} = V_F / V_{FR}$$

Der Volumenanteil V_{Fa} wird als „scheinbar fester" oder Packvolumenanteil bezeichnet.

2.5. Deckschichten

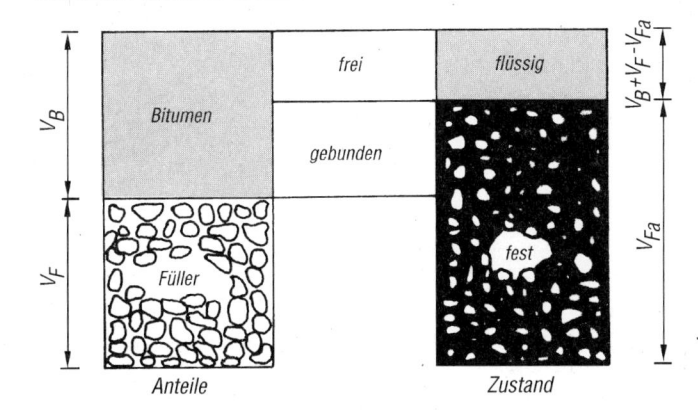

Bild 2.114 Raumaufteilung für Füller-Bindemittel-Gemische

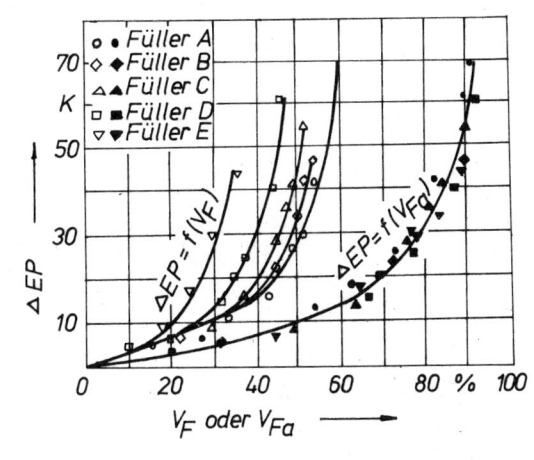

Bild 2.115 Anstieg des EP eines B80 mit verschiedenen Füllern als Funktion des wirklichen und „scheinbaren" Fülleranteils [136] ($V_{FR} = 66,5\%$)

Diese Betrachtung ermöglicht eine allgemeine Darstellung der Zunahme des Erweichungspunktes R u K in Abhängigkeit vom Packvolumenanteil V_{Fa} (Bild 2.115).

V_{FR} soll > 60% (55) betragen [137]

Zur Bestimmung des Koeffizienten der Hydrophilie, d. h. der Wasserempfindlichkeit, wird der Absetzvorgang von in destilliertem Wasser und in nichtpolarem Petroleum aufgeschwemmten gleichen Mengen des gleichen Füllers am Absetzvolumen beobachtet. Nach Abschluß der Absetzvorgänge wird der Koeffizient der Hydrophilie K_h berechnet:

$$K_h = \frac{\text{Absetzvolumen in destilliertem Wasser } (V_1)}{\text{Absetzvolumen in nichtpolarem Petroleum } (V_2)} < 1 \text{ [137]}.$$

Die angenäherte Berechnung der Oberfläche O nach *Pöpel* geschieht nach der Formel:

$$O = \frac{600}{\rho_F \cdot a} \quad \text{in cm}^2/100 \text{ g}$$

$$a = \frac{0,00234}{F^{3/2}}; \quad F = \frac{\rho_F - \rho_{FR}}{\rho_{FR}}$$

a	mittlere Kantenlänge oder Korndurchmesser des abgestuften Füllers
F	Feinheitsgrad, mit dem über ρ_{FR} Kornform und Kornverteilung berücksichtigt werden
ρ_{FR}	Rohdichte des Füllers in g/cm³

Tafel 2.44 enthält eine Zusammenstellung der empfohlenen Güteanforderungen für Füller [138]. Es können schwache Füller, z. B. Kalksteinmehle und starke Füller, z. B. Schiefermehle verwendet werden. Bei starken Füllern ($H \ll 60$ Vol.%) wirken sich die Abweichungen in der Dosierung auf die Viskosität des bituminösen Gemisches stärker aus als bei schwachen Füllern. Besonders sorgfältig sind Rückgewinnungsfüller aus der Entstaubung zu überwachen (Bild 2.116) [139]. Sie sind auf Raumbeständigkeit zu prüfen und entsprechend ihrer Anfallmenge in jeweils dem Verhältnis zu Neufüller einzusetzen, bei dem eine gleichmäßige Beschaffenheit des Gemisches gesichert ist. Wenn möglich, ist die Verwendung des Rückgewinnungsfüllers auf die Tragschichten zu beschränken. Die versteifende Wirkung des Füllers beeinflußt die Viskosität der bituminösen Gemische entscheidend. Um örtliche Mörtel- bzw. Bindmittelübersättigung auszuschließen ist aber streng darauf zu achten, daß der Ausfüllungsgrad (s. Abschn. 2.5.1.4.) bei Deckschichten 85% nicht überschreitet.

Tafel 2.44 Güteanforderungen an Füllstoffe für bituminöse Gemische [138, 139]

Kriterium	Anforderung
Anteil der Kornklasse < 0,09 mm	> 80 %
Erweichungspunkt RuK am Füller-Bindemittelgemisch 3 : 1 mit B 200	80 °C < EP < 110 °C
Hohlraumgehalt nach *Ridgen*	$V_{FR} > 55\%$ $H < 45\%$
Koeffizient der Hydrophilie	$K_h < 1$
Oberfläche nach *Pöpel*	zu berechnen in cm² je 100 g

Bild 2.116 Abnahme des in der Trockenentstaubung abgesetzten Feinkorns und Transport zum Rückgewinnungsfüllersilo

2.5. Deckschichten

Ermittlung des Bindemittelbedarfs

Der Bindemittelbedarf für Asphaltgemische ist primär von der Oberfläche des Zuschlagstoffgemenges und sekundär von der mineralischen Zusammensetzung des Korngemenges abhängig. Aus umfangreichen Versuchen ist eine Arbeitsvorschrift entstanden, mit der vor Beginn der komplexen Eignungsprüfungen der Ausgangsbindemittelgehalt berechnet werden kann [140]. In Tafel 2.45 sind für die vorherrschenden Gesteinsarten die Grundwerte für die Bindemittelberechnung zusammengestellt. In Tafel 2.46 ist ein Beispiel für Asphaltfeinbeton 0/11 mm durchgerechnet. Darin ist q ein Verdichtungsfaktor, der berücksichtigt, daß der geschlossene Bindemittelfilm um die Einzelkörner in der verdichteten Konstruktionsschicht durch Kornabstützung häufig unterbrochen ist. Der Wert q wird mit 0,90 bis 0,95 angesetzt. Die Tafel 2.45 ist auch in erster Näherung zur Bestimmung der Bindemittelmenge für Dränasphalte geeignet; jedoch ist dann $q = 1,0$ zu setzen. Der Zusammenhang zwischen mittlerem Korndurchmesser und Oberfläche ist in Bild 2.117 dargestellt, während Bild 2.118 die mittlere Bindemittelfilmdicke in Abhängigkeit vom Korndurchmesser ausweist.

Tafel 2.45 Auf die Gesteinsmasse bezogener Bindemittelanspruch der verschiedenen Kornklassen in Abhängigkeit von der Gesteinsart bei der Herstellung bituminöser Gemische, nach [140]

Gesteinsart	Kornklasse in mm							
	<0,09	0,09 bis 0,25	0,25 bis 2,0	2,0 bis 4,0	4,0 bis 8,0	8,0 bis 11	11 bis 16	16 bis 22
	V_{i100} B_M	V_{i100} B_M	V_{i100} B_M	V_{i100} B_M	V_{i100} B_M	V_{i100} B_M	V_{i100} B_M	V_{i100} B_M
Kalksteinfüller	18,7 19,1							
Quarzfüller	18,0 18,4							
Kiessand		8,2 8,4	6,0 6,1	4,0 4,1	3,5 3,6	3,3 3,4	3,1 3,2	2,9 3,0
Porphyrbrechsand		14, 14,4	11,1 11,3					
Porphyrsplitt				9,1 9,3	7,6 7,8	6,4 6,5	5,0 5,1	4,3 4,4
Basaltbrechsand		10,0 10,2	8,7 8,9					
Basaltsplitt				6,4 6,5	5,3 5,4	4,6 4,7	4,2 4,3	3,8 3,9
Hornblende-Brechsand		10,4 10,6	9,0 9,2					
Hornblendesplitt				7,0 7,1	6,0 6,1	4,8 4,9	4,3 4,4	3,7 3,8

Aufbereitung

Bei der Herstellung von Asphaltdeckschichten werden die bereits für Tragschichten erwähnten Aufbereitungsanlagen verwendet (s. Abschn. 2.4.4. und 4.) [141, 142]. Es ist unerläßlich, das getrocknete und erhitzte Zuschlagstoffgemenge mit Vibrationssieben in Kornklassen zu zerlegen (Heißabsiebung) und jeder Mischung gleiche Anteile zuzuwiegen. Nur dadurch können Unregelmäßigkeiten aus der Vordosierung (Bilder 2.119 und 2.120) sowie Streuungen in der Kornzusammensetzung der einzelnen Fraktionen weitgehend ausgeglichen und damit die hohen Anforderungen an die Gleichmäßigkeit der Zuschlagstoffgemenge des Asphaltgemisches mit seinem engen Hohlraumgehaltsbereich erfüllt werden. Damit wird gleichmäßig hohe Widerstandsfähigkeit der Deckschichten von der Gemischherstellung gesichert.

Tafel 2.46 Beispiel einer Bindemittelberechnung mit Werten aus Tafel 2.45 für einen Asphaltbeton 0/11: Kalksteinfüller, Quarzporphyrbrechsand, Quarzporphyrsplitt (Bindemittelanspruch von Quarzporphyr etwa wie Basalt)

Gesteinsart	Korn-klasse	Prozent-satz p_i der Korn-klasse	Spezifischer Bindemittel-anspruch V_{i100}		Anteiliges Bindemittel-volumen der Kornklassen V_i			Bindemittel-gehalt B_M $\rho = 1{,}02\,g/cm^3$ $q = 1{,}0$
			Natur-sand	Füller, Brech-sand, Splitt	Natur-sand	Brech-sand	Gesamt	
	mm	M.-%	cm³/100 g		cm³·M.-%/100 g			M.-%
Kalksteinfüller	< 0,09	10		18,7				1,87
2/3 Brechsand	0,09/0,25	13	8,2	10,0	0,35	0,87		1,22
1/3 Natursand	0,25/2,0	22	6,0	8,7	0,44	1,28		1,72
Splitt	2/4	15		6,4				0,96
Splitt	4/8	17		5,3				0,90
Splitt	8/11	23		4,6				1,06
							$\Sigma V_i = 7{,}73$	$B_M = 7{,}81$

Für Deckschicht $q = 0{,}95$; $B_M = 7{,}49$ M.-% bezogen auf die Gesteinsmasse B_i;

$$B_M = \frac{100 \cdot 7{,}5}{100 + 7{,}5} \text{ M.-\%} = 6{,}98 \text{ M.-\%} \approx 7{,}0 \text{ \% bezogen auf die Masse des Gemisches}$$

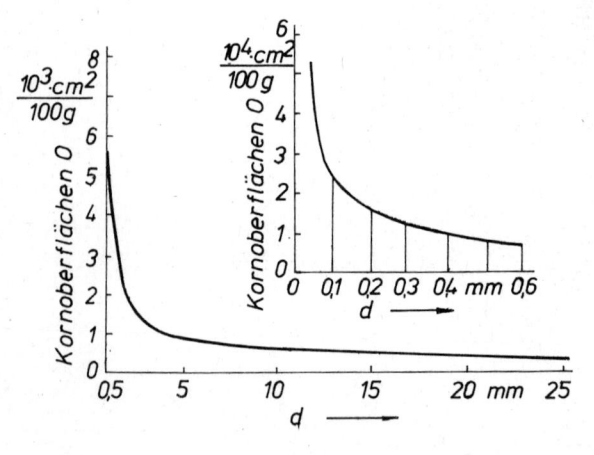

Bild 2.117 Oberfläche in Abhängigkeit vom mittleren Korndurchmesser für Kiessand [140]

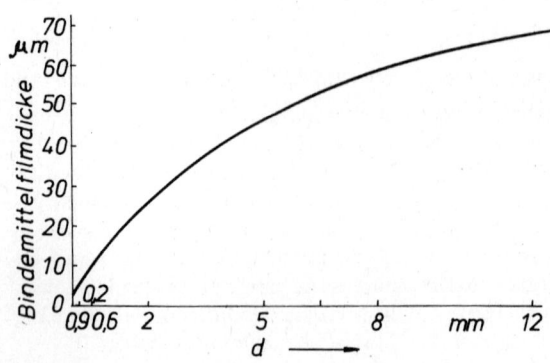

Bild 2.118 Bindemittelfilmdicke für Kiessande in Abhängigkeit von d [140]

2.5. Deckschichten

Bild 2.119 Einzeldoseure mit Frontladerbeschickung

Bild 2.120 Bandwaage mit Anzeige am Einzeldoseur

Einbau

Die Transportweglänge und die Transportfahrzeuge einschließlich ihrer Kenngrößen und Wirtschaftlichkeitskriterien werden in Abschnitt 4. behandelt.

An der Einbaustelle können für Deckschichten Fertiger mit Radfahrwerken eingesetzt werden. Die geforderte Ebenheit wird durch Führung an gespannten Leitdrähten oder mit Hilfe eines Gleitskis gesichert. Die getrennte Herstellung von Binder- und Deckschicht ist u. a. dadurch begründet, daß von Schicht zu Schicht bessere Ebenheit erreicht wird. Wenn es gelingt, die Tragschichtoberfläche weitgehend parallel zur Fahrbahnoberfläche herzustellen, können dickere Deckschichten als zusammengefaßte Binder- und Verschleißschichten gefertigt werden. Für hochbeanspruchte Straßen können Asphaltbetone in Schichtdicken bis 12 cm einschichtig eingebaut werden.

Damit werden folgende Vorteile erreicht:

- Verwendung von Splittkörnungen bis 22 (32) mm, wodurch sich die Scherfestigkeit erhöht und der Bitumenbedarf sinkt.
- Rationellerer Einbauprozeß.
- Zeitliche Ausdehnung des Einbauprozesses im Jahr.

Jedoch wächst auch das Risiko des Entstehens von Einbaumängeln mit Schadensfolgen, die verschiedene Ursachen haben können, besonders aber von Unregelmäßigkeiten der Verdichtung herrühren. Die modernen Fertiger sind mit hydraulisch stufenlos ausfahrbaren Verteiler- und Bohlenaggregaten ausgestattet. Diese ermöglichen eine schnelle Veränderung der Einbaubreiten. Bei dünnen Asphalt-Befestigungsschichten wird eine Begrenzung der Größtkornabmessungen auf $D \leq h/2$ notwendig, damit das Gemisch mit dem Fertiger gleichmäßig verteilt und vorverdichtet werden kann. Übertragen auf die unverdichtete Schicht bedeutet diese Forderung etwa $D \approx h/3$.

Verdichtungsmöglichkeiten bituminöser Konstruktionsschichten und Abschätzung des erforderlichen Walzeneinsatzes [143, 144, 145].
Aus theoretischen Überlegungen und praktischen Erprobungen sind Arbeitsvorschriften entstanden, die den Qualitätsanforsderungen unter den konkreten Arbeitsbedingungen entsprechen. Der Verdichtungserfolg ist vom komplexen Zusammenwirken verschiedener Einflußfaktoren abhängig. Maßgebend wirken:

    Lufttemperatur
    Temperatur des Gemisches
    Temperatur der unteren Schicht
    Schichtdicke
    Vorverdichtung durch den Fertiger
    Walzenart und Anzahl der Übergänge
    Walzenregime

Die Gemischzusammensetzung nach Splittanteil, Füllerart und Füllermenge, sowie Bindemittelsorte ist bei hohen Einbautemperaturen nicht entscheidend. Der Walzfaktor von *Nijboer* kann als Anhalt für die Verdichtungsarbeit dienen [167].

$$R_f = 10^6 \cdot \frac{\frac{F}{I \cdot D} - C \cdot \tau_{cb}}{3,9 \cdot \eta_m} n \cdot (h/v)^{0,4}$$

F	Kraftwirkung der Bandagen in N
I	Breite der Bandagen in cm
D	Durchmesser der Bandagen in cm
C	Faktor für Walzenart; Stahlmantelwalze C 2,5
	Gummiradwalze C 5
τ_{cb}	zusammengesetzter Anfangswiderstand des bituminösen Gemisches in N/cm²
η_m	Viskosität des bituminösen Gemisches in N · s/cm²
n	Anzahl der Walzübergänge
h	Schichtdicke nach Verdichtung in cm
v	Walzengeschwindigkeit

Unter Beachtung der Vorverdichtung durch den Fertiger werden für die praktische Bauausführung etwa $R_f = 1 \cdot 10^{-5}$ bis $5 \cdot 10^{-5}$ benötigt. Mit angenommenen Grundwerten wird eine Beispielrechnung durchgeführt: Mischleistung $L_N = 55$ t/h; Schichtdicke $h = 0,04$ m; $\rho_{R,bit} = 2,35$ kg/dm³ = 2350 kg/m³; Fertigungsbreite 4,25 m.

2.5. Deckschichten

Hiermit errechnet sich folgende Fertigungsgeschwindigkeit:

$$v = \frac{55000 \text{ kg/h}}{4,25 \text{ m} \cdot 0,04 \text{ m} \cdot 2350 \text{ kg/m}^3} = 137,7 \text{ m/h} \approx 2,30 \text{ m/min}$$

Bei einer Lufttemperatur $\vartheta_L = 10\,°C$ stehen nach Bild 2.121 bis zum Abkühlen der Schicht auf etwa 100 °C 9 bis 10 min für wirksame Verdichtungsarbeit zur Verfügung. Das entspricht einer Bahnlänge von 21 m für den Walzeneinsatz (Bild 2.122a).

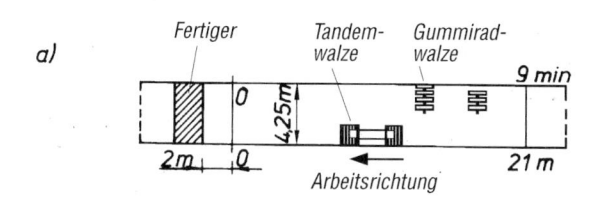

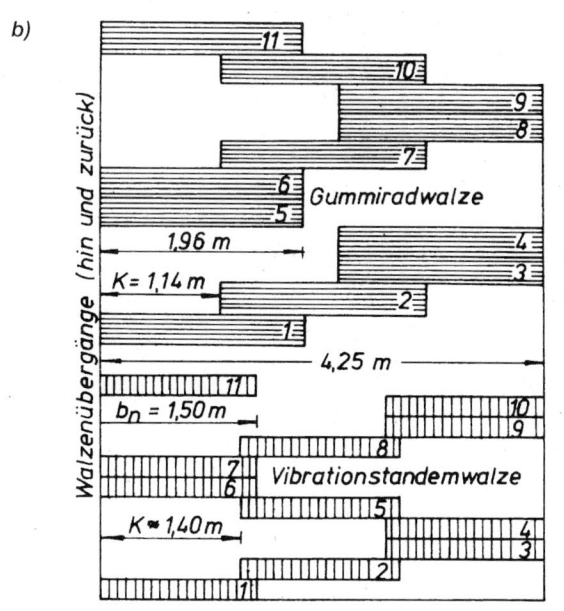

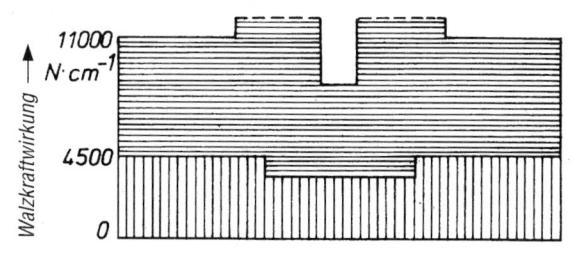

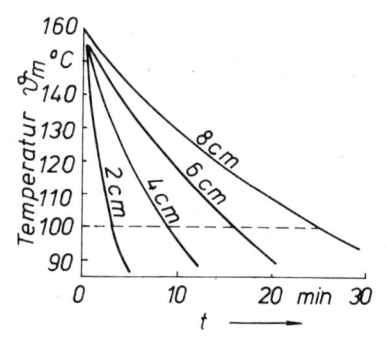

Bild 2.121 Einfluß der Schichtdicke auf den Abkühlungsverlauf einer bei 160 °C gefertigten Schicht bei einer Lufttemperatur $\theta_L = 10\,°C$

Bild 2.122 Walzschema für die Verdichtung einer Asphaltdeckschicht von 4 cm Dicke bei einer Lufttemperatur von 10 °C
a) Walzenregime
b) Verdichtungsarbeit über den Straßenquerschnitt

Gummiradwalze:
$b = 196$ cm; $p = 816$ N/cm
Vibrationstandemwalze:
$b_v = 140$ cm; $p = 178$ N/cm
$b_h = 150$ cm; $p = 386$ N/cm

Bild 2.123 Gummiradwalze und Glattradwalze beim Verdichten einer Walzasphalt-Deckschicht

$$N = 1 + \frac{B-I}{K} + m$$

N	Anzahl der Walzübergänge (hin und zurück) für einen Übergang auf der Fertigerbahn
B	Breite der Fertigerbahn in m
I	Breite der Walze in m
K	Spurverschiebung in m
m	zusätzliche Walzgänge für die Ränder

Vibrationstandemwalze; $I = 1{,}50$ m; $K = 1{,}40$ m (Bild 2.123)

$$N = 1 + \frac{4{,}25 - 1{,}50}{1{,}40} + 2 \approx 5$$

Gummiradwalze; $I = 1{,}96$ m; $K = 1{,}14$ m (Bild 2.123)

$$N = 1 + \frac{4{,}25 - 1{,}96}{1{,}14} + 2 \approx 5$$

Walzzeit für einmaliges Abwalzen (hin und zurück):
Vibrationstandemwalze: $v = 4{,}3$ km/h ≈ 70 m/min

$$t_w = \frac{5 \cdot 2 \cdot 21 \text{ m}}{70 \text{ m/min}} \approx 3{,}0 \text{ min}$$

Für 11 Walzübergänge (Bild 2.122b) werden rund 7 min benötigt.
Gummiradwalze; $v = 10{,}8 \cdot$ km h ≈ 180 m/min

$$t_w = \frac{5 \cdot 2 \cdot 21 \text{ m}}{180 \text{ m/min}} = 1{,}17 \text{ min}$$

Für 11 Walzübergänge (Bild 2.122b) werden rund 3 min benötigt. Aus Bild 2.122a wird deutlich, daß die Walzen nebeneinander arbeiten können und in der Lage sind, die erforderliche Verdichtung in 7 bis 10 min vorzunehmen. Dabei ist zu beachten, daß der Walzabschnitt sich mit dem Arbeitsfortschritt ($\approx 2{,}30$ m/min) ständig vorwärtsbewegt (Bild 2.123). Für das Wal-

2.5. Deckschichten

zenregime nach Bild 2.122 ist in Tafel 2.47 der Walzfaktor R_f berechnet worden. Der Ausdruck $F/(I \cdot D)$ für Gummiradwalzen wurde allgemein mit 4 bis 6 N/cm² bestimmt. Es wird deutlich, daß die Walzverdichtung der Gummiradwalze infolge der Abkühlung der dünnen Schicht und daraus resultierender Erhöhung von η_m und τ_{cb} nur noch gering wirkt.

Tafel 2.47 Ermittlung des Walzfaktors R_f

Walze	F/ID	Mittelwerte $\eta_m \cdot 10^{10}$	τ_{cb}	$C \cdot \tau_{cb}$	n	h	Walzengeschw.	einzeln	Gesamt
	N/cm²	N·s/cm²	N/cm²	N/cm²		cm	km/h	$R_f \cdot 10^5$	$R_f \cdot 10^5$
Vibrationstandemwalze 83 kN – vorn	2,0	20	0,030	0,075	4	4	4,3	0,95	
– hinten	3,2	20	0,030	0,075	4	4	4,3	1,56	3,09
Gummiradwalze 160 kN	5,0	30	0,48	2,40	4	4	10,8	0,58	

Dieses Beispiel soll in Verbindung mit den Bildern 2.121 und 2.122 deutlich machen, daß dünne bituminöse Schichten nur bei Temperaturen der Unterlage und der Luft >5 °C ausreichend verdichtet werden können. Selbst bei Sommertemperaturen ist für die Verdichtungsarbeit auf dünnen Schichten keine Zeitreserve vorhanden. Bei dünnen Schichten sollte die Vibration von Vibrationswalzen abgeschaltet werden. D. h. es wird mit „statischer" Wirkung verdichtet. Stahlmantelbandagen sind grundsätzlich zu berieseln, um das Ankleben von heißem Gemisch zu verhindern. Es soll so berieselt werden, daß die Bandagen nur feucht gehalten werden. Stahlmantelwalzen fahren mit der Antriebswalze stets in Fertigungsrichtung, damit die Ebenheit nicht durch Verschieben der Deckschicht beeinträchtigt wird [145].

Nahtausbildung [145, 147]

Bei Deckschichten ist die sorgfältige Herstellung der Längs- und Quernähte besonders wichtig, um gleichmäßig dichte und verzahnte Schichten zu erreichen. Hier zugelassene „verdeckte" Mängel wirken sich negativ auf die Haltbarkeit der Deckschicht im Nahtbereich aus.

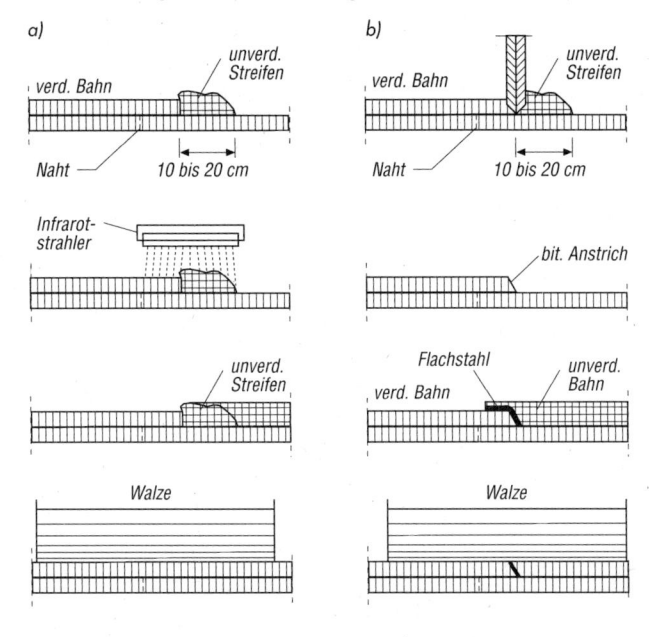

Bild 2.124 Nahtherstellung für Asphalt-deckschichten
a) Vorwärmen mit Infrarotstrahler 60000 bis 80000 W;
b) Abkanten mit Quetschrad

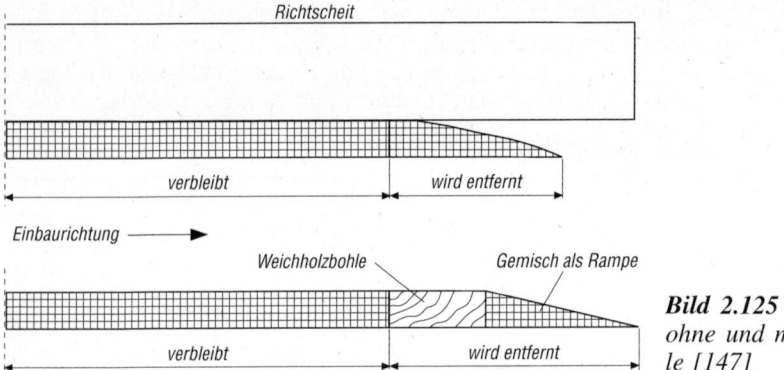

Bild 2.125 Arbeitsquernaht ohne und mit Weichholzbohle [147]

In Bild 2.124 sind die möglichen Arbeitsprinzipien für Längsnähte skizziert. Die Lösung mit dem Anwärmen des Nahtbereichs ist zu bevorzugen (gilt besonders für Dränasphalt; s. Abschn. 2.5.1.2.2.). Die hohe Heizleistung vermeidet Unzulänglichkeiten beim halbseitigen Einbau und ist maschinentechnisch zu sichern.

Bei Quernähten (Arbeitsunterbrechungen) ist nach Bild 2.125 zu verfahren.

- Fertiger leerfahren und Gemisch im Bereich unzureichender Einbaudicke mit geradliniger Begrenzung ausbauen.
- Holzbohle entsprechend der endgültigen Schichtdicke einlegen und festnageln.
- Unterlage im Rampenbereich dünn mit Sand abstreuen.
- Rampe aus ausgebautem Gemisch herstellen und Gesamtfläche mit Walzen verdichten
- Vor dem Weiterbau Rampe, Sand und Holzleiste entfernen.

Bei Wiederaufnahme der Fertigung ist der Nahtbereich mit der beheizten Vibrationsbohle des Fertigers anzuwärmen. Um die Ebenheit zu sichern, ist anzustreben Quernähte grundsätzlich parallel zur Naht abzuwalzen.

2.5.1.3.3. Asphaltbinder [93]

Binderschichten sind die untere Schicht der Fahrbahndecke. Auf der Binderschicht wird die Deckschicht verlegt. Hinsichtlich der Anforderungen und der Herstellungstechnik sind Asphaltbinder den Asphaltbetondeckschichten ähnlich. Weil Binderschichten mit Deckschichten überbaut werden, darf der mittlere Hohlraumgehalt am Marshall-Probekörper bis zu 8 Vol.% betragen. In Tafel 2.48 sind die Anforderungen an Aspaltbinder zusammengefaßt. Die Zusammensetzung der Zuschlagstoffgemenge zeigt Bild 2.126. Bei Binderschichten unter Gußasphalt ist ein mittlerer Hohlraumgehalt von 3 oder 8% anzustreben. Hier sind „halboffene" Binderschichten mit 5 bis 6% mittlerem Hohlraumgehalt zu vermeiden, um der Blasenbildung in der Gußasphaltschicht entgegenzuwirken. Bei 8 cm dicken Binderschichten ist die Einbeziehung der Splittfraktion 22/32 mm in Abstimmung mit dem Auftraggeber ggf. zu vereinbaren.

2.5.1.3.4. Splitt-Mastix-Asphalt [113]

Asphaltgemisch mit beständig hohem Verformungswiderstand. Der zunehmende Nutzfahrzeugverkehr mit hohen Radkräften hat die Entwicklung und Anwendung dieser splittreichen Deckschichten gefördert. Die Standfestigkeit sorgfältig hergestellter Splittmastixasphalt-Deckschichten ist der von Gußasphalt und Asphaltbeton überlegen [148]. Das Splittgerüst verlangt die Verwendung von zähem und schlagfestem Material mit hohem Polierwiderstand. Das Zuschlagstoffgemenge (Ausfallkörnung) gemäß Bild 2.127 ergibt ein in sich abgestütz-

2.5. Deckschichten

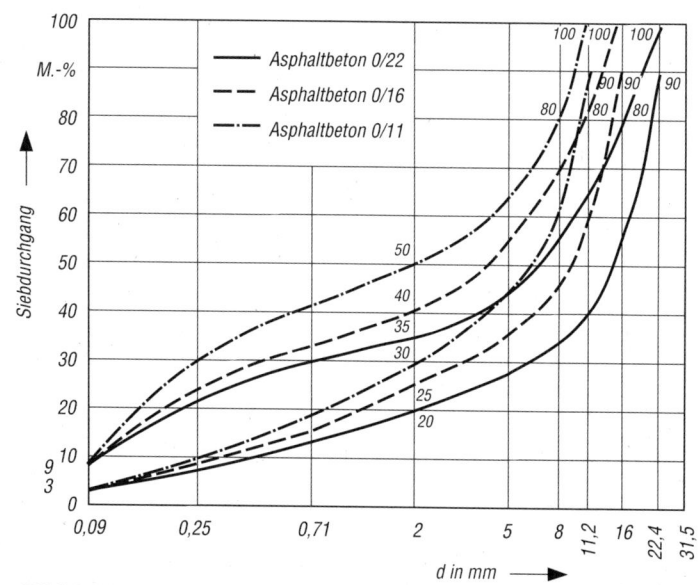

Bild 2.126 Sieblinienbereiche für Asphaltbinderschichten

tes Splittgerüst. Die Hohlräume sind mit Asphaltmastix weitgehend auszufüllen. Damit die erforderlichen hohen Bindemittelgehalte von >6,8 (6,5)% ohne Entmischungsgefahr gleichmäßig verteilt bleiben, ist die Zugabe von stabilisierenden Zusätzen notwendig. Als Zusätze kommen u. a. organische Faserstoffe und Polymere in Pulver- oder Granulatform zur Anwendung. Cellulose-Fasern mit 0,3 M.% haben sich bei sorgfältiger Dosierung bewährt [148] Die Kornzusammensetzung wird durch die grundsätzlichen Anforderungen ergänzt (Tafel 2.49). Die enge Begrenzung des Hohlraumgehaltes von 2 bis 4 Vol.% erfordert eine sorgfätige Betrachtung des Hohlraumvolumens des Splittgerüstes $H_{\text{Splitt,bit}}$ und des Mörtelvolumens M_v in Verbindung mit dem anzustrebenden Hohlraumgehalt (H_{bit}) des Splittmastixasphalts [148].

Tafel 2.48 Anforderungen für Asphaltbinder

Asphaltbinder		0/22	0/16	0/11
Brechsand–Natursand-Verhältnis		$\geq 1:1$	$\geq 1:1$	$\geq 1:1$
Bindemittelsorte		B65 (B45, B80)[1])	B65, B80 (B45)[1])	B65, B80
Bindemittelgehalt	M.-%	3,8 bis 5,5	4,0 bis 6,0	4,5 bis 6,5
Hohlraumgehalt am Marshallprobekörper	Vol.-%	4,0 bis 8,0	3,0 bis 7,0	3,0 bis 7,0
Einbaudicke	cm	7,0 bis 10,0	4,0 bis 8,5	nur zum Profilausgleich; nicht für Bauklassen SV, I bis III
Verdichtungsgrad	%	≥ 97	≥ 97	≥ 96 bei Dicken ≥ 3 cm

[1]) Nur in besonderen Fällen

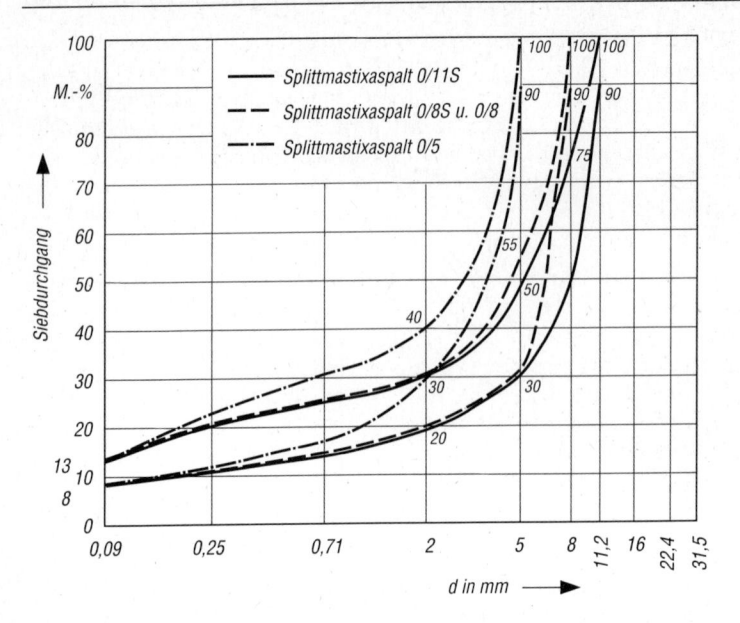

Bild 2.127 Sieblinienbereiche für Splittmastixasphalte

Tafel 2.49 Anforderungen für Splittmastixasphalt

Splittmastixasphalt		0/11S	0/8S	0/8	0/5
Bindemittelsorte		B65	B65	B80	B80 (B200)[1])
Bindemittelgehalt	M.-%	6,5 bis 7,5			7,0 bis 8,0
Stabilisierende Zusätze im Gemisch	M.-%	0,3 bis 1,5			
Hohlraumgehalt am Marshallkörper	Vol.-%	2,0 bis 4,0			
Einbaudicke Einbaumasse	cm kg/m²	2,5 bis 5,0 60 bis 125	2,0 bis 4,0 45 bis 100		1,5 bis 3,0 35 bis 75
Verdichtungsgrad	%	≥ 97			
Hohlraumgehalt eingebaut (Bohrkern)	Vol.-%	≤ 6			

[1]) nur in besonderen Fällen

$$H_{\text{Splitt,bit}} = H_{\text{bit}} + M_v$$

Als Mörtelvolumen gilt hier: Bindemittelvolumen B_v + Sandvolumen S_v + Füllervolumen F_v + Volumen des stabilisierenden Zusatzes stZ_v.

Damit gilt:

$$H_{\text{Splitt,bit}} = H_{\text{bit}} + B_v + S_v + F_v + stZ_v$$

2.5. Deckschichten

Der enge Bereich H_{bit} = 2 bis 4 Vol.% kann in dieser Gleichung als annähernd fester Wert angesetzt werden. Daraus folgt, daß jedem bestimmtem Splittvolumen ein bestimmtes Mörtelvolumen zugeordnet ist. Beim Splittmastixasphalt ist eine Besonderheit im Vergleich zu Asphaltbeton zu beachten. Eine große Splittmenge, z. B. 80 M.% bedeuten einen hohen fiktiven Hohlraumgehalt in dem verdichteten Zuschlagstoffgemenge. Dies hat zur Folge, daß zum Erreichen eines bestimmten Hohlraumgehalts in dem verdichteten Asphaltmastix ein hohes Bindemittelvolumen benötigt wird. Bei geringerem Splittgehalt (z. B. 70 M.%) wird ein kleineres Bindemittelvolumen für das Erreichen des gleichen Hohlraumgehalts benötigt.

Bei Splittmastixasphalt wird zur gleichmäßigen Verteilung der Cellulose-Fasern eine Trockenvormischzeit von 5 bis 15 s benötigt. Damit erhöht sich der Zeitbedarf gegenüber Aspaltbeton für den Herstellungsprozeß. Es handelt sich um ein schwer verdichtbares Gemisch, dessen Rezeptur gemäß Eignungsprüfung (Marshallkörper) möglichst genau einzuhalten ist. Nur dann ist mit einem strengen Verdichtungsregime der Verdichtungsgrad von ≥ 97 % erreichbar. Für die Verdichtung sind schwere Tandem- oder Dreiradwalzen (> 9 t) bevorzugt zu verwenden. Gummiradwalzen begünstigen eine Mörtelanreicherung an der Oberfläche. Die Anfangsgriffigkeit ist durch das Abstreuen mit 1 bis 2 kg/m² der Körnung 1/3 oder 2/5 mm zu sichern [149].

Für besonders hohe Beanspruchungen kann bei den Bauklassen SV, I bis III polymermodifiziertes Bitumen verwendet werden [93].

2.5.1.3.5. Gußasphalt [93]

Gußaspalt unterscheidet sich von allen anderen hohlraumarmen Gemischen dadurch, daß er mit geringem Bindemittelüberschuß als Zweiphasensystem ohne Hohlräume hergestellt wird. Gußasphalt ist eine Deckschicht für hohe Verkehrsbeanspruchungen. Zur Gewährleistung einer ausreichenden Makrorauhigkeit ist die heiße Gußasphaltschicht mit Edelsplitt 2/5 in einer Menge von 5 bis 8 kg/m² maschinell abzustreuen. Der Edelsplitt ist leicht vorumhüllt und wird mit geeigneten leichten Walzen eingedrückt. Infolge der vollständigen Hohlraumausfüllung durch das Bindemittel erfährt das Bitumen im Innern der Befestigungsschicht über lange Zeit keine Veränderungen durch Oxydation. Der Bindemittelüberschuß erfordert eine hohe Viskosität des Gemisches. Diese wird durch die Verwendung eines harten Bindemittels und einen hohen Fülleranteil erreicht. Bei besonderen Anforderungen kann auch der Zusatz von Naturasphalt oder die Verwendung polymermodifizierter Bitumen vorgesehen werden.

Baustoffe
Es werden Siebsummenlinien nach Bild 2.128 angestrebt, damit das Korngerüst mit dem bituminösen Mörtel (Bitumen und Füller) eine scherfeste und widerstandsfähige Deckschicht ergibt. Die Füllergehalte betragen mehr als 20%. Der Hohlraumgehalt des eingerüttelten Füller-Sand-Splitt-Gemenges soll unter 18 Vol.-% liegen. Als Bindemittel wird B45 eingesetzt. Wesentliche Anforderungen sind Tafel 2.50 zu entnehmen.

Beispiel:
Nachweis des Bindemittelüberschusses:

$\rho_{R,M}$ = 2,72 g/cm³ für das Gesteinsgemenge
$\rho_{A,M,bit}$ = 2,26 g/cm³ für das eingerüttelte Gesteinsgemenge

$$H_{M,bit} = \left(1 - \frac{2,26}{2,72}\right) 100 \text{ Vol.-\%} = 16,9 \text{ Vol.-\%} < 18 \text{ Vol.-\%}$$

B = 8,0 M.-%

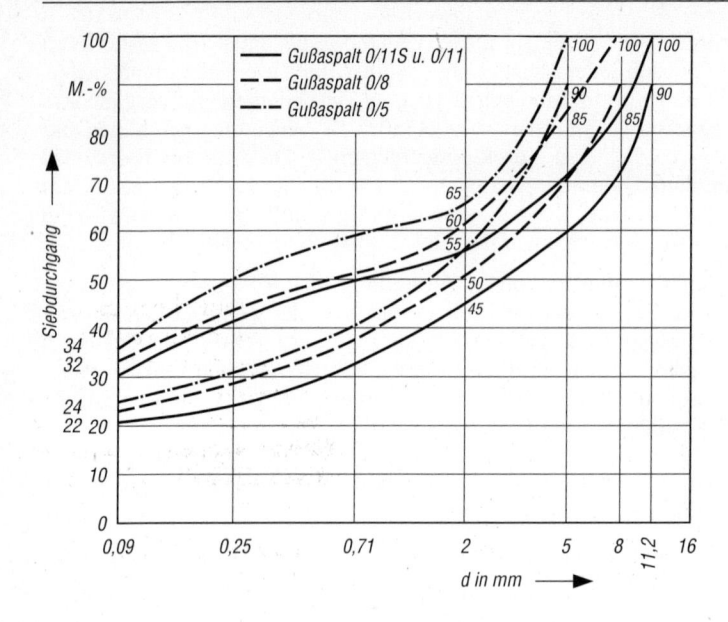

Bild 2.128 Sieblinienbereiche für Gußasphalt

$$\rho_{R,bit} = \frac{100\%}{\dfrac{92\%}{2{,}72\ \text{g/cm}^3} + \dfrac{8\%}{1{,}02\ \text{g/cm}^3}} = 2{,}40\ \text{g/cm}^3$$

Bindemittelvolumen: $\quad BV = \dfrac{2{,}40\ \text{g/cm}^3 \cdot 8\%}{1{,}02\ \text{g/cm}^3} = 18{,}8\%$

Bindemittelüberschuß: 18,8 Vol.-% − 16,9 Vol.-% = 1,9 Vol.-%

Eignungsprüfung
Für Gußasphalt ist eine besondere Eignungsprüfung vorgeschrieben. Sie erfolgt als Eindringprüfung an Würfeln von 70,7 mm Kantenlänge bei einer Temperatur von 40 °C in der Würfelform unter Wasser, das mit einem Thermostaten auf Prüftemperatur gehalten wird. Ein Stempeleindringgerät belastet den Prüfkörper mit 525 N über einen Prüfstempel von 5 cm² Kreisfläche. Die Eindringtiefe wird gemäß Bild 2.129 registriert und aufgetragen. Die Anforderungen nach Tafel 2.50 sind zu erfüllen. D. h. die Eindringkurve muß sich einer Parallelen zur Abszisse nähern. Damit wird der Widerstand gegen plastische Verformungen gekennzeichnet. Ergänzend sind Biegezug- und Würfeldruckfestigkeitsprüfungen für die Bewertung üblich [150]:

Würfeldruckfestigkeit am Würfel bei 22 °C	4 bis 8 N/mm²
Biegezugfestigkeit an Prismen 40·40·160 mm bei 22 °C	3 bis 7 N/mm²
Durchbiegung bei Prüfung der Biegezugfestigkeit bei 0 °C	≥ 0,3 mm

$$\frac{\beta_{BZ}\ \text{bei}\ 22\ °\text{C}}{\beta_D\ \text{bei}\ 22\ °\text{C}} = 0{,}8\ \text{bis}\ 1{,}0$$

$$\frac{\beta_{BZ}\ \text{bei}\ 22\ °\text{C}}{\beta_{BZ}\ \text{bei}\ 0\ °\text{C}} \leq 0{,}6$$

2.5. Deckschichten

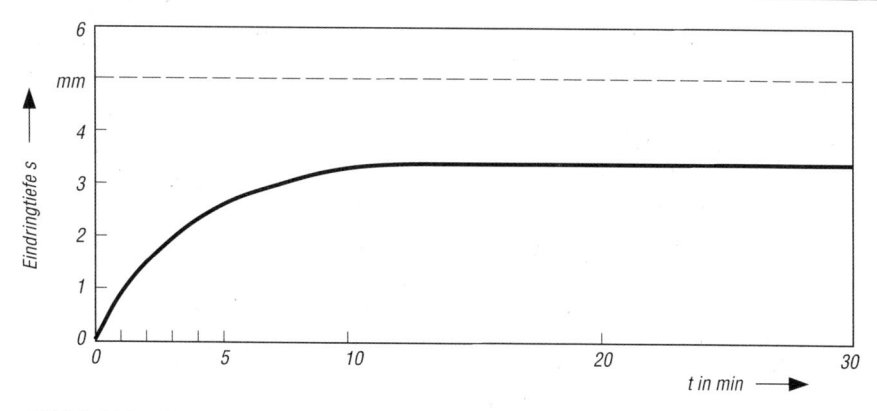

Bild 2.129 Auswertung der Eindringprüfung für Gußasphalt

Die Würfeldruckfestigkeit ist mit einer Verformungsgeschwindigkeit von 20 mm/min zu bestimmen. Bei der Biegezugprüfung wird mit der Verformungsgeschwindigkeit von 10 mm/min gearbeitet.

Tafel 2.50 Anforderungen für Gußasphalt

Gußasphalt		0/11S	0/11	0/8	0/5
Brechsand-Natursand-Verhältnis		> 1:2	–	–	–
Bindemittelsorte		B45 (B25)[1])		B45 (B65)[1])	
Bindemittelgehalt	M.-%	6,5 bis 8,0	6,5 bis 8,0	6,8 bis 8,0	7,0 bis 8,5
Erweichungspunkt RuK nach der Extraktion	°C	≤ 70[2])	≤ 70	≤ 70	≤ 70
Eindringtiefe 5 cm^2 bei 40 °C am Probewürfel nach 30 min Zunahme in weiteren 30 min	mm mm	1 bis 3,5 ≤ 0,4	1 bis 5,0 ≤ 0,6	1 bis 5,0 ≤ 0,6	1 bis 5,0[3]) ≤ 0,6
Einbaudicke oder Einbaumasse	cm kg/m^2	3,5 bis 4,0 80 bis 100		2,5 bis 3,5 65 bis 85	2,0 bis 3,0 45 bis 75

[1]) nur in besonderen Fällen; [2]); Bei Verwendung von B25: EP ≤ 75 °C; [3]); Bei Rad- und Gehwegen ≤ 10 mm

Herstellung

Für die Herstellung kleinerer Mengen werden Gußasphalt-Motorkocher eingesetzt. Das sind ölbeheizte und mit einem Rührwerk ausgerüstete Kocher, die auf Fahrgestelle mit luftbereiften Rädern montiert sind und mit Zugmaschinen zwischen Materiallager und Einbaustelle transportiert werden. Das B45 wird mit der Verarbeitungstemperatur von 220 °C in den Kocher gefüllt. In der Reihenfolge Splitt, Sand, Füller werden die Zuschlagstoffe so zugegeben, daß die Temperatur im Kocher 140 °C nicht unterschreitet und 220 °C nicht überschreitet. Das Rührwerk arbeitet ständig und sichert die gleichmäßige Durchmischung. Wegen der chargenweisen Zugabe der kalten Zuschlagstoffe werden für eine Kocherfüllung (z. B. 4000 l etwa 9,5 t) ca. 4 h benötigt, um eine homogene, bei 220 °C gießfähige Masse, herzustellen. Die Herstellung von zwei Füllungen je Kocher erfordert verlängerte Arbeitsschichten. Diese Herstellungstechnik ist für Ausbesserungen an Stadtstraßen zu vertreten.

Bei größerem Bedarf kann Gußasphalt mit modernen Mischanlagen erheblich rationeller hergestellt werden. Im Vergleich zur Herstellung anderer Asphaltgemische sinken dabei die Mischleistungen erheblich ab. Das hat folgende Ursachen:

- Die Erwärmung der Zuschlagstoffe auf die hohe Mischtemperatur von 220 °C benötigt mehr Zeit.
- Weil der Füller in großen Anteilen (> 25%) kalt zugegeben wird, ist zur Sicherung des Temperaturausgleichs die Trockenmischung des kalten Füllers mit den überhitzten Splitt- und Sandkörnungen vorzunehmen. Damit soll auch das Bitumen vor Überhitzung geschützt werden.
- Das Einmischen des Bindemittels in das Gesteinsgemenge erfordert wegen des hohen Füllergehalts längere Mischzeiten.

Durch Wirbelmischer und Druckeinspritzung des Bitumens kann der Mischprozeß verbessert werden. In großen Mischanlagen ist der Einsatz indirekt beheizter Wärmetrommeln für den Füller zweckmäßig. Damit sind Leistungssteigerungen bei gleichzeitiger Erhöhung der Qualität möglich.

Transport
Der vorgemischte Gußasphalt wird in Transportkocher mit Rührwerk übergeben, die ein Fassungsvermögen von 4 bis 12 t aufweisen. Während der Fahrt zur Einbaustelle wird mit dem Rührwerk eine weitere Homogenisierung bei konstanter Temperatur um 220 °C vorgenommen. Die Dauer dieses Nachmischprozesses bis zum Einbau soll mindestens 0,75 h betragen.

Einbau
Die Transportkocher können in Längsrichtung um etwa 10% geneigt werden und Entleeren nach dem Öffnen über eine Auslaufschurre. Bei kleinen Flächen erfolgt das Verteilen mit kleinen Transportkarren, und für den profilgerechten Einbau ist das anstrengende "Verreiben" von Hand notwendig. Bei großen Flächen werden auf gut profilierten Binderschichten schienengeführte Gußasphaltverteiler eingesetzt. Diese bauen mit beheizten Verteiler- und Abziehbohlen die zähflüssige Masse höhengerecht ein. Unmittelbar anschließend folgt ein Splittverteiler, der je m^2 etwa 5 bis 8 kg Splitt 2/5 oder 5/8 wegeabhängig aufstreut. Mit einer angekoppelten Walzenkette (mehrere über die ganze Fertigungsbreite reichende, leichte Walzenkörper) wird der Splitt bis etwa zur halben Splittkornabmessung in das heiße Gemisch eingedrückt. In neuerer Zeit wird oft der sog. „gewalzte Gußasphalt" eingebaut. Nach dem Verteilen des Gußasphaltes werden 15 bis 18 kg/m^2 Splitt 2/5 oder 5/8 aufgestreut und mit Gummiradwalzen eingedrückt. Entstehende Reifenspuren werden mit einer nachfolgenden Glattmantelwalze beseitigt [151].

Gußasphalt wird in Schichtdicken von 20 bis 40 mm eingebaut. Zwischen Gußasphaltdeckschicht und Randeinfassungen, z.B. Hochbordsteinen, ist eine Fuge von etwa 1 cm Breite anzuordnen und mit Fugenvergußmasse zu schließen.

Einschätzung
Gußasphalt gilt als hochwertigste Aspaltdeckschicht. Diese Bewertung ist durch das Langzeitverhalten bestätigt. Der Arbeitsaufwand und der Aufwand für die Ausrüstung ist höher als bei anderen Asphaltdeckschichten. Deshalb bleibt die Anwendung hauptsächlich auf Hauptnetzstraßen in den Städten und für Brückenbeläge begrenzt [152, 153]. Die Ergänzung der Ausrüstung von Mischwerken zur Herstellung von Gußasphalt mit dem dazugehörigen Park von Ausfahrkochern für Großstädte muß sich an eindeutigen Bedarfsabschätzungen für längere Zeiträume orientieren.

2.5. Deckschichten

Fehlstellen im Gußasphalt

Weil Gußasphalt eine praktisch dichte Befestigungsschicht ist, kann die Bildung von Wasserdampf zwischen Binder- und Deckschicht zur Blasenentwicklung führen. Kleine Feuchtigkeitszellen sind auf den Binderschichten oft auch bei trockener Witterung vorhanden. Bei unmittelbarer Dampfblasenbildung wird der Überdruck durch die noch heiße Masse entweichen können, und die Blasen werden als flache Krater keinen Schaden bewirken.

Schwierige Situationen können aus wachsenden Blasen entstehen. Diese treten später auf und entstehen witterungsbedingt (Temperaturunterschiede). Ist ein Entweichen des zeitweiligen Überdrucks durch die Binderschicht bzw. Unterlage und durch die Gußasphaltschicht nicht möglich, wölbt sich sich bei sommerlichen Temperaturen die schwachplastische Gußasphaltschicht auf, und die Aufwölbung bleibt beim Abkühlen erhalten. Der Unterdruck wird durch Luftzufuhr durch die Binderschicht ausgeglichen. Eine Art Ventilwirkung behindert den Druckausgleich in der anderen Richtung durch die Binderschicht. Hierbei können die wachsenden Blasen verkehrsbeeinträchtigend und zerstörend wirken. Die das Entstehen solcher Blasen begünstigenden Binderschichten mit 4 bis 7 Vol.-% Hohlraumgehalt sind unter Gußasphalt zu vermeiden [154]. Wenn „gewalzter Gußasphalt" ausgeführt wird, tritt diese Problematik nicht auf, weil die entstehenden Kanülen im heißen Gußasphalt von den Gummiradwalzen sofort wieder zugeknetet werden. D. h. unter „gewalztem Gußasphalt" werden Binderschichten gemäß 2.5.1.3.3. angeordnet [151].

2.5.1.3.6. Asphaltmastix

Asphaltmastix als Brückendichtung

Auf Stahl- und Stahlbetonbrücken werden dünne Asphaltmastixschichten in 6 bis 12 mm Dicke als Dichtungsschichten eingebaut. Es handelt sich um Sand-Füller-Gemische mit größerem Bindmittelüberschuß, die wie Gußaspalt herzustellen und einzubauen sind. Für Brückendichtungen gilt nachstehende Zusammensetzung als Orientierung [155, 156]:

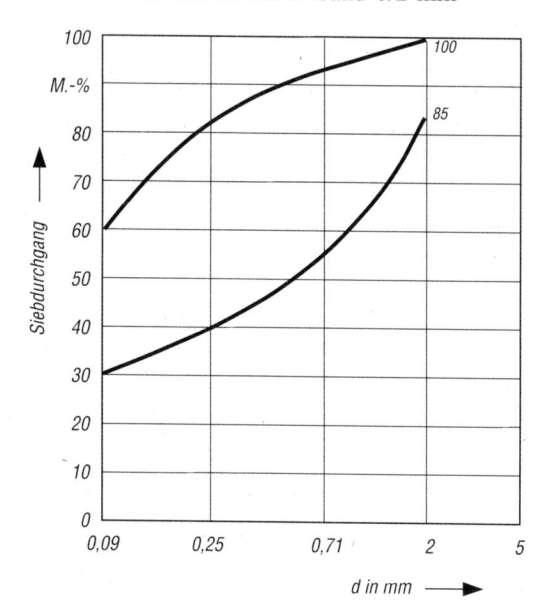

12 bis 15 M.-% B45
≥ 35 M.-% ≤ 0.09 mm
40 bis 50 M.-% Sand 0/2 mm

Bild 2.130 Zuschlagstoffbereich für Asphaltmastix

Mastixbeläge für die Abdichtung und Regenerierung von Fahrbahnoberflächen [93]
Pflasterstraßen in den Städten sind häufig nicht ausreichend oberflächenrauh. Bei guter Profillage ist es möglich auf dem gereinigten Pflaster und ausgekehrten Fugen eine Mastixschicht von 15 bis 35 kg/m² aufzutragen. Für diese Mastixbeläge gilt der Siebsummenlinienbereich nach Bild 2.130. Als Bindemittel werden 13 bis 18 M.-% B65 oder B80 verwendet. Nach dem Verteilen des Asphaltmastix mit Schiebern oder anderen einfachen Geräten wird auf die heiße Oberfläche Edelsplitt 5/8, 8/11 oder 11/16 in einer Menge von 15 bis 30 kg/m² aufgestreut. Unmittelbar danach schließt das Eindrücken mit einer Glattradtandemwalze an. Die Walze muß die Splittkörner bis zur Unterlage in den Asphaltmastix eindrücken. Der Splitt soll leicht mit Bindemittel (ca. 1%) vorumhüllt sein. Die Mastixmenge je m² und die Beschaffenheit der Unterlage sind für die Edelsplittkörnung und dessen Masse je m² maßgebend.

2.5.1.3.7. Weitere Asphaltdeckschichten

In [93] sind weitere Festlegungen enthalten, die hier nur generell erwähnt werden:

- Asphaltbeton (Warmeinbau) wird für die Bauklassen IV bis VI als Ausnahme empfohlen. Es handelt sich prinzipiell um eine Modifizierung der Mischsplittbeläge. Problematisch erscheint bei den begrenzten Siebsummenlinienbereichen das zeitweilige Sichern des für das Entweichen der Fluxmittel erfoderlichen Hohlraumgehaltes.
- Tragdeckschichten können für Verkehrsflächen untergeordneter Bedeutung verwendet werden. Die empfohlenen Schichtdicken von 5 bis 10 cm verursachen für diese hohlraumarmen Asphaltgemische verhältnismäßig hohen Aufwand für die Einhaltung des Siebsummenlinienbereiches. Deshalb können wirtschaftliche Vorteile selten nachgewiesen werden.

2.5.1.4. Prüfungen an Aspaltgemischen [157]

Marshall-Stabilität [158]
Die Marshallprüfung schließt eine Reihe von Einzeluntersuchungen ein, mit denen die Gemischzusammensetzung gekennzeichnet werden kann.

- Herstellung der Probekörper (PK)
  In einer vorgeschriebenen Form werden je Probekörper 1200 g Gemisch bei Temperaturen zwischen 150 und 180 °C, abhängig von der Bitumensorte verdichtet. Die Verdichtungsarbeit wird auf den zylindrischen Probekörper mit einem Fallhammer durch je 50 Schläge auf die Ober- und Unterseite eingetragen (Fallhammermasse 4,55 kg; Fallhöhe 46 cm). Wenn ausreichende Erfahrung mit bestimmten Zuschlagstoffen vorliegt, genügen drei verschiedene Bindemittelgehalte. Sonst sind fünf Probekörperserien, mindestens 3 gleiche Probekörper, mit unterschiedlichem Bitumengehalt ($B - 1\%$; $B - 0,5\%$; B; $B + 0,5\%$; $B + 1\%$) herzustellen. Hierin ist B der nach den Tafeln 2.45 und 2.46 errechnete Bindemittelanspruch.

Probekörper-Raumdichte ρ'_A [158]:
Es werden Masse m_A und Volumen V_A der Probekörper bestimmt. Das Volumen wird über den Auftrieb (Tauchwägung) ermittelt, indem die Differenz zwischen der Masse des in Wasser gelagerten, abgetupften Probekörpers an der Luft und der Masse desselben Probekörpers unter Wasser gebildet wird:

$$\rho'_A = \frac{\rho_w \cdot m_A}{m_1 - m_2} \quad \text{in g/cm}^3$$

m_1 Masse des in Wasser gelagerten und abgetupften Probekörpers an der Luft
m_2 Masse des Probekörpers unter Wasser

2.5. Deckschichten

Bild 2.131 Marshallprüfkörper in der Prüfpresse

- Rohdichte von Zuschlagstoffgemengen aus verschiedenen Gesteinen und Kornklassen

$$\rho_{R,Mm} = \frac{(P_1 + P_2 + P_3 \ldots + P_n) \cdot \rho_{R,M_1} \cdot \rho_{R,M_2} \cdots \rho_{R,M_n}}{P_1 \cdot \rho_{R,M_2} \cdots \rho_{R,M_n} + P_2 \cdot \rho_{R,M_1} \cdot \rho_{R,M_3} \cdots \rho_{R,M_n} + P_n \cdot \rho_{R,M_1} \cdots \rho_{R,M_{n-1}}}$$

P_1 bis P_n Anteile der Fraktionen 1 bis n am Gemenge in M.-%
$\rho_{R,M1}$ bis $\rho_{R,Mn}$ Rohdichten der Fraktionen 1 bis n
$\rho_{R,Mm}$ mittlere Rohdichte des Zuschlagstoffgemenges

- Bestimmung von Marshall-Stabilität und Marshall-Fließwert [158]

Die Marshallstabilität ist eine komplexe Eignungsprüfung, mit der die Widerstandsfähigkeit gegen äußere Krafteinwirkungen bei bestimmten Versuchsbedingungen gemessen wird (Bild 2.131). Durch Vergleiche mit den Anforderungen und den Erfahrungen können im Rahmen der Eignungsprüfungen die Stabilitätswerte mit verschiedenen Einwirkungen beeinflußt werden:

Veränderung der Kornzusammensetzung und damit von $\rho_{R,M}$, $\rho_{A,Mbit}$ und H_{bit}
Veränderung des Fülleranteils
Änderung der Bitumensorte
Veränderung der Bindemittelmenge und damit von H_{bit}

Es ist nicht möglich die Komponenten der Tragfähigkeit, innere Reibung und Kohäsion, getrennt zu ermitteln. Bei dieser Prüfung wird die innere Reibung unterbewertet.

Damit Vergleiche möglich sind, müssen bei der Bestimmung der Stabilität und des Fließwertes die äußeren Prüfungsbedingungen streng eingehalten werden:

Prüfkörpertemperatur 60 °C
Vorschub der Prüfpresse 50 mm/min

Die abgelesenen Werte S_M für die Stabilität sind bei dem konstanten Probekörper-Durchmesser von 101,6 mm auf eine Prüfkörperhöhe zu beziehen:

$$S_M = S_{M'} \frac{63,5}{h} \quad \text{in N}$$

In Bild 2.132 ist die Auswertung der Marshallprüfung mit den verschiedenen Abhängigkeiten dargestellt, wie sie z. B. für Asphalttragschichten, Asphaltbeton u. ä. vorgenommen werden kann.

Steifigkeit
Unter Steifigkeit wird das mit einem Faktor multiplizierte Verhältnis Marshallstabilität/Fließwert verstanden. Die Deutung ist mit Bild 2.133 sehr einfach. Bei kleinem Fließwert und gleichem S_M ist ein höherer Verformungswiderstand zu erwarten. Begründete und erprob-

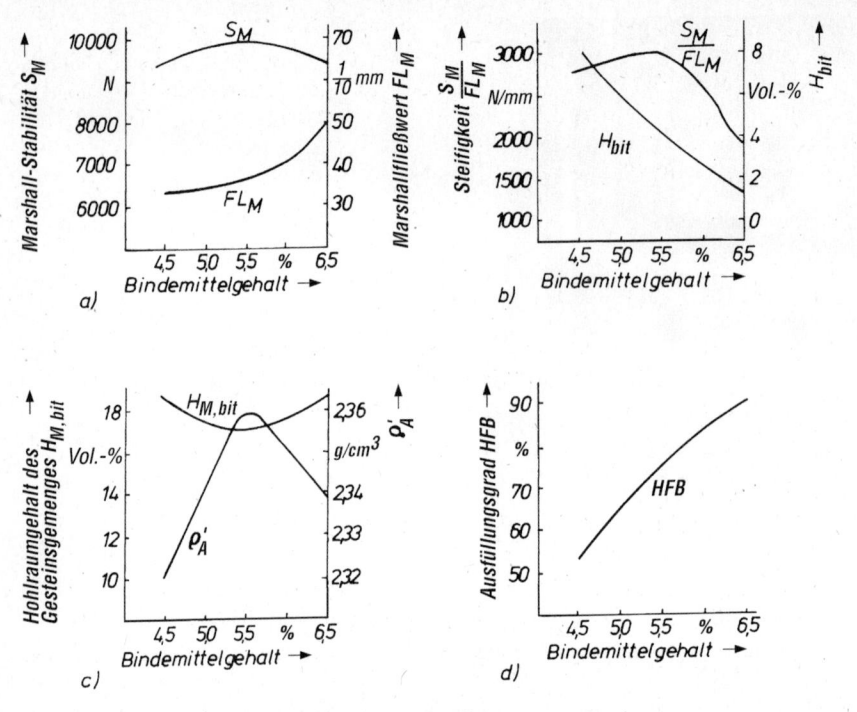

Bild 2.132 Auswertung der Marshallprüfung
a) Stabilität und Fließwert; b) Steifigkeit und Hohlraumgehalt; c) Probekörperraumdichte und Hohlraumgehalt des Gesteinsgemenges; d) Ausfüllungsgrad der Hohlräume mit Bitumen

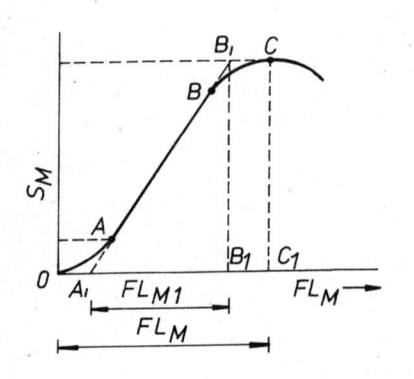

Bild 2.133 Prinzip der Ermittlung des Fließwertes bei der Marshallprüfung
Fl_M Fließwert nach Marshall; Fl_{M1} Fließwert mit kleinerer Streuung

te Richtwerte sind noch nicht festgelegt. Dabei ist die Größe des Faktors für die praktische Deutung unwesentlich und kann auch 1,0 gesetzt werden:

$$St_M = 1,0 \frac{S_M}{Fl_M} \quad \text{in N/mm}$$

Der Faktor 1,0 ist anzugeben, um Vergleiche mit anderen Quellen, in denen 1,6 und auch 1,2 verwendet wird, zu sichern.

2.5. Deckschichten

Bestimmung des Bitumengehaltes

Für Schiedsuntersuchungen und zur Prüfung der Bindemitteleigenschaften nach dem Einbau wird die Kaltextraktion durchgeführt [158]. Die Gemischprobe muß mindestens so groß sein, daß eine Menge von ≥ 25 g an löslichem Bitumen extrahiert werden kann. Das Herauslösen des Bindemittels erfolgt mit Benzol solange, bis die Zuschlagstoffe das Lösungsmittel nicht mehr färben. Die Benzollösung wird durch ein Sieb von 0,09 mm gegossen. Mit einer Zen-

a) Einfüllen der Gemischprobe in eine Schüttelflasche (m_1) und Bestimmung der Gesamtmasse m_2

↓

Auffüllen mit Lösungsmittel und 30 min schütteln

↓

Nachfüllen von Lösungsmittel und Bestimmung der Gesamtmasse m_3

↓

Abgießen eines Teiles des Bindemittel-Lösungsmittel-Gemisches und bei 2500 U/min in 30 min den Füller abzentrifugieren

↓

100 ± 10 cm³ des abzentrifugierten Bindemittel-Lösungsmittel-Gemisches in Abdampfschale bekannter Masse (m_4) einfüllen und Gesamtmasse bestimmen (m_5)

↓

Abdampfen des Lösungsmittels (Bei Trichloräthylen als Lösungsmittel werden mit einem 250-W-Infrarot-laborheizgerät 20 bis 25 min benötigt)

↓

Rückwaage der Abdampfschale mit dem Bindemittelrest m_6

↓

Abgießen des Restes in der Schüttelflasche über einen Siebsatz, Endsieb 0,09 mm

↓

Trocknung der Rückstände auf den Sieben

↓

Bestimmung der Kornverteilung unter Berücksichtigung der Wägedifferenz zwischen Probeeinwaage, Mineral- und Bindemittelrückwaage zur Bestimmung des Fülleranteils in der Probe

b)
$m_2 - m_1 = m_G$ - Masse der Gemischprobe

$m_3 - m_2 = m_L$ - Masse des Lösungsmittel

$m_5 - m_4 = m_{LB}$ - Teilmasse des Bindemittel-Lösungsmittel-Gemisches

$m_6 - m_4 = m_B$ - Masse des Bindemittels in der Teilmasse des Bindemittel-Lösungsmittel-Gemisches

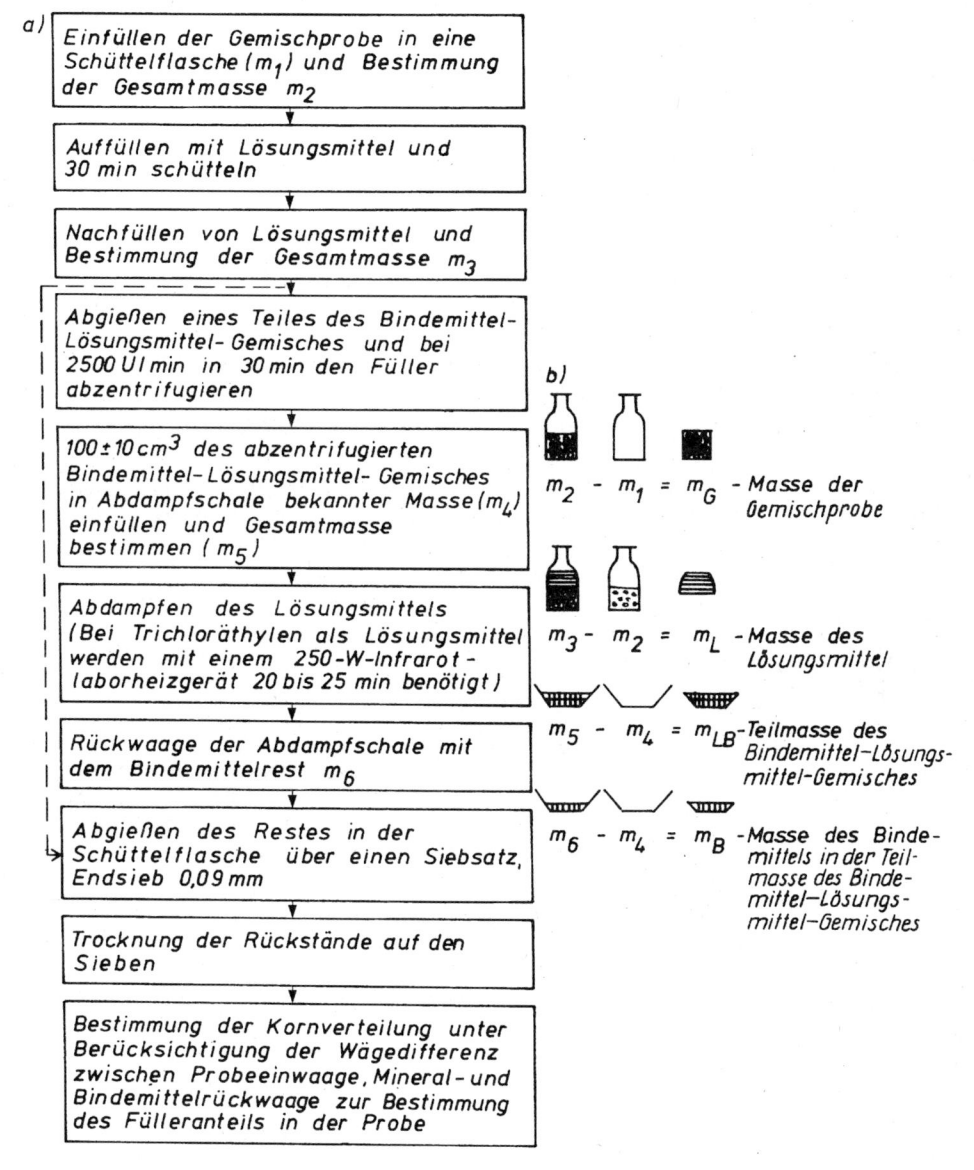

Bild 2.134 Schnellextraktion
a) Arbeitsablaufschema nach [159]; b) wesentliche Grundwertermittlung

trifuge werden die feinen Mineralstoffe ausgeschleudert und in Lösungsmittel erneut aufgerührt, bis alle Bindemittelpartikel gelöst sind. Nach dem Auswaschen ist die Masse des feinkörnigen getrockneten Gesteins zu bestimmen, um die Ist-Kornzusammensetzung zu ermitteln.

Aus der Lösung ist die Hauptmenge des Benzols bei normalem Luftdruck, der Rest in einer Vakuumapparatur abzudestillieren. Mit der vorgeschriebenen abschließenden Behandlung läßt sich die Menge des in der Probe enthaltenen Bitumens bestimmen, welches auch in seinen Eigenschaften dem eingebauten Bitumen entspricht.

Schnellextraktion

Beim Betrieb der Mischanlagen muß die Möglichkeit bestehen, den Bindemittelgehalt der hergestellten bituminösen Gemische im Laboratorium an der Mischanlage schnell zu ermitteln, entsprechend Einfluß auf die Bindemitteldosierung zu nehmen und Streuungen der Gemischzusammensetzung nachzuweisen.

Ein praktisch erprobtes Arbeitsablaufschema wird im Bild 2.134 gezeigt. Als Lösungsmittel dient Trichloräthylen, weil dabei die durch Korrektur zu berücksichtigenden ungelösten Bindemittelreste am kleinsten sind. Die Auswertung erfolgt mit den Wertgrößen aus dem Ablaufschema (Bild 2.134) [159].

$\dfrac{m_B}{m_{LB} - m_B} = B$ Relativer Bindemittelanteil in der Teilmasse des Bindemittel-Lösungsmittel-Gemisches (m_{LB})

$B \cdot m_{LB} = m_B$ Masse des Bindemittels in der Gesamtmasse des Bindemittel-Lösungsgemisches

100 M.-% $(m_B/m_A) + c = B$ Bindemittelgehalt in der Gemischprobe in M.-% mit Korrekturwert c ($0\% < c < 0{,}2\%$)

Berechnung des Ausfüllungsgrades mit Bindemittel

Es ist nachzuweisen, daß der Bindemittelgehalt den festgelegten Ausfüllungsgrad nicht überschreitet [160].

$$H_{bit} = \left(1 - \dfrac{\rho'_A}{\rho_{R,bit}}\right) \cdot 100 \text{ Vol.-\%} \quad \text{Hohlraumgehalt des Gemisches}$$

$$H_{Mbit} = \left(1 - \dfrac{\rho_{A,M,bit}}{\rho_{R,M}}\right) \cdot 100 \text{ Vol.-\%} \quad \text{Hohlraumgehalt des Gesteingemenges}$$

$$HFB = \dfrac{H_{M,bit} - H_{bit}}{H_{M,bit}} = 1 - \dfrac{H_{bit}}{H_{M,bit}} \quad \text{oder} \quad \dfrac{\rho'_A \cdot B}{H_{M,bit} \cdot \rho_B}$$

Beispiel:

$\rho_{R,M} = 2{,}83$ g/cm³; $\rho_{A,M,bit} = 2{,}28$ g/cm³

$\rho_{Rbit} = 2{,}54$ g/cm³; $\rho'_A = 2{,}43$ g/cm³; $B = 6{,}3$ M.-%

$$H_{Mbit} = \left(1 - \dfrac{2{,}28}{2{,}83}\right) \cdot 100 \text{ Vol.-\%} = 19{,}4 \text{ Vol.-\%}$$

$$H_{bit} = \left(1 - \dfrac{2{,}43}{2{,}54}\right) \cdot 100 \text{ Vol.-\%} = 4{,}3 \text{ Vol.-\%}$$

$$HFB = 1 - \dfrac{4{,}3}{19{,}4} = 0{,}78 = 78\% \quad \text{oder} \quad HFB = \dfrac{2{,}43 \cdot 6{,}3}{19{,}4 \cdot 1{,}02} = 0{,}774 \approx 78\%$$

Gefordert werden für Binderschichten $HFB \leq 0{,}70$ und für Deckschichten $HFB \leq 0{,}85$.

2.5. Deckschichten

Veränderung des Bindemittelvolumens bei hohen Temperaturen

Durch die hohen Verarbeitungstemperaturen gegenüber der Bezugstemperatur von 25 °C wird infolge der unterschiedlichen Ausdehnung von Bitumen und Gestein der Hohlraumgehalt des Gemisches beeinflußt. Die räumlichen Wärmedehnzahlen betragen [160]:

$\alpha_B = 6{,}3 \cdot 10^{-4}$ je K für Bitumen
$\alpha_G = 3{,}5 \cdot 10^{-5}$ je K für Zuschlagstoffe

In den Beispielen wird davon ausgegangen, daß eine proportionale Änderung des Gesteinsvolumens und der Hohlräume im Gesteinsgerüst bei Erwärmung eintritt.

- Für einen Asphaltbeton ist über die Eignungsprüfung ein Resthohlraumgehalt von 1,2 % bei 25 °C ermittelt und für eine Straße nach Bauklasse V als zweckmäßig festgelegt worden:

$\rho'_A = 2{,}34$ g/cm^3; $B = 6{,}9$ M.-%; $H_{M,bit} = 17{,}0$ Vol.-%

$$B_v = \frac{2{,}34 \text{ g/cm}^3 \cdot 6{,}9 \text{M.-\%}}{1{,}02 \text{ g/cm}^3} = 15{,}8 \text{ Vol.-\%}$$

$H_{bit} = H_{M,bit} - B_V = 17{,}0$ Vol.-% $- 15{,}8$ Vol.-% $= 1{,}2$ Vol.-%
$HFB = 0{,}93 > 0{,}85$

Bei der Verdichtung treten an der Einbaustelle etwa 135 °C auf und dadurch ein kleinerer Hohlraumgehalt:

$H_{M,bit} = 17{,}0$ Vol.-% $[1 + 3{,}5 \cdot 10^{-5} (135 - 25)] = 17{,}07$ Vol.-%
$B_V \ \ \ = 15{,}8$ Vol.-% $[1 + 6{,}3 \cdot 10^{-4} (135 - 25)] = \underline{16{,}89 \text{ Vol.-\%}}$

Bei 135 °C gilt etwa: $H_{bit} = H_{M,bit} - B_V$ $\ \ \ \ \ \ \ \ \ = 0{,}18$ Vol.-%

Hiermit wird deutlich, daß der Resthohlraumgehalt im Rahmen der zulässigen Toleranzen nicht ausreichend ist [157] um während des Einbaus das Ausbilden eines Bindemittelfilms an der Oberfläche auszuschließen.

- Für einen Gußasphalt gelten folgende Werte bei 25 °C:

$\rho'_A = 2{,}37$ g/cm^3; $B = 7{,}8$ M.-%; $H_{M,bit} = 16{,}5$ Vol.-%

$$B_v = \frac{2{,}37 \text{ g/cm}^3 \cdot 7{,}8 \text{M.-\%}}{1{,}02 \text{ g/cm}^3} = 18{,}1 \text{ Vol.-\%}$$

Bindemittelüberschuß: 18,1 Vol.-% − 16,5 Vol.-% = 1,6 Vol.-%
Einbautemperatur 210°C; Temperaturdifferenz 185 K

$H_{Mbit} = 16{,}5$ Vol.-% $(1 + 3{,}5 \cdot 10^{-5} \cdot 185) = 16{,}61$ Vol.-%
$B_V \ \ \ = 18{,}1$ Vol.-% $(1 + 6{,}3 \cdot 10^{-4} \cdot 185) = 20{,}21$ Vol.-%

Während des Einbauprozesses beträgt der Bindemittelüberschuß etwa 3,6 Vol.-%.

Auswertung von Güteprüfungen (Güteüberwachung) [161]

Güteprüfungen werden an den Aufbereitungsanlagen und an den eingebauten Konstruktionsschichten vorgenommen, um Vergleiche mit den aus den Eignungsprüfungen [157] abgeleiteten Rezepturen bzw. den festgelegten Anforderungen anzustellen (Tafel 2.51 [162]).

Prüfungen an der Aufbereitungsanlage:
- Bindemittelgehalt und Kornzusammensetzung
- Marshallprüfung mit Raumdichte, Hohlraumgehalt, Stabilität und Fließwert
- Temperaturkontrollen

Diese Prüfungen sind in jeder Schicht mindestens einmal auszuführen [161].

Tafel 2.51 Toleranzen für das arithmetische Mittel des Bindemittelgehaltes, der Splitt-, Sand- und Fülleranteile bei Asphaltbeton, Asphaltbinder und Gußasphalt, nach [93]

Anzahl der Prüfergebnisse		2	3 bis 4	5 bis 8	9 bis 19	≥ 20
Bindemittelgehalt	M.-%	±0,45	±0,40	±0,35	±0,30	±0,25
Splitt > 2 mm	M.-%	±6,0	±5,0	±4,0	±3,0	±3,0
Sand 0,09 bis 2 mm	M,-%	±6,0	±5,0	±4,0	±3,0	±3,0
Füller < 0,09 mm	M.-%	±2,7	±2,4	±2,1	±1,8	±1,5
Füller < 0,09 bei Gußasphalt	M.-%	±3,6	±3,2	±2,8	±2,5	±2,2

Prüfungen an der fertigen Befestigungsschicht:
- Schichtdicke
- Verdichtungsgrad, Raumdichte und Hohlraumgehalt
- Bindemittelgehalt und Kornzusammensetzung

Diese Prüfungen sind als unregelmäßige Stichproben an Bohrkernen durchzuführen (Kontrollprüfungen). Die Häufigkeit ist zwischen Auftraggeber und Auftragnehmer zu vereinbaren. Neben der Eigenüberwachung durch den Baubetrieb hat dieser mit einer staatlich anerkannten Prüfstelle einen Vertrag zur Fremdüberwachung abzuschließen [161].

Für die wesentlichen Qualitätsmerkmale der hohlraumarmen Asphaltdeckschichten sind die Toleranzgrenzen in Tafel 2.51 angeführt. Bei großen Baustellen sind die Toleranzgrenzen (> 20 Prüfungen) von mehr als 95% aller Meßwerte einzuhalten. Es handelt sich um Mindestforderungen. Die Gesamtheit gleichartiger Einzelwerte ist bei größeren Bauleistungen statistisch auszuwerten, damit Vergleiche und die Beurteilung der Qualität mit eindeutigen Zahlenwerten gestützt werden. Für Straßen der Bauklassen SV, I bis III können höhere Stabilitätswerte vereinbart werden.

Während Bindemittelgehalte, Füllergehalte und Siebdurchgänge von Sand und Splitt normal verteilt sind, können bei den Stabilitäts- und Festigkeitswerten sowie Hohlraumgehalten schiefe Verteilungen der Meßwerte auftreten. In Verbindung mit Bild 2.135, in dem die statistische Auswertung graphisch dargestellt ist, bedeuten:

x_i Einzelmeßwert als Zufallsgröße
n Anzahl der Einzelwerte
$\bar{x}$ Mittelwert
μ Sollwert
$\Delta\bar{x}$ Mittelwertabweichung
$\bar{x}_{o,u}$ Mittelwert aller x, die größer bzw. kleiner als x sind
$s_{o,u}$ obere bzw. untere Standardabweichung
$m_{o,u}$ Mängelrate (außerhalb der Toleranzgrenzen)
$\Phi(\lambda)$ tabellierte Summenfunktion der Normalverteilung
λ normierte Veränderliche
Δx_T zulässige Toleranz
$T_{o,u}$ Toleranzgrenzen

$$\bar{x} = \frac{1}{n} \cdot \sum_{i=1}^{n} x_i$$

$$\Delta\bar{x} = \bar{x} - \mu$$

2.5. Deckschichten

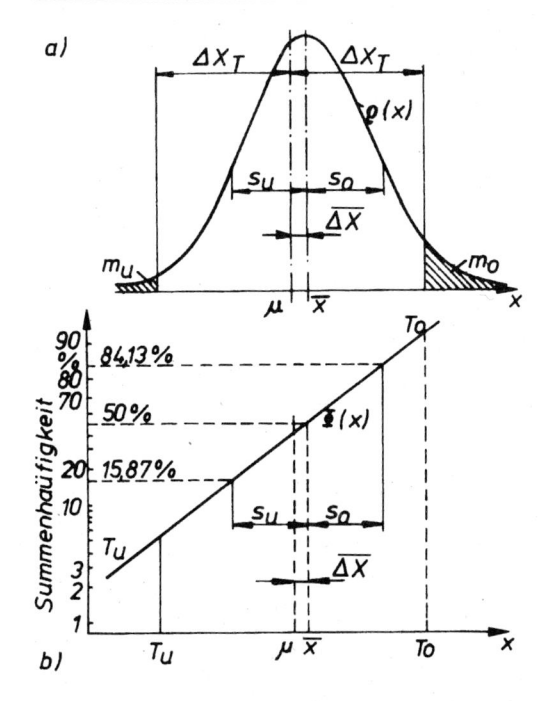

Bild 2.135 Statistische Auswertung von Meßwerten
a) Dichtefunktion; b) Verteilungsfunktion

$s_{o,u} = 1{,}25\,(\bar{x}'_{o,u} - \bar{x})$ für schiefe Verteilung

$s_o = s_u = s = \sqrt{\dfrac{1}{n-1}\sum\limits_{i=1}^{n}(x_i - \bar{x})^2}$ für Normalverteilung

$m_{o,u} = 0{,}5 - \Phi(\lambda_{o,u})$ mit $\Phi(-\lambda) = -\Phi(\lambda)$ nach Tafel 2.52

$\lambda_{o,u} = \dfrac{T_{o,u} - \bar{x}}{s_{o,u}}$

Tafel 2.52   Summenfunktion $\Phi(\lambda)$

λ	$\Phi(\lambda)$	λ	$\Phi(\lambda)$
0,10	0,040	1,00	0,341
0,20	0,079	1,20	0,385
0,30	0,118	1,20	0,419
0,40	0,155	1,60	0,445
0,50	0,192	1,80	0,464
0,60	0,226	2,00	0,477
0,70	0,258	2,50	0,494
0,80	0,288	3,00	0,499
0,90	0,316	≥ 4,00	0,500

Für kleinere Baustellen gelten die in Tafel 2.51 angegebenen Werte in Abhängigkeit von der Anzahl der Prüfungen.

Andere Versuche und Verfahren zur Prüfung des Verhaltens von Asphaltgemischen

Triaxialversuch
Dieser Versuch ist an Aspaltgemischen besonders aufwendig. Er ist nur zum Qualitätsvergleich sehr unterschiedlich zusammengesetzter Gemische in speziell ausgerüsteten Laboratorien ausführbar [162].

In Bild 2.136 ist das Prinzip der Auswertung dargestellt. Für die Konstruktion der Spannungskreise werden zu den unterschiedlich vorgegebenen σ_3-Werten die zugehörigen σ_1-Werte benötigt, bei denen der Scherbruch eingetreten ist.

$$r = \frac{\sigma_1 - \sigma_3}{2}; \quad \text{Entfernung des Spannungskreismittel-punktes vom Koordinatenursprung} = \frac{\sigma_1 + \sigma_3}{2}$$

Die Spannungen in den Scherflächen betragen:

$$\tau = \frac{\sigma_1 - \sigma_3}{2} \cos \varphi = \frac{\sigma_1 - \sigma_3}{2} \sin 2\vartheta$$

$$\sigma_n = \frac{\sigma_1 + \sigma_3}{2} + \frac{\sigma_1 - \sigma_3}{2} \cos 2\vartheta$$

Mit Hilfe mehrerer Spannungskreise können die Werte für c und j brauchbar graphisch bestimmt werden. Die Auswertung von Versuchsergebnissen in Bild 2.137 läßt generelle Aussagen zu, die für viskoelastische Massen teilweise typisch sind:

- Die Kohäsion fällt mit zunehmender Temperatur und wächst mit zunehmender Beanspruchungsgeschwindigkeit.
- Der Winkel der inneren Reibung wächst mit fallender Beanspruchungsgeschwindigkeit und zunehmender Temperatur.

Zur Erzielung weitgehend gleichmäßiger Dichten an Probezylindern von 125 mm Durchmesser und 300 mm Höhe mußte eine spezielle Verdichtungstechnologie entwickelt werden [162].

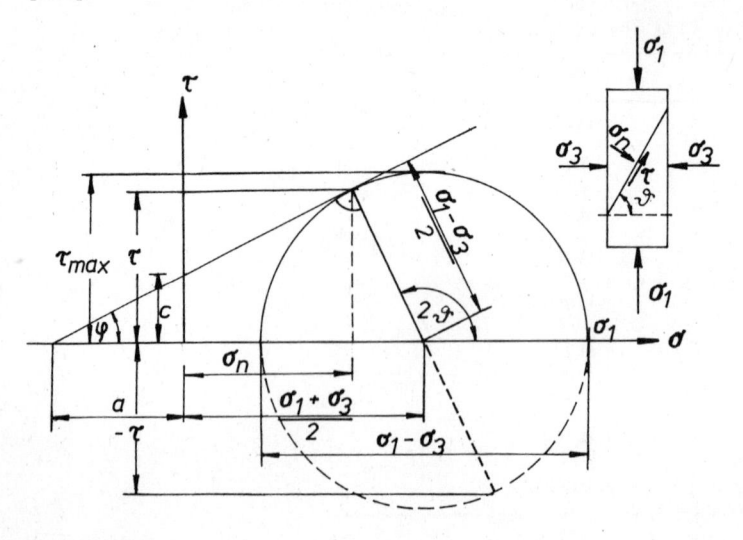

Bild 2.136 Mohr'scher Spannungskreis für die Auswertung des Triaxialversuchs

2.5. Deckschichten

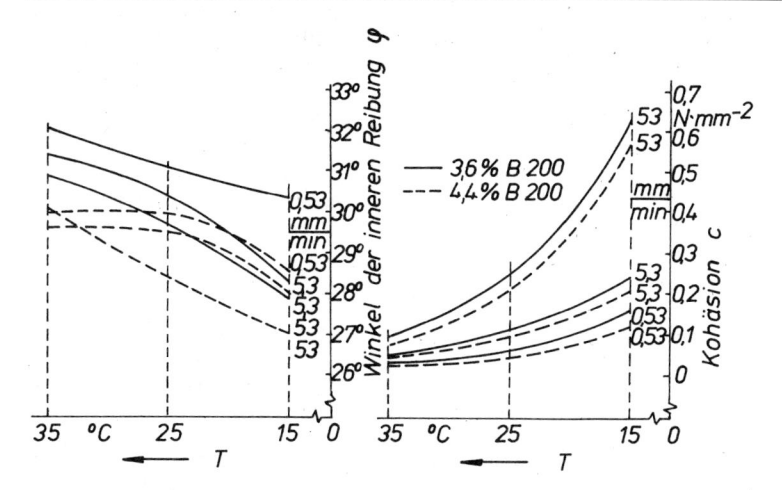

Bild 2.137 Graphische Darstellung der Triaxialversuchsergebnisse in Abhängigkeit vom Bindemittelgehalt, von der Vorschubgeschwindigkeit und der Temperatur für ein Asphaltgemisch [162]

Doppelscherversuch

Als Ergänzung zur Marshallprüfung sind bei Deckschichten genauere Untersuchungen des Widerstandes gegen Verformungen notwendig. In Bild 2.138 ist das Prinzip des Doppelscherversuchs dargestellt. Für Vergleichsuntersuchungen wurden zylindrische Probekörper von 103,6 mm Durchmesser und 110 mm Höhe hergestellt. Das Abscheren erfolgte mit Halterungen von b_1 = 20 mm [162]. Die Scherfestigkeiten erreichten Werte von:

$$0,03 \text{ N/mm}^2 \text{ bei } T = 35\,°C \text{ und } v = 0,53 \text{ mm/min}$$
$$\text{bis } 1,00 \text{ N/mm}^2 \text{ bei } T = 15\,°C \text{ und } v = 53 \text{ mm/min}$$

Durch Abscheren von Probekörpern gleicher Abmessungen mit dem gemäß Marshallversuch günstigen Bindemittelgehalt bei drei verschiedenen Vorschubgeschwindigkeiten werden Vergleichskurven erhalten. Die Prüftemperatur soll 25 °C betragen. Nach Auswertung von Erfahrungen können diese Kurven zur Festlegung von Forderungen an scher- und schubfeste Asphaltdeckschichten verwendet werden (Bild 2.139).

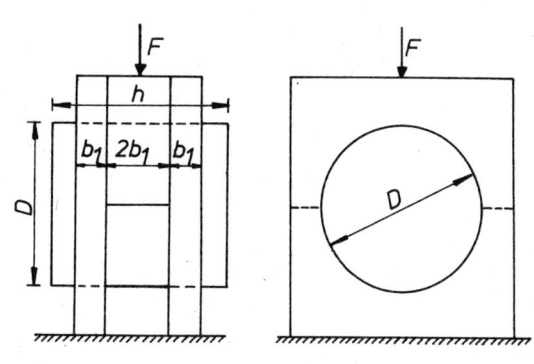

Bild 2.138 Vorrichtung für Doppelscherversuch (Prinzip)

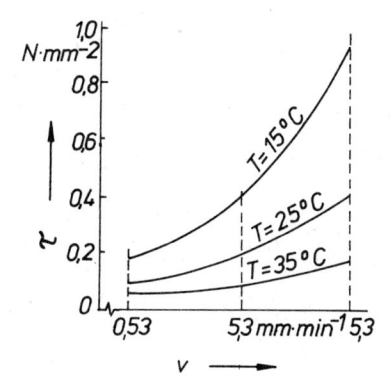

Bild 2.139 Ergebnisse von Doppelscherversuchen
B = 3,6 % B 200 nach [162]

Die bei hochsommerlichen Temperaturen unter der Einwirkung schwerer Nutzfahrzeuge meßbaren Spurrinnenbildungen führen zu höheren Anforderungen an die Asphaltgemische, deren höhere Qualität mit besonderen Prüfungen und Berechnungen nachzuweisen ist. Über Teilergebnisse und zwischenzeitliche Anforderungen sind weitergehende Informationen in [163, 164, 165, 166] zu finden.

Wesentliche Verbesserungen der Verformungsbeständigkeit von Asphaltschichten werden durch die Verwendung polymermodifizierter Bitumen angestrebt [167].

Spaltzugversuch
Bei tiefen Temperaturen verhalten sich Asphaltgemische unter kurzzeitiger Kraftwirkung weitgehend elastisch. Deshalb kann bei festgelegten äusseren Bedingungen die in Abschn. 2.5.2. behandelte Spaltzugprüfung zur ergänzenden Beurteilung von Asphaltgemischen herangezogen werden [168].

Bei 5 °C, $v = 50$ mm/min und für $\mu = 0{,}3$ kann man folgende Kennwerte vergleichbar bestimmen:

$$E = \frac{0{,}00574\,F}{l \cdot u}; \qquad \varepsilon = \frac{21{,}1 \cdot u}{d}$$

E	dynamischer E-Modul in N/mm^2
F	Kraft, die in der Prüfvorrichtung die Querverformung u bewirkt in N
u	Querverformung in mm
d	Durchmesser des Probekörpers in mm
l	Höhe des Probekörpers in mm
ε	Dehnung

Ermüdungsprüfungen – Verhalten unter Dauerbeanspruchung
Im Bemühen um die Festlegung von Grenzwerten für Zugspannungen an der Unterseite bituminöser Konstruktionsschichten unter dem Einfluß der darüberrollenden Nutzkraftwagen werden Dauerbiegezug-Untersuchungen mit regelmäßig eingetragener Wechselbeanspruchung durchgeführt. Sie haben bestätigt, daß bindemittelreiche Gemische einer höheren Kraftwechselzahl widerstehen als bindemittelärmere [169]. Es ist aber nicht möglich, Grenzwerte für Biegezugspannungen oder Dehnungen abzuleiten. Die Einwirkungen der Witterung auf die bituminösen Schichten in der Straßenkonstruktion, die unterschiedlichen Verkehrskräfte und deren zeitliche Abstände lassen sich an Prüfständen nur unvollkommen simulieren. Auch die regenerierende Wirkung des Verkehrs auf bituminöse Konstruktionsschichten bleibt unberücksichtigt.

Untersuchungen an Probekörpern mit den Abmessungen 75 mm × 75 mm × 225 mm, die aus hochwertigem bituminösem Tragschichtmaterial von Versuchsstraßenbefestigungen herausgeschnitten wurden, führten zu interessanten Ergebnissen [170]. Wenn die Wechselbeanspruchungen auf Biegezug durch Ruhepausen unterbrochen werden, steigt die Anzahl der Beanspruchungen bis zum Bruch bedeutend an. Die Zunahme ist in Abhängigkeit von der Größe der Ruhepausen in Bild 2.140 dargestellt. Bei den Versuchen konnte auch der Einfluß der Temperatur nachgewiesen werden. Gegenüber der Wechselbeanspruchung ohne Ruhepausen konnte für die Belastungsabstände von $\geq 0{,}4$ s bei 10 und 25 °C die 25-fache und bei 40 °C die 5-fache Anzahl der Kraftwirkungen bis zum Bruch registriert werden. Diese Resultate unterstreichen die Komplexität der auf die Nutzungsdauer bituminöser Konstruktionsschichten wirkenden Einflüsse.

2.5. Deckschichten

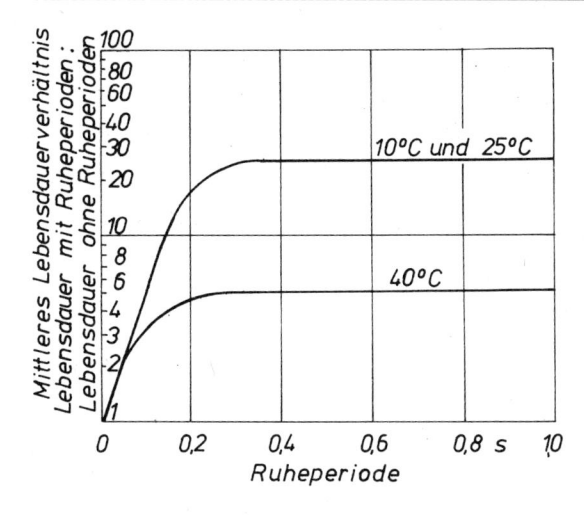

Bild 2.140 Einfluß von Ruhepausen auf die Lebensdauer von Prüfkörpern unter Biegewechselbeanspruchung

2.5.2. Deckschichten aus Zementbeton [27]

2.5.2.1. Anforderungen

Grundsätzliches

Deckschichten aus Zementbeton bilden den oberen Teil des Oberbaus. Sie werden auf der Tragschicht, ggf. auch direkt auf frostbeständigem Unterbau bzw. Untergrund hergestellt. Betondecken erfüllen die Funktion der Deckschicht und auch ganz oder teilweise die der Tragschicht.

Im Regelfall wird der Zementbeton mit schienen- oder leitdrahtgeführten Fertigern eingebaut. Dabei sind mit der profilgerechten Oberfläche auch hohe Anforderungen an die Ebenheit zu erfüllen.

Bei Deckschichten der Bauklassen SV, I bis III sind Unebenheiten von mehr als 4 mm auf 4 m Meßstrecke (Richtscheit, Profilograph) in jeder Richtung auszuschließen. Für Deckschichten der Bauklassen IV bis VI und bei Flächen die ohne Fertiger hergestellt werden, müssen die Unebenheiten unter 6 mm bleiben (s. auch 2.5.1.3.1).

Um die gute kraftverteilende Wirkung dauerhaft zu erreichen, ist die gleichmäßige Beschaffenheit der unteren Tragschicht und des Unterbaus (Untergrund) zu sichern.

Damit die Auswirkungen der Temperaturänderungen keine Spannungsüberschreitungen und zufällige Rißbildungen bewirken, sind die Betonbefestigungen durch geeignete Fugenkonstruktionen zu unterteilen. Betonbefestigungen werden hauptsächlich ohne Stahlbewehrung hergestellt. Das bedeutet, daß die Zementbetonplatten den unterschiedlichen Biegezugbeanspruchungen aus Verkehrskräften und Temperaturverteilung während der langen Nutzungszeit (>20 Jahre) schadlos widerstehen müssen. Der differenzierten Verkehrsbeanspruchung wird durch unterschiedliche Befestigungsdicken, in Abhängigkeit von der Bauklasse, Rechnung getragen [34].

In Mitteleuropa sollte auf die weitgehende Abdichtung der Fugen weiterhin geachtet werden. Damit kann den Kantenschäden und den negativen Einwirkungen von Niederschlagswasser auf die Beständigkeit der Tragschichten entgegengewirkt werden.

Die gemäß [34] zwischen 14 und 26 cm dicken Betonbefestigungen werden in Abschnitt 3 detailliert dargestellt und begründet.

Unterbau (Untergrund) und untere Tragschicht

Wegen der großflächig kraftverteilenden Wirkung der Betondeckschicht haben Unterbau (Untergrund) und untere Tragschicht weniger die Aufgabe die Tragfähigkeit der Gesamtkonstruktion zu erhöhen, als vorrangig folgende Ziele:

- Gewährleistung einer dauerhaften gleichmäßigen Auflage (keine Verlagerung und keine plastische Verformung unter Verkehrseinwirkungen).
- Möglichkeit einer hohen Verdichtung des Zementbetons beim Einbau.
- Befahrbarkeit für technologische Transporte während der Bauausführung.
- Gleichmäßige Arbeitsebene für Fertiger und andere Einbaumaschinen.

Die gleichmäßige Auflage wird durch geringe Streuungen der Bettungszahl K bzw. des Tragfähigkeitsmoduls E_V sowie durch hohe Raumdichten der ungebundenen Schichten gekennzeichnet. Der Einfluß auf die Spannungen in der Deckschicht ist besonders bei $K \geq 0{,}1$ N/mm^3 sehr gering. Das gleiche gilt für den Einfluß der Größe des E-Moduls der Tragschicht auf die Größe der Bettungszahl. Dieser Sachverhalt ist in Bild 2.141 wiedergegeben [171]. Deshalb ist es nicht erforderlich besonders hohe Tragfähigkeitswerte auf der Oberfäche der Tragschicht anzustreben, da schon „weichere" Schichten eine ausreichende Bettung sichern. Je starrer eine Tragschicht ist (hochwertige Zementverfestigung, Zementbeton), um so größer können die Wölbspannungen aus Temperaturunterschieden in der Deckschicht werden (Bild 2.142). Das ist darauf zurückzuführen, daß die Betonplatten bei Verwölbung auf „weichen" Schichten großflächiger aufliegen als bei starren. Mit einer dauerhaften Verbundwirkung zwischen Betondeckschicht und zementgebundener Tragschicht darf nicht gerechnet werden. Bei der Rekonstruktion von abgängigen Zementbetondeckschichten, aber auch bei Neubauten, werden oft Zwischschichten aus Asphaltgemischen aufgebracht, die als Ausgleichsschicht dienen und ggf. auch die schadlose Abführung (Dränasphalt) von Sickerwasser unterstützen. Als Tragschichten für Betondeckschichten eignen sich besonders Zementverfestigungen mit $\beta_{R28} \leq 8$ N/mm^2 und Asphaltschichten. Unter der Deckschicht soll eine Bettungszahl $K \geq 0{,}03$ N/mm^3 gesichert werden.

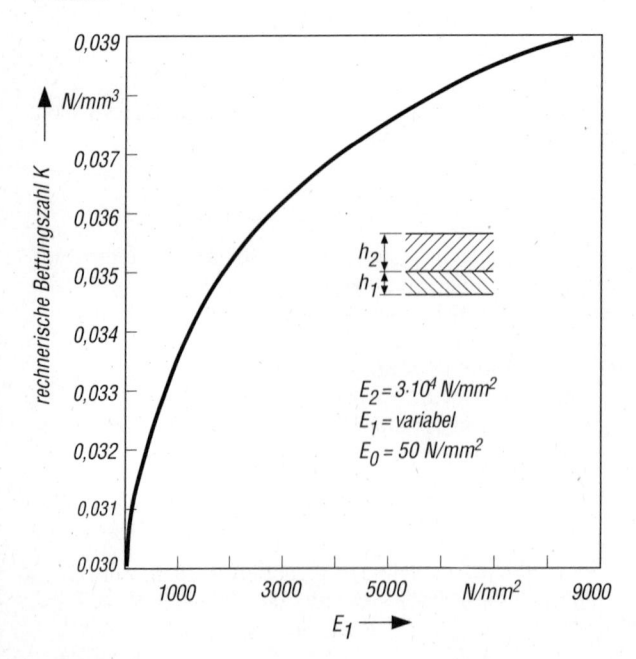

Bild 2.141 Abhängigkeit einer rechnerischen Bettungszahl vom E-Modul der Tragschicht [171]

2.5. Deckschichten

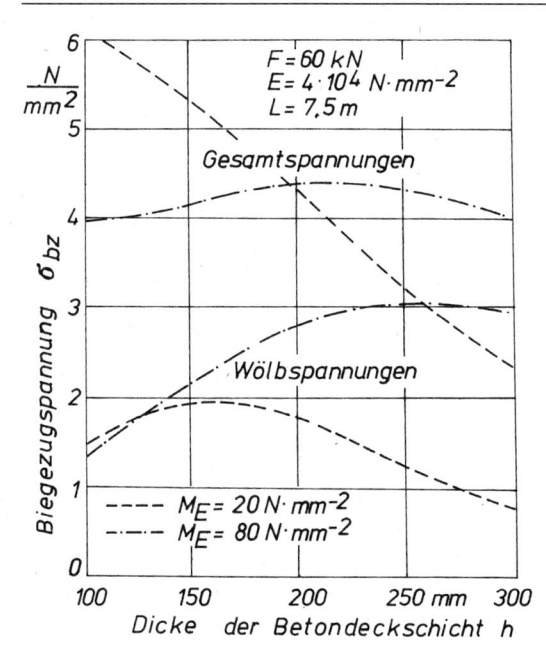

Bild 2.142 Spannungen in Zementbetondeckschichten in Abhängigkeit von der Tragfähigkeit der Auflagerung (ME) und der Deckendicke [171]

Anforderungen an die Deckschicht

Die kritische Beanspruchung besteht aus den Biegezugspannungen, die durch die Biegezugfestigkeit der Betonplatten allein aufzunehmen sind. Aus wirtschaftlichen Gründen wird auf eine Bewehrung im Regelfall verzichtet. Die Druckspannung liegt wesentlich unter der Betondruckfestigkeit und wird bei ausreichender Biegezugfestigkeit nicht ausgenutzt. Es ist aber zu beachten, daß hohe Druckfestigkeitswerte auch für den hohen Abnutzungswiderstand der Fahrbahnoberfäche von Betonbefestigungen wesentlich sind [172]. Die Festigkeitsanforderungen sind in Tafel 2.53 enthalten.

Tafel 2.53 Anforderungen für Straßenbeton [27]

Bauklasse	Mindestwerte des Betons im Alter von 28 Tagen			Mindestens erf. Korngruppen nach DIN 4226 mm
	Druckfestigkeit am Würfel von 20 cm Kantenlänge N/mm^2		Biegezugfestigkeit N/mm^2	
SV, I bis IV	35[1])	40[2])	5,5	0/2, 2/8, >8 oder 0/4, 4/8, >8
V und VI	25[1])	30[2])	4,0	0/4, >4

[1]) Druckfestigkeit β_{WN} jedes Probekörpers
[2]) Mittlere Druckfestigkeit β_{WS} jeder Serie nach DIN 1045 bei der Eigenüberwachungs- bzw. Kontrollprüfung

Die Oberflächenbeschaffenheit von Betonbefestigungen ist nach einer „Einfahrzeit" dadurch gekennzeichnet, daß Mikro- und Makrorauhigkeit infolge des weicheren Zementsteins und der härteren Zuschlagstoffe durch Verkehrseinwirkung ständig regeneriert werden. Zur Sicherung einer angemessenen Anfangsrauhigkeit wird die Oberfäche des frischen Betons mit Stahlbürsten profiliert oder mit einem Jutetuch in Längsrichtung strukturiert.

Zur Sicherung eines ausreichenden Frost-Tausalz-Widerstandes ist die Zugabe von luftporenbildenen Zusätzen vorgeschrieben. Damit sind die in Tafel 2.54 enthaltenen Anforderungen zu erfüllen. Der beim Gefrieren des Wassers in den Kapillarporen entstehende Überdruck kann durch Entweichen in die künstlich erzeugten Poren abgebaut werden. Beton mit einer großen Anzahl kleiner Luftporen ist widerstandsfähiger, weil der entstehende Überdruck um so geringer ist, je kleiner der Abstand der künstlichen Luftporen untereinander und damit von den Kapillarporen ist. Die Prüfung des wirksamen Luftporengehaltes erfolgt an Anschliffen aus Bohrkernen, indem unter einem Spezialmikroskop entlang von Meßlinien die Anzahl der wirksamen Poren gezählt, sowie der Anteil der Länge der Poren (s_p in cm) und des Feststoffes (s_f in cm) an der Gesamtlänge der Meßlinie ($s_f + s_p$) ermittelt wird. Daraus wird der Abstandsfaktor AF errechnet [173, 174].

Tafel 2.54 Luftporengehalt des Frischbetons [27]

Betonvariante	Mindestluftporengehalt[1]	
	im Tagesmittel Vol.-%	Einzelwerte Vol.-%
Beton ohne BV oder FM	4,0	3,5
Beton mit BV[2]) und/oder FM[3])	5,0	4,5

[1]) Bei Zuschlagstoffgemengen mit Größtkorn 16 mm sind die Werte um 0,5 Vol.-% höher anzusetzen;
[2]) Betonverflüssiger; [3]) Fließmittel

Luftporengehalt P in %

$$P = \frac{s_p}{s_f + s_p} 100\%$$

Bei N Luftporen auf der Meßlinie wird die Luftporenanzahl je cm:

$$n_m = \frac{N}{s_f + s_p}$$

Die spezifische Oberfläche der Luftporen in cm²/cm³ beträgt:

$$\alpha = \frac{400 n_m}{P}$$

Nimmt man das Reinvolumen des Zementsteins mit V_s in % vom Festbeton an, so beträgt der Abstandsfaktor AF:

$$AF = \frac{30}{\alpha}\left[1,4\left(\frac{V_s}{P}+1\right)^{1/3} - 1\right]$$

Wenn der Abstandsfaktor 0,025 cm nicht überschreitet und der wirksame Porengehalt $P > 1,5\%$ ist, treten keine Oberflächenschäden auf. Die allgemeine Widerstandsfähigkeit des Zementbetons gegen Frost wird durch eine Frost-Tau-Wechsel-Prüfung nachgewiesen (s. Abschn. 2.5.2.4.)

2.5. Deckschichten

Zusammensetzung des Straßenbetons

Die Dosierung und Herstellung des Frischbetons erfolgt nach den bekannten bautechnologischen Gesichtspunkten [175, 176, 177, 178, 179, 180]; jedoch unter Beachtung einiger Besonderheiten. Diese ergeben sich aus den komplizierten Erhärtungsbedingungen und den hohen Beanspruchungen während der Nutzung.

Zemente

Es sind Portland-, Eisenportland- oder Hochofenzemente nach DIN 1164 [15] zu verwenden. Die Zemente müssen mindestens der Festigkeitsklasse Z35, Hochofenzement der Festigkeitsklasse Z45L entsprechen. Über die Anforderungen der DIN 1164 hinaus gelten für Zemente der Festigkeitsklassen Z35 und Z45, ausgenommen Z45F für frühhochfesten Straßenbeton, folgende Forderungen:

- Die Mahlfeinheit, bestimmt als spezifische Oberfläche nach DIN EN 196 Teil 6, darf 4000 cm^2/g nicht überschreiten.
- Das Erstarren bei 20 °C darf bei der Prüfung nach DIN EN 196 Teil 3 in Abweichung von DIN 1164 Teil 1 (1990) frühestens zwei Stunden nach dem Anmachen beginnen.
- Das Erstarren bei 30 °C darf bei der Prüfung frühestens eine Stunde nach dem Anmachen beginnen.

Von den Komponenten des Zements wirkt sich Trikalziumaluminat (C_3A) besonders ungünstig in der ersten Phase der Erhärtung aus. Sein Anteil muß deshalb niedrig gehalten werden. Die Zementbeschaffenheit für eine Bauaufgabe muß gleichmäßig sein (gleiches Lieferwerk). Z45 kommt dann zum Einsatz, wenn die Zeit bis zur Verkehrsfreigabe verkürzt werden soll oder wenn niedrige Temperaturen zu erwarten sind.

Zuschlagstoffe

Die Auswahl der Zuschlagstoffe hat unter Beachtung der TL Min-StB [18] zu erfolgen. Die Zuschlagstoffe müssen nach den RG Min-StB güteüberwacht sein. Folgende Anforderungen sind zu erfüllen:

- Erhöhter Widerstand gegen Frost nach [19]. Der Durchgang durch das vorgesehene Prüfsieb darf 1% nicht überschreiten.
- Bei Kornklassen mit Größtkorn von 4 mm darf der Anteil an quellfähigen Bestandteilen gemäß [19] jeweils 0,25 M.-% nicht überschreiten. Am Gesamtzuschlagstoffgemenge >4 mm darf der Anteil an quellfähigen Bestandteilen nicht über 0,02 M.-% hinausgehen.

Für die Bauklassen SV, I bis III sollen die Zuschlagstoffe >8 mm zu ≥50% aus gebrochenem Gestein bestehen. Am gesamten Zuschlagstoffgemenge soll der Anteil gebrochenen Gesteins ≥ 35 M.-% sein. Wenn der Verdacht besteht (z.B. bei bestimmtem Kiesen und Sanden in Norddeutschland), daß eine Zuschlagstoffkörnung alkalireaktionsempfindliche Bestandteile enthält [175], so ist zusätzlich [181] zu beachten.

Für die Kornzusammensetzung dient Bild 2.143 als Grundorientierung. Günstig sind Siebsummenlinien im Bereich A_{32} bis B_{32}. Bei den Bauklassen SV, I bis III darf das Zuschlagstoffgemenge bestimmte Sandanteile nicht überschreiten. Der Siebdurchgang durch das 1 mm-Sieb muß < 27 M.-% und durch das 2 mm-Sieb < 30 M.-% betragen. Wesentlich für hochwertige Straßenbetone ist die Begrenzung des Mehlkorngehaltes (0 bis 0,25 mm) auf maximal 450 kg/m^3.

Wasseranteil

Das Wasser-Zement-Verhältnis (*W/Z*-Wert) hat ausschlaggebende Bedeutung für die Eigenschaften des Frischbetons und auch des Festbetons. Es soll der in Abhängigkeit von der vorgesehenen Einbautechnik niedrigste Wert gewählt werden, der eine hohe Verdichtung und

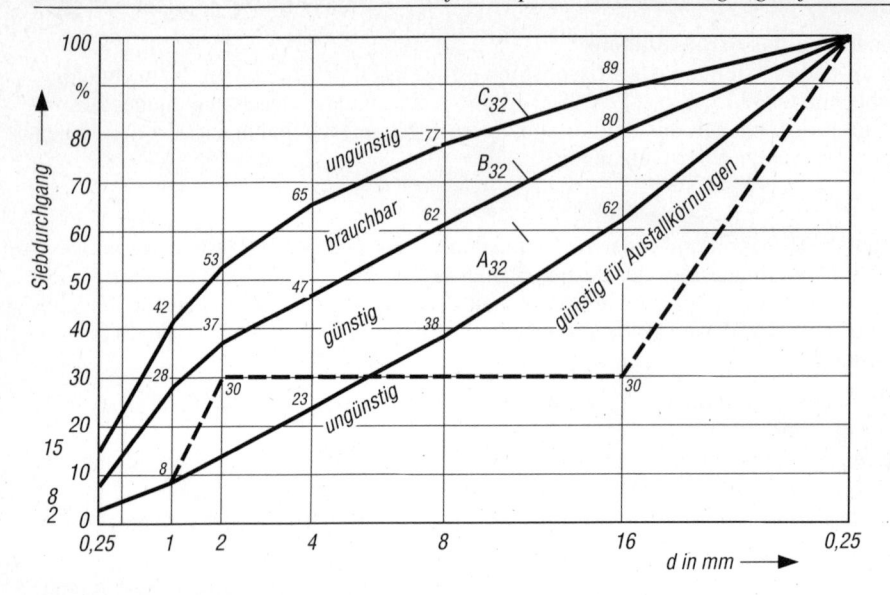

Bild 2.143 Siebsummenlinienbereiche nach DIN 1045 – Größtkorn 32 mm

einen guten Deckenschluß gewährleistet. Höhere W/Z-Werte verringern die erreichbaren Festigkeiten und die Frost-Taumittel-Resistenz. Ausserdem wird das Schwindmaß erhöht. Bei W/Z > 0,45 sind Oberflächenschäden zu erwarten. Mit luftporenbildenden Zusätzen kann der Wasseranspruch herabgesetzt und die Betonqualität erhöht werden.

Zementbeton-Gemisch
Für die Bauklassen SV, I bis III wird eine Mindest-Zementmenge von 340 kg/m^3 verdichteten Frischbeton gefordert. Mit dem Zuschlagstoffgemenge, Zement, Wasser, Luftporenbildner und ggf. weiteren Zusatzstoffen sind Eignungsprüfungen durchzuführen. Die in Tafel 2.53 und 2.54 angegebenen Forderungen sind maßgebend.

Für das Endprodukt an der Einbaustelle ist die Konsistenz (Verarbeitbarkeit) in Abhängigkeit von der Einbautechnologie wesentlich. Die gleichmäßige Konsistenz bestimmt die Verdichtbarkeit, die Kantenfestigkeit bei Gleitschalungsfertigung und die Oberflächenstruktur. Die Konsistenz kann durch Änderung der Zähigkeit des Mörtels im Zementbeton, insbesondere durch Art und Menge der Feinststoffe, den W/Z-Wert und die Zugabe von LP-Stoffen sowie ggf. Plastifikatoren beeinflußt werden.

Die Verarbeitbarkeit des Zementbetons wird durch die Konsistensbereiche KS, KP, KR KF gekennzeichnet [182]. Es können drei Prüfverfahren herangezogen werden [183]: Die Ermittlung der Verdichtungszahl, das Setzmaß und das Ausbreitmaß. Zwischen diesen drei Prüfverfahren bestehen korrelative Beziehungen.

In Tafel 2.55 sind die Konsistenzbereiche angegeben. Für die verschiedenen Bedingungen bei Transport und Einbau dient Bild 2.144 als Orientierung. Die Konsistenz bei den Eignungsprüfungen sowie bei der Herstellung des Betons an der Mischanlage müssen den zeitlichen Abstand zwischen Aufbereitung und Einbau sowie die Witterungsbedingungen berücksichtigen [183]. Beim Einbau mit Gleitschalungsfertigern ist es zweckmäßig die Konsistenz an der Einbaustelle ständig zu kontrollieren, um darüber geringe Streuungen für die Verarbeitbarkeit zu sichern.

2.5. Deckschichten

Transport/Einbau	Verdichtungsmaß v					
	1,20	1,15	1,10	1,05	1,02	1,00
Muldenkipper						
Transportmischer						
schienengeb. Fertiger						
Gleichschalungsfertiger						
Rüttelbohle						
Fließbeton						
Konsistenzbereich	KS		KP		KR	KF

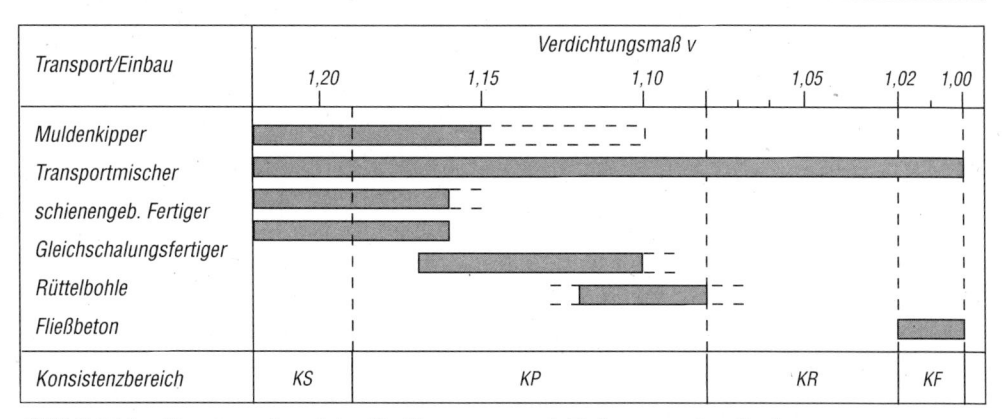

Bild 2.144 *Konsistenzbereiche für Transport und Einbau von Straßenbeton Orientierung [182, 183]*

Tafel 2.55 Konsistenzbereiche des Frischbetons [182, 183]

Konsistenzbereich		KS	KP	KR	KF
Konsistenzprüfung		steif	plastisch	weich	fließfähig
Verdichtungsmaß	v	> 1,20	1,19 bis 1,08	1,07 bis 1,02	–
Setzmaß	mm	25	25 bis 100	100 bis 200	> 200
Ausbreitmaß A	mm	–	350 bis 410	420 bis 480	490 bis 560

Straßenbeton mit Fließmittel

Durch das Zumischen eines Fließmittels zu einem normalen Straßenbeton erhält man einen Beton, der für eine begrenzte Zeitdauer eine weichere (flüssige) Konsistenz als der Ausgangsbeton aufweist. Es werden unterschieden:

- Frühhochfester Straßenbeton mit Fließmittel (Ausgangskonsistenz KS oder KP)
- „weicher" Straßenbeton mit Fließmittel (Ausgangskonsistenz KR)

Als Fließmittel dürfen nur anerkannte Betonverflüssiger mit Prüfzeichen verwendet werden. Bei gleichzeitiger Verwendung von Fließmittel, Luftporenbildner und ggf. anderen Betonzusatzmitteln muß im Rahmen einer Wirksamkeitsprüfung die Einhaltung des Abstandsfaktors geprüft werden. Straßenbeton mit Fließmitteln erlaubt es, den Beton mit einfachen Technologien bei Einhaltung der Qualitätsanforderungen einzubauen. Auf Flächen mit Neigungen bis 4% kann der Einbau einlagig, bei 4 bis 6% zweilagig erfolgen. Als Orientierung für die Betonzusammensetzung gilt Tafel 2.56 [184]. Zur endgültigen Rezeptierung sind Eignungsprüfungen vorzunehmen. Dabei ist folgendes zu beachten:

- Das gleiche Fließmittel in gleicher Menge kann je nach Zusammensetzung des Gesteinsgemenges unterschiedliche Auswirkungen auf die Konsistenz haben.
- Das Fließmittel und eine geeignete Kornzusammensetzung müssen das Absetzen der Grobzuschläge vermeiden.
- Die Konsistenz des Ausgangsbetons (ohne Fließmittel) ist so zu wählen, daß der Luftporengehalt nicht durch zu hohe Fließmittelzugabe beeinträchtigt wird. Die Konsistenz des Betons mit Fließmitteln soll nicht weicher als für die Verarbeitung notwendig eingestellt werden.

Tafel 2.56 Beton mit Fließmittel (Erfahrungswerte) [184]

Kennwerte		Beton mit Fließmittel	Frühhochfester Beton mit Fließmittel
Zementfestigkeitsklasse		Z 35 F	Z 45 F
Zementgehalt	kg/m^3	300 bis 350	350 bis 400
Mehlkorngehalt	kg/m^3	350 bis 450	400 bis 500
W/Z-Wert		0,45 bis 0,60	0,38 bis 0,45
Fließmittelzugabe (erzeugnisabhängig)	M.-%	0,8 bis 2	1,5 bis 4

Frühhochfester Straßenbeton mit Fließmittel erreicht eine hohe Frühfestigkeit und kann bereits in jungem Alter hohen Beanspruchungen augesetzt werden. Die Anwendung ist dort zweckmäßig, wo nur kurze Verkehrssperrungen möglich sind; z. B. im Stadtstraßenbau, bei Ausbesserungsfeldern u. ä.

Das Fließmittel ist dem Beton im Transportmischer erst an der Einbaustelle zuzumischen und die Wirkung mit Ausbreitversuchen zu überwachen. Beton mit Fließmitteln bringt dann Vorteile, wenn der Einsatz von größeren Fertigungsmaschinen nicht zweckmäßig ist.

Für frühhochfesten Straßenbeton wird folgende Zusammensetzung empfohlen:

Sand 0,06/1 mm, naß aufbereitet, Kiessand 1/4 mm, naß aufbereitet oder naß gewonnen; Splitt 4/11 mm und 11/Größtkorn. Der Mehlkorngehalt 0/0,25 mm soll zwischen 2 und 6 M.-% liegen. Die Körnung 0/1 mm ist wichtig für das Fließvermögen und soll etwa 20 bis 25 % betra-

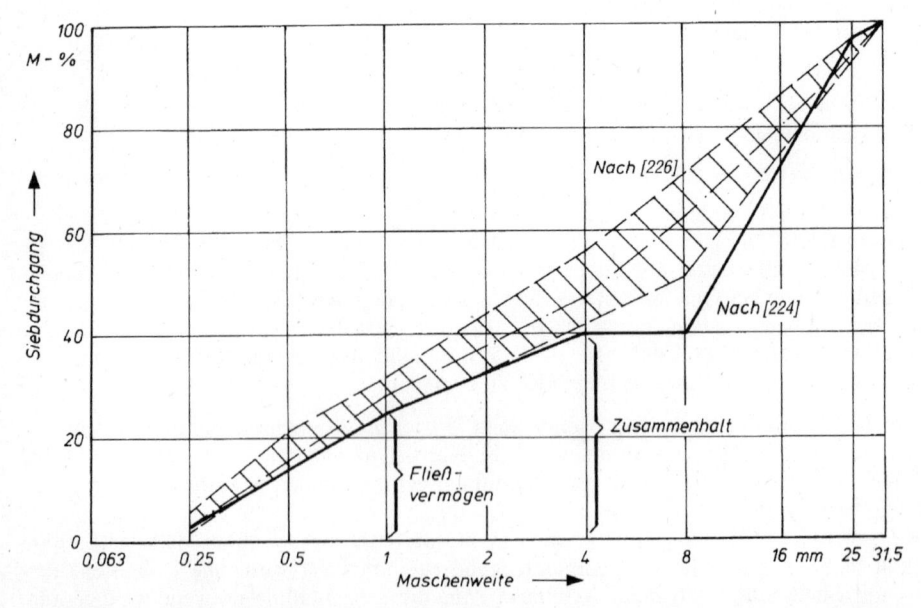

Bild 2.145 *Beispiele für die Kornzusammensetzung von Straßenbeton mit Fließmittel*

2.5. Deckschichten

gen. Der Körnungsbereich 0/4 mm beeinflußt den Zusammenhalt bzw. die Entmischungsneigung; er soll nicht unter 40% liegen [184]. Dies entspricht der Sieblinie B32 bis auf den Anteil 0/0,25 mm nach [20].

Luftporenbildende Zusätze werden an der Mischanlage (vor Übergabe an den Transportmischer) zugegeben. In Bild 2.145 sind Siebsummenlinien bzw. Sieblinienbereiche für frühhochfesten Straßenbeton mit Fließmittel eingetragen.

Betonprojektierung [185]
Mit der Betonprojektierung wird auf der Grundlage der Ausgangsparameter eine Rezeptur ermittelt, die die Qualitätsanforderungen an den Beton im frischen und im erhärteten Zustand gewährleistet. Diese beziehen sich auf die Betonfestigkeit und die Betonbeständigkeit.

Zuschlagstoffe
In Bild 2.143 sind die Sieblinienbereiche dargestellt. Dort ist der günstige Bereich für die Zusammensetzung der Zuschlagstoffe vorgegeben. Jede Siebsummenlinie kann durch ihren Körnungswert k zahlenmäßig ausgedrückt werden (Bild 2.146):

$$k = \frac{\sum y_r}{100}$$

Die Zusammensetzung der Soll-Siebsummenlinie aus 2, 3 oder mehr Korngruppen läßt sich einfach mit Hilfe ihrer Körnungswerte berechnen. Die Anteile x und y der Korngruppen X und Y mit den k-Werten k_x und k_y zur Herstellung eines Sollgemenges mit k_{soll} lassen sich aus folgenden Gleichungen berechnen:

$$x = \frac{k_{soll} - k_y}{k_x - k_y} \quad \text{und} \quad y = 1,0 - x$$

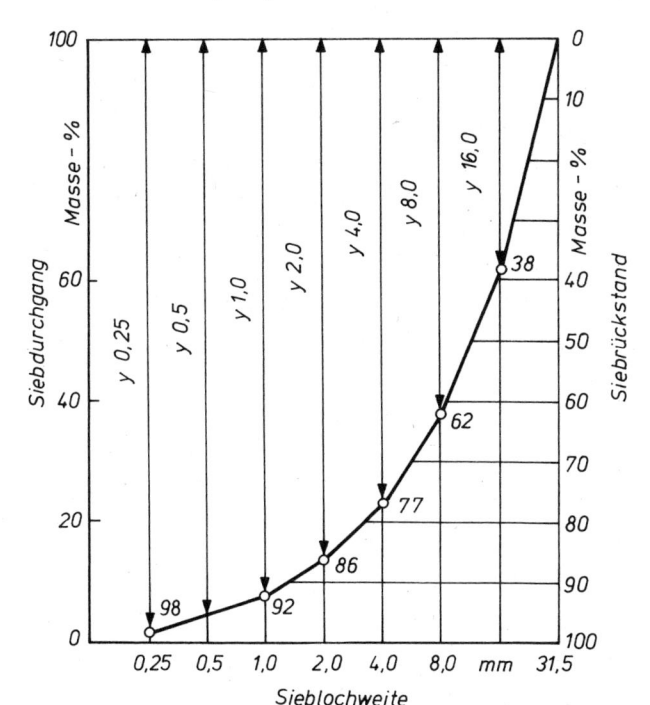

Bild 2.146 Ermittlung des Körnungswertes k

Bei 3 Korngruppen muß der Anteil der Korngruppe Z, $z = z_0$ geschätzt werden. Die Anteile x und y werden dann mit den Gleichungen

$$x = \frac{k_{soll} - k_y(1-z_0) - k_{z_0}}{k_x - k_y}$$

$$y = 1{,}0 - x - z_0$$

berechnet. Durch Veränderung von z_0 kann die Siebsummenlinie verbessert werden.

Andere Verfahren zur Berechnung der Siebsummenlinie aus mehreren Korngruppen sind z.B. in [177] enthalten.

Zielfestigkeit
Die Zielfestigkeit muß als Mittelwert an mindestens 3 Probekörpern im Rahmen der Eignungsprüfung nachgewiesen werden. Sie muß so groß gewählt werden, daß die an der Einbaustelle geforderte Festigkeit mit Sicherheit erreicht wird. Ist die Festigkeitsstreuung s an der Aufbereitungsanlage bekannt, wird

$$\beta_{WS} = \beta_{WN} + 1{,}2 \cdot 1{,}645 s;$$

wenn nicht, werden die Werte aus Tafel 2.57 empfohlen. Der festigkeitsreduzierende Einfluß der Luftporen wird durch eine Erhöhung der Zielfestigkeit berücksichtigt. Bei Annahme eines günstigen Gesamtluftporengehaltes von 4,5 % gilt nach [185] vereinfacht:

$$\beta_{WS,LP} = 1{,}09\ \beta_{WS}$$

Tafel 2.57 Festigkeitsklassen, Nennfestigkeit und Serienfestigkeit [20]

Festigkeitsklasse	Nennfestigkeit β_{WN}	Serienfestigkeit β_{WS}
B 25	25	30
B 35	35	40
B 45	45	50

Tafel 2.58 Wasserbedarf in Liter je m³ Beton [1])

Konsistenz-bereich	Verdichtungs-zahl	Grenzsiebsummenlinien			
		A_{16}	B_{16}	A_{32}	B_{32}
KS	≥ 1,20	145	165	135	155
KP	1,19 bis 1,08	155	175	145	170
KR	1,07 bis 1,02	175	195	165	185
KF		180	205	170	195
k-Wert		4,61	3,66	5,48	4,20

[1]) Diese Werte sind zu korrigieren:
 – bei Splitt ab 8 mm: Erhöhung um 5 %
 – bei Splitt ab 4 mm: Erhöhung um 7 bis 10 %
 – bei Mehlkorngehalt über 350 kg/m³ (Zement + Zuschläge 0/0,25 mm) Erhöhung für jeweils 10 kg/m³ um 1 l/m³
 – bei LP-Mitteln für je 1 % Luftporengehalt > 1,5 Vol.-%: Reduzierung um rd. 5 l/m³
 – bei Verflüssiger-Zusatz: Reduzierung um ≥ 5 %

2.5. Deckschichten

Die Betonprojektierung hat die Druckfestigkeit als Grundlage. Der erreichbare Wert für die Spaltzugfestigkeit kann nach der Gleichung

$$\beta_{SZN} = \beta_{SZS} - 1{,}2 \cdot 1{,}645 s$$

abgeschätzt werden. β_{SZS} wird aus Eignungsprüfungen ermittelt. Wenn die Streuung s nicht bekannt ist, werden folgende Varriationskoeffizienten empfohlen [185]:

Biegezugprüfung am Balken   10 %
β_{SZ} am Bohrkern   12 %

Verarbeitungstechnologie und Grad der Verarbeitbarkeit

Die Festlegung des Konsistenzgrades für die verschiedenen Einbautechnologien erfolgt nach Bild 2.144. Der Wasserverbrauch ergibt sich aus dem Konsistenzgrad und der Kornzusammensetzung nach Tafel 2.58.

Betonfestigkeit und W/Z-Wert

In Bild 2.147 ist die Abhängigkeit zwischen Betondruckfestigkeit, W/Z-Wert und Zementnormfestigkeit dargestellt. Bei vorgegebener Zieldruckfestigkeit und Zementsorte läßt sich der W/Z-Wert bestimmen. Dieser Wert darf jedoch für Beton unter Frost-Tausalz-Einwirkung folgende Grenzwerte nicht überschreiten:

ohne LP-Mittel-Zusatz   0,42
mit günstigem Luftporengehalt   0,45

Rezepturgrundwerte

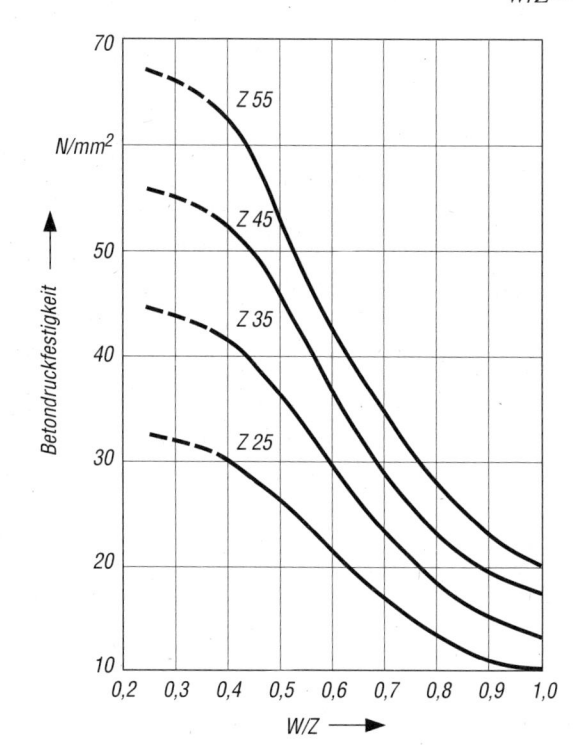

• Zementgehalt $Z \, (\text{kg/m}^3 \, \text{Beton}) = \dfrac{\text{Wassergehalt}(\text{kg/m}^3 \, \text{Beton})}{W/Z - \text{Wert}}$

Bild 2.147 Zusammenhang zwischen Druckfestigkeit und W/Z-Wert für Zement nach DIN 1064 (in Anlehnung an Walz)

- Die Berechnung des Frischbeton-Soll-Raumes erfolgt nach dem Schema in Tafel 2.59.
- Mehlkornkontolle

Tafel 2.59 Frischbeton-Sollraum-Berechnung

Masse kg/dm^3	Dichte kg/m^3	Volumen dm^3/m^3
Zementmasse Z	$\Rightarrow \rho_z \Leftarrow$	Z/ρ_z = Volumen des Zementes
Wassermasse W	$\Rightarrow \rho_w \Leftarrow$	W/ρ_w = Volumen des Wassers
Frischbetonporen 1 bis 3 % geschätzt bei LP-Einsatz 4 bis 6 % geschätzt	$\Rightarrow\Rightarrow\Rightarrow\Rightarrow\Rightarrow$	Volumen der Frischbetonporen
Masse der Betonzuschlagstoffe $K = \rho_K \cdot V_K$	$\Leftarrow \rho_K \Leftarrow$	Restvolumen für Zuschlagstoffe V_K (zu 1000 ergänzt)
Summe aller Massen = Frischbeton-Soll-Raumdichte in kg/m^3	–	Summe aller Teilvolumen 1000 dm^3 = 1 m^3

Bei einem Mehlkorngehalt (Zement + Anteile des Zuschlagstoffs < 0,25 mm) über 350 kg/m^3 muß der Wassergehalt korrigiert werden (Tafel 2.58). Dadurch wird eine erneute Frischbeton-Soll-Raum-Berechnung erforderlich.

Auf der Grundlage dieser Mischrezeptur lassen sich die Stoffmengen für eine Mischerfüllung berechnen.

2.5.2.2. Konstruktive Gestaltung der Betondecken

2.5.2.2.1. Problematik

Die konstruktiven Probleme der Zementbetondeckschichten bestehen in der Gestaltung der Tragschicht (s. Abschn. 2.4.3. bis 2.4.5.), der Ermittlung der Dicke (s. Abschn. 3.3.) sowie der Aufteilung der Deckschichten in einzelne Platten durch deren zweckmäßige Lösung. Deckschicht und Gesamtbefestigung sind so zu gestalten, daß

- die Beanspruchung der Deckschicht und der Gesamtkonstruktion in zulässigen Grenzen gehalten wird.
- eine rationelle Herstellung und Unterhaltung möglich wird.
- langfristig keine Veränderungen auftreten, die sich aus der Konstruktion ergeben und zur Überbeanspruchung führen können.

In Bild 2.148 sind verschiedene Möglichkeiten für Befestigungen mit Deckschichten aus Zementbeton dargestellt.

2.5.2.2.2. Fugenarten, Fugenfunktion, Fugenherstellung

Raum- und Verschiebungsfugen

Raumfugen haben die Aufgabe in einer Plattenkette oder bei festen Einbauten in der Fahrbahn eine Längsbewegung zu ermöglichen und dadurch das Entstehen von Längsdruckspannungen infolge Temperaturanstieg zu begrenzen bzw. zu verhindern. Raumfugen reichen über

2.5. Deckschichten

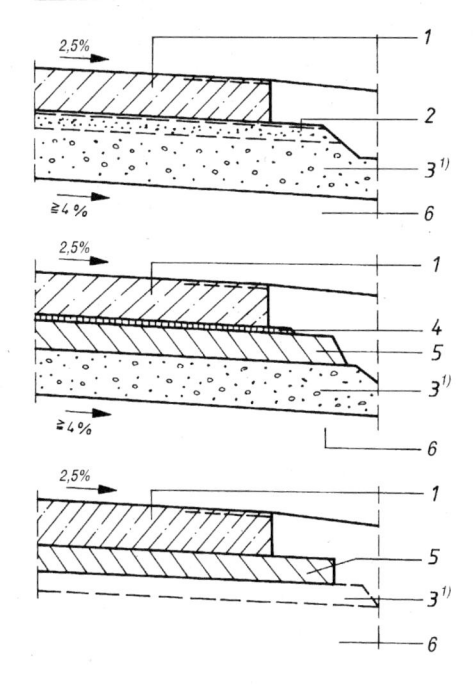

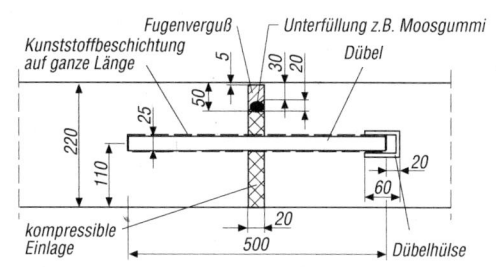

Bild 2.149   *Raumfuge, verdübelt*
Bild 2.148   *Beispiele für Befestigungen mit Zementbetondeckschichten*
1   Deckschicht mit Randstreifen;
2   Feinplanum ggf. vor Deckschichteinbau anfeuchten;
3   untere Tragschicht (Frostschutzschicht);
4   Asphaltschicht (Dränasphalt);
5   gebundene Tragschicht (mit Fugenraster, deckungsgleich zur Deckschicht;
6   Unterbau (Untergrund)
[1]) Entfällt bei grobkörnigem (frostbeständigem) Unterbau (Untergrund)

den gesamten Querschnitt und werden mit kompressiblen Stoffen ausgefüllt (Bild 2.149), die nur geringfügige Drücke übertragen können. Die Breite der Fuge ist abhängig von der höchsten Temperatur und dem Raumfugenabstand. Im Regelfall werden Betondecken raumfugenlos hergestellt, weil die auftretenden Druckspannungen schadlos übertragen werden. Nur im Übergangsbereich zu Brückenbauwerken oder in Anfangs- und Endbereichen (Anschluß an andere Befestigungen) sind mit mehreren hintereinander angeordneten Raumfugen Verschiebungen zu ermöglichen und zerstörende Horizontalkräfte auszuschließen.

An einer langen raumfugenlosen Plattenkette treten Plattenbewegungen deshalb auf, weil die gleichmäßigen Temperatur-Druckspannungen größer sind als die entgegenwirkenden Spannungen zwischen Plattenunterseite und Tragschicht. Im mittleren Bereich treten gleichmäßige Druckspannungen, jedoch keine Plattenbewegungen auf. Die in Endbereichen oder vor Brücken anzuordnenden Verschiebungsfugen müssen in Abmessungen und Anzahl so angeordnet werden, daß die letzte Platte keine Verschiebung erfahren kann. Die einzelne Fuge sollte 30 mm Breite nicht überschreiten. Die Fugenanzahl ist von der möglichen Gesamtverschiebung des frei beweglichen Endes und der Zusammendrückbarkeit des Füllmaterials abhängig. Statt mehrerer Raumfugen kann der Einbau von speziellen elastischen Fahrbahnübergangskonstruktionen vorgesehen werden. Die Verschiebung am beweglichen Ende einer raumfugenlosen Plattenkette kann abgeschätzt werden. Die Länge des beweglichen Teils der Plattenkette und die Gesamtverschiebung sind vom Reibungsbeiwert zwischen Deckschicht und Unterlage sowie von der anzusetzenden Temperaturdifferenz abhängig. Diese entspricht der Differenz zwischen Herstellungs- und Höchsttemperatur, reduziert um 10 bis 15 K als Äquivalent für die Verkürzung durch Schwinden.

Bei völliger Verhinderung der Ausdehnung entsteht in der Plattenkette die gleichmäßige Druckspannung:

$$\sigma_T = \alpha_T \cdot \Delta T_w \cdot E_T$$

Der freien Ausdehnung wirken im Plattenquerschnitt die Reibungsspannungen entgegen:

$$\sigma_R = f \cdot \rho \cdot g \cdot l_x$$

α_T Temperaturausdehnungszahl 10^{-5} mm/(mm · K)
ΔT_w wirksame Temperaturdifferenz in K
E_T E-Modul des Zementbetons bei allmählicher Krafteintragung, $2{,}2 \cdot 10^4$ bis $2{,}75 \cdot 10^4$ N/mm^2
f Reibungsbeiwert, 1 bis 2 für Erstbewegungen
$\rho \cdot g$ Normeigenlast von Zementbeton 24 kN/m^3 = $24 \cdot 10^{-6}$ N/mm^3
l_x Abstand vom Ende der Plattenkette in mm

Die Bewegung der Plattenkette beginnt dort, wo Reibungs- und Temperaturspannungen im Gleichgewicht stehen. Die Länge des frei beweglichen Endes beträgt nach Bild 2.150:

$$\sigma_T = \sigma_R$$

$$f \cdot \rho \cdot g \cdot l_E = \alpha_T \cdot \Delta T_w \cdot E_T$$

$$l_E = \frac{\alpha_T \cdot \Delta T_w \cdot E_T}{f \cdot \rho \cdot g}$$

Die Verschiebung eines Punktes x des frei beweglichen Endes beträgt: $s_s = s_T - s_e$

s_T Verschiebung infolge wirksamer Temperaturdifferenz
s_e elastische Zusammendrückung infolge Druckspannung aus Temperaturanstieg bzw. Reibung

$$s_x = \frac{f \cdot \rho \cdot g}{2 \cdot E_T} \cdot l_2 \quad \text{(nach Bild 2.149)}$$

Am Ende der Plattenkette entsteht eine Gesamtverschiebung (ist durch Verschiebungsfugen zu sichern) von:

$$s_0 = \frac{(\alpha_T \cdot \Delta T_w)^2 \cdot E_T}{2 \cdot f \cdot \rho \cdot g}$$

Scheinfugen

Durch die Scheinfugen wird der Querschnitt der Platten in bestimmten Abständen geschwächt. Aus Zugspannungen verursachte Risse treten gesteuert in den Scheinfugen auf (Sollbruchstellen), (Bilder 2.151 und 2.152). Werden die zur Begrenzung der Wölbspannun-

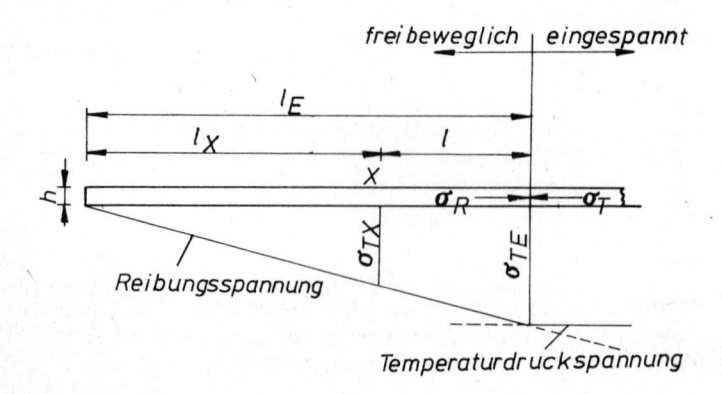

Bild 2.150 Frei bewegliches Ende einer Betonplatte ohne Raumfugen

2.5. Deckschichten

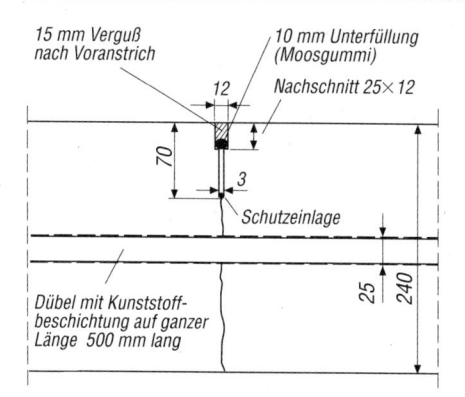

Bild 2.151 Verdübelte Scheinfuge

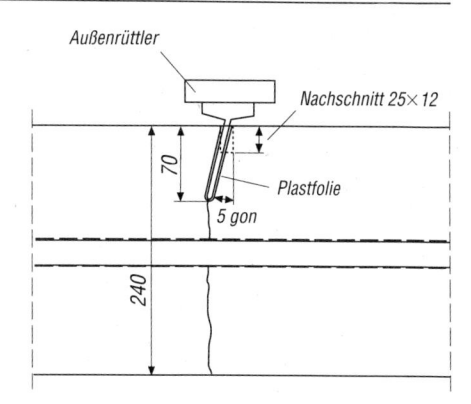

Bild 2.152 Verdübelte Scheinfuge mit eingerüttelter Plastfolie (Kerbe)

gen erforderlichen Fugenabstände eingehalten, besteht keine Gefahr der Rißbildung außerhalb der Fugen. Bei temperaturbedingter Verkürzung und Ausdehnung der Einzelplatten wird angenommen, daß die Massenmittellinie keine Verschiebung erfährt und die Verschiebungen zu beiden Plattenenden hin zunehmen.

Ein solches Verhalten würde gleichzeitiges Reißen und gleiche Öffnungsweite aller Risse zur Folge haben. Die Größe der Öffnungsweite im gerissenen Steg bzw. die Vergrößerung des Fugenspaltes lassen sich angenähert berechnen.

Beispiel:
Plattenlänge 5000 mm; Herstellungstemperatur i. M. $T_A = +15\,°C$; niedrigste Plattentemperatur $T_{min} = -20\,°C$; Berücksichtigung des Schwindens durch Verringerung der positiven bzw. negativen Extremtemperatur um 10 K; höchste Plattentemperatur $T_{max} = +35\,°C$:

Verkürzung: $s_1 = \alpha_T \cdot \Delta T_1 \cdot L$
Dehnung: $s_2 = \alpha_T \cdot \Delta T_2 \cdot L$

1. Verkürzung durch Abkühlen und Schwinden

$T_1 = T_A - (T_{min} - 10\,K) = 15\,°C - (-20\,°C - 10\,K) = 45\,K$

$s_1 = 10^{-5}\,mm/(mm \cdot K) \cdot 45\,K \cdot 5000\,mm$

$s_1 = 2{,}25\,mm$ (maximale mittlere Öffnung)

2. Dehnung durch Erwärmung unter Berücksichtigung des Schwindmaßes

$T_2 = T_{max} - 10\,K - T_A = 35\,°C - 10\,K - 15\,°C = 10\,K$

$s_2 = 10^{-5}\,mm/(mm\,K) \cdot 10\,K \cdot 5000\,mm$

$s_2 = 0{,}5\,mm$

In diesem Zustand sind die Risse geschlossen, und die Dehnungen von 0,5 mm je Platte erzeugen, soweit sie nicht durch Raum- oder Verschiebungsfugen aufgenommen werden, Druckspannungen.

Unter praktischen Bedingungen reißen jedoch nicht alle Scheinfugen gleichzeitig, so daß zunächst fest verbundene Plattenpakete unterschiedlicher Länge verbleiben. An den Rißstellen treten dadurch erhebliche Fugenöffnungen auf, die sich nach dem Reißen der übrigen Fugen auch bei höheren Temperaturen nicht wieder schließen. Dadurch wird die Fugendichtung in diesen Fugen hoch beansprucht. Das kann zum Reißen oder Abreißen des Vergußstoffes führen.

Die Ursache für das Paket-Reißen liegt in den unterschiedlichen Zugfestigkeiten des Betons, den Streuungen der Reibung und den Temperatureinwirkungen in den ersten Stunden und Tagen auf die eingebaute Betondeckschicht. Diese Erscheinungen der Paketfugen treten bei Asphaltunterlagen in Abständen bis zu sechs Plattenlängen auf.

Bei hydraulisch gebundenen Unterlagen treten durch die größere Reibung und die vorgegebene Fugenstruktur in der Tragschicht wesentlich mehr gerissene Scheinfugen in der Anfangsphase auf.

Die unterschiedlichen Rißweiten werden durch entsprechende Nachschnittbreiten (Vergußspalte) nach Tafel 2.60 berücksichtigt. Das Einrütteln von Plastfolie kann den Kerbschnitt ersetzen (Bild 2.151). Auf das Nachschneiden und Vergießen soll nicht verzichtet werden. Unvergossene Fugen sind hinsichtlich des Langzeitverhaltens ungünstig.

Tafel 2.60 Fugenspaltbreiten und Fugenspalttiefen von Quer- und Längsscheinfugen

Fugenart	Rißweite mm	Fugenspaltbreite mm	Fugenspalttiefe mm
Querscheinfugen	≤ 1 1 bis 2 > 2	8 12 15	25 30 35
Längsscheinfugen	–	6	15

Preßfugen
Preßfugen (Bild 2.153) werden angeordnet, wenn an bereits erhärteten Beton anbetoniert wird (z.B. Fahrbahn wird in mehreren Streifen hergestellt) oder als Arbeitsfugen (Tagesabschluß).

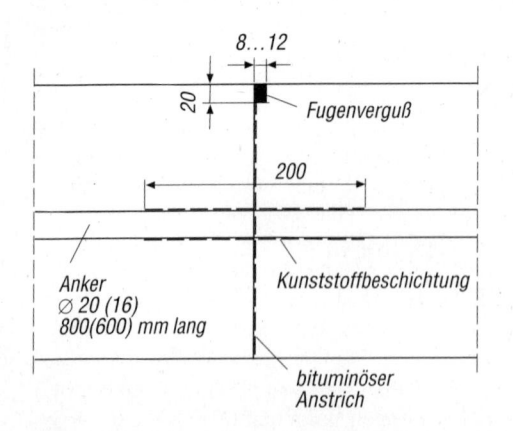

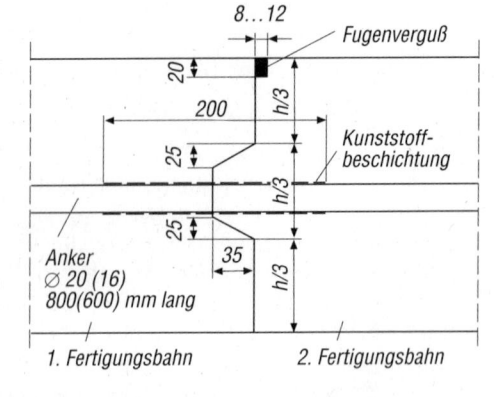

Bild 2.153 Verankerte Preßfugen

2.5. Deckschichten

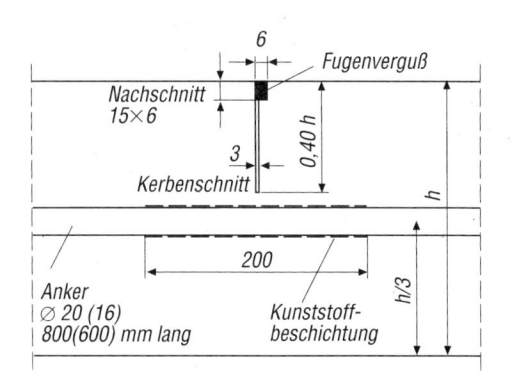

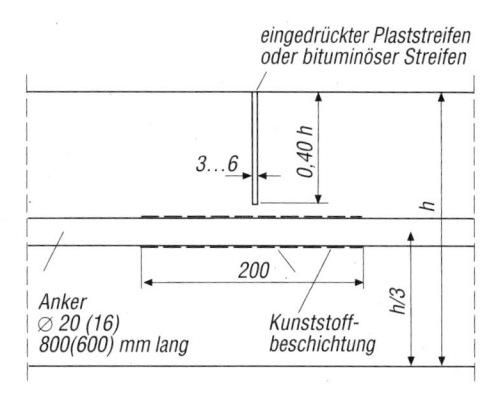

Bild 2.154 Verankerte Längsscheinfugen

Längsfugen
Längsfugen (Bild 2.154) sind im Abstand < 4,50 m als Schein- oder Preßfugen zur Trennung der Fahr- bzw. Standstreifen auszuführen. Diese Längsfugen sind mit Ankern zu versehen.

Kraftübertragung an Fugen
Mit einer Fuge ist die im Plattenfeld vorhandene Kontinuität der Plattenbeanspruchung und der Kraftübertragung auf die Unterlage unterbrochen. In diesem Bereich können größere Verformungen und Spannungen auftreten. Um Schäden zu vermeiden, sind besondere konstruktive Vorkehrungen zu treffen. Dazu gehören folgende Maßnahmen:

Einbau von Dübeln bzw. Ankern aus Stahl
Dübel werden in Querfugen (Raum-, Schein- und Preßfugen) eingebaut. Sie dienen der Querkraftübertragung und dürfen die Längsbewegung der Platten nicht behindern. Anker sollen das Öffnen der Längsfugen verhindern; sie sollen nur Längskräfte (durch Verankerung im Beton) übertragen.

Gebundene Tragschichten und deren Heranziehung zur Querkraftübertragung
Anstreben der Querkraftübertragung durch Rißverzahnung in den Scheinfugen. Diese wird nur dann erreicht, wenn die Rißöffnung unter 1,5 bis 2 mm bleibt und gleichmäßige Öffnung der Fugen vorausgesetzt werden kann. Bei Baulkassen IV und V kann ggf. auf Dübel verzichtet werden. Im Verlauf langjähriger Nutzung ist mit zunehmender Stufenbildung zu rechnen.

Unter den Radkräften schwerer Fahrzeuge treten an den Querfugen Verformungen auf. Ihre Größe ist abhängig von der Wirksamkeit der Querkraftübertagung, der Art der Auflagerschicht und der Funktionstüchtigkeit der Fugendichtung. Die Verformungen werden zeitweise durch das Aufwölben der Plattenränder noch vergrößert. Das Überrollen der Fahrzeugräder über die Fugen und damit der Kraftwirkungswechsel von einem Plattenrand auf den anderen erfolgt in sehr kurzer Zeit. Durch die plötzliche Entlastung der ersten Platte schnellt diese hoch, hebt sich von der Unterlage ab und saugt Feinteilchen vor allem in Gegenwart von Wasser an. Dieser Vorgang wird durch das Zusammenpressen der Auflagerschicht unter der zweiten Platte gefördert. Über längere Zeit können sich an den Querfugen Stufen entwickeln. Die Feinteilchen kommen aus der Auflagerschicht, aus dem Abrieb des Fugenquerschnitts oder werden durch undichte Fugen eingespült. Im Randbereich ist verstärkte Stufenbildung möglich, wenn aus den Seitenstreifen Feinteilchen angesaugt werden können.

Dieser Vorgang wird durch den Einbau der Dübel erheblich reduziert. In Bild 2.155 sind die Ergebnisse von Messungen an Bundesstraßen und Autobahnen in Österreich sowie die Mechanik der Stufenbildung dargestellt. Bei unverdübelten Platten nimmt die Stufenbildung in dem Maße zu, wie sich die Wirkung der Fugendichtung verschlechtert und die Querkraftübertragung durch die Rißverzahnung abnimmt. Die Wirksamkeit der Querkraftübertragung kann durch den Vergleich der Einsenkungen an beiden Plattenrändern bei Belastung eines Plattenrandes eingeschätzt werden:

$$f_q = \frac{2 \cdot w_{nb}}{w_{nb} + w_b}$$

f_q Wirksamkeitsfaktor der Querkraftübertragung
w_{nb} Durchbiegung des unbelasteten Plattenrandes
w_b Durchbiegung des belasteten Plattenrandes

Bei ungebundenen Tragschichten kann sich an den äußeren Plattenrändern die vertikale Verformung zu einem „Pumpen" steigern, wenn die angrenzenden Bereiche schlecht entwässert und befestigt sind. Bei Einsenkungen wird das Wasser aus dem Bereich unter dem Plattenrand herausgedrückt, wobei es Teilchen mitnimmt. Es kann zu Hohllagerungen und zu Zerstörungen, besonders an den äußeren Plattenecken kommen.

Durch den Verzicht auf getrennte Randstreifen, Einbeziehung in die Fahrbahnplatte oder Verankerung (Standspur) sowie gute seitliche Entwässerung der ungebundenen Auflagerschicht, werden diese Mängel vermieden. Der Abstand der Dübel (⌀ 25 mm und mindestens 500 mm lang) ist in Bild 2.156 eingezeichnet. Auf stark belasteten Fahrstreifen beträgt der Regelabstand 25 cm.

Ankeranordnung

Für die Bauklassen SV, I bis III werden Anker mit dem Durchmesser von 20 mm und in einer Länge ≥ 80 cm angeordnet (Bild 2.154). Für die anderen Bauklassen genügen Durchmesser 16 mm und Längen > 60 cm. Je Platte werden bei Längsscheinfugen 3 Anker erforderlich. Für Längspreßfugen ist die Anzahl der Anker je Platte bei den Bauklassen SV, I bis III auf 5 zu erhöhen.

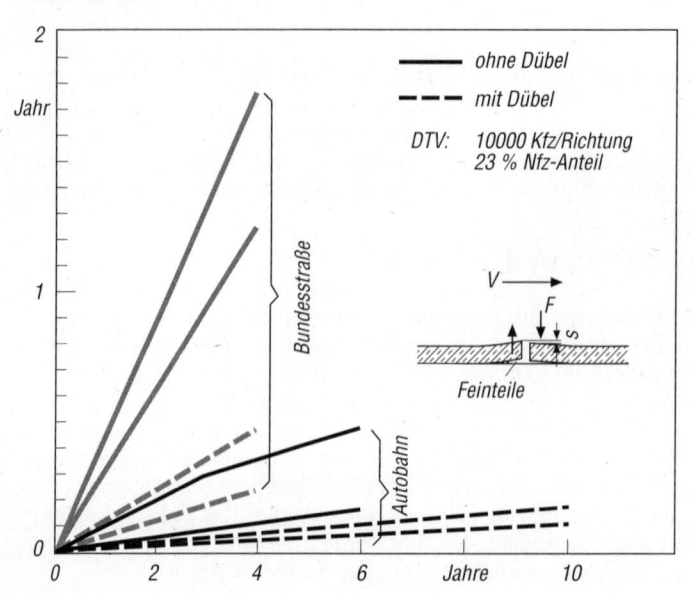

Bild 2.155 Stufenbildung an Querfugen mit und ohne Dübel [184]

2.5. Deckschichten

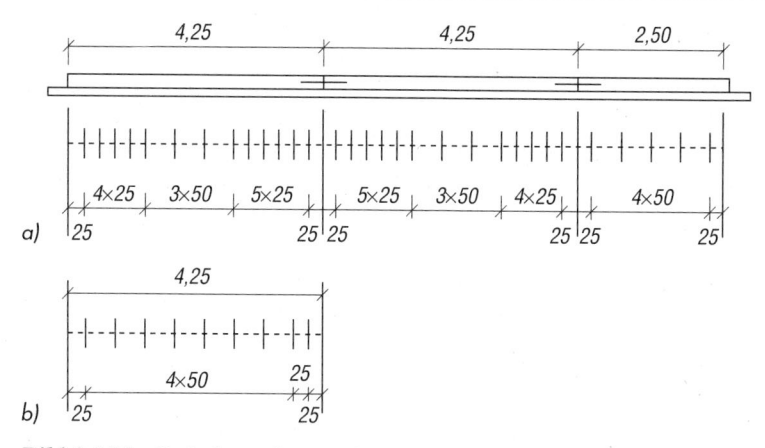

Bild 2.156 Dübelanordnung (Grundriß)
a) Regelausführung für Schwerverkehr; b) Für schwach beanspruchte Überholstreifen

2.5.2.2.3. Fugenabdichtung

Sämtliche Fugen, unabhängig von ihrer Funktion müssen abgedichtet werden, um Schäden durch Eindringen von Wasser und festen Stoffen zu vermeiden. Die Eigenschaften der Fugendichtungsstoffe sind in Abschn. 1 beschrieben. Die Abmessungen des Vergußspaltes (Tafel 2.60) wirken sich wesentlich auf das Verhalten des Dichtungsmaterials aus. Grundsätzlich soll der Vergußspalt nicht größer sein, als die Eigenschaften des Dichtungsmaterials, das maximale Bewegungsspiel sowie die Fertigungs- und Abdichtungstechnologie es erfordern. Die verschiedenen Ausführungen der Fugenspalte und der Fugendichtung sind auf den Bildern 2.148 bis 2.153 dargestellt.

Die dauerhafte Fugenabdichtung ist materialseitig und ausführungstechnich noch unvollkommen. Bei Scheinfugen mit einem 2 bis 3 mm breiten, offenen Spalt, wie sie versuchsweise ausgeführt wurden, besteht die Gefahr der Ausfüllung des Risses und des Spaltes, weil die Fremdstoffe nur im Bereich der Reifenspuren herausgesaugt werden. Dadurch kommt es zu bleibenden Fugenaufweitungen, örtlichen Druckfestigkeitsüberschreitungen und u. U. Hitzeaufbrüchen in der Betondecke. Auch das Einkleben von Dichtungsbändern aus Profilgummi in die geschnittenen Fugenspalte hat sich nicht dauerhaft bewährt. Deshalb werden weiterhin heiß verarbeitbare Vergußmassen auf Bitumenbasis, jedoch mit verbesserten Eigenschaften bevorzugt.

2.5.2.2.4. Besonderheiten der Fugenanordnung

An Kreuzungen, Einmündungen, Aus- und Einfahrten sowie für Haltebuchten muß die Fugenanordnung in Fugenpläne eingezeichnet werden. Die Fugen sind so anzuordnen, daß

- die Plattenfläche nicht zu klein wird
- die Mindestlänge einer Fuge 500 mm beträgt
- das Verhältnis von Plattenbreite zur Plattenlänge $\geq 0{,}25$ wird
- die Winkel der Plattenecken 70 gon (etwa 70°) nicht unterschreiten

Dadurch soll eine Überbeanspruchung der Platten vermieden werden. In Ausnahmefällen kann eine Stahlbewehrung angeordnet werden. Bild 2.157 zeigt den Fugenplan für den Anschluß einer kommumalen Straße.

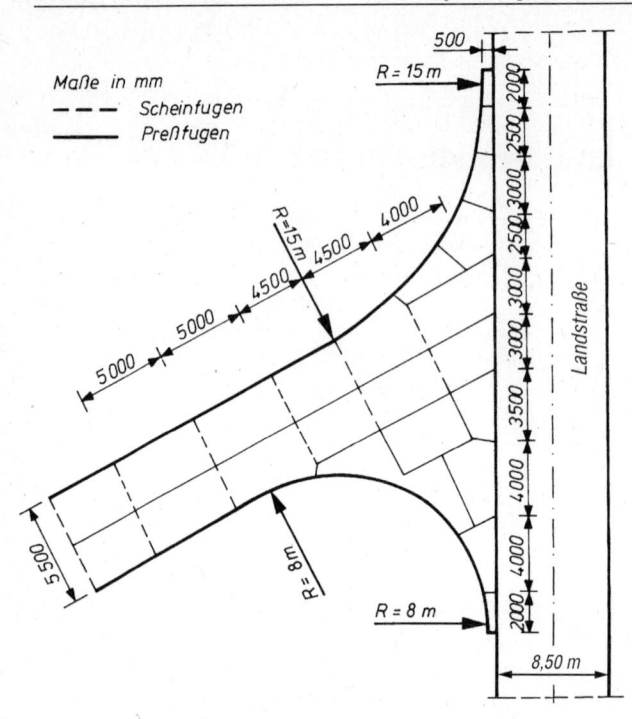

Bild 2.157 Fugenplan für Nebenstraßenanschluß unter 70 gon

2.5.2.3. Sonderbauweisen

Durchgehend bewehrte Deckschichten aus Zementbeton

Es handelt sich um in Längs- und Querrichtung schlaff bewehrte Betondeckschichten, die entweder ohne Fugen mit freier Rißbildung oder mit elastisch gekoppelten Scheinfugen und gesteuerter Rißbildung ausgeführt werden.

Bei der Bauweise mit freier Rißbildung soll sich durch die Wirkung der Bewehrung eine möglichst große Anzahl von Querrissen in geringen Abständen mit sehr geringen Rißweiten (unter 0,5 mm) entwickeln, die sich wegen der Zugfestigkeit der Stahlbewehrung nicht öffnen können und deshalb für den Bestand der Deckschicht ungefährlich bleiben. Ein großer Stahlquerschnitt in Längsrichtung, gute Haftung zwischen Beton und Stahl, kleiner Quotient aus Spannung und Elastizitätsgrenze des Stahls, geringe Zugfestigkeit des Betons sowie großer Reibungsbeiwert zwischen Deckschicht und Unterlage beeinflussen Bildung, Verteilung und Breite der Risse im günstigen Sinn. Durch unregelmäßiges Wirken dieser und anderer Faktoren sowie Inhomogenitäten des Betons treten jedoch Schwankungen in der Rißbildung auf.

Der Querschnitt der Längsbewehrung muß so gewählt werden, daß der Bruch des Betons vor Erreichen der Elastizitätsgrenze des Stahls eintritt. Der dazu erforderliche Querschnitt der Längsbewehrung liegt zwischen 0,5 und 0,9% des Betonquerschnitts bei einer Elastizitätsgrenze des Stahls von > 400 N/mm^2. Die Querbewehrung dient auch als Montagehilfe und zur Sicherung der Lage der Längsstäbe. Ihr Anteil beträgt etwa 10 bis 15% des Querschnitts der Längsbewehrung. Die Durchmesser der Längsstäbe liegen zwischen 10 und 20 mm, die der Querstäbe zwischen 6 und 10 mm. Die Längsbewehrung hat günstige Wirkung, wenn sie in einer Tiefe zwischen 70 mm und der Plattenmitte angeordnet wird.

An den Enden der Abschnitte mit durchgehender Längsbewehrung müssen Verschiebungsfugen eingebaut werden (s. Abschn. 2.5.2.2.2.). Für durchgehend längsbewehrte Deckschichten wurden Ferigungsmethoden entwickelt, die den Einsatz üblicher Betondeckenfertiger und Gleitschalungsfertiger zulassen [187].

2.5. Deckschichten

Vorteile dieser Bauweise sind die Einsparung an Deckendicke (etwa 20%), ein hoher Fahrkomfort und sehr geringer oder kein Unterhaltungsaufwand für die Fahrbahn (Fugen). Nachteilig sind der hohe Stahleinsatz (12 bis 18 kg/m^2) und der höhere Herstellungsaufwand, die bis zu 50% höhere Kosten im Vergleich zu unbewehrten Betondecken verursachen.

Bei der Bauweise mit kontrollierter Rißbildung entstehen die Risse nur in den Scheinfugen, während die Abschnitte zwischen den Fugen rissefrei bleiben. Die Bewehrung wird über die Fugen hinweg geführt und zur Querkraftübertragung herangezogen. Der Stahleinsatz ist kleiner als bei der fugenlosen Ausführung. Weil die zulässige maximale Rißbreite in der Fuge auf 2 mm begrenzt wird, um die Mitwirkung der Bruchflächen an der Querkraftübertragung zu sichern, ergeben sich Scheinfugenabstände von 7 bis 9 m. Damit die Zugbeanspruchung des Stahls im elastischen Bereich bleibt, muß im Fugenbereich die Haftung der Längsstäbe auf entsprechender Länge (ca. 800 mm) durch bituminösen Anstrich verhindert werden.

Deckschichten aus Fertigteilplatten
Fertigteil-Betonplatten werden für Deckschichten mit begrenzter Nutzungsdauer (z. B. Baustraßen) verwendet. Sie kommen auch als Platz- und Verkehrsflächen in Industriebetrieben sowie für untergeordnete Straßen (z. B. Spurbahnen in der Landwirtschaft), die mit geringer Geschwindigkeit befahren werden, zum Einsatz.

Betonfertigteilplatten bieten folgende Vorteile:

- Wetterunabhängige Herstellung unter günstigen Bedingungen
- Verkürzung der Sperrfristen durch Wegfall der Abbindezeit
- Geringer Aufwand für die Baustelleneinrichtung
- Verhältnismäßig leichtes Entfernen und mehrmalige Verwendbarkeit

Diese Vorteile werden aber durch folgende Nachteile stark eingeschränkt:

- Schwierige Herstellung satter Auflagerung und ausreichender Ebenflächigkeit
- Große Fugenzahl mit erhöhtem Unterhaltungsaufwand und ungenügender Querkraftübertragung
- Schwierigkeiten bei der Anpassung an feste Einbauten
- Verhältnismäßig hohe Kosten

An den Unterbau (Untergrund) und die untere Tragschicht müssen hinsichtlich gleichmäßiger Tragfähigkeit, Verlagerungsunempfindlichkeit und Ebenheit hohe Anforderungen gestellt werden. Auf die untere Tragschicht (u. U. auch den Unterbau) sind Ausgleichsschichten aus 4 bis 5 cm Sand, trockenen Sand-Zement-Mischungen oder bituminösen Sandgemischen zu verteilen und mit Planumsfertigern abzugleichen. Zur gleichmäßigen Auflagerung und Verdichtung der Ausgleichsschicht werden die Betonplatten mit Rüttelplatten einvibriert und festgelegt. Die Fugen müssen verfüllt und abgedichtet werden. Im Abstand von rd. 25 m sind Raumfugen anzuordnen. Trotz vorstehender Maßnahmen werden die Gebrauchseigenschaften der monolithisch hergestellten Deckschichten nicht erreicht. Ein Vergleich von Straßen aus Betonfertigteilen mit an der Einbaustelle hergestellten Deckschichten wurde in [188] vorgenommen.

Deckschichten aus vorgespannten Betonfeldern
Durch das Vorspannen werden in die Betonfelder Längs- und Querdruckspannungen eingetragen, die die Zug- und Biegezugspannungen aus der Beanspruchung weitgehend reduzieren (überdrücken) und Rißbildungen vermeiden. Daraus entstehen folgende Vorteile:

- Fugenabstand kann wesentlich vergrößert werden (bis 150 m, ggf. auch mehr)
- Die Deckschichtdicke kann verringert werden (14 bis 18 cm)
- Tragfähigkeit und Steifigkeit der vorgespannten Felder sind größer
- Die aus den Witterungseinflüssen herrührenden Wechselbeanspruchungen werden in eine Schwellbeanspruchung im Druckspannungsbereich oder in eine Wechselspannung mit geringen Zugspannungen umgewandelt.

Das Vorspannen erfolgt mit internem Vorspannungsverfahren, bei dem Spannstähle in Hüllrohren in die Fahrbahn einbetoniert und die Spannkräfte mit dem Erhärten des Betons stufenweise eingetragen werden. Durch Verpressen mit Zementmörtel werden die Stähle festgelegt. Danach ist eine weitere Krafteintragung ausgeschlossen. Ein Spannungsverlust bei Plattenverkürzungen durch Temperaturabfall kann nicht eintreten. Für die Quervorspannung werden ggf. Spannstähle verwendet, deren Verbund mit dem Beton durch einen Bitumenanstrich verhindert wird.

Die Größe der Längsvorspannkräfte ist von der Länge des Feldes, der Reibung zwischen Plattenunterseite und Unterlage sowie den Spannungsverlusten, die durch die Reibung zwischen Spannstählen und Hüllrohren und aus Kriechen und Schwinden resultieren, abhängig. Bei einer Betondruckvorspannnung von z.B. 5,1 N/mm^2 fällt diese bis zur Plattenmitte auf 3,6 N/mm^2 und beträgt nach dem Kriechen und Schwinden etwa 4,6 N/mm^2 bzw. 3,2 N/mm^2 [189]. Die Quervorspannung kann etwa 1,5 N/mm^2 betragen. Die Reibung zwischen Platte und Unterlage ist durch den Einbau einer besonderen Gleitschicht (gleichkörniger Sand oder Doppel-Plastfolie) klein zu halten ($f < 1,0$).

Um frühzeitige Rißbildung im jungen Beton zu vermeiden, ist die erste Stufe der Vorspannung so bald wie möglich einzutragen. Diese Forderung begrenzt u. a. auch den maximalem Abstand der Fugen. D. h. ein Abschnitt muß zu dem Zeitpunkt fertiggestellt sein, bei dem es erforderlich wird, den entstehenden Schwindspannungen durch Vorspannen entgegenzuwirken. An den Plattenenden treten infolge der großen Längen und der geringen Reibungsbeiwerte erhebliche Bewegungen auf, die durch besondere Fugenkonstruktionen zu ermöglichen sind.

Trotz der erwähnten Vorteile sind Spannbetonfahrbahnen nicht in größerem Umfang ausgeführt worden. Wegen der hohen Baukosten und der komplizierten Herstellung, die eine kontinuierliche Fertigung mit schnellem Baufortschritt behindert, bleibt die Anwendung auf Abschnitte mit besonderen Anforderungen begrenzt.

Deckschichten aus Zementschotter [190, 191]
Die Verwendung von zementgebundenen Konstruktionsschichten hat die Weiterentwicklung des Zementschotters für Tragschichten (s. Abschn. 2.4.5.1.) und seinen Einsatz für Deckschichten gefördert. Durch Zugabe von verflüssigenden Zusätzen kann der Zementmörtel mit

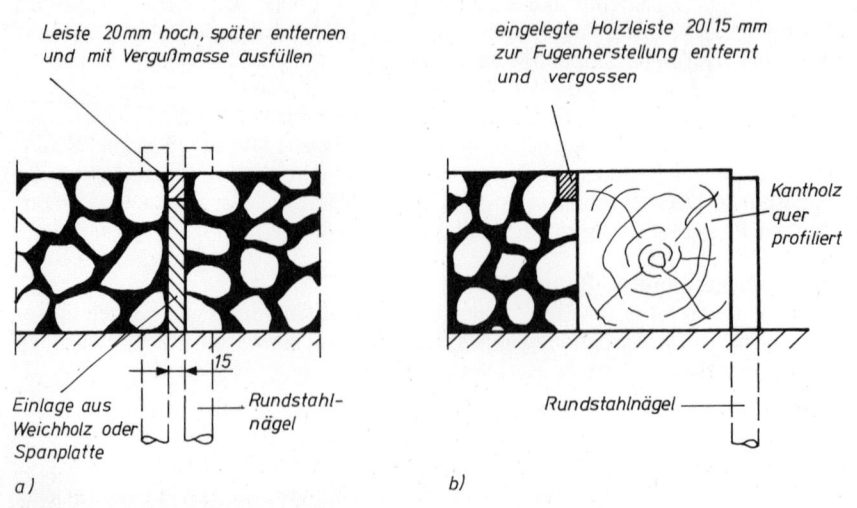

Bild 2.158 *Herstellung von Fugen in Deckschichten aus Zementschotter*
a) Raumfuge; b) Arbeitsabschluß (Preßfuge)

2.5. Deckschichten

folgender Zusammensetzung hergestellt werden:

PZ 35	550 kg/m^3
Kiessand 0/8	1450 kg/m^3
Wasser	250 kg/m^3
Verflüssiger	4 bis 6 kg/m^3

Es wird die Konsistenz KF, entsprechend einem Ausbreitmaß von etwa 520 mm, ereicht. Die Herstellung setzt die Verfügbarkeit von Transportmischern voraus. Zur Erhöhung der Frost-Tausalz-Beständigkeit ist die Zugabe eines Luftporenbildners erforderlich.

Die Anwendung bleibt auf gering beanspruchte Verkehrsflächen (Bauklassen V und VI) begenzt. Z. B. für kurze Erschließungsstraßen, wenn eine sehr günstige Schotterbereitstellung möglich ist. Damit eine lange Nutzungsdauer erreicht wird, werden Raumfugen im Abstand von etwa 12 m empfohlen (Bild 2.158a). Bei Arbeitsunterbrechung ist eine Arbeitsfuge mit Hilfe eines Abschlußbalkens herzustellen (Bild 2.2.158b).

2.5.2.4. Prüfungen am Zementbeton

Verarbeitbarkeit
Die Verarbeitbarkeit (Konsistenz) des Frischbetons beeinflußt seine Verdichtungswilligkeit, seine Formbarkeit, sein Fließverhalten, sein Zusammenhalte- und sein Wasserhaltevermögen. Die Bestimmung der Konsistenz kann mit folgenden Kennzahlen erfolgen: Verdichtungszahl nach *Walz*, Ausbreitmaß und Setzmaß nach *Abrams*. Zwischen diesen Kennzahlen bestehen Korrelationen (Tafel 2.55). Die Durchführung der Prüfungen zur Ermittlung dieser Kennzahlen ist in [175, 182 und 183] beschrieben.

Das geeignete Prüfverfahren kann nach Tafel 2.61 ausgewählt werden. Die Klasifizierung der Konsistenz und die Einstufung des Frischbetons mit Hilfe der Ergebnisse der einzelnen Prüfungen ist Tafel 2.55 zu entnehmen. Für Eignungs- und Baustellenprüfung ist das gleiche Prüfverfahren anzuwenden.

Tafel 2.61 Eignung der Konsistenz-Prüfverfahren

Prüfverfahren	Konsistenzbereich			
	KS	KP	KR	KF
Verdichtungszahl	+	+	+	0
Setzmaß	+	+	+	0
Ausbreitmaß	–	0	+	+

+ geeignet; ⇁ nicht geeignet; 0 bedingt geeignet

Druckfestigkeit [206]
Der zur Kennzeichnung der Druckfestigkeit β_D von Beton verwendete Wert entspricht den Ergebnissen, die an Probewürfeln mit 200 mm Kantenlänge nach 28 Tagen ermittelt werden. Wird die Druckfestigkeit an Probewürfeln von 150 mm Kantenlänge bestimmt, so gilt β_{D200} = 0,95 β_{D150}. Es ist besonders auf Maßhaltigkeit und Planebenheit der Probekörperformen und der Probekörper zu achten. Die Druckkraft ist so stetig zu steigern, daß die Druckspannung um 0,5 ± 0,2 N/mm$^2 \cdot$s zunimmt Die Werte für β_D sind bei Werten > 10 N/mm^2 auf ganze Zahlenwerte, bei Werten < 10 N/mm^2 auf eine Dezimalstelle zu runden.

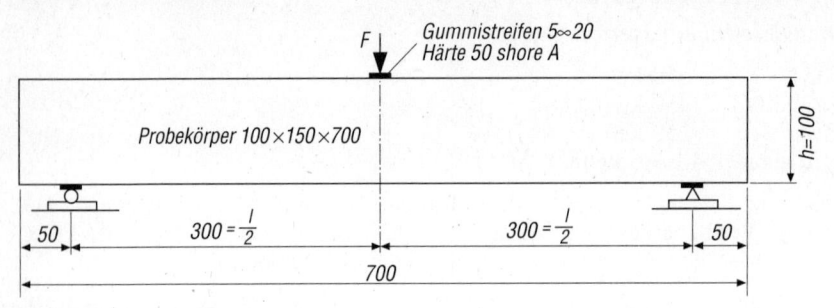

Bild 2.159 Prinzip der Biegezugprüfung für Straßenbeton [182]

Biegezugfestigkeit [182]

Die Prüfung erfolgt im Betonstraßenbau an Probebalken 100 × 150 × 700 mm [27]. Im Gegensatz zur Regelprüfung wird hier eine Einzelkraft in der Mitte des Probebalkens eingetragen. Es ist zu beachten, daß die Herstellungsoberseite des Balkens in der Zugzone liegt. Die durch Schneiden zu beanspruchenden Krafteintragungsstellen sind durch Mörtelstreifen planeben abzugleichen. Ggf. können diese Abgleichstreifen durch 5 mm dicke und mindestens 20 mm breite Gummistreifen der Härte (50 ± 5) Shore ersetzt werden (Bild 2.159). Die Kraft ist bis zum Bruch so zu steigern, daß die Biegezugspannung im Balken etwa 0,1 N/mm² je s zunimmt. Das entspricht einer Kraftsteigerung von etwa 170 N/s.

Die Biegezugfestigkeit am einzelnen Balken beträgt:

$$\beta_{BZ} = \frac{M}{W} = \frac{F \cdot 1,5 \cdot l}{b \cdot h^2}$$

$$M = \frac{F \cdot l}{4}$$

$$W = \frac{b \cdot h^2}{6}$$

b	Breite des Probebalkens im Bruchquerschnitt:	150 mm
h	Höhe des Probebalkens im Bruchquerschnitt:	100 mm
$l/2$	Halbe Stützweite des Probebalkens:	300 mm
F	Bruchkraft in N	

Spaltzugfestigkeit [182]

Die Spaltzugfestigkeit wird an zylindrischen oder rechteckigen Probekörpern ermittelt. Der Probekörper wird in eine Druckprüfmaschine gelegt und längs zweier gegenüberliegender Mantellinien (bei rechteckigen Probekörpern genau übereinander liegenden Linien) belastet (Bild 2.160). Zwischen die Druckplatten der Prüfvorrichtung und den Probekörper sind 10 mm breite und 5 mm dicke Kraftverteilungsstreifen aus Holzfaserplatten oder Hartfilz zu legen. Die Spannung σ_x entspricht der Spaltzugfestigkeit. Die Kraft ist nach leichtem Andrücken der Verteilungsstreifen so zu steigern, daß die Spannung um (0,05 ± 0,02) N/mm² je Sekunde zunimmt. Bei Zylindern von 150 mm Ø und 300 mm Länge entspricht das etwa 3500 N/s. Mit der erreichten Bruchkraft ergibt sich die Spaltzugfestigkeit:

$$\beta_{SZ} = \frac{2F}{\pi \cdot d \cdot l} = \frac{0,64 F}{d \cdot l}$$

d Durchmesser des Probekörpers in mm
l Länge des Probekörpers in mm
F Bruchkraft in N

2.5. Deckschichten

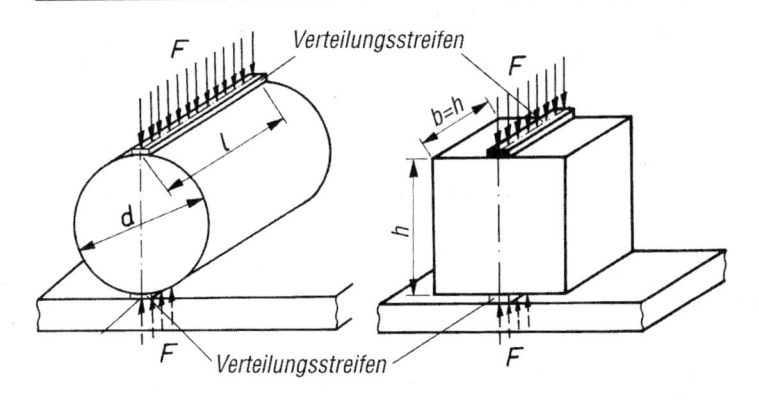

Bild 2.160 Prinzip der Spaltzugprüfung

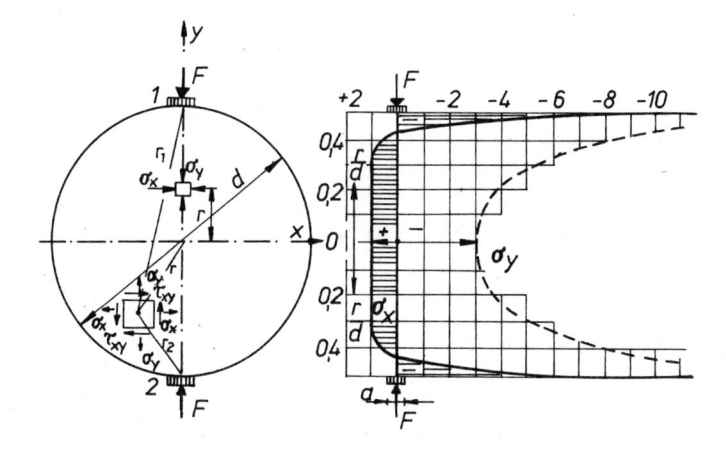

Bild 2.161 Spaltzugprüfung mit Spannungsverlauf in der Kraftachse

β_{SZ} wird bei Werten ≥ 1 N/mm² auf eine Dezimalstelle, bei Werten < 1 N/mm² auf zwei Dezimalstellen gerundet.

In Bild 2.161 sind die grundsätzlichen Zusammenhänge zwischen Belastung und Spannungen an einem zylindrischen Probekörper dargestellt. Allgemein gilt:

$$\sigma_x = \frac{2F}{\pi \cdot l}\left[\frac{(d/2-y)x^2}{r_1^4} + \frac{(d/2+y)x^2}{r_2^4} - \frac{1}{d}\right]$$

$$\sigma_y = \frac{2F}{\pi \cdot l}\left[\frac{(d/2-y)^3}{r_1^4} + \frac{(d/2+y)^3}{r_2^4} - \frac{1}{d}\right]$$

$$\tau_{xy} = \frac{2F}{\pi \cdot l}\left[\frac{(d/2-y)^2 x}{r_1^4} - \frac{(d/2+y)^2 x}{r_2^4}\right]$$

Für $y = 0$ und $x = d/2$ werden x und $y = 0$
Für $y = 0$ und $x = 0$ werden:

$$\sigma_x = \frac{2F}{\pi \cdot l \cdot d}; \quad \sigma_y = \frac{6F}{\pi \cdot l \cdot d} = -3\sigma_x$$

Bei rechteckigen Probekörpern wird die Spaltzugfestigkeit mit dem Ansatz:

$$\beta_{SZ} = \frac{0{,}64\,F}{h \cdot b}$$

analog ermittelt. Die Kraftzunahme beträgt:

Bei Würfelquerschnitt 150 · 150 mm etwa 1750 N/s
Bei Würfelquerschnitt 200 · 200 mm etwa 3100 N/s

Frostwiderstand
Für Verkehrsflächen ist ein besonderes Prüfverfahren (Kurzprüfung) vorgesehen, das die Beurteilung des Widerstandes von Beton gegenüber Frosteinwirkung bei ständiger Gegenwart von Feuchtigkeit und Taumitteln zuläßt. Als Probekörper sollen Bohrkerne mit 100 mm Durchmesser oder Würfel mit 100 mm Kantenlänge verwendet werden. Die Probekörper werden 12 mm tief in Wasser eingetaucht und in diesem Zustand einer bestimmten Anzahl von Frost-Tau-Wechseln unterworfen. Dabei gilt folgendes Temperaturregime:

Gefrieren: ≥ 50 min unter $0\,°C$; davon ≥ 10 min bei $-10\,°C$
Auftauen: ≥ 30 min über $0\,°C$; davon ≥ 10 min bei $+10\,°C$

Ein Gefrier-Auftauzyklus soll 2 h betragen. Die Prüfung wird in einer automatisch arbeitenden Frost-Tau-Prüfvorrichtung durchgeführt. Nach jeweils 50 Frost-Tau-Wechseln werden Volumenverlust und Zerstörungsgrad an den Probekörpern festgestellt. Die *Frost-Tau-Wechselbeanspruchung* ist abzuschließen, wenn folgende Grenzwerte erreicht sind:

Bei Betonfahrbahnen:

Volumenverlust 0,4 cm^3 je cm^2 Prüffläche
oder Anzahl der Frost-Tau-Wechsel: 300

Bei Betonfertigteilen für Straßen:

Volumenverlust 0,2 cm^3 je cm^2 Prüffläche
oder Anzahl der Frost-Tau-Wechsel: 200

Wird die geforderte Zahl von Frost-Tau-Wechseln erreicht, bevor der Grenzwert des Volumenverlustes eintritt, besitzt der Beton eine ausreichende Widerstandsfähigkeit gegen Frosteinwirkungen.

Weitaus zeitaufwendiger ist die *Frost-Tau-Prüfung* nach [192, 193]. Hierzu werden die Probewürfel (100 mm Kantenlänge) nach Verfahren A, jedoch 1%ige Natrium-Chloridlösung statt Wasser verwendet:

- 24 h Lagerung in wäßriger Natrium-Chloridlösung (starke Durchfeuchtung)
- Frostbeanspruchung an der Luft: 4 h Kälteschrank $-20\,°C$; $-22\,°C < T < -15\,°C$
- 1 h Lagerung in wäßriger Natrium-Chlorid-Lösung bei $(20 \pm 3)\,°C$
- Überprüfung nach jedem 5. Frost-Tauwechsel durch Augenschein.

2.5.2.5. Grundsätze für die Herstellung von Betondecken

An die Qualität werden sehr hohe Anforderungen gestellt (s. auch Abschn. 4). Diese Qualitätsanforderungen sind in allen Teilprozessen der Herstellung von Straßenverkehrsflächen aus Zementbeton ohne Einschränkung zu beachten. Gebrauchseigenschaften, Nutzungsdauer und Unterhaltungsaufwand werden von der Güte des Endproduktes beeinflußt. Deshalb ist die laufende Eigenüberwachung der einzelnen Herstellungsprozesse und der Baustoffe erforderlich. Die meisten Mängel an Betondeckschichten sind auf Herstellungsfehler zurückzuführen. Mängel oder gar Schäden an Betondecken lassen sich garnicht oder nur mit sehr hohem Aufwand beseitigen.

2.5. Deckschichten

Zur Herstellung von Zementbetondeckschichten gehören die Teilprozesse: Aufbereitung des Zementbetongemisches, Transport des Frischbetons, Vorbereitung der Einbaustelle, Einbau des Frischbetons, Fugenherstellung, Nachbehandlung.

Aufbereitung des Betongemisches
Zementbeton für den Straßenbau wird grundsätzlich mit mobilen oder verhältnismäßig leicht umsetzbaren Anlagen auf besonderen Mischplätzen hergestellt, von dort zu den Einbaustellen transportiert und eingebaut. Die Zuschlagstoffe sind auf festen Plätzen mit eindeutiger Abführung des Niederschlagswassers zu lagern. Damit sind Verunreinigungen auszuschließen. Die Unterteilung der Lagerflächen muß Vermischungen unterschiedlicher Fraktionen ausschließen. Die Dimensionierung der Lagerkapazitäten für Zuschlagstoffe und Zement müssen die Leistung der Aufbereitungsanlage, die Organisation des Materialzulaufs sowie eine angemessene Reserve zur Vermeidung von Unterbrechungen in der Produktion beim Auftreten von Störungen in der Zulieferung berücksichtigen.

Die genaue Massedosierung aller Bestandteile entsprechend den Eignungsprüfungen ist Voraussetzung für gleichmäßige Beschaffenheit des hergestellten Betongemisches. Besondere Sorgfalt erfordert die Wasserdosierung. Der Wassergehalt der Zuschlagstoffe soll täglich mindestens einmal, bei Niederschlägen mehrmals, überprüft werden. Der Beton wird in Zwangs- oder Freifallmischern diskontinuierlich (chargenweise) gemischt. Ein Mischzyklus erfordert etwa 75 bis 95 s. Im Rahmen der vorgesehenen Schichtleistung sollen Mischer mit verhältnismäßig großem Mischerinhalt eingesetzt werden, um die Anzahl der Mischungen mit unterschiedlichen Verarbeitungseigenschaften (Konsistenz) und deren Auswirkungen auf das Endprodukt, z.B. die Ebenheit, möglichst gering zu halten.

Betontransport
Beim Transport des Betons ist darauf zu achten, daß auf den Fahrzeugen und beim Entleeren keine Entmischung auftreten kann.

Dem Frischbeton darf beim Transport keine Feuchtigkeit entzogen werden; ggf. ist er vor Niederschlägen zu schützen. Die Fahrzeuggröße ist an der Masse des Mischerinhaltes (mehrere volle Mischer) zu orientieren. Die Transportentfernung soll etwa 20 km nicht überschreiten, damit das Ansteifen vor dem Einbau verhindert wird [20].

Die Übergabe des Betons an der Einbaustelle erfolgt entweder vor Kopf durch Abkippen (Gleitschalungsfertigung) oder in einen Quer- oder Seitenverteiler (bei stehenden Schalungsschienen).

Schalung und Führung der Einbaumaschinen
Die gute Ebenheit der Fahrbahnoberfläche kann nur durch einwandfreie Höhenbezugslinien für die Einbaumaschinen erreicht werden. Bei schienengeführten Maschinen sind dies die Schalungsschienen und bei Gleitschalungsfertigern die Leitdrähte.

Für die einwandfreie Verlegung der Schalungsschienen bzw. die Fahrwerke der Gleitschalungsfertiger wird eine Tragschichtverbreiterung von ≥ 35 cm notwendig. Beim Einsatz von Gleitschalungsfertigern wird dieser seitliche Überstand von der Breite der Raupenfahrwerke bestimmt.

Bei Schalungsschienen müssen der Querschnitt und besonders die Fahrschienen die vom Verteiler und Fertiger eingetragenen erheblichen Kräfte ohne Durchbiegungen aufnehmen können. Die Schienenstöße müssen fest verlascht werden und die Schalungen durchgehend satt aufliegen. Dieses wird, nachdem die Schienen ausgerichtet und höhenmäßig festgelegt sind, durch das Unterfüttern der Schienenstöße und das Unterpressen der gesamten Auflagerfläche mit Zementmörtel erreicht.

Einbringen und Verdichten des Betons

Wenn der Beton auf einer Unterlage eingebaut wird, die dem Beton Wasser entziehen kann, so ist diese anzufeuchten. Besteht die Unterlage bei den Bauklassen IV bis VI aus ungebundenem Kiessand oder Sand, wird die Abdeckung mit Unterlagspapier oder -folie empfohlen. Beim Abkippen des Frischbetons ist darauf zu achten, daß möglichst keine örtliche Vorverdichtung erfolgt.

Mit den verfügbaren Maschinen können Betondecken über die gesamte Fahrbahnbreite einschließlich Rand- und ggf. Standstreifen eingebaut werden. Mitunter wird die Fertigung des Standstreifens vorgezogen. Der Beton wird durch Schnecken (Gleitschalungsfertiger) oder Kübelverteiler (schienengeführte Fertiger) über die gesamte Fläche gleichmäßig verteilt. Falls die Fugeneinlagen, Dübel und Anker, vor dem Verteilen des Betons angeordnet werden, sind diese so festzulegen, daß sie durch die Verteiler und Fertiger nicht verschoben werden. Mit der Entwicklung der Gleitschalungsfertiger sind Dübel- und Ankereinrüttelvorrichtungen verfügbar, die die Stahleinlagen in der Mitte der Deckschicht und parallel zur Bewegungsrichtung einbauen. Vor dem Einrütteln muß der Beton vollständig verdichtet sein. Das macht den Übergang eines Nachglätters notwendig.

Prinzip des Festschalungsverfahrens (Bild 2.162)
Nach dem Verteilen mit dem Kübelverteiler (1) folgt der Fertiger mit folgenden Arbeitselementen:

- Abgleichelement (Abstreifbalken oder Palettenwalze) (2), das den Beton in der richtigen Höhe gleichmäßig abstreift. Hierbei ist die notwendige Überhöhung vor der Verdichtung zu beachten (beträgt in Abhängigkeit von der Konsistenz bis zu etwa 25% der verdichteten Deckschicht).
- Verdichtungselement (3), Vibrationsbohle mit veränderlicher Frequenz und Amplitude.
- Glättelement (4), welches den Oberflächenschluß herstellt.
- Nachlauf-Nivellierglätter mit diagonaler Glättbohle (5).

Prinzip des Gleitschalungsverfahrens (Bild 2.163)
Die nur einige Meter lange Schleppschalung ist fest mit der Einbaumaschine verbunden. Der automatisch leitdrahtgesteuerte Fertiger verteilt und verdichtet den Frischbeton in einem Übergang. Weil der Frischbeton nur kurze Zeit zwischen der Schleppschalung bleibt, kommt der gleichbleibenden Konsistenz mit hoher Kantensteifigkeit entscheidende Bedeutung zu. Bei Gleitschalungsfertiger-Einsatz ist darauf zu achten, daß keine Einbauten in die Deckschicht geraten.

- Der Verteilung (1) folgen Tauchrüttler (2) und Vibrationsrohr (3), die den Frischbeton vorübergehend verflüssigen (Thixotropie).
- Mit der Preßplatte (4), die über die gesamte Fertigungsbreite reicht, und auf die die Gesamtmasse des Fertigers einschl. Balast wirkt, wird der Beton verdichtet und versteift, derart, daß die Kanten standfest werden.
- Dübelsetzgerät (5)

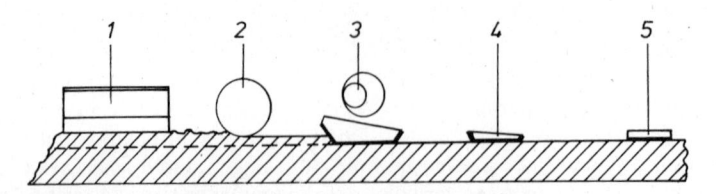

Bild 2.162 *Prinzip des Festschalungsverfahrens*
1 Verteiler; 2 Abgleiche; 3 Verdichtung; 4 Glättelement; 5 Nivellier-Nachlaufglätter

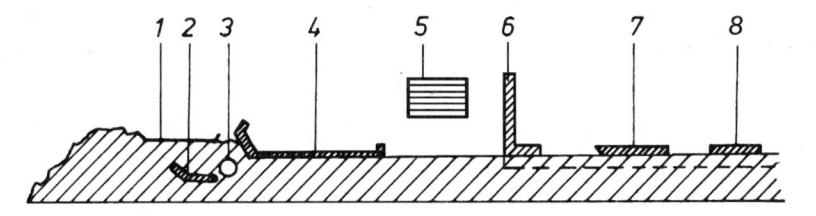

Bild 2.163 Prinzip des Gleitschalungsverfahrens
1 Verteiler; *2* Tauchrüttler; *3* Vibrationsrohr; *4* Preßplatte; *5* Dübelsetzgerät; *6* Ankersetzvorrichtung mit Eindrücken des Längsfugenbandes; *7* Abziehbohle; *8* Endglätter

- Ankersetzvorrichtung (6) mit anschließendem Eindrücken eines Längsfugenbandes.
- Abziehbohle (7) und Endglätter (8) für Endabgleich und Deckenschluß.

Es ist zu sichern, daß der Frischbeton während des Einbau- und Abbindeprozesses nicht betreten wird.

Anfangsgriffigkeit und Aufrauhen
Für eine ausreichende Anfangsgriffigkeit ist die Betonoberfläche zu strukturieren. Es sind mehrere Verfahren eingeführt:

- Abziehen mit einem Stahlbesen aus Federstahlbüscheln (Längsrichtung wegen geringerer Lärmimmission vorteilhaft).
- Abziehen mit einem Jutetuch in Längsrichtung.
- Herstellung einer Waschbetonoberfläche mit Hilfe von Abbindeverzögerern und besonderer Nachbehandlung.

Der Beton bedarf während und nach dem Einbauprozeß eines Schutzes und der sorgfältigen Nachbehandlung. Der Einbau hat im Schutz von Zelten zu erfolgen und anschließend ist der Beton während der ersten 2 Stunden durch hellfarbige, niedrige, fahrbare und allseitig geschlossene Zelte zu schützen. Diese Forderung ist für die Bauklassen SV, I bis III vorgeschrieben [27]. Auf den Schutz durch Zelte kann verzichtet werden, wenn andere in ihrer Schutzwirkung gleichwertige Maßnahmen getroffen werden.

Der zufälligen Rißbildung ist durch sorgfältige Temperaturüberwachung und den Erhärtungsfortschritt durch rechtzeitiges Schneiden der Scheinfugenkerben entgegenzuwirken.

Sobald die Oberfläche des Betons nur noch matt glänzt, ist ein geschlossener Nachbehandlungsfilm gleichmäßig aufzusprühen. Dabei sind hellpigmentierte Mittel zu verwenden. Diese Nachbehandlungsmittel auf Kunstharzbasis sind in einer Menge von etwa 400 g/m^2 notwendig, um der Forderung nach einem Sperrkoeffizienten $\geq 75\%$ zu entsprechen. Bis der Nachbehandlungsfilm ausreichenden Schutz gegen Schlagregen bietet, haben diesen vorerst die niedrigen Zeltdächer zu sichern.

Für kleinere Flächen können auch tragbare Schutzdächer zum Einsatz kommen. Wenn eine Naßbehandlung vorgesehen ist, bedeutet das, die gesamte Betonoberfläche mindestens 3 Tage naß zu halten. Dazu können wasserhaltende Abdeckungen wie z. B. Jutetuch oder Geotextilien verwendet werden.

Beachtung kritischer Wettereinflüsse
Wird bei niedrigen Temperaturen betoniert, sind ggf. besondere Schutzmaßnahmen zu treffen. Es soll erreicht werden, daß die Betontemperatur mindestens während der ersten 3 Tage seiner Erhärtung nicht unter 5 °C absinkt. Derartige Maßnahmen sind z. B.:

- Erhöhung des Zementgehaltes
- Verwendung von Zement mit höherer Anfangsfestigkeit
- Anwärmung des Zugabewassers

Zugabewasser, welches eine Temperatur von mehr als 70 °C aufweist, ist vor der Zementzugabe mit den Zuschlagstoffen zu mischen. Die Grenzwerte für Luft- und Betontemperaturen nach Tafel 2.62 sind einzuhalten.

Tafel 2.62 Temperaturgrenzen für den Betoneinbau

Arbeitsausführung	Luft- oder Betontemperatur
zulässig	$5\,°C \leq T_L \leq 25\,°C$ $5\,°C \leq T_B \leq 30\,°C$
nur mit besonderen Maßnahmem zulässig	$T_L < 5\,°C$ $T_L > 25\,°C$
unzulässig	Dauerfrost $T_L \leq -3\,°C$ $T_B < 5\,°C$ $T_B > 30\,°C$

Wird bei Lufttemperaturen > 25 °C gearbeitet, darf die Frischbetontemperatur an der Einbaustelle 30 °C nicht überschreiten (Tafel 2.62). Zu hohe Temperatureinwirkungen auf den frischen Beton können gedämpft werden durch:

- Abkühlen der Unterlage mit kaltem Wasser
- Besprühen der Grobzuschlagstoffe mit kaltem Wasser

Herstellung der Fugen
Bei der raumfugenlosen Bauweise kommt es darauf an, die Fugenkerben so rechtzeitig zu schneiden, daß bei erheblicher Abkühlung während der Nacht und in den frühen Morgenstunden keine wilden Risse im jungen Beton infolge Überschreiten der Zugfestigkeit auftreten. Andererseits muß eine Mindestdruckfestigkeit von etwa 5 N/mm^2 vorhanden sein, damit beim Schneiden keine Zuschlagstoffkörner herausgerissen werden. Das Fugenschneiden kann in Abhängigkeit von der Witterung zwischen 6 und 36 Stunden nach dem Betonieren zweckmäßig sein. Der kurze Zeitabstand kann im Hochsommer, bei großen Differenzen zwischen Herstellungs- und Nachttemperatur, notwendig werden. Für die konkrete Entscheidung sind die Informationen der nächsten Wetterstation regelmäßig einzuholen. Nachtarbeit beim Fugenschneiden setzt eine gute mobile Baustellenbeleuchtung voraus.

Zum Fugenschneiden werden diamantbesetzte Schneidscheiben in Ein- und Mehrscheibenschneidegeräten mit hohem Kühlwasserbedarf von 1,5 bis 4,0 m^3/h verwendet. Das Fugenschneiden wird aus Qualitätsgründen vorgezogen. Die Rütteltechnik macht Fortschritte, sollte aber vorläufig auf die Bauklassen IV bis VI beschränkt bleiben.

Tagesendfugen werden im Regelfall als verdübelte Preßfugen ausgebildet. Ihre Herstellung ist in jedem Fall besonders sorgfältig vorzunehmen. Bei Fertigung zwischen Schalungsschienen kann die Endfläche senkrecht abgeschalt werden (Löcher für die Dübel beachten) und der Beton im Bereich der Preßfuge bzw. am Anfang einer Tagesleistung von Hand eingebaut und mit Innenrüttlern gut verdichtet werden. Beim Ausfahren des Gleitschalungsfertigers ist es zweckmäßig den im Verdichtungsbereich (vor der Preßbohle) befindlichen Beton auszubauen und sonst wie bei der Fertigung zwischen Schalungsschienen zu verfahren.

2.5. Deckschichten

Alle Vergußspalte für Raum-, Schein-, und Preßfugen werden später geschnitten bzw. nachgeschnitten und nach einem bituminösen Voranstrich mit Vergußmasse (heiß) geschlossen und abgedichtet.

Verkehrsfreigabe
Betondeckschichten dürfen erst nach ausreichender Erhärtung für den Verkehr freigegeben werden. Die Verkehrsfreigabe ist von der erreichten Druckfestigkeit abhängig. Diese muß 70% der in Tafel 2.53 geforderten Werte erreichen. Dazu sind besondere Probekörper herzustellen [20], die an der Einbaustelle auf der fertigen Decke zu lagern und wie diese nachzubehandeln sind [182]. Im Regelfall ist mit etwa 7 Tagen zu rechnen. Hier liegt die Ursache dafür, daß Zementbetondecken nur für Neubauten oder bei Erneuerungen Anwendung finden, wenn über längere Zeit der Verkehr ferngehalten (Umleitungen) werden kann.

Eine Ausnahme für kleinere Bauaufgaben stellt die Entwicklung des frühhochfesten Betons mit Fließmittel dar, der bereits nach 24 h 70% von β_{D28} erreicht und freigegeben werden kann [184].

2.5.3. Pflasterdecken [194, 195]

Diese Konstruktionsschichten haben eine verhältnismäßig lange Gebrauchsdauer und sind auf vielen Straßenverkehrsflächen, besonders im Nebennetz, vorhanden. Viele Ortsdurchfahrten weisen eine Pflasterdeckschicht auf. Heute werden Pflasterungen nur noch im Rahmen von zu erneuernden Flächen, bei Anschlüssen von unregelmäßigen Bereichen, besonders aber aus gestalterischen Gründen für Platzbefestigungen, Fußgängerbereichen u. ä. ausgeführt. Der Aufwand für die Herstellung der Pflastersteine und die Verlegung des Pflasters ist wesentlich höher als für andere Konstruktionsschichten. Die Setz- und Rammarbeiten erlauben keine bedeutende Rationalisierung (Tafel 2.63).

Tafel 2.63 Materialbedarf und Arbeitszeit für Pflasterdeckschichten je m²

Pflasterart	Materialbedarf		Arbeitszeit h
	Pflaster kg od. Steine	Pflastersand kg	
Reihenpflaster			
– Granit	400	200	0,60 bis 0,75
– Kupferschlacke	36 Steine 9,4 kg/Stein	140	0,50 bis 0,65
Kleinpflaster	250	120	0,45 bis 0,55
Polygonalpflaster	370	250	0,50 bis 0,65
Betonsteinpflaster[1]			
– Doppel-T Verbund	35 Steine	75	0,16 bis 0,24[2]
– Doppelverbundsteine	38 Steine	75	

[1]) Paketiert:
   60 mm Steinhöhe; Pakethöhe 600 mm; Masse ≈ 1,25 t; 0,145 t/m²
   80 mm Steinhöhe; Pakethöhe 640 mm; Masse ≈ 1,34 t; 0,195 t/m²
   100 mm Steinhöhe; Pakethöhe 600 mm; Masse ≈ 1,25 t; 0,242 t/m²
[2]) Handverlegung

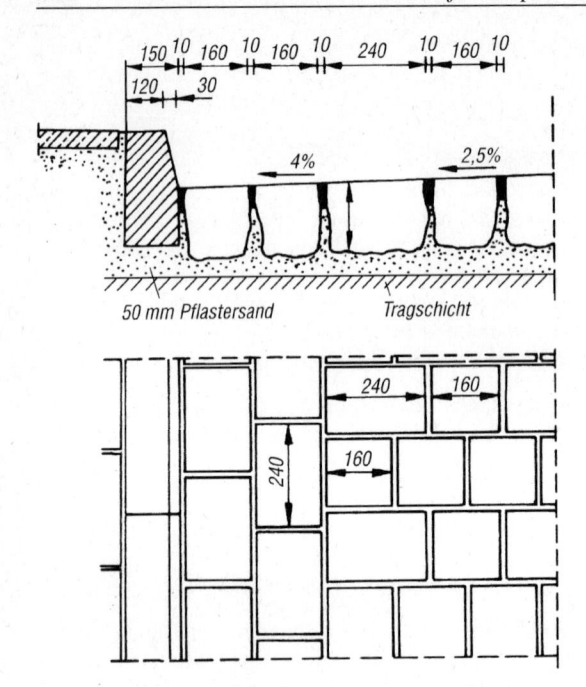

Bild 2.164 Reihenpflasterverlegung (Beispiel)

Der Gleitreibungsbeiwert von Pflasteroberflächen bei Regenwetter ist kleiner als der von gut ausgeführten bituminösen Deckschichten.

Wegen der Sogwirkung der Kraftfahrzeugreifen ist das Abdichten der Fugen notwendig; das läßt sich aber als Instandsetzungsleistung aus wirtschaftlichen Gründen nur begrenzt ausführen.

Pflasterbefestigungen werden als Straßenverkehrsflächen, die mit geringen Geschwindigkeiten befahren werden, noch lange dem Straßenverkehr dienen.

Reihenpflaster

Reihenpflaster wird aus geometrisch gleichmäßigen Einzelsteinen aus Naturstein oder Kupferschlacke hergestellt. In Bild 2.164 ist die Möglichkeit der Anordnung im Bereich des Schnittgerinnes dargestellt. Granit-Natursteinpflaster ist in Städten noch häufig vorhanden.

Kleinpflaster (Bild 2.165a)

Bis zur Mitte des 20. Jahrhunderts galt Kleinpflaster auf einer Packlage- oder Schottertragschicht als hochwertige Deckschicht. Das Pflastersandbett darf in abgerammten Zustand nur 30 bis 40 mm dick sein, damit Formänderungen an der Oberfläche durch Verkehrseinwirkungen vermieden werden. Nach der Einführung von Spaltmaschinen zur Steinherstellung und kleinen Explosionsrammen für die Rammarbeiten war keine wesentliche weitere Steigerung der Arbeitsproduktivität möglich. Kleinpflaster wird in Segmentbogenform oder diagonal mit gleich guten Gebrauchseigenschaften verlegt.

Polygonalpflaster (Bild 2.165b)

In vielen ländlichen Ortsdurchfahrten und Erschließungsstraßen wurde Pflaster aus Bruchsteinen mit einer ebenen Oberfläche (Kopffläche) von etwa 200 bis 350 cm² hergestellt. Dabei ergab sich der unregelmäßige Verbund und im Vergleich zu dem Plaster aus Sammelsteinen (Katzenköpfe) oder Spaltsteinen eine bessere Ebenheit und die Verringerung der Fugenflächen. Zur kurzzeitigen Nutzung bei Anschlüssen, wie Rampen bei Behelfsbrücken u. ä. wird es noch wirtschaftlich verwendet.

2.5. Deckschichten

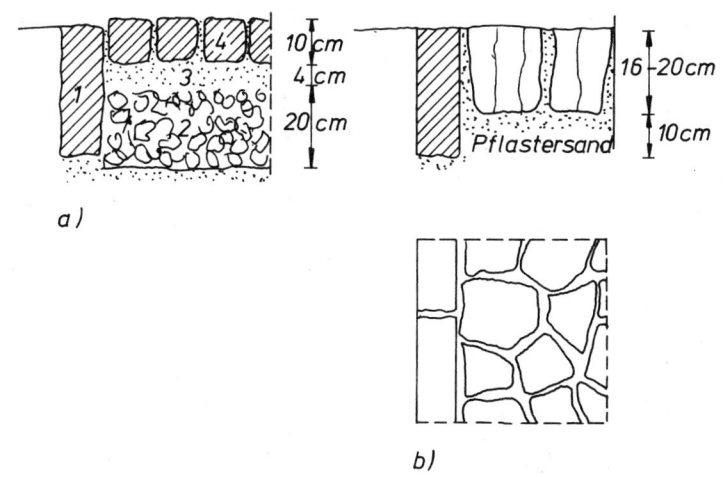

Bild 2.165 Pflasterarten
a) Kleinpflaster: 1 Tiefbordstein; 2 Schottertragschicht; 3 Pflasterbett; 4 Kleinpflasterstein;
b) Polygonalpflaster (große Fugenflächen)

Ist das Pflaster verhältnismäßig eben, so kann zwischenzeitlich eine Überbauung mit dünnen bituminösen Schichten (s. Abschn. 2.5.1.3.) die Fahrbahnverhältnisse verbessern. Unregelmäßige Pflasteroberflächen sind mit Asphaltgemischen auszugleichen und können dann mit einer Aspaltbetondeckschicht überbaut werden. Oft müssen zuvor Bordsteine und Entwässerungsanlagen höher gelegt und gerichtet werden, um die Oberflächenentwässerung zu sichern.

In dieser Form kann das Pflaster noch lange als Konstruktionsschicht dienen. Polygonalpflaster auf frostveränderlichem Unterbau (Untergrund) ist bei Erneuerungen aufzunehmen und kann mit mobilen Brechanlagen als Zuschlagstoff für Tragschichten aufbereitet werden.

Bettungs- und Fugenmaterial
Das Pflaster wird in Sand 0/2 oder 0/4 oder einem Brechsand-Splitt-Gemenge 0/5 verlegt. Dieses lockere Pflasterbett muß überhöht aufgebracht werden, damit die Schichtdicke in abgerammtem Zustand von 40 bis 60 mm bei Reihenpflaster und 30 bis 40 mm bei Klein- und Mosaikpflaster eingehalten wird.

In besonderen Fällen kann das Pflaster in Zement- oder Traßkalkmörtel versetzt, abgerammt und nachbehandelt werden. Die Fugen sind mit dem Fortschreiten des Verlegens vollständig zu füllen. Dieses muß mit dem Abrammen (Rütteln) wiederholt werden. Ungebundenes Material (Sand oder Brechsand) wird eingeschlämmt und eingefegt.

Wird hydraulisch gebundener Mörtel oder bituminöser Fugenvergußstoff zur Fugenabdichtung verwendet, sind die Fugen vor dem Vergießen 30 mm tief zu reinigen. Bei mit hydraulischem Mörtel vergossenen Fugen sind in 8 m Abstand Dehnungsfugen anzuordnen, die durchgehend mit verformbaren Dichtungsmassen auszufüllen sind.

Betonsteinpflaster [196]
Für die Befestigung von unregelmäßigen und kleinen Flächen (Parkplätze u. ä.), Geh- und Radwege, Fußgängerzonen und kleinen Verkehrsflächen für Bauklassen III bis VI wird häufig Betonsteinpflaster mit Vorzugshöhen von 60, 80 und 100 mm aus Verbundsteinen verwendet (Bild 2.166). Die hohe Festigkeit von $\beta_D > 60$ N/mm^2 sichert eine lange Gebrauchsdauer. Infolge der guten Maßhaltigkeit können auf gut abgeglichenem Sandbett

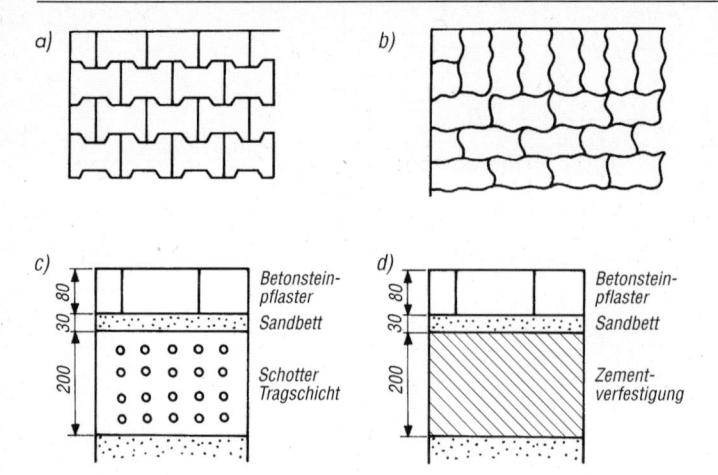

Bild 2.166 *Betonsteinpflaster*
a) Verlegeprinzip für Doppel-T-Verbund; Normalstein 165 × 200 mm; b) Verlegeprinzip für SINPRO-Doppelverbundsteine Normalstein 110 × 220 mm; c) Betonsteinpflaster auf Schottertragschicht, Bauklasse IV; d) Betonsteinpflaster auf Zementverfestigung, Bauklasse III

größere Verlegeeinheiten (0,35 bis 0,70 m²) mit Verlegemaschinen von der bereits verlegten Pflasterfläche aus eingebaut werden. Diese Pflasterscheiben werden von hydraulischen Klammern beim Verlegen zusammengehalten. Bei diesem Verlegeproze ß entstehen Fugen bis zu 2 mm, die mit Sand (einfegen) auszufüllen sind. Die Verbundpflasterdecke wird von den Rändern zur Mitte hin mit Vibrationsplatten bis zur Standfestigkeit eingerüttelt.

Betonpflasterbefestigungen zeigen unter Verkehrseinwirkungen zunehmende Verbundwirkung. Dieser Sachverhalt ist durch die Zunahme der Kraftverteilungsflächen und die Veringerung der Verformungswerte mit der Zeit bestätigt [197].

Klinkerpflaster
Es handelt sich bei den Pflasterklinkern nach [198] um sehr widerstandsfähige bis zur Sinterung gebrannte tonige Massen, die sich auch durch hohe Maßhaltigkeit auszeichnen. Es werden für die Druckfestigkeit $\beta_D \geq 80$ N/mm² und die Biegezugfestigkeit $\beta_{BZ} > 10$ N/mm² gefordert. Für die Verlegung gelten generell die Orientierungen wie für Verbundpflaster. Die Regelabmessungen der Klinker sind 240 × 115 × 52 mm. Die Fugenbreite beträgt 3 mm. Pflasterklinker werden in der Regel flach verlegt, in Ausnahmefällen auch als Rollschicht.

2.5.4. Straßenbahn-Gleisbereiche

Straßenbahn auf besonderem Bahnkörper [199, 200]
Mir der Erneuerung der städtischen Hauptnetzstraßen wird nach Möglichkeit ein besonderer Bahnkörper für die Straßenbahn angestrebt, der als Mittelstreifen gleichzeitig die Richtungsfahrbahnen für den Kraftfahrzeugverkehr trennt. Auf „freier Strecke" (hier außerhalb von Haltestellen- und Kreuzungsbereichen) ist die Verlegung von Querschwellengleisen im Schotterbett die zweckmäßigste und wirtschaftliche Bauweise. Für die gleichzeitige Veränderung der Gleisanlagen und der Staßenverkehrsflächen bei der Erneuerung der städtischen Verkehrsnetze sprechen bautechnische, bauwirtschaftliche, verkehrswirtschaftliche und verkehrssicherheitstechnische Gründe. Die Straßenbahn und die beiden Richtungsfahrbahnen benötigen $\geq 6{,}60 + 2 \cdot 7{,}00$ m $\geq 20{,}60$ m und im Bereich der Haltestellen $\geq 22{,}10$ m Breite

2.5. Deckschichten

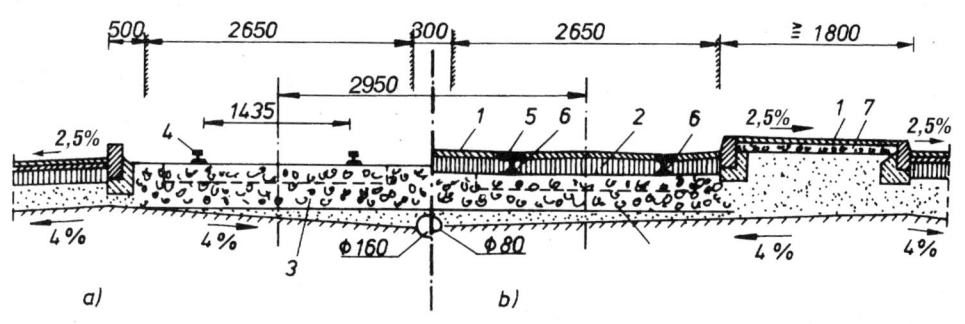

Bild 2.167 Straßenbahngleis auf besonderem Bahnkörper (Prinzip mit Querschwellen im Schotterbett)
a) freie Strecke; b) Haltestellenbereich
1 Asphaltbeton 4 cm; 2 Asphalttragschicht; 3 Schottertragschicht 25 cm; 4 Kopfschiene auf Spannbetonschwellen; 5 Rillenschiene; 6 Kammersteine; 7 Schottertragschicht 12 cm

(Bild 2.167). Hinzu kommen Geh- und Radwege sowie abschnittsweise Haltespuren und entsprechende Aufweitungen an den Knotenpunkten. Dieser Flächenanspruch ist wegen der vorhandenen Hochbauten oft nur sehr schwer durchzusetzen.

Im besonderen Gleisbereich sind die Entwässerungsanlagen mit der Straßenentwässerung zu verbinden. Die Sickerwasserabführung erfolgt mit perforierten PVC- oder Steinzeugrohren (s. Abschn. 2.2.3.5.). Die anteilige Niederschlagsmenge im offenen Gleisbereich ist zu beachten.

Straßenbahngleisbereiche in der Fahrbahn [201, 202]
Es ist in manchen Fällen nicht möglich die Straßenbahngleisbereiche auf einem besonderen Bahnkörper anzuordnen. Infolge der begrenzten Querschnittsabmessungen für die öffentlichen Verkehrsanlagen wird es notwendig, den Straßenbahngleisbereich für den Kraftfahrzeugverkehr mitzunutzen. Die Straßenbahngleise bestehen aus Rillenschienen (Ri 60), die 180 mm hoch sind und wesentlich die bauliche Gestaltung des Gleisbereiches bestimmen. Unabhängig von der gewählten konstruktiven Ausbildung (Bild 2.168) wird die Kraftwirkung der Straßenbahnen erst über den Schienenfuß auf die Tragschicht übertragen. Bei den Kraftfahrzeugstreifen erfolgt die Kraftverteilung von der Fahrbahnoberfläche über den gesamten Straßenoberbau.

Die Fahrbahnbefestigungen werden durch unterschiedliche Radkräfte, die unregelmäßig über den Querschnitt verteilt auftreten, beansprucht. Die Räder der Straßenbahnfahrgestelle tragen dagegen linienförmig ständig große Radkräfte von 30 bis 50 kN ein.

Unter den Schienen ist eine Tragschicht anzuordnen, die der besonderen Beanspruchung durch die Straßenbahn gerecht wird. Der Bereich zwischen den Schienen ist so auszufüllen, daß der Gleisbereich mit Kraftfahrzeugen befahren werden kann.

Verschiedene Lösungsmöglichkeiten sind als Prinzipquerschnitte in Bild 2.168 aufgezeigt.

Die Ausführung a) ist die mit der längsten Anwendungszeit. Abgesehen von kleineren konstruktiven Detail-Entwicklungen, hat sich das Straßenbahngleis mit unterstopftem Schienenfuß auf Schottertragschicht und mit Pflasterung des Gleisbereiches bewährt. Notwendige Veränderungen in der Höhenlage der Gleise oder Schienenauswechselungen (häufig in Kurven) lassen sich durch Entfernung und späteren Wiedereinbau des Pflasters problemlos vornehmen. Wesentlich sind die spurhaltenden Schienenverbinder (Spurstangen), die den konstanten Abstand der Schienenköpfe sichern. Die aus gebranntem Ton oder Beton hergestellten Kam-

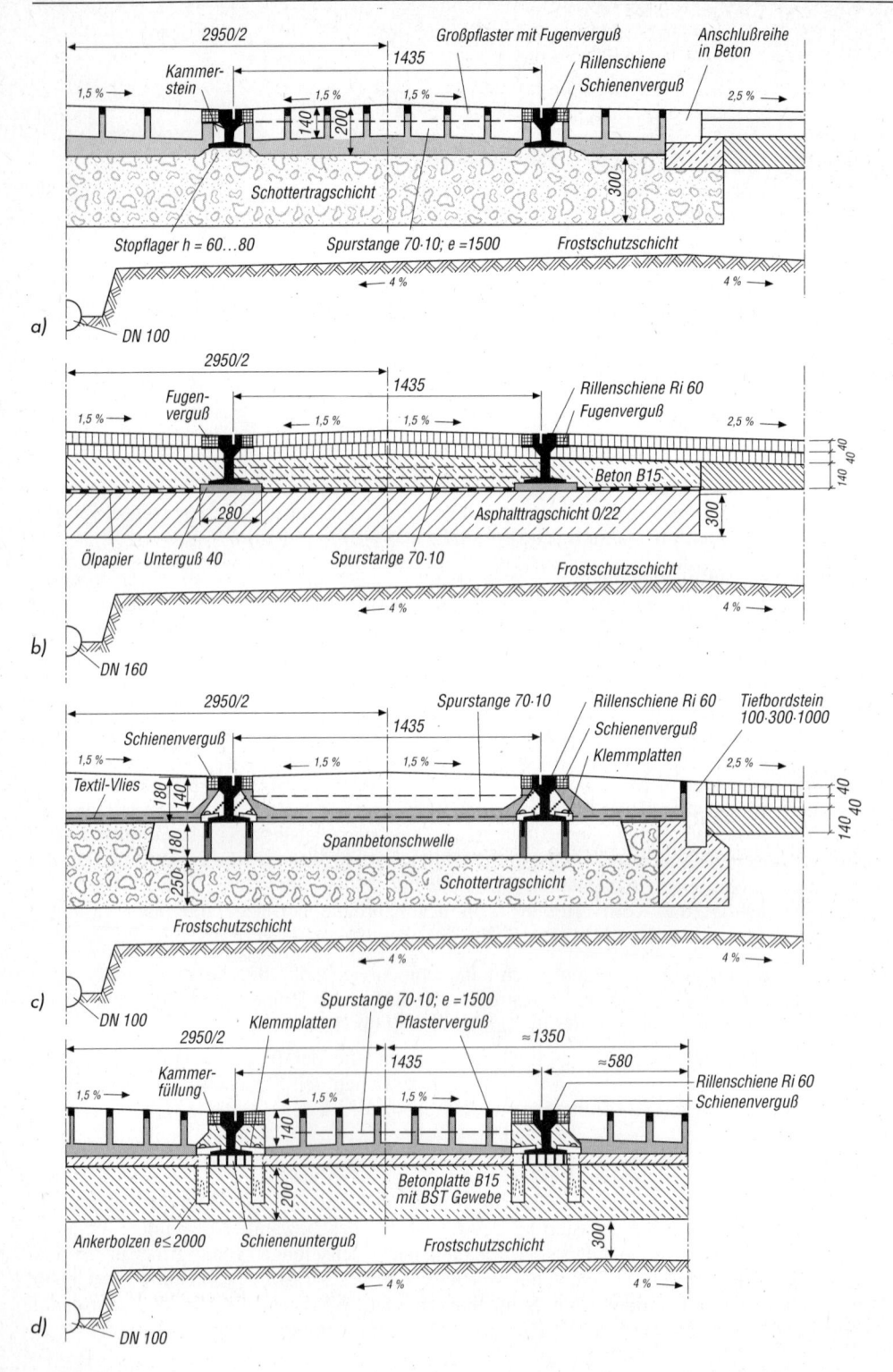

246 2. Straßenkörper – Grundüberlegungen für die Ausführung

merfüllsteine sichern auch, daß die vertikalen Schienenverformungen sehr gedämpft auf die anschließenden Pflastersteine übertragen werden.

Die Möglichkeit b) stellt eine über den Gleisbereich reichende gleichartige Befestigung der Oberfläche dar. Die Asphalttragschicht unter dem Straßenbahngleis sichert eine dauerhaft weitgehend unveränderliche Höhenlage. Die endgültige höhenmäßige Ausrichtung wird durch die Verlegung der Schienen auf bituminöser Untergußmasse vorgenommen. Hier ist zu beachten, daß das gesamte Schienenprofil auf die Temperatur der Untergußmasse erwärmt wird, damit die gleichmäßig vollständige Auflagerung des Schienenfußes erreicht wird. Diese Lösung bereitet bei notwendigen Veränderungen erhebliche Schwierigkeiten bei der Entfernung der Gleiseindeckung. Günstig wirkt sich die gleichartige Oberflächenbeschaffenheit auf die Sicherheit der Kraftfahrzeugverkehrs aus. Wegen der seltenen Notwendigkeit von Gleiserneuerungen bei angenähert gerader Linienführung der Straßenbahn ist die Anwendung sinnvoll; im Zuge von Kurven mit kleinen Radien (hohe Abnutzung der Schienen) zu vermeiden.

Die Lösung c) ist eine qualitative Verbesserung der Lösung a). Das Rahmengleis sorgt für eine beständige Schienenlage. Die vorgefertigten bewehrten Betonabdeckungen erlauben ggf. verhältnismäßig einfache Entfernung und Wiederverwendung. Im Bereich von Weichen und Kreuzungen wird die Lösung a) ausgeführt.

Lösung d) mit Betontragplatte, Schienenunterguß und Einpflasterung ist eine andere Variante zur Lösung a).

Die Nutzungsdauer des Gleisbereiches steht in direktem Zusammenhang mit der Wirksamkeit der Gleis-Entwässerungsanlagen (über die Schienenrillen) und der Vollständigkeit des Fugenvergusses zwischen den Schienen und den anschließenden Befestigungen. Die unterschiedliche Beanspruchung von Schienen und Fahrbahn verursacht unterschiedliche vertikale Verformungen im Fugenbereich. Zerstörte Fugendichtung, oft in Verbindung mit ungenügender Entwässerung, sind die wesentliche Ursache der in Gleisbereichen auftretenden Schäden [201, 202]. In den meisten Fällen sind zwei Baulastträger an den baulichen Veränderungen und der Unterhaltung von Straßenbahngleisanlagen im öffentlichen Verkehrsraum beteiligt. Zur Reduzierung von Verkehrsbehinderungen und aus volkswirtschaftlichen Gründen ist die gemeinsame langfristige Koordinierung aller Aktivitäten unerläßlich.

2.5.5. Befestigungen für Geh- und Radwege

Bei frostveränderlichem Unterbau (Untergrund) kann die Frostschutzschicht gering gehalten werden. Die aus Sand oder Kiessand bestehende Schicht wird zur Sicherung einer funktionstüchtigen Planumsentwässerung i. M. etwa 100 mm dick hergestellt.

Die Querneigung der Geh- und Radwegoberflächen muß die schnelle Abführung des Oberflächenwassers sichern und $\geq 2,5\ \%$ betragen. Die Verkehrssicherheit im Winter zwingt auch auf den Verkehrsflächen für Fußgänger und Radfahrer zum vertretbaren Einsatz von Tausalzen oder Tausalzlösungen. Deshalb ist durchzusetzen, daß sämtliche Betonelemente bzw. Betonbefestigungen für Geh- und Radwege frost- und tausalzbeständig hergestellt werden.

◄ **Bild 2.168** *Straßenbahngleisbereich in der Fahrbahn [202]*
a) Rillenschiene auf Schottertragschicht mit Stopflager, Gleisbereich gepflastert; b) Rillenschiene mit Unterguß auf Asphalttragschicht, Gleisbereich aus Beton B15 mit Asphaltbinder und Asphaltdeckschicht; c) Rillenschiene mit Schwellen auf Schotteroberbau, Befestigung mit Kunststoffschwellendübel und Schwellenschrauben Ss5; Gleisbereich mit bewehrten Betonplatten (SLW 60) auf Hartsteinverlegesplitt K 2/8 eingedeckt; d) Rillenschiene mit Betontragplatte B15; Gleisbereich gepflastert

2.5.5.1. Nicht befahrbare Gehwegbefestigungen

An Erschließungsstraßen in Wohngebieten können Gehwege im Regelfall von der Fahrbahn aus gereinigt werden. Dasselbe trifft für die Schneeräumung und die Beseitigung von Eisglätte zu.

Mit Ausnahme der Überfahrten sind die Gehwege lediglich dauerhaft für die Beanspruchung durch Fußgänger zu befestigen. Weit verbreitet ist die Verlegung von Betonplatten 300 × 300 × 40 mm (500 × 500 × 60 mm) im Sandbett oder Kalkmörtel von etwa 30 mm Dicke. Die Verlegung ist sehr arbeitsintensiv.

Zwei Vorteile werden auch künftig die Verwendung dieser Platten stützen:
- Verhältnismäßig schnelle Befestigung kleiner und unregelmäßiger Flächen, für die andere Befestigungen nicht wirtschaftlich sind.
- Möglichkeit der Aufnahme und Wiederverwendung ohne wesentliche Materialverluste.

Als angenehm begehbar und gestalterisch günstig haben sich die diagonal verlegten Platten bewährt. Dazu werden für die Randbereiche die sogenannten Bischofsmützen benötigt (Bild 2.169e).

Aus bauwirtschaftlichen Gründen kann es oft zweckmäßig sein, die Befestigungen größerer Flächen aus ähnlichen Gemischen herzustellen, wie sie für Fahrbahnen verwendet werden. Bild 2.169 enthält Beispiele von Gehwegbefestigungen aus Asphaltgemischen und auch aus Zementbeton. Zementbetonbefestigungen sind bei 60 mm Dicke in quadratische Platten von ≤ 2,0 m aufzuteilen, damit keine zerstörenden Wölbspannungen auftreten.

Diese Befestigungen sind nur dann zulässig, wenn die Nutzung durch Fahrzeuge (einschl. Pkw-Abstellung) mit Sicherheit auf lange Sicht ausgeschlossen werden kann.

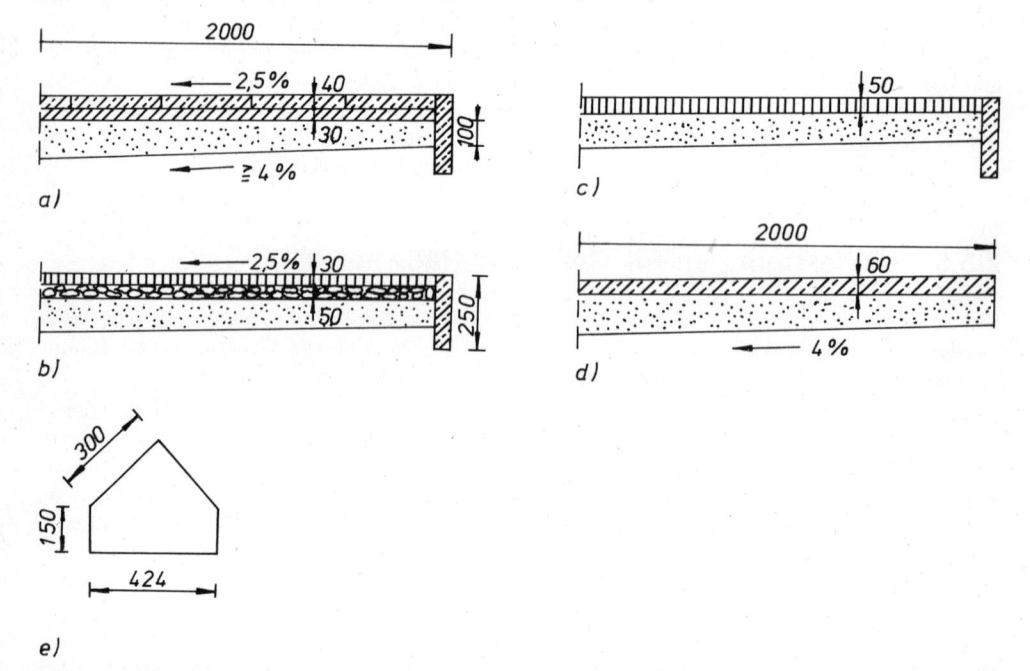

Bild 2.169 *Gehwegbefestigungen, nicht befahrbar (Beispiele)*
a) Betonplatten 300×300×40 mm auf 30 mm Kalkmörtel; b) 30 mm Asphaltbeton auf 50 mm Schotter o.ä.; c) 50 mm Asphaltbeton; d) 60 mm Zementbeton B35; e) „Bischofsmütze" für Platten 300×300×40 mm

2.5. Deckschichten

2.5.5.2. Befahrbare Geh- und Radwegebefestigungen

An Hauptnetzstraßen in Städten und Gemeinden werden befahrbare Geh- und Radwege (Achskräfte < 40 kN) gefordert, damit die Reinigungs-, Unterhaltungs- und Winterdienstarbeiten mit speziellen Kraftfahrzeugen ausgeführt werden können. Hierzu gehören auch die Gehwegbefestigungen aus Natursteinplatten, die bei Veränderungen sorgfältig aufzunehmen und in repräsentativen Bereichen wieder einzubauen sind. Neue Natursteinplatten werden wegen des hohen Herstellungsaufwandes nur in Ausnahmefällen vorgesehen.

Eine auch nur gelegentliche Nutzung durch andere Nutzfahrzeuge ist nicht berücksichtigt. Z. B. sind Grundstückszufahrten für Mülltransportfahrzeuge, An- und Auslieferung, Umzüge u. ä. entsprechend den Straßen-Bauklassen IV oder V zu befestigen.

In Bild 2.170 sind typische Geh- und Radwegbefestigungen in Anlehnung an [34] enthalten. Es ist darauf zu achten, daß sich die Oberflächen der Geh- und Radwege farblich deutlich voneinander unterscheiden. Die Abgrenzung nebeneinanderliegender Geh- und Radwege durch einen Kantenstein ist ausreichend. Mit Rücksicht auf die Radfahrer (Pedale) soll der Höhenunterschied nicht mehr als 50 mm betragen.

Das in Abschn. 1. erwähnte Mosaikpflaster behält für die Befestigung der kleinen, unregelmäßig begrenzten Anschlußflächen (Bebauung, Einbauten) sowie zur architektonischen Gestaltung von Fußgängerbereichen weiterhin Bedeutung.

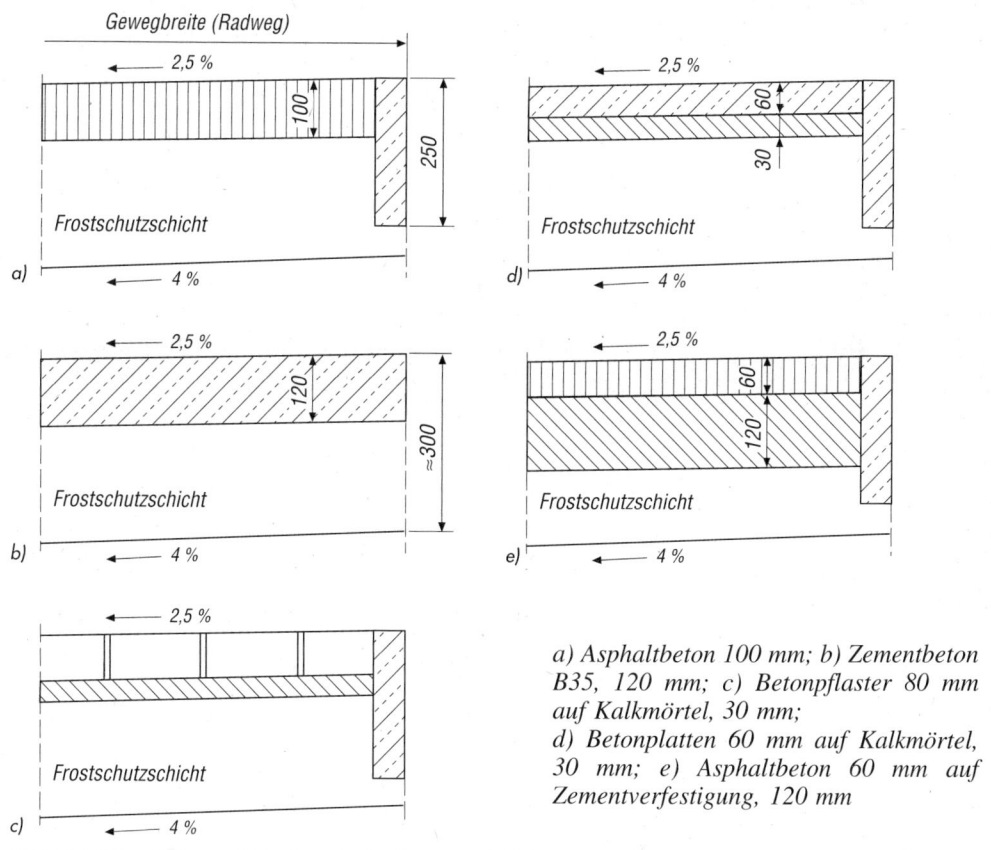

a) Asphaltbeton 100 mm; b) Zementbeton B35, 120 mm; c) Betonpflaster 80 mm auf Kalkmörtel, 30 mm;
d) Betonplatten 60 mm auf Kalkmörtel, 30 mm; e) Asphaltbeton 60 mm auf Zementverfestigung, 120 mm

Bild 2.170 Geh- und Radwegbefestigungen [34]; befahrbar mit Achskräften ≤ 40 kN; Beispiele

2.5.5.3. Besondere Fußgängeranlagen

Gehwege in Erholungsbereichen

In den Erholungsgebieten und Parkanlagen sind für die ausschließlich Fußgängern vorbehaltenen Wege sogenannte promenadenmäßige Befestigungen zu bevorzugen. Diese bestehen aus einer Grobsplittschicht, in welche nach der Verdichtung ein Sand-Splitt-Gemenge 0/4 mm eingeschlämmt wird. Hierfür eignen sich weiche Kalksteine und auch angewittertes Gestein aus den Abraumzonen der Steinbrüche nach entsprechender Aufbereitung. Ggf. können geignete Baustoffe auch von Wiederaufbereitungsanlagen für Aufbruchmaterial bezogen werden (Bild 2.171a). Derartige Befestigungen sind fußgängerfreundlicher („weicher") als die üblichen Gehwegdeckschichten.

Fußgängerbereiche

Besondere Verkehrsflächen, auf denen der Fußgänger beim Besuch von Geschäften, Restaurants und kulturellen Einrichtungen vor den anderen Verkehrsteilnehmern geschützt ist, wurden und werden vorwiegend in Stadtzentren angelegt. Weil es sich um zentrale Stadtbereiche mit besonderen Anforderungen an die architektonische Gestaltung handelt, können sowohl Betonpflastersteine als auch großformatige Betonplatten mit verschiedenfarbigen Oberflächen verlegt werden (Bild 2.171b). Aus wirtschaftlichen Gründen sind diese Befestigungen auf den gestalterisch notwendigen Umfang begrenzt. Die übrigen Flächen sind mit anderen kostengünstigeren Befestigungen zu versehen. Für diese Fußgängerbereiche werden vorwiegend mit leichten Nutzfahrzeugen (Achskräfte ≤ 40 kN) befahrbare Befestigungen notwendig, damit die Dienstleistungsbetriebe die Reinigungs- und Unterhaltungsarbeiten rationell ausführen können. Das Befahren mit größeren Anliefer- und Entsorgungsfahrzeugen muß auf jeden Fall ausgeschlossen werden. Das setzt die rückwärtige Anbindung der Geschäfte und Einrichtungen an das Stadtstraßennetz voraus.

Beachtung von Behinderten [203]

Im Bereich der Knotenpunkte ist mit Hilfe der Absenkung der Gehwege, ebenso wie der Radwege, auf Behinderte (Rollstühle) und ältere Menschen Rücksicht zu nehmen. Das bedeutet, daß an diesen Übergängen die Randeinfassungen (Bordsteine und Bordschwellen) auf 2 bis 3 cm über Fahrbahnoberfläche abzusenken und die Gehwegoberflächen anzugleichen sind (Bild 2.172) [204, 205]. Dementsprechend sind auch die Ein- und Ausfahrten an Straßenbahnhaltestellen mit Rampen vom Fußgänger- bzw. Radfahrerüberweg herzustellen. Die maximale Schrägneigung abgesenkter Gehwegoberflächen soll $\leq 5\%$ bleiben.

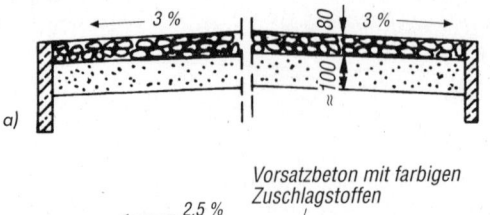

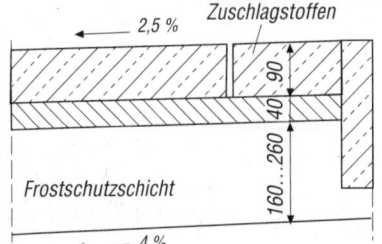

Bild 2.171 Befestigungen für besondere Fußgängerbereiche
a) Gehwegbefestigung für Parkanlagen o.ä. Kalksteinsplitt 11/32 mit eingeschlämmtem Sandsplitt 0/4;
b) Befestigungsbeispiel für Fußgängerbereiche, Betonplatten $800 \times 800 \times 80$ mm in Kalkmörtel

2.5. Deckschichten

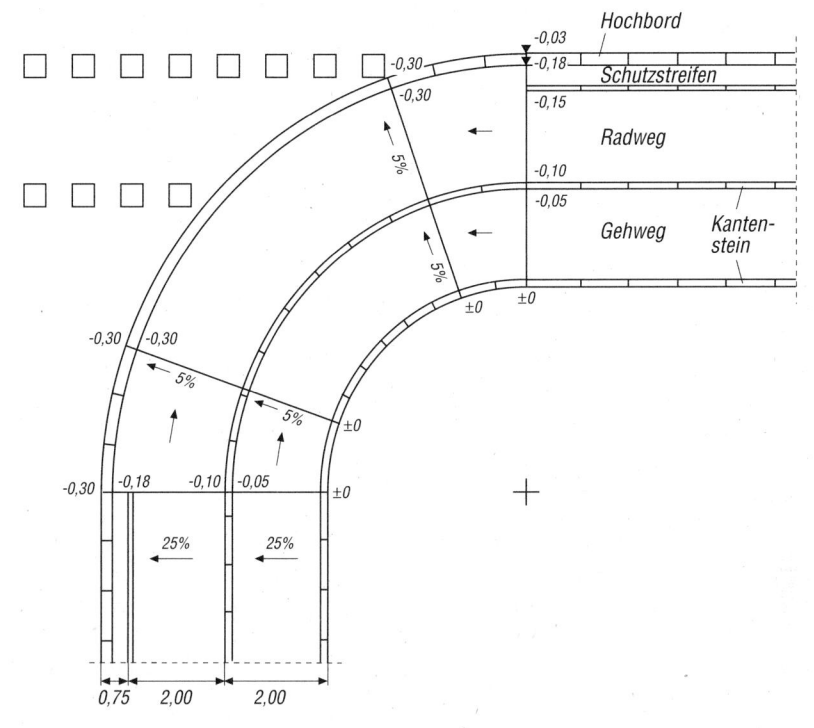

Bild 2.172 Beispiel für den Absenkungsbereich von Geh- und Radweg an einem Knotenpunkt [203]

2.5.6. Randeinfassungen – Fahrbahnbegrenzung

2.5.6.1. Anforderungen

Optische Begrenzung der Fahrbahnränder
Damit die Kraftfahrer bei höheren Geschwindigkeiten die Fahrbahnränder eindeutig erkennen, wird eine Randlinie als Farbmarkierung aufgetragen. Die Breite dieser Farbmarkierung ist nicht Bestandteil der Fahrstreifen. Zeitweise wurden diese Randlinien aus Betonfertigteilen hergestellt, die sich optisch dauerhaft von den Aspaltdeckschichten unterscheiden. Die Fugen zwischen diesen „Randlinien" und den eigentlichen Fahrbahnbefestigungen haben sich als nachteilig für die Kraftübertragung und schadensempfindlich erwiesen.

Nutzung der vollen Fahrbahnbreite
Durch die optische Wirkung der Randlinien wird die Ausnutzung des Fahrbahnquerschnitts und damit die Leistungsfähigkeit der Straße unterstützt. Ferner helfen diese Fahrbahnrandmarkierungen das gefährliche Abkommen auf die im Regelfall unbefestigten Seitenstreifen zu vermeiden und erhöhen die Verkehrssicherheit.

Sicherung der Fahrbahnränder vor Zerstörungen
Dauerhafte Randeinfassungen und Randlinien sollen verhindern, daß die Fahrbahnrandbereiche durch die Radkräfte wesentlich höhere Beanspruchungen erfahren als die übrigen Fahrbahnbereiche. Mit Hilfe von Bordsteinen kann die zerstörende Wirkung von Pflanzenwurzeln von den Asphaltbefestigungen ferngehalten werden.

2.5.6.2. Abmessungen und konstruktive Gestaltung

Für Bundesstraßen und wichtige Landesstraßen werden Randlinienbereiche von 0,50 m vorgesehen. Für die zahlreichen Landesstraßen mit geringer Verkehrsdichte genügen 0,25 m. Diese Randlinienbereiche sind als Teil des Fahrbahnoberbaus auszuführen. Somit ist wiederholtes Überfahren durch Nutzkraftwagen ohne Schäden möglich.

2.5.6.3. Beispiele für Randeinfassungen

Landstraßen

Bei der in Bild 2.173a) dargestellten Lösung, Randlinie als Randeinfassung aus Betonfertigteilelementen 500 mm × 200 mm × 3000 mm wurden folgende Vorteile (im Vergleich zu Ortbetonbegrenzungen) als wesentlich angesehen:

- An der Baustelle ist nur noch die Einbauausrüstung für Asphaltgemische notwendig.
- Die Baustellenlänge wird durch den Fortfall der Abbindezeit für die Betonrandeinfassung wesentlich reduziert.

Fertigteilelemente bedingen aber hohen Aufwand in den vorgelagerten Prozessen, Fertigung und Transport. Mit Rücksicht auf früher erwähnte Nachteile wird diese Lösung nur noch ausnahmsweise gewählt. Die Verwendung des traditionellen Tiefbordsteins (Bild 2.165) ist z. B. an bituminösen Konstruktionsschichten nach Bild 2.173 b) möglich. Hier wird der Randlinienbereich mit der Fahrbahnkonstruktion gleichzeitig gefertigt. Dabei kann die Breite den Anforderungen angepaßt werden. Die Randlinie wird mit speziell entwickelten und oft auch vorgeschriebenen (in der Regel weißen) Markierungsstoffen maschinell aufgetragen.

Das arbeitsaufwendige Verlegen der Tiefbordsteine wird bei der Lösung c) in Bild 2.173 umgangen. Es wird „verlorenes" Asphaltgemisch eingesetzt und es fehlt die beständige Abgrenzung mit vegetationsresistentem Material. Die Anwendung eines Asphalttiefbordes (Bild 2.173d) ist in bestimmten Fällen wirtschaftlich ausführbar; zum Langzeitverhalten fehlen noch Erfahrungen.

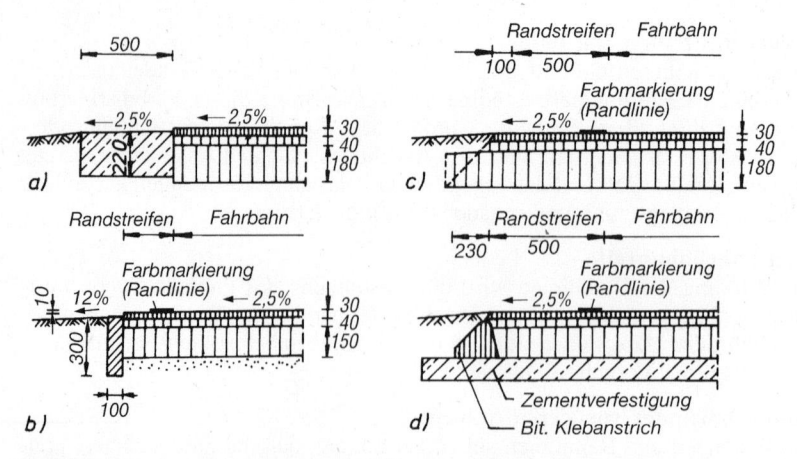

Bild 2.173 Randstreifen-Randeinfassung für Landstraßen
a) Ortbeton oder Betonfertigteil; b) Tiefbordsteinbegrenzung; c) Abtreppung; d) Asphalttiefbord

Stadtstraßen

Bei den Hauptstraßen, für die höhere Entwurfsgeschwindigkeiten gelten und die eine hohe Verkehrsdichte aufweisen, wird der etwa 50 cm breite Schnittgerinnestreifen als Äquivalent zum Randlinienbereich der Landstraßen angesehen. In diesem Gerinnestreifen sind auch die notwendigen Verwindungen zur Unterstützung der schnellen Wasserabführung unterzubringen. An den Anliegerstraßen in Wohngebieten mit kleinen Verkehrsgeschwindigkeiten und geringer Verkehrsdichte wird auf Breitenzuschläge verzichtet. Bei Sammelstraßen sollte wie bei Hauptstraßen verfahren werden, damit sie sich optisch von den nachgeordneten Anliegerstraßen unterscheiden und eventuell bei Erneuerungsarbeiten an den Hauptstraßen als Umleitung verwendet werden können.

Die Lösung a) in Bild 2.174 ist weit verbreitet und Naturbordsteine werden auch in Zukunft, ggf. durch Rückgriff auf die vorhandene Materialsubstanz, noch häufig sein. Die Ausführung b) in Bild 2.174 erfordert „verlorenes" Asphaltgemisch. Die Fertigung dieses Asphaltbordes auf der Baustelle nach dem Prinzip der Strangpresse verlangt große Sorgfalt. Bei einer Arbeitsgeschwindigkeit von etwa 2m/min werden verhältnismäßig kleine Gemischmengen in spezieller Zusammensetzung benötigt. Damit eine ausreichende Verdichtung erreicht wird, muß das Gemisch vor der Übergabe in den Fertiger eine Temperatur von mindestens 140 °C aufweisen. Wegen der hohen und gleichmäßigen Verdichtung haben sich Profile mit annähernd quadratischem Querschnitt als günstig erwiesen. Die Lösung c) in Bild 2.174 ist als Alternative zum Hochbordstein aus Zementbeton mit höheren Qualitätsmwerkmalen entstanden und erlaubt eine rationelle Verlegung. Die Fuge ist in diesem Fall etwas zur Fahrbahn verschoben. Auch sie ist, wie alle Fugen zwischen den verschiedenen Baukörpern im Schnittgerinne mit Fugenvergußmasse zu dichten. Für den zweistufigen Straßenausbau bei neuen Erschließungsstraßen ist die Lösung c) nicht geeignet. Auf diesem Gebiet werden immer wieder neue Varianten entwickelt und erprobt, die dann technisch und wirtschaftlich zu bewerten sind.

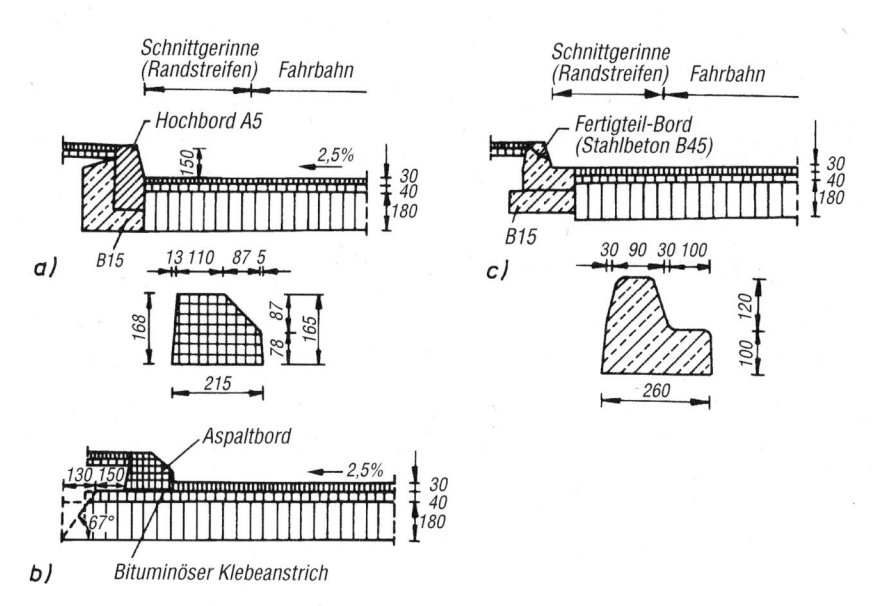

Bild 2.174 Schnittgerinne-Randstreifen-Randeinfassungen für Stadtstraßen
a) Hochbord aus Naturstein (Zementbeton) mit Rückenstütze; b) Asphalt-Hochbord; c) Winkelbord aus Stahlbetonelementen 2,0 m lang

2.5.7. Oberflächenentwässerungsanlagen für Stadtstraßen

Grundsätzliche Lösungen

Aus Tafel 2.6 ist zu entnehmen, daß die Niederschläge bei Stadtstraßen überwiegend in Freigefälle-Entwässerungsleitungen abzuführen sind. Es werden dazu Straßenabläufe nach den Bildern 2.175 bis 2.177 angeordnet, die über einen 150 mm $\varnothing$ Anschlußstutzen zu den Entwässerungsleitungen führen. Ein Straßenablauf (Querrostaufsatz) kann die Wassermenge aufnehmen, die auf 400 bis 500 m^2 Straßenoberfläche entfällt.

Bei einer Längsneigung von $\geq 0{,}5\%$ wird das Schnittgerinne am Bordstein parallel zur Gradiente geführt. Häufig besteht das Schnittgerinne an den vorhandenen Straßen aus 2 oder 3 Reihen Großpflaster. Aus fertigungstechnischen Gründen wird die Befestigung meist gleichartig bis an den Bordstein geführt und die Fuge mit Fugenvergußstoff abgedichtet. Das Schnittgerinne erfüllt bei städtischen Hauptstraßen gleichzeitig die Funktion des Randstreifens und kann nicht zur Fahrbahn gerechnet werden (Bild 2.178). Diese Aussage gilt nicht für Nebennetzstraßen mit geringer Verkehrsdichte. Mit Rücksicht auf evtl. notwendige Veränderungen an den Entwässerungsanlagen sollen diese bei Hauptstraßen möglichst außerhalb der Fahrbahn angeordnet werden, wie in Bild 2.175 dargestellt. Das erfordert an beiden Straßenseiten eine Entwässerungsleitung. Bei Nebennetzstraßen ist es vorteilhaft ein einseitiges Quergefälle anzuordnen, damit geringere Längen für die Entwässerungsleitungen erreicht werden. Bei städtischen Hauptstraßen und auch bei Nebenstraßen treten häufig Abschnitte mit Längsgefälle $\leq 0{,}5\%$ auf. Damit eine schnelle Wasserabführung gesichert ist, erhält das Schnittgerinne ein zum Straßenablauf zunehmendes Quergefälle. Hierbei werden die Höhenunterschiede des Bordsteins zwischen 16 und 10 cm festgelegt (Pendelrinne), damit für Fußgänger zumutbare Stufenhöhen eingehalten werden. In Bild 2.179 ist diese Lösung prinzipiell erklärt.

Die pultförmigen Ablaufroste mit senkrecht zur Fließrichtung angeordneten Roststäben werden als Regellösung betrachtet. Seitenabläufe nach Bild 2.180 können weitgehend in die Geh- oder Radwegbereiche eingebaut werden und sind bei Längsneigungen um 1% funk-

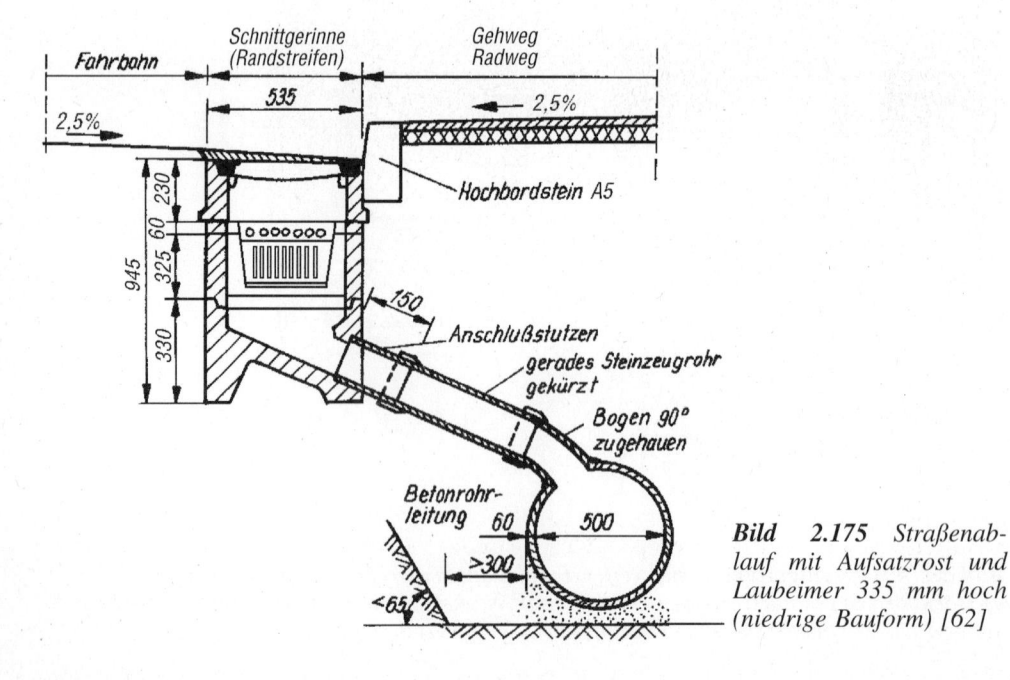

Bild 2.175 Straßenablauf mit Aufsatzrost und Laubeimer 335 mm hoch (niedrige Bauform) [62]

2.5. Deckschichten

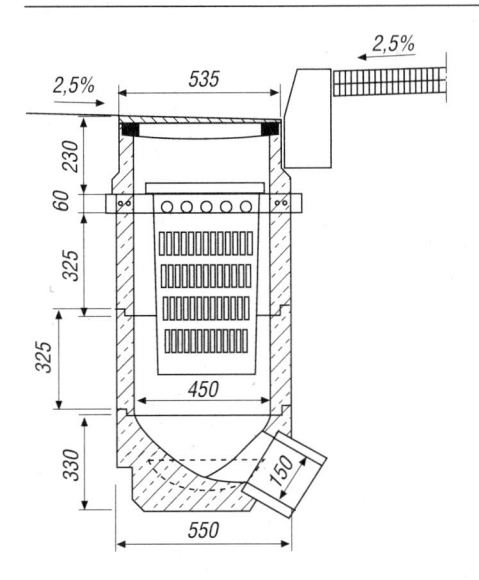

Bild 2.176 Straßenablauf mit Aufsatzrost und Laubeimer 575 mm hoch (normale Bauform) [62]

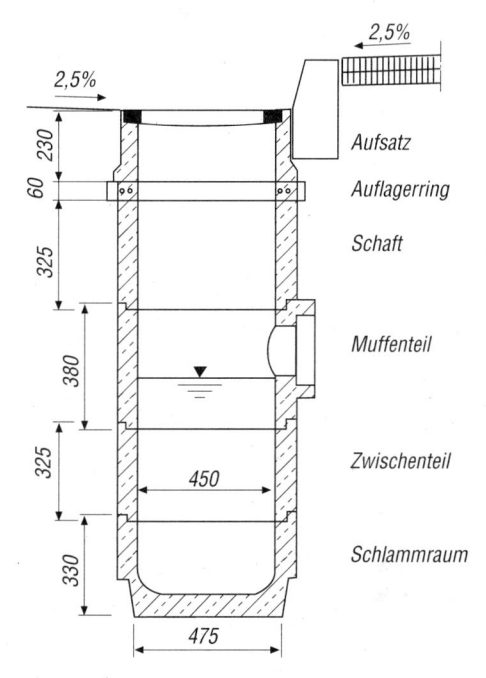

Bild 2.177 Straßenablauf mit Schlammfang (Regelform; hier ohne Laubeimer [62]

Aufsatz
Auflagerring
Schaft
Muffenteil
Zwischenteil
Schlammraum

Bild 2.178 Spitzgrabenfertigteil (Bord-Gerinne-Element) mit Ablaufrost

tionssicher und besonders für Nebenstraßen geeignet [62]. Wegen des geringen Schluckvermögens sollen Seitenabläufe nur in Ausnahmefällen bei $p < 2\%$ angeordnet werden. Auf einen Seitenablauf sollen Straßenflächen von 100 bis 150 m² entfallen. Bei einem Längsgefälle $> 3\%$ über größere Strecken ist es zweckmäßig, das Schluckvermögen der Abläufe durch

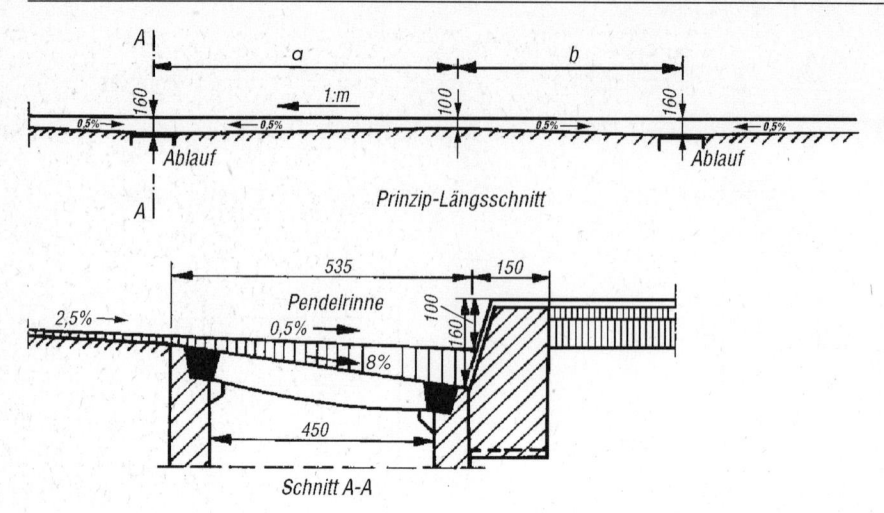

Bild 2.179 Pendelrinne für Stadtstraßen mit $p < 0,5\%$; die pultförmige Rostoberfläche ist mit einem keilförmigen Mörtelbett unter dem Aufsatzring zu erreichen

kurze entgegengesetzt geneigte Gerinnestücke zu erhöhen. An den Tiefpunkten solcher Straßenabschnitte sind mehrere Abläufe hintereinander anzuordnen, um bei Starkregen größere Überschwemmungen zu verhindern. Bei begrenzter Fahrbahnbreite kann auch die Anord-

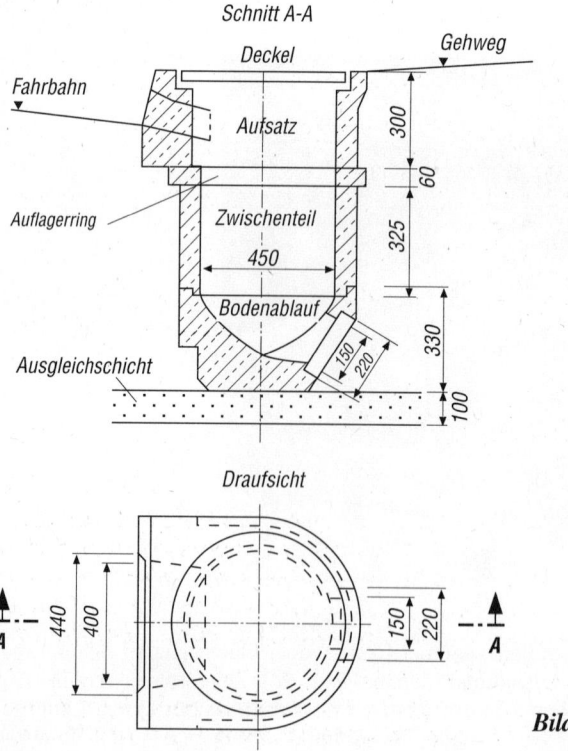

Bild 2.180 Seitenablauf ohne Laubeimer

2.5. Deckschichten

Bild 2.181 *Entwässerungs-Nische bei großer Längsneigung und begrenzter Fahrbahnbreite*

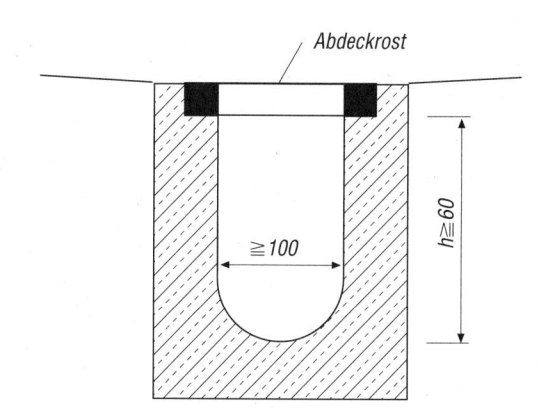

Bild 2.182 *Kastenrinne*

nung von Entwässerungsnischen gemäß Bild 2.181 (s.auch Bild 2.34) sinnvoll sein. Für die Entwässerung von Fußgängerbereichen sind sehr oft Kastenrinnen erfolgreich eingebaut worden (Bild 2.182). Hierfür sollte eine Längsneigung von >1% angestrebt werden und die Anbindung an tiefer liegende Entwässerungsleitungen beachtet werden. Weitere günstige Lösungen als linienförmige Schlitzrinnen, die in Leitungen mit größerem Querschnitt einmünden, befinden sich in der Erprobung [62, 206].

In Stadtgebieten sind oft größere Kontroll- und Reinigungsschächte notwendig. In diese können häufig Nebenleitungen nach Bild 2.183 eingebunden werden.

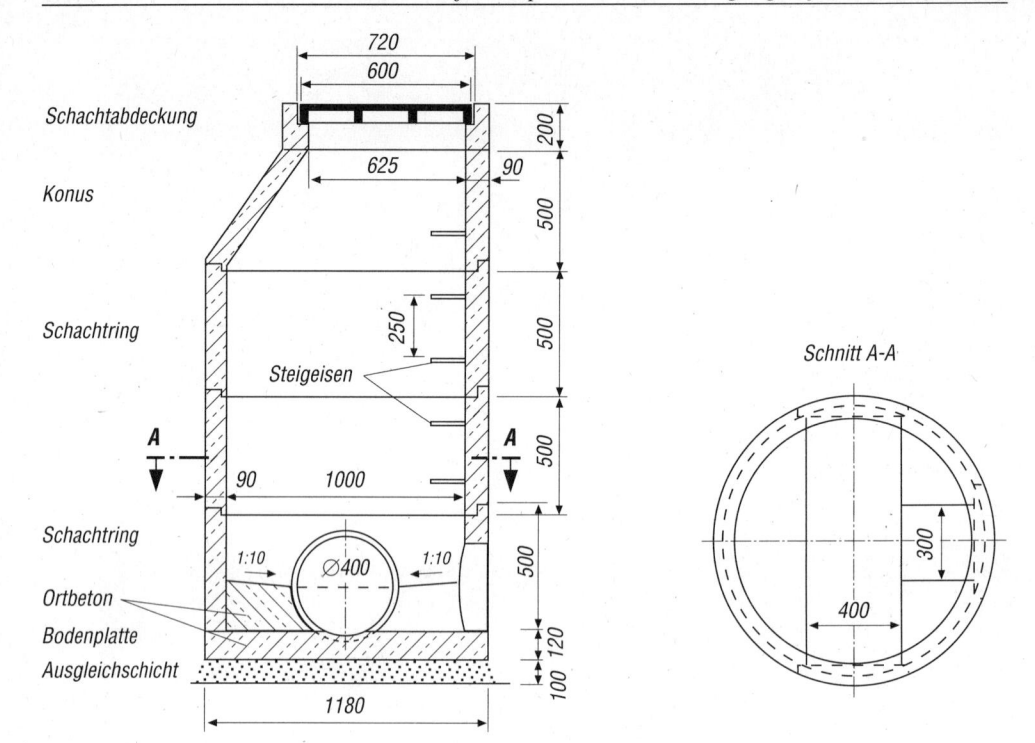

Bild 2.183 Schacht für Kontroll- und Reinigungszwecke; hier mit Anbindung einer Leitung 300 mm ⌀

Entwässerung im Bereich von Knotenpunkten, Kreuzungen

Am Beispiel einfacher Kreuzungen werden die für die Oberflächengestalt der Fahrbahn notwendigen Grundüberlegungen erklärt. In Bild 2.184 kreuzen sich eine vierstreifige Hauptstraße und eine Sammelstraße. Bei den geringen, aber ausreichenden Längsneigungen ist die Sicherung der Wasserabführung und die Beibehaltung der Oberflächengestalt für die Hauptstraße im Kreuzungsbereich einfach zu lösen. In Bild 2.185 wird die Kreuzung einer Sammelstraße mit einer Anliegerstraße in einem Wohngebiet abgebildet. Die Sammelstraße weist praktisch kein Längsgefälle auf. Deshalb wird in Kreuzungsmitte eine leichte Erhebung angeordnet, die zu Gunsten der sicheren Oberflächenentwässerung eine unregelmäßige Querschnittsoberfläche in der Sammelstraße bewirkt. Außerdem wird im Bereich der rund 50 cm am Fahrbahnrand eine Pendelrinne (Bild 2.178) mit künstlichem Längsgefälle angeordnet. Die Höhenunterschiede von 6 cm zwischen Hoch- und Tiefpunkten bestimmen für $p_1 = 0,5\%$ den Abstand der Straßenabläufe mit etwa 24 m. Diese Beispiele sind als Orientierung für alle vorkommenden Knotenpunkte verwendbar. Folgende Schlußfolgerungen sind zu ziehen:

- Im Zuge der bevorrechtigten Straße bzw. des stärksten Geradeausstroms sind über den Knotenpunkt hinweg gleichartige Querschnittsoberflächen (Querneigungen) anzustreben.
- Die schnelle Abführung des Oberflächenwassers hat an Knotenpunkten Vorrang gegenüber fahrdynamischen Bedingungen für abbiegende Fahrzeuge. Es ist z. B. einem Rechtsabbieger im Bereich eines Knotens wegen der geringen Geschwindigkeit durchaus eine negative Querneigung zuzumuten.
- Die Rücksichtnahme auf die Oberfächenentwässerung an Knotenpunkten zwingt zu sorgfältigen, detaillierten Absteckungsarbeiten und erlaubt nur teilweise die Deckschichtherstellung mit einem Fertiger. Umfangreiche Handarbeiten werden bei der Herstellung entwässerungstechnisch günstiger Oberflächen notwendig.

2.5. Deckschichten

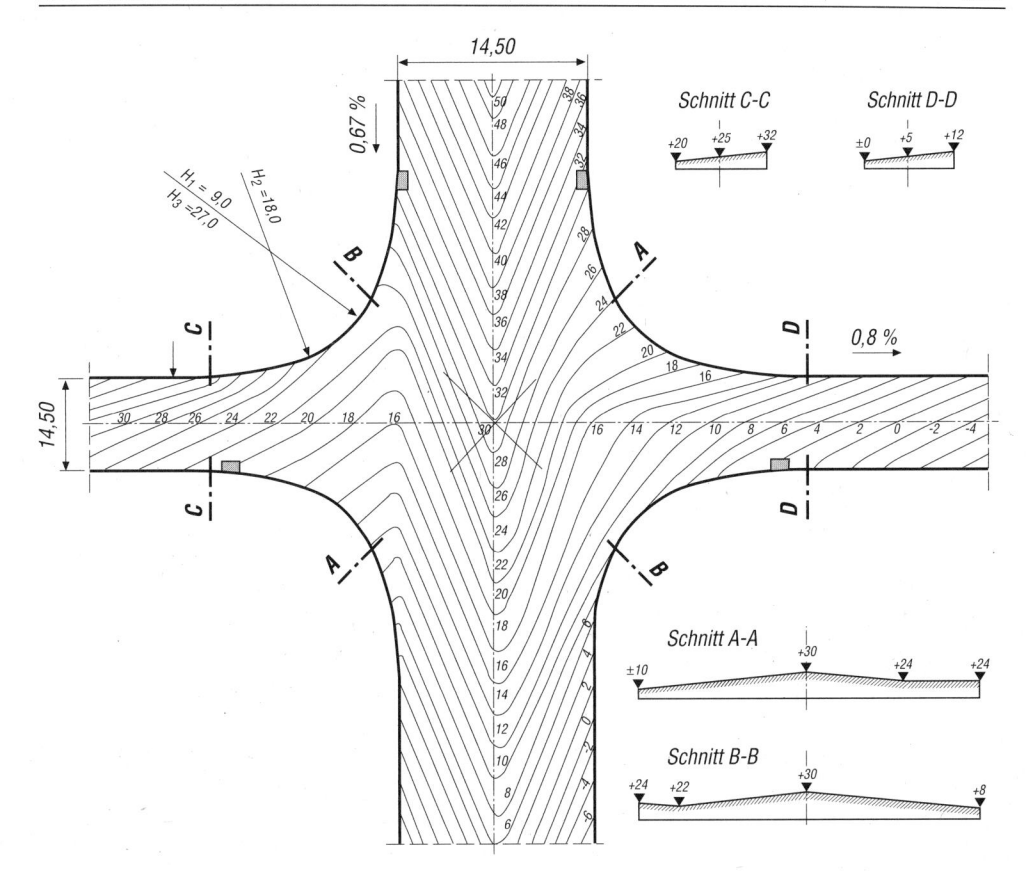

Bild 2.184 *Oberflächengestalt einer Kreuzung; Verkehrsstraße und Sammelstraße*

- Die Straßenabläufe sind so anzuordnen, daß auf querende Fußgänger (Spritzwasser) Rücksicht genommen wird.
- Bei Straßenabschnitten mit sehr geringem Längsgefälle < 0,5 % sind die Unregelmäßigkeiten in der Fahrbahnoberfläche zur Sicherung der Wasserabführung auf die äußeren etwa 0,50 m der Fahrbahn zu begrenzen. Damit wird die maschinelle Fertigung bis auf diese Randbereiche einfach gesichert. Dem Kraftfahrzeugverkehr stehen weitgehend gleichartige Querschnittsoberflächen (Neigungen) zur Verfügung.

Parkplätze
Die Anlagen des ruhenden Verkehrs werden zunehmend mit endgültigen Befestigungen versehen und erfordern mit Rücksicht auf deren Gebrauchsdauer und die ständige Funktionstüchtigkeit angemessene Entwässerungsanlagen. In Bild 2.186 ist ein Parkplatz von 1,08 ha dargestellt, der außer Pkw auch eine größere Anzahl von Lastzügen aufnehmen kann. Senkrecht zum größeren Längsgefälle werden die Sammelleitungen eingebaut und jedem Straßenablauf eine Fläche von etwa 360 m² zugeordnet. Für die Leitungen wurde ein Gefälle von 1 % angesetzt. Auf einen Ablauf entfällt eine Wassermenge:

$$Q = 0{,}9 \cdot 0{,}1 \cdot 0{,}36 = 0{,}0033 \text{ m}^3/\text{s}$$

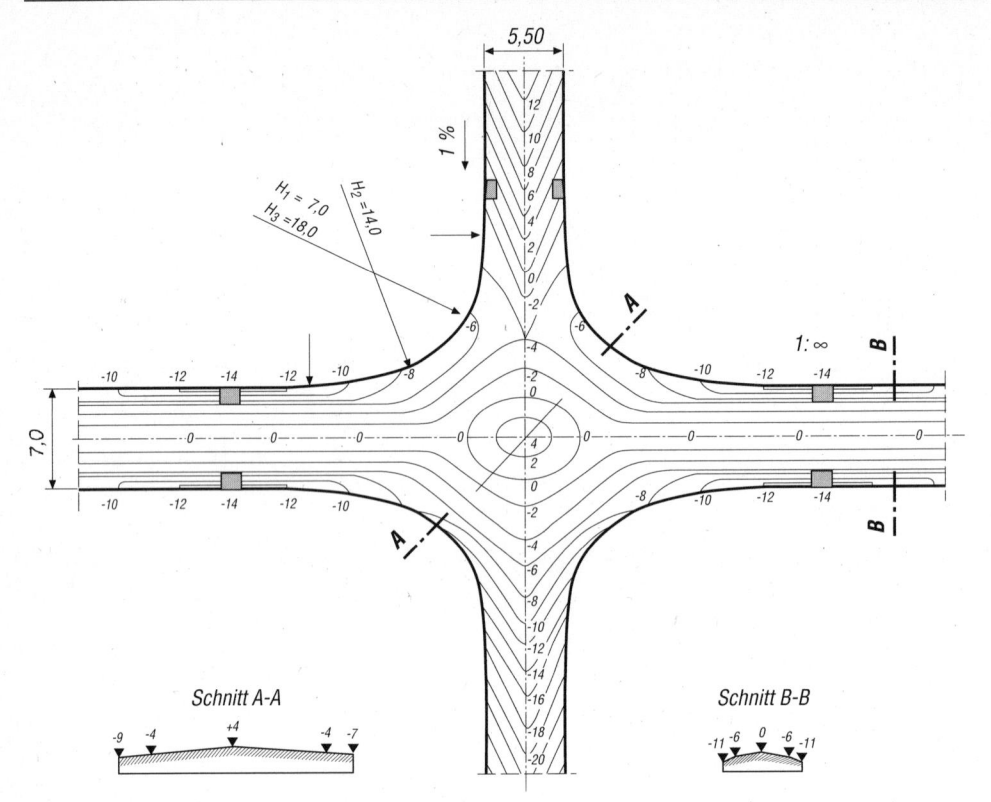

Bild 2.185 *Kreuzung von Nebenstraßen bei ungünstigen topographischen Bedingungen (Z. T. sehr geringes Längsgefälle)*

Mit diesen Ausgangswerten wurden in Tafel 2.64 die Wassermengen, Füllhöhen und Geschwindigkeiten ermittelt [62].

In Bild 2.186 ist ein Benzinabscheider angedeutet. Bei relativ großen Parkplätzen kann von den Ämtern für Wasserwirtschaft u. U. der Einbau derartiger Anlagen vor der Übergabe des Niederschlagswassers in das öffentliche Entwässerungsnetz gefordert werden [207].

Tafel 2.64 Parkplatz-Entwässerungs-Berechnung

Leitungs-abschnitt	Anteilige Fläche ha	Wassermenge l/s	Rohr ⌀ cm	Füllhöhe cm	v m/s
1/2	0,036	3,3	20	4	0,61
2/3	0,072	6,5	20	6,5	0,76
3/4	0,108	9,7	20	7,6	0,96
4/5	0,144	13,0	20	8,8	1,01
5/6	0,180	16,2	20	10	1,07
6/7	0,360	32,4	20	20	1,07
7/8	0,540	48,6	30	18	1,47
8/9	0,720	64,8	30	20	1,43
9/10	0,900	81,0	30	23	1,47
10	1,080	97,2	30	30	1,39

2.5. Deckschichten

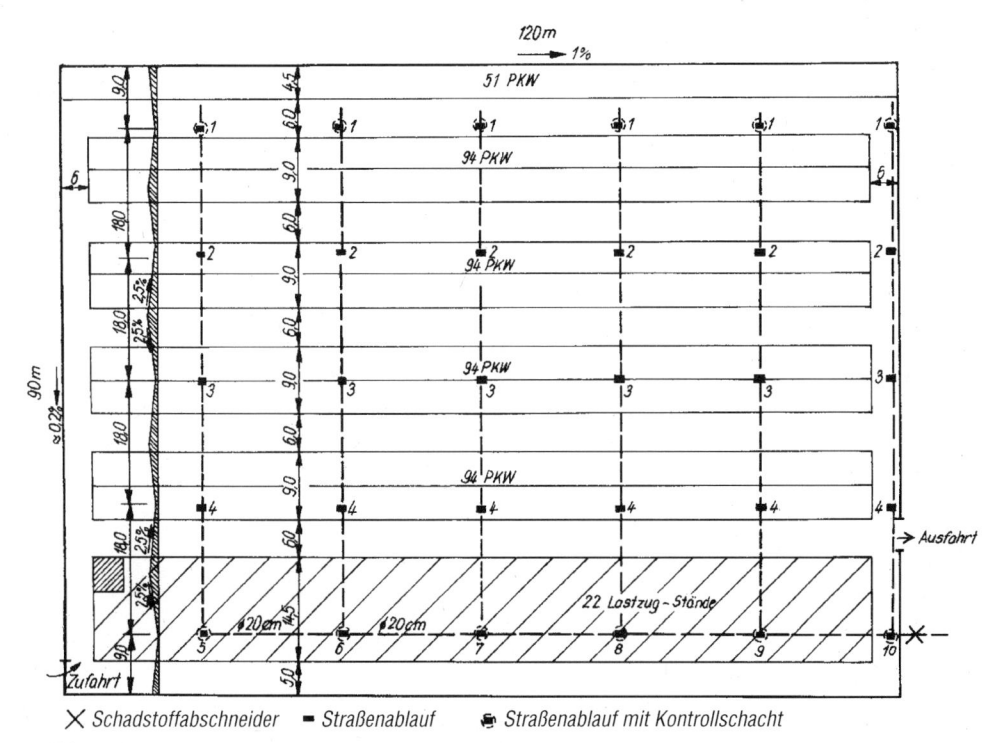

Bild 2.186 Parkplatzentwässerung (Beispiel)

2.5.8. Leitungsanordnung im Straßenquerschnitt

Bei Veränderungen und Ergänzungen an Stadtstraßen ist die Beachtung und Einbeziehung der unter den Verkehrsflächen angeordneten Leitungen zwingend. Mit den Bildern 2.187 und 2.188 wird die Problematik deutlich. Die Koordinierung der Belange der verschiedenen Ver- und Entsorgungsträger, der Straßenbahn- und der Straßenbauleistungen erfordert gesamtwirtschaftliche Kompromisse [206, 208, 209]. Diese sollten in mittel- und langfristig abgestimmten Gesamtkonzepten festgelegt werden.

Die Information über Lage und Zustand, ggf. auch deren Kapazität, beeinflussen die Qualität der Bauvorbereitung und die rationelle Bauausführung entscheidend. Die Bilder 2.189 und 2.190 können als Grundorientierung für die Lage der Leitungen dienen, wenn die Leitungskataster vernichtet wurden oder unvollständig sind. Bei Neuanlagen oder umfassenden Erneuerungsmaßnahmen an Stadtstraßen wird mit verbindlichen Festlegungen (Bild 2.191) auf die systematische Ordnung der unterirdischen Leitungen eingewirkt [208, 210]. In Bild 2.192 wird ein Beispiel für einen Sammelgraben vorgestellt. Wichtige ergänzende Informationen über die verschiedenen Leitungen sind in [208, 211] enthalten.

In Verbindung mit den unterirdischen Leitungen ist die Frage der Baumpflanzungen an Stadtstraßen bedeutsam. In Bild 2.192 schließt der schmale Trennstreifen von 1,0 m jede Baumpflanzung aus. Andererseits sind Baumpflanzungen und Begrünung an Stadtstraßen wichtige städtebauliche und stadthygienische Aufgaben [212]. Hier sind unter Beachtung der verfügbaren Flächen Kompromisse zu finden, die zwischen den Verantwortlichen für die öffentlichen Straßenverkehrsanlagen, den Grünflächenämtern und den Ver- und Entsorgungsunternehmen in langfristig gültigen Orientierungen festzulegen sind.

Bild 2.187 Alte und neue Leitungen unter den Straßenverkehrsanlagen

Bild 2.188 Kreuzende Leitungen unter Straßenknoten erfordern große Sorgfalt bei Veränderungen unter den Straßenverkehrsflächen ▶

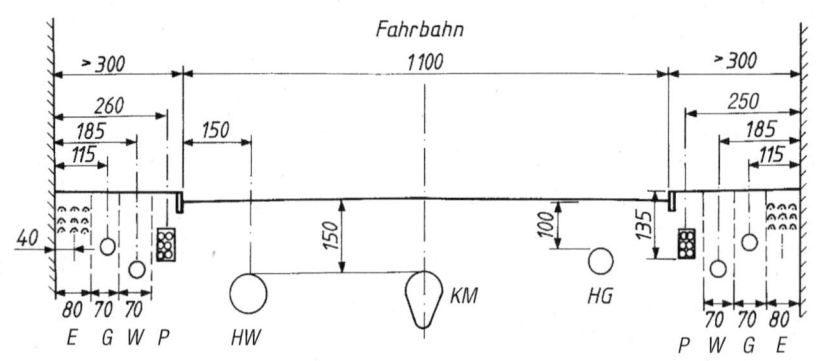

Bild 2.189 Orientierung für die Anordnung unterirdischer Leitungen vor 1941
Zeichenerklärung siehe Bild 2.191

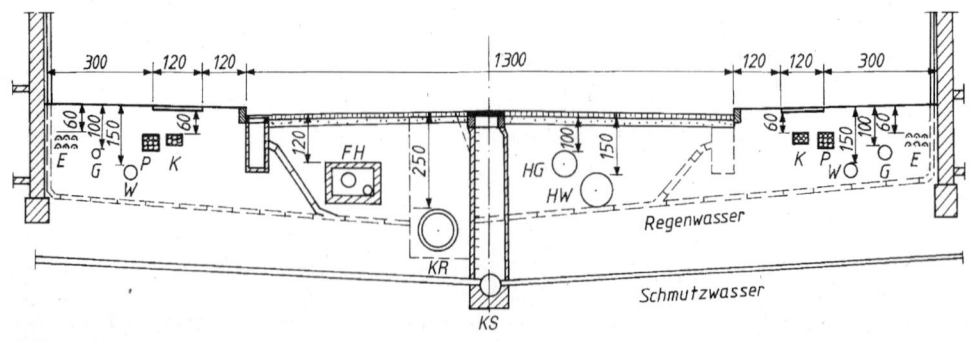

Bild 2.190 Mögliche Einordnung von unterirdischen Leitungen nach [210]
Zeichenerklärung siehe Bild 2.191

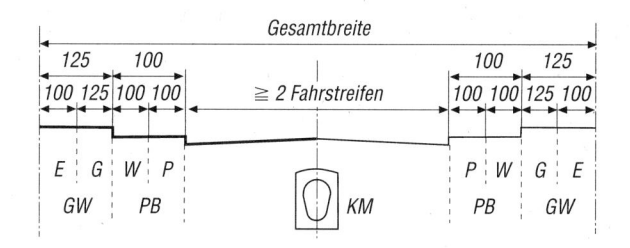

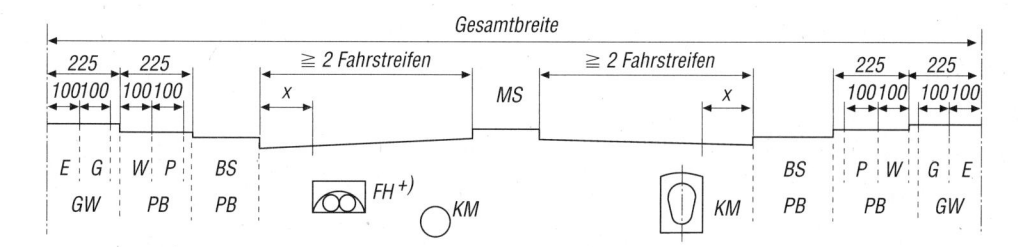

2.5. Deckschichten

Bild 2.191 Beispiele für Leitungsverlegung nach [208]
E   Elektrizität   HW   Hauptleitung für Wasser   FH   Fernwärmeleitung
G   Gas   HG   Hauptleitung für Gas $x \geq 1{,}2$ m zur Unter-
W   Wasser   KM   Mischwasserkanal   bringung
P   Post   KR   Regenwasserkanal   der Straßenabläufe
                        KS   Schmutzwasserkanal   GW   Gehweg
                        K   Beleuchtung; Signalanlagen   RW   Radweg
                                                           BS   Baumstreifen
[+]) Verlegt hier nur, wenn der Raum   PB   Parkbuchten
außerhalb der Fahrbahn nicht ausreicht   MS   Mittelstreifen

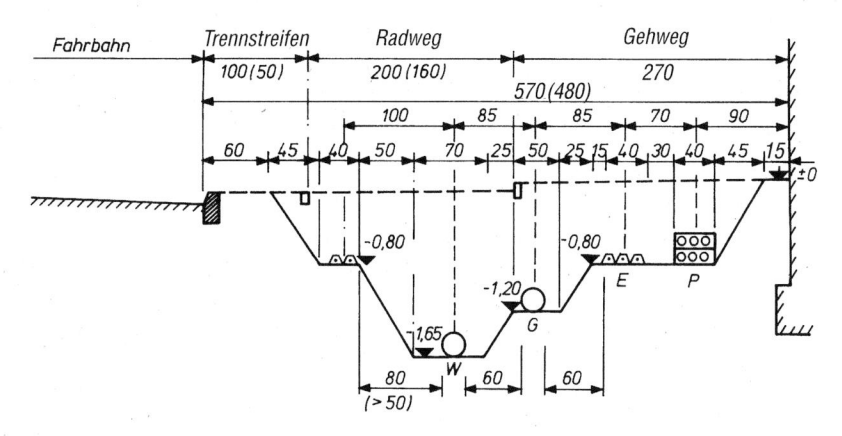

Bild 2.192 Beispiel für Leitungsverlegung im Sammelgraben bei vollständigen Erneuerungen oder neuen Straßen
Zeichenerklärung siehe Bild 2.191

3. Bemessung von Straßenbefestigungen

Mit der Bemessung wird das Ziel verfolgt, verschiedene, wirtschaftlich herstellbare Befestigungsschichten so miteinander zu kombinieren, daß die Straßenkonstruktion den voraussichtlichen Verkehrsbeanspruchungen für einen vorgegebenen Zeitraum annähernd gerecht wird. In jedem Einzelfall sind die örtlichen Bedingungen zu beachten, um technisch und wirtschaftlich günstige Lösungen zu finden:

- Verkehrsbeanspruchung im Nutzungszeitraum
- Beschaffenheit des Unterbaus bzw. Untergrundes
- Witterungseinflüsse
- Günstig beschaffbare Hauptbaustoffe
- Ausrüstung und Erfahrungen des Ausführungsbetriebes.

Bei der Bemessung von Straßenkonstruktionen ist international der Übergang von empirischen zu rechnerischen Näherungsverfahren erkennbar. Die Entwicklung und Anwendung der rechnerischen Verfahren fördert die technische und wirtschaftliche Differenzierung der Straßenkonstruktionen in Abhängigkeit von der Beanspruchung, dem Unterbau (Untergrund) und den Hauptbaustoffen. Damit können die Forderungen an den wirtschaftlichen Baustoffeinsatz und die differenzierten Gebrauchseigenschaften besser erfüllt werden.

3.1. Grundlagen

3.1.1. Verkehrsbeanspruchung

Die Wirkungen der verschiedenen Fahrzeugtypen mit den unterschiedlichen Achskräften sind in geigneter Form auf ein Regelfahrzeug durch Verhältniswerte zu beziehen. Mit der Anzahl der in einer repräsentativen Zeit einwirkenden Regelfahrzeuge läßt sich eine Ordnung und Einstufung in Bauklassen vornehmen. Die Erfahrungen bestätigen, daß es genügt, zur Ermittlung der Beanspruchung des Gesamtsystems Straßenkonstruktion nur die Nutzkraftfahrzeuge mit Achskräften > 30 kN zu berücksichtigen.

Umrechnung nach *N. N. Iwanow* [213]
Bis zur Durchführung und Auswertung des AASHO-Versuchs stand für die Zusammenfassung der Nutzkraftfahrzeug-Beanspruchung der theoretische Ansatz von *N. N. Iwanow* zur Verfügung. Der Koeffizient K, der bei der Bemessung die Verkehrsintensität berücksichtigt, wird mit folgendem Ansatz berechnet:

$$K = 0{,}5 + 0{,}65 \lg (\gamma \cdot N_s)$$

N_s Anzahl der in beiden Richtungen verkehrenden Regelfahrzeuge
γ Spurfaktor: zweispurige Straßen = 1,0
                 vierspurige Straßen = 0,45

3.1. Grundlagen

Die Umrechnung einer Anzahl N_i von Fahrzeugen mit der Kontaktspannung p_i und dem Durchmesser der Kontaktfläche D_i in eine gleichwertige Anzahl N_s von Regelfahrzeugen erfolgt mit der Gleichung:

$$p_i D_i (0{,}5 + 0{,}65 \lg N_i) = p_s D_s (0{,}5 + 0{,}65 \lg N_s)$$

$$\lg N_s = \frac{p_i D_i}{p_s D_s}(0{,}77 + \lg N_i) - 0{,}77$$

Beispiel:
Auf einer zweispurigen Straße wurden mit Achskraftmessungen folgende Achskräfte als Mittelwerte in 24 h ermittelt:

N_1: 280   50 kN-Achsen; $p_1 = 0{,}45$ N/mm²; $D_1 = 266$ mm
N_2: 140   65 kN-Achsen; $p_2 = 0{,}50$ N/mm²; $D_2 = 288$ mm
N_3: 110   80 kN-Achsen; $p_3 = 0{,}525$ N/mm²; $D_3 = 310$ mm
N_s: 70   100 kN-Achsen; $p_s = 0{,}55$ N/mm²; $D_s = 340$ mm

p_i spezifischer Druck der Reifenaufstandsfläche
D_i Durchmesser der kreisförmig angenommenen Reifenaufstandsfläche

Die Umrechnung in die entsprechende Anzahl von 100-kN-Regelfahrzeuge geschieht wie folgt:

$\lg N_s = 0{,}64\ (0{,}77 + \lg 280) - 0{,}77 = 1{,}29;\quad N_s = 19{,}5$
$\lg N_s = 0{,}77\ (0{,}77 + \lg 140) - 0{,}77 = 1{,}48;\quad N_s = 30{,}2$
$\lg N_s = 0{,}87\ (0{,}77 + \lg 110) - 0{,}77 = 1{,}68;\quad N_s = 47{,}9$
$\hphantom{\lg N_s = 0{,}87\ (0{,}77 + \lg 110) - 0{,}77 = 1{,}68;\quad}N_s = 70$

$$\Sigma N_s = 167{,}6$$

Umrechnung nach AASHO-Auswertung
Mit dem AASHO-Versuch sind u.a. Ergebnisse gewonnen worden, die die empirische Bemessung in Abhängigkeit von der Anzahl der Achsübergänge bei bestimmten Achskräften ermöglichen. In Bild 3.1 sind die zugehörigen Kurven wiedergegeben [214]. Diese gelten für flexible Straßenkonstruktionen. Mit ihrer Hilfe ist es möglich, eine Umrechnungskurve für verschiedene Einzelachskräfte zu bestimmen. In Bild 3.2 ist diese gemeinsam mit der Kurve für die Doppelachskraftwirkung eingezeichnet. Aus Bild 3.1 kann für den Dickenindex 75 mm abgelesen werden, daß

      85000 Übergänge mit 100 kN oder
      80000 Übergänge mit 102 kN oder
    800000 Übergänge mit 54 kN

dieselbe Beanspruchung der flexiblen Konstruktion bewirken. Für den Äquivalenzfaktor (Umrechnungsfaktor) kann allgemein angesetzt werden:

$$f_ä = c \cdot F^m$$

Für die Ergebnisse des AASHO-Versuchs wird allgemein:

$$\lg f_ä = -7{,}28 + 3{,}64 \lg F$$

Für eine festgelegte Bemessungsradkraft $F = 100$ kN wird $f_ä = 1{,}0$ gesetzt. Für $F = 54$ kN wird nach Bild 3.1

$$f_ä = \frac{85000}{800000} = 0{,}10625$$

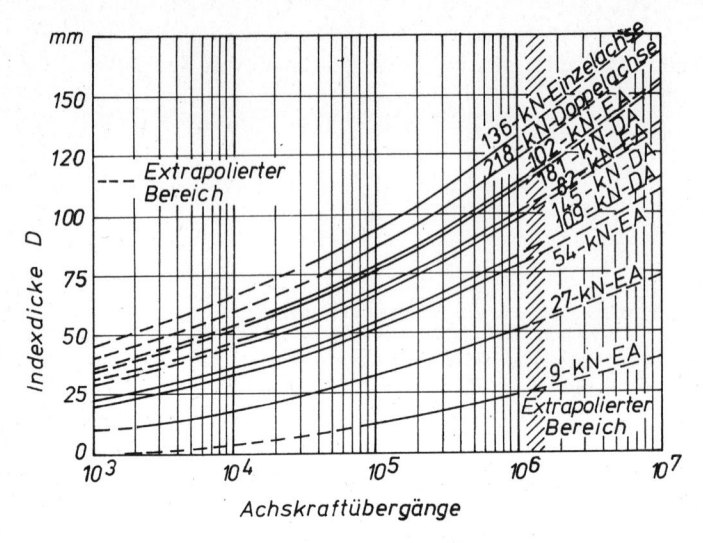

Bild 3.1 *Beziehungen zwischen der Zahl der Achsübergänge und der erforderlichen Indexdicke D in Abhängigkeit von der Achskraft und der Achsanordnung für p = 2,5 (p Befahrbarkeitswert)*

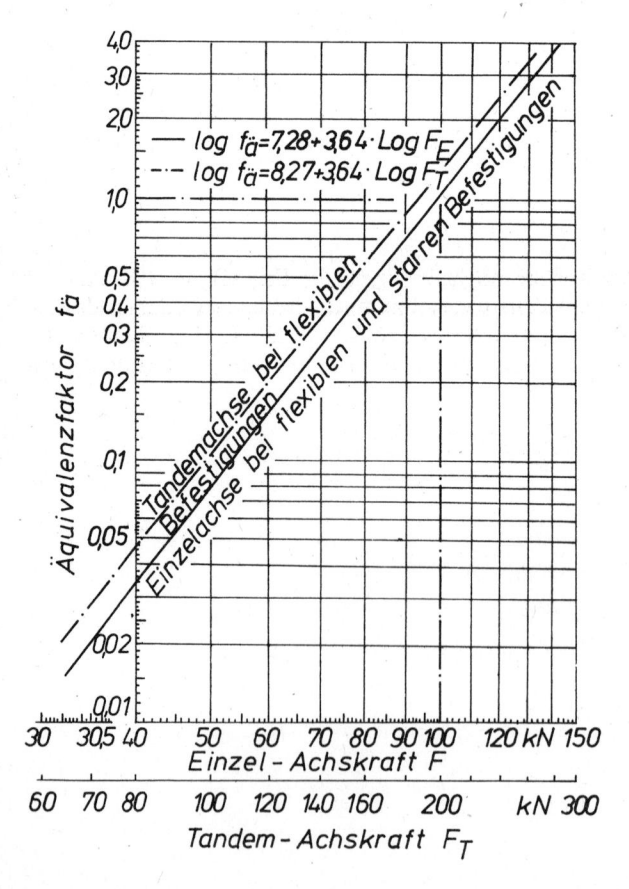

Bild 3.2 *Umrechnung der unterschiedlichen Achskräfte auf ein Regelfahrzeug mit 100 kN Einzelachskraft [214]*

3.1. Grundlagen

$$\lg f_{\ddot{a}} = \lg c + m \lg F$$

1. $\quad \lg 1{,}0 \quad\quad\quad = \lg c + m \lg 100$
2. $\quad \lg 0{,}10625 \quad = \lg c + m \lg \ \ 54$

1.–2.: $\ -(-0{,}97367) = m\ (0{,}26761)$
$\quad\quad\quad\quad\quad m = 3{,}64$

$\lg 1{,}0 = \lg c + 3{,}64 \lg 100$
$\quad\quad \lg c = -7{,}28$

$\lg f_{\ddot{a}} = -7{,}28 + 3{,}64 \lg F$

Mit dieser in Bild 3.2 eingezeichneten Kurve wird das mit Achskraftmessungen bestimmte Kräftekollektiv zu den Regelachskräften FR 100 zusammengefaßt. Wenn diese aus dem AASHO-Versuch gewonnenen Umrechnungswerte auch nur für die dabei verwendeten Konstruktionen und Fahrzeuge gelten, so ist die Übertragung für flexible Befestigungen allgemein zulässig.

Mit den Werten des Beispiels und mit Hilfe von Bild 3.2 wird die Anzahl der Regelachskräfte FR 100 bestimmt:

$N_1 \cdot f_{\ddot{a}1} = 280 \cdot 0{,}0795 \ = \ 22{,}26$ FR 100
$N_2 \cdot f_{\ddot{a}2} = 140 \cdot 0{,}208 \ \ \ = \ 29{,}12$ FR 100
$N_3 \cdot f_{\ddot{a}3} = 110 \cdot 0{,}447 \ \ \ = \ 49{,}17$ FR 100
$\quad\quad\quad\quad\quad\quad\quad\quad\quad\ \ 70 \quad\ \ $ FR 100

$\quad\quad\quad\quad\quad\quad\quad\quad\quad\ 170{,}55$ FR 100

Der Vergleich bestätigt grundsätzlich den theoretischen Ansatz von *Iwanow*. Der Einteilung der Verkehrsbeanspruchung nach den Bauklassen SV bis VI liegt die maßgebende, fahrstreifenbezogene Verkehrsbelastungszahl zugrunde [34]. Das bedeutet, die Bauklasse des im Beispiel betrachteten Straßenzuges ist für die Beanspruchung von etwa 85 FR 100/24 h zu ermitteln und dementsprechend zu bemessen.

Bauklassen

Die unterschiedliche Beanspruchung der Straßen wird durch die Einstufung in Bauklassen berücksichtigt. Dieses führt zu unterschiedlichen Konstruktionsaufbauten bzw. Schichtdicken. Dabei gilt die Grundorientierung, daß im öffentlichen Straßennetz für flexible Straßenbefestigungen eine etwa gleiche Nutzungsdauer von 20 Jahren und für starre Befestigungen eine Nutzungsdauer von etwa 30 bis 40 Jahren anzustreben ist.

Tafel 3.1 Bauklassen nach Verkehrsbelastungszahlen [34]

Maßgebende Verkehrsbelastungszahl (VB)	Bauklasse
> 3200	SV
> 1800 bis 3200	I
> 900 bis 1800	II
> 300 bis 900	III
> 60 bis 300	IV
> 10 bis 60	V
bis 10	VI

Die Einteilung nach Bauklassen ist in Tafel 3.1 enthalten. Die maßgebende Verkehrsbelastungszahl (VB) wird mit nachstehendem Ansatz ermittelt:

$$VB = DTV^{(SV)} \cdot f_{sv} \cdot f_p \cdot f_1 \cdot f_2 \cdot f_3$$

$DTV^{(SV)}$ Durchschnittliche tägliche Verkehrsstärke der Fahrzeuge des Schwerverkehrs (Fz/24 h) bei der Verkehrsübergabe.
SV Schwerverkehr: Lastkraftwagen u. ä. mit einer Gesamtmasse > 2,8 t
f_{SV} Mehrbeanspruchungsfaktor infolge der erhöhten Achskräfte im Rahmen der EU-Harmonisierung: $f_{SV} = 1,5$
f_p Faktor für die Änderung des $DTV^{(SV)}$
 für alle Straßen außer Bundesautobahnen $f_p = (1 + 0,01\ N)$; Zunahme 1 % pro Jahr
 für Bundesautobahnen $f_p = (1 + 0,03\ N)$; Zunahme 3 % pro Jahr
 N = Anzahl der Jahre bis zum Berechnungszeitraum. Hierfür ist die Hälfte der vorgesehenen Nutzungszeit i. d. R. 10 Jahre anzusetzen.
f_1 Fahrstreifenfaktor (s. Tafel 3.2)
f_2 Fahrstreifenbreitenfaktor
f_3 Steigungsfaktor

Mit den Tafeln 3.2 bis 3.4 kann die maßgebende Verkehrsbelastungszahl (VB) berechnet und damit auf die Bauklasse nach Tafel 3.1 geschlossen werden.

Tafel 3.2 Fahrstreifenfaktor f_1

Zahl der Fahrstreifen, die durch den $DTV^{(SV)}$ erfaßt sind	Faktor f_1 des $DTV^{(SV)}$ in beiden Fahrtrichtungen	für jede Fahrtrichtung getrennt
1	–	1,0
2	0,5	0,9
3	0,5	0,8
4	0,45	0,8
5	0,45	0,8
6 und mehr	0,40	0,8

Tafel 3.3 Fahrstreifenbreitenfaktor f_2

Fahrstreifenbreite in m	f_2
< 2,50	2,0
2,50 bis < 2,75	1,8
2,75 bis < 3,25	1,4
3,25 bis < 3,75	1,1
> 3,75	1,0

3.1. Grundlagen

Tafel 3.4 Steigungsfaktor f_3

Größte Längsneigung in %	f_3
< 2	1,00
2 bis < 4	1,02
4 bis < 5	1,05
5 bis < 6	1,09
6 bis < 7	1,14
7 bis < 8	1,20
8 bis < 9	1,27
9 bis < 10	1,35
> 10	1,45

Wenn ausreichende, aktuelle Achskraftmessungen von ausgewählten repräsentativen Meßstellen vorliegen, kann aus Bild 3.2 mit den entsprechenden $f_ä$-Werten die vorhandene Vekehrsbeanspruchung zutreffend abgeschätzt werden. Auch hier muß die Entwicklung der Verkehrsmenge berücksichtigt werden.

In Tafel 3.5 ist ein Beispiel für eine zu erneuernde Bundesstraße angeführt. Während die Anzahl der Kraftfahrzeuge in 25 Jahren auf das 1,36- fache zunimmt (Bild 3.3), wächst die Beanspruchung durch Nutzkraftwagen > 30 kN (28) auf das 1,25 fache. Die generelle Entwicklung ist aus [215] zu erkennen.

Nach Tafel 3.1 gilt für die zweistreifige Straße nach [34]:

$$VB = 2160 \cdot 1,5 \cdot (1 + 0,01 \cdot 10) \cdot 0,5 \cdot 1,0 \cdot 1,0 \text{ (Flachland)} = 1782$$

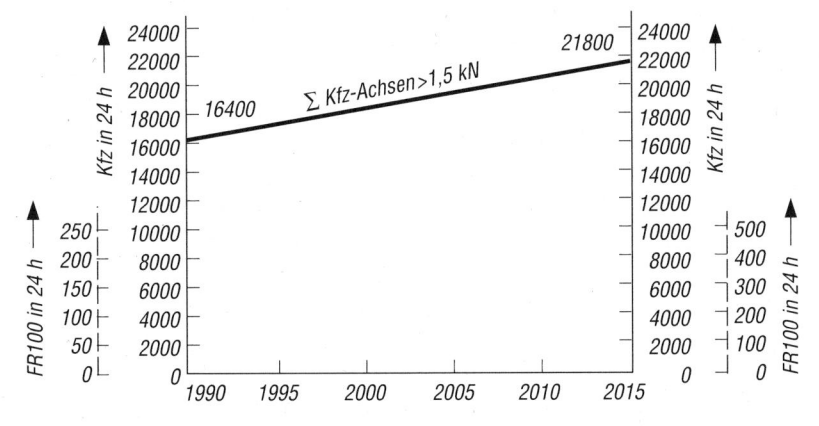

Bild 3.3 Entwicklung der Verkehrsbeanspruchung einer zweistreifigen Bundesstraße

Tafel 3.5 Auswertung von Achskraftmessungen 1991 und Abschätzung der Achskräfte im Jahr 2015 für eine zweistreifige Bundesstraße

Achskraftklasse in kN	Anzahl der Achskräfte		Verteilung der Achskräfte in %		Verteilung der Achskräfte > 30 kN in %	
	1991	vorauss. 2015	1991	vorauss. 2015	in % 1991	in % 2015
1,5 bis 10	12230	16500	74,6	75,6		
10 bis 20	1070	1400	6,5	6,4		
20 bis 30	940	1200	5,7	5,5		
30 bis 40	520	640	3,2	3,0	24,1	23,7
40 bis 50	380	450	2,3	2,1	17,6	16,7
50 bis 60	320	390	2,0	1,8	14,8	14,4
60 bis 70	310	370	1,9	1,7	14,3	13,7
70 bis 80	280	340	1,7	1,6	13,0	12,6
80 bis 90	160	210	1,0	1,0	7,4	7,8
90 bis 100	100	140	0,6	0,6	4,6	5,2
100 bis 110	50	90	0,3	0,4	2,3	3,3
110 bis 120	40	70	0,2	0,3	1,9	2,6
Σ	16400	21800	100,0	100,0	100,0	100,0
Σ > 30 kN	2160	2700				

Gemäß Tafel 3.1 ist hier die Zuordnung zu Bauklasse II gerade noch zulässig. Setzt man die Hälfte des Nutzungszeitraumes mit 12,5 Jahren an, wird VB = 1822,5 und dann Bauklasse I notwendig.

Die Verfügbarkeit von Achskraftwaagen an repräsentativen Straßen (ausgewählte Meßstellen), die es gestatten, die Entwicklung der Achskräfte zu analysieren und Schlußfolgerungen für die Straßenbeanspruchung bei ähnlicher Zusammensetzung der Verkehrsströme zu ziehen, bleibt wesentlich. Damit kann ggf. auch der Überschreitung der zul. Achskräfte entgegengewirkt werden, wie dieses bei den Autobahnen in den USA mit Rücksicht auf die Nutzungsdauer erfolgreich durchgesetzt wird. Die Straßenfachleute werden damit auch in die Lage versetzt der weiteren Erhöhung der zulässigen Achskräfte entgegenzuwirken. Damit ist zu verhindern, daß besonders die flächenerschließenden Landes-, Kreis- und Gemeindestraßen unvertretbar und zerstörend durch Einzel-Nutzfahrzeuge (abhängig von der Jahreszeit) beansprucht werden.

Mit dieser Einsicht und den entsprechenden Achskraftwaagen läßt sich auch eine Begründung der Bauklassen mit Hilfe von äquivalenten Regelachskraftübergängen (FR) finden. Hier wird FR 100 = 100 kN gewählt und mit Hilfe von Bild 3.2 die mittlere Verkehrsbeanspruchung/ 24 h zusammengefaßt (Tafel 3.6).

3.1. Grundlagen

Tafel 3.6 Abschätzung der Beanspruchung

Mittlere Achskraft kN	Anzahl	$f_ä$	Anzahl · $f_ä$	Zwischensummen	Anzahl	$f_ä$	Anzahl · $f_ä$
			1991				
35	520	0,02	10,4				
45	380	0,052	19,76		1220	0,052	63,44
55	320	0,11	35,2	65,36			
65	310	0,25	63,55				
75	280	0,34	95,2		750	0,34	255,0
85	160	0,58	92,8	251,55			
95	100	0,83	83,0				
105	50	1,20	60,0		190	1,20	228,0
115	40	1,67	66,8	209,8			
	2160		526,71	526,71	2160		546,44

FR 100 je Fahrstreifen: 263 bis 273 entspricht Bauklasse II

			2015				
35	640	0,02	12,8				
45	450	0,052	23,4		1480	0,052	76,92
55	390	0,11	42,9	79,1			
65	370	0,205	75,85				
75	340	0,34	115,6		920	0,34	312,8
85	210	0,58	121,8	313,25			
95	140	0,83	116,2				
105	90	1,20	108,0		300	1,20	360,0
115	70	1,67	116,9	341,1			
	2700		733,45	733,45	2700		749,72

FR 100 je Fahrstreifen: 367 bis 375 entspricht Bauklasse I

Mit Tafel 3.7 wird versucht die Bauklassen ergänzend zu VB nach der Beanspruchung durch Regelachskräfte FR 100 zu differenzieren. In Tafel 3.6 wird deutlich, daß zur Ermittlung der Beanspruchung eine verhältnismäßig grobe Achskraft-Klasseneinteilung genügt. Das ist für die Konstruktion und die Zählwerke der an den Kontrollstellen einzubauenden automatischen Achskraftwaagen wichtig. Die Zusammenfassung der Achskraftklassen führt zur rechnerischen Erhöhung der FR 100-Kräfte um 2 bis 3 % und liegt damit im Rahmen der Zuverlässigkeit der Umrechnung.

In Bild 3.2 wird deutlich, daß die Beanspruchung der Straßenkonstruktion mit größeren Achskräften exponentiell zunimmt.

Beispiele:
1· 80 kN wirken wie 0,447·100 kN
1·130 kN wirken wie 2,60 ·100 kN

Damit wird die weitere Erhöhung der zulässigen Achskräfte für den öffentlichen Straßenverkehr mit ihren ernsten volkswirtschaftlichen Auswirkungen auf das Straßennetz hervorgehoben. Die Anpassung an die seit 1988 geltenden höheren Achskräfte [216] erfordert ohnehin sehr hohe Aufwendungen über längere Zeit. Diese Belastungen der öffentlichen Haushalte können durch den von den Transportunternehmen und der Industrie erwarteten Nutzen nicht aufgewogen werden. Das wichtigste Ergebnis des AASHO-Versuches, welches für viele Staaten der USA die Beibehaltung der maximalen Achskraft von 82 kN begründet hat, darf nicht übersehen werden.

Tafel 3.7 Bauklassenzuordnung nach maßgebender Verkehrsbelastungszahl und äquivalenter FR100-Beanspruchung (Vorschlag)

Maßgebende Verkehrs-belastungszahl (VB)	FR 100 je maßgebenden Fahrstreifen	Bauklasse
> 3200	> 500	SV
> 1800 bis 3200	> 350 bis 500	I
> 900 bis 1800	> 200 bis 350	II
> 300 bis 900	> 100 bis 200	III
> 60 bis 300	> 40 bis 100	IV
> 10 bis 60	> 5 bis 40	V
< 10	< 5	VI

Der Anteil des öffentlichen Straßennetzes, der verhältnismäßig geringen Beanspruchungen ausgesetzt ist, d. h. den Bauklassen IV bis VI zuzuordnen ist und vor allem der Flächenerschließung dient, beträgt 60 bis 70%.

Erschließungsstraßen für Industrie- und Gewerbegebiete unterliegen den höchsten Beanspruchungen, wenn sie während der Errichtung der Anlagen und Hochbauten als Baustraßen verwendet werden. Diese intensive Nutzung ist bei der Einstufung in die Bauklasse zu beachten.

3.1.2. Tragfähigkeitsschwankungen – Tragfähigkeitsmessungen

In den Abschnitten 2.2.2. und 2.2.3. wurde die Ermittlung der Tragfähigkeitskennwerte K, E_{v2} und CBR erläutert und auf deren Abhängigkeit vom Klima, besonders von den Wassergehaltsschwankungen und der Temperatur (Frost) eingegangen. Grobkörnige Böden erfahren durch Feuchtigkeits- und Temperaturschwankungen keine wesentlichen Veränderungen, während diese bei gemischt- und feinkörnigen Böden große Auswirkungen zeigen. Die Bilder 2.12, 2.13 und 2.43 bieten Grundorientierungen, die bei der Bemessung von Straßenkonstruktionen zu beachten sind.

Für die rechnerische Dimensionierung neuer Straßenkonstruktionen werden die mit der Plattendruckprüfung (Bild 2.14) oder der CBR-Prüfung (Bild 2.15) bestimmtem Werte benötigt. Bei der Verstärkung von Straßenkonstruktionen ist von deren komplexer Tragfähigkeit auszugehen, die sich auf rationelle Weise mit dem *Benkelman*-Balken (Durchbiegungsmessgerät) ermitteln läßt [217]. Die Messungen sind im Zeitraum der geringsten Gesamttragfähigkeit vorzunehmen, d. h. während der Tauperiode und bei Temperaturen unter 10 °C, damit die plastischen Verformungen der Asphaltschichten gering sind. Bild 3.4 zeigt eine Meßvorrichtung zur komplexen Tragfähigkeitsmessung.

3.1. Grundlagen

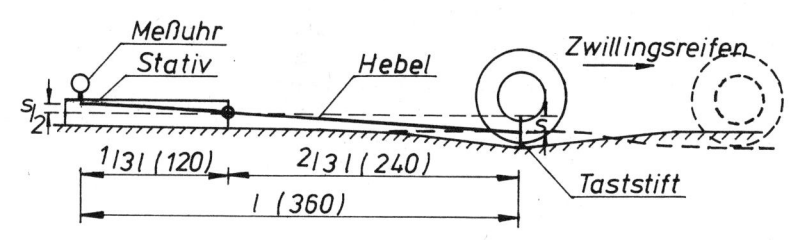

Bild 3.4 *Funktionsprinzip des Benkelman-Balkens*

Die Auswertung bildet die Grundlage zur Beseitigung lokaler Tragfähigkeitsmängel (z.B. Unzulänglichkeiten bei der Wasserabführung) bzw. zur Festlegung der Rangfolge von Verstärkungen [218]. Das Meß- und Auswerteprizip ist als rationelle Entwicklung der Plattendruckprüfung zu werten. Mit Hilfe der über Korrektur- und Vergleichsrechnungen ermittelten Berechnungsdurchbiegung wird der komplexe Tragfähigkeitswert

$$E_{\text{ä}} = \frac{0{,}9\,pD}{s_B}$$

berechnet.

Mit $p = 0{,}55$ N/mm^2 und $D = 340$ mm wird

$$E_{\text{ä}} = \frac{168}{s_B} \text{ N/mm}^2.$$

Für die Beurteilung der kraftverteilenden Wirkung der Gesamtkonstruktion kann der Krümmungsradius an der Befestigungsoberfläche im Kraftmittelpunkt herangezogen werden. Das Meßprinzip ist in Bild 3.5 zu erkennen. Infolge der kurzen Sehnenlänge unterliegen die Meßergebnisse großen Streuungen. Ergänzend wurde eine Vorrichtung entwickelt (Bild 3.6), die das Verformungsverhalten geometrisch eindeutig und besser vergleichbar registriert [219].

Der *Benkelman*-Balken und das Plattendruckgerät sind zu relativen Vergleichsmessungen auf neu gebauten Straßenkonstruktionen verwendbar, um Güteunterschiede festzustellen. Zum Nachprüfen von Erwartungswerten sind sie für ungebundene Befestigungsschichten gut geeignet, wenn die Tragfähigkeiten des Unterbaus (Untergrunds) zum Zeitpunkt der Messung bekannt sind. Die Messungen auf bituminös gebundenen Schichten mit praktisch statischer Krafteinwirkung sind wegen der Temperaturabhängigkeit nicht absolut vergleichbar.

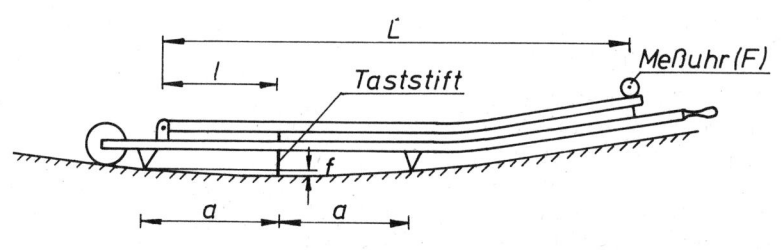

Bild 3.5 *Meßprinzip des Krümmungsmessers*
$40 < 2a < 50$ cm; $\quad l/L = 1/4; \quad f = F/4; R \approx a^2/2F$

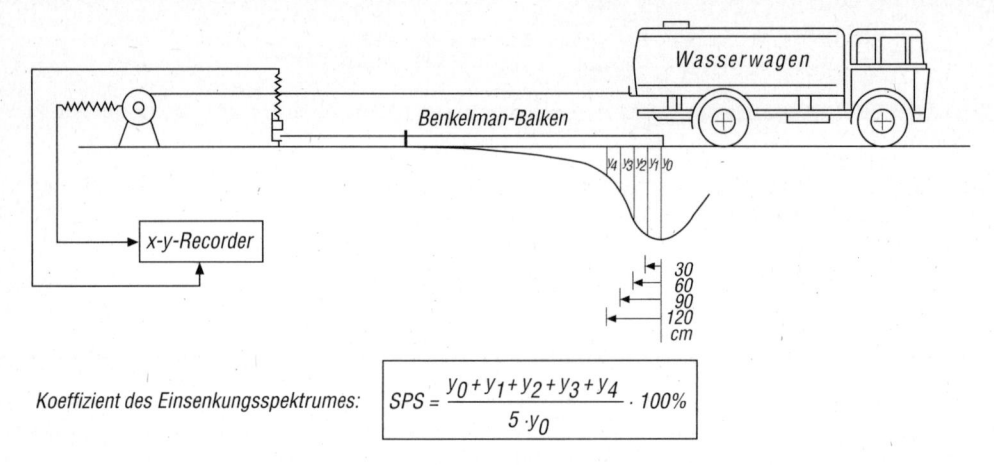

Koeffizient des Einsenkungsspektrumes: $\quad SPS = \dfrac{y_0+y_1+y_2+y_3+y_4}{5 \cdot y_0} \cdot 100\%$

Bild 3.6 *Prinzip zur Aufnahme der Einsenkungsmessung mit Hilfe eines x-y-Schreibers und Auswertemöglichkeit*

3.1.3. Kennwerte der Befestigungsschichten

3.1.3.1. Ungebundene Befestigungsschichten

Zur Kennzeichnung der Tragwirkung von Konstruktionsschichten werden statische und dynamische Kennwerte verwendet. Bei ungebundenen Schichten ist diese Unterscheidung gut möglich, wenn der Einfluß von bindigem, wasserhaltigem Unterbau (Untergrund) vermieden werden kann. Dann werden bei Wiederholungsmessungen mit bestimmten Verfahren annähernd gleiche Größen bestimmt. Auf diesem Wege ist es möglich, über einer gut verdichteten, mindestens 1,0 m dicken Sandschicht, für die darüber hergestellten, verschiedenen ungebundenen Tragschichten mit der Plattendruckprüfung die E_{v2}-Werte als statische, spezifische Werte zu ermitteln. Der Unterschied zwischen statischen und dynamischen Tragfähigkeitskennwerten wird auf die Zeitdauer der Krafteinwirkung bezogen. Bei sehr kurzer Einwirkung einer Kraft treten infolge der Trägheit der Schichten kleinere Verformungen auf als bei längerer Einwirkung der gleichen Kraft. Die dynamischen Kennwerte E_{dyn} sind daher größer als die E_{v2}-Werte. Der grundsätzliche Zusammenhang ist aus Bild 3.7 zu erkennen:

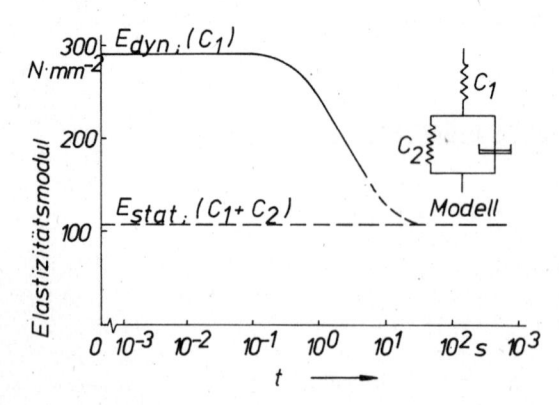

Bild 3.7 *Elastizitätsmodul ungebundener Schichten in Abhängigkeit von der Belastungszeit* [220]

3.1. Grundlagen

Krafteinwirkungen > 10^2 s für statische E-Moduln
Krafteinwirkungen < 10^{-1} s für dynamische E-Moduln

Dazwischenliegende Belastungszeiten sind wegen eingeschränkter Deutungsmöglichkeit zu vermeiden.

In Tafel 3.8 sind die Tragfähigkeitskennwerte für die wichtigsten Konstruktionsschichten zusammengestellt. Bei ungebundenen Schichten sind diese Werte temperaturunabhägig. Es handelt sich um Orientierungswerte, mit denen Unterschiede in der Kornzusammensetzung und der Lagerungsdichte unzureichend erfaßt sind.

Tafel 3.8 Tragfähigkeitskennwerte als Orientierung

Konstruktionsschicht	E_{stat}[1] N/mm²	E_{dyn}[1)2)] N/mm²
Gemischt- und feinkörniger Unterbau bzw. Untergrund		
Gleichkörnige Sande mit Tonanteil ST	40 bis 50	= E_{stat}, weil diese Werte höher als in der Tauperiode bestimmbar angegeben sind
Gleichkörnige Sande mit Schluffanteil SU	30 bis 40	
Tonige Schluffe UL	25 bis 30	
Schluffige Tone TL	20 bis 30	
Gleichkörnige Sande	80 bis 100	150 bis 250
Weitgestufte Kiessande	150 bis 250	200 bis 400
Rüttelschotter	300 bis 500	400 bis 800
Bituminöse Makadamschichten	1000	4000
Asphalttragschichten	1500	6000
Asphaltbeton	2000	8000
Gußasphalt	2000	8000
Zementverfestigung	1000 [3]	–

[1] bei + 5 °C; [2] bei etwa 0,02 s Einwirkzeit; [3] rechnerischer Wert, bei Messungen erheblich größer

3.1.3.2. Bituminös gebundene Befestigungsschichten

Die verschiedenen Aspaltgemische weisen grundsätzlich viskoelastisches (oder thermoplastisches) Verhalten auf. Deshalb sind die Kennwerte stets auf bestimmte Temperaturen zu beziehen, bei denen sowohl die statischen als auch die dynamischen E-Moduln hinreichend vergleichbar ermittelt werden können. Diese E-Moduln werden neben der Temperatur auch von der Bindemittelsorte, dem $F:B$-Verhältnis und anderen Faktoren beeinflußt. Die Wirkung der Temperatur ist aber so entscheidend, daß die anderen Einflüsse bei der Ermittlung des E-Moduls nicht deutlich hervortreten. In dem Dauerbiegefestigkeitsdiagramm (Bild 3.8) wird diese Aussage unterstrichen. Weiter ist aus Bild 3.8 abzulesen: Bei niedrigen Temperaturen

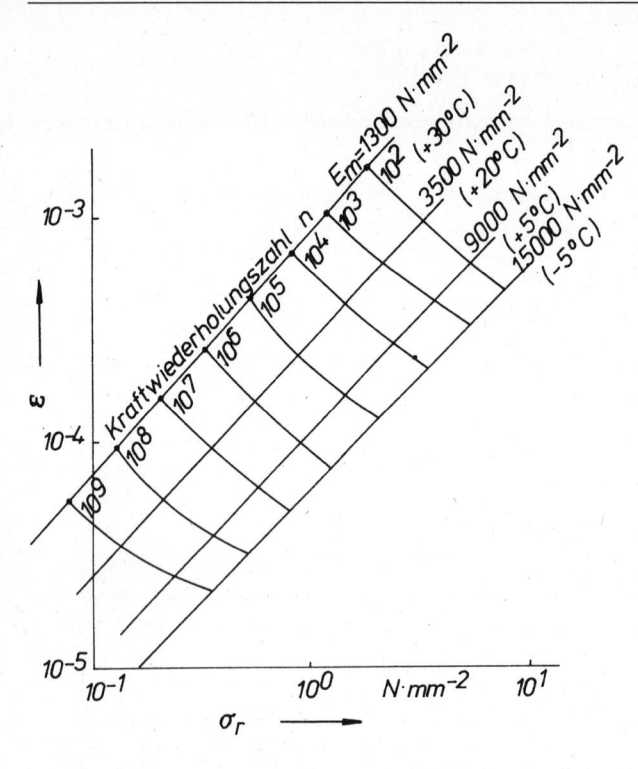

Bild 3.8 Zusammenhang zwischen E_{dyn}, ε, σ_r und n für bituminöse Konstruktionsschichten [220]

mit großen E_{dyn}-Werten sind bei gleicher Anzahl von Wechselbeanspruchungen größere Zugspannungen σ_r mit kleineren Dehnungen ε nachweisbar. Bei ansteigenden Temperaturen mit fallenden E_{dyn}-Werten sinken die Zugspannungen σ_r und wachsen die Dehnungen ε. Diese Grundlagenuntersuchungen sind für die Abschätzung der Nutzungsdauer einer Straßenkonstruktion bei kumulativer Zusammenfassung der verschiedenen Beanspruchungszustände verwertbar. In Bild 3.9 ist der Einfluß der Temperatur und der Belastungszeit auf E_{dyn} von Straßenbaubitumen erklärt. Die Kurven gelten allgemein für

$T_D = T_{RuK} - T$. Es wird z.B für $T = 10\,°C$

bei $T_{RuK} = 47\,°C$ für B80 $T_D = 47\,°C - 10\,°C = 37\,K$

oder

bei $T_{RuK} = 40\,°C$ für B200 $T_D = 40\,°C - 10\,°C = 30\,K$

Zwischenwerte sind ablesbar. Die Kurven sind nicht an eine Bitumensorte gebunden, sondern ermöglichen die Einordnung verschiedener Bitumensorten für bestimmte Belastungszeiten.

Die Belastungszeit wird in angenäherter Übereinstimmung mit der Dauer angesetzt, die ein mit 60 km/h rollendes Rad bei $D = 340$ mm einen festen Punkt der Straße berührt. Hieraus wird t zu $\approx 0,02$ s berechnet. Bituminöse Gemische verhalten sich grundsätzlich wie das zu ihrer Herstellung verwendete Bitumen. Die Größe des E-Moduls wird jedoch von Anteil und Art des Mineralgemenges bzw. vom Anteil des Bitumens am Gemisch beeinflußt (Bild 3.10).

Die Tragfähigkeitskennwerte für bituminöse Konstruktionsschichten (Asphalte) sind stets an eine bestimmte Temperatur und an eine bestimmte Belastungszeit gebunden. Die Zusammenfassung der verschiedenen Beanspruchungszustände bereitet bei den in Mitteleuropa auftretenden Klimaschwankungen bedeutende Schwierigkeiten. Der gegenwärtige Entwicklungsstand ist in [222] zusammengefaßt.

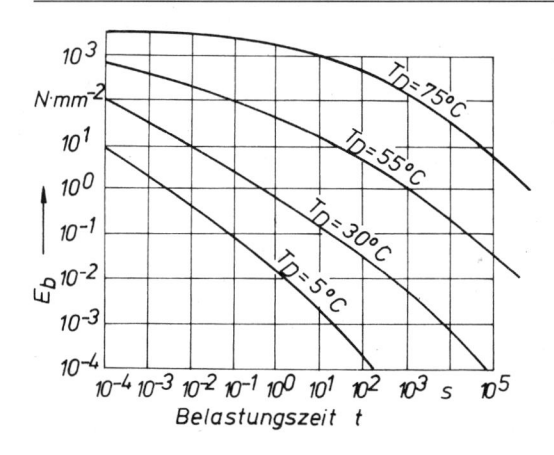

Bild 3.9 Beziehung zwischen E-Moduln von Straßenbaubitumen und Belastungszeit bei verschiedenen Temperaturen $T_D = T_{RuK} - T$ [221]

3.1.3.3. Hydraulisch gebundene Befestigungsschichten

Zementverfestigungen

Die Zementverfestigungen werden oft den flexiblen Konstruktionsschichten zugeordnet. Das kommt auch in dem gering angesetzten Tragfähigkeitskennwert in Tafel 3.8 zum Ausdruck. In der Praxis und in labortechnischen Untersuchungen ist ein quasistarres Verhalten festzustellen. Die Prüfungen mit Dauerbiegezugbeanspruchungen, deren Auswertung in Bild 3.11 wiedergegeben wird, bestätigen das. Trotzdem wird mit den geringen E-Werten der Tafel 3.8 gerechnet. Es bedarf der gründlichen Analyse des Langzeitverhaltens von Zementverfestigungen unter Verkehrsbeanspruchung, um das günstige Verhalten eventuell mit veränderten Kennwerten berücksichtigen zu können.

Zementbeton

Über das Langzeitverhalten von Zementbeton sind zuverlässige Angaben vorhanden. Diese ermöglichen es, die Wiederholunsbeanspruchung auf das 0,55 bis 0,60-fache der Biegezugbruchspannung festzulegen, wenn mehr als 10^6 Kraftwirkungen ohne Zerstörung aufgenom-

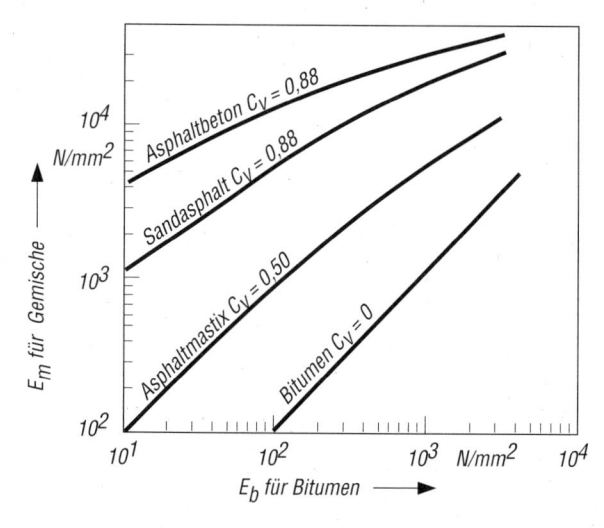

Bild 3.10 Einfluß der Konzentration des Mineralgemisches auf den Elastizitätsmodul bituminöser Gemische [221]

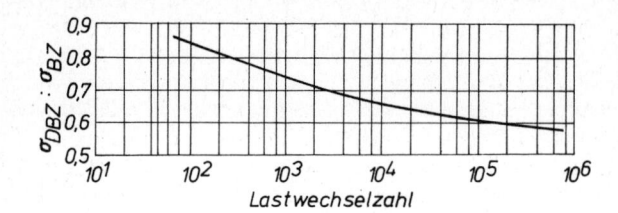

Bild 3.11 Dauerbiegeverhalten von zementstabilisiertem Sand [223] σ_{BZ} Biegebruchspannung am Prisma $4\,cm \times 4\,cm \times 16\,cm$; σ_{DBZ} Dauerbiegebruchspannung, 60 Belastungen/min

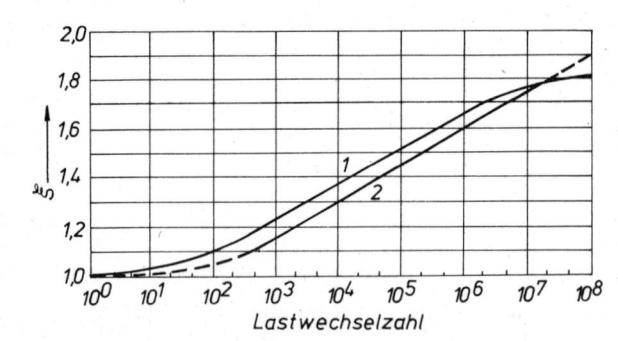

Bild 3.12 Dauerbiegezugverhalten von Zementbeton [224]
1 Ermüdungskurve an Betonbalken; VUS Bratislava 1959; 2 mittlere Lebensdauerkurve für Betonstraßenplatten $\xi = \beta_{BZ} : \sigma_{BZ}$

men werden sollen (Bild 3.12). Der relativ geringe Sicherheitsfaktor von 1,8 bis 1,85, bezogen auf die Biegezugbruchfestigkeit nach 28 Tagen, wird durch den mit der Zeit auftretenden Festigkeitszuwachs erhöht [225].

3.2. Bemessung von flexiblen Straßenbefestigungen

Die Bemessung flexibler Straßenbefestigungen ist darauf gerichtet, solche Gesamtkonstruktionen und Einzelschichten zu begründen, daß eine Nutzungsdauer von etwa 20 Jahren erreicht wird. Die Bemessung hat dazu Grenzwerte zu beachten bzw. bei neuen Befestigungsschichten auch neue einzuführen.

Die technische Lösung der Bemessungsaufgaben ist stets mit den örtlichen wirtschaftlichen Möglichkeiten der Ausführung zu verbinden. Die in Bild 3.13 eingezeichneten Verformungen und Spannungen dürfen unter statischen und dynamischen Kräften bei bestimmten Bedingungen begründete Grenzwerte nicht überschreiten. Diese Grenzwerte sind aus Erfahrungen,

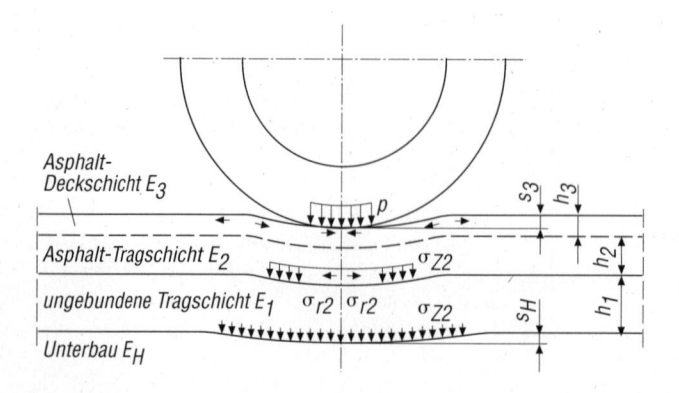

Bild 3.13 Beanspruchung flexibler Straßenkonstruktionen am Beispiel eines 4-Schichtsystems

Messungen und Näherungsberechnungen ermittelt worden. Bleiben die Verformungen und Spannungen unter den Grenzwerten, so werden die wiederholten Beanspruchungen unter verschiedenen Witterungsbedingungen die Funktionstüchtigkeit der Straßenkonstruktion im Laufe von 20 Jahren kaum beeinträchtigen. Es handelt sich hierbei um relativ brauchbare Abschätzungen mit bedeutenden volkswirtschaftlichen Wirkungen. Einerseits soll die Bemessung den angemessenen Einsatz von Baustoffen für die verschiedenen Konstruktionstypen und Bauklassen sichern. Andererseits muß betont werden, daß die Straßenbefestigungen als dünne Flächentragwerke durch Witterung und Verkehrskräfte so intensiven Wechselbeanspruchungen unterliegen wie selten andere Bauwerke. Der Sicherheitsfaktor zum Ausgleich von zufälligen Unregelmäßigkeiten wird außerdem klein gewählt.

3.2.1. Empirische Verfahren

3.2.1.1. Dickenindexverfahren nach dem AASHO-Versuch

Das Bild 3.1 ist für bestimmte, einzuordnende Regelachskräfte und eine bestimmte Anzahl von Lastwechseln zu verwenden. Dieses Diagramm gilt eindeutig nur für die beim AASHO-Versuch verwendeten Konstruktionsschichten einschließlich der dort gesicherten gleichmäßigen Unterbaubedingungen in Form eines verdichteten Dammes von 0,90 m Höhe. Die Siebsummenlinie für die Konstruktionsschichten sind in Bild 3.14 angegeben. In der (hier gegenüber der Orginalliteratur hinsichtlich der eindeutigen Schreibweise verbesserten) Bemessungsformel

$$D = D_1 + D_2 + D_3 = 0,44h_1 + 0,14h_2 + 0,11h_3$$

bedeuten

D	Indexdicke der Gesamtbefestigung
D_1	Indexdicke der Asphaltbetonschicht
D_2	Indexdicke der Tragschicht aus gebrochenem Gestein
D_3	Indexdicke der unteren Tragschicht
h	Dicke der Gesamtkonstruktion
h_1	Dicke der Asphaltbetonschicht >50 mm
h_2	Dicke der Tragschicht aus gebrochenem Gestein >75 mm
h_3	Dicke der unteren Tragschicht (Frostschutzschicht)

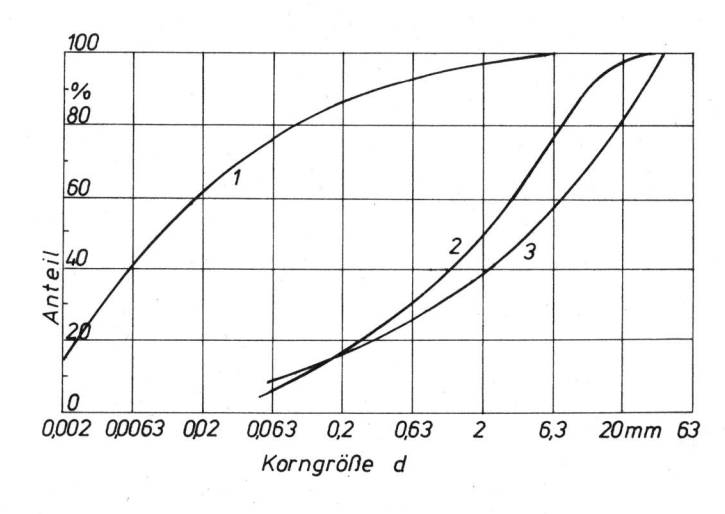

Bild 3.14 Mittlere Kornzusammensetzung der unteren Konstruktionsschichten beim AASHO-Versuch [214]
1 Unterbau (UL);
2 untere Tragschicht (GW);
3 obere Tragschicht (gebrochenes Gestein)

Die Formel berücksichtigt das Verhältnis der Tragfähigkeitskennwerte der verschiedenen Befestigungsschichten zueinander.

Danach entspricht die Tragfähigkeit von 10 mm Asphaltbefestigung etwa derjenigen von 31,5 mm Tragschicht aus gebrochenem Material oder 40 mm Kiessandtragschicht. Die Tragwirkung von 10 mm gebrochenem, verdichtetem Tragschichtmaterial ist 1,3 mal höher als die der verdichteten Kiessandtragschicht [214].

Das Unterbaumaterial, dessen mittlere Kornzusammensetzung in Bild 3.14 aufgetragen ist, weist folgend Kennwerte auf:

w_L = 0,27 bis 0,32 I_P = 0,12 bis 0,16
w_{opt} = 0,15 w_n = 0,16 bis 0,17
CBR-Feldversuch im Frühjahr   2 bis 4 %
CBR-Laboratoriumsversuch   4 bis 6,7 %

Aus Bild 3.1 werden die Werte $D_{erf.}$ für 10^5 und 10^6 Beanspruchungen FR 100 in einem Fahrstreifen abgegriffen. Sie sind zusammen mit den für die Nutzungsdauer von etwa 20 Jahren bestimmten Bauklassen an je zwei Beispielvarianten für den Konstruktionsaufbau eingetragen (Tafel 3.9).

Tafel 3.9 Anwendungsbeispiele nach AASHO-Kurven

FR 100 20 Jahre je Streifen	FR 100 in 24 h je Streifen	Bauklasse	D_{erf} mm	Varianten des Konstruktionsaufbaus	
				1.	2.
10^6	130 bis 170	IV	110	h_1 = 150 D_1 = 66,0 h_2 = 200 D_2 = 28,0 h_3 = 200 D_3 = 22,0 h = 550 mm D = 116,0 mm	h_1 = 180 D_1 = 79,2 h_2 = 100 D_2 = 14,0 h_3 = 200 D_3 = 22,0 h = 480 mm D = 115,2 mm
10^5	13 bis 17	V	76	h_1 = 60 D_1 = 26,4 h_2 = 200 D_2 = 28,0 h_3 = 200 D_3 = 22,0 h = 460 mm D = 76,4 mm	h_1 = 80 D_1 = 35,2 h_2 = 150 D_2 = 21,0 h_3 = 200 D_3 = 22,0 h = 430 mm D = 78,2 mm

3.2.1.2. Bemessungsverfahren in anderen Ländern

Mit den Ergebnisauswertungen des AASHO-Versuchs sind auch die Bemessungsverfahren weiterentwickelt worden, die ursprünglich den CBR-Wert des Unterbaus (Untergrunds) als entscheidende Kenngröße verwendeten. Als wesentlicher Fortschritt ist die vergleichende, differenzierte Bewertung der ungebundenen und gebundenen Konstruktionsschichten zu werten.

Verfahren in Ungarn [226]

In der Bemessungsanweisung ist die Belastungshäufigkeit ähnlich wie in Bild 3.1 festgelegt. Weil alle Überlegungen auf die Regelachskraft FR 100 bezogen werden, ist es möglich, den unterschiedlichen Tragwerten des Unterbaus (Untergrunds) in CBR-% mit unterschiedlichen Forderungen an den Konstruktionsaufbau zu entsprechen:

$$He = \Sigma e_i \cdot h_i$$

He   Äqivalenzdicke der Straßenbefestigung; ist gleichbedeutend dem Dickenindex aus dem AASHO-Versuch

3.2. Bemessung von flexiblen Straßenbefestigungen

e_i Äquivalenzfaktor der verschiedenen Konstruktionsschichten auf der Basis bituminöser Makadamschichten

h Schichtdicke der einzelnen Konstruktionsschichten

In Tafel 3.10 sind die Äquivalenzwerte e_i angegeben. Eine Vergleichsrechnung für die Befestigungen in Tafel 3.9 läßt erkennen, daß für höher beanspruchte Straßen etwa die gleichen Ergebnisse vorliegen. Für Konstruktionen nach Bauklasse V werden mit dem Verfahren in Ungarn etwas größere Schichtdicken notwendig.

Tafel 3.10   Äquivalenzfaktoren für verschiedene Konstruktionsschichten [226]

Konstruktionsschicht	Äquivalenzfaktor e_i	Konstruktionsschicht	Äquivalenzfaktor e_i
Gußasphalt Asphaltbeton	2,2	Pflaster ohne Verguß, Bodenverfestigung mit Zement, stationär gemischt	1,0
Asphalttragschicht	2,0	Schottertragschicht, Bodenverfestigung mit Zement, im Ortsmischverfahren, mechanische Verfestigung 0/50	0,7
Bituminöse Makadamgemische	1,8		
Magerbeton	1,5		
Zementverfestigter Kiessand Pflaster mit Verguß	1,2	mechanische Verfestigung 0/20	0,5

Verfahren in der Schweiz

Die Tragfähigkeit des Unterbaus (Untergrunds) ist auch hier für die darüber anzuordnenden Konstruktionsschichten maßgebend (Tafel 3.11). Die Verkehrsbeanspruchung wird auf die „äquivalente Verkehrslast" von 82 kN bezogen. In Tafel 3.12 sind die gültigen Verkehrslastklassen aus [227] angegeben.

Aus den in [227] enthaltenen Oberbautypen werden für die Tragfähigkeitsklasse S1 und S3 und die der Verkehrslastklasse T3 entsprechenden Befestigungen für 2 Varianten ausgewählt. Diese sind in Bild 3.15 dargestellt.

Vergleicht man diese Ergebnisse mit den Anforderungen nach der ungarischen Anweisung, die für Bauklasse IV bei $CBR = 5\%$ ein $H_e = 480$ mm ergeben, so wird sichtbar, daß wegen der unterschiedlichen Witterungsbedingungen an die Straßenkonstruktionen in der Schweiz höhere Anforderungen gestellt werden.

Tafel 3.11   Tragfähigkeitsklassen in der Schweiz [227]

Tragfähigkeitsklasse	M_{E1} kN/m²	CBR %	K MN/m³
S1 geringe Tragfähigkeit	6000 bis 15000	3 bis 6	15 bis 30
S2 mittlere Tragfähigkeit	>15000 bis 30000	>6 bis 12	>30 bis 60
S3 hohe Tragfähigkeit	>30000 bis 60000	>12 bis 25	>60 bis 100
S4 sehr hohe Tragfähigkeit	>60000	>25	>100

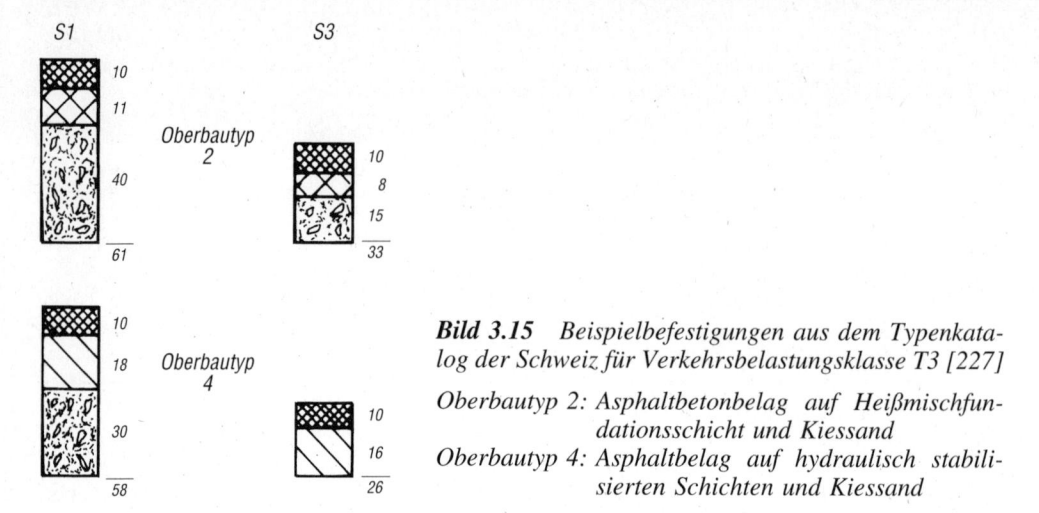

Bild 3.15 *Beispielbefestigungen aus dem Typenkatalog der Schweiz für Verkehrsbelastungsklasse T3 [227]*

Oberbautyp 2: Asphaltbetonbelag auf Heißmischfundationsschicht und Kiessand

Oberbautyp 4: Asphaltbelag auf hydraulisch stabilisierten Schichten und Kiessand

Weit ist die empirische Bemessung auf der Grundlage von Langzeitbeobachtungen und Auswertungen des allgemeinen Erkenntnisstandes in Frankreich vorangetrieben worden [228].

Tafel 3.12   Verkehrslastklassen in der Schweiz [227]

Verkehrsklasse	Tägliche äquivalente Verkehrslast TF (82 kN) je Fahrstreifen
T1 sehr leicht	10 bis 30
T2 leicht	>30 bis 100
T3 mittel	>100 bis 300
T4 schwer	>300 bis 1000
T5 sehr schwer	>1000 bis 3000

3.2.2. Rechnerische Verfahren

Die Bemühungen um die theoretische Ermittlung von Verformungen und Spannungen an Straßenkonstruktionen wurden in den letzten Jahrzehnten verstärkt. Trotz aller Einschränkungen, die sich aus den Kennwerten für die Konstruktionsschichten, den unterschiedlichen Witterungsbeanspruchungen und den Streuungen der Verkehrskräfte ergeben, werden ständig neue Beiträge veröffentlicht. Die theoretisch-rechnerischen Verfahren sollen bei hinreichend zutreffenden Grundwerten einschließlich der voraussichtlichen Beanspruchung für konkrete Straßenbauaufgaben die technisch günstigen Lösungen finden helfen, die bei den jeweiligen örtlichen Möglichkeiten der Baustoffbeschaffung mit verhälnismäßig geringem volkswirtschaftlichem Aufwand realisiert werden können. Die Zuverlässigkeit der rechnerischen Verfahren ist hauptsächlich von der Erfassung der Schwankungen der Kennwerte in der Straßenkonstruktion und der Zusammenfassung der Beanspruchungen über lange Zeit abhängig. Weil diese Lösungen noch länger als brauchbare Näherungen gelten müssen, ist es verständlich, daß daneben auch neu überarbeitete empirische Bemessungsvorschriften verwendet werden.

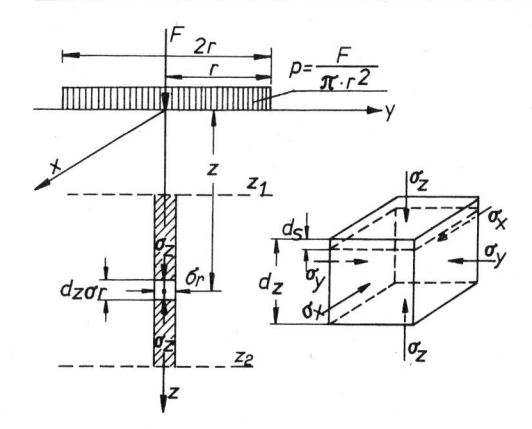

3.2. Bemessung von flexiblen Straßenbefestigungen

Bild 3.16 Spannungen und Verformungen im elastisch-isotropen Halbraum unter der Kraftachse

Reifenaufstandsfläche und wirksamer Kontaktdruck
Es wird als zweckmäßig angesehen, wenn nach [34] als Bemessungsradkraft 57,5 kN angesetzt wird. Diese wird über Zwillingsreifen auf die Fahrbahnoberfläche übertragen, deren Abdruck etwa zwei abgerundeten Rechteckflächen entspricht. Nach Vergleichsuntersuchungen ist es zulässig, als Reifenaufstandsfläche vereinfachend eine äquivalente Kreisfläche anzunehmen. Die spezifischen Flächenkräfte zwischen Reifen und Fahrbahn weisen in Abhängigkeit vom Reifenprofil, von der Nutzladung und vom Reifeninnendruck (p_i) Unterschiede auf, die im Bereich von $0,9p_i$ bis $1,1p_i$ liegen. Als Bemessungsgrundwert kann $p_i = 0,633$ N/mm² angesetzt werden. In Bild 3.16 sind diese Grundannahmen eingetragen.

Dynamische Kraftwirkungen durch Fahrbahnunebenheiten
Die Bemessungsradkraft gilt für voll beladene Nutzkraftwagen. Die durch Fahrbahnunebenheiten bewirkten Änderungen der vertikalen Beschleunigung sind bei beladenen Lkw infolge der größeren Federdämpfung wesentlich kleiner als bei unbeladenen Fahrzeugen. Untersuchungen zum Stoßbeiwert k ergaben für beladene Lkw im Geschwindigkeitsintervall 30 km/h bis 60 km/h Werte von 1,04 bis 1,17 [229] Bei der Bemessung sind ebene Oberflächen mit $k = 1,0$ vorauszusetzen. Zunehmende Unebenheiten erhöhen den Stoßbeiwert und damit die Kraftwirkungen auf die Befestigung. Durch die Gleichmäßigkeit der Konstruktionsschichten ist die weitgehend beständige Ebenheit anzustreben.

3.2.2.1. Elastisch-isotroper Halbraum
Dieser Beanspruchungszustand liegt angenähert bei der Herstellung der Erdbauwerke vor und läßt sich bei gleichmäßiger Verdichtung mit den Ansätzen von *Boussinesqu* zutreffend beschreiben [230]. Für die Spannungen in der Kraftachse gilt mit Bild 3.16:

$$\sigma_z = p\left(1 - \frac{z^3}{\left(r^2 + z^2\right)^{3/2}}\right)$$

$$\sigma_x = \sigma_y = \sigma_r = \frac{p}{2}(1+2\mu) - \frac{2(1+\mu)z}{\left(r^2+z^2\right)^{1/2}} + \frac{z^3}{\left(r^2+z^2\right)^{3/2}}$$

$$\tau = 0$$

Beispiel:
Spezial-Lkw für den Erdtransport mit $F = 60$ kN Einzelradkraft können mit Hochdruckreifen ($p_i = 0,66$ N/mm²) oder mit Niederdruckreifen ($p_i = 0,33$ N/mm²) ausgerüstet sein.

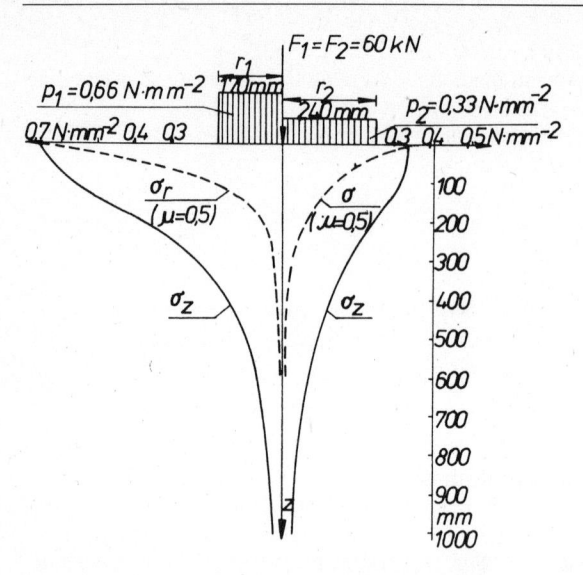

Bild 3.17 Vertikal- und Radialspannungen in der Kraftachse bei Radkraft $F = 60$ kN und unterschiedlichem Reifendruck

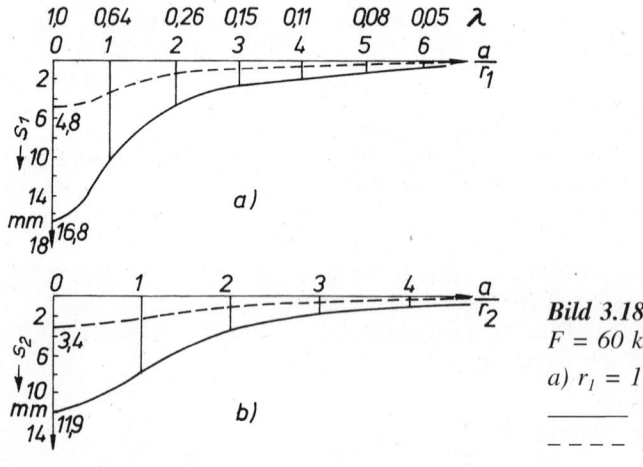

Bild 3.18 Verformungslinien für $F = 60$ kN (überhöht)
a) $r_1 = 170$ mm; b) $r_2 = 240$ mm
——— E_{V2} 10 N/mm^2;
– – – E_{V2} 35 N/mm^2

In Bild 3.17 sind die Ausgangswerte r und die Vertikal- und Radialspannungen in Abhängigkeit von der Tiefe z eingetragen. Es wird deutlich, daß geringerer Reifeninnendruck in den oberen Bodenzonen geringere Spannungen zur Folge hat und mit Niederdruckreifen Scherbrüche vermieden werden können. Außerdem wird die begrenzte Tiefenwirkung der Radkräfte demonstriert. In 1,0 m Tiefe ist die Vertikalspannung in beiden Fällen auf 0,026 N/mm^2 abgebaut. Die vertikale Verformung unter dem Kraftmittelpunkt wird in Anlehnung an den Plattendruckversuch berechnet:

$$s_1 = \frac{1{,}5 \cdot 0{,}66 \text{ N/mm}^2 \cdot 170 \text{ mm}}{10 \text{ N/mm}^2} = 16{,}8 \text{ mm für Hochdruckreifen}$$

$$s_2 = \frac{1{,}5 \cdot 0{,}33 \text{ N/mm}^2 \cdot 240 \text{ mm}}{10 \text{ N/mm}^2} = 11{,}9 \text{ mm für Niederdruckreifen}$$

3.2. Bemessung von flexiblen Straßenbefestigungen

An einem Unterbau (Untergrund) aus bindigem Boden mit $E_{v2} \approx 10$ N/mm² bewirkt bereits ein einmaliges Befahren erhebliche Verformungen. Wiederholtes Befahren ist mit wiederholten Formänderungen an der Oberfläche des Erdtransportweges verbunden. Durch Verwendung der Niederdruckreifen können diese Verformungen verringert werden. Für die Verformungslinie über dem elastisch-isotropen Halbraum gilt:

$$s = \lambda\left(1-\mu^2\right)\frac{p \cdot 2r}{E}$$

$\lambda = f(r/a);$ a Entfernung vom Mittelpunkt der Kraftangriffsfläche

In Bild 3.18 sind die Verformungslinien für das Beispiel überhöht aufgetragen und die λ-Werte angeschrieben. Die Bedeutung der schnellen und möglichst vollständigen Abführung des Niederschlagswassers bei der Ausführung der Erdarbeiten wird durch die Auswirkungen auf die unterschiedlichen E_{v2}-Werte unterstrichen.

3.2.2.2. Kriterien der vertikalen Verformung

Die für den elastisch-isotropen Halbraum gültige Berechnung der Verformungswerte ist auf mehrschichtige Straßenkonstruktionen nicht einfach übertragbar. Deshalb wird versucht, für verschiedene Schichtkombinationen mit unterschiedlichen, oft schwankenden Tragfähigkeitskennwerten die vertikalen Verformungen und die vertikalen Spannungen bei bestimmten Bedingungen angenähert zu berechnen und vorgegebenen Sollwerten gegenüberzustellen.

3.2.2.2.1. Ersatzhöhenverfahren

Das Ersatzhöhenverfahren von *Odemark* [231] schafft die Möglichkeit, ein Zweischichtsystem in einen elastisch-isotropen Halbraum zu überführen und die in der Kraftachse auftretenden Verformungen und Spannungen zutreffend zu berechnen. Die Umrechnung der oberen Schicht in das Material der unteren Schicht (Unterbau) liegt der Gedanke zugrunde, daß bei zwei Balken gleicher Breite, aber mit unterschiedlichen E-Moduln auch unterschiedliche Höhen notwendig sind, um die gleiche Steifigkeit zu erreichen:

$$E_1 \cdot I_1 = E_2 \cdot I_2 \qquad E_1 \frac{b \cdot h_1^3}{12} = E_2 \frac{b \cdot h_2^3}{12}$$

$$h_1 = h_2 \sqrt[3]{\frac{E_2}{E_1}} \quad \text{und daraus} \quad h_e = 0,9 h_1 \sqrt[3]{\frac{E_1}{E_0}}$$

Der Faktor 0,9 ist als Korrekturfaktor eingeführt worden. Damit steht ein Näherungsverfahren zur Verfügung, mit dem die Bemessung nach dem Kriterium der vertikalen Verformung vorgenommen werden kann. Die Beanspruchungsunterschiede können durch differenzierte zulässige Verformungen berücksichtigt werden.

In Bild 3.19 wird das Erstzhöhenverfahren an zwei Beispielen erklärt. Das erste Beispiel ist ein Zweischichtsystem aus bindigem Boden, von dem die oberen 180 mm mit Kalk (CaOH$_2$) stabilisiert sind. Im zweiten Beispiel handelt es sich um ein Dreischichtsystem, bei dem die bituminösen Trag- und Deckschichten zu einer Schicht zusammengefaßt werden. Außerdem sind die Spannungen für verschiedene Tragfähigkeitswerte (Frühjahr und Sommer) berechnet und eingezeichnet. Für das Zweischichtsystem wird berechnet:

$$s = s_H + s_1 = \frac{1,5 \cdot p \cdot r}{E_H} \cos\beta + \frac{1,5 \cdot p \cdot r}{E_1}(1-\cos\alpha)$$

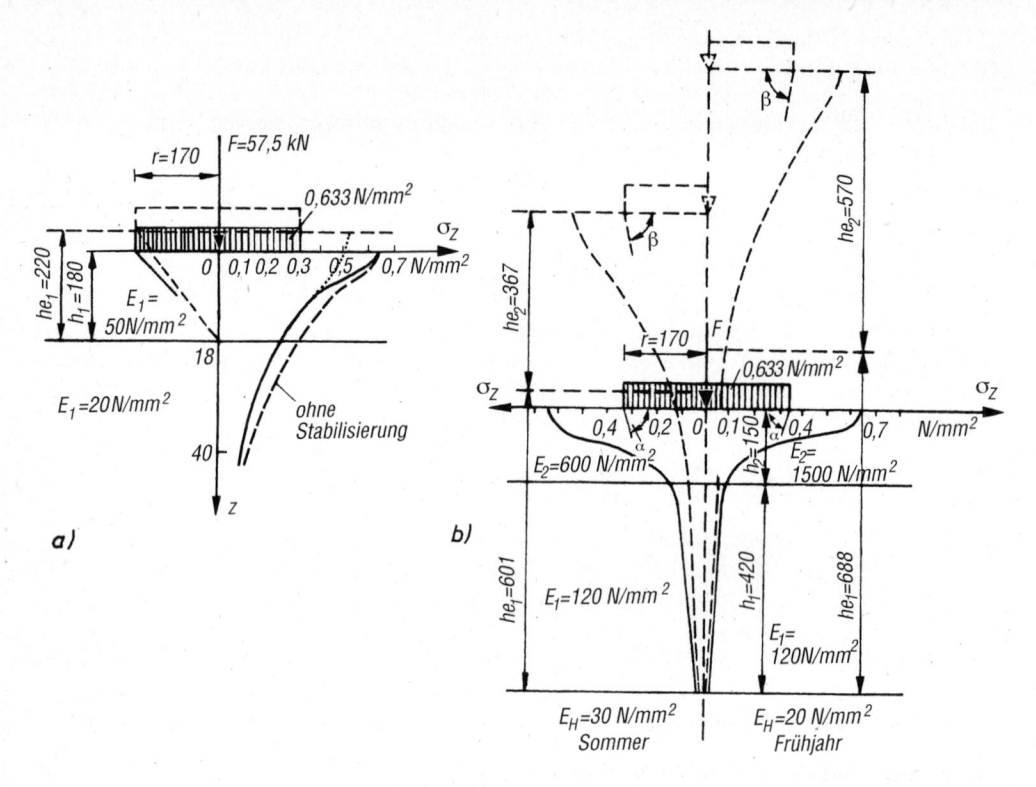

Bild 3.19 Spannungsverteilung im Zwei- und Dreischichtsystem
a) Kalkstabilisierung; b) Asphaltbefestigung auf unterer Tragschicht zu verschiedenen Jahreszeiten

Für das Dreischichtsystem ist die weitere Zusammenfassung von bituminösen Schichten mit der Kiessandtragschicht zu einer Schicht mit dem Modul E_m als Annäherung zulässig.

$$h_e = 1258 = 0.9 \sqrt[3]{\frac{E_m}{E_H}}$$

$$E_m = \left(\frac{1258 \text{ mm}}{0.9 \cdot 570 \text{ mm}}\right)^3 \cdot 20 \text{ N/mm}^2 = 295 \text{ N/mm}^2 \quad \text{bzw.}$$

$$h_e = 968 \text{ mm} = 0.9 \cdot 570 \sqrt[3]{\frac{E_m}{E_H}}$$

$$E_m = \left(\frac{968}{0.9 \cdot 570}\right)^3 \cdot 30 \text{ N/mm}^2 = 202 \text{ N/mm}^2$$

Auf der Kalkstabilisierung

$$s = \frac{161.4 \text{ N/mm}}{20 \text{ N/mm}^2} \cdot 0.61 + \frac{161.4 \text{ N/mm}}{50 \text{ N/mm}^2}(1 - 0.687) = 4.92 + 1.01 = 5.93 \text{ mm}$$

Auf der bituminösen Oberfläche
Frühjahr:

$$s = \frac{161{,}4 \text{ N/mm}}{20 \text{ N/mm}^2} \cdot 0{,}134 + \frac{161{,}4 \text{ N/mm}}{295 \text{ N/mm}^2}(1-0{,}285) = 1{,}08 \text{ mm} + 0{,}39 \text{ mm} = 1{,}47 \text{ mm}$$

Sommer:

$$s = \frac{161{,}4 \text{ N/mm}}{30 \text{ N/mm}^2} \cdot 0{,}173 + \frac{161{,}4 \text{ N/mm}}{202 \text{ N/mm}^2}(1-0{,}285) = 0{,}93 \text{ mm} + 0{,}57 \text{ mm} = 1{,}50 \text{ mm}$$

Es wurde mit den Kennwerten für statische Kraftwirkungen gerechnet. Wenn die vertikale Verformung angenähert zu ermitteln ist, ist das an einem stehenden Nutzkraftwagen zweckmäßig. Diese Auffassung wird dadurch gestützt, daß Kontrollmessungen unter statischer Kraftwirkung einfach möglich sind. Durch Vergleichsrechnungen wurde bestätigt, daß die nach dem Ersatzhöhenverfahren ermittelten Spannungen und Verformungen in der Kraftachse gut mit den nach den vollkommneren Ansätzen ermittelten übereinstimmen.

3.2.2.2.2. Mehrschichtsysteme

Die Bemessung von Straßenkonstruktionen nach dem Kriterium der zulässigen Verformung unter statischer Krafteinwirkung hat sich wegen seiner Einfachheit und Vergleichbarkeit mit den Verformungsmessungen (Plattendruckprüfung und *Benkelman*-Balken) behauptet. Die Frühjahrsperiode wird als ungünstiger Beanspruchungszeitraum angesetzt. Hier liegen die niedrigsten Tragfähigkeitswerte für bindigen Unterbau (Untergrund) vor, und die bituminös gebundenen Befestigungsschichten zeigen bei etwa 5 °C noch quasi-elastisches Verhalten.

Bemessungsverfahren nach *N. N. Iwanow* [232]
Dieses Verfahren ist in längerer Zeit als rechnerisches Näherungsverfahren entwickelt worden. Grundsätzlich beruht es auf der wiederholten Anwendung des Ersatzhöhenverfahren. Zur Vereinfachung der Rechnung wurden folgende Beziehungen als Grundformeln eingeführt:

$$h_e = h\,^{2{,}5}\!\sqrt{\frac{E_1}{E_H}} = hn$$

$$\sigma_z = \frac{p}{1+\left(\dfrac{z_ä}{D}\right)^2}; \qquad z_ä = z + hn - h$$

Für die senkrechte Verformung gilt:

$$s = \frac{p}{E_1}\int_0^h \frac{dz}{1+\dfrac{z^2+n^2}{D^2}} + \frac{p}{E_H}\int_h^\infty \frac{dz}{1+\dfrac{1}{D^2}(z+hn-h)^2}$$

Lösung der Integrale und Zusammenfassung

$$\frac{p}{E_1}\int_0^h \frac{dz}{1+\dfrac{z^2 n^2}{D^2}}; \qquad v = \frac{zn}{D}; \qquad dz = \frac{dvD}{n}$$

$$\frac{pD}{E_1 n}\int_0^h \frac{dv}{1+v^2} = \frac{pD}{E_1 n}\arctan\frac{zn}{D}\bigg|_0^h = \frac{pD}{E_1 n}\arctan\frac{hn}{D}$$

$$\frac{p}{E_H} \int_h^\infty \frac{dz}{1+\frac{1}{D^2}(z+hn-h)^2}; \quad v = \frac{z+hn-h}{D}; \quad dz = Ddv$$

$$\frac{pD}{E_H} \int_h^\infty \frac{dv}{1+v^2} = \frac{pD}{E_H} \arctan\frac{z+hn-h}{D}\bigg|_h^\infty = \frac{pD}{E_H}\left(\frac{\pi}{2} - \arctan\frac{hn}{D}\right)$$

$$\left(\frac{pD}{E_1 n} - \frac{pD}{E_H}\right)\arctan\frac{hn}{D} = \frac{pD}{E_H}\left(\frac{1}{n^{3,5}} - 1\right)\arctan\frac{hn}{D}$$

$$\text{da } \frac{pD}{E_1\, 2,5\sqrt{\frac{E_1}{E_H}}} = \frac{pD}{\frac{E_1}{E_H} E_H\, 2,5\sqrt{\frac{E_1}{E_H}}} = \frac{pD}{E_H\, 2,5\sqrt{\left(\frac{E_1}{E_H}\right)^{3,5}}} = \frac{pD}{E_H n^{3,5}}$$

$$s = \frac{pD}{E_H}\left[\frac{\pi}{2} - \left(\frac{1}{n^{3,5}}\right)\arctan\frac{hn}{D}\right]$$

Für eine homogene Schicht wird

$$s = \frac{\pi pD}{2 E_ä}; \quad E_ä = \text{äquivalenter Modul des Gesamtsystems}$$

$$E_ä = \frac{E_H}{1 - \frac{2}{\pi}\left(1 - \frac{1}{n^{3,5}}\right)\arctan\frac{h}{D}n}$$

$$E_ä = \frac{\pi p}{2\lambda} \rightarrow \frac{p}{\lambda} = \frac{2pr}{s}; \quad \lambda = \frac{s}{D} = \frac{s}{2r}$$

Hierbei ist berücksichtigt, daß $\mu < 0,5$ ist. Die verschiedenen Gleichungen ermöglichen die Anfertigung eines Nomogramms (Bild 3.20). Mit den gegebenen oder festgelegten vier Werten kann mit Hilfe des Nomogramms die fünfte unbekannte Größe bestimmt werden. Es erfolgt zielgerichtet die wiederholte Anwendung des Ersatzhöhenverfahrens, indem von unten nach oben der äquivalente E-Modul für jede Schichtebene ermittelt wird. Der an der Oberfläche der Konstruktion abgeschätzte, komplexe Modul $E_ä$ steht mit der unter der Bemessungsradkraft auftretenden Verformung (Einsenkung) in dem Zusammenhang.

$$s = \frac{2pr}{E_ä}$$

Das Zweischichtsystem [233]
Wenn das Kriterium der vertikalen Verformung verwendet wird, genügen die statischen Tragfähigkeitskennwerte. Für die angenäherte Bestimmung der Einsenkung ist das meist vorhandene Mehrschichtsystem auf ein Zweischichtsystem zurückzuführen. Das in Bild 3.19 b) dargestellte Dreischichtsystem wird mit dem eigentlich vorhandenen Vierschichtsystem bei unterschiedlicher Zurückführung auf ein Zweischichtsystem verglichen.

Dreischichtsystem nach Bild 3.19 b)
Zusammenfassung von unterer Tragschicht und Asphaltbefestigung

$$h_{e_2} = 0,9 \cdot 150 \text{ mm} \sqrt[3]{\frac{1500 \text{ N/mm}^2}{120 \text{ N/mm}^2}} = 314 \text{ mm}$$

$$h_{e_2} = 420 \text{ mm} + 314 \text{ mm} = 0,9 \cdot 560 \sqrt[3]{\frac{E_m}{E_1}}$$

$$E_m = \left(\frac{734 \text{ mm}}{513 \text{ mm}}\right)^3 \cdot 120 \text{ N/mm}^2 = 351 \text{ N/mm}^2$$

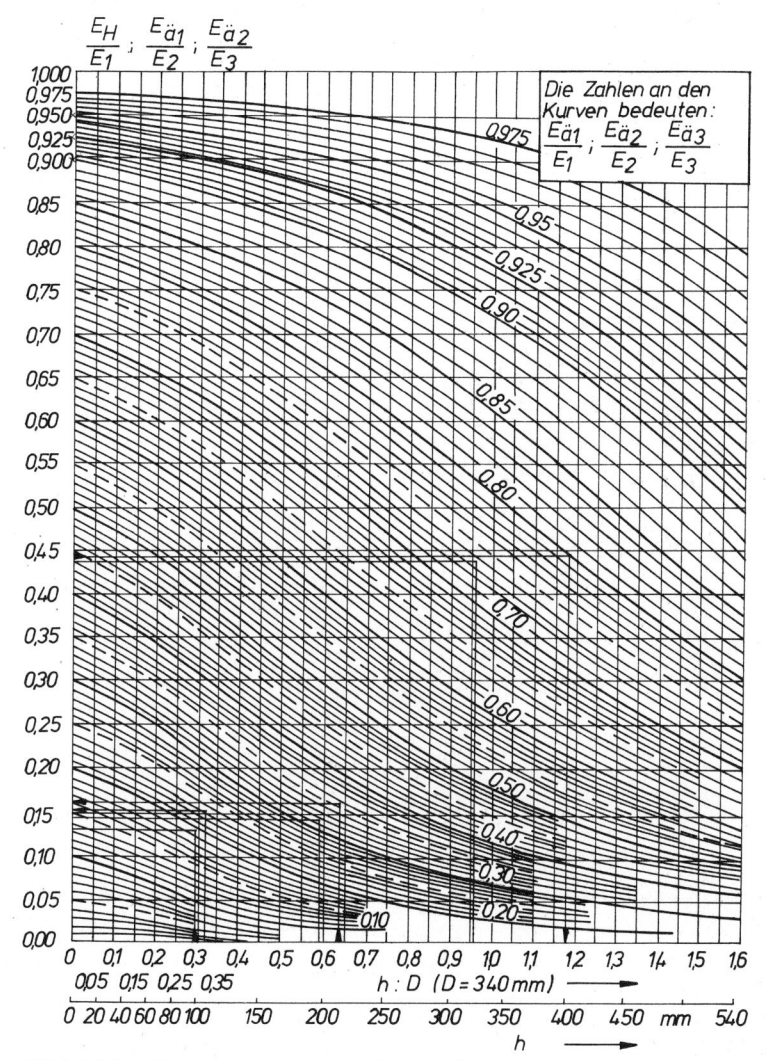

3.2. Bemessung von flexiblen Straßenbefestigungen

Bild 3.20 *Nomogramm zur Ermittlung der äquivalenten Verformungsmoduln [232]*

Es wird das in Bild 3.21 dargestellte Diagramm verwendet [233].

$$\frac{h}{r} = \frac{570}{170} = 3{,}35; \qquad \frac{E_m}{E_H} = \frac{351\,\text{N/mm}^2}{20\,\text{N/mm}^2} = 17{,}55; \qquad F_s = 0{,}15$$

$$s = \frac{2 \cdot 0{,}633\,\text{N/mm}^2 \cdot 170\,\text{mm}}{20\,\text{N/mm}^2} \cdot 0{,}15 = 1{,}61\,\text{mm}$$

Einsetzen der Tragfähigkeit auf der Oberfläche der unteren Tragschicht mit 64 N/mm²

$$\frac{h}{r} = \frac{150}{170} = 0{,}88; \qquad \frac{E_2}{E_{\text{ä}1}} = \frac{1500\,\text{N/mm}^2}{64\,\text{N/mm}^2} = 23{,}4; \qquad F_s = 0{,}345$$

$$s = \frac{215\,\text{N/mm}^2}{64} \cdot 0{,}345 = 1{,}16\,\text{mm}$$

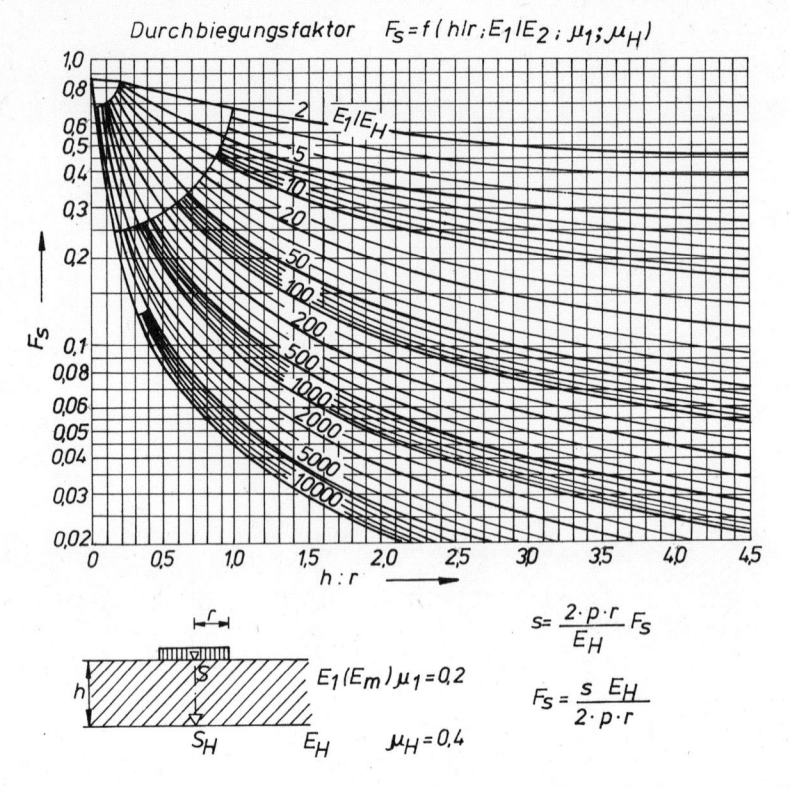

Bild 3.21 Nomogramm für die Berechnung von Zweischichtsystemen [233]

Wiederholte Anwendung des Ersatzhöhenverfahrens nach [232] mit den Nomogrammwerten $E_{än} : E_n$ aus Bild 3.21:

$$\frac{h_1}{D} = \frac{420 \text{ mm}}{340 \text{ mm}} = 1{,}24 \rightarrow \frac{E_{ä1}}{E_1} = 0{,}535$$

$$\frac{E_H}{E_1} = \frac{20 \text{ N/mm}^2}{120 \text{ N/mm}^2} = 0{,}167; \quad E_{ä1} = 0{,}535 \cdot 120 \text{ N/mm}^2 = 64 \text{ N/mm}^2$$

$$\frac{h_2}{D} = \frac{150 \text{ mm}}{340 \text{ mm}} = 0{,}441 \rightarrow \frac{E_{ä2}}{E_2} = 0{,}11$$

$$\frac{E_{ä1}}{E_2} = \frac{64 \text{ N/mm}^2}{1500 \text{ N/mm}^2} = 0{,}042; \quad E_{ä2} = 0{,}11 \cdot 1500 \text{ N/mm}^2 = 165 \text{ N/mm}^2$$

$$s = \frac{215 \text{ N/mm}}{165 \text{ N/mm}^2} = 1{,}30 \text{ mm}$$

Vierschichtsystem
Die Asphaltbefestigung nach Bild 3.19b wird in eine Asphalttragschicht mit $E_2 = 1500$ N/mm^2 und 120 mm Dicke sowie eine Asphaltbinderschicht mit $E_3 = 2000$ N/mm^2 und 30 mm Dicke unterschieden.

3.2. Bemessung von flexiblen Straßenbefestigungen

Zusammenfassung von unterer Tragschicht und Asphaltbefestigung:

Kiessandtragschicht + Asphalttragschicht

$$h_{e_2} = 120 \text{ N/mm}^2 \sqrt[3]{\frac{1500 \text{ N/mm}^2}{120 \text{ N/mm}^2}} = 279 \text{ mm}$$

$$h_3 = 420 \text{ mm} + 279 \text{ mm} = 540 \text{ mm} \sqrt[3]{\frac{E_m}{E_1}}$$

$$E_m = \left(\frac{699 \text{ mm}}{540 \text{ mm}}\right)^3 E_1 = 2{,}17 \cdot 120 \text{ N/mm}^2 = 260 \text{ N/mm}^2$$

Kiessandtragschicht + Asphalttragschicht + Binderschicht

$$h_{e_3} = 30 \text{ N/mm} \sqrt[3]{\frac{2000 \text{ N/mm}^2}{260 \text{ N/mm}^2}} = 59{,}5 \text{ mm}$$

$$h_e = 540 \text{ mm} + 59{,}5 \text{ mm} = 570 \text{ mm} \sqrt[3]{\frac{E_{m1}}{E_m}}$$

$$E_{m1} = \left(\frac{599{,}5 \text{ mm}}{570 \text{ mm}}\right)^3 E_m = 1{,}16 \cdot 216 \text{ N/mm}^2 = 302 \text{ N/mm}^2$$

$$\frac{h}{r} = 3{,}35; \quad \frac{E_{m1}}{E_H} = 15{,}1; \quad F_s = 0{,}16$$

$$s = \frac{215 \text{ N/mm}}{20 \text{ N/mm}^2} \cdot 0{,}16 = 1{,}72 \text{ mm}$$

Einsetzen der Tragfähigkeit auf der Oberfläche der unteren Tragschicht mit 64 N/mm²

$$h_{e_3} = 30 \text{ mm} \sqrt[3]{\frac{2000 \text{ N/mm}^2}{1500 \text{ N/mm}^2}} = 33 \text{ mm}$$

$$h_e = 120 \text{ mm} + 33 \text{ mm} = 150 \text{ mm} \sqrt[3]{\frac{E_m}{1500 \text{ N/mm}^2}}$$

$$E_m = \left(\frac{153 \text{ mm}}{150 \text{ mm}}\right)^3 \cdot 1500 \text{ N/mm}^2 = 1592 \text{ N/mm}^2$$

$$\frac{h}{r} = 0{,}88; \quad \frac{E_m}{E_{\text{äl}}} = \frac{1592 \text{ N/mm}^2}{64 \text{ N/mm}^2} = 24{,}9; \quad F_s = 0{,}34$$

$$s = \frac{215 \text{ N/mm}}{64 \text{ N/mm}^2} \cdot 0{,}34 = 1{,}14 \text{ mm}$$

Wiederholte Anwendung des Ersatzhöhenverfahrens nach [232] mit den Nomogrammwerten aus Bild 3.21:

$$\frac{h_2}{D} = \frac{120 \text{ mm}}{340 \text{ mm}} = 0{,}353; \quad \frac{E_{\text{ä2}}}{E_2} = 0{,}10$$

$$\frac{E_{\text{äl}}}{E_2} = \frac{64 \text{ N/mm}^2}{1500 \text{ N/mm}^2} = 0{,}0427; \quad E_{\text{ä2}} = 0{,}10 \cdot 1500 \text{ N/mm}^2 = 150 \text{ N/mm}^2$$

$$\frac{h_3}{D} = \frac{30 \text{ mm}}{340 \text{ mm}} = 0,088 \qquad \frac{E_{\text{ä}3}}{E_3} = 0,090$$

$$\frac{E_{\text{ä}2}}{E_3} = \frac{150 \text{ N/mm}^2}{2000 \text{ N/mm}^2} = 0,075; \qquad E_{\text{ä}3} = 0,09 \cdot 2000 \text{ N/mm}^2 = 180 \text{ N/mm}^2$$

$$s = \frac{215 \text{ N/mm}}{180 \text{ N/mm}^2} = 1,19 \text{ mm}$$

Die Rechenbeispiele erlauben folgende Aussagen:

- Die Zusammenfassung von ähnlichen Konstruktionsschichten mit Hilfe des Ersatzhöhenverfahrens und Zurückführung auf ein Zweischichtsystem führt zu ähnlichen Verformungsgrößen, wie sie über die schrittweise Ermittlung des äquivalenten E-Moduls von unten nach oben bestimmt werden.
- Der Einfluß der Schichtdicke und der Tragfähigkeitskennwerte der Einzelschichten kommt bei der schrittweisen Berechnung der äquivalenten Modul klarer zum Ausdruck, so daß sich auch die in der Veränderung des Konstruktionsaufbaus oder der angesetzten Eingangswerte bestehenden Möglichkeiten der Beeinflussung des komplexen Tragverhaltens deutlicher erkennen lassen.
- Es ist unzweckmäßig dickere Konstruktionsschichten mit geringem Tragfähigkeitswert (untere Tragschichten) und Asphalttragschichten mit verhältnismäßig hohem Tragfähigkietswert zusammenzufassen. Dabei wird die komplexe Tragfähigkeit zu klein ermittelt. Die Vernachlässigung des Korrekturfaktors 0,9 bei der Umrechnung hat kaum Auswirkungen.

Verformungskriterien

Als Bemessungsgrundlage können die in Tafel 3.8 als E_{stat} angeführten Werte verwendet werden. Sie gelten für die Frühjahrsperiode mit entsprechend niedrigen Tragfähigkeitskennwerten für bindigen Unterbau (Untergrund), konstante Tragfähigkeitskennwerte der ungebundenen Konstruktionsschichten und der Tragfähigkeitskennwerte der bituminösen Schichten bei etwa 5 °C.

Tafel 3.13 Zulässige vertikale Verformungen für Bemessungsbedingungen

Bauklasse	Regelachskräfte FR 100/24 h und Streifen	Regelachskräfte FR 100 in 20 Jahren/Fahrstreifen	Verformung s_{zul} in mm
SV	>500	>360 · 10^4	0,55
I	>350 bis 500	252 · 10^4 bis 360 · 10^4	0,65
II	>200 bis 350	144 · 10^4 bis 252 · 10^4	0,75
III	>100 bis 200	72,0 · 10^4 bis 144 · 10^4	0,85
IV	>40 bis 100	28,8 · 10^4 bis 72,0 · 10^4	1,0
V	>5 bis 40	3,6 · 10^4 bis 28,8 · 10^4	1,2
VI	<5	< 3,6 · 10^4	1,6

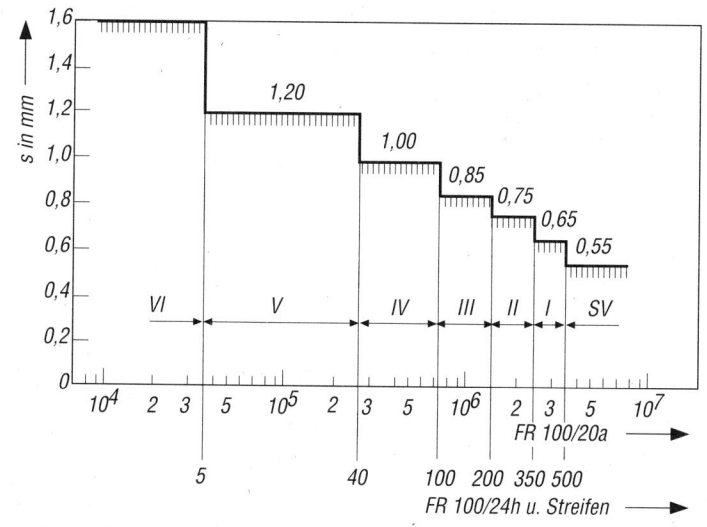

3.2. Bemessung von flexiblen Straßenbefestigungen

Bild 3.22 *Kriterium der vertikalen Verformung über mittlerer, täglicher Beanspruchung bzw. im Laufe von 20 Jahren*

In Tafel 3.13 sind hierzu empfohlene Verformungswerte für die einzelnen Bauklassen angegeben. Auf Bild 3.22 ist der Zusammenhang zwischen der Beanspruchungshäufigkeit (Einteilung in Bauklassen gemäß Tafel 3.7) und den zulässigen Verformungen unter den Bemessungsbedingungen erklärt. Gegenüber den Straßen der Bauklasse V unterliegen z. B. die Straßen der Bauklasse II einer 10 bis 40-fachen Beanspruchung. Mit den in Tafel 3.13 und Bild 3.22 vorgeschlagenen differenzierten Unterteilungen zulässiger Verformungen (rechnerisch) in Abhängigkeit von der Bauklasse können ggf. die konkreten Bedingungen im Einzelfall (Tragfähigkeit von Unterbau bzw. Untergrund und der verschiedenen Befestigungsschichten) besser berücksichtigt werden.

3.2.2.3. Abschätzung der Zugspannungen in bituminös gebundenen Befestigungsschichten

Es gibt noch keine ideal übersichtliche und wenig aufwendige Methode, mit der die Spannungen oder Dehnungen als Kriterium für die Bemessung von Straßenkonstruktionen herangezogen werden. Unter der kurzzeitigen Einwirkung der mit hoher Geschwindigkeit überfahrenden Radkräfte, treten an der Unterseite bituminöser Konstruktionsschichten Biegezugspannungen auf. Zu deren angenäherter Ermittlung werden die dynamischen E-Moduln benötigt, die für den Fall gelten, daß keine plastischen Verformungen auftreten. Orientierungswerte sind in Tafel 3.8 angegeben.

Mit Hilfe elastizitätstheoretischer Berechnungen sind von *Burmister* die Spannungen für Zwei- und Dreischichtsysteme ermittelt und von *Jones* und *Peattie* tabelliert bzw. graphisch ausgewertet worden [234, 235, 236]. Unter bestimmten Voraussetzungen ist es möglich, die Zugspannungen für bituminös gebundene Konstruktionsschichten nach aufbereiteten Arbeitsgraphiken zu ermitteln. Offen ist jedoch bisher die Festlegung von Grenzwerten für die Spannungen oder Dehnungen.

Die kumulative Erfassung der verschiedenen Beanspruchungszustände, besonders in Abhängigkeit von den Temperaturunterschieden und ihre anteilige Zuordnung zur Dauerbeanspruchung ist noch nicht befriedigend gelöst. Methodisch ist der Versuch zur Übertragung der

Miner'schen Hypothese auf Straßenkonstruktionen interessant. In Tafel 3.14 sind mögliche Unterteilungen der Zeit in Abschnitte mit bestimmten Witterungsbedingungen (Temperaturen) wiedergegeben. Dieser Einteilung entsprechend ist die jeweilige Anzahl der Beanspruchungen zuzuordnen. Es wird deutlich, daß die Witterungsschwankungen die Erfassung der unterschiedlichen Tragfähigkeitskennwerte sehr erschweren und daß ferner die Zusammenfassung der Biegezugspannungen auf der Grundlage des Bemessungsfahrzeugs weitere ungünstige Annahmen enthält.

Tafel 3.14 Möglichkeiten der Berücksichtigung der Temperaturunterschiede zur kumulativen Erfassung von Beanspruchungen

1. Variante nach [236]

Tiefe in mm	Jahresabschnitte					
	16. 12. bis 15. 3.	16. 3. bis 15. 5.	16. 5. bis 15. 6.	16. 6. bis 15. 9.	16. 9. bis 15. 10.	16. 10. bis 15. 12.
	Mittlere Tagestemperaturen					
− 50	−1 °C	+16 °C	+30 °C	+32 °C	+25 °C	+10 °C
−100	−1 °C	+14 °C	+27 °C	+30 °C	+22 °C	+10 °C
−200	−1 °C	+12 °C	+22 °C	+25 °C	+19 °C	+9 °C
	Mittlere Nachttemperaturen					
− 50	−7 °C	+8 °C	+18 °C	+20 °C	+15 °C	+6 °C
−100	−5 °C	+9 °C	+18 °C	+21 °C	+16 °C	+7 °C
−200	−4 °C	+10 °C	+18 °C	+22 °C	+17 °C	+8 °C

2. Variante nach [220]

Jahresabschnitte	$^{1}/_{2}$ Monat −5 °C	2 Monate +5 °C	7 $^{1}/_{2}$ Monate +20 °C	2 Monate +3 °C

Offensichtlich wachsen mit fallender Bauklasse und entsprechend abnehmender Dicke der bituminösen Konstruktionsschichten die Biegezugspannungen bei sonst gleichen Bedingungen. Das läßt umgekehrt die Deutung zu, daß die Biegezugspannungen an Straßenkonstruktionen für höhere Bauklassen kaum als Ursache für auftretende Abnutzungserscheinungen bewertet werden.

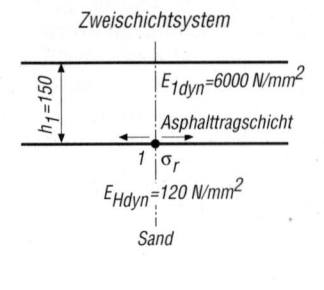

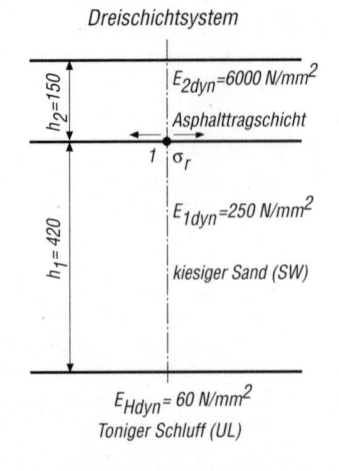

Bild 3.23 Mehrschichtsysteme zur Ermittlung der Zugspannungen bei kurzzeitiger Krafteinwirkung und $T \approx 5°C$

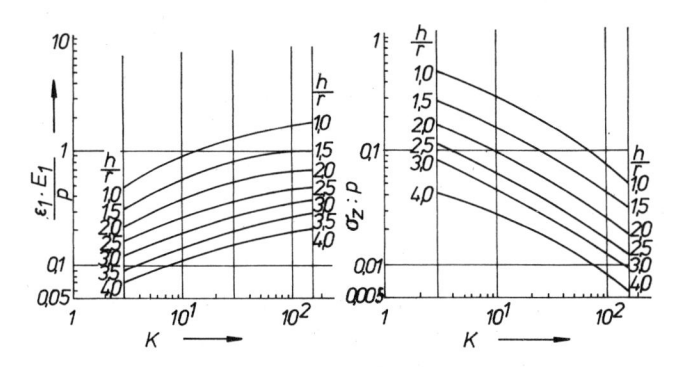

3.2. Bemessung von flexiblen Straßenbefestigungen

Bild 3.24 Diagramme zur Ermittlung der Werte $\varepsilon_l \cdot E_l/p$ und σ_z/p für Zweischichtsysteme [220]

Zur Abschätzung der Zugspannungen an der Unterseite bituminöser Konstruktionsschichten kann Bild 3.23 herangezogen werden.

Diagramm für Zweischichtsysteme nach Ansätzen von *Burmister* [220]

Mit den Ausgangswerten werden die Verhältnisse r/h und $K = E_1/E_H$ berechnet. Aus Bild 3.24 können damit die Größen $\varepsilon_1 \cdot E_1/p$ und σ_z/p abgelesen werden. σ_{r1} und σ_z können einfach ausgerechnet werden.

$$\frac{h}{r} = \frac{150 \text{ mm}}{170 \text{ mm}} = 0,88; \qquad K = \frac{6000 \text{ N/mm}^2}{120 \text{ N/mm}^2} = 50$$

$$\frac{\varepsilon_1 \cdot E_1}{p} = 1,8; \qquad \varepsilon_1 = 1,65 \cdot 10^{-4}$$

$$\sigma_{r1} = 1,18 \cdot 0,633 = 1,14 \text{ N/mm}^2$$

$$\frac{\sigma_{z1}}{p} = 0,14; \qquad \sigma_{z1} = 0,14 \cdot 0,633 \text{ N/mm}^2 = 0,089 \text{ N/mm}^2$$

Tabellen von *Jones* für das Dreischichtsystem

$$a_1 = \frac{r}{h_1} = \frac{170 \text{ mm}}{150 \text{ mm}} = 1,13; \qquad K_1 = \frac{6000 \text{ N/mm}^2}{250 \text{ N/mm}^2} = 24$$

$$H = \frac{h_2}{h_1} = \frac{150 \text{ mm}}{420 \text{ mm}} = 0,357; \qquad K_2 = \frac{250 \text{ N/mm}^2}{60 \text{ N/mm}^2} = 4,17$$

$$\sigma_{z1} = 0,481 p = 0,481 \cdot 0,633 = 0,30 \text{ N/mm}^2$$

$$\sigma_{z1} + \sigma_{r1} = 5,25 p; \qquad 0,30 \text{ N/mm}^2 + \sigma_{r1} = 5,25 \cdot 0,633 \text{ N/mm}^2$$

$$\sigma_{r1} = 3,32 - 0,30 = 3,02 \text{ N/mm}^2$$

Übernahme der *Westergaard*'schen Ansätze als Näherungsrechnung

Grundüberlegungen

Umrechnung des Mehrschichtsystems in einen elastisch-isotropen Halbraum

$$h_{e1} = 0,9 h_1 \sqrt[3]{\frac{E_1}{E_H}}; \qquad h_{e2} = 0,9 h_2 \sqrt[3]{\frac{E_2}{E_H}}$$

Ermittlung der fiktiven Bettungszahl K für den Punkt 1 in Bild 3.23

$$K = \frac{\sigma_{z1}}{\Delta s_1}; \qquad \sigma_{z1} \text{ vertikale Spannung}; \quad \Delta s_1 \text{ Einsenkung des Punktes}$$

Für beide Systeme wird

$$\sigma_{z1} = \frac{3}{2\pi(h_{e1})^2} \quad \text{bzw.} \quad \sigma_{z1} = \frac{3}{2\pi(h_{e2})^2}$$

Für das Zweischichtsystem wird

$$\Delta s_H = \frac{3}{2\pi E_H} \int_{h_{e1}}^{\infty} \frac{1}{z^2} \, dz = \frac{3}{2\pi E_H} \cdot \frac{1}{h_{e1}}$$

$$K = \frac{E_H}{h_{e1}}$$

Für das Dreischichtsystem gilt

$$\Delta s_{10} = \frac{3}{2\pi E_H} \frac{h_1}{h_{e1}} \int_{h_{e2}}^{h_{e2}+h_{e1}} \frac{1}{z^2} \, dz = \frac{3}{2\pi E_H} \frac{h_1}{h_{e1}} \left[-\left(\frac{1}{h_{e2}+h_{e1}} - \frac{1}{h_{e2}} \right) \right]$$

$$\Delta s_{H0} = \frac{3}{2\pi E_H} \int_{h_{e2}+h_{e1}}^{\infty} \frac{1}{z^2} \, dz = \frac{3}{2\pi E_H} \frac{1}{h_{e2}+h_{e1}}$$

$$\Delta s_1 = \Delta s_{10} + \Delta s_{H0} = \frac{3}{2\pi E_H} \left[\frac{1}{h_e} - \frac{h_1}{h_{e1}} \left(\frac{1}{h_e} - \frac{1}{h_{e2}} \right) \right]$$

$$K = \frac{E_H}{(h_{e2})^2 \left[\frac{1}{h_e} - \frac{h_1}{h_{e1}} \left(\frac{1}{h_e} - \frac{1}{h_{e2}} \right) \right]} ; \quad h_e = h_{e1} + h_{e2}$$

Ermittlung der Spannung σ_{r1} nach Westergaard (s. Abschn. 3.3.):

$$\sigma_{r1} = \frac{0{,}275 \cdot F}{h^2} (1+\mu) \left[\lg \frac{Eh^3}{Kb^4} - 0{,}436 \right]$$

$\mu \approx 0{,}30$ für bituminöse Konstruktionsschichten

$$b = \sqrt{1{,}6 r^2 + h^2} - 0{,}675 h \quad \text{für} \quad r < 1{,}724 h$$

• *Beispiele*
Zweischichtsystem

$$h_{e1} = 0{,}9 \cdot 150 \text{ mm} \sqrt[3]{\frac{6000 \text{ N/mm}^2}{120 \text{ N/mm}^2}} = 500 \text{ mm}$$

$$K = \frac{120 \text{ N/mm}^2}{500 \text{ mm}} = 0{,}24 \text{ N/mm}^3$$

$$b = \sqrt{1{,}6 \cdot 28900 \text{ mm}^2 + 22500 \text{ mm}^2} - 0{,}675 \cdot 150 \text{ mm} = 161 \text{ mm}$$

$$\sigma_{r1} = \frac{0{,}275 \cdot 57500 \text{ N}}{(150 \text{ mm})^2} (1+0{,}30) \left[\lg \frac{6000 \text{ N/mm}^2 (150 \text{ mm})^3}{0{,}24 \text{ N/mm}^3 (161 \text{ mm})^4} - 0{,}436 \right]$$

$$\sigma_{r1} = 0{,}914 \text{ N/mm}^2 (\lg 125{,}6 - 0{,}436) = 1{,}51 \text{ N/mm}^2$$

Dreischichtsystem

$$h_{e1} = 0.9 \cdot 420 \text{ mm} \sqrt[3]{\frac{250 \text{ N/mm}^2}{60 \text{ N/mm}^2}} = 610 \text{ mm}$$

$$h_{e2} = 0.9 \cdot 150 \text{ mm} \sqrt[3]{\frac{6000 \text{ N/mm}^2}{60 \text{ N/mm}^2}} = 627 \text{ mm}$$

$$h_e = 1237 \text{ mm}$$

$$K = \frac{60 \text{ N/mm}^2}{(627 \text{ mm})^2 \left[\frac{1}{1237 \text{ mm}} - \frac{420 \text{ mm}}{610 \text{ mm}} \left(\frac{1}{1237 \text{ mm}} - \frac{1}{627 \text{ mm}} \right) \right]}$$

$$K = 0.113 \text{ N/mm}^3 \approx 0.11 \text{ N/mm}^3$$

$$\sigma_{r1} = \frac{0.275 \cdot 57\,500 \text{ N}}{(150 \text{ mm})^2}(1+0.30)\left(\lg \frac{6000 \text{ N/mm}^2 (150 \text{ mm})^3}{0.11 \text{ N/mm}^3 (161 \text{ mm})^4} - 0.436 \right)$$

$$\sigma_{r1} = 0.914 \text{ N/mm}^2 (\lg 274 - 0.436) = 1.83 \text{ N/mm}^2$$

Die Abschätzungen der Radialspannungen weichen untereinander erheblich ab. Die Problematik von Grenzwerten für Zugspannungen bzw. Dehnungen wird damit unterstrichen.

3.2.3. Schlußfolgerungen und Regelbefestigungen nach RSTO 86 (89)

Allgemeine Aussagen
Die komplexe Beanspruchung von Straßenkonstruktionen ist wegen der vielfältigen Kombinationen der Einflußfaktoren nur angenähert erfaßbar. Die verwendeten Werte gelten jeweils nur für die dazu getroffenen Festlegungen und Randbedingungen. Wichtige Einflüsse sind:

- Unterschiede der Radkräfte, die die Straße beanspruchen (es wird eine konstante Bemessungsradkraft verwendet).
- Tragfähigkeitsschwankungen des Unterbaus bzw. Untergrunds aus bindigen Böden.
- Beständigkeit der Tragfähigkeitswerte der ungebundenen Konstruktionsschichten einschließlich des Untergrunds bzw. Untergrunds aus grobkörnigen (frostsicheren) Böden.
- Erhebliche Streuungen der Tragfähigkeitskennwerte der bituminösen Tragschichten infolge der Temperaturspanne von etwa -15 bis $+40$ °C.
- Qualitätsunterschiede bituminöser Schichten, die in den Tragfähigkeitskennwerten E_{stat} und E_{dyn} wegen des vorherrschenden Temperatureinflusses nicht deutlich erkennbar sind.
- Unterschiedliche Geschwindigkeiten der Nutzkraftwagen mit entsprechend unterschiedlicher Einwirkzeit auf den Untersuchungsquerschnitt.
- Regenerierende Wirkung des Straßenverkehrs auf bituminöse Konstruktionsschichten und unterschiedlicher zeitlicher Abstand der Beanspruchungen.

Orientierung für die Weiterentwicklung
Die zur Zeit gültigen Richtlinien für die Standardisierung des Oberbaus von Verkehrsflächen (RSTO) [34] stellen sehr hohe Anforderungen an die Tragfähigkeit des Unterbaus bzw. des Untergrundes und die ungebundenen unteren Tragschichten (Frostschutzschichten). Diese hohen Anforderungen zwingen zu Entscheidungen, die oft im Widerspruch zu den wirtschaftlichen Möglichkeiten stehen.

Statt der formalen Anwendung von [34] sollte eine Vorgehensweise angestrebt werden, welche begründete Abweichungen oder Ergänzungen der Standardbefestigungen ermöglicht. Dazu müssen die örtlichen Unterschiede der topographischen und geologischen Bedingungen berücksichtigt und die Verwendung wirtschaftlich günstig beschaffbarer, bekannter oder neuer Baustoffe beurteilt werden können.

- Für Bundesfernstraßen, wichtige Landesstraßen und Hauptstraßen in den Städten sind die Straßenkonstruktionen sicher zu bemessen. Für weniger beanspruchte Straßen darf der Konstruktionsaufbau mit größerem Risiko bemessen werden. Lokale Einzelschäden, die evtl. durch zufällige Überbeanspruchung entstehen, können an Nebenstraßen meist ohne wesentliche volkswirtschaftliche Auswirkungen beseitigt werden.

- Für Bemessungsaufgaben (freie Bemessung) erscheint das Kriterium der vertikalen Verformung als Näherung ausreichend. Die Abschätzung der Zugspannungen kann ergänzend erfolgen und bei Vergleichen herangezogen werden.

- Wichtig und möglich ist die Berücksichtigung der unterschiedlichen Tragfähigkeitskennwerte für Unterbau bzw. Untergrund aus bindigen und grobkörnigen (frostsicheren) Böden.

- Das Langzeitverhalten der je nach Bauklasse als obere (Bauklassen V und VI) oder untere Tragschicht angewendeten Zementverfestigungen als Bestandteil der Straßenkonstruktionen ist weiter aufzuklären und bei den Bemessungsaufgaben zutreffender zu berücksichtigen.

Beispielbetrachtungen für ausgewählte Konstruktionen
In Bild 3.25 wurden wichtige Standard-Oberbau-Beispiele aus [34] übernommen. Grundsätzlich wird davon ausgegangen, daß im Regelfall von einem Unterbau bzw. Untergrund aus gemischt- oder feinkörnigem Boden auszugehen ist. An anderer Stelle wurde betont, daß diese Böden in natürlichem Zustand meist Wassergehalte aufweisen, die nur E_{v2}-Werte im Bereich von 20 bis 30 N/mm² ermöglichen. Das bedeutet, daß bei diesen Böden vor dem Einbau der Frostschutzschicht eine Kalkstabilisierung notwendig wird. Weiter werden auf der Oberseite der Frostschutzschichten E_{v2}-Werte $\geq$ 120 N/mm² (100) gefordert. Das setzt voraus, daß die Frostschutzschichten aus ausgesuchten Kiessanden (gleichkörnige Sande mit $E \approx 80$ bis 100 N/mm² wären nicht verwendbar) herzustellen sind. Andererseits werden grobkörnige (frostsichere) Böden als Unterbau bzw. Untergrund mit $E_{v2} > 80$ N/mm² (z.B. gleichkörnige Sande), die in bestimmten Gebieten häufig vorkommen, nicht berücksichtigt.

Tafel 3.15 Gerechnete Verformungswerte in mm für Standardkonstruktionen in Bild 3.26

Befestigungsaufbau nach [34]	Bauklasse [1]							
	SV		II		IV		VI	
	s_{zul}	s_{ger}	s_{zul}	s_{ger}	s_{zul}	s_{ger}	s_{zul}	s_{ger}
Bituminöse Tragschicht auf Frostschutzschicht		0,54		0,68		0,90		1,10
Bituminöse Tragschicht und Bodenverfestigung auf Frostschutzschicht	0,55	0,54	0,75	0,72	1,0	0,72	1,5	1,19
Bituminöse Tragschicht und Schottertragschicht auf Frostschutzschicht		0,54		0,72		0,96		1,03

[1] Bei den Bauklassen SV, II und IV blieb die Wirkung der 40 mm dicken Asphaltdeckschicht unberücksichtigt

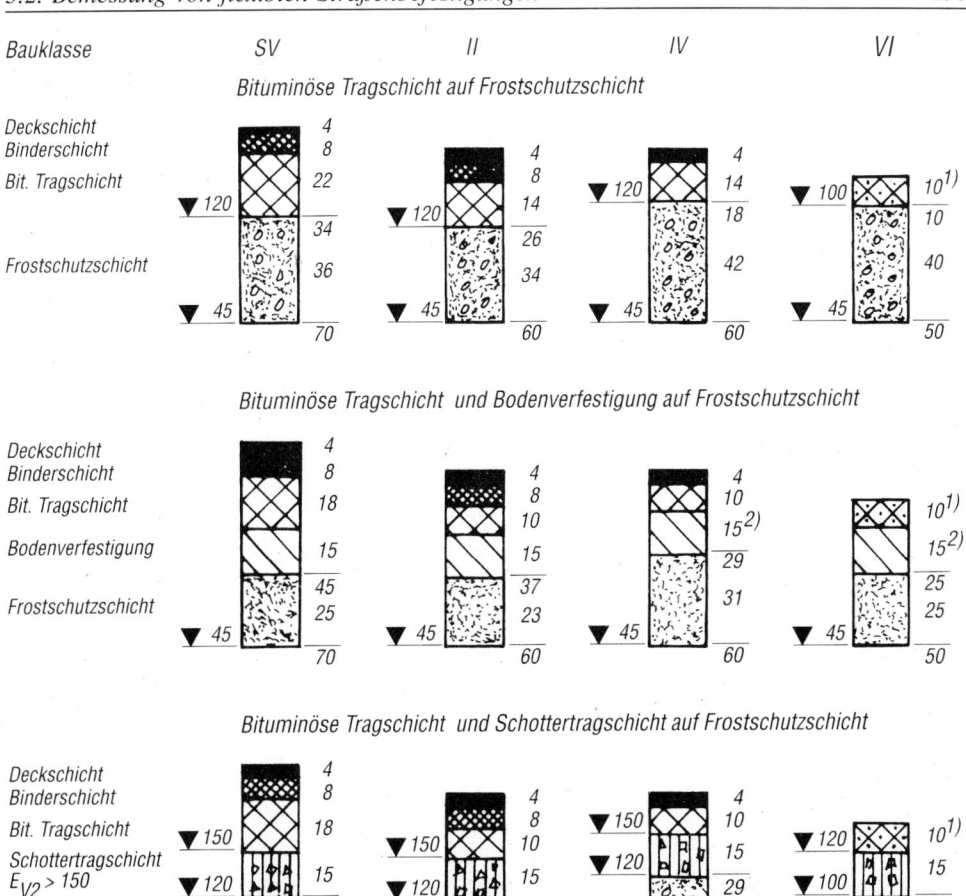

3.2. Bemessung von flexiblen Straßenbefestigungen

Bild 3.25 Beispiele für Befestigungsaufbauten mit bituminösen Decken [34]
[1]) Tragdeckschichten oder Asphaltbeton; [2]) mit Maßnahmen zur gezielten Rißbildung

Betrachtet man die Beispiele in Bild 3.26 so entsprechen 5 cm Bodenverfestigung 15 cm Schottertragschicht. Zur Wertung der behandelten Zusammenhänge werden Beispiel- und Vergleichsrechnungen vorgenommen.

Mit den Werten aus Tafel 3.8 wurden die Verformungswerte in Anlehnung an [232] ermittelt. Diese sind in Tafel 3.15 angegeben und weisen etwa gleiche Größen auf.

Es ist zu bemerken, daß für alle Unterbauten (Untergrund) ein bindiger Boden mit $E_{v2} \approx$ 20 N/mm² angesetzt wurde. Wird dieser mit Kalkhydrat in etwa 150 mm Dicke stabilisiert und für die stabilisierte Schicht ein E-Wert von rund 80 N/mm² erreicht, dann kann als komplexer Tragfähigkeitswert E_{v2} von etwa 30 bis 35 N/mm² ermittelt werden (<,45). Die darüber anzuordnenden Frostschutzschichten müssen aus weitgestuften Kiessandgemischen bestehen ($E \approx 250$ N/mm²), um in die Nähe der in [34] geforderten komplexen Tragfähigkeiten E_{v2} von 120 N/mm² zu gelangen (Die rechnerisch ermittelten Werte pendeln in Abhän-

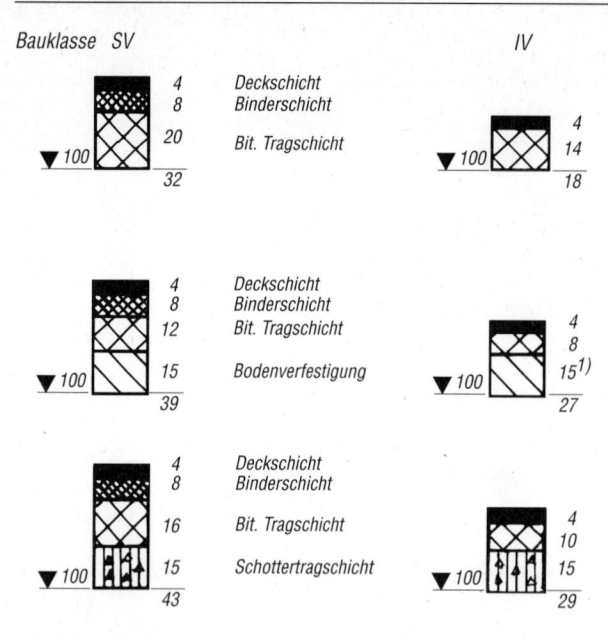

Bauklasse SV			IV	
	4	Deckschicht		4
	8	Binderschicht		
▼100	20	Bit. Tragschicht	▼100	14
	32			18

	4	Deckschicht		4
	8	Binderschicht		8
	12	Bit. Tragschicht		
▼100	15	Bodenverfestigung	▼100	15[1)]
	39			27

	4	Deckschicht		
	8	Binderschicht		4
	16	Bit. Tragschicht		10
▼100	15	Schottertragschicht	▼100	15
	43			29

Bild 3.26 *Befestigungsaufbauten analog zu Bild 3.25; jedoch auf Unterbau (Untergrund) aus gleichkörnigem Sand ($E_{V2} \approx 100$ N/mm²)*
[1)] *Mit Maßnahmen zur gezielten Rißbildung*

gigkeit von der Dicke der Frostschutzschicht um 100 N/mm²). Für die Konstruktion mit der Bodenverfestigung wurde als untere Tragschicht ein gleichkörniger Sand mit $E \approx 100$ N/mm² gewählt. Dieses Material ist auch für die Bodenverfestigung brauchbar.

Ergänzend werden die in Bild 3.26 dargestellten Befestigungen auf Unterbau bzw. Untergrund aus gleichkörnigem Sand mit $E_{v2} \approx 100$ N/mm² nach dem gleichen Verfahren überprüft. Damit sind geringe Reduzierungen der Asphalttragschichten bei den flexiblen Tragschichten möglich. Auffällig wirkt sich die verhältnismäßig hohe Tragfähigkeit der Zementverfestigung auf die erforderliche Tragschicht für Bauklasse SV aus.

Auf den Nachweis der Zugspannungen wurde hier verzichtet, weil die dicken bituminösen Schichten keine hohen radialen Spannungen zulassen. Diese ausführliche Erklärung der Zusammenhänge soll dazu anregen, im konkreten Einzelfall eine Bemessung mit Einbeziehung der örtlichen Bedingungen vorzunehmen. Damit kann begründet von [34] abgewichen werden. Zwischen Auftraggeber und bauausführendem Betrieb sind dazu entsprechende Festlegungen zu vereinbaren.

Zur Verbesserung der Grundlagen sind in den Territorien (Straßenbauämter) systematisch die Tragfähigkeitsmessungen mit dem Plattendruckgerät zu erfassen und auszuwerten. Das gilt sowohl für den Unterbau (Untergrund) als auch für die komplexen E_{v2}-Werte auf den darüber eingebauten Konstruktionsschichten.

Schließlich sind Schlußfolgerungen zu ziehen, die darauf orientieren, der Überbeanspruchung durch unzulässige Überschreitungen der Achskräfte entgegenzuwirken.

3.3. Bemessung von Betondecken

3.3.1. Grundlagen

Die Bemessung von Zementbetondeckschichten soll die wichtigsten Einflüsse auf die Beanspruchung und das Festigkeitsverhalten von Zementbeton berücksichtigen. Es ist anzustreben, daß eine Nutzungsdauer von etwa 30 bis 40 Jahren erreicht wird, in der keine Risse infolge Überschreitung der Biegezugfestigkeit auftreten. Die Biegezugspannungen treten in Abhängigkeit von den Verkehrskraftwirkungen in Verbindung mit den Spannungen aus ungleichmäßiger Temperaturverteilung mit erheblichen Streuungen auf. Als Bemessungskriterium gelten die Biegezugspannungen, die bei vorgegebenen Beanspruchungen auftreten. Die Gesamtspannung wird der Biegezugfestigkeit des Straßenbetons gegenübergestellt.

Die Tragfähigkeit der Unterlage (Unterbau oder Untergrund, ggf. mit unterer Tragschicht) wird durch die Bettungszahl ausgedrückt. Diese kann für die praktisch vorkommenden Fälle aus den mit der Plattendruckprüfung ermittelten E-Moduln berechnet werden, wobei für ungebundene und gebundene Tragschichten unterschiedliche Näherungsansätze verwendet werden.

Für ungebundene Tragschichten gilt etwa $K \approx E_{v2}/125$

Hierzu ist E_{v2} mit einer Lastplatte von 300 mm Durchmesser zu ermitteln. Unmittelbar kann K mit Hilfe der Plattendruckprüfung (s. Abschn. 2.2.3.2.) bestimmt werden.

Für gebundene Tragschichten gilt

(s. auch 3.2.2.3.):

$$K = \frac{E_H}{h_{e2}^2 \left[\frac{1}{h_e} - \frac{h_1}{h_{e1}} \left(\frac{1}{h} - \frac{h}{h_{e2}} \right) \right]}$$

$$h_{e1} = 0{,}9 h_1 \sqrt[3]{\frac{E_1}{E_H}} \ ; \qquad h_{e2} = 0{,}9 h_2 \sqrt[3]{\frac{E_2}{E_H}}$$

Die Bezeichnungen sind aus der Ableitung in 3.2.2.3. zu entnehmen. In die Spannungsberechnung wird eine Größe eingeführt, die den Widerstand gegen Verformungen und damit die Steifigkeit der Gesamtkonstruktion zum Ausdruck bringt und die als Radius der relativen Steifigkeit oder elastische Länge bezeichnet wird:

$$l = \sqrt[4]{\frac{E \cdot h^3}{12(1-\mu^2) \cdot K}}$$

E, h, μ E-Modul, Dicke und Poissonzahl der Zementbetondecke
K Bettungszahl auf der Tragschicht (Unterbau)

Die wesentlichen Spannungen, die bei der Bemessung zu berücksichtigen sind:

- Verkehrsspannungen, verursacht durch die Bemessungsradkraft
- Spannungen aus ungleichmäßiger Temperaturverteilung über den Querschnitt

Die Zugspannungen, die aus der Reibung zwischen Plattenunterseite und Unterlage entstehen, werden für die Bemessung nicht berücksichtigt, weil sie bei der normalen Länge der unbewehrten Platten relativ klein sind und nur dann auftreten, wenn die Spannungen aus ungleichmäßiger Temperaturverteilung über den Querschnitt stark abgemindert sind (Abkühlung von oben).

3.3.2. Spannungen aus Verkehrskräften

Die zur Berechnung der Biegezugspannungen (Radialspannungen) verwendeten Gleichungen gehen auf *Westergaard* [237] zurück. Sie wurden ständig den praktischen Anforderungen und Versuchsergebnissen entsprechend verbessert. Dabei dient die Bettungszahltheorie als Grundlage. Diese basiert auf der Annahme, daß die Platte als homogener, elastisch-isotroper Körper auf einer vollelastischen Unterlage reibungsfrei aufliegt (Federlagerung, keine Schubübertragung) und daß die Reaktionen der Unterlage vertikal und den Einsenkungen der Platte proportional sind:

$$p = K \cdot y$$

Es wird vorausgesetzt, daß die Bettungszahl in jedem Punkt konstant und von der Größe der Einsenkung unabhängig ist. Die Gleichungen für die Fälle der Belastung in Plattenmitte (M) und am Plattenrand (R) gelten für die Achse des jeweiligen Kraftübertragungskreises. Für den Fall der Belastung der Plattenecke wird hier die außerhalb der Kontaktfläche an der Plattenoberseite auftretende Maximalspannung berechnet (Bild 3.27). Die Geichungen aller drei Lastfälle gelten für die kreisförmigen Ersatzaufstandsflächen mit dem Radius

$$r = \sqrt{\frac{F}{c \cdot p \cdot \pi}}$$

F Radkraft des Bemessungsfahrzeuges
p Reifeninnendruck der Reifen des Bemessungsfahrzeuges
c Verhältnis zwischen Kontaktspannung und Reifeninnendruck; kann im Regelfall ≈ 1 gesetzt werden

Diese Gleichungen setzen voraus, daß die Platten satt auf der Unterlage aufliegen. Die verbesserten Gleichungen für die Biegezugspannungen (Radialspannungen) für die unbewehrte homogene Fahrbahnplatte lauten:

Plattenmitte:
$$\sigma_{V,M} = \frac{0{,}275 \cdot \varphi \cdot F}{h^2}(1+\mu)\left(\lg\frac{E \cdot h^3}{K \cdot b^4} - 0{,}436\right)$$

Plattenrand:
$$\sigma_{V,R} = \frac{\varphi \cdot F}{h^2}\left(0{,}825\lg\frac{E \cdot h^3}{K \cdot b^4} + 0{,}591\frac{b}{l} + 0{,}705\right)$$

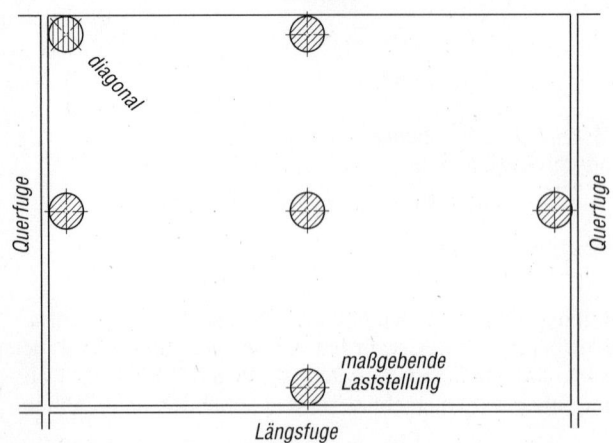

Bild 3.27 *Mögliche Laststellungen für Spannungsnachweise*

3.3. Bemessung von Betondecken

(Auflagerung auf einer starren oder quasistarren Tragschicht; die dabei auftretenden verstärkten Hohllagerungen der Plattenränder werden berücksichtigt.)

$$\sigma_{V,R} = \frac{0{,}572 \cdot \varphi \cdot F}{h^2} \left[4\lg\left(\frac{l}{b}\right) - 0{,}359 \right]$$

(Auflagerung auf einer ungebundenen oder an die Verformung der Platte stark anpassungsfähigen Schicht.)

Plattenecke

$$\sigma_{V,E} = \frac{3 \cdot \varphi \cdot F}{h^2} \left[1 - \left(\frac{r\sqrt{2}}{l}\right)^{1{,}2} \right]$$

F	Bemessungsradkraft 57,5 kN
h	Plattendicke
μ	Poissonzahl für Straßenbeton
E	Elastizitätsmodul des Straßenbetons für kurzzeitige Kraftwirkung
l	elastische Länge
K	Bettungszahl (Bettungsmodul)
b	$\sqrt{1{,}6r^2 + h^2} - 0{,}675h$
φ	Stoßbeiwert infolge Fahrbahnunebenheiten; für neue verdübelte Betonplatten wird hier $\varphi = 1{,}0$ gesetzt

In Bild 3.28 sind die Spannungen für verschiedene Plattendicken aufgetragen.

Der Lastfall Plattenrand ergibt bei Überlagerung mit den Temperaturspannungen die größten Gesamtbiegespannungen. Deshalb genügt es, den Spannungsnachweis für den Plattenrand zu führen. Für die Laststellung gilt der mittlere Bereich der Plattenränder außen, an der Mittellängsfuge und an den Querfugen gemäß Bild 3.27.

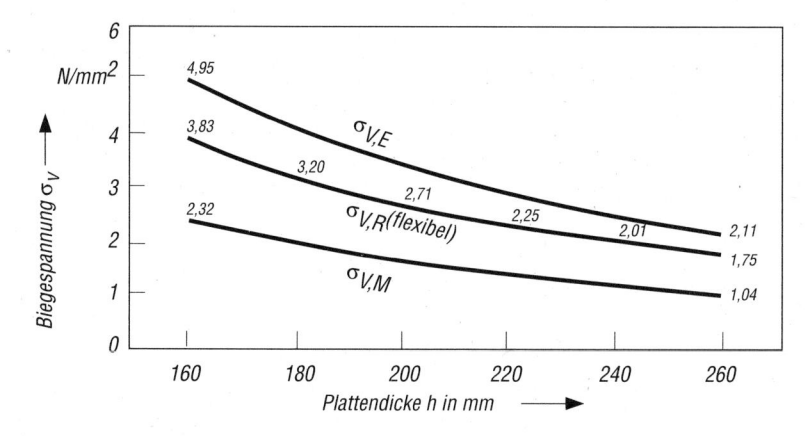

Bild 3.28 *Spannungen unter Einwirkung der Bemessungsradkraft von 57,5 kN für verschiedene Plattendicken*
$E = 10^4\ N/mm^2;\ K = 0{,}05\ N/mm^3$

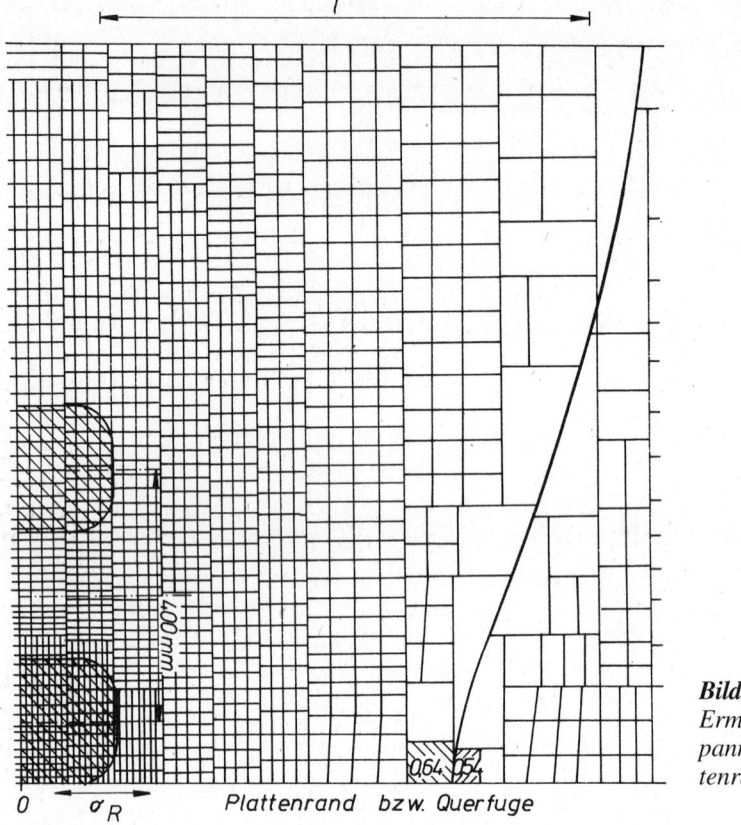

Bild 3.29 *Einflußtafel zur Ermittlung der Biegezugspannungen für den Plattenrand nach [238]*

Bei komplizierten Radanordnungen, wie sie bei Flugzeugen oder Sonderfahrzeugen auftreten, ist das Rechnen mit einer äquivalenten Reifenaufstandsfläche zu ungenau. Zutreffendere Ergebnisse erhält man mit Hilfe des graphischen Verfahrens der Momenteneinflußtafeln von *Pickett* und *Ray* [238]. Diese Einflußtafeln liegen für verschiedene Lastfälle vor, die die verbesserten Gleichungen von *Westergaard* als Grundlage haben. Bild 3.29 zeigt die Einflußtafel für eine Randbelastung mit den Kontaktflächen einer Radgruppe. Die Länge l entspricht der elastischen Länge im untersuchten Fall. Daraus ergibt sich der Zeichnungsmaßstab für die Kontaktflächen. Diese sind entsprechend der möglichen Kraftwirkung so anzuordnen, daß die maximale Anzahl von Feldern bedeckt wird. Dann entsteht im Punkt 0 die maximale Spannung.

Die Biegezugspannung beträgt

$$\sigma_V = \frac{6 \cdot p \cdot l^2 \cdot N}{10000 \cdot h^2}$$

p Kontaktspannung zwischen Reifen und Betonplatte
N Anzahl der von den Kontaktflächen bedeckten Felder
l elastische Länge
h Plattendicke

Grundlegende Vergleiche der Resultate nach Westergaard und der Theorie der finiten Elemente ergeben für Straßenbefestigungen im Regelfall keine wesentlichen Unterschiede [239]. Bei außerordentlich hoch beanspruchten Industriestraßen und für Start- und Landebahnen sowie Rollbahnen (Großraumflugzeuge) können die umfassenden Untersuchungen zweckmäßig sein.

3.3.3. Spannungen infolge ungleichmäßiger Temperaturverteilung

Zur Erklärung wird die Auswirkung von ungleichmäßiger Temperaturverteilung σ_T (auch Feuchtigkeit) über den Plattenquerschnitt in Bild 3.30 prinzipiell dargestellt. Infolge der durch Eigenmasse und seitlichen Widerstand behinderten Volumenänderung entstehen Biegespannungen, die mit den Spannungen durch Verkehrskraftwirkung zur Gesamtbeanspruchung zu superponieren sind.

Diese Spannungen können mit den Formeln von *Bradbury* [240], die auf die Lösungen von *Westergaard* zurückgehen oder mit den Ansätzen von *Eisenmann* [241] ermittelt werden. Bei dem Spannungsnachweis nach *Eisenmann* werden die Plattenlänge, die Plattendicke und die Temperaturdifferenz zwischen Plattenober- und Plattenunterseite übersichtlicher berücksichtigt.

Der Aufwölbung der Platte wirkt die Eigenmasse entgegen und aktiviert bei positivem Temperaturgradienten (oben wärmer) an der Plattenunterseite Biegezugspannungen (Wölbspannungen). Von einer bestimmten Plattenlänge L entsteht bei $l = l_{krit}$ in Plattenmitte ein gestörter Spannungsbereich, der bei unbewehrten Platten möglichst zu vermeiden ist. In Mitteleuropa kann mit folgenden Höchstwerten für den Temperaturgradienten (schließt Durchfeuchtungsunterschiede ein) gerechnet werden.

> Positiver Temperaturgradient $\approx 0{,}07$ K/mm
> Negativer Temperaturgradient $\approx 0{,}035$ K/mm

Diese Vorgaben sind mit Langzeitmessungen gemäß Bild 3.31 belegt.

Mit den Ausgangswerten: $\Delta T = 0{,}07$ K/mm
$\mu = 0{,}15$
$\alpha_t = 10^{-5}/K$
$E_T = 2{,}5 \cdot 10^4$ N/mm²

wird:
$$\sigma_w = \frac{1}{1-\mu} \cdot \frac{h \cdot \Delta T}{2} \cdot \alpha_t \cdot E$$

$$\sigma_w = \frac{1}{1-0{,}15} \cdot \frac{h \cdot 0{,}07}{2} \cdot 10^{-5} \cdot 2{,}5 \cdot 10^4 = 0{,}013h$$

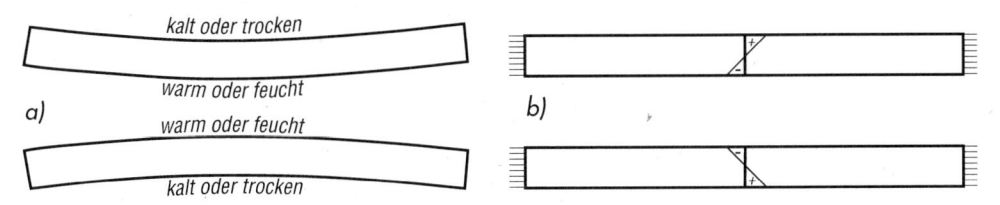

Bild 3.30 *Prinzip der Auswirkung von Temperatur- oder Durchfeuchtungsunterschieden auf Biegespannungen in Betonfahrbahnplatten*
a) Freie Volumenänderung; b) Verhinderte Volumenänderung

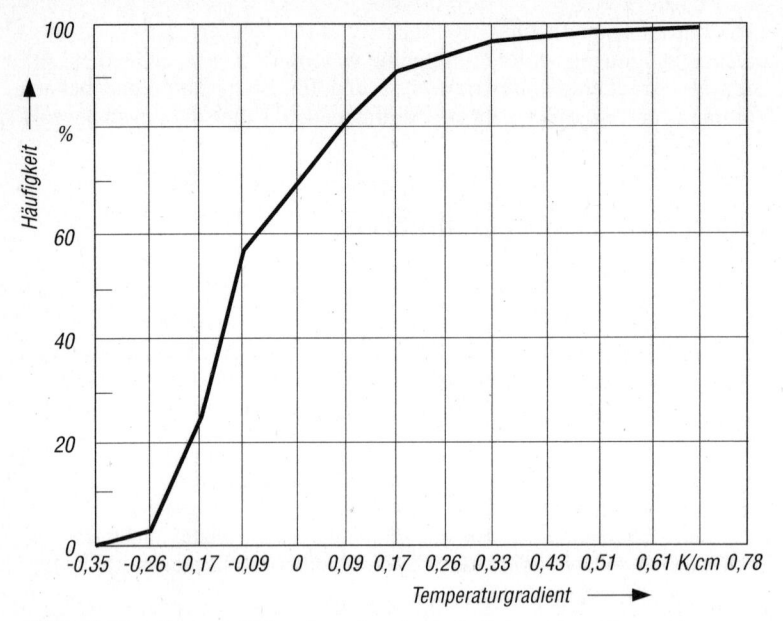

Bild 3.31 Summenlinie für durchschnittliche Verteilung des Temperaturgradienten in Betonfahrbahnplatten (Belgien 1973 bis 1977)

Die kritische Länge kann mit Bild 3.32 berechnet werden:

$$w_l = w_g\,; \quad \mu = \frac{1}{6}$$

$$w_l = \frac{12}{E \cdot h^3} \cdot \frac{M_l \cdot l^2}{8}\,; \quad M_l \cdot \sigma_w \cdot W = \frac{6 \cdot h \cdot \Delta T}{5 \cdot 2} \alpha_t \cdot E \cdot \frac{h^2}{6}$$

$$w_l = \frac{6 \cdot \Delta T \cdot \alpha_t \cdot l^2}{5 \cdot 8}$$

$$w_g = \frac{5 \cdot q \cdot l^4}{384 \cdot E \cdot I} = \frac{5 \cdot 0{,}024 h \cdot l^4 \cdot 12}{384 \cdot E \cdot h^3}$$

$$w_g = \frac{1{,}44 \cdot l^4}{384 \cdot E \cdot h^2} = \frac{6 \cdot \Delta T \cdot \alpha_t \cdot l^2}{5 \cdot 8}$$

$$l^2 = \frac{6 \cdot 0{,}7 \cdot 10^{-5} \cdot 384 \cdot 2{,}5 \cdot 10^6}{5 \cdot 8 \cdot 1{,}44} \cdot h^2$$

$$l_{\text{krit}} = h \sqrt{\frac{6 \cdot 0{,}7 \cdot 384 \cdot 25}{40 \cdot 1{,}44}} = h \sqrt{1140} = 33{,}8 h$$

Wegen der nicht schneidenförmigen Auflagerung kann nach Bild 3.32 eine flächenhafte Reaktionskraft angesetzt werden. Wird für $a = 60$ cm angenommen, ergibt sich für $L_{\text{krit}} = l_{\text{krit}} + 40$ cm. Infolge der unterschiedlichen Verformungslinien können in Plattenmitte Wölbspannungen von $1{,}2 \cdot \sigma_w$ auftreten. Aus diesem Grund ist die maximale Plattenlänge auf $L =$

3.3. Bemessung von Betondecken

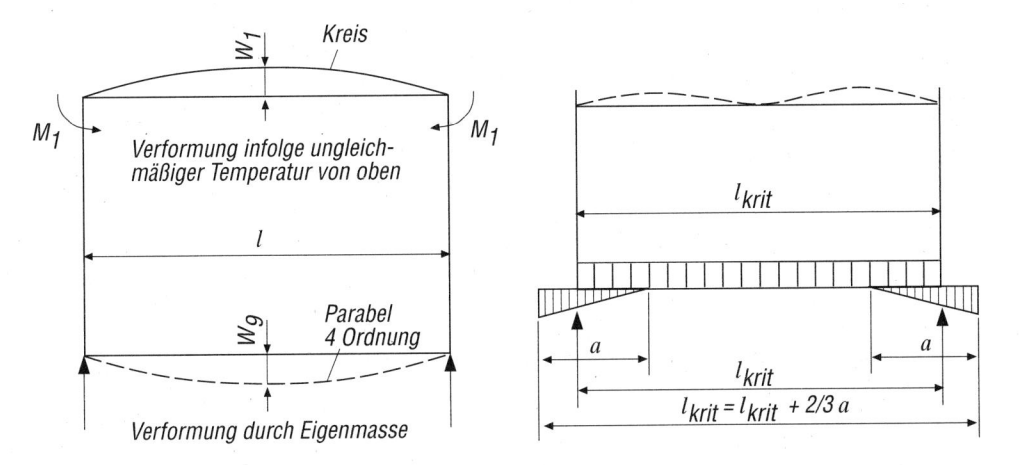

Bild 3.32 Ermittlung der kritischen Längen

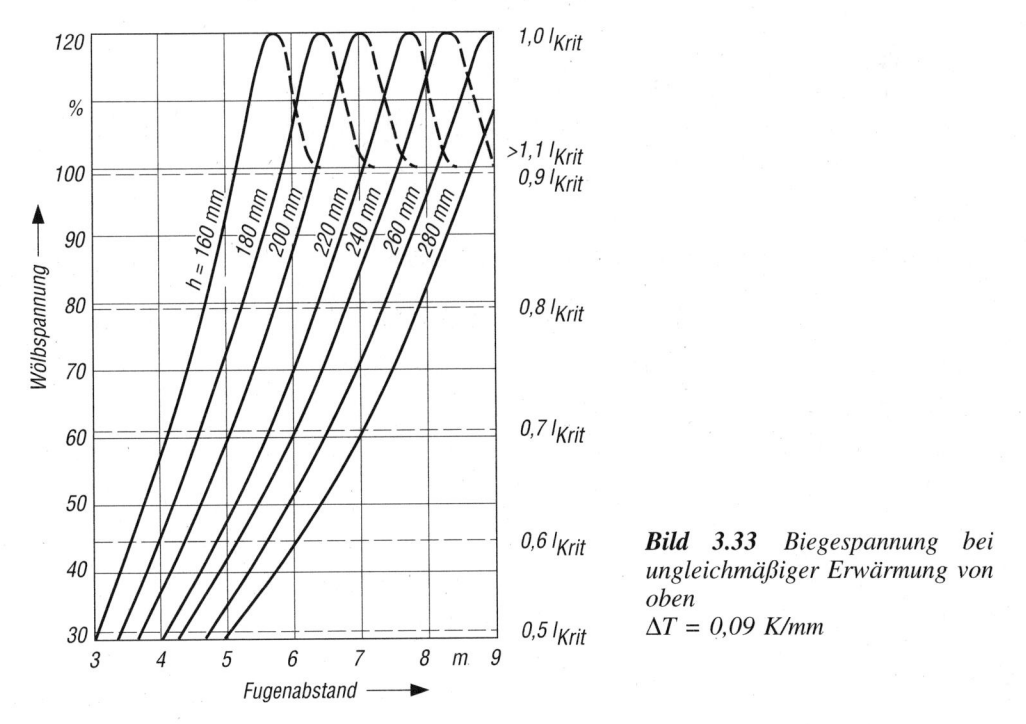

Bild 3.33 Biegespannung bei ungleichmäßiger Erwärmung von oben
$\Delta T = 0{,}09$ K/mm

$0{,}9 \cdot l_{\text{krit}} + 2/3 \cdot a = 0{,}9 \cdot l_{\text{krit}} + 40$ cm zu begrenzen. Die in Abhängigkeit von der Plattenlänge reduzierte Wölbspannung kann mit folgender Formel berechnet werden:

$$\sigma_w = \sigma_{w0} \left(\frac{L - 400}{0{,}9 \cdot l_{\text{krit}}} \right)^2$$

Die größten Wölbspannungen treten bei Plattenlängen $L < 0{,}9 \cdot l_{\text{krit}} + 2a$ in Plattenmitte auf. In Bild 3.33 sind die Wölbspannungen in Abhängigkeit von der Plattenlänge dargestellt.

3.3.4. Spannungsnachweis – Näherung

Die Befestigungsdicke für die Betonplatte soll so gewählt werden, daß erste Ermüdungserscheinungen frühestens nach einer Nutzungsdauer von 30 Jahren auftreten können. Die in [34] nach Bauklassen unterteilten Schichtdicken entsprechen diesen Anforderungen. Für den Spannungsnachweis werden in [242] zwei maßgebende Fälle unterschieden:

Spannungsnachweis für maximale Einzelbeanspruchung
Hierbei werden die unter der Bemessungsradkraft auftretenden Spannungen mit den bei maximaler Temperaturdifferenz zwischen Ober- und Unterseite der Betonplatte auftretenden Temperaturspannungen überlagert. Dabei sind ggf. infolge der Wirkung von Dübeln und anderen Einflüssen Korrekturen der rechnerischen Spannungen vorzunehmen. Bei Durchsetzung der Achs- und Radkraftbegrenzung gemäß [34] treten diese hohen Beanspruchungen nur sehr selten während eines ausgeprägten Hochsommers auf. In manchen Jahren wird der positive Temperaturgradient von 0,07 K/mm überhaupt nicht erreicht (Bild 3.31).

Spannungsnachweis für mittlere Dauerbeanspruchung
Die Spannungen der Verkehrsbeanspruchung und aus der mittleren Temperaturdifferenz zwischen Ober- und Unterseite der Betonplatte werden unter Beachtung folgender Zusammenhänge betrachtet:

Für den Zementbeton wird eine kritische Spannung erreicht bzw. überschritten. Die bis zum Bruch infolge Baustoffermüdung mögliche Anzahl von Krafteinwirkungen (Gebrauchsdauer) hängt von der Größe der auftretenden Spannungen ab (wirksam für die Ermüdung sind eigentlich nur Spannungen > 50% β_{BZ}). Es wird versucht, das Verhältnis von $\beta_{BZerf} : \sigma_{BZzul}$ durch einen Dauerfestigkeitsbeiwert ξ_n zu bestimmen. Dazu wird ξ_n von der maßgebenden Zahl der Berechnungskrafteinwirkungen und der Bettungszahl abhängig in Bild 3.34 dargestellt.

Die Temperaturspannungen ändern sich entsprechend den Temperaturverhältnissen in der Platte und verursachen abwechselnd Zug oder Druck. In Bild 3.35 sind der Verlauf der Lufttemperatur und der Temperatur an der Ober- und Unterseite einer Platte eingetragen. Aus der Dauerlinie für den positiven und negativen Temperaturgradienten (Bild 3.31) wird deutlich, daß z.B. maximale positive Temperaturgradienten > 0,4 K/cm nur etwa 30 bis 60mal jährlich aufgetreten sind. Dadurch wird unterstrichen, die anzusetzende Temperaturdifferenz zur Ermittlung der Spannungen ist auf langjährige Messungen zu stützen. Mit Hilfe statistischer Auswertungen kann die mittlere Intensität der Temperaturbeanspruchung zutreffend erfaßt werden. Die Gleichungen der Verkehrsrandspannungen σ_{VR} beruhen auf extrem ungünstiger Laststellung. Unter praktischen Bedingungen werden die Radkräfte in wechselndem Abstand von den Plattenlängsrändern eingetragen. Deshalb ist eine Abminderung von σ_{VR} gerechtfertigt. Bei gleichmäßiger Verteilung des schweren Nutzfahrzeugverkehrs über den Tag wird die

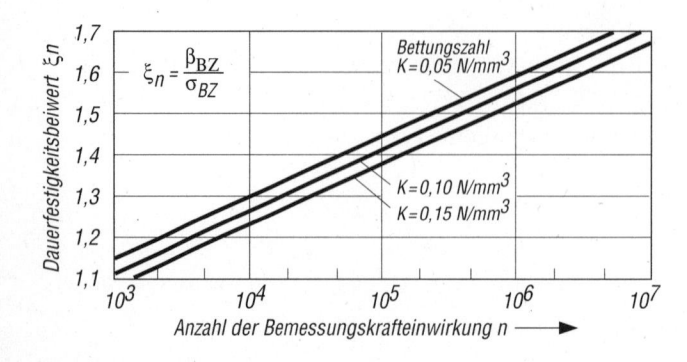

Bild 3.34 *Dauerfestigkeitsbeiwert ξ_n in Abhängigkeit von der Anzahl der Bemessungskrafteinwirkungen n*

3.3. Bemessung von Betondecken

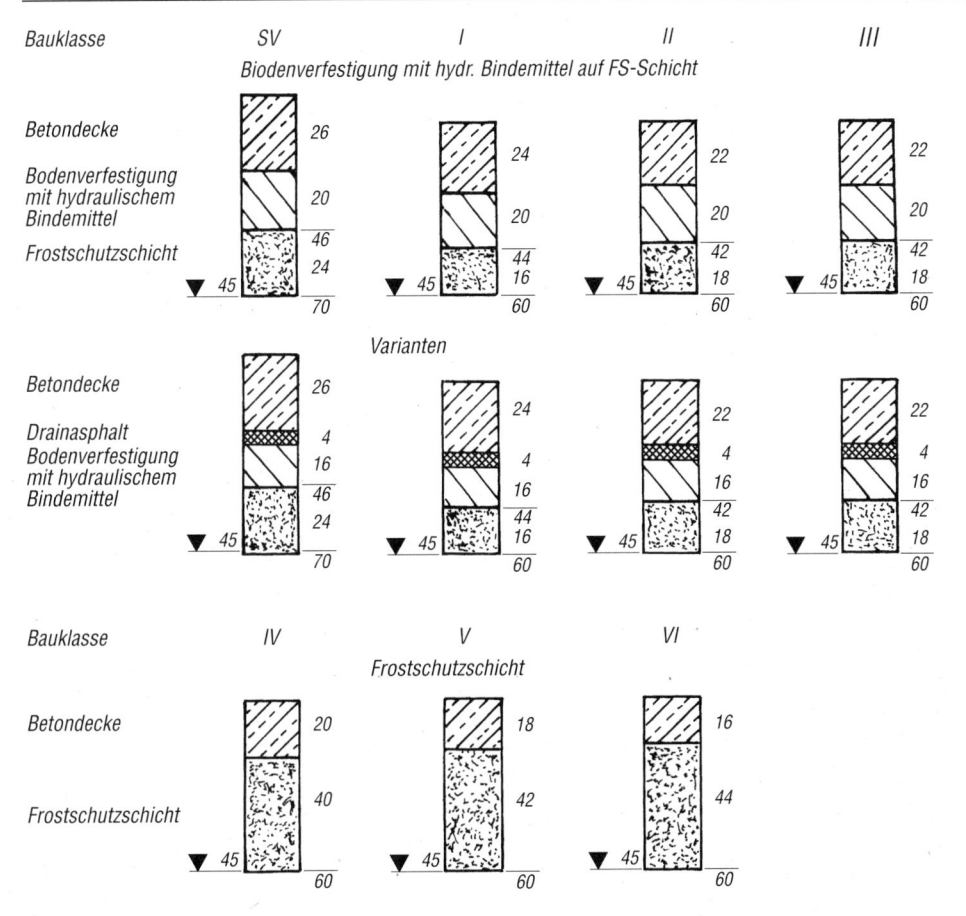

Bild 3.35 *Beispiele für Befestigungsaufbauten mit Betondecken ([34]; Zeilen 2.2 und 4.1)*

Betonplatte weniger beansprucht als bei der Konzentration der gleichen Krafteinwirkungen auf Tageszeiten mit verhältnismäßig großen Wölbspannungen (Mitagsstunden mit positiven Temperaturgradienten, frühe Morgenstunden mit negativen Temperaturgradienten). Die Anzahl der Krafteinwirkungen durch die Nutzkraftfahrzeugüberfahrten ist auf die Plattenbereiche unterschiedlich verteilt. Dies kann bei der Ermittlung der maßgebenden Zahl der Berechnungskraftwirkungen zur Bestimmung von ξ_n sowie des ungünstigsten Lastfalls (Plattenrand, Längsfuge zwischen Fahrbahnplatten, Querfuge) berücksichtigt werden. Für die Längskanten kann die maßgebende Zahl der Kraftwirkungen je nach Breite des zur Randplatte gehörenden Randstreifens mit 5 bis 15%, für die Querfugen mit 50% angesetzt werden.

Zur Festlegung der Koeffizienten, mit denen die verschiedenen Einflüsse beim Spannungsnachweis berücksichtigt werden können, sind weitere Untersuchungen mit systematischer Langzeitauswertung von Erfahrungen notwendig.

Spannungsnachweis für maximale Einzelbeanspruchung:

$$\sigma_{max} = \zeta \cdot \sigma_V + \sigma_T = \frac{\beta_{BZ}}{\xi}$$

Spannungsnachweis für mittlere Dauerbeanspruchung:

$$\sigma_n = \zeta \cdot \sigma_{V,n} + \sigma_{T,n} = \frac{\beta_{BZ}}{\xi}$$

In diesen Gleichungen bedeuten gemäß dem Vorschlag in [242]:

σ_{max}, σ_n Gesamtspannungen

$\sigma_V, \sigma_{V,n}$ Biegezugspannung infolge Verkehrskraftwirkung

ζ Koeffizient der Dübelwirkung: Mit Dübel $\zeta = 0{,}8$
                                                         Ohne Dübel $\zeta = 1{,}0$

σ_T Biegezugspannung infolge ungleichmäßiger Temperaturverteilung über den Querschnitt: $\Delta_T \approx 0{,}07$ K/mm für Betonstraßenplatten von 140 bis 260 mm Dicke.
⋮   Tafel 3.16 enthält eine Differenzierung der positiven Temperaturgradienten.

$\sigma_{T,n}$ Biegezugspannung infolge ungleichmäßiger Temperaturverteilung über den Querschnitt. Diese Spannung und die kritische Länge $l_{krit,n}$ werden jedoch mit

$$\frac{\Delta_T = 0{,}07 \text{ K/min} \cdot h}{2} \cdot w \text{ berechnet.}$$

w berücksichtigt die Verteilung des Nutzfahrzeugverkehrs über den Tag:
$0{,}5 \leq w \leq 0{,}6$ bei gleichmäßig über den Tag verteiltem Nfz-Verkehr
$0{,}7 \leq w \leq 1{,}0$ bei ungünstiger Konzentration des Nfz-Verkehrs

Je nach Größe von $l_{krit,n}$ werden für $\sigma_{T,n}$ die Werte von $\sigma_{T,1}, \sigma_{T,2}$ oder $\sigma_{T,3}$ eingesetzt

β_{BZ} Biegezugfestigkeit des Betons

ξ Sicherheitsbeiwert
      $\geq 1{,}15$ für Straßen mit hohem Nfz-Anteil; $\geq 1{,}0$ für andere Straßen

ξ_n Dauerfestigkeitsbeiwert aus Bild 3.34

Tafel 3.16   Temperaturdifferenzen in Abhängigkeit von der Dicke h der Zementbetonplatte

h in mm	160	180	200	220	240	260	300	350	400
ΔT in K	12	13	14	15	17	16	15	14	12

Die zutreffende Berücksichtigung der Beanspruchung aus Verkehr, Befestigungsaufbau, Plattengeometrie und Witterungseinflüssen setzt voraus, daß auch die zugrunde gelegten Festigkeiten und Schichtdicken mit hoher Sicherheit erreicht werden. Nur dann sind die verhältnismäßig niedrigen Sicherheitskoeffizienten vertretbar. In [242] wird empfohlen für die Festigkeiten 95% und die Schichtdicken mit 84% statistische Sicherheit bei enger Begrenzung der Variationskoeffizienten zu fordern.

Beispiel:
Spannungsnachweis für Betonfahrbahn der Bauklasse II, Schichtdicke 220 mm, verdübelt

Allgemeine Grundwerte
Lastfall Plattenrand
      $F = 57500$ N; $p = 0{,}633$ N/mm^2; $n = 1{,}4 \cdot 10^6$ Regelnutzkraftfahrzeuge in 40 Jahren;

3.3. Bemessung von Betondecken

$E = 4 \cdot 10^4$ N/mm^2; $E_T = 2,5 \cdot 10^4$ N/mm^2; $K = 0,05$ N/mm^3; w = 0,6
Plattenabmessungen: 5000 mm · 4000 mm; $\xi = 1,0$; $\beta_{BZ} = 6,0$ N/mm^2;
$\Delta_T = 0,07 \cdot 220 \approx 15,5$ K; $\Delta T_n = \Delta T/2 \cdot w \approx 4,7$ K

Laststellung Plattenaußenkante:
$L = 5000$ mm; $n_1 = 0,1 \cdot n = 1,4 \cdot 10^5$; $\xi_n = 1,46$

Spannungsnachweis für maximale Einzelbeanspruchung
$l = 922$ mm; $r = 170$ mm; $b = 159$ mm; $\sigma_V = 2,25$ N/mm^2
$l_{krit} = 33,6 \cdot 220 \approx 7440$ mm; l = $0,9 l_{krit} \approx 6700$ mm
$l_{vorh} = 5500 - 400 = 5100$ mm $< 0,9 l_{krit}$

$$\sigma_T = \left(\frac{5500-400}{0,9 \cdot 6700}\right)^2 \cdot 0,013 \cdot 220 = 2,05 \text{ N/mm}^2$$

$\sigma_{max} = 1,0 \cdot 2,25$ N/mm^2 + 2,05 N/mm^2 = 4,30 N/mm^2 < 5,50 N/mm^2

Spannungsnachweis für mittlere Dauerbeanspruchung:
$\sigma_{V,n} = \sigma_V = 2,25$ N/mm^2
$l_{krit,n} = l_{vorh} \cdot w = 5100 \cdot 0,6 = 3060$ mm

$$\sigma_T = \left(\frac{3060-400}{0,9 \cdot 6700}\right)^2 \cdot 1,2 \cdot 0,013 \cdot 220 = 0,67 \text{ N/mm}^2$$

$\sigma_n = 1,0 \cdot 2,25$ N/mm^2 $+ 0,67$ N/mm^2 $= 2,92$ N/mm^2 $\leq \dfrac{5,50}{1,46}$ N/mm^2

$= 3,77$ N/mm^2

Laststellung Querfuge:
$L = 4000$ mm; $n_q = 0,5 \cdot n = 7 \cdot 10^5$; $\xi_n = 1,55$

$\sigma_V = 2,25$ N/mm^2 (Laststellung Außenkante) · 0,8 (Dübelwirkung) = 1,78 N/mm^2

$l = 3600$ mm; $\quad l_{krit} = \dfrac{3600}{7440} = 0,48$

$$\sigma_T = \left(\frac{4000-400}{3600}\right)^2 \cdot 0,48 \cdot 0,013 \cdot 220 = 1,38 \text{ N/mm}^2$$

$\sigma_{max} = 1,78 + 1,38 = 3,16$ N/mm^2 < 5,50 N/mm^2

Spannungsnachweis für mittlere Dauerbeanspruchung:
$\sigma_{V,n} = \sigma_V = 2,25 \cdot 0,8 = 1,78$ N/mm^2

$l = 3600$ mm; $\quad \dfrac{l}{l_{krit}} = 0,48$

$\sigma_n = 1,78$ N/mm^2 $+ 1,38$ N/mm^2 $= 3,16$ N/mm^2 $< \dfrac{5,50}{1,55} = 3,55$ N/mm^2

Im betrachteten Beispiel kann bei der Schichtdicke von 220 mm und $\beta_{BZ} > 5,5$ N/mm^2 sowie bei einer geschätzten Beanspruchung durch $1,4 \cdot 10^6$ *FR* 100 in etwa 40 Jahren und Ausschluß von Radkraftüberschreitungen (> 57,5 kN) eine ausreichend lange Nutzungsdauer erwartet werden. Zur Beanspruchung von Betonfahrbahnen sind weitere Beiträge in [243] enthalten.

3.3.5 Schlußfolgerungen und Regelbefestigungen nach RSTO 86 (89)

Bei gleichbleibenden Auflagerungsbedingungen und funktionierender bzw. bei Bedarf erneuerter Fugendichtung können ausreichend dicke unbewehrte Betonplatten erfahrungsgemäß eine lange Nutzungszeit erreichen (> 40 Jahre). Schadensursachen sind vorwiegend auf das Versagen der Fugendichtung, fehlende Querfugendübel und die durch Pumpwirkung geförderten Veränderungen der Plattenauflagerung einschließlich Stufenbildung zurückzuführen [244].

Der Vorteil von Betonbefestigungen liegt in dem verhältnismäßig geringen Unterhaltungs- und Instandsetzungsaufwand. Dieser besteht hauptsächlich in der Sicherung der Fugendichtung. Beim Aufbau der Befestigung ist darauf zu achten, daß evtl. auftretendes Sickerwasser eindeutig aus der Befestigung abgeleitet werden kann. Schlaff bewehrte Betonplatten gestatten größere Fugenabstände (rd. 10 m); sind jedoch nur in geringem Umfang, vor allem in den USA, hergestellt worden [245].

Auch Spannbetonfahrbahnen (interne Vorspannung mit nachträglichem Verbund) kamen nur in Ausnahmefällen, meist als Versuchsstrecken oder bei sehr begrenzter Bauhöhe, zur Anwendung. Der Herstellungsaufwand und die in etwa 200 m Abstand anzuordnenden komplizierten Fugenkonstruktionen verhindern die umfassende Einführung [245]. Die kontinuierliche Bewehrung von Betonplatten mit hochwertigem Betonstahl (etwa 0,8 % des Betonquerschnitts als Längsbewehrung) konnte in Belgien zur Standardbefestigung entwickelt werden [246].

In [34] sind die Bauweisen mit Betondecken (unbewehrt) für Fahrbahnen enthalten. Die Schichtdicken der Betondecken können als Regelausführungen in Verbindung mit dem Rechenbeispiel in 3.3.3. gelten. Problematisch sind die dort aufgeführten hydraulisch gebundenen Tragschichten, auf denen u. U. auftretendes Sickerwasser die Beständigkeit der Tragschicht beeinträchtigen und ggf. auch die Stufenbildung begünstigen kann. Hier kann eine etwa 40 mm dicke Dränasphaltschicht mit entsprechender Reduzierung der hydraulisch gebundenen Tragschicht zweckmäßig sein. Die Gütemerkmale des Straßenbetons müssen [27] entsprechen. Auszugsweise sind die Befestigungs-Empfehlungen nach [34] in Bild 3.35 wiedergegeben. Die hohen Tragfähigkeitsforderungen von 120 bzw. 100 N/mm^2 auf der Frostschutzschicht bzw. unteren Tragschicht sind örtlich unter wirtschaftlichen Aspekten zu prüfen. Unter den starren (elastischen) Betondecken sind diese Werte in Verbindung mit der Größe der Bettungszahl keine wesentliche Bedingung für die Reduzierung der Spannungen in den Fahrbahnplatten.

4. Bauausführung

4.1. Grundsätzliche Ziele

Bei der Baudurchführung im Rahmen des Neu- und Umbaus von Straßenverkehrsanlagen, aber auch zur Weiterentwicklung der Herstellungsverfahren sind die Wechselwirkungen zwischen Baustoffen, Konstruktion und Baustellenbedingungen stets zu beachten. Sowohl für die Baupreisermittlung, die Wertung von Angeboten, als auch für die Arbeitskalkulation bzw. Arbeitsvorbereitung sind genaue Untersuchungen zum Bauaufwand (Bauzeit-, Personal- und Gerätebedarf, Material- und Energieeinsatz) notwendige Voraussetzungen, um das gewünschte Endprodukt unter Beachtung der geforderten technischen und marktwirtschaftlichen Randbedingungen mit hoher Effektivität herzustellen.

Die Grundlage der ständigen Verbesserung des Arbeitsergebnisses ist die Nutzung wissenschaftlicher Methoden bei der weiteren Gestaltung der Produktionsprozesse, deren Analyse und Vergleich.

Nicht zu vergessen ist sowohl die Motivation des eingesetzten Personals als auch die Beachtung der Bedingungen des Umweltschutzes. Für den im Straßenbau tätigen Ingenieur wie für den Studenten des Bauingenieurwesens sollen wesentliche Zusammenhänge dargestellt und Grundorientierungen vermittelt werden, die bei der Vorbereitung, Durchführung von Veränderungen sowie der Erhaltung von Straßenverkehrsanlagen zu beachten sind. Die betrachteten Beispiele aus den Bereich des Straßenbaus sind methodisch übertragbar. Eine geschlosse Darstellung der Produktionstechnik und der einzelnen Produktionsverfahren ist hier nicht möglich und es muß auf die spezielle Literatur hierzu verwiesen werden [247].

4.1.1. Inhalt ausführungstechnischer Untersuchungen für Teilarbeiten

Bei Beachtung aller möglichen betriebsindividueller Besonderheiten und Abweichungen ist eine systematische Vorgehensweise zweckmäßig. Hierfür wird folgende prinzipielle Gliederung vorgeschlagen:

Allgemeiner Teil:
- Hinweise zum Anwendungsbereich
- Leistungsbeschreibung
- Bezugsgröße, Leistungseinheit (m^2, km)

Baumaschinen und -geräte
- Vorhaltegeräte für lohnintensive Arbeiten
- Transportfahrzeuge
- Spezialwerkzeuge und Arbeitsschutzmittel

Zusammenstellung der wichtigsten Parameter (Leistung, Größe, Abmessungen, Masse, spezifischer Betriebsstoffverbrauch usw.) in einer Baugeräteliste

Material
- Baumaterial (Bedarfsmengen, Rezepturen)
- Hilfsmaterial
- Vorhaltematerial

Personal
- Bedienungspersonal der Maschinen
- Facharbeiter (Anzahl, Qualifikation)
- angelernte Arbeitskräfte
- Hinweise zum Arbeitszeitregime

Zusammenstellung in einer Mittellohnberechnung; einschließlich Lohnzuschlägen

Arbeitsicherheit, Gesundheits- und Brandschutz
- Arbeitssicherheit u. Brandschutzanordnungen
- Schutz der Baustelle;
- Maßnahmen zur Aufrechterhaltung des Verkehrs

Umweltschutz, Gewässerschutz
- Schutz gegen Luftverunreinigung
- Lärmschutz
- Schutz vor Erschütterungen
- Schutz der Vegetation

Qualitätssicherung; u. a.
- Technische Lieferbedingungen (TL)
- Technische Prüfvorschriften (TP)
- Technische Vertragsgrundlagen (DIN, ZVT StB usw.)

Winterbaumaßnahmen
- witterungsbedingte Einschränkungen
- besondere Maßnahmen zur Sicherung der Baudurchführung

Ermittlung von Grunddaten für die Aufwandsermittlung und Bewertung:
a) technische Grunddaten
- Leistungsermittlung der Maschinen und Maschinenkomplexe (Grund-, Nutzleistung)
- Betriebsmittelaufwand (Strom, Heiz- u. Treibstoffe, Putz- und Schmierstoffe)
- Zeitaufwand (h/Mengeneinheit)
- Maschinen- und Geräteanteile
- Maschinen- und Geräteauslastung
- Kapazitätsgrößen (Jahresleistung)

b) wirtschaftliche Grunddaten
- Lohnkostenanteil, Lohnzusatzkosten
- Gerätekosten (Einrichtungs- und Vorhaltekosten)
- Betriebskosten
- Materialkosten
- Vorhaltematerial-Kosten
- Kosten für Fremdleistungen
- Gemeinkostenanteile
- Baupreissituation; Marktlage

Ausweis von Nutzschwellen
Ergebnisse vergleichender Untersuchungen zur Abgrenzung des technischen und wirtschaftlichen Anwendungsbereiches.

Neben der Ermittlung entsprechender Kennwerte auch unter Zuhilfenahme der Datenverarbeitung oder spezieller Formblätter sind diese Werte auch als ‚Istwerte' aus Arbeitszeitstudien, aus der Betriebsabrechnung, mittels Betriebsdaten-Erfassungsgeräten u. a. zu gewinnen und zur weiteren Qualifizierung der ‚Planwerte' zu verwenden .

4.1.2. Bauablaufplanung

Die im Abschnitt 4.1.1. erarbeiteten Unterlagen und Kennwerte dienen in Verbindung mit

- der Größe und den Inhalt der Bauaufgabe (Teilleistungen des bestätigten bautechnischen Projektes)
- den Terminvorgaben (vertraglich fixierte Ecktermine) und
- den verfügbaren Produktionsressourcen (Personal, Material, Baumaschinen und Geräten) der Planung der Baudurchführung.

Nach dem Grad der Kompliziertheit des Bauvorhabens sind unterschiedliche Methoden der Erarbeitung der Bauablaufpläne sowie deren Darstellung üblich und zweckmäßig:

- Balkengrafik
- Netzplan
- Zyklogramm

Einzelheiten hierzu sollen an dieser Stelle nicht ausgeführt werden, es wird auf die spezielle Fachliteratur verwiesen [248, 249].

Hauptinhalt des Bauablaufs ist eine koordinierte Anordnung der einzelnen Bauarbeiten nach Menge (Fläche, Raum, oder Masse in m^2, m^3, t usw.) und Zeit (Stunden, Schichten, Arbeits- bzw. Kalendertagen) zur rationellen Baudurchführung. Dabei gilt es auch, die Fremdleistungen entsprechend einzubeziehen und besonders die bei Verkehrbaumaßnahmen notwendigen Aspekte zur Sicherung des Verkehrablaufes zu beachten.

Auf Basis des Bauablaufes werden weitere wichtige Bauausführungsunterlagen erarbeitet. Hierzu zählen:

- Maschineneinsatzplan
- Personal-Einsatzplan
- Transportraum- bzw. Fahrzeugeinsatzplan
- Einsatzplan der Mischanlagen (Mischplan)
- Materialeinsatzplan (Materialzulauf)
- Baustelleneinrichtungsplan
- Transportwegeplan
- Plan für die Phasen der Führung des öffentlichen Verkehrs
- Plan der Kooperationsleistungen
- Baukostenplan.

4.2. Grundlage der Leistungsermittlung von Straßenbaumaschinen

Zu den Grundlagen der Planung von Bauprozessen gehört die Kenntnis der Leistungsfähigkeit der eingesetzten Baumaschinen. Der heute erreichte hohe Ausstattungsgrad der Betriebe des Tief- und Straßenbaus mit leistungsfähigen und wertvollen Maschinen und Geräten erfordert, diese rationell und mit hohem Effekt einzusetzen.

Der zweckmäßige Maschineneinsatz ist eine wesentliche Quelle zur Senkung des Bauaufwandes und zur Erleichterung der Arbeit. Die ermittelte Leistungskennwerte oder Kennzahlen erlauben

- eine Abstimmung zwischen Baumaschine und Leistungsumfang (Wahl der zweckmäßigen Größe)
- Ermittlung der Bauzeit und damit der Termin- und Kostenplanung
- Zuordnung der verschiedenartigen Maschinen zu Maschinenkomplexen
- Ermittlung der max. Produktionskapazität des Betriebes auf Basis der maßgebenden vorhandenen oder anzuschaffenden Maschinen
- Vergleich und Qualifizierung von Fertigungsverfahren bzw. Ansätzen für die Weiterentwicklung der Maschinen
- betriebliche und überbetriebliche Vergleiche zur Herausarbeitung einheitlicher Ausführungsgrundsätze

Darüber hinaus sind die Leistungskennwerte der Maschinen wesentliche Grundlage für die Bildung technisch begründeter Zeitvorgaben an das Bedienungspersonal und die Ermittlung der damit verbundenen Aufwandsgrößen (Lohnanteil, Betriebsmittelaufwand usw.). An einigen Beispielen soll nachfolgend die Leistungsermittlung für Baumaschinen im Straßenbau erklärt werden. Grundlegende Kenntnisse der Betriebswirtschaftslehre werden vorausgesetzt.

4.2.1. Einflußfaktoren der intensiven und extensiven Nutzung

Die Leistung einer Baumaschine wird durch die Produktions- oder Durchsatzmenge (m^2, m^3, t) je Zeiteinheit (Stunde, Schicht) bestimmt.

Der Einsatz einer Baumaschine unterliegt vielen Einflüssen, die sich im Bauprozeß aus dem Zusammenspiel zwischen Maschine, Bedienungspersonal, Material und Baustellenorganisation ergeben. Man kann sie in intensive (leistungsbedingte) und extensive (zeitbedingte) Einflußfaktoren untergliedern. Folgende allgemeine Einflußfaktoren können differenziert und mit Beispielen aus dem Straßenbau belegt werden:

- Maschine, Gerätetechnik
  Größe (Arbeitsabmessungen), Antriebsleistung, Einsatzgewicht, Einsatzzweck (Spezial-, Mehrzweckgerät), Störanfälligkeit, Zustand und Verschleißgrad, Umrüstung, Reparaturen und Wartung
- Bedienungspersonal
  Qualifikation, Erfahrungen und Fertigkeiten, Motivation, Leistungsfähigkeit, ergonometrische Gestaltung des Arbeitsplatzes (Schall, Vibration usw.)
- zu bearbeitendes Material
  Eigenschaft und Abmessungen des Arbeitsgegenstandes, einzubauender Boden, Mischgutart und -sorte (Verdichtungswilligkeit), Konsistenz bei Beton, zulässige Toleranzen, Rezepturwechsel
- Einsatzbedingungen
  Behinderungen am Arbeitsplatz, erforderliche Arbeitsgenauigkeiten, Kopplung mit anderen Maschinen und Geräten
- Betriebsorganisation der Baustelle
  Arbeitsplatzwechsel, Umsetzungen, Reservegeräte, Transportablauf, Versorgung mit Betriebsmitteln
- Witterungsverhältnisse
  Temperatur, Niederschläge, Wassergehalt, technologisch erforderliche Pausen (Abkühlung von Heißmischgut, Feuchtigkeitsentwicklung bei Betongemischen)

4.2. Grundlagen der Leistungsermittlung von Straßenbaumaschinen

Diese und weitere Faktoren können die Leistung (leistungsmindernd, leistungssteigernd) beeinflussen.

In der Literatur wurden in der Vergangenheit unterschiedliche Berechnungsansätze verwandt, deren Ergebnissen nicht in jedem Fall vergleichbar sind. Auch die verwandten Formelzeichen weichen voneinander ab [250, 251]. Nach DIN 24 095 werden zwei Leistungskategorien unterschieden:

- die Grundleistung Q_0 (Mengeneinheit / Zeiteinheit) als ‚synthetische' Leistung. Sie wird von einem bestimmten Gerät unter idealen Bedingungen (technisch maximal mögliche Leistung) materialabhängig, aber ohne Berücksichtigung geräte- oder organisationsbedingter Einflüsse für kurze Zeit erbracht.
- die Nutzleistung Q_N (Mengeneineheit/Zeiteinheit) im Sinne einer Dauerleistung, Durchschnitts- und Kalkulationsleistung (Bild 4.1).

Sie wird unter Berücksichtigung aller bekannten Leistungseinflüsse aus Q_0 ermittelt:

$$Q_N = Q_0 \cdot f; \quad Q_N < Q_0$$

f Faktoren der Leistungsminderung resultierend aus den o. a. Einflüssen (Maschinenzustand, Bedienung, Baustellen-, Witterungseinflüsse)

Die Einsatzzeit t_e entspricht der Zeitdauer, in der eine Baumaschine zur Durchführung einer Leistung eingesetzt wird. Sie ist Grundlage der Bestimmung des Einsatzgrades einer Maschine, d. h. des tatsächlich produktiv genutzten Zeitfonds. Sie untergliedert sich in

t_N die Haupnutzungszeit, in der abrechnungsfähige Ergebnisse produziert werden

t_n die Nebennutzungszeit, die Zeit, die zur Produktion zwar nötig ist (Umrüsten, Arbeitsplatzwechsel), in der aber keine Leistung erbracht wird

t_z Zeit für zusätzliche Nutzung, die zur Produktion ebenfalls erforderlich sein kann und keine abrechenbare Leistung erbringt z. B. das Nachprofilieren der Oberfläche

t_a Zeit für ablaufbedingte Unterbrechungen

t_p Zeit für persönlich bedingte Unterbrechungen (mit Leistungsausfall)

t_s Zeit für störungsbedingte Unterbrechungen

Die Ermittlung leistungsmindernder Faktoren auf die (technisch mögliche) Grundleistung Q_0 erfordert eine exakte Analyse des Produktionsprozesses.

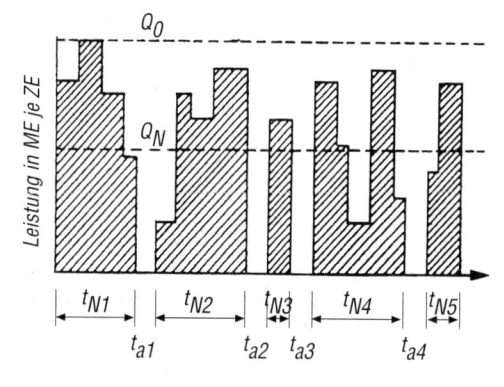

Q_0 Grundleistung
Q_N Nutzleistung (effektive, mittlere Dauerleistung)
$t_{N1\ bis\ 5}$ Produktionszeit
$t_{a1\ bis\ 4}$ Ausfallzeit

Bild 4.1 Leistung einer Baumaschine im Betrachtungszeitraum

Mögliche Bezeichnungen auf Basis der genannten Grundkategorien der Baumaschinenleistung unter Beachtung des Bezugszeitraumes und der konkreten betrieblichen Bedingungen sind:

- Schichtleistung   (Mengeneinheit/Schicht)
- Tagesleistung   (Mengeneinheit/Tag)
- Monatsleistung   (Mengeneinheit/Monat)
- Jahresleistung   (Mengeneinheit/Jahr)
- Baustellenleistung (Mengeneinheit/ZE)

Bei der Ermittlung der Nutz- bzw. Dauerleistung im Bezugszeitraum müssen die Einflußgrößen vielfach auch als Funktion der Zeit quantifiziert werden. Verschiedene Einflüsse, wie Witterung, Konsistenz, Feuchtigkeitsgehalt, Beleuchtungsverhältnisse) sind im Jahresverlauf unterschiedlich und praktisch nur schwer erfaßbar. Eine Ableitung aus betrieblichen Aufzeichnungen ohne Berücksichtigung der Randbedingungen ergibt oft nur unzutreffende Werte.

4.2.2. Leistungsermittlung zyklisch arbeitender Baumaschinen

(Ladegeräte, Mischanlagen, Transportfahrzeuge)

$$Q_0 = V_N \cdot n_0 = V_N \cdot (60/T_0) \quad (m^3/h, t/h, m^2/h)$$

V_N Nutzinhalt der Arbeitsorgane (Grab-, Transportgefäß, Mischerinhalt)
T Zyklus-, Umlauf-, Spielzeit zur Absolvierung eines Arbeitszyklus
T_0 Grundspielzeit, T_N Nutzspielzeit; $T_N > T_0$
t Zeitzu- bzw. -abschlag in der Zykluszeit
n Zykluszahl, Umlaufzahl, Spiele je Zeiteinheit (1/h, 1/min)
$ü$ Übergänge; Anzahl gleichartiger Arbeitsgänge

Die Nutzleistung ergibt sich zu

$$\begin{aligned}
Q_N &= V_N \cdot (t_N / T_N) \cdot f_Z \\
t_N &= 60 - (t_n + t_z + t_p + t_s) \quad \text{in min bzw.} \\
t_N &= 60 - (t_n + t_z) \\
f_Z &= (1 - t_p/60) \cdot (1 - t_s/60)
\end{aligned}$$

4.2.3. Leistungsermittlung kontinuierlich arbeitender Baumaschinen

(Förderbänder, Stetigmischer, Fertiger); Beispiel Schaufelradbagger

$Q_0 = V_N \cdot a \cdot n_0 \cdot 60$ in m^3/h

V_N Gefäßinhalt   in m^3
a Anzahl der Gefäße   Schaufelrad
n_0 Umdrehungsgeschwindigkeit   in 1/min
$Q_0 = M \cdot v$ in Mengeneinheit/Zeiteinheit
M Material-, Produktionsmenge   in m^3/m, t/m usw.
v_0 Arbeitsgeschwindigkeit   in m/min, m/h

Die Mengen V_N bzw. M müssen geräte- und materialabhängig berechnet werden; die Drehzahl n_0 bzw. die Geschwindigkeit v_0 sind feststehend bzw. an bestimmte erreichbare Produkteigenschaften gebunden (Vorverdichtung beim Fertiger).

Die Nutzleistung errechnet sich

$$Q_N = V_N \cdot a \cdot n_N \cdot (t_N/60) \cdot f_Z \quad \text{in Mengeneinheit/Zeiteinheit.}$$
$$Q_N = M \cdot v_N \cdot (t_N/60) \cdot f_Z$$

4.2. Grundlagen der Leistungsermittlung von Straßenbaumaschinen

Die Besonderheiten beim Einsatz der unterschiedlichen Baumaschinen sind dabei zu beachten, da sowohl deterministisch, als auch stochastisch auftretende leistungsbeeinflussende Faktoren zu berücksichtigen sind. Ein formales Herangehen führt u. U. zu falschen Ergebnissen (s. auch [252]).

4.2.4. Beispiel einer Leistungsbestimmung – Straßenfertiger

Straßenfertiger haben die Aufgabe, das angelieferte Straßenbaugemisch (Asphalt, Beton, Mineralgemisch) zu verteilen und höhengenau auf die vorbereitete Unterlage einzubauen, vor- oder auch endgültig zu verdichten.

Die Leistung der vorgelagerten Prozesse, Aufbereitung und Antransport des einzubauenden Materials, und die nachfolgenden Prozesse (Verdichtung, Nachbehandlung) sind sind zu berücksichtigen.

Maßgebende Randbedingungen für Leistungermittlung sind:

– Einbaubreite des Fertigers b_F in m
– Einbaudicke (verdichtet) d in m
– Einbaugeschwindigkeit v in km/h

Aus den Tafeln 4.6 und 4.13 sind technische Daten einiger Schwarzdecken- und Straßenbetonfertiger angegeben.

Einbaugeschwindigkeit:
Es sind die technisch maximal möglichen Arbeitsgeschwindigkeiten unter Beachtung der erforderlichen Verdichtungswirkung (Vorverdichtung) v_{max} 1,0 bis 1,5 km/h und die tatsächlichen Vortriebsgeschwindigkeiten (v_{ist} 0,05 bis 0,25) km/h zu unterscheiden.

Für Umsetzungen sind die möglichen Transportgeschwindigkeiten von Bedeutung.

Die Nebennutzungszeit t_n (min/h) erfaßt

- Umsetzzeiten z. B. von Bahn zu Bahn,
- Ausfälle infolge Einbauten,
- Verzögerung an unregelmäßigen Flächen (Zufahrten, Anschlüsse)

Die Zeit für zusätzliche Nutzung t_z (min/h) ist bei Straßenfertigern i. d. R. nicht anzutreffen. Die Zeit für ablaufbedingte Unterbrechungen t_a (min/h) kann sich aus

- Verzögerungen in der Materiallieferung,
- Veränderung der Arbeitsbreite b_F ergeben.

Die Zeit für persönlich bedingte Unterbrechungen t_p wird meist Null sein, da kurze Arbeitspausen des Maschinisten i. d. R. nicht zur Unterbrechung der Fertigung führen Die Zeit für störungsbedingte Unterbrechungen t_s (min/h) resultiert aus Störungen am Straßenfertiger und wirkt sich auf den Gesamtprozeß aus (Zulauf von Material; Abbinden, Abkühlen).

Leistungsberechnung

$Q_0 = 1000 \cdot b_F \cdot v$ in m²/h
$Q_0 = 1000 \cdot b_F \cdot d \cdot v$ in m³/h
$Q_0 = 1000 \cdot b_F \cdot d \cdot v \cdot p$ in t/h
b_F (m) Einbau- bzw. Arbeitsbreite
d (m) Dicke nach der Verdichtung
v (km/h) Einbaugeschwindigkeit
p (t/m³) Dichte des einzubauenden Material

Die Nutzleistung des Fertigers ergibt sich zu

$$Q_N = Q_0 \, (t_N/60) \cdot f_Z \text{ in ME/h}$$

t_N	min/h	Hauptnutzungszeit (Fertigungszeit)
t_z	(min/h)	Zeit für zusätzliche Nutzung
t_a	(min/h)	Zeit für ablaufbedingte Unterbrechungen

$t_N = 60 - (t_n + t_z + t_a)$ in min

f_Z	(I)	Zeitfaktor
t_p	(min/h)	Zeit für persönlich bedingte Unterbrechungen
t_s	(min/h)	Zeit für störungsbedingte Unterbrechungen

$f_Z = (1 - t_p/60) \cdot (1 - t_s/60)$

Für einen Schwarzdeckenfertiger ergeben sich unter den gegebenen Randbedingungen folgende Werte:

Arbeitsbreite	$b_F = 8{,}0$ m
Einbaudicke	$d = 0{,}04$ m
Arbeitsgeschwindigkeit	$v = 0{,}3$ km/h (5 m/min)

Dichte des Asphalt-Mischgutes $p = 2{,}35$ t/m^3

$Q_0 = 1000 \cdot 8{,}0 \cdot 0{,}3 \cdot 2{,}35 = 226$ t/h
$Q_N = 226 \, (55/60) \cdot 1 = 207$ t/h; $\qquad t_N = 55$ min

Zu beachten ist:

- Der Fertiger kann nicht mehr einbauen, als die liefernde Aufbereitungsanlage herstellen bzw. das Transportsystem anliefern kann.

$Q_{NAA} = 250$ t/h $\Rightarrow Q_{NFertiger}$ 81% Auslastung

- Beim Einbau mit mehreren, gestaffelt hintereinander fahrenden Fertigern ist die gesamte Einbaubreite bei der Leistungsermittlung zu berücksichtigen.
- Die Leistung der nachfolgenden Verdichtungsgeräte muß im Interesse der sicheren Erreichen der erforderlichen Qualität größer sein. Eventuell sollte ein Reservegerät verfügbar sein.

4.2.5. Leistungsermittlung von Maschinenkomplexen

Auf den Baustellen sind oft unterschiedliche Baumaschinen zusammengestellt, die in gegenseitiger Abhängigkeit arbeiten. Man spricht von Maschinenkomplexen. Bei zielgerichteter Zusammenstellung verwendet man auch den Begriff Maschinensystem (mehr oder weniger starre Kopplung).

In Bild 4.2 sind einige typische Maschinenkomplexe des Straßenbaus gezeigt. Mehre unterschiedliche Einzelmaschinen und Maschinenkomplexe werden zur Herstellung bestimmter Erzeugnisse bzw. zur Bearbeitung des Materials hintereinander zu Arbeitsketten zusammengestellt (Herstellung von Straßenbeton; Herstellung von Asphaltschichten; Herstellung von Bodenverfestigungen usw.).

Bild 4.3 zeigt das Beispiel der konventionellen Herstellung einer Betondecke.

Grundlage der Leistungsberechnung verketteter oder gekoppelter Maschinen ist die Leistungsermittlung der Einzelmaschine. Bei unmittelbarer Kopplung (echte Arbeitskette [251]

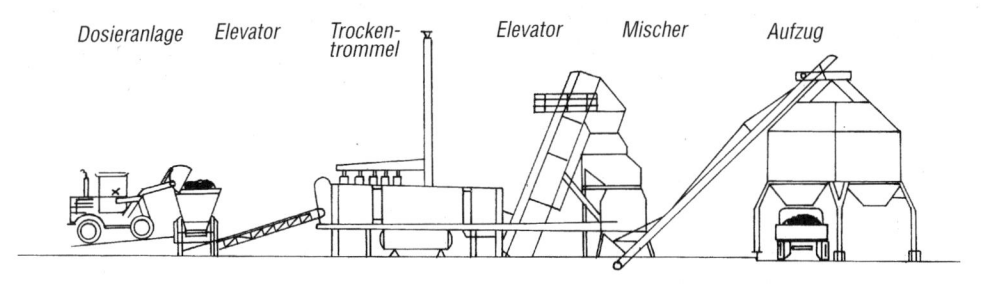

4.2. Grundlagen der Leistungsermittlung von Straßenbaumaschinen

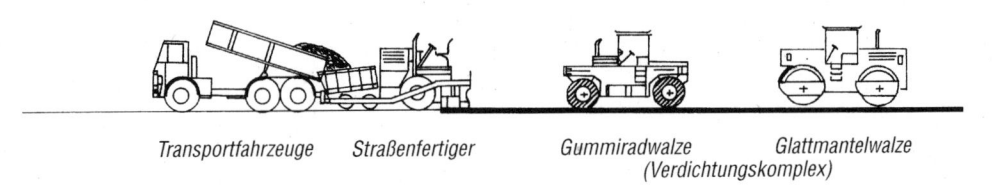

Bild 4.2 *Maschinen in einem Maschinenkomplex*

wird die Leistungsfähigkeit des Gesamtkomplexes vom schwächsten Glied bestimmt (Engpaß). Soweit keine Leistungspuffer vorhanden sind (Zwischensilos an der Mischanlage, Aufnahmekübel am Fertiger u. a.) reagiert das Gesamtsystem sehr sensibel auf Störungen.

Die Ermittlung der Gesamtleistung eines Maschinenkomplexes erfordert deshalb sehr sorgfältige praktische Untersuchungen.

Schwierigkeiten bereitet die Bestimmung der leistungsmindernden Faktoren, die gegenseitig abhängig sind und sich zum Teil überlagern (stochastischer Einfluß). Im Regelfall wird zunächst die leistungsbestimmende Maschine (Leitmaschine) bzw. eine Solleistung festzulegen sein. Diese Größe bestimmt die Leistung oder Vortriebsgeschwindigkeit des Gesamtkomplexes.

Mögliches Kriterium für ihre Auswahl kann der höchste Wertanteil sein, um ein vertretbares volkswirtschaftliches Ergebnis zu erreichen. Die Summe aller Kosten für teilausgelastete und stillstehende Maschinen sowie das wartende Personal sollte minimiert werden. Die Leistungen der vor- und nachgeordneten Maschinen sind auf diese Leitmaschine abzustimmen. Ideal wäre eine Zuordnung leistungsmäßig übereinstimmender Maschinen in einer Arbeitskette, praktisch läßt sich das bis auf wenige Ausnahmen (starre Kopplung) nicht realisieren.

Gründe dafür sind die Veränderlichkeit der Randbedingungen und damit der Einflußfaktoren während des Einsatzes sowie der Umstand, daß infolge veränderlicher Auftragslage auch unterschiedliche Kombinationen von Einzelmaschinen erforderlich werden können. Beispielsweise kann heute ein moderner Straßenfertiger alle möglichen Arten von Baustoffgemischen einbauen. Auch andere Gesichtspunkte sind zu beachten und widersprechen dem Wunsch nach gleichen Leistungsgrößen (z. B. Terminvorgaben beim Bauen unter Verkehr).

Aus diesen Gründen ist es notwendig, für die vor- und nachgeordneten Maschinen entsprechende zweckmäßige extensive und intensive Anpassungsformen zu finden. Beispiele sind neben der Anordnung von Puffern (Zwischensilos), Aussetzer- und Drosselbetrieb bei geringerer Leistungsfähigkeit der Leitmaschine.

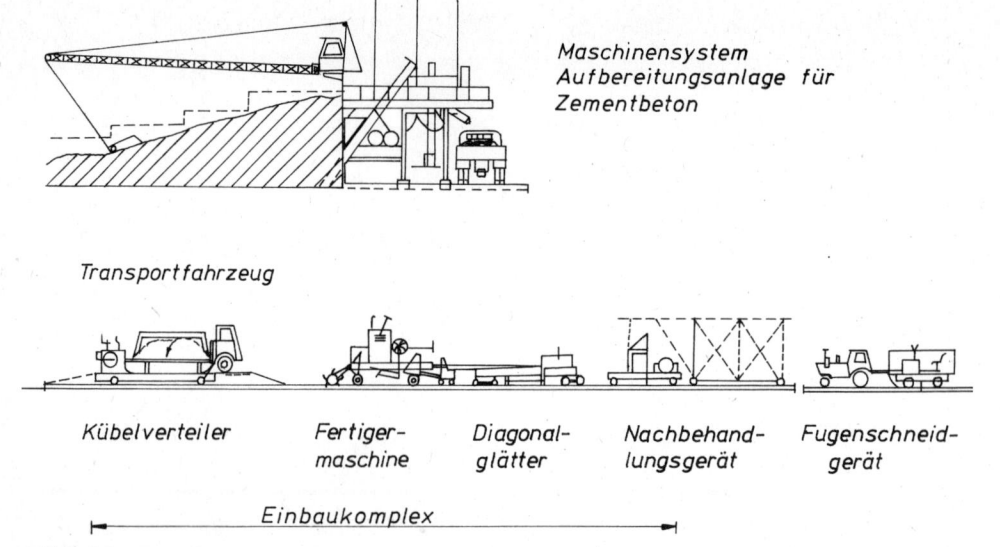

Bild 4.3 *Zuordnung von Maschinen und Maschinensystemen zu Herstellung von Betonstraßen*

Die Leistungsabstimmung darf nicht mechanisch auf der Basis der Grundleistung Q_0 oder Nutzleistung Q_N der Einzelmaschine erfolgen. Wie bereits angegeben, überlagern sich einzelne leistungsmindernde Einflußfaktoren und könne sich im Einzelfall gegenseitig eleminieren.

In [251] wird darauf hingewiesen, daß alle Versuche für Arbeitsketten mit mehr als zwei hintereinanderliegenden Kettengliedern praktikable Berechnungsansätze zu finden, bisher fehlgeschlagen sind.

4.2.6. Einfluß der Witterungbedingungen auf die Leistungskennwerte

Der hohe Anteil an Baumaschinen und Geräten in den Baubetrieben erfordert sowohl aus volkswirtschaftlichen, als auch aus betriebswirtschaftlichen Gründen eine möglichst hohe Auslastung bzw. bei entsprechender Auftragslage auch eine Produktion über den gesamten Jahreszeitraum.

Im Verkehrsbau, mit seinen in der Regel linienförmigen Baustellen unter ständig wechselnden Bedingungen, ist diese Forderung nicht immer leicht zu erfüllen. Ein wesentlicher Faktor, der auf den Bauprozeß einwirkt und die Kontinuität sowie die Qualität des Endproduktes in unterschiedlichem Maße beeinflußt, ist das Wetter. Wegen der Zufälligkeit des Wettereinflusses lassen sich Zeiten für die Durchführung bzw. für wetterbedingte Unterbrechungen von speziellen Straßenbauarbeiten nicht ohne weiteres festlegen.

Auf der Basis klimatologischer Daten und einer genauen Analyse des jeweiligen Produktionsprozesses hinsichtlich des Einflusses der Wetterelemente lassen sich jedoch qualifizierte Aussagen über monatliche und jährliche Produktionszeitfonds treffen. Es ergeben sich fundierte Aussagen zur Festlegung von Leistungskennwerten und die Planung von Terminen in

4.2. Grundlagen der Leistungsermittlung von Straßenbaumaschinen

Tafel 4.1 Klimatologische Daten, die für den Asphalt-Straßenbau maßgebend sind

Klimatische Kriterien		Mittlere Anzahl Tage in den Monaten											
		Januar	Februar	März	April	Mai	Juni	Juli	Aug.	Sept.	Okt.	Nov.	Dez.	Jahr
Minimaltemperatur	$< -10\,°C$ (2 m Höhe)	4	3	1									3	11
	$< -5\,°C$	10	8	4								2	7	31
	$< 0\,°C$	21	13	16	5						3	11	19	94
	$< +5\,°C$	30	27	28	20	7				2	13	15	30	182
Maximaltemperatur	$> 25\,°C$					5	8	11	9	3				36
Minimaltemperatur	$< 0\,°C$ (0,05 m Höhe)	25	22	11	2						6	13	23	125
Niederschlag	$> 0,1$ mm/d	18	15	15	14	13	13	15	15	12	15	17	18	180
Schneefall	$> 0,1$ mm/d	9	7	6	2							3	7	34
Niederschlag	> 1 mm/d	10	8	8	9	8	9	10	10	8	9	10	10	109
	$> 2,5$ mm/d	6	5	5	6	5	6	7	7	5	5	6	6	69
	> 5 mm/d	3	2	2	3	3	4	5	4	3	3	3	3	38
	> 10 mm/d	1	1	1	1	2	2	2	2	1	1	1	1	16
Schneedecke	> 1 cm	12	11	5								2	8	38

der Bauplanung. Nachstehend wird, stellvertretend für andere Straßenbauleistungen, am Beispiel des Asphaltstraßenbaus, die Möglichkeit der Berücksichtigung des leistungsmindernden Faktors Witterung aufgezeigt.

In Tafel 4.1 sind für ausgewählte Klimagebiete klimatologische Daten, die für den Produktionsablauf im Asphaltstraßenbau von Bedeutung sind, zusammengestellt [253]. Sie basieren auf einem Bauwetterkatalog [254], der aus statistischen Aufzeichnungen des meteorologischen Dienstes für die Bedürfnisse der Bauwirtschaft aufbereitet wurde.

Um Zeitfonds für eine meteorologische Baufreiheit für spezielle Bauleistungen angeben zu können, müssen Grenzwerte der Beeinflussung bzw. des Grades der Beeinflussung des Bauprozesses infolge Witterung festgelegt werden. Dabei ist zu beachten, daß der Wetterablauf ein komplexer Prozeß ist und nur auf ein Wetterelement (Temperatur oder Niederschlag) bezogene Grenzwerte wenig Aussagekraft haben. Eine wünschenswerte und wissenschaftlich exakte Methode müßte zwei- und mehrparametrische Auswertungen einschließen. Vorausset-

Tafel 4.2 Übersicht über die Möglichkeiten der Reduzierung des Wettereinflusses im Asphaltstraßenbau

	1. Aufbereitung	2. Transport	3. Einbau	4. Verdichtung
Organisatorische Möglichkeiten	Auswahl geeigneter Baustellen Einbau geeigneten Mischguts Verwendung geeigneter Bitumen Arbeitszeitregime	Beschränkung der Transportzeit bzw. -weite Bereitstellung einer ausreichenden Anzahl Fahrzeuge	Auswahl der Einbaustellen Übereinstimmung zwischen Projekt- und Bauausführung Arbeitszeitregime (keine Unterbrechung) Abstimmung Aufbereitung – Einbaustelle	genügende Anzahl geeigneter Verdichtungsmaschinen
Ausführungstechnische Möglichkeiten	kontinuierliche Anlieferung der Zuschlagstoffe Wahl des Umschlagsverfahren sinnvoller Arbeitsablauf	Verwendung großer Transporteinheiten	Auswahl geeigneter Mischgüter und Rezepturen Einbau in dicken Schichten kontinuierlicher Einbau Erhöhung des Vorverdichtungsmaßes	Einsatz geeigneter Verdichtungsmaschinen
Technische Möglichkeiten	Überdachung der Zuschlagstoffe u. Ableitung des Niederschlagswassers zusätzliche Trockenanlagen Wärmedämmung an Leitungen, Absperrventilen, für Bindemittel Beheizung der Umschlagsanlagen (kritische Stellen) Beheizen der Zuschlagstofflager Schutz des fertigen Mischguts	Abdecken der Ladeflächen Beheizungsvorrichtungen Wärmedämmung bzw. Thermosaufbau	Hohe Vorverdichtung beheizbare Glätteeinrichtungen Einsatz von Trocken- oder Aufheizgeräten Fertigereinhausungen	Bandagenheizung

4.2. Grundlagen der Leistungsermittlung von Straßenbaumaschinen

zung dafür sind aber umfangreiche gleichartige Untersuchungen und Auswertungen, die zur Zeit noch nicht vorliegen. So sind z. B. in dem angegebenen Katalog keine Angaben über Windstärken entnehmbar, die für den Asphaltstraßenbau aber von großem Einfluß sind. Durch logische und erfahrungsgestützte Verknüpfungen der wichtigsten Wetterelemente lassen sich dennoch praktisch verwertbare Aussagen ableiten.

Gezielte technische, ausführungstechnische und organisatorische Maßnahmen können den Einfluß des Wetters auf den Bauprozeß verringern. Eine Auswahl solcher Maßnahmen enthält Tafel 4.2.

Ausgangspunkt einer Fixierung meteorologischer Grenzwerte ist in erster Linie die Erfüllung der Qualitätsanforderungen. Die Entscheidung über die Anwendung von Schutzmaßnahmen wird von wirtschaftlichen Aspekten abhängig sein. In Tafel 4.3 sind Grenzwerte für den Temperatureinfluß bei der Herstellung von Asphalt-Trag- und -Deckschichten dargestellt.

Tafel 4.3 Grenzwerte für den Temperatureinfluß

Luft-Temperatur °C	Asphalt-Deckschicht	Asphalt-Tragschicht
> 5	keine Beeinflussung – freie Produktion	
0 bis 5	starke Behinderung 4 cm*) Teilschutz	mäßige Behinderung Schutzmaßnahmen möglich
–5 bis 0	sehr starke Behinderung Vollschutz	starke Behinderung 10 cm*) Teil- bis Vollschutz
–10 bis –5	Produktionsstillstand	sehr starke Behinderung 20 cm*) Vollschutz
–10	Produktionsstillstand	Produktionsstillstand

*) Mindestdicken beim Einbau

Aus meteorologischen Daten (Grenzwerten) und den klimatologischen Daten für ein Klimagebiet nach dem Bauwetterkatalog, lassen sich durch die erwähnten logischen Verknüpfungen der wichtigsten Wetterelemente Aussagen zu den verfügbaren Produktionszeiträumen und den Grad der Behinderung treffen, gleichzeitig lassen sich Betrachtungen zur Rentabilität von Schutzmaßnahmen gegen Witterungseinfluß anstellen (Vorhaltekosten – Nutzen).

Bild 4.4 zeigt konkret den durchschnittlich verfügbaren Zeitfonds für einen Kalendermonat an einem Beispiel. Aus Bild 4.5 ist der verfügbare Produktionszeitraum für die Herstellung von Asphalt- und Betonstraßen, untergliedert in Tage mit unbehinderter Produktion, mit teilweise und starker Behinderung (Leistungsreduzierung) sowie Tage mit Produktionsstillstand, angegeben. Eine solche Methodik ermöglicht bessere Betrachtung der Leistung über einen längeren Zeitplan und zutreffendere mittel- und langfristige Terminplanungen. Darüber hinaus ist der Einfluß der Witterung in der unmittelbaren Baudurchführung durch Beachten entsprechender Informationen (Bauwetterbericht) zu beachten.

a)

		Monat:		Februar	Σ
		Anzahl der Tage/Monat		1 2 3 4 5 6 7 8 9 10 11 12 13 14 15 16 17 18 19 20 21 22 23 24 25 26 27 28 29 30 31	28
Klimatologische Daten	1	Temperatur in °C	> 25		–
	2		5 bis 25	Deckschicht	1
	3		0 bis 5		8
	4		-5 bis 0	Tragschicht	11
	5		-5 bis -10		5
	6	in 0,05 m Höhe	< -10		3
	7		< 0°		22
	8	Niederschlag (mm/d)	0,1 bis 1		7
	9		1 bis 2,5		3
	10		2,5 bis 5	Schnee	3
	11		5 bis 10		1
	12		> 10		1
	13	Schneedecke > 10 mm			11
	14	Helligkeitsverhältnisse in h je Tag	unbewölkt	einschichtig	95[3]
	15		bewölkt	Deckschicht	7,5[3]
Produkt.- Tage	16	Produktion ohne Behinderung		Tragschicht	1/5
	17	Produktion mit Teilschutz[1]			6/9
	18	Produktion mit Vollschutz[2]			9/7
	19	Produktionsstillstand			12/7
	20	Einsatz von Aufheizgeräten erforderlich			

b)

		Monat:		Februar	Σ
		Anzahl der Tage/Monat		1 2 3 4 5 6 7 8 9 10 11 12 13 14 15 16 17 18 19 20 21 22 23 24 25 26 27 28 29 30 31	26
Klimatologische Daten	1	mittlere Zahl der Tage mit Extremtemperaturen in °C (in 2 m Höhe)	> 30		
	2		30 bis 25		
	3		25 bis 5	1	1
	4		5 bis 0	8	8
	5		0 bis -	11	11
	6		< -5	8	8
	7	Frost in Erdbodennähe Min. < 0° C		22	22
	8	Niederschlag (mm/d)	0,1 bis 1	4 3	7
	9		1 bis 2,5	1 2	3
	10		2,5 bis 5	2 1	3
	11		> 5	1 1	2
	12	Schneefall mm/d	≥ 0,1	7	7
	13	Schneedecke > 10 mm		11	11
Produkt.- Tage	14	Produktion ohne Behinderung		1	1
	15	Produktion mit Teilschutz		5	5
	16	Produktion mit Vollschutz		9	9
	17	Produktionsstillstand		13	13

Bild 4.4 *Produktionszeitfonds auf Basis meteorologischer Daten*
a) für den Asphaltstraßenbau; b) für den Betondeckenbau
[1]) 30% Leistungsabfall; [2]) 50% Leistungsabfall; [3]) Mittl. Arbeitszeit ohne künstl. Beleuchtung.

4.2.7. Zusammenfassung

Die Kenntnis der Leistungsfähigkeit der Baumaschinen und der Maschinenkomplexe ist eine wesentliche Voraussetzung für die Vorbereitung und Durchführung des Bauprozesses. Es gilt, die im Zusammenspiel von Bedienungspersonal, Baumaschine und zu bearbeitendem Arbeitsgegenstand wirkenden und die Leistungsfähigkeit beeinflussenden Faktoren zu erkennen und entsprechend zu berücksichtigen.

Neben der Suche und dem Klären der Ursachen von Leistungsbeeinflussung steht die Quantifizierung der intensiven und extensiven Einflußfaktoren. Durch eine gute Arbeitsvorbereitung und eine sorgfältige Analyse des Bauprozesses (Bauberichtswesen), können Reserven erkannt und letztlich kostensenkend nutzbar gemacht werden.

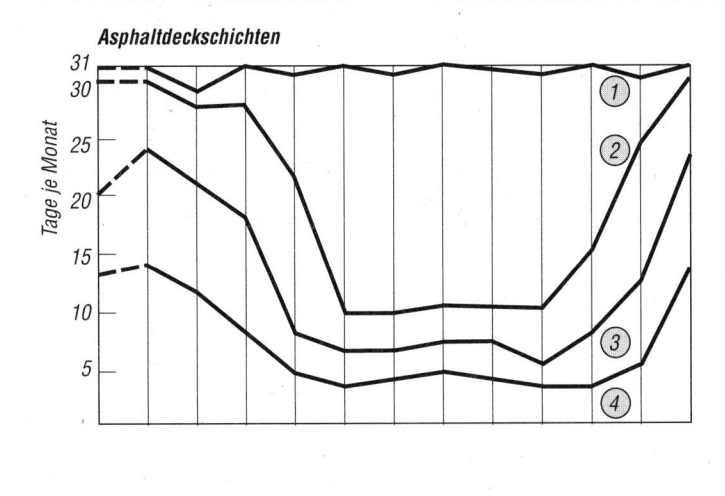

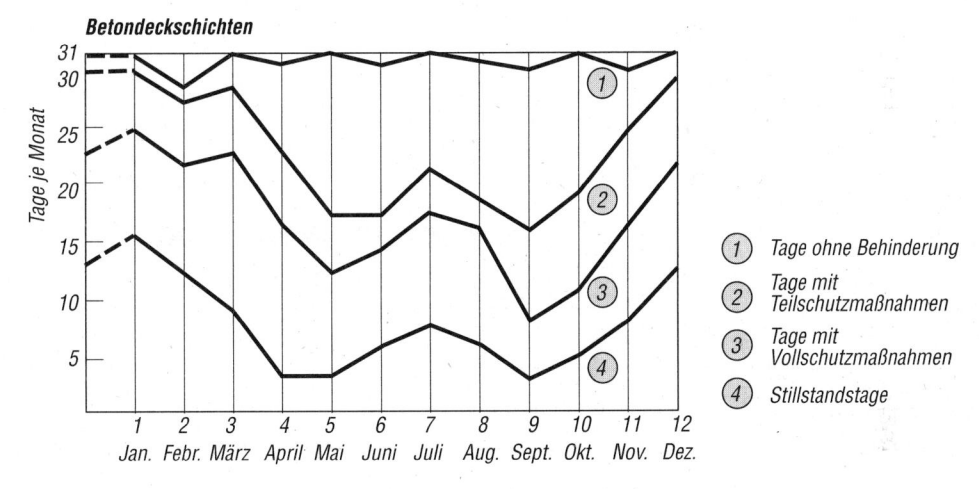

Bild 4.5 Zusammenstellung der verfügbaren Produktionszeitfonds

Legende:
① Tage ohne Behinderung
② Tage mit Teilschutzmaßnahmen
③ Tage mit Vollschutzmaßnahmen
④ Stillstandstage

4.3. Ermittlung der Herstellungskosten für Bauleistungen

Zur Ermittlung des notwendigen wertmäßigen und zeitlichen Aufwandes der Produktionstätigkeit sind systematische und eindeutige Untersuchungen durchzuführen. Neben dem Zeitaufwand sind Leistungs- und Kapazitätswerte und die Produktionskosten (Lohn-, Stoff-, Transport-, Gerätevorhaltungs-, Nachauftragnehmer- und sonstige Kosten, Gemeinkosten der Baustelle und Geschäftskosten, Wagnis und Gewinn) zu ermitteln [255]. Diese sind Voraussetzungen, um die folgenden Aufgaben zu erfüllen:

1. Steuerung und Überwachung der Produktion
2. Ermittlung der zutreffenden Produktionskosten für die betrieblichen Bedingungen, die unter Beachtung der jeweiligen Beschäftigungs- und Wettbewerbslage die Bildung eines Markt- und damit des Angebotspreises ermöglicht.
3. Grundlage für Investitionsentscheidungen, Wirtschaftlichkeitsvergleiche verschiedener Bauverfahren und Ansatzpunkte zur weiteren betrieblichen Rationalisierung
4. Bewertung von Beständen unvollendeter Produktion

Aus betriebswirtschaftlicher Sicht ergeben sich die Fragen

    Welche Kosten entstehen? ⇒ Kostenarten
    Wo entstehen Kosten?   ⇒ Kostenträgerrechnung

Den Bauingenieur interessiert außerdem die Frage

    Wer verursacht die Kosten? ⇒ Kostenträgerrechnung (Kalkulation).

Bei Kostenuntersuchungen ist es infolge der unterschiedlichen Abhängigkeiten einzelner Kostenelemente vom Produktionsvolumen günstig und möglich, konstante und variable Kosten zu unterscheiden.

Zur Reduzierung des Untersuchungsaufwandes ist es in bestimmten Fällen (z. B. bei Vergleichsrechnungen beim Maschineneinsatz) nützlich zwischen

- einmaligen Kosten; Aufwand für Aufbau, Umsetzung und Abbau und
- ständigen Kosten; Abschreibung, Lohn; Stoffkosten u. a.

zu unterscheiden.

4.3.1. Lohnkosten

Sie umfassen die Löhne der gewerblichen Arbeitnehmer im Sinne des Bundesrahmentarifvertrages (BRTV) für das Baugewerbe sowie die Entgelte der Poliere und Meister, die unmittelbar an den einzelnen Bauleistungen arbeiten. Hierzu gehören jedoch nicht nur die tariflichen Löhne und Entgelte einschließlich Bauzuschlag, sondern auch Leistungs- und Prämienlöhne, übertarifliche Bezahlung, Zeitzuschläge für Überstunden, Sonn-, Feiertags- und Nachtarbeit sowie Erschwerniszuschläge und die Arbeitgeberzulage für vermögenswirksame Leistungen. Die Lohnkosten ergeben sich aus dem Zeitaufwand für die einzelnen Teilleistungen und dem Lohn, der den für die Teilleistung beschäftigten Arbeitern zu zahlen ist. Der Zeitaufwand wird vom Kalkulator am zweckmäßigsten entsprechend den in seinem Betrieb an gleichen oder ähnlichen Arbeiten gesammelten Erfahrungswerten angesetzt.

Werden bei Fehlen eigener Erfahrungswerte Leistungswerte (Zeitansätze) aus der einschlägigen Literatur entnommen, so muß der Kalkulator denjenigen Zeitansatz für die zu berechnende Leistung wählen, der nach den örtlichen Verhältnissen und der örtlichen Leistungsfähigkeit der Arbeiter sowie nach der angenommenen Zusammensetzung der Kolonnen den voraussichtlichen tatsächlichen Leistungswerten am nächsten kommt. Bestehende örtliche Akkordtarifverträge und Leistungsrichtwerte auf der Grundlage des Rahmentarifvertrages für Leistungslohn im Baugewerbe sind zu beachten [256, 257]. Weiter ist zu berücksichtigen, daß Zeitansätze aus der einschlägigen Literatur i. d. R. auf Normalleistungen der Arbeitnehmer fußen und deshalb beim Einsatz weniger leistungsfähiger Arbeitskräfte mit einem Minderleistungsfaktor korrigiert werden müssen.

Der Lohn richtet sich nach den im Betrieb tatsächlich gezahlten Löhnen. Darüber hinaus muß bei der Ermittlung der Lohnkosten für die Teilleistung beachtet werden, daß bei der Ausführung einer Teilleistung häufig Arbeitskräfte verschiedener Lohngruppen nötig sind. Weil sich der Anteil der Arbeitnehmer der verschiedenen Lohngruppen an den einzelnen Teilleistungen im voraus nicht genau ermitteln läßt, ist es zweckmäßig und üblich, mit einem ‚Mittellohn' zu rechnen (Tafel 4.4). Dieser wird für bestimmte Teilarbeiten (z. B. Erd-, Decken-, Mauerarbeiten) gesondert ermittelt. Dabei werden nur die Löhne für jene Arbeitsgruppen in die Berechnung einbezogen, die tatsächlich bei der jeweiligen Teilarbeit beschäftigt sind. Für die richtige Berechnung des Mittellohnes ist die Berücksichtigung des Zuschlagssatzes für Überstunden-, Nacht-, Sonn- und Feiertagsarbeit wichtig. Grundsätzlich muß dabei von der tariflichen Wochenarbeitszeit ausgegangen werden. Es sind auch die Entgelte der Aufsichtskräfte (Poliere, Meister), nicht jedoch deren Arbeitsstunden, mitanzusetzen. Die durch Erschwerniszuschläge (Wasser-, Schmutzarbeit usw.) eintretenden Lohnkostenerhöhungen, wenn sie nicht das gesamte Bauvorhaben betreffen, sind zweckmäßigerweise nicht bei der Berechnung des Mittellohnes, sondern bei der Ermittlung des Einheitspreises der betroffenen Teilleistung direkt zu berücksichtigen.

Tafel 4.4 Mittellohnberechnung

Einbaustelle – Tragschichteinbau

Bezeichnung der Arbeitskräfte	Stundenlohn			Anzahl	Mittellohn
	Tarif	Zulagen DM/h	insges.		
Vorarbeiter	20,84	1,23	22,07	1	22,07
Maschinist (Fertiger)	22,75	1,34	24,09	1	24,09
Maschinist (Walzen)	20,84	1,23	22,07	2	44,14
Asphaltdeckenbau	17,66	1,04	18,70	4	74,80
Baufachwerker	16,97	1,00	17,97	4	71,88
				12	236,98
Mittellohn (236,98/12)					19,75
Mehrarbeitszuschlag: wöchentliche Arbeitszeit 39 h					
Mehrarbeit 5 h bei 25% 1,25 Mehr-h					
Mehrarbeitszuschlag: $\frac{(25 \cdot 100)}{39} = 3,21\%$ von				19,75	0,63
Summe					20,38
lohngebundene Kosten; Sozialkosten 102,36% von 20,38					20,86
Summe					41,24
Lohnnebenkosten:					
Auslösung 52,50 DM/Tag 8 AK			420,00		
Wegekostenerstattung 8,30 DM/Tag 9 AK			74,70		
Vermögenswirksame Leistungen 12 × 8 · 0,70			28,00		
			522,70		
bei 8 h tägl. Arbeit Gesamtbelegschaft: 12					
522,70/12 · 8 =					5,44
Mittellohn für die Einbaustelle			DM/h		46,68

4.3.2. Gerätekosten

Hierzu zählen entsprechend der Baugeräteliste (BGL 1991; [258])

- kalkulatorische Abschreibung und Verzinsung
- kalkulatorische Reparaturkosten sowie
- Mietkosten bei Fremdgeräten.

Die Kosten für die Bedienung und Wartung der Geräte werden im allgemeinen bei den Lohnkosten und jene für Betriebs- und Schmierstoffe bei den Stoffkosten berechnet.

Die Kosten für notwendige Transporte der Maschinen und Geräte einschließlich Ladekosten sowie Kosten für An- und Abtransport, Auf- und Abbau der Geräte sind in der Gemeinkostenart ‚Kosten für das Einrichten und Räumen der Baustelle' anzusetzen. Globale Geräteversicherungen sind Bestandteil der Allgemeinen Geschäftskosten. Besondere Geräteversicherungen für eine einzelne Baustelle gehören zu den Sonderkosten innerhalb der Gemeinkosten der Baustelle.

Kalkulatorische Abschreibung und Verzinsung
Unter kalkulatorischer Abschreibung versteht man den Wertverbrauch eines Gerätes während seiner betrieblichen Nutzungszeit (keine Zerstörungen infolge Unfall oder unsachgemäßer Behandlung). Zur kalkulatorischen Verzinsung zählen Beträge, die sich durch rechnerische Verzinsung des in den Geräten investierten, kalkulatorisch aber noch nicht abgeschriebenen Kapitals ergeben.

Kalkulatorische Reparaturkosten
Hierzu zählen die Kosten für die Erhaltung und Wiederherstellung der Betriebsbereitschaft der Geräte. Entsprechende Erfahrungswerte sind zu beachten bzw. in der jeweils neuesten BGL angegeben. Dabei ist festzustellen, welche Reparaturen, mit den in der BGL angegebenen Werten der monatlichen Reparaturkosten abgegolten sind.

Die üblichen Reparaturen fallen mehr oder weniger laufend an. Es handelt sich um Reparaturen, die für die Erhaltung und Wiederherstellung der Einsatzbereitschaft am Einsatzort in eigenen oder fremden Werkstätten entstehen (Lohnkosten, Ersatz- und Verschleißteile, Ersatz von schadhaften Aggregaten und Konstruktionsteilen). Diese üblichen Reparaturen sind mit dem in der BGL enthaltenen Kostensatz abgegolten.

Daneben gibt es noch ‚Großreparaturen', die der Erweiterung, Verbesserung und Modernisierung der Anlagen dienen; diese sind extra zu ermitteln und im allgemeinen nicht mit den Reparatursätzen in der BGL erfaßt. Der Reparaturkostensatz gliedert sich zu 40% in Lohnkosten (ohne Lohnzusatzkosten) und in 60% Stoffkosten (d. h. Kosten für Reparaturstoffe und Ersatzteile einschl. Verschleißteile).

Nicht enthalten sind:

- die Lohnzusatzkosten und Lohnnebenkosten, da sich diese aus tariflichen und gesetzlichen Gründen häufig ändern,
- Abschreibung und Verzinsungsbeträge der Werkstattmaschinen,
- Kosten für Wartung und Pflege, wie Abschmieren, Reinigung von Verschmutzungen, für Beseitigung von Gewaltschäden und Ersatz von Verschleißteilen bei außergewöhnlichen Betriebsbedingungen.

Nach dem gleichem Schema ist bei betrieblichen Kostenermittlungen zu verfahren.

Mietkosten für Fremdgeräte (Leasing)
Wenn ein bestimmtes Gerät angemietet werden soll, so sind die tatsächlichen vom Vermieter geforderten Mietsätze in der Aufwandsermittlung anzusetzen. Dabei ist darauf zu achten, ob in diesen Mietsätzen auch Kosten für das Bedienungspersonal und/oder die Betriebstoffe und anteilige Kosten für Reparaturen enthalten sind.

Soweit die Kosten nicht einer bestimmten Teilleistung zugeordnet werden können, sind sie unter Gemeinkosten der Baustelle zu führen.

4.3.3. Stoffkosten

Der Stoffbedarf für die einzelnen Bauleistungen umfaßt die Bau-, Bauhilfs- und Betriebsstoffe.

Baustoffkosten
Baustoffe sind Stoffe, die zur Durchführung der Teilleistungen verwendet werden und im Bauwerk verbleiben (z. B. Zuschlagstoffe, Bindemittel, Zement, Baustahl usw. Bei den materialintensiven Leistungen des Straßenbau kommt diesem Kostenanteil eine große Bedeutung zu. Sie beinhalten alle Aufwendungen bis zum Verarbeitungsbeginn auf der Baustelle. Beim Bezug vom Baustoffhändler zählen hierzu:

- Abgabepreis, einschl. Handelsspanne und evt. notwendiger Verpackung
- Fracht- bzw. Transportkosten (unterschiedlicher Verkehrsträger)
- Materialumschlags- und Transportkosten bis zur Baustelle oder zum Zwischenlager (einschl. Lagerkosten). Bei betrieblicher Material-Eigengewinnung sind die entstehenden Kosten (Gewinnungs- und Transportkosten einschließlich Aufschluß-, Entschädigungs- und Wiederherstellungskosten) zu berücksichtigen.

Zu beachten sind auch anteilige Mengenzuschläge für Streu-, Bruch-, Fertigungs- Transport- und Montageverluste.

Bauhilfsstoff-Kosten
Bauhilfsstoffe sind Stoffe, die zur Durchführung der Teilleistungen benötigt, aber nicht in das Bauwerk eingebaut werden (z. B. Rüst-, Schal- und Verbaumaterial und Stoffe untergeordneter Bedeutung, wie Nägel, Bolzen, Draht u. a.) Sie werden im Rahmen der Einzelkosten ermittelt, wenn es sich um größere, zurechenbare Mengen handelt, ansonsten werden sie als Vorhaltekosten den Gemeinkosten zugerechnet.

Betriebsstoffkosten
Bau-Betriebsstoffe sind Stoffe, die beim Einsatz von Maschinen und Geräten für die Herstellung der Teilleistungen benötigt werden; z. B. Diesel, Benzin, Heizmaterial, elektr. Strom, Schmier-, Reinigungs- und Putzmittel, Dichtungsmaterial u. a. Bei der Ermittlung ist die installierte Motorleistung und deren Ausnutzung von Bedeutung. Bei standortgebundenen Maschinen mit elektrischem Antrieb, (z. B. Aufbereitungsanlagen für Asphalt oder Beton) lassen sich die Kosten für den Elektroenergieverbrauch einfach ermitteln. Der maximale Anschlußwert ist festzustellen oder wird vom Hersteller angegeben: Bei der Ermittlung des Verbrauches ist in der Regel ein Gleichzeitigkeitsfaktor (nicht alle Motoren laufen gleichzeitig) zu beachten.

Für den Treibstoffverbrauch (Diesel-, Benzinantrieb) werden von den Herstellerwerken spezifische Werte angegeben, die auf dem Prüfstand bei Nennleistung ermittelt wurden oder das Ergebnis von Testuntersuchungen unter Einsatzbedingungen sein können, wobei der spezifische Verbrauch mit zunehmender Motorleistung abnimmt. Wenn keine konkreten Werte vorliegen sind in [258] durchschnittliche Werte angegeben, für Baumaschinen lt. DIN ISO 3046; Teil 1 1/89; (identisch mit DIN 6271; 1/84; Teil 7 5/89), für Kraftfahrzeuge lt. DIN 70 020; ISO 1585; 80/1269 EWG. Der Betriebsstoffverbrauch ist u. a. abhängig von Last, Drehzahl, Betriebs- und Verschleißzustand und bewegt sich im Bereich von 135 bis 200 g/kWh (zollamtliche Umrechnung 0,84 kg/l). Hinzu kommen Kosten für Schmierstoffverbrauch von 10 bis 20% der Kraftstoffkosten. Die Unterschiede zwischen

- standortgebundenen Maschinen (Bagger),
- fahrenden Arbeitsmaschinen (Flachbagger, Straßenfertiger) und
- Kraftfahrzeugen

sind zu beachten.

Letztere sind in hohem Maße auch fahrtwegabhängigen Einflüssen (Neigungsverhältnisse, Fahrwiderstand, Verkehrsverhältnisse sowie der individuellen Fahrweise des Fahrers) unterworfen. In der Praxis muß vielfach mit vereinfachten Annahmen und mit mittlerer Motorenbelastung bei den einzelnen Maschinentypen gerechnet werden. Einsatzbedingungen, Alter bzw. Verschleißgrad, individuelle Bedienung, sowie Wartung und Pflege haben Einfluß auf den tatsächlichen Verbrauch.

Der Treibstoffverbrauch von Arbeitsmaschinen kann im Dauerbetrieb nach folgender Beziehung ermittelt werden:

$$B_T = ed \cdot b \cdot N$$

B_T stündlicher Treibstoffverbrauch in kg/h
e Motorenbelastung
b spezifischer Treibstoffverbrauch in kg/h · kW
N Nutzleistung des Antriebsmotors in kW
ed Treibstoffdrosselgrad (Drosselfaktor)

$$e = M_{d,erf} / M_{d,vorh.}$$

$M_{d,erf.}$ durchschnittlich erforderliches Drehmoment während des Arbeitszyklus
$M_{d,vorh.}$ Drehmoment bei Vollbelastung des Motors und gleicher Drehzahl, wie bei $M_{d,erf.}$ (N · m)

Der Ölverbrauch ist neben dem spezifischen Verbrauch während der Betriebszeit von den vom Hersteller vorgegebenen Ölwechselfristen abhängig und kann wie folgt ermittelt werden:

$$B_S = 1,2 \cdot m_s / n$$

B_S stündlicher Schmierstoffverbrauch   in kg/h
m_s Fassungsvermögen des Schmiermittelsystems   in kg
n Betriebsstunden zwischen den Ölwechselfristen
$1,2$ = Faktor, der das Nachfüllen zwischen zwei Ölwechseln berücksichtigt

Der Verbrauch an übrigen Betriebsmitteln (Lagerfett, Seil- und Zahnradfett, Putzöl und Putzwolle) wird auf Grund von Erfahrungswerten oder vorgegebenen Verbrauchswerten mit einem Zuschlag auf die Treibstoffkosten erfaßt (s. o.).

Die Betriebsstoffkosten errechnen sich dann wie folgt:

$$K_B = (B_T \cdot K_T + B_S \cdot K_S)(1 + F_H) \text{ in DM/h}$$

K_T Treibstoffkosten in DM/kg
K_S Schmierstoffkosten in DM/kg
F_H Zuschlag für die übrigen Schmierstoffe

Bei der Ermittlung der Betriebskosten je Leistungseinheit ist die Bestimmung der tatsächlichen Betriebszeit von Bedeutung. Vielfach ist diese nicht identisch mit der Einsatzzeit. In organisatorisch oder technologisch bedingten Stehzeiten wird die Maschine im Leerlauf weiterlaufen oder vollkommen abgestellt werden. Gegebenenfalls wären Leerlauf- und Leistungsverbrauch bei der Betriebsstoffermittlung extra zu erfassen.

4.3.4. Transportkosten

Diese Kosten entstehen durch firmeneigene oder fremde Transportfahrzeuge. Während erstere auch in den anderen Kostenelementen erfaßt werden und Fremdleistungen unter Nachauftragnehmerkosten berücksichtigt werden können, rechtfertigt der hohe Anteil dieser Kostenarten bei Bauarbeiten eine separate Ermittlung und Analyse zur Auswahl der günstigsten Transportvariante oder eines geeigneten Fahrzeugtyps.

4.3.5. Gemeinkosten der Baustelle

Die Gemeinkosten der Baustelle umfassen
- die Kosten für das Einrichten und Räumen der Baustelle
- die Vorhaltekosten während der Bauzeit
- die Betriebs- und Bedienungskosten
- die Kosten für die örtliche Bauleitung
- die Kosten der technischen Bearbeitung, Konstruktion und Kontrolle
- Allgemeine Baukosten
- Sonderkosten
- Sozialkosten und Lohnnebenkosten (soweit nicht bereits im Mittellohn berücksichtigt)

Kosten für das Einrichten und Räumen der Baustelle
Hierzu zählen:
- An- und Abtransport einschließlich Ladekosten der Geräte, Bauwagen, Baustelleneinrichtung, Container
- Auf-, Um- und Abbau von Geräten, Bauwagen, Baracken, Containern, Wohnlagern u. a.
- Auf- und Abbau der Wasser- und Energieversorgung, von Zufahrtsstraßen, Lagerplätzen, Werksplätzen (Bewehrungsherstellung)

Vorhaltekosten
Hierzu zählen (ähnlich der Gerätekostenermittlung) die kalkulatorische Abschreibung/Verzinsung und Reparaturkosten für Baugeräte, soweit sie nicht unter den Einzelkosten erfaßt sind, wie besondere Anlagen, die über die übliche BE hinausgehen (z. B. Installation und Betrieb einer Rohkies-Gewinnungsanlage, Brech-, Wasch- und Sortieranlagen), Bauwagen, Container, Baracken u. a. Fahrzeuge (soweit sie unmittelbar auf der Baustelle stationiert sind), Rüst-, Schal- und Verbaumaterial einschließlich der Hilfsstoffe (soweit sie nicht als Einzelkosten der Teilleistungen erfaßt sind).

Betriebs- und Bedienungskosten
Hierzu gehören alle Stoffe für den Betrieb der Baustelleneinrichtung, (Beleuchtung, Beheizung von Unterkünften und Büros).

Kosten für die örtliche Bauleitung
Sie umfassen: Bezüge (Gehälter einschl. Gehaltszusatzkosten, Bauzulagen usw. der technischen und kaufmännischen Angestellten auf der Baustelle. Die Gehaltszusatzkosten werden dabei mit einem Erfahrungsprozentsatz auf die Gehälter aufgeschlagen), Reisekosten, Betriebskosten der Baustellen-Pkw, Porto-, Telefon-, Büromaterial- und sonstige Bürokosten.

Kosten der technischen Bearbeitung, Konstruktion und Kontrolle
Das sind Kosten der Entwurfsbearbeitung und der Bearbeitung der Bauausführungsunterlagen, soweit diese nicht in den Allgemeinen Geschäftskosten verrechnet werden. Hierunter fallen auch die Kosten der Arbeitsvorbereitung, von Vermessungsarbeiten, Baustoff- und Bodenuntersuchungen.

Allgemeine Baukosten
Hierzu zählen: Hilfslöhne (Löhne für Boten, Wächter, Lagerarbeiter, Sanitäter, Vermessungsgehilfen, Reinigungskräfte, Kantinen- und Küchenhilfen usw. zuzüglich der Lohnzusatzkosten). Die Hilfslöhne werden mit einem Prozentsatz der Teilleistungslohnsumme (z. B. 5%) der Teilleistungslöhne angesetzt.

Kleingerät und Werkzeuge
Unter Kleingerät (auch Verbrauchsgerät genannt) versteht man Geräte, die auf der Baustelle i. d. R. durch Verschleiß oder Verlust verbraucht werden, (Schläuche, Wasserstiefel, Sturmfackeln, Handlampen, Meßbänder u. a.)

Werkzeuge
für manuelle Arbeitsgänge oder in Verbindung mit Werkzeugmaschinen zur Be- oder Verarbeitung von Stoffen. Hierzu gehören die Werkzeuge der Facharbeiter. Die Kosten für Kleingerät und Werkzeuge werden mit einem Erfahrungssatz in Prozent der Lohnsumme angesetzt.

Pacht und Mieten
Diese Kosten entstehen insbesondere für gemietete Unterkünfte, Büros und Gelände für die Baustelleneinrichtung.

Sonderkosten
Unter Sonderkosten versteht man solche allgemeinen Baukosten, die nur für einzelne Baustellen entstehen, wie

- Geländepachten, Lizenzen, besondere Bauversicherungen, Bürgschaftsprovisionen, Kosten für besondere ärztliche Betreuung, besondere Finanzierungskosten, etwaige Kosten, die durch eine Bearbeitung der Bauvorhaben vor Auftragserteilung entstanden sind (Vorkosten u. ä.)
- Beträge, die für besondere Bauwagnisse einzusetzen sind, die über die üblichen, für jeden Bau anfallenden Wagnisse hinausgehen, wie z. B. für besondere Gewährleistungsverpflichtungen, Terminrisiken, Personal- und Stoffkostenerhöhungen bei Festpreisverträgen ohne Gleitklauseln
- Winterbaukosten

Lohnzusatzkosten und Lohnnebenkosten
(soweit sie nicht im Mittellohn enthalten sind)

- Lohnzusatzkosten (Soziallöhne; bezahlte Feiertage, bezahlte Ausfalltage, Lohnfortzahlungen im Krankheitsfall, Einstieg in ein 13. Monatseinkommen, gesetzl. SV uws.), soweit sie nicht in den Allgemeinen Geschäftskosten angesetzt werden.
- Lohnnebenkosten

Dazu zählen die Kosten für Fahrtkostenabgeltung, Reisetage, Auslösungen, Trennungsentschädigungen, Übernachtungsgelder, Wegegelder und Verpflegungszuschüsse.Sie sind tariflich (RTV) vereinbart u. werden je nach den Ausschreibungsunterlagen in die Preise einkalkuliert, pauschal ausgeworfen oder nach dem tatsächlichen Aufwand abgerechnet (auch die Kosten von Wohnunterkünften für gewerbliche Arbeitnehmer sowie für Poliere und Schachtmeister, wenn nicht in den Kosten der Baustelleneinrichtung enthalten).

4.4. Herstellung von Asphaltstraßen

4.4.1. Besonderheiten von Asphaltgemischen

Asphaltmischgut für den Heißeinbau wird in speziellen Mischanlagen [260] hergestellt. Es gibt unterschiedliche Aufbereitungsverfahren und z. T. sehr unterschiedliche technische Einrichtungen. In den letzten Jahren sind erhebliche Entwicklungen zu verzeichnen. Sie betreffen vor allem eine weitgehend elektronische Prozeßsteuerung mit Monitorüberwachung, eine Konzentrierung auf feste Standorte mit Einhausung der Aufbereitungsanlage zur Verringerung von Emissionen, Wärmeverlusten bzw. des Energieverbrauches. Sie ermöglichen eine perfekte Gütesicherung für die produzierten Gemische, günstige Arbeitsbedingungen und Sicherung der strengen Auflagen seitens des Umweltschutzes (Bild 4.6).

Die installierten technischen Leistungen reichen bei derartigen modernen Anlagen von 100 bis 300 t/h. Die folgenden prinzipiellen Arbeitsgänge sind bei allen Anlagen zu finden (Tafel 4.5):

- Vordosieren der Mineralstoffe
- Trocknen und Erhitzen der Mineralstoffe
- Heißabsiebung; Zwischenlagerung und Dosieren der heißen Mineralstoffe
- Zugabe des Gesteinsmehles
- Zugabe des Bitumens
- Zugabe von möglichen Zusatzmitteln
- Mischen
- Zwischenlagern des Mischgutes in Silos [261]

4.4.2. Aufbereitung von Asphaltmischgut

Vordosieren der Mineralstoffe
Die auf sauberer und befestigter Unterlage, auf Halden oder in Boxen gelagerten Splitte, Kiese und Sande werden entsprechend den in der Eignungsprüfung festgelegten Anteilen volumetrisch oder gewichtsmäßig über Abzugstrichter und Bandwaagen kontinuierlich der Trockentrommel zugeführt. Feinkörnige Mineralstoffe sind mit Rücksicht auf Einsparung von Heizenergie, bzw. um die Anlagenleistung zu gewährleisten, überdacht zu lagern.

Trocknen und Erhitzen der Mineralstoffe
In der Trockentrommel werden die Mineralstoffe getrocknet und auf die zum Mischer erforderliche Temperatur gebracht. Konventionelle Trockentrommeln arbeiten nach dem Gegenstromprinzip. Einbauten in Form von Rieselblechen und Schaufeln fördern das Material gegen die Flamme des Brenners (Öl-, Gas- oder Kohlestaubheizungen). Die Leistung der Trockentrommel wird stark vom Feuchtigkeitsgehalt der Mineralstoffe bestimmt (Bild 4.7). Allgemein wird bei der technischen Leistungsangabe von 5% Ausgangs- und 0,5% Endfeuchte aus

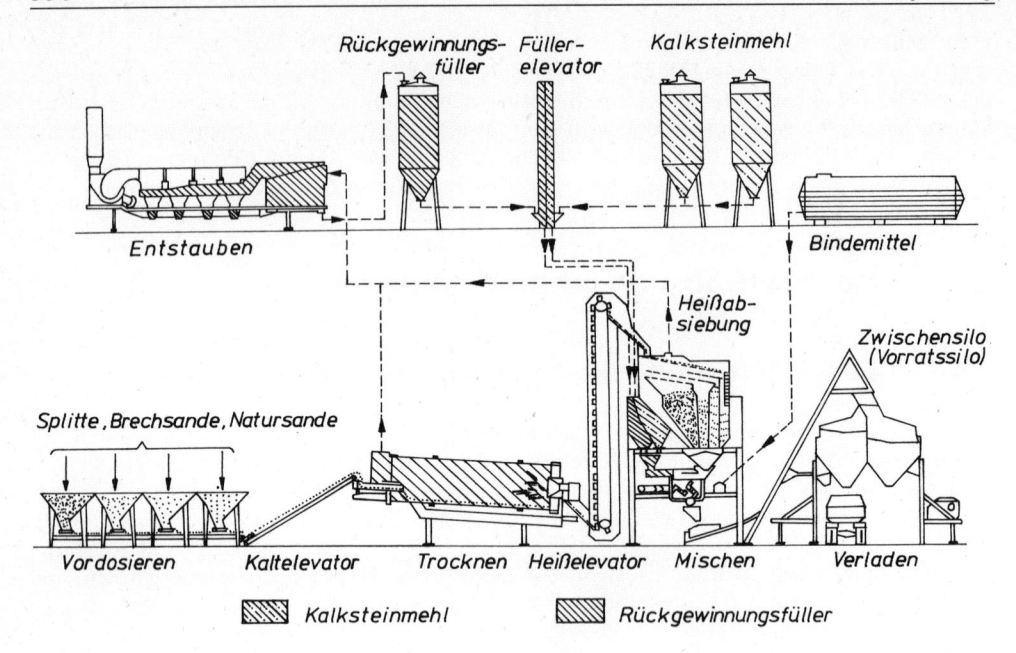

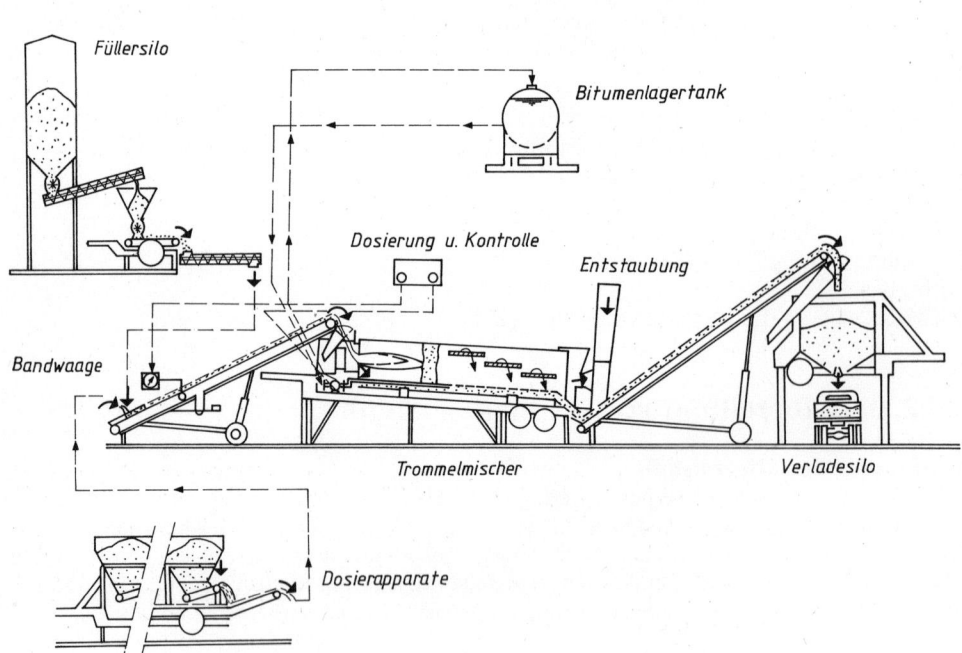

Bild 4.6 Herstellung von Asphaltmischgut (Funktionsschema)
a) Chargenmischanlage; b) Durchlaufmischanlage (Trommelmischer)

4.4. Herstellung von Asphaltstraßen

Tafel 4.5 Asphaltmischanlagen

Typ	Leistung t/h	Mischprinzip	Transportvarianten
Marini			
M 35	35	TT/CH	M
M 60	60	TT/CH	M
M 95	95	TT/CH	T-S
M 121	120	TT/CH	T-S
M 160	160	TT/CH	T-S
M 220	220	TT/CH	T
M 260	260	TT/CH	T
M 380	380	TT/CH	T
EMD 142	90/125	DTM	M, T, F
160	120/160	DTM	M, T, F
190	165/220	DTM	M, T, F
220	225/300	DTM	M, T, F
250	285/380	DTM	M, T, F
274	345/460	DTM	M, T, F
EMCC			
142/160	75/100	TM	M, T, F
160/190	100/130	TM	M, T, F
190	140/185	TM	M, T, F
220	225/300	TM	M, T, F
250	285/380	TM	M, T, F
274	345/460	TM	M, T, F
300	375/495	TM	M, T, F
330	430/570	TM	M, T, F
	5%/3%		
E + MC			
E250/MC260		TT/DM	T
E276/MC400		TT/DM	T
E330/MC500		TT/DM	T
Ammann			
Euro	160	TT/CM	ST
Universal	240	TT/CM	ST
HOT Stock	240	TT/CM	ST

TM	Trommelmischanlage im Gegenstromprinzip	EMCC	
TT/CM	Trockentrommel/Chargenmischer		
TT/DM	Trockentrommel/Durchlaufmischer	E + MC	
DTM	Trommelmischanlage mit 2 Durchm.	EMD	

T	Transportabel
M	Mobil
S	Selbstaufrichtend ohne Kranhilfe
ST	Stationär/Mischer

Mischturm mit Kübelverladung/Lagersilos separat
Hochgestellte Ausführung (Turmmischanlage)
Unterfahrbarer Turm
Hot-Stock-Ausführung

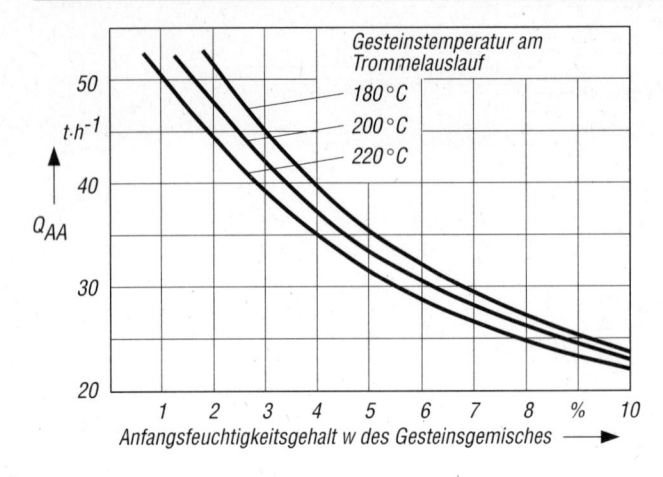

Bild 4.7 Leistungs-Feuchtigkeitsdiagramm einer Trockentrommel

(Diagramm: Q_{AA} in $t \cdot h^{-1}$ über Anfangsfeuchtigkeitsgehalt w des Gesteinsgemisches in %; Kurvenschar Gesteinstemperatur am Trommelauslauf 180 °C, 200 °C, 220 °C)

gegangen. Verbleibende Restfeuchtigkeit bringt das Bindemittel zum Schäumen und täuscht einen hohen Bindemittelgehalt vor. Anderseits kann eine unvollständige Trocknung eine unzureichende Umhüllung der groben Mineralkörner zur Folge haben. In diesem Fall ist die Verweildauer in der Trommel, nicht aber die Temperatur zu erhöhen (Gefahr einer unzulässigen Bindemittelverhärtung). Die Abgase einschließlich der mitgerissenen Feinststaubteile werden abgesaugt und in einer hochwirksamen Entstaubungsanlage (heute ausschließlich Gewebefilter) gereinigt.

Heißabsiebung
Nach Verlassen der Trockentrommel erfolgt in der Regel die Förderung über einen Heißelevator in die Heißabsiebung (in besonderen Fällen auch Siebumgehung). Die heißen Mineralstoffe werden in mehrere Korngruppen aufgeteilt in den Zwischensilos (z. T. beheizt und wärmeisoliert) zwischengelagert. Unregelmäßigkeiten bei der Vordosierung und Veränderung bei der Erhitzung können damit egalisiert werden.

Entsprechend der in der Eignungsprüfung festgelegten Rezeptur erfolgt das chargenweise Abwiegen der Mineralkörnungen auf einer Additionswaage.

Das Gesteinsmehl in Form von Rückgewinnungsfüller aus der Entstaubung oder Fremdfüller wird in der Regel kalt zugegeben und muß im Mischer durch die heißen Mineralstoffe aufgeheizt werden. Bei füllerreichem Mischgut (Gußasphalt) ist zur Sicherung einer hohen Leistung eine seperate Füllererwärmung zweckmäßig.

Mischen
Nach dem Entleeren der Gesteinswaage in den Mischer erfolgt die Zugabe des Bindemittels. Das Bitumen wird volumetrisch, mittels Durchlaufzähler oder Meßgefäß oder nach Massenanteilen zugegeben bzw. unter Druck eingedüst. Für eine homogene Durchmischung von Mineralstoffen und Bitumen werden in der Regel chargenweise arbeitende Doppelwellen-Zwangsmischer, seltener kontinuierlich arbeitende Durchlaufmischer eingesetzt.

Allgemein liegt die Mischzeit unter einer Minute, höhere Feinanteile und bei Zugabe von stabilisierenden Zusätzen (Splitt-Mastix-Asphalt) ist eine Mischzeitverlängerung erforderlich.

Zwischenlagerung des Mischguts in Silos
Das fertige Asphaltmischgut wird oft vor dem Transport zur Einbaustelle zwischengelagert. Man unterscheidet kleine Zwischensilos und größere Lagersilos (Bilder 4.8 u. 4.9). Je nach Fassungsvermögen können damit kleinere Unregelmäßigkeiten im Transport überbrückt oder

4.4. Herstellung von Asphaltstraßen

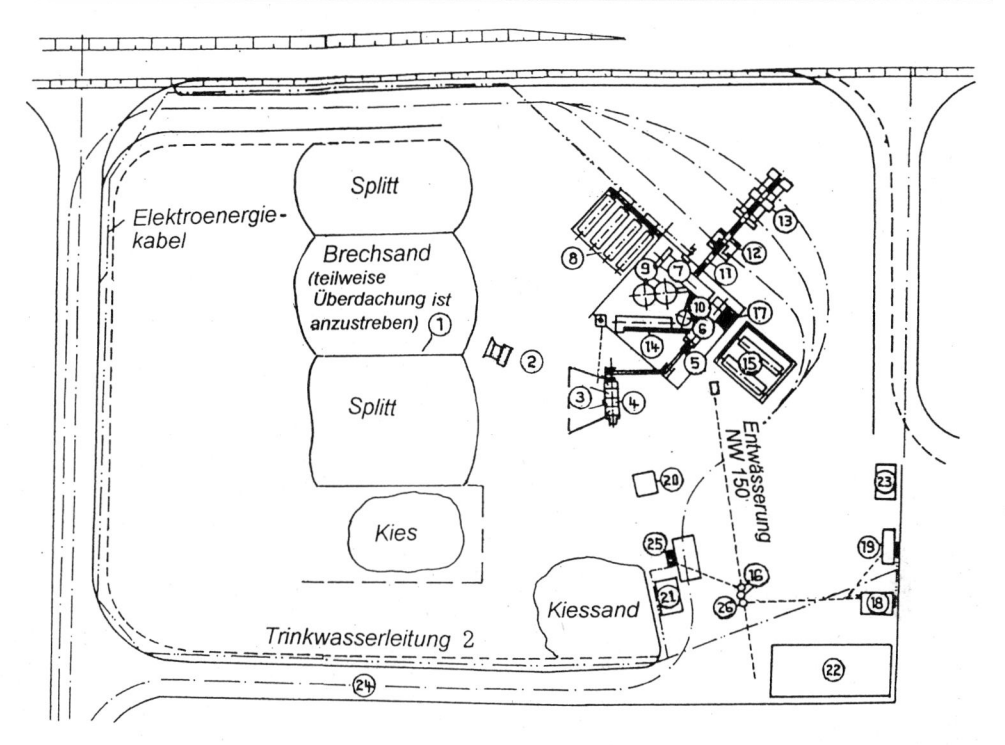

Bild 4.8 *Mischplatz zur Asphaltaufbereitung*
1 Lagerboxen; 2 Schaufellader; 3 Auffahrtrampe; 4 Doseure; 5 Kaltförderer; 6 Trockentrommel; 7 Heißförderer; 8 Bitumen-Vorratskessel; 9 Füllersilo (Fremdfüller); 10 Füllersilo (Rückgewinnungsfüller); 11 Aufzugsbahn; 12 Verladesilo; 13 Vorratssilo; 14 Entstaubungsanlage; 15 Heizölbevorratung; 16 Bezinabscheider; 17 Heizöl-Arbeitstank; 18 Laboratorium; 19 Sanitärcontainer, 20 Feuerlöschgeräte; 21 Treib- und Schmierstoffe; 22 Werkstattcontainer; 23 Tagesaufenthaltsraum; 24 Fahrstraße

Mischgut auf Vorrat produziert werden. Damit kann eine kontinuierliche Auslastung der Aufbereitungsanlage erfolgen und Einbaupausen überbrückt werden. Mehrere Silotaschen ermöglichen auch die Bereitstellung unterschiedlicher Rezepturen ohne ständige Umstellung der Produktion. Die Silos, die i. d. R. 80 bis 400 t Lagerkapazität besitzen, sind wärmeisoliert und meist im Bereich der Ausläufe beheizbar.

Bei längerer Lagerung im Silo besteht, insbesondere bei hohen Temperaturen die Gefahr einer oxydativen Verhärtung des Bindemittels. Bei empfindlichen Mischgutsorten ist das zu beachten und durch entsprechende Maßnahmen zu verhindern (Lagerzeitbegrenzung, Vermeiden von Teilfüllungen; Temperaturkontrollen, Abschluß zur Unterbindung der Sauerstoffzufuhr).

4.4.3. Mischguttransport

Für den Transport werden hauptsächlich normale Kipp-Lastkraftwagen, Hinterkipper oder Sattelauflieger, selten spezielle wärmegedämmte Kippbehälter eingesetzt (kleine Mengen für Reparaturarbeiten). Die Transportkapazität sollte auf die Leistung der Aufbereitungsanlage,

Bild 4.9   Aufbereitungsanlage für Asphaltmischgut

Bild 4.10   Einbau einer Asphaltdeckschicht

die Einbauleistung an der Einbaustelle, die Transportentfernung und die Straßen- und Verkehrsverhältnisse abgestimmt werden. Günstig für einen gleichmäßigen Lieferzyklus ist der Einsatz von Fahrzeugen gleicher Größe.

Die Fahrzeug- und Personalkosten bestimmen in erheblichen Maße die Wirtschaftlichkeit der Asphaltbauweise.

Vor dem Beladen der Fahrzeuge wird die Ladefläche mit einem nichtbindemittellöslichen Trennmittel besprüht. Ein Anhaften von Mischgut soll damit verhindert werden. Das Beladen geschieht durch Öffnen der Bodenklappe der Verlade- oder Vorratssilos im freien Fall. Gegen den Einfluß des Fahrtwindes oder mögliche Niederschläge und damit der Gefahr eines Temperaturverlustes muß das Mischgut immer abgedeckt tranportiert werden.

Die mögliche Transportzeit bzw. -entfernung wird durch die Mindest-Einbautemperaturen des Mischgutes an der Einbaustelle begrenzt.

An der Einbaustelle wird das Mischgut in den Vorratsbehälter des Fertigers gekippt. Je nach Größe des Vorratsbehälters und dem Fassungsvermögen des Transportfahrzeuges erfolgt die Übergabe durch ein- oder mehrmaliges Abkippen; dabei wird das Fahrzeug im Leerlauf vom Fertiger geschoben (Bild 4.10).

4.4.4. Einbau von Asphaltbefestigungen

Der Einbau von Asphaltbefestigungen erfolgt i. d. R. mit Hilfe von Straßenfertigern, auch ‚Schwarzdeckenfertiger' genannt. Der Einsatz von Flachbaggern (Straßenhobel, Planierraupen) oder der manuelle Einbau sollte bei den hohen Anforderungen an die Ebenheit unterbleiben und auf untere Schichten und Restflächen als Ausnahme beschränkt werden.

Vom Fertiger wird das Mischgut entsprechend der vorgegebenen Breite und Dicke verteilt und vorverdichtet. Die eingesetzten Fertigertypen weisen Unterschiede hinsichtlich Arbeitsbreite, Einbaudicke, erreichbarem Vorverdichtungsgrad und Fahrwerk (Rad- oder Ketten-Fahrwerk) auf (Tafel 4.6).

Tafel 4.6 Straßenfertiger

Typ	Antriebs-leistung kW/PS	Fahrwerk	Einbau-breite m	Einbau-dicke mm	Fahr-geschw. m/min	Kübel-inhalt t	Masse bis t
Kleinfertiger:							
Marini P 176	37/50	Rad	0,6–4,2	5–200			7,7
DEMAG DF 60 P	34/46	Rad	1,5–2,5(3,0)	150	0–14,5	6	
DEMAG DF 60 C	34/46	Kette	1,5–2,5(3,5)	150	0–14,5	6	8,3
Mittl. Fertiger							
DEMAG DF 130 P	78/106	Rad	2,5–8,0	–300	0–43	12	16,4
DEMAG DF 110 C	78/106	Kette	2,5–7,0	–300	0–23	12	17,8
TITAN 211	82/109	Rad	3,0–8,0				18,2
Marini 256	78/105	Rad	1,9–6,15	5–300			15,7
Großfertiger							
TITAN 411	124/168	Kette	2,5–12,0	300	0–54	14	23,8
Marini C 300	180/	Kette	2,5–12,0	5–300			27
DELMAG 150 C	165/225	Kette	3,0–12,5	5–300	0–31	15	25

Moderne Fertiger verfügen über in Grenzen hydraulisch veränderbare Arbeitsbreiten, Nivelliereinrichtungen (Leitdraht-, Laser- oder Tastski-Steuerung) sowie Vorrichtungen zur aktiven Materialverteilung, um Entmischungserscheinungen beim Einbau vorzubeugen (Materialaufnahmekübel, Längsförderband, Querverteilungsschnecken, Materialfüllmeßeinrichtung). Die Verdichtung erfolgt mit einer Vibrationsbohle mit veränderlicher Freqenz, einem Tamper mit veränderlichem Hub. Hochvibrationsbohlen ermöglichen hohe Werte an Vorverdichtung.

Der Einbau erfordert ein sauberes Planum. Gegebenenfalls muß das Planum mit einer Kehrmaschine oder Hochdruckwasserbehandlung gereinigt werden, und die Unterlage ist mit Haftkleber anzusprühen. Letzteres kann auch durch den Fertiger erfolgen.

4.4.5. Verdichten von Asphaltschichten

Eine hohe, gleichmäßige Vorverdichtung durch den Fertiger reduziert den Anteil der erforderlichen Nachverdichtung durch Walzen. Sie reduziert das Risiko ungenügender Verdichtungsqualität durch Verkürzung des Verdichtungszeitraums. Das ist besonders bei niedrigen Temperaturen wichtig.

Die Wahl des geeigneten Verdichtungsgerätes ist vom Mischgut, der erforderlichen Leistung (Einbaubreite, Einbaugeschwindigkeit) und anderen Randbedingungen abhängig. Es werden statische Dreirad- und Tandem-Glattmantelwalzen, Vibrations-Glattmantelwalzen, Gummiradwalzen sowie Kombinations-Walzen eingesetzt [262] (Tafel 4.7).

Tafel 4.7 Walzen für den Asphaltstraßenbau

Hersteller/Typ	Arbeitsbreite mm	Gewicht kg	Arbeitsgeschwindigkeit km/h	Leistung kW	Abschr. + Verzins. %	Repar.-Entgelt %
1	2	3	4	5	6	7
Statische Tandemwalze BOMAG BW 12 S	1370	10357	0–12	54	1,8–1,9	1,1
Doppelvibrationswalzen					3,8–4,5	2,6
BOMAG BW 60 S	600	837	0–2,6	5,2		
BW 90 S	900	1300	0–2,6	8,8		
ABG Alexander 28	1200	2770	0–10,8	54		
Tandem-Vibrationswalzen					3,8–4,5	2,6
BOMAG BW 120 AD	1200	2492	0–22	23,5		
BW 161 AD	1680	9267	0–13	70		
ABG 134 DV Alexander	1650	9100	0–12	62		
AMMAN DTV 653	1400	6500	0–6,5	43		
HAMM HD	1650	8300	0–9	62		
Gummiradwalzen					2,1–2,3	1,4
BOMAG BW 20 R	1986	24078	0–20	65		
Kombinationswalzen					3,8–4,5	2,6
BOMAG 100 AC	1909	4377	0–6,8	23,5		
164 AC	1680	5148	0–12	70		

In Abhängigkeit von der Befestigungsschicht, der Mischgutart und -sorte und dem eingesetzten Verdichtungsgerät sind unterschiedliche Walzschemata möglich.

Die Leistung des Verdichtungsgerätes oder Komplexes sollte über ausreichende Reserven verfügen.

4.4.6. Wiederverwendung von Asphalt

Bei der Aufbereitung von Asphaltmischgut im Heißverfahren kann auch Altasphalt (Ausbauasphalt in Form von Asphaltaufbruch oder Fräsasphalt) als Baustoff wiederverwendet werden.

Der Anteil des Altasphalts am Neumischgut ist abhängig von den technologischen und maschinentechnischen Voraussetzungen sowie den Qualitätsanforderungen. Die zulässige Menge ist in den Vorschriften der einzelnen Länder unterschiedlich groß. Prinzipiell sind folgende Zugabeverfahren zu unterscheiden (Bild 4.11):

an Chargenmischanlagen
- Erwärmung durch heiße Mineralstoffe; chargenweise Zugabe
- Erwärmung durch heiße Mineralstoffe, kontinuierliche Zugabe
- Erwärmung gemeinsam mit den Mineralstoffen
- Erwärmung in gesonderten Vorrichtungen

an Durchlaufmischanlagen
- Erwärmung gemeinsam mit den Mineralstoffen
- Erwärmung in gesonderten Vorrichtungen

Bei der Kaltzugabe wird das kalte Asphaltgranulat an der Mischanlage zugegeben und von den entsprechend höher erhitzten neuen Mineralstoffen getrocknet und erwärmt. Zur Reduzierung der Ausgangsfeuchtigkeit empfiehlt sich auch für das Altasphaltgranulat eine überdachte Lagerung. Eine Zugabe ist in das Heißbecherwerk, die Silotaschen der Heißabsiebung und direkt in den Mischer möglich. Bei diesem Verfahren ist die Zugabemenge auf etwa 20 bis 30 Gew.-% begrenzt. Bei der Heißzugabe wird der Altasphalt entweder in gesonderten Vorrichtungen getrocknet und auf etwa 130 bis 150 °C erhitzt (Paralleltrommel-Anlagen) oder in speziellen Trockentrommeln schonend erhitzt (Mittenzugabe oder Doppeltrommelmischer).

Grundsätzlich muß das aus Alt- und Neumaterial hergestellte resultierende Mischgut den in den Technischen Regelwerken festgelegten Qualitätsanforderungen entsprechen. Es ist darauf zu orientieren, entsprechend der Herkunft des Altasphalts auf eine möglichst hochwertige Wiederverwendung zu orientieren (Wiederverwendung von Binder- und Deckschichtmaterial in diesen Schichten). Das erfordert sorgfältige Voruntersuchungen hinsichtlich der Baustoffeigenschaften, ein schichtweises Abtragen und eine getrennte Lagerung.

Ausbaustoffe, die mit Pech, Teer, Teeröl oder anderen Schadstoffen belastet sind, dürfen nicht heiß aufbereitet werden. Sie sind im Kaltverfahren mit Bitumenemulsionen, evt. auch unter Zugabe von Zement, zu verarbeiten und durch dicke Bindemittelfilme wirksam einzukapseln. Auf diese Weise können keine gesundheitsschädlichen Emissionen freigesetzt werden.

4.4.7. Berechnungsbeispiel – Herstellung einer Asphalt-Tragschicht

Das folgende Beispiel für die Berechnung der Herstellungkosten beschäftigt sich mit der Fertigung einer Asphalttragschicht. Die Betrachtungen sollen als Grundlage für die Ermittlung kostendeckender Angebotspreise, aber auch bei Berücksichtigung der zutreffenden betrieblichen Bedingung der Produktionskosten dienen.

4.4.7.1. Baumaschinen und Geräte

Die zur Herstellung der Asphalttragschicht erforderlichen Baumaschinen und Geräte sind in einer Geräteliste zusammengestellt. Die Baumaschinennummer lt. [251] dient als Ordnungsnummer zur Inventarisierung der Maschinen und Geräte und der Organisation der Maschinenwirtschaft (Standortnachweis, Auslastungsnachweis, Abrechnung und Reparatur) sowie der Anwendung der EDV. Bei der Bezeichnung der Maschine (Terminologie) ist auf klare Fachbegriffe und eindeutige Typenangaben zu achten. Die Angabe der Eigenmasse ist notwendig für die Planung und Durchführung von Montage- und Demontagearbeiten, für Umsetzungen und die Wahl des geeigneten Transportmittels.

Diese übersichtliche Anordnung in Tabellen erlaubt die rationelle Ermittlung der erforderlichen Grundwerte (Abschreibung und Verzinzung, Reparaturkosten, Betriebskosten und entsprechender Zuschläge für Wartung und Pfege, sowie Lohnzuschlägen).

In Tafel 4.8 ist ein Beispiel für die Ermittlung dieser Zuschläge und der Ermittlung der Gerätekosten für den Bezugszeitraum (DM/Monat, DM/h) für einen Straßenfertiger angegeben.

Tafel 4.8 Emittlung der Gerätekosten für einen Straßenfertiger

Maschine/Gerät:	Schwarzdeckenfertiger auf Raupen	
lt. Baugeräteliste 1991 (BGL)	S. 554;	BGL-Nr. 5201-0025
Nutzungsjahre: 6	Vorhaltemonate:	45–40
Monatlicher Satz für Abschreibung und Verzinsung:		2,7–3,0%
Monatlicher Satz für Reparaturen:		2,5%
1. Mittlerer Neuwert:		130000,00 DM
lt. Erzeugerpreisindex (EPI) 1990 = 100%		
Zusatzteile		DM
Summe:		130000,00 DM
2. Monatliche Reparaturkosten:	DM/Mon.	3250,00
3. Monatl. Abschr. u. Verzinsung:	DM/Mon.	3510,00
Monatl. Reparaturkosten, Abschr. u. Verzinsung (2. + 3.)		6760,00 DM
Monatl. Reparaturkosten (2.)	3250,00 DM/Mon.	
Kosten f. Pflege u. Wartung	280,80 DM/Mon.	280,80 DM
(8% von (3.) 3510,00 DM)	3530,80 DM	
davon 40% Lohnkosten: als Zuschlag für tarifl. u. gesetztl. Sozialkosten	1412,32 DM	
1412,32 DM · 102,36%	1445,65 DM	1445,65 DM
Summe:		8486,45 DM
Betriebsstoffe:		
22 kW · 0,17 l/kWh · 1,10 DM/l		699,38 DM
Schmierstoffe:		
10% von 699,38		69,94 DM
Gesamtvorhaltekosten je Monat:		9255,77 DM/Mon.
je Kalendertag:	1/30	308,53 DM/Tag
je Vorhaltestunde:	1/170	54,45 DM/h

Problematisch ist eine pauschale Ermittlung der Betriebstoffkosten auf Basis der Leitungswerte (Liter/kW h) für Transportfahrzeuge, hier sind zweckmäßigerweise Betrachtungen unter Beachtung der Transportbedingungen (Fahrbahn- und Verkehrsbedingungen) empfehlenswert.

Bei der Ermittlung der Kosten für Vermietung sind Zuschläge für notwendige Versicherungen, anteilige allgemeine Geschäftskosten, Wagnis und Gewinn zuzuschlagen, die Betriebskostenanteile evt. abzusetzen.

4.4.7.2. Baustoffbedarf

Die Baustoffbedarf ist entsprechend der vorgegebenen Rezeptur (Tafel 4.9) zu ermitteln. Dabei sind Zuschläge für Streu-, Transport- und Verarbeitungsverluste zu beachten. Die Baustoffkosten ergeben sich auf Basis der Bezugskosten (Abgabepreis, Transport und Umschlag und Entladung). Für Massenbaustoffe bezieht sich der Materialpreis i. d. R. auf Anlieferung frei Baustelle; abgekippt.

Tafel 4.9 Rezeptur eines Asphalttragschicht-Mischgutes

Nr.	Materialart	Masse-%	Masse-% (Mischung)	Verluste %	Anteil je t Mischgut	Material-bezugs-kosten DM/t	Material-kosten DM/t
1	2	3		4	5	6	7
					*)	**)	***)
1	Bitumen B 80	3,95	3,8	0,5	0,038	220,00	8,40
2	Splitt 5/22 mm	45,3	43,6		0,440	28,75	12,66
3	Splitt 22/32 mm	13,0	12,5	Mineral-stoffe	0,126	28,75	3,63
4	Natursand 0/2 mm	9,0	8,7		0,088	26,24	2,31
5	Brechsand 0/5 mm	28,0	26,9	1,0	0,272	23,73	6,45
5	Kalksteinmehl	4,7	4,5		0,045	60,00	2,73
		100,0	100,0		1,010		36,17

*)   einschl. Streu-, Bruch, Transportverluste;
**) Materialbezugspreis frei Baustelle;
***) Material-Kosten je t Mischgut

4.4.7.3. Arbeitspersonal

Das für die Ausführung der Bauleistung erforderliche Personal läßt sich allgemein einteilen in:

- Maschinisten (Bedienung der Baumaschinen)
- vom Maschineneinsatz abhängige Arbeitskräfte
- sonstige, mehr oder weniger ungebunden einsetzbare Arbeitskräfte.

Die Anzahl der Maschinisten ergibt sich aus den Erfordernissen für einen funktionsgerechten und sicheren Betrieb. Die Anzahl der vom Maschineneinsatz abhängigen Arbeitskräfte resultiert aus der Maschinenleistung und der sie unterstützenden bzw. notwendigen Nebenleistungen.

Die sonstigen notwendigen Arbeitskräfte verrichten erforderliche manuelle Teilarbeiten, die nicht von der Baumaschinenleistung abhängig sind bzw. nicht maschinell ausgeführt werden können. Ihre Anzahl richtet sich nach dem Umfang dieser Leistungen, vorgegebenen Terminen, aber auch den Arbeitsplatzverhältnissen.

Nach den auszuführenden Tätigkeiten richtet sich die notwendige Qualifikation. Im Sinne einer gleichmäßigen Auslastung ist auf eine hohe Disponibilität (Qualifizierung), insbesondere beim Stammpersonal zu achten.

Die erforderlichen Arbeitskräfte werden zweckmäßig in einer Liste zusammengefaßt (Tafel 4.4), die folgende Angaben enthalten sollte:

- Anzahl der Arbeitskräfte
- Tätigkeitsmerkmale oder Funktion
- Berufsbezeichnung (Qualifikation)
- Tariflohnangaben und Zuschläge

Diese Angaben werden zur Ermittlung der Lohnaufwendungen (Bestimmung des Mittellohnes) sowie in Verbindung mit den Zeitvorgaben oder Fertigungsleistungen zur Bestimmmung der Lohnkostenanteile einschl. Lohnnebenkosten benötigt.

4.4.7.4. Ermittlung von Leistungkennwerten, Leistungsberechnung

Wie bereits in Abschnitt 4.2 Leistungsermittlung erläutert, ist die Leistungsfähigkeit der bestimmenden Maschine maßgebend, auf die die vor- und nachgeordneten Teilkomplexe abzustimmen sind. Innerhalb des Gesamtkomplexes der Herstellung einer Asphaltschicht wird in wirtschaftlicher Sicht (Wertanteil) der Transportprozeß maßgebend sein. Er kann aber auch, abhängig von den Transportbedingungen leistungsbestimmend sein. Andererseits kann aber nicht mehr transportiert und eingebaut werden, als von der Aufbereitungsanlage geliefert wird. Bei stationären Mischstationen werden oft auch mehrere Einbaustellen gleichzeitig beliefert. In diesem Beispiel soll deshalb von der Leistung der Aufbereitungsanlage ausgegangen werden (Tafel 4.10).

Aufbereitung
Die Grundleistung einer Aufbereitungsanlage wird allgemein von der Leistung der Trockentrommel oder des Mischers, seltener von anderen Anlagenteilen (z. B. Aufzugsbahnen), bestimmt. Für die Trockentrommel ergibt sich die Grundleistung aus der Anfangsfeuchtigkeit des Gesteinsgemisches und der erforderlichen Gesteinstemperatur am Trommelausgang (Bild 4.11). Wegen der wechselnden Ausgangsbedingungen wird die Trockentrommel deshalb oft leistungsfähiger dimensioniert. Die Leistung des Mischers ergibt sich (zyklisch arbeitende Baumaschine) aus dem Volumen bzw. dem Nutzinhalt (in t oder m^3) und der Dauer des Arbeitsspiels:

$$Q_{0A} = I \cdot (60/T_0) \quad \text{in t/h}$$

$$T_0 = t_F + t_M + t_E \quad \text{in min}$$

t_F Füll- bzw. Beschickungszeit des Mischers
t_M Mischzeit (unterschiedlich nach Mischgutart)
t_E Entleerzeit

Mischerinhalt $I = 1,0$ t; $T_0 = 51$ s $= 0,83$ min
                   $Q_{0A} = 1,5 \cdot 60/0,83 = 106$ t/h (Tragschicht)

Die Nutzleistung der Aufbereitungsanlage ergibt sich als Durchschnittswert zu

$$Q_{NA} = Q_{0A} \cdot f \quad \text{in t/h} \quad f = f_1 \ldots f_n$$

Mögliche Einflußfaktoren an einer Aufbereitungsanlage sind:

$f_1 = 0,98$ Personal, Maschinistenqualifikation
$f_2 = 0,96$ Wartung und Pflege

4.4. Herstellung von Asphaltstraßen

Tafel 4.10 Baumaschinen und Geräteliste für die Herstellung von Asphaltstraßen (Mischplatz und Transport)

a) Mischplatz

lfd. Nr.	BGL-Nr.	Anzahl	Baumsch./ Geräte	Masse	Neuwert	Abschr./ Verzinsung	Reparatur- entgelt	Vorhaltekosten Einheit	Einheit	Leistung Einheit
1	2	2	3	4	5	6	7	8	9	10
				kg	DM	DM/Mon.	DM/Mon.	DM/Mon.	DM/Mon.	kW
1	5170–1225	4	Vordoseure 12 m³	3800	31000	775	434	1579	6316	3
2	5120–0130	1	Trockentrommel	18000	250000	7000	6250	14266	14266	68
3	5111–0100	1	Mischturm	28000	794000	19850	11120	40203	40203	70
4	5140–0300	1	Entstaubungsanlage	17000	230000	5750	3220	14084	14084	90
5	5175–0015	1	Steuerkabine 15 m²	2550	30000	750	420	1427	1427	5
6	5180–0015	3	BM-Lager + Ölfeuer.	3600	30000	750	420	1602	4806	5,5
7	5188–0150	2	Bitumenpumpe	140	11000	275	154	715	1430	
8	1301–0100	2	Füllersilo	3500	280000	588	280	1049	2098	
9	5164–400	1	Verladesilo 400 t	50000	459000	11475	6426	24449	24449	75
10	3330–0150	1	Radlader 3,1 m³	17000	290000	9280	7830	26608	26608	150
			Reifen		15400	678		754	754	
11	9423–0060	1	Wasch-/Toil.-Container einschl. Ausst.	2500	17600	422	317	1010	1010	
				220	1800	98	65			
12	9416–0030	1	Werkstattcontainer	1400	5100	102	56	193	193	
13	9423–0060	1	Laborcont. o. Ausr.	2500	17600	422	317	917	917	
14	9413–0060	1	Bürocontainer	2500	16800	336	235	704	704	
							Summe:	DM/Mon. DM/h	139265 819,21	

b) Transport

lfd. Nr.	BGL-Nr.	Anzahl	Baumsch./ Geräte	Masse	Neuwert	Abschr./ Verzinsung	Reparatur- entgelt	Vorhaltekosten Einheit	Einheit	Leistung Einheit
15	2913–0240	1*)	Lkw 12 t NM Allr. 10 Reifen	GM 24000 NM 12000	255000 12000	6375 538	5610		0	205–270
16	2955–0240	1*)	Sattelzugm. 15 t 10 Reifen	GM 24000	235000	5875 528	5170		0	205–270
	2958–2300		Sattelaufl. 30 t 4 Reifen	NM 25000	60000 5200	1620 229	1080 6250			

*) Anzahl nach Transportentfernung; GM Gesamtmasse; NM Nutzmasse

$f_3 = 0,95$ Bereitstellung von Betriebs- und Hilfsmitteln
$f_4 = 0,95$ Transport
$f_5 = 0,94$ Witterung

$$Q_{NA} = 106 \cdot 0,98 \cdot 0,96 \cdot 0,95 \cdot 0,95 \cdot 0,94 = 106 \cdot 0,79 = 84 \text{ t/h}$$

Transport

Der Transport des Asphalt-Mischgutes ist als verbindender Teilprozeß wesentlich für die effektive Nutzung der Leistung der vor- (Aufbereitungsanlage) und nachgelagerten (Einbau) Komplexe. Infolge der Ortsveränderung der Einbaustelle, aber auch der wechselnden Verkehrsbedingungen, ist bei den linienförmigen Baustellen des Straßenbaus die erforderliche Transportleistung ständigen Veränderungen unterworfen.

Die Bestimmung der notwendigen Anzahl an Transportfahrzeugen erfordert deshalb gründliche Überlegungen bzw. eine entsprechende Flexibilität. Allgemein sind folgende grundsätzliche Ausgangsbedingungen zu beachten:

Fall 1:
Das zu transportierende Material wird unmittelbar, ohne Zwischenspeicher, auf das Transportmittel übergeben. Das gilt für Aufbereitungsanlagen ohne Zwischensilo (z. B. Zementbeton-Aufbereitungsanlagen), Bagger und Lademaschinen. Eine kontinuierliche Produktion erfordert die ständige Anwesenheit eines Transportfahrzeuges.

$$t_M = t_B$$

t_M Mischzeit für die Nutzmasse des Fahrzeuges; t_B Beladezeit

Fall 2:
Das zu transportierende Material wird über Zwischen- oder Verladesilos auf das Transportfahrzeug übergeben, d. h. kleine Ausfälle infolge von Unregelmäßigkeiten bei der Bereitstellung von Fahrzeugen können ausgeglichen werden.

$$t_M > t_B$$

Maßgebend ist das Verhältnis zwischen Silo- und Fahrzeugnutzmasse.

Fall 3:
Das zu tranportierende Material wird aus Vorratssilos geladen. Aufbereitung und Transport können weitgehend unabhängig voneinander ausgeführt werden. Die erforderliche Beladezeit ergibt sich aus der Übernahmedauer einer Fahrzeugnutzladung. Folgende allgemeine Ausgangsgrößen werden für die Bestimmung des erforderlichen Transportraumbedarfes verwendet:

M	Nutzladung der Fahrzeuges in t	
n_t	Zykluszahl in Umläufe/Stunde	
g_A	Auslastung der vorhandenen Nutzmasse	
t_M	Misch- oder Chargenzeit	in h
t_U	Umlaufzeit	in h
t_B	Beladezeit	in h
t_F	Fahrzeit	in h
t_E	Entladezeit (einschl. Rangierzeit usw.)	in h

$$t_U = t_B + t_F + t_E$$

I	Mischer- bzw. Chargeninhalt	in t
v_H	Geschwindigkeit bei Lastfahrt	in km/h

4.4. Herstellung von Asphaltstraßen

v_R bei Leerfahrt   in km/h
v_M mittlere Geschwindigkeit   in km/h
l Transportentfernung   in km

$$v_M = \frac{2 \cdot V_H \cdot v_R}{v_H + V_R}$$

$$t_F = \frac{l(V_H + V_R)}{v_H \cdot V_R} = \frac{2 \cdot l}{v_M} \quad \text{in h}$$

$$t_M = \frac{M \cdot g_A \cdot t_M}{l} \quad \text{in h}$$

Mit diesen Ausgangsgrößen läßt sich die Anzahl n der notwendigen Transportfahrzeuge bei vorgegebener Transportentfernung oder die mögliche Transportentfernung bei vorgegebener Fahrzeuganzahl ermitteln.

Fall 1: $t_M = t_B$

$$n = \frac{t_U}{t_B} = \frac{2 \cdot l}{v_M \cdot t_B} + 1 + \frac{t_E}{t_B} \quad \text{Anzahl Fahrzeuge}$$

$$l = [(n-1)t_B - t_E]\frac{v_M}{2} \quad \text{mögl. Transportentfernung in km}$$

Fall 2: $t_M > t_B$

$$n = \frac{2 \cdot l}{v_M \cdot t_M} + \frac{t_B + t_E}{t_M} \quad \text{Anzahl Fahrzeuge}$$

$$l = (n \cdot t_M - t_B - t_E)\frac{v_M}{2} \quad \text{mögl. Transportentfernung in km}$$

Fall 3: $t_M \gg t_B$

Hierbei ist es möglich zur Sicherung einer kontinuierlichen Produktion und hohem Auslastungsgrad der Aufbereitungsanlage den Fahrzeugbedarf nach der mittleren Nutzleistung der Anlage zu bestimmen.

$$Q_{NA} = Q_{0A} \cdot f \quad \text{in t/h}$$

Q_{NA} Nutzleistung der Aufbereitungsanlage   in t/h
f Faktor der Leistungsminderung
Q_{0A} Grundleistung der Mischanlage   in t/h

$$n = \frac{Q_{NA} \cdot h_{MT} \cdot t_U}{M \cdot h_T} \quad \text{Anzahl der Fahrzeuge}$$

$$l = \left[\frac{n \cdot M \cdot h_T}{Q_{NA} \cdot h_{MT}} - (t_B + t_E)\right]\frac{v_M}{2} \quad \text{mögl. Transportentfernung in km}$$

h_M Mischzeit je Tag; h_{MT} Transport- bzw. Einbauzeit je Tag

Der Zusammenhang zwischen Fahrzeuganzahl, Transportentfernung und Umlaufzeit ist in den Bildern 4.11 und 4.12 grafisch dargestellt. In den Formelansätzen sind die wichtigsten Ausgangsgrößen berücksichtigt, die aus Erfahrungen oder Testfahrten hinreichend genau zu bestimmen sind [263]. Sie gehen von eindeutig beschriebenen Voraussetzungen aus, die in der Praxis aber großen Schwankungen unterworfen sind. Derartige Betrachtungen sind aber erforderlich, um eine wirtschaftliche Nutzung der Anlage und des Transportraumes zu sichern (Bild 4.13).

Einbau (Tafel 4.11)
Die Ermittlung der Leistung eines Straßenfertigers ist in Abschnitt 4.2 angegeben.

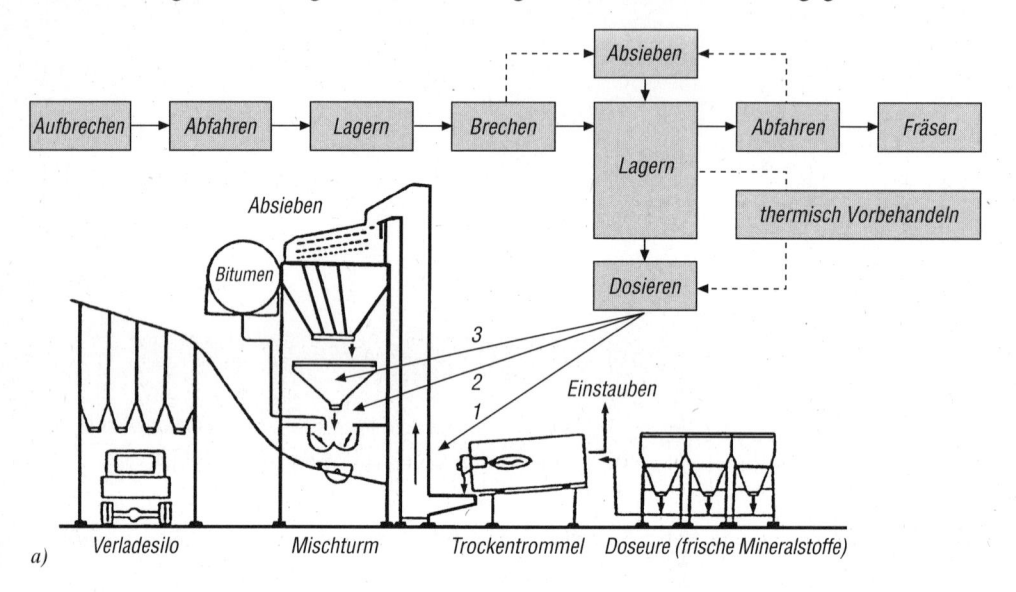

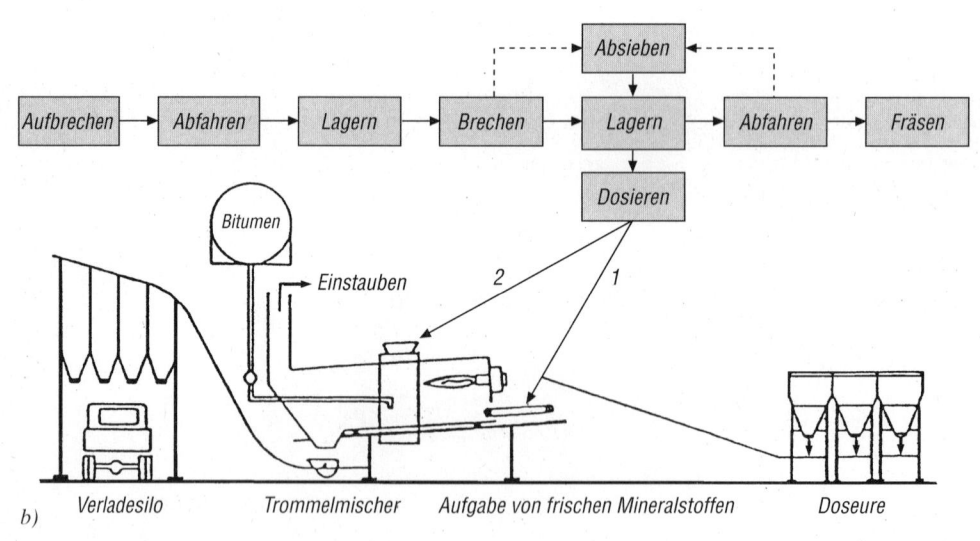

Bild 4.11 Zugabe von Altasphalt an der Aufbereitungsanlage
a) Kaltzugabeverfahren an Chargenmischanlagen
1 in den Heißelevator; 2 in den Mischer; 3 in das Wiegegefäß
b) Heißzugabeverfahren an Durchlaufmischanlagen (Trommelmischer)
1 zu den frischen Mineralstoffen (gemeinsame Erhitzung); 2 Mittenzugabe

4.4. Herstellung von Asphaltstraßen

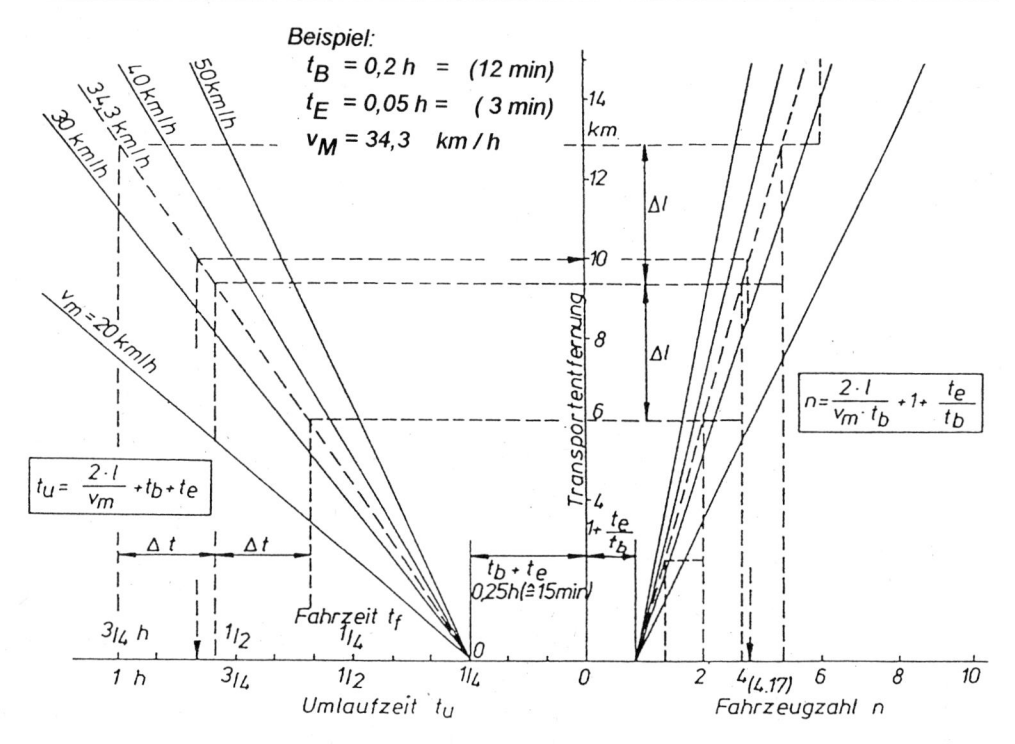

Bild 4.12 Zusammenhang zwischen Fahrzeuganzahl, Transportentfernung und Umlaufzeit

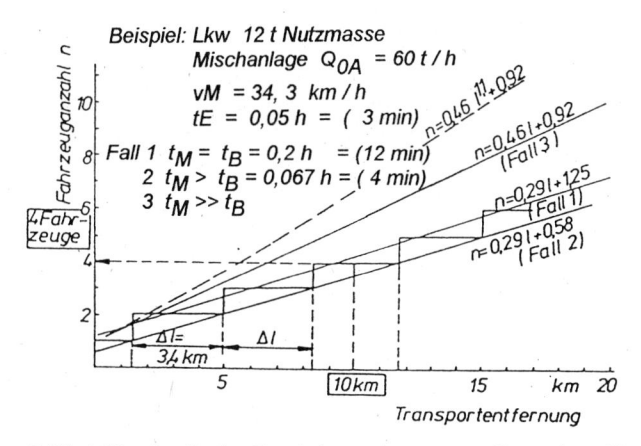

Bild 4.13 Grafische Ermittlung der notwendigen Anzahl an Transportfahrzeugen

Die nutzbare Leistung (ausgenommen beim Einbau sehr dünner Schichten, bei denen die technisch mögliche Vortriebsgeschwindigkeit überschritten werden kann) ist in der Regel höher als die Mischgut-Menge, die antransportiert werden kann.

$$Q_{NF} = Q_{0F} \cdot f \quad \text{in t/h}$$

Tafel 4.11 Baumaschinen- und Geräteliste für die Herstellung von Asphaltstraßen (Einbaustelle)

Lfd. Nr.	BGL-Nr.	Anzahl	Baumsch./ Geräte	Masse	Neuwert	Abschr./ Verzinsung	Reparatur- entgelt	Vorhaltekosten	Einheit	Leistung Einheit
1	2	3		4	5	6	7	8	9	10
–	–	–	–	kg	DM	DM/Mon.	DM/Mon.	DM/Mon.	DM/Mon.	kW
1	5201–0070 A1	1	Straßenfertiger Nivelliereinrichtung	14500 500	340000 100000	9189 2700	8500 2500	31101	31101	68
2	3610–1600 A1	1	Gummiradwalze 16 t Kantenandrückgerät	6800	200900 11500	4220 242	2813 161	11008	11008	53
3	3616–0800	1	Vibro-Tandemwalze	8000	18000	6840	4680	16026	16026	52
4	5245–0005	1	Rampenspritze 5000 l	3400	180000	4860	4500	12800	12800	30
5	5220–0080	1	Nahtanheizgerät	95	6800	184	170	3242	3242	80
6	9408–0040	1	Bauwagen 2-achs.	1600	8500	179	119	366	366	
							Summe: bei 170 h/Mon:		74543 438,49 DM/h*)	

*) einschl. Wartung, Betriebsstoffe u. Lohnzuschläge

4.4. Herstellung von Asphaltstraßen

Mögliche Einflußfaktoren auf die Leistung des Fertiger sind:

f_1 = 0,98 Personal, Maschinistenqualifikation
f_2 = 0,95 Transport
f_3 = 0,94 Witterung
f_4 = 0,93 Umsetzen auf der Baustelle

Arbeitsbreite: 4,0 m; Einbaudicke: 0,15 m; Einbaugeschwindigkeit: 5 m/min

Dichte des verdichteten Mischguts: 2,35 t/m³

Q_{0F} = 5 · 60 · 4,0 · 0,15 · 2,35 = 423 t/h
Q_{NF} = 432 · 0,81 = 344 t/h ≫ 84 t/h der Aufbereitungsanlage
Q_{NF} = 84/(4,0 · 0,15 · 2,35) = 84/1,41 = 60 m/h; 240 m²/h

Verdichtung

In Abhängigkeit von der Fertigerleistung, den vorhandenen Walzentypen und vom einzubauenden Asphalt-Mischgut wird zur Gewährleistung der vorgegebenen Qualitätsparameter erforderliche Anzahl Walzübergänge festgelegt. Für das hier betrachtete Beispiel wird folgende Walzenkombination vorgesehen:

Gummiradwalze   Hauptverdichtung
Vibro-Tandemwalze Nachverdichten und Glätten

Leistungsermittlung der Gummiradwalze:

$$Q_{0W} = b \cdot v \cdot (1000/ü) \quad \text{m}^2/\text{h oder auch}$$
$$= b \cdot v \cdot (1000/ü) \cdot (1/w)$$

b_W Arbeitsbreite der Walze   in m
b_F Einbaubreite des Fertigers   in m
v Walzgeschwindigkeit   in km/h
$ü$ Anzahl der Walzübergänge
w Zahl der Walzbahnen bezogen auf b_F

Arbeitsbreite: 1,96 m ; Walzgeschwindigkeit (7–8) v = 8 km/h; Walzübergänge (4–8) $ü$ = 6

Q_{0W} = 1,96 · 8 · (1000/6) = 2613 m²/h
Q_{NW} = Q_{0W} · (t_N/60) · f

Mögliche Einflußfaktoren sind :

f_1 = 0,90 Personal, Maschinistenqualifikation
f_2 = 0,85 Walzstreifenüberdeckung
f_3 = 0,95 Umsteuerung
f_4 = 0,90 Pflege und Wartung

Q_{NW} = 2613 · 0,65 = 1709 m²/h ≫ Q_{0F} = 240 m²/h

Da die Walze trotz hoher Vorverdichtung durch den Fertiger für den erreichten Grad der Endverdichtung maßgebend ist, muß die Nutzleistung der Walze größer sein, als die Flächenleistung des Fertigers. Gleichermaßen wäre die Leistung der anderen Walze zu überprüfen. Die Leistungsbestimmung aller am Gesamtfertigungsprozeß beteiligten Maschinen erfordert stets gründliche Überlegungen und Berücksichtigung der konkreten Randbedingungen.

Die allgemeine Forderung, daß alle Maschinen an die Leistung der Leitmaschine – in unserem Fall die Aufbereitungsanlage – angepaßt sein müssen, ist im behandelten Beispiel erfüllt.

$$Q_{NA} < Q_{NTr}{}^*) < Q_{NF} < Q_{NW} \quad \text{in (t/h;*) hier nicht nachgewiesen}$$

Ermittlung der Jahresleistung

Die Ermittlung der möglichen Jahresleistung (Kapazität), als Bezugsgröße für Planvorstellungen ist nach folgender Beziehung möglich:

$$Q_{AJ} = (T_{Ki} - T_A) \cdot SD \cdot Q_{NA} \cdot f_{Wi} \quad \text{in t/Jahr}$$

Q_{AJ}	mögliche Jahresleistung	in t/a
T_{KA}	Kalendertage je Monat	
T_A	geplante Ausfalltage (z. B. Reparaturen, Umsetzungen usw.)	
SD	Schichtdauer	in h/d
Q_{NA}	ermittelte, durchschnittliche Nutzleistung der Anlage	
f_{Wi}	leistungsmindernde Faktoren im Bezugszeitraum (Monat)	

Aus betrieblichen Ist-Analysen können, unter Berücksichtigung des Produktionssortimentes und der unterschiedlichen Einflußfaktoren f_W je Monat, Aussagen hierzu getroffen werden. Die Verwendung der in den Tafeln 4.1 bis 4.3 und Bild 4.4. dargestellten Werte sollen hierzu eine Anregung sein.

4.5. Grundsätze der Herstellung von Betonstraßen

4.5.1. Besonderheiten des Straßenbetons

An die Qualität der Herstellung müssen sehr hohe Anforderungen gestellt werden; denn sie beeinflußt in entscheidendem Maße Gebrauchsdauer, Gebrauchswert und Instandhaltungsaufwand. Deshalb ist eine laufende Überwachung der verschiedenen Herstellungsprozesse und der Baustoffe erforderlich. Die meisten Schäden an Betondeckschichten sind auf Herstellungsfehler zurückzuführen. Schäden an Betondeckschichten lassen sich gar nicht oder nur mit sehr hohem Aufwand beseitigen [266].

Die Herstellung von Betondeckschichten erfolgt in den Teilprozessen:

- Aufbereitung des Zementbetons,
- Transport des Frischbetons,
- Vorbereitung der Einbaustelle,
- Einbau des Zementbetons,
- Herstellung der Fugen,
- Nachbehandlung.

4.5.2. Aufbereiten des Straßenbetons

Der Zementbeton für den Straßenbau wird grundsätzlich auf zentralen Aufbereitungsplätzen hergestellt, von hier zur Einbaustelle transportiert und eingebaut.

In Bild 4.14 ist ein Mischplatz für die Aufbereitung von Straßenbeton im Autobahnneubau gezeigt. Die Zuschlagstoffe sind auf befestigten Flächen zu lagern, um eine Verschmutzung oder Vermengung der unterschiedlichen Fraktionen auszuschließen.

Mit der Bemessung der Lagerkapazität für Zuschlagstoffe und Zement muß die Leistung der Aufbereitungsanlage, die Organisation des Antransportes sowie einer angemessenen Störreserve zur Vermeidung von Stockungen in der Produktion infolge von unregelmäßiger Zulieferung berücksichtigt werden. Die genaue Massedosierung aller Bestandteile entsprechend der Eignungsprüfungen ist Voraussetzung gleichmäßiger Eigenschaften des herzustellenden Be-

4.5. Grundsätze der Herstellung von Betonstraßen

Bild 4.14 Zementbetonmischplatz für Straßenbeton

tons. Besonders das Wasser muß sorgfältig dosiert werden. Der Wassergehalt der Zuschlagstoffe sollte täglich mindestens einmal, bei Niederschlägen mehrmals überprüft werden. Der Beton wird in Zwangs- oder Freifallmischern diskontinuierlich (chargenweise) gemischt. Ein Mischzyklus dauert etwa 75 bis 95 Sekunden. Es sollten relativ große Mischer eingesetzt werden, um die Zahl der Mischungen mit eventuell unterschiedlichen Verarbeitungseigenschaften und deren ungünstige Auswirkung auf die Ebenheit niedrig zu halten.

4.5.3. Betontransport

Zur Sicherung einer hohen Qualität ist beim Transport folgendes zu beachten:
- Die Zeit zwischen Mischen und Abschluß des Einbaus ist begrenzt (Ansteifen des Betons).
- Der Transport und die Entleerung sollte so erfolgen, daß der Zementbeton durch Entmischen und Witterungseinflüsse keine Qualitätsminderung erfährt.
- Der Transport ist so zu organisieren, daß weder auf dem Mischplatz noch an der Einbaustelle größere Stillstände auftreten.
- Die Ladefläche ist zum Schutz gegen Austrocknung durch Sonne und Fahrtwind sowie gegen Niederschläge (Veränderung des Wassergehaltes) abzudecken.

4.5.4. Einbau des Straßenbetons

Vorbereitung der Einbaustelle
Die notwendigen Vorbereitungsarbeiten richten sich nach dem angewandten Einbauverfahren (Bilder 4.15 bis 4.18).

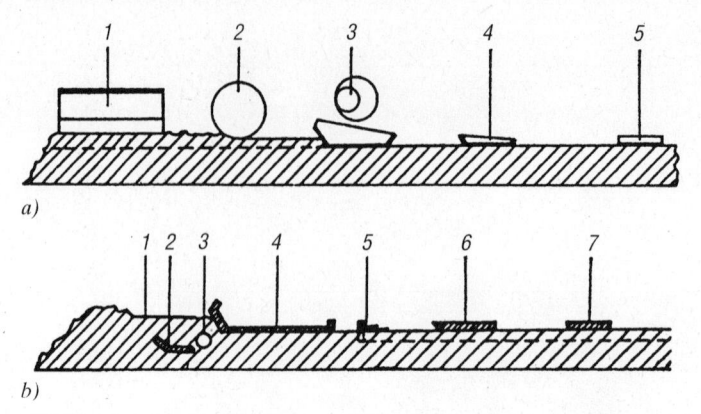

Bild 4.15 Arbeitsprinzipien bei der Betonstraßenfertigung
a) Konventioneller Betonfertiger (Schalungsschienenverfahren)
1 Verteiler; 2 Abgleichelement; 3 Verdichtungselement; 4 Glättelement; 5 Nivellier-Nachlaufglätter
b) Gleitschalungsfertiger
1 Verteiler; 2 Tauchrüttler; 3 Vibrationsrohr; 4 Preßplatte; 5 Vorrichtung für die Herstellung der Verankerung und Fugendichtung; 6 Glätter; 7 Abziehbohle

Beim Schalungsschienenverfahren ist vor dem Einbringen des Zementbetons ist die Schalung aufzustellen, das Planum der Auflagerschicht ist vorzubereiten (Feinplanum regulieren) und vorgesehene Einlagen sind einzubauen. Schalungen und die darauf befestigten Fahrschienen müssen gegen Verschiebung gesichert sein sowie nach Richtung und Höhe genau einnivelliert werden. Vorhandene Undichtheiten an der Schalung sind vor dem Einbau abzudichten.

Bei ungebundenen Tragschichten muß ein Feinplanum mit einer Ebenflächigkeit von ± 1 cm hergestellt werden. Saugfähige Unterlagen sind vorher anzunässen, um dem Entzug von Anmachwasser, das für die Hydratation erforderlich ist, vorzubeugen. Es kann auch ein Trennmittel aufgespritzt werden. Fugeneinlagen (siehe Abschn. 2. 5. 2. 2.2.) sind sorgfältig gegen Verschieben und Verkanten zu sichern und deshalb auf der Unterlage zu verankern. Das betrifft insbesondere die Lage der Dübel, damit später bei Längsbewegungen der Platten keine Zwangspannungen auftreten.

Für die Gleitschalungsfertigung muß ein ausreichend breites, ebenes und tragfähiges Fahrplanum vorhanden sein. Je nach dem vorgesehenen System der Richtungs- und Höhensteuerung sind die entsprechenden Voraussetzungen zu schaffen (Leitdraht spannen und einnivellieren).

Einbau des Straßenbetons
Der Einbau des Zementbetons und die Herstellung der Deckschicht kann nach unterschiedlichen Verfahren erfolgen:

- maschinell nach dem Festschalungsverfahren
- maschinell nach den Gleitschalungsverfahren
- maschinell mit Geräten des Asphaltstraßenbaus (Walzbeton)
- manueller Einbau.

Für Flächen mit hohen Beanspruchungen und Qualitätsanforderungen ist der maschinelle Einbau vorgeschrieben [267, 268].

Beim Festschalungsverfahren erfolgt der Einbau zwischen eine vorher verlegte Seitenschalung, die erst entfernt werden kann, wenn die Kanten ausreichende Standfestigkeit erreicht

4.5. Grundsätze der Herstellung von Betonstraßen

Bild 4.16 *Schalungsschienenfertigung*
a) Wendeschaufelverteiler; b) Betonstraßenfertiger mit Kübelverteiler

haben. Die Notwendigkeit des Vorhaltens verschieden hoher Schalungen, des Ein- und Ausschalens sowie des Transportes der Schalung sind wesentliche Nachteile des Verfahrens, trotz entsprechender Hilfsmittel, die zur Erleichterung der Arbeit entwickelt wurden. Andererseits ist das Verfahren dort günstig, wo eine exakte Kantenhöhe gefordert wird.

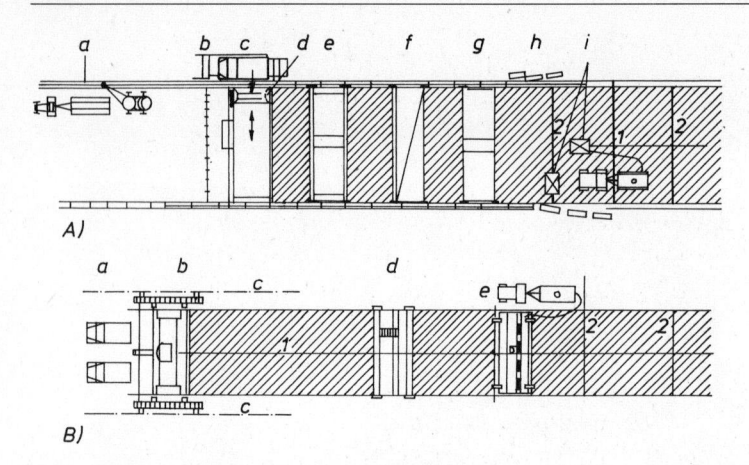

Bild 4.17 *Fertigungsprinzipien beim Bau von Betonstraßen*
A) Festschalungsverfahren
a Verlegen der Schalung; b Fugeneinbauten; c Antransport des Betons;
d Kübelverteiler; e Beton-Straßenfertiger; f Diagonalglätter;
g Nachbehandlungsbühne; h Entfernen der Schalung;
i Schneiden der Längs- und Querfugen
B) Gleitschalungsverfahren
a Antransport des Betons; b Gleitschalungsfertiger;
c Leitdraht zur Höhen- und Richtungssteuerung;
d Nachbehandlungsgerät; e Fugenschneiden

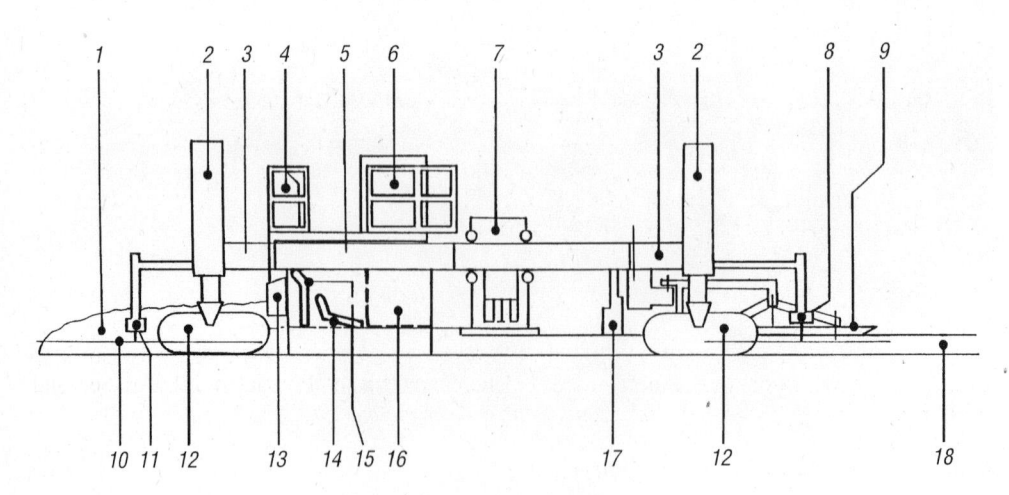

Bild 4.18 *Schema eines modernen Gleitschalungsfertigers*
1 Angelieferter Beton; 2 Höhenverstellung; 3 Schwenkarm; 4 Fahrstand; 5 Grundrahmen;
6 Antriebsstation; 7 Dübelsetzgerät DBI; 8 Taster für Nivellierung und Lenkung, hinten;
9 Längsglätter; 10 Spanndraht; 11 Taster für Nivellierung und Lenkung, vorn; 12 Kettenlaufwerk; 13 Schwertverteiler; 14 Vibratoren; 15 Vorderwand-Schild; 16 Schalung; 17 oszillierende Querglättbohle; 18 eingebaute Betondecke

4.5. Grundsätze der Herstellung von Betonstraßen

Bild 4.19 *Gleitschalungsfertiger*

Der Beton wird durch einen Beton-Verteiler (Schaufel- oder Kübelverteiler) gleichmäßig unter Beachtung des erforderlichen Verdichtungsmaßes zwischen die Schalung verteilt.

Der eigentliche Beton-Straßenfertiger umfaßt die folgenden Einzelaggregate (Bild 4.15.a).

- Abgleichelement (Abstreifbalken oder Palettenwalze) (2),
- das Verdichtungselement (3), bestehend aus einer Vibrationsbohle mit veränderlicher Frequenz und Amplitude
- das Glätteelement (4), das den Oberflächenschluß herstellt.

Bei Fehlstellen kann nach Zugabe von frischem Beton ein zweiter Übergang erfolgen.

Beim Gleitschalungsverfahren ist nur eine wenige Meter lange Schalung, zwischen der die Zementbetondeckschicht hergestellt wird, fest mit dem Fertiger verbunden und wird nachgezogen. Die Steuerung erfolgt automatisch mit Hilfe eines Leitdrahtes (ein- oder beidseitig angeordnet), mittels eines Gleitski von der fertigen Seitenbahn aus oder mit einem Laserstrahl (Bild 4.19).

Der Beton bleibt nur kurze Zeit zwischen den Schalungen. Durch die Verwendung von Innenrüttlern und die sorgfältige Beachtung der Verarbeitungskonsistenz des Beton wird eine ausreichend standfeste Kante bzw. eine nur geringfügige Kantensetzung gesichert. Die wirtschaftliche Anwendung erfordert die Herstellung großer Flächen und fehlende Einbauten. Das Arbeits- und Wirkprinzip des Gleitschalungsverfahrens unterscheidet sich grundsätzlich vom konventionellen Festschalungsverfahren. Die endgültige Ebenheit, Dichte und Deckenschluß werden mit einem einzigen Übergang erreicht. Folgende Teilaggregate sind zu unterscheiden (Bild 4.15b):

- Der Beton wird vor dem Fertiger aufs Planum gekippt und mit einem Verteiler (Pflugverteiler, Schneckenverteiler) in Querrichtung verteilt (1)
- Mittels Tauchrüttler (2) und/oder einem Vibrationsrohr (3) wird der Beton verflüssigt (Thixotropie).
- Durch die Preßplatte (4), die über die ganze Fertigerbreite reicht und auf die die gesamte Masse des Fertigers einschließlich des Ballastes wirkt, wird der Beton verdichtet und ver-

steift, so daß er standfest wird. Durch besondere Vorrichtungen am Fertiger können sowohl die Anker in die Längsfugen, als auch die Dübel in die Querscheinfugen eingebracht werden (5), (6).
- Durch einen Endglätter (7) und die Abziehbohle werden Ebenflächigkeit und Deckenschluß hergestellt. Gute Ergebnisse hinsichtlich der Längsebenheit brachte die Anordnung von Längsglättern (Smoother; Bild 4.18).

Neuere Gleitschalungsfertigersysteme bestehen auch aus 2 Fertigern, zwischen denen der Einbau der Fugeneinlagen erfolgt. Sie ermöglichen einen den Einbau (feucht auf feucht) in zwei Lagen mit gleichen oder in zwei Schichten mit qualitativ unterschiedlichen Rezepturen für Unter- und Oberbeton.

Bei der Herstellung von Walzbeton werden Straßenfertiger aus dem Asphaltstraßenbau, möglichst mit Hochverdichtungsbohlen ausgerüstet, eingesetzt. Die abschließende Verdichtung erfolgt mit Walzen. Bisherige Erfahrungen zeigten größere Streuungen in der Einhaltung der Ebenheit.

Handfertigung
Bei der Fertigung von Hand zwischen Schalungsschienen oder Höhenlatten werden Rüttelbohlen eingesetzt. Vielfach wird beim Einbau von Beton mit Fließmitteln und bei Reparaturarbeiten manuell gearbeitet.

4.5.5. Nachbehandlung

Als Nachbehandlung bezeichnet man alle Arbeiten zur Herstellung einer geeigneten Oberflächenstruktur und zum Schutz des frischen Betons gegen Wasserverdunstung und Regeneinwirkung. Unmittelbar nach dem Fertiger wird der Besenstrich in Querrichtung ausgeführt, um Zementschlämme zu beseitigen und der Oberfläche eine geeignete Rauhigkeit zu verleihen.

Bild 4.20 *Nachbehandlungsgerät*

Mit Hilfe von Besen mit harten Borsten oder Rechen können bei Bedarf Rillen bis zu einer Tiefe von 2 mm hergestellt werden.

Durch das Aufsprühen eines Nachbehandlungsmittels auf Kunstharzbasis auf die Oberfläche des Betons bildet sich ein weitgehend dampfundurchlässiger und regenresistenter Film, der den jungen Beton vor Austrocknung, Bildung von Haarrissen und Auswaschen des Feinmörtels an der Oberfläche bei Regen schützt. Das Nachbehandlungsmittel wird unter Druck aufgesprüht, wenn die Oberfläche ein matt-feuchtes Aussehen erreicht hat. Die erforderliche Menge zur Herstellung eines wirksamen Schutzes liegt bei etwa 400 g/m^2. Bild. 4.20. zeigt ein Gerät zum Aufsprühen des Nachbehandlungsfilms.

Unmittelbar nach dem Fertiger sollte zum Schutz des frischen Betons ein Arbeitszelt dem Fertiger folgen.

4.5.6. Herstellen der Fugen

Bei der Herstellung der Fugen ist zu gewährleisten,
- daß der Beton im Fugenbereich die gleiche Beschaffenheit und Festigkeit hat wie in der übrigen Deckschicht
- daß die Ebenheit im Fugenbereich voll gewährleistet wird
- daß der Fugenspalt in seiner ganzen Länge und Tiefe die vorgesehenen Abmessungen erhält und senkrecht ist
- daß die Fugen rechtzeitig wirksam werden, um in den Platten die Entstehung wilder Risse zu verhindern
- daß eine zuverlässige Abdichtung durch den Fugenverschluß erreicht wird.

Bei Raumfugen wird aus dem oberen Teil der Einlage der zu verschließende Fugenspalt in der vorgesehenen Tiefe herausgeschnitten. Wurde keine Fugeneinlage (Fugenbrett) einbetoniert, muß die Platte in voller Tiefe und in der vorgesehenen Breite ausgeschnitten werden. Dies ist z. B. auch bei Verschiebungsfugen notwendig. Bei Scheinfugen wird der Fugenspalt entweder durch Einrütteln in den Frischbeton (Folie, Kunststoff) oder durch Einschneiden in den erhärteten Beton hergestellt.

Das erste Verfahren hat den Nachteil, daß die Struktur des Betons durch die Verdrängung und die erforderlichen Nacharbeiten gestört und dadurch die Ebenflächigkeit beeinträchtigt werden kann. Aus diesem Grunde ist für hochwertige Betonbefestigungen das Einschneiden der Fugen vorgeschrieben [266].

Beim Einschneiden in den erhärteten Beton muß der Zeitpunkt des Schneidens so früh wie möglich gewählt werden, jedoch so, daß beim Schnitt keine Gesteinskörner herausgerissen werden. Das entspricht einer erforderlichen Druckfestigkeit des Beton von ca. 5 N/mm^2. Je nach Witterung kann der günstigste Zeitpunkt des Schneidens zwischen 6 und 36 Stunden nach Einbau des Betons liegen. Dies ist durch Probeschnitte zu ermitteln. Durch das Einschneiden werden alle Forderungen an einen einwandfreien Fugenspalt besser erfüllt als durch Einrütteln. Zum Einschneiden der Fugenspalte stehen Ein- und Mehrscheibengeräte mit Diamantscheiben in verschiedenen Durchmessern und Dicken zur Verfügung. Es können Schnitte ab 3 mm Weite und bis 240 mm Tiefe hergestellt werden. Je nach Eigenschaften des Betons und der Schnittiefe und -breite werden Leistungen zwischen 0,50 und 1,50 m/min erreicht. Der Bedarf an Kühlwasser liegt zwischen 1,5 und 4 m^3/h.

Der Verschluß der Fugen erfolgt entweder durch Verguß mit bitumenhaltigen Fugenvergußmitteln (Heiß), solchen auf Kunststoffbasis (Kalt) oder durch Einbau von Elastomerprofilen Über die Bewährung der einzelnen Varianten gibt es noch unterschiedliche Ansichten.

Tafel 4.12 Liste der Arbeitskräfte; Herstellung von Betonstraßen

lfd. Nr.	Anzahl	Tätigkeit	Berufsgruppe
a) Mischplatz			
1	1	Schaufellader-Fahrer	Baumaschinist
2	1	Anlagenfahrer	Elektriker
3	1	Hilfskraft	Baufacharbeiter
	3		
b) Transport			
4	n	Lkw-Fahrer	Kraftfahrer
c) Einbaustelle	(ohne Nachbehandlung und Fugenschneiden)		
5	2	Leitdraht einmessen, Auf-, abbau	
6	1	Fertigerfahrer	Baumaschinist
7	1	Anker, Dübel einlegen	Baufacharbeiter
8	2	Kanten und Oberfläche nachbehandeln	
	6		

Variante: Festschalungs-Verfahren
a) und b) wie oben i. d. R. kleinere Anlage ca. 50 m³/h

c) Einbaustelle (ohne Nachbehandlung und Fugenschneiden)

lfd. Nr.	Anzahl	Tätigkeit	Berufsgruppe
5	1	Lkw-Fahrer	Kraftfahrer
6	4	Schalung verlegen	Straßenbauer
7	2	Fugeneinbauten herstellen	Straßenbauer
8	1	Verteiler-Fahrer	Maschinist
9	1	Fertiger-Fahrer	Maschinist
10	2	Kanten nacharbeiten	Straßenbauer
	11		

Aus den Tafeln 4.12 (Arbeitskräfteliste) und 4.13 (Betonstraßenfertiger) sind Angaben zur Ausführung von Betonstraßenbaustellen zu entnehmen (Bild 4.21).

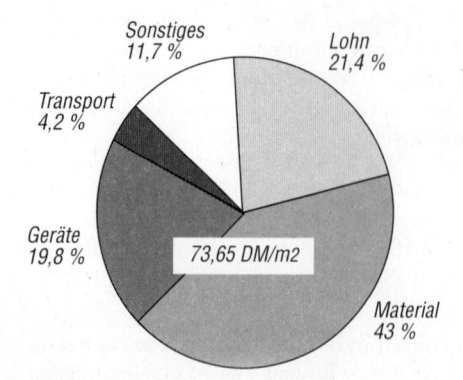

Herstellung einer Betondeckschicht		
Schalungs-schienenverfahren	7,0 m breit 20 cm dick 8750 m² verdübelt und verankert	
Produktionskosten:	DM/m²	%
1. Lohn	15,75	21,39
2. Material	31,69	43,02
3. Geräte	14,55	19,75
4. Transport	3,06	4,16
5. Sonstiges	8,60	11,68
	73,65	100,00

Pie chart: Sonstiges 11,7 %; Lohn 21,4 %; Transport 4,2 %; Geräte 19,8 %; Material 43 %; 73,65 DM/m²

Bild 4.21 *Aufwandsverteilung bei der Herstellung einer Betondecke*

Tafel 4.13 Betonstraßenfertiger

Hersteller/Typ	Geräteart	Fahrwerk/ Breite	Antriebs- leistung kW/PS	Einbau- breite m	Einbau- dicke mm	Fahr- geschw. m/min	Masse t
Schalungsschienenfertiger							
Vögele-Junior/V		S	10/13	2,5 bis 4,5		0,8–25	2,5–3,0
Vögele-Senior/V		S		3,0 bis 9,0		0,8–25	5,0–7,0
ABG VAS 512/V		S	15/20	2,5 bis 12		0,7–12	6–13
ABG NG 530/F		S		2,5 bis 12			5,6–10,7
Gleitschalungsfertiger							
Wirtgen SP 500		R 300	120	1,0 bis 7,5	300	0–15	20
750		R 300	80	1,0 bis 7,5	450	0–19	32
850		R 430	115	2,5 bis 9,0	500	0–19	38
1600		R 500	200	3,5 bis 16	600	0–19	65
GOMACO Commander III							
GT 6300		R	105/143	0,1 bis 6,0			17
HP 2800		R	185/252	3,0 bis 8,5			39,5
GP 4000		R	242–336	4,0 bis 16,0			53–80

R Raupe; S Schiene; F Fertiger; V Schwingungsfertiger
Quelle: [1]) Firmenprospekte; [2]) ELSNER 94/S. K/1188

4.6. Rentabilitätsbetrachtungen

Im Abschnitt 4.3. wurde bei der Behandlung der Kostenelemente darauf hingewiesen, daß die Selbstkosten (Herstellungskosten), maßgebendes Kriterium für die Wirtschaftlichkeit des jeweiligen Bauprozesses sind. Es gilt, die Kosten so exakt wie möglich zu erfassen, den entsprechenden Kostenarten zuzuordnen sowie die Einflußfaktoren zu erkennen, um die richtigen Schlußfolgerungen ableiten zu können. Dazu gehört die Kenntnis von Rentabilitätsgrenzen. Unterschiedliche Zielstellungen sind dabei möglich:

- Erkennen der Anwendungsgrenzen bestimmter Bauverfahren
- Abstimmung zwischen zu bearbeitendem Material und einzusetzender Baumaschine
- Schaffung von Kennwerten gestaffelt nach unterschiedlichen Randbedingungen
- Ermittlung des Aufwand-Nutzen-Verhältnis unter Beachtung der Marktlage (Baupreis)
- Bestimmung der Rückflußdauer von Investitionen
- Gezielte Aufwandsenkung durch technische Maßnahmen
- Variantenvergleiche zur Auswahl des zweckmäßigsten Bauverfahrens bzw. der einzusetzenden Baumaschinen.

Sicherlich lassen sich weitere Zielstellungen hinzufügen.

4.6.1. Wirtschaftliche Einsatzbereiche und Einsatzgrenzen

Für Bauleistungen sind meist mehrere Ausführungsvarianten möglich, und es stehen unterschiedliche Maschinen zur Verfügung. Die Wirtschaftlichkeit der einen oder der anderen Variante wird erst dann deutlich, wenn unter Berücksichtigung der Einsatzmöglichkeiten und -grenzen die entstehenden Kosten im Verhältnis zur Leistung betrachtet und verglichen werden (in DM/Mengeneinheit).

Die Kosten des Maschineneinsatzes setzen sich aus den einzelnen in Abschnitt 4.3. betrachteten Kostenelementen zusammen. Dabei gilt folgende Beziehung:

$$K_E = K_e/Q + K_s \quad \text{in DM/Leistungseinheit}$$

K_E Kosten des Maschineneinsatzes in DM
K_e einmalige Maschinenkosten in DM
K_s ständige Maschinenkosten in DM/Leistungseinheit
Q Produktions- bzw. Leistungsumfang in Leistungseinheit

Die einmaligen Kosten entstehen mit der Bereitstellung der Baumaschine für die Baudurchführung und sind vom Leistungsumfang abhängig.

Es entstehen wegabhängige Kosten K_{eu} für Montage, Demontage, Be- und Entladung. Die Höhe dieser Kosten ist neben der Größe der Maschine oder des Maschinenkomplexes, von dessen Konstruktion (stationär, umsetzbar, mobil) und anderen Randbedingungen abhängig. Hinzu kommen wegeabhängige Kosten K_{ea}, deren Höhe zur Transportentfernung proportional ist.

Die technischen und konstruktiven Voraussetzungen, wie eigenes Fahrgestell, Containerbauteile, Abmessungen und Massen, sind ausschlaggebend für die Wahl des Transportmittels (selbstfahrend, als Anhänger, auf Lastkraftwagen oder Spezialfahrzeuge verladen). Sie bestimmen damit auch die mögliche Transportweglänge sowie die Transport- bzw. Umsetzdauer.

Die ständigen Kosten K_S oder auch die Betriebskosten entstehen während der Bauproduktion. Sie können untergliedert werden in leistungunabhängige, betriebszeit-proportionale Kosten (maschinengebundene Löhne, betriebsbedingte Reparaturen, Instandhaltung, anteilige Betriebs- und Hilfsstoffe),Vorhalteentgelte und Mieten für Maschinen, Geräte und Vorhaltematerial) und die leistungsabhängigen, mengenproportionalen Kosten K_p (Betriebs- und Hilfsstoffe, Reparatur und Instandhaltung, Lohn- und Gemeinkostenanteile, Vorhaltematerial und Baustoffe).

Die einzelnen Kostenanteile sind aus der folgenden Formel ersichtlich:

$$K_E = \frac{K_{eu} + (K_{ea} \cdot S)}{M} + \frac{K_c + F_S}{Q_N} + K_p \quad \text{in DM/LE}$$

K_{eu}	wegeunabhängige Kosten	in DM
K_{ea}	wegeabhängige Kosten in DM	
S	Transport- bzw. Umsetzentfernung	in km
M	Produktionsvolumen bzw. Leistungsumfang	in LE
F_S	Schichtfaktor	
K_c	leistungsunabhängige, (betriebszeitproportionale) Kosten	in M/h
Q_N	effektive Nutzleistung (Dauerleistung)	in LE/h
K_p	leistungsabhängige (mengenproportionale) Kosten	in DM/LE

Die Kostenentwicklung wird aus den folgenden Darstellungen ersichtlich.

Bild 4.22 zeigt die Entwicklung der Produktionskosten in Abhängigkeit vom Produktionsumfang in DM/Leistungseinheit. Mit steigendem Leistungsumfang verringert sich der Anteil der einmaligen Kosten. Derartige Betrachtungen sind z. B. für die Anwendung der zweckmäßigsten Anlagenvariante (stationär oder mobil) zutreffend.

Aus Bild 4.23 ist der Verlauf der absoluten Kosten in Abhängigkeit von der Produktionsmenge dargestellt. Die einmaligen Kosten zeigen sich hier unabhängigig vom Produktionsvolumen.

4.6. Rentabilitätsbetrachtungen

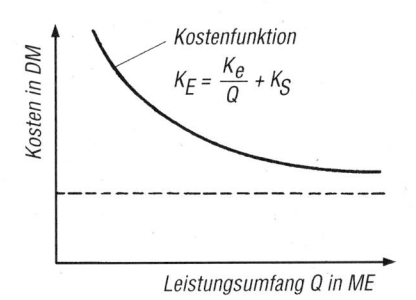

Bild 4.22 *Kostenentwicklung je Leistungseinheit in Abhängigkeit von der Produktionsmenge*

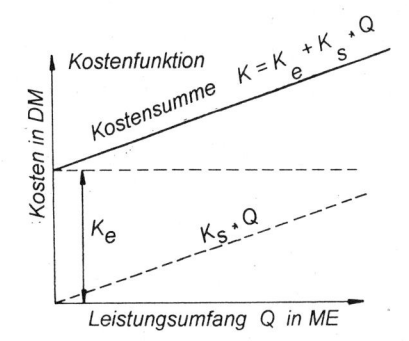

Bild 4.23 *Kostensummenverlauf in Abhängigkeit von der Produktionsmenge*

Der wirtschaftliche Einsatzbereich von Baumaschinen wird durch den Vergleich der Leistungen und der Kosten zweier oder mehrerer Maschinen unter gegebenen Einsatzbedingungen und gleichen Qualitätsanforderungen bestimmt. Er weist Einsatzbereiche aus, bei denen die geringeren Kosten einer Baumaschine (in DM/LE) gegenüber alternativen Maschinen oder Maschinenkomplexen auftreten.

Tab. 4.14 und Bild 4.24 zeigt die Ergebnisse eines Vergleiches zweier Fertigungsverfahren.

Tafel 4.14 Variantenvergleich; Instandsetzung eines Ortsverbindungsweges

1300 m; 5,50 m breit vorhandener Aufbau:	7 cm Asphaltdeckschicht; 15 km Transport 15 cm Schottertragschicht 10 cm verwitterte Sandsteinlage
1. Verfahren (konventionelle Instandsetzung)	7 cm Asphaltdeckschicht abfräsen; entsorgen 15 km 15 cm neue Schotterschicht (Verstärkung) 300 kg/m² neue Asphalt-Tragdeckschicht 200 kg/m²
2. Verfahren	Fräsrecycling (Mix-in-place) mit Bitumen BOMAG-Fräse MPH 120 R Arbeitsbreite 2,10 m; Arbeitstiefe max. 39 cm 30 cm bitumengebundene Tragschicht (Fräsrecycling) neue Asphalt-Tragdeckschicht 200 kg/m²

Herstellungskosten (ohne MWST) DM/m²

Verfahren	1		2	
	DM/m²		DM/m²	
1. Lohn	2,00	5,80	0,81	3,30
2. Geräte	6,50	19,00	3,13	12,70
3. Material	25,72	75,20	20,69	84,00
	34,22	100,00 100 %	24,63	100,00 72 %

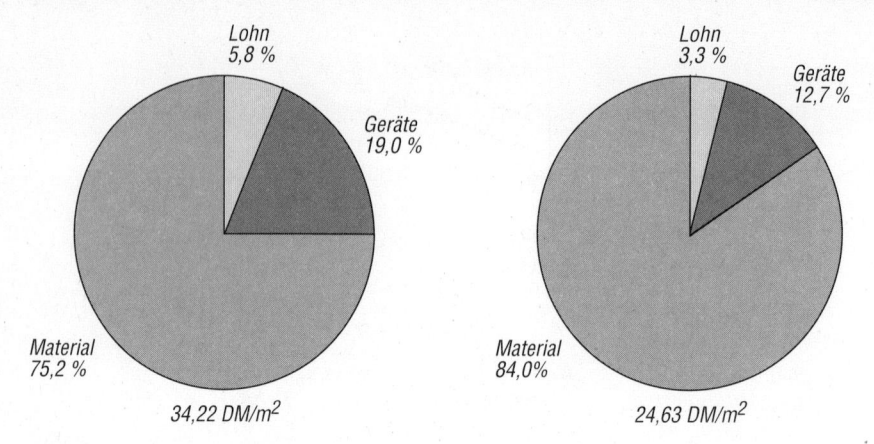

Bild 4.24 Variantenvergleich – Wiederherstellung eines Ortsverbindungsweges (konventionelles Verfahren/Fräsrecycling)

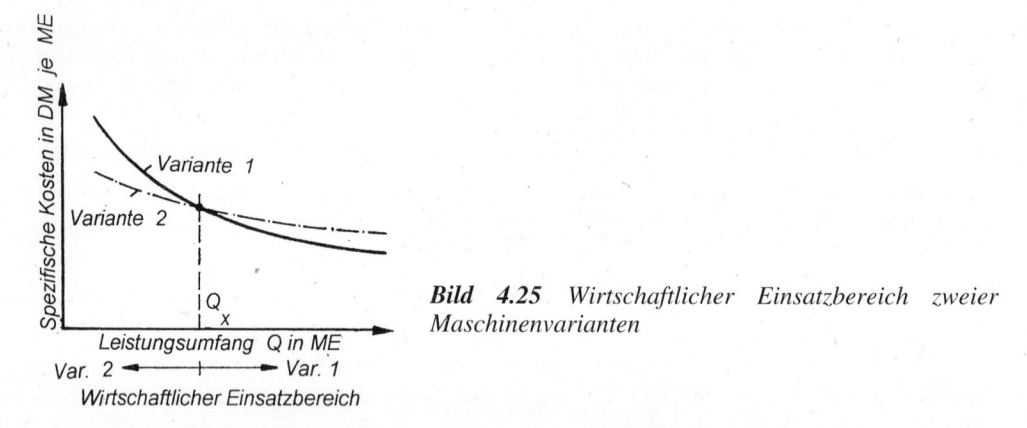

Bild 4.25 Wirtschaftlicher Einsatzbereich zweier Maschinenvarianten

Die Grenze der Einsatzbereiche wird dadurch gekennzeichnet, daß an diesen Stellen Kostengleichheit auftritt:

$$K_{E1} = K_{E2}$$

Bei Kostengleichheit sind für die endgültige Entscheidungsfindung evt. auch noch andere Kriterien heranzuziehen. Analytisch ergibt sich der Grenzwert durch Gleichsetzen der Kostengleichungen und Auflösung nach der zu bestimmenden Grenze. Das kann z. B. der Produktionsumfang M, die Transportweite S oder aber auch die Anzahl der jährlichen Umsetzungen N sein.

Aus den vollständigen Gleichungen ergibt sich

$$M_x = \frac{K_{eu} + K_{ea} \cdot S}{K_s} \quad \text{in LE} \quad \text{oder}$$

$$S_x = \frac{M \cdot K_s - K_{eu}}{K_{ea}} \quad \text{in km}$$

Eine Grenzwertbestimmung ist auch grafisch möglich, u. U. auch unter Nutzung einer entsprechenden Bildschirmdarstellung. Der Grenzwert ergibt sich als Schnittpunkt der Kosten-

4.6. Rentabilitätsbetrachtungen

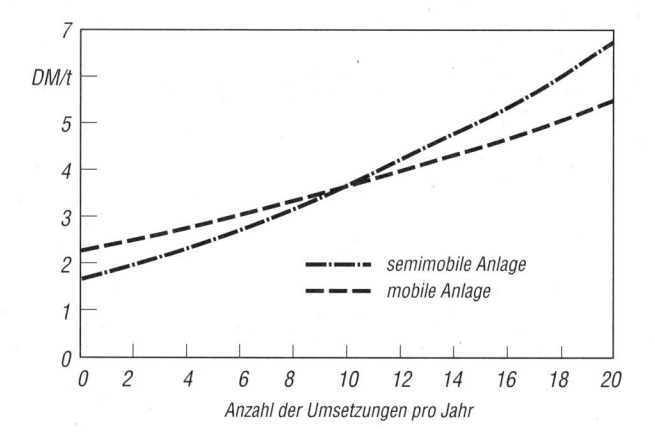

Bild 4.26 Rentabilitätsgrenze zwischen einer mobilen und semimobilen RC-Anlage

kurve der zu vergleichenden Varianten. Eine schematische Darstellung ist aus Bild 4.25 ersichtlich. Die Tafeln 4.15 und Bild 4.26 zeigen die Rentabilitätsgrenzen unterschiedlicher Recycling-Anlagen nach [274].

4.6.2. Relativkostenvergleiche

Bei Variantenvergleichen der Kostenentwicklung ist es nicht immer notwendig, alle Kostenanteile zu erfassen. Kostenanteile, die für die zu betrachtenden Varianten in gleicher Höhe auftreten, können in dem Vergleich unberücksichtigt bleiben (Tafel 4.15).

Damit wird der Arbeitsaufwand geringer bzw. brauchen nicht alle Kostenelemente ermittelt werden. Unter Umständen werden bei einer grafischen Darstellung die Unterschiede auch deutlicher.

Zu beachten ist aber, daß dann eine Angabe und Darstellung der absoluten Kosten nicht möglich ist.

Die oben angegebenen Beziehungen für K_e verändert sich in

$$R = \frac{R_e}{M} + R_s \quad \text{in DM/LE}$$

R_e Relativkosten (einmalige) in DM
R_s Relativkosten (ständige) in DM/LE

Die einmaligen Kosten können auch vernachlässigt werden, wenn

- gleiche Aufwendungen vorliegen,
- der Anteil je Mengeneinheit sehr gering ist oder
- die Baumaschinen unter sonst gleichartigen Bedingungen miteinander verglichen werden.

Die Berücksichtigung aller anfallenden Kosten ist dagegen notwendig, wenn

- Bauverfahren mit unterschiedlichen Baumaschinen verglichen werden sollen,
- einmalige Kosten einem nur geringen Leistungsumfang gegenüber stehen oder
- die einmaligen Kosten sehr unterschiedlich sind.

Mögliche und zulässige Vereinfachungen sind also vor dem Variantevergleich abzuklären bzw. zutreffend abzuschätzen.

Tafel 4.15 Ermittlung der Rentabilitätsgrenze zwischen unterschiedlichen Recycling-Anlagen [274]

Aufgabesilo, Plattenband, Prallbrecher, Abzugsrinne, Haldenbänder, Magnetabscheider, Tagesunterkunft, Sanitärcontainer

	Neuwert TDM	Leistung t/h	Zinsen TDM/a	Abschr. TDM/a	Reparatur TDM/a	Gesamt TDM/a
a) semimobile Anlage	900	100	53,6	10% 67,0	8% 33,5	154,1
b) mobile Anlage	670	100	72,0	90,0	45,0	207,0

Leistung: 100 t/h; 8 h/d; 85% Auslastung; 135 Arbeitstage/Jahr
$100 \cdot 8 \cdot 0{,}85 \cdot 135 = 91\,800$ t/Jahr
680 t/Tag

Umsetzkosten: Montage/Demontage, Transport
a) Semimobil   9700,00   DM/Umsetzung
b) mobil   6840,00   DM/Umsetzung

Umsetzungen 1	Verlusttage 2	Arbeitstage 3	mögl. Leistung 4	Umsetzkosten 5	Kosten insgesamt 6	
			Tt/a		DM/t	
a) 0	0	135	91,8	0	0	
b)	0	135	91,8	0	0	
a) 1	3	132	89,7	29,1	0,19	(9700/89700 = 0,10)
b)	2	133	90,4	20,5	0,07	(6840/90400 = 0,07)
a) 3	9	126	85,6	29,1	0,33	
b)	6	129	87,7	20,5	0,23	

Kostenentwicklung nach der Zahl der Umsetzungen

	0	1	2	3	5	7	15 Umsetzungen
a) semimobil	1,67	1,8	2,13	2,49	2,88	3,55	4,87 DM/t
b) mobil	2,25	2,37	2,59	3,83	3,09	3,52	4,33 DM/t

*) 0; 207000/91800 = 2,25 DM/t   **) 1; 207000 + 6840/90400 = 2,37 DM/t

4.7. Ausführungsunterlagen und Vertragsbedingungen

4.7.1. Abschluß des Angebotes

Nach Abschluß des Ausschreibungsverfahrens und der Vergabe der Bauaufgabe ist für die Durchführung der Bauleistungen zwischen dem Auftraggeber (AG) und dem Auftragnehmer (AN) eine vertragliche Beziehung einzugehen. Im Straßenbau sind die Allgemeinen Vertragsbedingungen [270] bzw. die VOB/B [269], anzuwenden, soweit nicht andere gesetzliche Bedingungen Vorrang haben (BGB).

Die VOB/B enthält materiell-rechtliche Bestimmungen für die Beziehungen zwischen AG und AN (Rechte und Pflichten).

Bei der Ausführung der Leistung sind neben den anerkannten Regeln der Bautechnik, die Festlegungen der ‚Allgemeinen Technischen Vertragsbedingungen für Bauleistungen' [269] zu beachten. Für spezielle Leistungen gelten darüber hinaus die Festlegungen in einer Reihe weiterer Technischer Vorschriften und Richtlinien (z. B. ZTV-Stb, TL RSTO usw.).

4.7.2. Bauausführungsunterlagen

Zu den wichtigen Bauausführungsunterlagen zählen:

- Erläuterungsbericht
- Zustimmungen der zuständigen Baulastträger (Grundstückseigentümer und sonstige Institutionen)
- erforderliche Gutachten (Boden-, wassertechnische Untersuchungen u. a.)
- zeichnerische Projektunterlagen
  (Lage- und Höhenpläne, Regelquerschnitte, Längs- und Querprofile, Absteckpläne, Leitungspläne, Grundstücksgrenzen bzw. vorübergehend in Anspruch zu nehmende Flächen)
- Unterlagen über sonstige, die Bauaufgabe tangierende, Maßnahmen
  (Lärmschutzmaßnahmen, Brückenbauten, Knotenpunkte, Nebenanlagen, landschaftspflegerische Maßnahmen)
- Mengenermittlungen
- Materialbedarf
- Prüfbescheide
- Qualitätsanforderungen, soweit nicht in den Vorschriften festgelegt
- Leistungsverzeichnis

Eine wichtige Rolle unter den notwendigen Unterlagen spielt das Leistungsverzeichnis. Der AG hat die Bauleistung – besonders bei der Verwendung öffentlicher Mittel, so eindeutig und erschöpfend zu beschreiben und zu gliedern, daß die mit der Übernahme des Auftrages durch den AN verbundene Wagnisse möglichst zu erkennen und die Preise einwandfrei zu ermitteln sind.

Die dort enthaltenen Leistungsbeschreibungen müssen die Leistungen so eindeutig definieren und beschreiben, daß sie jeder Beteiligte in gleichem Sinne versteht. Für übliche, wiederkehrende Leistungen wurde ein Standardleistungskatalog für den Straßen- und Brückenbau (SLK) erarbeitet. In ihm sind in dem Standard-Leistungstexte enthalten, die für eine Anwendung der EDV katalogisiert und mit Schlüsselnummern versehen wurden. Für neuartige Bauleistungen (Bauverfahren, Material, Baumaschinen) ist die Leistungsbeschreibung besonders sorgfältig und gründlich zu formulieren.

Das Leistungsverzeichnis stellt, außer der Basis für die Erarbeitung der Angebotsunterlagen, auch ein wichtiges Bindeglied zwischen allen im Baubetrieb an Bauvorbereitung und Baudurchführung Beteiligten dar (Arbeitsvorbereitung, Baustellenpersonal, Abrechnung). Es bildet aber auch die Grundlage für eine Analyse des Bauprozesses (siehe Abschn. 4.2. und 4.3.).

4.7.3. Baudurchführung

Das Abstecken der Haupachsen und der Grenzen des Geländes, das dem AN zur Verfügung gestellt wird, sowie die Übergabe der notwendigen Höhenfestpunkte ist Aufgabe des AG.

Der Ausgangszustand (Zustand der Straßen und der Geländeoberfläche, der Vorfluter, bauliche Anlagen im Baustellenbereich usw.) sollten, wenn notwendig, vor Baubeginn gemeinsam schriftlich fixiert werden. Soweit nicht in begründeten Fällen (Arbeitssicherheit, Umweltbedingungen, Rechte Dritter usw.) Einschränkungen oder in den Leistungsbeschreibungen enthaltene Auflagen bestehen, ist der Baubetrieb hinsicht Bauablauf, Bauverfahren und Materialeinsatz frei in seiner Wahl.

Während der Bauausführung hat der AG für die Aufrechterhaltung der allgemeinen Ordnung und für die Koordinierung verschiedener, beteiligter AN zu sichern. Er hat das Recht, die vertragsgemäße Ausführung zu überwachen.

Der AN hat die von ihm übernommenen Leistungen vertragsgemäß auszuführen und dabei die anerkannten Regeln der Bautechnik, sowie die gesetzlichen und behördlichen Bestimmungen zu beachten. Er hat die von ihm ausgeführten Leistungen und die ihm übergebenen Gegenstände (Lager- und Arbeitsplätze auf der Baustelle, Zufahrtswege, Anschlüsse für Energie und Wasser bis zur Abnahme der Bauleistung vor Beschädigung (Winterschäden, Wasserschäden) oder Diebstahl zu schützen. Es darf nur Material oder Bauteile eingesetzt werden, die den vertraglichen Abmachungen (Eignungsprüfungen z. B.) entsprechen. Die Bauarbeiten sind nach den vereinbarten Fristen zu beginnen, laut Zwischenterminen im Bauzeitenplan durchzuführen und zu beenden. Bei Behinderungen und Unterbrechungen sind die entsprechenden Festlegungen in [269] zu beachten. Die Abnahme von Teilleistungen (einzelne Befestigungsschichten, Bauabschnitte) hat mit Nachweis der Qualitätsforderungen zu erfolgen und ist protokollarisch festzuhalten.

Leistungen, die schon während der Bauausführung als mangelhaft oder vertragswidrig erkannt werden, sind auf eigene Kosten durch mangelfreie zu ersetzen.

4.7.4. Abnahme

Gegenstand der Abnahme ist die Übergabe der vertragsgemäß erbrachten Leistung an den Auftraggeber. Mit der Abnahme beginnt die Gewährleistungsfrist. Damit geht die Gefahr für die abgenommene Leistung vom AN an den AG über. Mängel in der Bauausführung können eine geforderte Mängelbeseitigung durch den AN (Nacharbeiten) oder eine Minderung der Vergütung (vereinbarter Baupreis) nach sich ziehen.

4.7.5. Gewährleistung

Unter Gewährleistung versteht man lt. VOB [269] § 13, daß der AN während der Verjährungsfrist für Gewährleistungsansprüche einzustehen hat bzw. daß seine erbrachte Leistung die vertraglich zugesicherten Eigenschaften hat. Sie müssen wie oben angegeben den Regeln der Technik entsprechen und frei von Fehlern sein, die den Gebrauchswert mindern. Nachbesserungen bzw. Ersatzleistungen müssen in dieser Zeit vom AN durchgeführt werden (Garantiearbeiten).

4.7.6. Abrechnung

Der AN hat seine Leistungen prüfbar abzurechnen (VOB § 14 [269]). Die Abrechnungsbestimmungen, enthalten in den entsprechenden Technischen Vorschriften und anderen Vertragsunterlagen, sind zu beachten.

Die Rechnungen müssen übersichtlich aufgestellt sein, die Reihenfolge der Leistungspositionen und die Bezeichnungen in den Vertragsunterlagen sind zu verwenden. Die zum Nachweis der Art und des Umfangs der Bauleistungen erforderlichen Unterlagen (Mengenberechnungen, Zeichnungen, Belege und Protokolle) sind beizufügen. Änderungen und Ergänzungen zu den vertraglich abgeschlossenen Leistungen sind extra zu erfassen und abzurechnen. Auch hier ist darauf zu orientieren, die notwendigen Feststellungen zu abgeschlossenen Leistungen möglichst gemeinsam vorzunehmen.

4.8. Wechselwirkung zwischen Konstruktion, Bauausführung und Wirtschaftlichkeit

Der Straßenbau umfaßt Bauleistungen an den Straßenverkehrsanlagen mit unterschiedlichen Anforderungen. Diese werden durch die verschiedenartigen Verkehrsfunktionen und Verkehrbeanspruchungen gekennzeichnet. Damit treten bedeutende Unterschiede im Inhalt und Umfang der einzelnen Straßenbauaufgaben auf, die vom Zwischenausbau über Umbau der vorhandenen Anlagen bis zum Neubau von Gemeindestraßen und Hauptnetzstraßen in den Städten und anbaufreien Überlandstraßen reichen können. Die dazu gehörigen oder zu ergänzenden Geh- und Radbahnen, Anlagen des ruhenden Verkehrs und Umweltschutzmaßnahmen sind gleichfalls zu beachten. Bei der Vorbereitung und Ausführung dieser verschiedenen Bauleistungen ist die volkswirtschaftlich günstige Lösung aus den konstruktiven und bauausführungstechnischen Möglichkeiten zu finden. Dabei sind die Probleme der Sicherung der Verkehrsbeziehungen besonders zu berücksichtigen. Langfristige Programme für die baulichen Veränderungen an den Straßenverkehrsanlagen dienen außer der Verbesserung der Verkehrsbeziehungen auch einer systematischen Entwicklung der Bauausführungsbetriebe und der Sicherung von Arbeitsplätzen.

Literaturverzeichnis

[1] Merkblatt für die Verwendung von Naturasphalt im Asphaltstraßenbau, FGSV Köln, 1990
[2] DIN 55946, Teil 1, Bitumen und Steinkohlenteerpech, Begriffe für Bitumen und Zubereitungen aus Bitumen, 12/83
[3] DIN 55946, Teil 2, Bitumen und Steinkohlenteerpech, Begriffe für Steinkohlenteerpech und Zubereitungen aus Steinkohlenteer-Spezialpech, 12/83
[4] DIN 1995, Teile 1 bis 5, Bitumen und Steinkohlenteerpech, Anforderungen an die Bindemittel, Straßenbaubitumen, 10/89
[5] DIN 52047, Teil 2, Prüfung bituminöser Bindemittel, Bestimmung des Brechverhaltens von Emulsionen, Unstabile anionische Bitumenemulsionen, 12/80
[6] Technische Lieferbedingungen, Sonderbindemittel auf Bitumen-Basis (TL-Sbit), FGSV Köln, 07/91
[7] Technische Lieferbedingungen für polymermodifizierte Bitumen in Asphaltschichten im Heißeinbau (TL PmB 89, Teil 1), FGSV Köln, 1989
[8] DIN 52010, Prüfung von Bitumen, Bestimmung der Nadelpenetration, 12/83
[9] DIN 52011, Prüfung von Bitumen, Bestimmung des Erweichungspunktes Ring und Kugel, 10/86
[10] DIN 52025, Prüfung von Steinkohlenteerpech, Bestimmung des Erweichungspunktes nach *Kraemer Sarnow*, 06/89
[11] DIN 1996, Teil 15, Prüfung bituminöser Massen für den Straßenbau und verwandte Gebiete, Bestimmung des Erweichungspunktes nach *Wilhelmi*, 12/75
[12] DIN 52012, Prüfung von Bitumen, Bestimmung des Brechpunktes nach *Fraaß*, 08/85
[13] DIN 52013, Prüfung von Bitumen, Bestimmung der Duktilität, 07/1989
[14] DIN 52006, Prüfung bituminöser Bindemittel, Wassereinwirkung auf Bindemittelüberzüge, 12/80, 09/85 Bindemittelüberzug aus Bitumenemulsion (Teil 1), Bindemittelüberzug aus Kaltbitumen und Kaltteer (Teil 2), Prüfung der Bindemittelüberzüge aus Fluxbitumen (Teil 3)
[15] DIN 1164, Teil 1, Portland-, Eisenportland-, Hochofen- und Traßzement, Begriffe, Bestandteile, Anforderungen, Lieferung, 03/90
[16] EN 196, Prüfverfahren für Zement, Festigkeit, Teil 1, 03/90 Bestimmung der Erstarrungszeiten und der Raumbeständigkeit, Teil 3, 03/90 Bestimmung der Mahlfeinheit, Teil 6, 03/90
[17] DIN 1060, Teil 1, Baukalk, Begriffe, Anforderungen, Lieferung, Überwachung, 01/86
[18] Technische Lieferbedingungen für Mineralstoffe im Straßenbau (TL Min-StB 83), FGSV Köln 1983
[19] DIN 4226, Teil 1, Zuschlag für Beton, Zuschlag mit dichtem Gefüge, Begriffe, Bezeichnungen, Anforderungen und Überwachung, 04/83
[20] DIN 1045, Beton und Stahlbeton, Bemessung und Ausführung, 07/88
[21] Technische Prüfvorschriften für Mineralstoffe im Straßenbau (TP Min-StB), FGSV Köln 1993 u. f.
[22] Merkblatt über Lavaschlacke im Straßen- und Wegebau, FGSV Köln,
[23] Richtlinien für die Güteüberwachung von Mineralstoffen im Straßenbau (RG Min-StB 93), FGSV Köln 1993
[24] DIN 52098, Prüfung von Gesteinskörnungen, Bestimmung der Korngrößenverteilung durch Siebanalyse, 01/90
[25] DIN 52114, Prüfung von Gesteinskörnungen, Bestimmung der Kornform mit dem Kornform-Meßschieber, 08/88
[26] DIN 52115, Prüfung von Gesteinskörnungen, Schlagversuch; Teil 1, Schlagprüfgerät, 08/88; Teil 2, Schlagversuch an Schotter, 08/88; Teil 3, Schlagversuch an Splitt und Kies, Kornklasse 8/12,5, 08/88
[27] Zusätzliche Technische Vertragsbedingungen und Richtlinien für den Bau von Fahrbahndecken aus Beton (ZTV Beton-StB 91), BMV, Abt. Straßenbau, 1991
[28] Technische Lieferbedingungen für Recycling-Baustoffe in Tragschichten ohne Bindemittel (TL RC-ToB), 11/93

[29] Technische Lieferbed. für bituminöse Fugenvergußmassen (TL bit Fug 82), FGSV Köln, 1982
[30] DIN 18502, Pflastersteine- Naturstein, 12/65
[31] Begriffsbestimmungen, Teil: Straßenplanung und Verkehrstechnik, Ausgabe 1989 Forschungsgesellschaft für Straßen- und Verkehrswesen (FGSV)
[32] Begriffsbestimmungen, Teil: Straßenbautechnik, Ausgabe 1990, FGSV
[33] Straßentechnisches Wörterbuch (AIPCR) Deutsch-Französisch-Englisch, 5. Auflage 1982 (Überarbeitete Fassung 1986), FGSV
[34] Richtlinien für die Standardisierung des Oberbaus von Verkehrsflächen, RStO 86 (89), FGSV
[35] Zusätzliche Technische Vertragsbedingungen und Richtlinien für Landschaftsbauarbeiten im Straßenbau, ZTVLa – StB 92, BMV
[36] VOB Teil C: ATV Erdarbeiten – DIN 18300, Sept. 1988
[37] „Regel-Saatgut-Mischungen-Rasen", Jahresbroschüre der Forschungsgesellschaft Landschaftsentwicklung – Landschaftsbau e.V. Bonn
[38] Richtlinie für die Anlage von Straßen, Teil: Landschaftsgestaltung, Abschnitt 2: Landschaftspflegerische Ausführung (RAS – LP2) 1993, FGSV
[39] Merkblatt für einfache landschaftsgerechte Sicherungsbauweisen 1991, FGSV
[40] *Holzner, W.* u.a.: Natur(schutz)gerechte Begrünung und Pflege von Straßenböschungen; Symposium: Umweltgerechter Straßenbetrieb; Mitteilungen des Institutes für Straßenbau und Straßenerhaltung, TU Wien, 1993, Heft 3
[41] *Knaupe, W.*: Erdbau, Berlin: Verlag für Bauwesen 1974
[42] *Striegler, W.*; *Werner, D.*: Dammbau in Theorie und Praxis, Berlin: Verlag für Bauwesen 1969
[43] Merkblatt für die Bodenverdichtung im Straßenbau, 1972, FGSV
[44] Proctorversuch, DIN 1812, 1987
[45] Zusätzliche Technische Vertragsbedingungen und Richtlinien für Erdarbeiten im Straßenbau, ZTVE-StB 94, FGSV
[46] Straße und Umwelt, Bericht 1980, FGSV
[47] *Floß, R.* u.a.: Dynamische Verdichtungsprüfung bei Erd- und Straßenbauten; Forschung Straßenbau und Straßenverkehrstechnik (BMV) H. 12, 1991
[48] Einsatz des Benkelmanbalkens für die Erdbaukontrolle, BAST-E7, 1984
[49] Merkbl. über flächendeckende dyn. Verfahren zur Prüfung der Verdichtung im Erdbau, 1993, FGSV
[50] *Schulze, E.* und *Muhs, H.*: Bodenuntersuchungen für Ingenieurbauten, 2. Auflage, Berlin-Heidelberg-New York: Springer-Verlag 1967
[51] *Floß, R.*: Über den Zusammenhang zwischen der Verdichtung und dem Verformungsmodul von Böden, Straße und Autobahn 22 (1971) 10.
[52] Plattendruckversuch, DIN 18134, 1990
[53] *Kézdi, A.*: Handbuch der Bodenmechanik, Band II; Verlag für Bauwesen, Berlin, 1969
[54] CBR-Versuch, Technische Prüfvorschriften ... im Straßenbau (TPBF-StB) 7.1; 1988, FGSV
[55] *Theiner, J.*: Nutzfahrzeuge für den schweren Baubetrieb; Baumarkt H. 6/92
[56] *Lemser, D.*: Die Grundlagen der Mechanisierung und Automatisierung der Bauprozesse; 2. Auflage, Verlag für Bauwesen, Berlin 1978
[57] *Cohrs, H. H.*: Grader fürs Grobe und Feine; bd baumaschinendienst H. 3/91
[58] *Pohl, D.*: Die Verwendung meteorologischer Daten zur Verbesserung der Bauprozeßplanung; Die Straße 14 (1974) 4.
[59] *Kirchberg, J.* und *Striegler,W.*: Beitrag zur Befahrbarkeit von Erdstoffen; Wiss. Zeitschrift der Hochschule f. Verkehrswesen Dresden (1975) 1.
[60] *Kühn, G.*: Der gleislose Erdbau; Berlin-Göttingen-Heidelberg; Springer-Verlag 1956
[61] Merkblatt für Maßnahmen zum Schutz des Erdplanums; 1980 FGSV
[62] Richtlinie für die Anlage von Straßen, Teil: Entwässerung RAS-Ew, 1987, FGSV
[63] Richtl. für bautechn. Maßnahmen an Straßen in Wassergewinnungsgebieten (RiStWag) 1982, FGSV
[64] Merkblatt für die Verhütung von Frostschäden an Straßen, FGSV, 1991
[65] Zusätzliche Technische Vertragsbedingungen und Richtlinien für Tragschichten im Straßenbau (ZTVT StB 86 (1990); BMV
[66] *Klengel, K. J.*: Frost und Baugrund, Verlag für Bauwesen, Berlin 1968
[67] Entstehung und Verhütung von Frostschäden an Straßen; Forschungsarbeiten aus dem Straßenwesen, Heft 105, Kirschbaum Verlag Bonn 1994
[68] *Großhans, D.* und *Weingart, W.*: Möglichkeiten für den Einbau von Wärmedämmschichten als Frostschutzmaßnahme im Straßenbau; Die Straße 13 (1973) 12.

[69] *Schott, W.*: Wärmedämmschichten im Straßenbau; Dissertation, HfV, Dresden 1972
[70] *Schreiber, P.*: Ergebnisse der Erdbodentemperaturmessungen, Deutsches meteorologisches Jahrbuch, Dresden 1973
[71] Zusätzliche Technische Vorschriften und Richtlinien für die Ausführung von Bodenverfestigungen und Bodenverbesserungen im Straßenbau; ZTVV-StB 81, BMV
[72] *Brand, W.*: Möglichkeiten und Grenzen der Anwendung von Kalk zur Stabilisierung bindiger Böden; Der Bauingenieur 41(1966) 3.
[73] Prüfung der Gleichmäßigkeit der Verformbarkeit von Böden mit dem Befahrungsversuch und dem Benkelmanbalken; Technische Prüfvorschriften für Boden und Fels im Straßenbau (TPBF-StB) Teil 9.3; FGSV 1988
[74] Eignungsprüfung bei Bodenverb. und Bodenverfest. mit Feinkalk und Kalkhydrat; FGSV 1991
[75] Merkblatt für die Bodenverfestigung mit Zement; 1984; FGSV
[76] *Jonker, C.*: Subgrade improvment and soil ciment; International Symposium on concrete roads; London 1982, session 3, paper 1
[77] Bericht der ART/FG/VSS-Kommission X: Bodenstabilisierung mit bituminösen Bindemitteln; Straße und Autobahn 29 (1978) 6.
[78] *Lachner, L.*: Neue Ergebnisse bei der Anwendung von Asche im Straßenbau, KPM Közút Igazgatósága, Tatabánya 1980
[79] *Dunstan, M. R. H.*: The economics of the use of high flyashcontent on concrete roads; International Symposium on concrete roads; London 1982, session 3
[80] Der Elsner 1994 und vorangegangene Jahrgänge; Otto Elsner Verlagsgesellschaft, Berlin
[81] *Cohrs, H. H.*: Stabiler Boden als solide Basis; Hoch- und Tiefbau 5/93
[82] *Wiehler, H. G.*: Untersuchung von Möglichkeiten zur Verbesserung des Tragverhaltens gleichkörniger Sande auf mechanischem Wege; Dissertation, Hochschule für Verkehrswesen (HfV), Dresden 1966
[83] *Siedeck, P.*: Ungebundene Tragschichten; Straßenbau-Technik 22 (1969) 23.
[84] *Nüdling, W.*: 25 RAL Güteschutz für Hochofenschlacken im Straßenbau; Schriftenreihe der Forschungsgemeinschaft Eisenhüttenschlacken, Heft 2, 1992
[85] Merkblatt über Hochofenschlacken im Straßenbau; FGSV 1980
[86] *Weisheit, W.*: Anwendung der Elektroofenschlacke des Edelstahlwerks Freital für Zementbeton und ungebundene Tragschichten; HfV Dresden; Diplomarbeit 1983
[87] DIN 1996 Prüfung von Asphalt
[88] *Berger, R.*: Eignung natürlich vorkommender Sande und Kiessande zur Herstellung heißgemischter bituminöser Tragschichten; Dissertation, HfV Dresden 1970
[89] Straßenverkehrszulassungsordnung (StVZO) 1988
[90] *Drüschner, L.*: Anwendungsbereiche der Asphaltbaustoffe für Tragschichten, Binderschichten und Deckschichten, Bitumen 54 (1992) 3.
[91] *Schlösser, F.-J.*: Untersuchung der Erwärmungs- und Trocknungsvorgänge an Aufbereitungsanlagen für bituminöses Mischgut unter besonderer Berücksichtigung der Temperatureinflüsse auf die Gesteinsfestigkeit; Forschungsberichte Straßenbau und Straßenverkehrstechnik, Heft 90, Bonn 1969
[92] *Anochin, A.J.*: Straßenbaumaschinen; Verlag Technik, Berlin 1952
[93] Zusätzliche Technische Vertragsbedingungen und Richtlinien für den Bau von Fahrbahndecken aus Asphalt, ZTVbit-StB 84 (1990) BMV
[94] *Junghänel, A.*: Brennstoffarten und ihr Einsatz in Asphaltmischwerken; Die Asphaltstraße 7/88
[95] *Blumer, M.*: Straßenbau und Straßenerhaltung mit Asphaltmischgut; SMI, Schweizerische Mischgut-Industrie Rothenburg 1989; SN 640 431 a
[96] *Beagle, Ch. W.*: Einlagiger Einbau bituminöser Tragschichten; Bitumen 30 (1968) 1.
[97] *Blumer, M.*: Zum Verformungsverhalten bitum. Beläge und Tragschichten; Bitumen 37 (1975) 8.
[98] *Milbradt, H. R.*: Einfluß der Einsatzbedingungen von Vibrationswalzen auf das Gebrauchsverhalten von Asphaltbetonen mit unterschiedlicher Verdichtbarkeit; Schriftenreihe: Institut für Straßenwesen, TU Braunschweig, Heft 8, 1988
[99] *Güsfeld, K.-H.*: Verdichtung von Asphaltschichten; Bitumen 53 (1991) 1.
[100] *Bonnot, J.*: Zementgebundene Tragschichten in Frankreich; Betonstraßenjahrbuch 1967/68, Betonverlag GmbH, Düsseldorf
[101] Catalogue des structures tyles de chaussées; Direktion für Straßen und Straßenverkehr, Paris 1971
[102] *Sharp, D. R.* und *Blake, L. S.*: Zementgebundene untere und obere Tragschichten in Großbritannien, Betonstraßenjahrbuch 1967/68; Betonverlag GmbH, Düsseldorf
[103] Merkblatt für hydraulisch gebundene Tragschichten aus sandreichen Mineralgem.; FGSV 1991

[104] Vorläufiges Merkblatt: Überprüfung von Beton mit dichtem Gefüge für den Straßenbau auf Frost-Tausalz-Widerstandsfähigkeit, Bundesverband Deutsche Beton- und Fertigteilindustrie 1979
[105] *Glatte, R.* u. a.: Frost-Tausalz-Beständigkeit von Zementstabilisierungen; Das Straßenwesen 7/1981
[106] *Guericke, R.*: Elastizitäts- und Festigkeitseigenschaften sehr magerer Zementbetone; Die Straße 5 (1965) 8.
[107] Techn. Prüfvorschr. für Tragschichten mit hydraulischen Bindemitteln; TP HGT-StB94; FGSV 1994
[108] Richtlinien für Zementschotter-Unterbau und Zementschotterdecken; FG Köln 1961
[109] *Sommer, H.*: Bodenstabilisierung mit Zement und Magerbeton im europäischen Straßenbau; Beton-Verlag, Düsseldorf 1970
[110] *Speck, A.*: Via Vita; Kirschbaum-Verlag, Bad Godesberg, 1964
[111] *Schäfer, V.*: Oberflächenbehandlungen unter besonderer Berücksichtigung modifizierter Bindemittel – Stand der Bautechnik; Bitumen 53 (1991) 3.
[112] Merkblatt für die Erhaltung von Asphaltstraßen; Teil: Bauliche Maßnahmen, Oberflächenbehandlungen, FGSV 1989
[113] *Klausch, P.* und *Tillemann, G.*: Versuche mit Bitumen-Latex-Emulsionen zur Herstellung von einfachen Oberflächenbehandlungen, Die Straße 11 (1971) 6.
[114] *Ewers, N.*: Oberflächenbehandlungen aus neuer Sicht, Die Straße 16 (1976) 4.
[115] *Zirkler, E.*: Grundlagen und Erfahrungen auf dem Gebiet der kationischen Emulsionsschlämmen (Slurry-Seal-Verfahren) Bitumen 29 (1967) 7.
[116] *Niepel, U.*: Kationische Emulsionsschlämmen, Erfahrungen und Probleme; Bitumen 31 (1969) 2.
[117] Merkblatt für die Erhaltung von Asphaltstraßen; Teil: Bauliche Maßnahmen; Dünne Schichten im Kalteinbau, FGSV
[118] *Holl, A.* und *Kästner, P.*: Dünne Schichten im Kalteinbau; Bitumen 51 (1989) 3.
[119] *Tappert, A.*: Stand der Erfahrungen mit lärmmindernden Belägen; Bitumen 50 (1988) 3.
[120] *Schuster, F.-O.*: Lärmmindernde Asphaltdecken; Asphaltstraßen-Tagung 1991, Vorträge der Tagung der AG Asphaltstraßen, Heft 30; Kirschbaum Verlag Bonn 1992
[121] *Suss, G.*: Bau von offenporigen Aspaltdecken; Asphaltstraßen-Tagung 1991, Vorträge der AG Asphaltstraßen, Heft 30, Kirschbaum Verlag Bonn 1992
[122] Merkblatt für Ebenheitsprüfung FGSV 1976
[123] *Augustin, H.* und *Pippich, J.*: Zerstörungsfreie Bestimmung der Kenngrößen der Straßenoberfläche. Bundesministerium für Bauten und Technik, Wien 1981
[124] Zweites internationales Symposium über Oberfächeneigenschaften von Fahrbahnen, TU Berlin, Fachgebiet Straßenbau, 1992
[125] Arbeitsanweisung für kombinierte Griffigkeits- und Rauheitsmesungen mit dem Pendelgerät und dem Ausflußmesser, FGSV 1972
[126] *Wehner, B.* und *Schulze, K.-H.*: Internationales Colloquium über Straßengriffigkeit und Verkehrssicherheit bei Nässe; Berlin/München/Düsseldorf: Verlag Wilhelm Ernst & Sohn 1970
[127] Merkblatt über Straßengriffigkeit und Verkehrssicherheit bei Nässe, FGSV 1968
[128] *Freydank, H.*: Die Entwicklung eines Schnellpoliergerätes zur Bestimmung des Polierverhaltens von Zuschlagstoffen; Die Straße 14 (1974) 5.
[129] *Dames, J.*: Über den Zusammenhang zwischen Polierwiderstand von Mineralstoffen und der Griffigkeit von Straßenoberflächen; s. [124]
[130] Bestimmung des Polierwertes von Splitt; Teil 5.5.1 in TPMin-StB, FGSV 1990
[131] *Kirchner, S.*: Qualitätskriterien für die Oberfäche aufgehellter bituminöser Verschleißschichten; Die Straße 13 (1973) 12.
[132] *Meseberg, H. H.*: Die Bedeutung der Aufhellung von Fahrbahnoberflächen für die Wirtschaftlichkeit und das Unfallgeschehen; s. [124]
[133] *Kluge, G.* und *Range, H.-D.*: Aufgehellte bituminöse Deckschichten zur Erhöhung der Verkehrssicherheit und Energieeinsparung; Bitumen 48 (1986) 1.
[134] *Arand, W.*: Iterative Berechnung der Kornzusammensetzung; Straße und Autobahn 15 (1964)
[135] *Pilz, P.* und *Müllner, A.*: Rechnergestützte Projektierung der Kornzusammensetzung des Asphalt- und Zementbetons; Die Straße 27 (1987) 2.
[136] *Heukelom, W.* jr.: Die Rolle des Füllers in bituminösen Mischungen; Bitumen 29 (1967) 3.
[137] *Feller, M.*: Ergebnisse von Eignungsprüfungen an Füllstoffen für bituminöse Straßenbauweisen; Die Straße 12 (1972) 1.
[138] *Jordan, K.*: Zur Eignungsbewertung von Füllstoffen für bituminöse Gemische; Die Straße 18 (1978) 8.

[139] *Feller, M.*: Zum Einfluß des Stoffbestandes der Füllstoffe auf Bitumen; Die Straße 29 (1989) 3.
[140] *Kraemer, P.*: Der bituminöse Straßendeckenbau mit zielsicherer Herstellung der Straßenbaustoffe; Straßenbau, Chemie und Technik-Verlags GmbH; Heidelberg 1965
[141] *Junghänel, A.*: Einheitliche Begriffsbestimmungen für Asphaltzwangsmischer in der EG; Die Asphaltstraße 6/88
[142] *Junghänel, A.*: Stand der Technik bei der Aufbereitung von Asphalt und Blick in die nahe Zukunft; Die Asphaltstrasse, Sonderausgabe: bauma '89
[143] Merkblatt für das Verdichten von Asphalt; Teil1: Praxis der Verdichtung; FGSV 1991
[144] Merkblatt für das Verdichten von Asphalt; Teil 2: Theorie der Verdichtung; FGSV 1993
[145] *Dübner, R.*: Einbauen und Verdichten von Asphaltmischgut ARBIT-Schriftenreihe „Bitumen", Heft 53, 1990
[146] *Vizi, L.*: Die Bestimmung des Walzbedarfs zur Verdichtung bituminösen Mischgutes; Bitumen 30 (1968) 3.
[147] Schichtenverbund, Nähte, Anschlüsse. Leitfaden; Deutscher Asphaltverband e.V., 2. Auflage, 1990
[148] *Schröder, I.* und *Kluge H.-J.*: Erfahrungen mit Splittmastixasphalt; Bitumen 54 (1992) 4.
[149] Splittmastixasphalt; Deutscher Asphaltverband e.V. 1992
[150] *Höher, K.* und *Lehné, R.*: Erweiterte mechanische Prüfungen zur Optimierung und Bewertung von Gußasphalten; Bitumen 55 (1993) 1.
[151] *Dübner, R.*: Fahrbahndecken; ARBIT-Schriftenreihe „Bitumen", Heft 47, 1985
[152] Zusätzliche Technische Vertragsbedingungen und Richtlinien für die Herstellung von Brückenbelägen auf Stahl, ZTV-BEL-ST 92 BMV 1992
[153] *Damm, K.-W.*: Erfahrungen in Hamburg mit der Verwendung polymermodifizierter Bindemittel für Gußasphaltbrückenbeläge; Bitumen 52 (1990) 1.
[154] *Weidinger, R.*: Über die Dampfentwicklung in Binderschichten beim Einbau von Gußasphaltdeckschichten und über ihre Auswirkungen im Hinblick auf Fehlstellen; Bitumen 35 (1973) 5.
[155] *Huhnholz, M.* und *Kluge, G.*: Fahrbahndeckenbau auf Großbrücken, dargestellt am Beispiel der Hochbrücke Brunsbüttel; Bitumen 46 (1984) 4.
[156] *Braun, E.*: Abdichtungen auf Betonbrücken mit Schutzschichten aus Gußasphalt; Bitumen 51 (1989) 1.
[157] Merkblatt für Eignungsprüfungen an Asphalt; FGSV, 1991
[158] DIN 1996: Teil 6 (1992); Teil 7 (1992); Teil 11 (1981)
[159] *Berner, K.*: Technologie für eine Schnellextraktion; Die Straße 14 (1974) 12.
[160] *Schulze, K.*: Technologische Besonderheiten der Gußasphaltestriche; Bitumen 26 (1964) 8.
[161] Technische Lieferbedingungen für Asphalt im Straßenbau; Teil: Güteüberwachung (TLG Asphalt-StB89), FGSV 1989
[162] *Jordan, K.*: Beitrag zur Bestimmung physikalischer Kennwerte von heißgemischten bituminös gebundenem Tragschichtmaterial mit Triaxial- und Kombinationsversuchen; Dissertation, HfV Dresden, 1971
[163] *Velske, S.*: Ein Weg zur Erzielung homogener und standfester Asphaltdecken; Bitumen 53 (1991) 4.
[164] *Piper, H.*: Den Spurrinnen auf der Spur; Die Asphaltstraße 6/93
[165] *Partl, M. N.* und *Fritz, H. W.*: Asphaltfahrbahnen für starke Verkehrsbeanspruchung; Bitumen 55 (1993) 3.
[166] *Gerlach, A.* und *Beckedahl, H.*: Auswertung von Strecken aus Langzeitbeobachtungen zur Ermittlung und Katalogisierung VESYS-gerechter Materialkenngrößen und deren Erprobung an weiteren Beobachtungsergebnissen; Straße und Autobahn 44 (1993) 9.
[167] Technische Lieferbedingungen für polymermodifizierte Bitumen, Teil 1: Gebrauchsfertige polymermodifizierte Bitumen (TL-PmB Teil 1) FGSV 1991
[168] *Müller, F.*: Anwendung der Spaltzugfestigkeit im bitum. Straßenbau; Die Straße 10 (1970) 2.
[169] *Guericke, R.*: Ein Beitrag für die Beurteilung des Dauerbiegevermögens und der viskoelastischen Steifigkeit bituminöser Gemische; Dissertation; Hochschule für Bauwesen Leipzig, 1971
[170] *Raithby, K. D.* und *Sterling, A. B.*: Ermüdungsprüfungen an Walzasphalt im Laboratorium und deren Beziehung zur Verkehrsbelastung; Übers. in Bitumen 35 (1973) 7.
[171] *Boromisza, T.*: Einfluß der elastischen Bettung auf die Tragfähigkeit der Betondecke, Budapest 1974
[172] *Grob, H.* und *Fetz, B.*: Abriebmessungen auf Betonstraßen; Berichte des 2. Europäischen Symposiums über Betonstraßen; Bern 1973
[173] *Springenschmid, R.*: Imprägnieren von alten und neuen Betondecken; Straßen- und Tiefbau 21 (1967) 11.

Literaturverzeichnis 377

[174] *Schäfer, A.*: Frostwiderstand und Porengefüge des Betons; Beziehungen und Prüfverfahren; Dissertation, Bergakademie Claustal 1964
[175] *Reichel, W.* und *Conrad, D.*: Beton; Band 1; Verlag für Bauwesen Berlin, 5. Aufl. 1988
[176] *Reichel, W.* und *Glatte, R.*: Beton; Band 2; Verlag für Bauwesen Berlin, 3. Aufl. 1984
[177] *Reinsdorf; S.*: Betontaschenbuch, Betontechnologie, Band 1; Verlag für Bauwesen Berlin 1978
[178] Zementbetonstraßenbefestigungen; Vortragsveranstaltung a. d. HfV am 25. 9. 1986; Wissenschaft und Technik im Straßenwesen, Heft 28; Berlin 1987
[179] XVIII. Weltstraßenkongreß der AIPCR-Brüssel 1987; Auswertung der Berichte; Wissenschaft und Technik im Straßenwesen, Heft 32; Berlin 1988
[180] Schriftenreihe der Bauberatung Zement: Straßenbau 1: Betondecken; 3. Aufl. Bundesverband der Deutschen Zementindustrie; Beton-Verlag-GmbH, Düsseldorf 1986
[181] Richtlinie Alkalireaktion im Beton, Vorbeugende Maßnahmen gegen schädigende Alkalireaktionen im Beton; Deutscher Ausschuß für Stahlbeton
[182] DIN 1048; Prüfverfahren für Beton; Teile 1, 4 und 5
[183] *Glatte, R.* u.a.: Betonkonsistenz und ihre Prüfung im Straßenbau; Die Straße 21 (1981) 10.
[184] *Sommer, H.*: Entwicklungsstand des Betonstraßenbaus in Österreich; Die Straße 21 (1981) 10.
[185] *Glatte, R.* u.a.: Arbeitsunterlage zur Betonprojektierung; Hochschule für Verkehrswesen (HfV) 1980
[186] Katalog: Wiederverwendungsblätter Straßen, Fugenpläne; Entwurfs- und Ingenieurbüro des Straßenwesens Berlin, 1979
[187] XVIII. Weltstraßenkongreß der AIPCR-Brüssel 1987; Bericht zur Frage III mit Länderbericht aus Belgien
[188] *Barsch, V.* und *Händel, H.*: Anordnung von Fertigteilen im Straßenbau; Die Straße 14 (1974) 11.
[189] *Dietrich* u.a.: Spannbetonversuchsstrecke Bad Dürenberg; Die Straße 3 (1963) 4. und 5.
[190] *Witt, S.*: Untersuchungen zum Tragverhalten von Konstruktionsschichten aus Zementschotter; Diplomarbeit, HfV 1982
[191] *Fauth, Ch.* Neue Erkenntnisse über die Zementschotterbauweise; Die Straße 22 (1982) 6.
[192] DIN 52104, Teil 1; Frost-Tau-Wechsel-Versuch: Verfahren A bis Q; 1982
[193] DIN V 52104, Teil 3; Frost-Tau-Wechsel-Versuch: Prüfung von Gesteinskörnungen mit Taumitteln; 1992
[194] DIN 18318 Straßenbauarbeiten, Pflasterdecken und Plattenbeläge, 1988
[195] Merkblatt für Flächenbefestigungen mit Pflaster und Plattenbelägen; FGSV 1989
[196] Staßenbau heute, Heft 3: Vorgefertigte Betonbauteile; Beton-Verlag, Düsseldorf 1982
[197] *Grebin, G.* und *Justensen, Chr.*: Concrete block pavements; International Symposium on Concrete Roads; London 1982, session 5, paper 4
[198] DIN 18503 Pflasterklinker, Anforderungen, Prüfung, Überwachung, 1981
[199] Richtlinien für die Anlage von Straßen (RAS); Teil: Anlagen des öffentlichen Personennahverkehrs (RAS-Ö); Abschnitt1: Straßenbahn; FGSV 1977
[200] BO Strab: Staßenbahn-Bau- und Betriebsordnung; Einkaufs- und Wirtschaftsgesellschaft für Verkehrsbetriebe (BEKA) mbH, 1987
[201] Merkblatt über Gleisanlagen in öffentlichen Verkehrsflächen, die von Kraftfahrzeugen befahren werden; FGSV 1993
[202] Gleiseindeckung für Straßenbahn und Stadtbahn (VÖV-Schrift)
[203] DIN 18024 Bauliche Maßnahmen für behinderte und alte Menschen im öffentlichen Bereich-Planungsgrundlagen, Blatt 1: Straßen, Plätze, Wege; 1974
[204] Elsners Handbuch für städtisches Ingenieurwesen; Otto Elsner Verlagsges. mbH, Darmstadt 1979
[205] Empfehlung für Planung, Entwurf und Betrieb von Radverkehrsanlagen; FGSV 1982
[206] *Dietze, R.*: Beitrag zur wirtschaftlichen Anordnung unterirdischer Versorgungsleitungen beim Stadtstraßenbau; Dissertation, HfV Dresden 1970
[207] Richtlinien für bautechnische Maßnahmen an Straßen in Wassergewinnungsgebieten (Ri St Wag); FGSV 1982
[208] DIN 1998 Unterbringung von Leitungen und Anlagen in öffentlichen Flächen; Richtlinien für die Planung, 1978
[209] *Wiehler, H.-G.*: Forschungsaufgaben zur Rekonstruktion von Hauptnetzstraßen in Städten; Wiss. Zeitschrift der HfV Dresden; 29 (1982) 2.
[210] Elsners Handbuch für städtisches Ingenieurwesen 1981; Otto Elsner Verlagsgesellschaft mbH, Darmstadt

[211] *Werner, D.* u.a.: Verkehrs- und Tiefbau, Band 2: Stadttechnische Versorgungsnetze; Verlag für Bauwesen, Berlin 1980
[212] Merkblatt über Baumstandorte und unterirdische Ver- und Entsorgungsanlagen; FGSV 1989
[213] *Iwanow, N. N.*: Neue Methoden der Berechnung und Untersuchung nichtstarrer Straßenbefestigungen; Awtotransisdat Moskau 1962
[214] Der AASHO-Road-Test; Versuchsbedingungen, Ergebnisse und Schlußfolgerungen. Ausgewertet und kommentiert unter Verwendung der Orginalberichte des Highway-Research-Board Nr. 954; 25. Sonderheft: Das Straßenwesen 1965
[215] *Huber, H.-J.*: Stand der Bundesverkehrswegeplanung und der neue Ausbauplan für Bundesfernstraßen; Straße und Autobahn 43 (1992) 11.
[216] Straßenverkehrsrecht; 27. neubearbeitete Auflage: StVZO 1988; Deutscher Taschenbuch-Verlag, München 1990
[217] Merkblatt über Einsenkungsmaßnahmen mit dem Benkelmanbalken; FGSV 1991
[218] Richtlinien für die Standardisierung des Oberbaus bei der Erneuerung von Verkehrsflächen; RStO-E; FGSV Entwurf 1991
[219] *Jordan, K.* u.a.: Erweiterte Anwendung der Benkelman-Messungen; HfV Dresden 1974
[220] *Nijboer, L. W.*: Über die Bemessung von Straßen im Zweischichtsystem; Straße und Autobahn 22 (1971) 5.
[221] *Heukelom, W.*: Dimensionierung und Schwingungsbeanspruchung bei flexiblen Straßenbefestigungen; Bitumen 26 (1964) 1.
[222] Merkblatt über die mechanischen Eigenschaften von Asphalt; FGSV 1985
[223] *Roßberg, K.*: Prüfung von zementverfestigten Erdstoffen auf Dauerbiegezugfestigkeit; Die Staße 7 (1967) 12.
[224] *Kucera, K.*: Die Ermüdung des Betons als Grundlage für die Dimensionierung von Betonfahrbahnen; Die Straße 3 (1963) 3.
[225] *Dietrich, R.*: Erfahrungen mit Betonstraßen; Verlag Ernst und Sohn; Berlin 1953
[226] Bemessungsanweisung der flexiblen Straßenbefestigungen; Ministerium für Verkehrs- und Postwesen, Hauptabteilung Straßenwesen; Budapest 1971
[227] Schweizer Norm SN 640 324; Zürich 1988
[228] Catalogue de structur types de chaussées neuves (Typenkatalog für neue Straßenbefestigungen); Ministerium für Ausstattung und Bauwesen, Direktion für Straßen und Straßenverkehr; Paris 1977
[229] *Wiehler, H.-G.* und *Lehm, Chr.*: Durchführung und Auswertung von Ebenheitsmessungen; Die Straße 6 (1966) 2.
[230] *Boussinesqu, M. J.*: Application des Potentièls à l'étude de l'equilibre et du mouvement des solides élastiques; Paris, Gauthier-Villars 1885. (Anwendung der Spannungsberechnungen beim Studium des Gleichgewichtes und der Verschiebungen elastischer Böden)
[231] *Odemark, N.*: Untersuchungen über die elastischen Eigenschaften der Straßenbefestigungen mit Hilfe der Elastizitätstheorie; Statens Vägeinstitut Nr. 77, Stockholm 1949
[232] *Iwanow, N. N.*: Konstruktion und Bemessung flexibler Straßenbefestigungen; Verlag Transport, Moskau 1973
[233] Bemessung flex. Befestigungen, Kriterium der zul. Durchbiegung; Das Straßenwesen 1975, Berlin
[234] Bemessung flex. Befestigungen, Kriterium der zul. Spannungen; Das Straßenwesen 1975, Berlin
[235] *Meier, H.*; *Eisenmann, J.*; *Koroneos, E.*: Beanspruchung der Straße unter Verkehrslast; Forschungsarbeiten aus dem Straßenwesen; Neue Folge, H. 76; Kirschbaum-Verlag, Bad Godesberg 1968
[236] *Mais, R.*: Ein Beitrag zur Ermittlung der Beanspruchung standardisierter Fahrbahnbefestigungen mit Hilfe der Mehrschichtentheorie; Dissertation, TH München 1968
[237] *Westergaard, H. M.*: Stresses in Concrete Pavements computed by Theoretical Analysis; Public Roads 7 (1926) 2.
[238] *Pickett, G.* und *Ray, G.K.* Influece Charts for Rigid Pavements; Transactions of the American Society of Civil Engeneering 116 (1951)
[239] Workshop on theoretical design of concrete pavements; 4./6. June 1986 Epen, NL
[240] *Bradbury, R. D.*: Reinforced Concrete Pavements; Wire Reinforcement Institute, Washington D.C., 1938
[241] *Eisenmann, J.*: Betonfahrbahnen; Verlag Ernst und Sohn, Berlin, München, Düsseldorf 1979
[242] *Pfeifer, L.*: Vervollkommnung der Methoden zur Berechnung, Konstruktion und Prüfung von Zementbeton-Straßendecken; OSShD-Zeitschrift 19 (1976) 1.

Literaturverzeichnis 379

[243] Betonstraßentagung 1991; FGSV: Schriftenreihe der AG Betonstraßen, Heft 20; Kirschbaum-Verlag Bonn 1992
[244] Concrete roads committee of PIARC: Combatting concrete pavements slab pumping; Paris 1987
[245] *Wiehler, H.-G.*: Internationale Konferenz über Bemessung von Betonbefestigungen 15./17.2.1977 West-Lafayette USA; Reihe „Aus der internationalen Zusammenarbeit im Straßenwesen", Heft 4/77 und Heft 2/78
[246] *Wiehler, H.-G.* Frage III: Herstellung und Instandhaltung von starren Befestigungen; Weltstraßenkongreß der AIPCR-Brüssel 1987. Auswertung der Berichte: Wissenschaft und Technik im Straßenwesen Nr. 32, Berlin 1988
[247] *Bauer, H.*: Baubetrieb 1; Springer-Verlag Berlin-Heidelberg 1992
[248] *Berbig, R.* und *Franke, F.*: Netzplantechnik; Verlag für Bauwesen, Berlin, 1968
[249] *Götze, A.*: Netzplantechnik; Fachbuchverlag; Leipzig, 1969
[250] DIN 24 095 Erdbaumaschinen; Leistungsermittlung; Begriffe, Einheiten, Formelzeichen
[251] *Hüster, F.*: Leistungsberechnung der Baumaschinen; Werner Verlag GmbH; Düsseldorf 1992
[252] *Rothkegel, U.*: Ein Simulationsmodell zur Leistungsermittlung von Maschinensystemen mit starrer und elastischer Kopplung; Wissenschaftliche Zeitschrift der Hochschule für Verkehrswesen „Friedrich List" Dresden 21 (1974) 3 S. 555
[253] *Händel, H.-R.*: Über die Verwendung meteorologischer Daten zur Verbesserung der Prozeßplanung am Beispiel der bituminösen Bauweisen; Die Straße 14 (1974) 5, S. 210
[254] *Pohl, D.*: Katalog klimatologischer Daten für die Bauplanung; VEB Autobahnbaukombinat, Bereich Forschung und Entwicklung; Potsdam 1973
[255] *Meier, E.*: Kalkulation für den Straßen- und Tiefbau anhand von durchgerechneten Beispielen; Bauverlag Wiesbaden 1989
[256] *Prange, H.* und *Leimböck, E.*: Kalkulationsschulungshefte; Bauverlag Wiesbaden/Berlin
[257] *Panse, H.*: Baupreis und Baupreiskalkulation; Wibau–Verlag Köln 1986
[258] BGL-Baugeräteliste 1991; Technisch-wirtschaftliche Baumaschinendaten; Bauverlag Wiesbaden/Berlin
[259] Der Elsner – Handbuch für Straßen- und Verkehrswesen; Otto Elsner Verlagsges. Berlin; 1991
[260] ZTV bit-StB 84; Fassung 1990; Zusätzliche Technische Vertragsbedingungen und Richtlinien für den Bau von Fahrbahndecken aus Asphalt; Bundesminister für Verkehr; Abteilung Straßenbau
[261] *Beecken, G.* u.a.: Shell – Bitumen für den Straßenbau und andere Anwendungsgebiete; 1994; Deutsche Shell AG Hamburg
[262] *Kirschner, R*; *Kloubert, H.-J.*: Vibrationsverdichtung im Erd- und Asphaltbau; BOMAG-MENCK GmbH 1988 Boppard
[263] *Meier, E.*..: Zeitaufwandstafeln für die Kalkulation von Straßen- und Tiefbauleistungen; Bauverlag Wiesbaden/Berlin; 1991
[264] *Tappert, A.*: Ausbauasphalt zwischen Deponie und Deckschicht – Technische und wirtschaftliche Grenzen der Wiederverwendung; Straße und Autobahn Heft 9, 1990; S. 98–105
[265] Merkblatt für die Verwendung von Asphaltgranulat; Forschungsgesellschaft für Straßen- und Verkehrswesen; FGSV 1993
[266] ZTV Beton – StB 91, Zusätzliche Technische Vertragsbedingungen und Richtlinien für den Bau von Fahrbahndecken aus Beton; Bundesminister für Verkehr; Abteilung Straßenbau
[267] Beton-Straßenbau und Tragschichten; Bundesverband der Deutschen Zementindustrie, Köln; Bauberatung Zement; Beton-Verlag; Düsseldorf, 1992
[268] Straßenbau heute Betondecken; Schriftenreihe der Bauberatung Zement; Betonverlag; Düsseldorf; 1986
[269] Verdingungsordnung für Bauleistungen (VOB); Teil A Allgemeine Bestimmungen für die Vergabe von Bauleistungen; DIN 1969 – Ausgabe 7/90
[270] Teil B Allgemeine Vertragsbedingungen für die Ausführung von Bauleistungen; DIN 1961 – 7/90
[271] Teil C Allgemeine Regelungen für Bauarbeiten; DIN 18299
[272] ZTV-StB 88; Zusätzliche Technische Vertragsbedingungen für die Ausführung von Bauleistungen im Straßen- und Brückenbau; BMV; Verkehrsblatt–Verlag; Sept. 1988
[273] Mix-in-place Recycling; Demonstrationsstrecke Flurbereinigung Beerfelden 1993; Amt für Regionalentwicklung, Landschaftspflege und Landwirtschaft; BOMAG GmbH Boppard
[274] Rentabilitätsgrenze zwischen mobilen und semimobilen Baustoff-Recycling-Anlagen; Baustoff-Recycling; 2/1991; S. 15

Sachwörterverzeichnis

AASHO-Versuch 265, 272, 279
Abflußbeiwert 89
Ablauf 254
Abschreibung 330
Abstandsfaktor 214, 217
Abstufung 132
Achskraft 151, 264, 268
Adhäsion 164
Affinität 53
Anbausplittverteiler 141, 163
Anker 227, 228, 238
Anschnitt 62, 74, 95
Äquivalenter E-Modul 288, 292
Äquivalenzfaktor 265, 281
Arbeitsproduktivität 65, 105, 146
Aromaten 13
Asphalt 13
Asphaltbeton 176, 185
Asphaltbinder 107, 170, 192
Asphaltbord 253
Asphaltene 14
Asphaltgemisch 176, 185, 200, 275
Asphaltmastix 193, 199, 200
Asphalttragschicht 147, 201, 247, 343
Atterbergsche Grenzen 71, 109, 112
Aufbereitungsanlage 153, 220, 335, 346
Ausbreitmaß 216, 233
Ausfüllungsgrad 184, 204

Bauablaufplanung 315
Baugeräteliste 330
Bauklasse 101, 131, 151, 215, 292
Baumischverfahren 115, 130, 159
Baustraße 84, 272
Bauwetterkatalog 324
Befahrbarkeit 172
Befestigung 107, 147, 274
Belastungszeit 276
Bemessung 112, 264, 300
Bemessungsradkraft 265, 283, 301
Benkelmann-Balken 112, 272
Bepflanzung 70, 261
Berechnungsregen 89
Beschichtungsschlämme 168
Besenstrich 360
Betonprojektierung 219, 221
Betonstraßenfertiger 359

Betontragschicht 161
Betontransport 237, 365
Bettungszahl 78, 301, 303
Biegezugfestigkeit 40, 41, 196, 213, 234, 301
Biegezugprüfung 41, 221
Bindemittel 108, 134, 146, 158, 195
Bindemittelanspruch 164, 185, 200
Bindemittelgehalt 181, 193, 200, 204, 206
Bindemittelüberschuß 195, 199, 205
Binderschicht 62, 187, 192, 199, 204
Bitumen 18, 19, 105, 177, 195
Bitumenarten 17
Bitumenemulsion 20, 65, 164, 168
Bituminöse Makadam-Tragschichten 146
Bituminöser Mörtel 181, 195
Bituminöse Schlämme 166
Blähton 105, 180
Blasbitumen 18
Blasenbildung 192, 199
Boden 62, 70, 75, 97, 108
Bodenart 70, 75, 98
Bodenklasse 75, 80
Bodenverbesserung 102, 108, 119, 127
Bodenverfestigung 108, 113, 130, 159
Bohrkern 177, 206, 214
Bordstein 57, 243, 250, 254
Böschung 65, 90, 95
Brechpunkt nach *Fraaß* 33
Brechzeit 167

CBR-Wert 78

Damm 62, 74, 86
Dauerfestigkeit 275, 310
Deckschicht 60, 88, 158, 162, 176
Dehnung 210, 225, 276, 293
Destillation 17
Dichte 15, 105
Dickenindex 265
Dope-Mittel 166
Doppelscherversuch 209
Doppelte Oberflächenbehandlung 147, 163
Dränasphalt 170, 185
Dreischichtsystem 286, 293
Druckfestigkeit 113, 158, 196, 221, 233
Dübel 227, 238, 309
Duktilität 34

Sachwörterverzeichnis 381

Durchbiegungsmeßgerät 272
Durchlaß 87, 91, 95
Durchlässigkeit 72, 88

Ebenheit 138, 172, 187, 211, 283
Eignungsprüfung 112, 148, 158, 171, 196, 201, 216
Einbautemperatur 170, 188, 205
Eindringversuch 196
Eingangmischer 120, 129
Einschnitt 62, 74, 84, 86
Einschnittböschung 64, 65
Einzugsgebiet 89
Elastische Länge 301, 303
Elastisch-isotroper Halbraum 283
Elastizitätsmodul 177, 224, 275, 293, 301
Entstaubung 184, 338
Entwässerungsanlage 89, 95, 243, 245, 254
Entwurfsgeschwindigkeit 62, 171, 253
Erdarbeiten 62, 75, 79, 105, 128
Erdbauwerk 60, 62, 74, 84
Erdkörper 63, 86, 108
Erdöl 13, 17
Ermüdungsprüfung 210
Erosion 62, 64, 91
Ersatzhöhenverfahren 285, 289
Erstarren 43, 124, 215
Erweichungspunkt 15, 32, 182
Extraktion 17

Fahrbahn 90, 171, 254
Fahrbahnoberfläche 81, 163, 171, 200, 283
Fahrbahnrand 251
Feriger 138, 187, 192, 211, 237
Fertigteilelement 95, 252
Fertigteilplatte 231
Fertigungsbreite 156, 188
Fertigungsgeschwindigkeit 188
Festigkeitsentwicklung 113, 122
Festschalungsverfahren 238
Filterasche 119
Filterkriterium 101, 107
Filterregel 140
Filterschicht 87, 100, 107
Flächenkraft 78
Fließgeschwindigkeit 90
Fließmittel 217, 241
Fließwert 201, 205
Fluxbitumen 19, 166, 170
Fraktion 177, 185, 201
Frostbeständigkeit 75, 98, 136, 146
Frosteindringung 97, 105
Frosthebung 98, 130
Frostschutzschicht 88, 97, 123, 247, 298
Frost-Tau-Prüfung 53, 118, 159, 214, 236
Frost-Tau-Schäden 98
Fugen 160, 222, 227, 229, 240, 361
Fugenmodell nach *Raabe* 56
Fugenschneidgerät 240

Fugenverguß 198, 241, 247, 253, 312
Fugenvergußmasse 54
Füller 148, 180, 198
Füller-Bindemittel-Verhältnis 181
Füllergehalt 148, 195, 206
Fullerkurve 131
Füllerzugabe 154
Füllstoff 29
Füllungsgrad 80, 153
Fußgängerbereich 241, 249

Gehweg 243, 247
Gemeinkosten 125, 333
Gemischtemperatur 188, 320
Gemischzusammensetzung 149, 170, 188
Geräteliste 344
Gerinnestreifen 253
Gesteinsgemenge 153, 195, 204
Gewalzter Gußasphalt 199
Gleitreibungsbeiwert 172, 242
Gleitschalungsfertiger 216, 237, 356
Graben 64, 84, 90
Grabenquerschnitt 95
Grassaat 65
Grenzwert 175, 210, 240, 278, 293
Griffigkeit 171, 174
Grundleistung 317
Gummiradwalze 126, 156, 188, 198, 353
Gußasphalt 106, 198, 205, 338
Güteprüfung 144, 148, 205

Haftkleber 25
Haftreibung 81
Haftverbesserer 39
Haltestelle 244, 250
Häufigkeitsverteilung 115
Hauptstraße 253
Hauptzuschlagstoffe 108, 134, 147, 159
Heizölbedarf 154
Hochbordstein 198, 253
Hochlöffelbagger 79, 103
Hochofenschlacke 143, 148, 158
Hohlraumarme Asphalt-Deckschicht 171
Hohlraumgehalt 141, 149, 170, 176, 204
Hohlraumreiche bituminöse Deckschicht 170
Humusschicht 62
Hydrosaatverfahren 65

Indexdichte 279
Innere Reibung 108, 131, 148, 208

Kalk 39, 45, 109, 127
Kalkhydrat 81, 112, 299
Kalkstabilisierung 286, 298
Kalksteinmehl 119, 176, 181
Kalkbitumen 26
Kaltextraktion 203
Kiessandtragschicht 108, 131

Klimabeanspruchung 162
Klimatologische Daten 324
Knotenpunkt 245, 250, 258
Kohäsion 108, 148, 208
Kohlenwasserstoffe 13, 14
Konsistenz 63, 216, 233, 238
Konsistenzindex 85, 109
Kontrollschacht 87, 88
Konusprüfung 109
Korngemenge 131, 132, 138, 148
Kornform 52
Kornklasse 134, 154, 178, 201
Körnungswert 219
Kornzusammensetzung 108, 119, 131, 162, 170, 178, 201, 215
Kosten 105, 107, 327, 364
Kostenelemente 327
Kraftübertragung 227
Kraftwirkung 60, 245, 283, 304
Kritische Länge 306, 310
Kübelverteiler 238, 359
Kunstharzfilm 113, 122
Kurzprüfung 116

Längsfugen 227
Längsneigung 254
Längssicker 86
Langzeitverhalten 110, 118, 252, 298
Laststufe 78
Leichtzuschlagstoffe 148
Leistung 75, 80, 119, 316
Leistungseinflüsse 317
Leistungsermittlung 314, 316
Leistungsverzeichnis 62, 105, 369
Leitdraht 156, 187, 237, 356
Leitmaschine 321
Leitungen 259
Lohnkosten 125, 328
Lösemittel 170, 203
Luftporenbildner 214, 216, 233
Luftporengehalt 214, 221

Magerbetontragschicht 158
Mahlfeinheit 42, 215
Makrorauhigkeit 164, 173, 195, 213
Marshallkörper 176, 181
Marshallprüfung 148, 200, 205
Marshallstabilität 152, 200, 201
Maschinenkomplex 320
Mastixbelag 200
Mehrgangmischer 120, 127
Meteorologischer Grenzwert 325
Mikrorauhigkeit 172, 175, 213
Mindesteinbautemperatur 156, 253
Mineralstoffe 46
Mischleistung 153, 188
Mischmakadam 147
Mischsplittbelag 147, 169, 200

Mischtemperatur 170, 198
Mittellohnberechnung 314
Mittelstreifen 87, 89, 244
Mörteltheorie 181
Mulde 64, 87, 92

Nachbehandlung 115, 163, 239, 360
Nachverdichtung 120, 156, 169
Nadelpenetration 29
Nahtausbildung 191
Nahtstelle 158
Naphtene 13
Naßlagerungsbeständigkeit 116
Niederdruckreifen 81, 120, 283
Niederschlagsmenge 83, 245
Niederschlagswasser 84, 91, 170, 285
Nutzleistung 80, 317, 320
Nutzungsdauer 60, 210, 247, 267, 312

Oberbau 60, 105, 211, 281
Oberboden 62, 64, 96
Oberflächenbehandlung 163, 164
Oberflächenentwässerung 60, 81, 19, 151, 254
Oberflächennachbehandlung 164, 170
Oberflächenschutzschicht 163
Oberlächenspannung 16

Paraffin 13
Parkplatz 243, 259
Penetrationsindex 31
Pflanzzeiten 65
Pflaster 241
Pflastersteine 58
Pickett und *Ray* 304
Planierraupe 63, 79, 104
Planum 62, 134, 143
Planumsentwässerung 84, 93, 247
Plastizitätsindex 109
Plattendruckgerät 78, 112, 300
Plattendruckprüfung 78, 139, 272, 284, 301
Plattenpakete 226
Polierverhalten 171, 175
Polymermodifizierte Bitumen 27
Porenfüllmasse 26
Porenschluß 170
Porenwasserüberdruck 73
Preise 105, 107
Preßfuge 161, 226, 240
Probekörper 112, 116, 177, 200, 236
Proctordichte 72, 112, 138
Proctorverdichtung 118
Prüfkörper 112, 118, 196
Prüftemperatur 196, 201, 209
Pumpen 228, 312

Querdurchlaß 87
Querneigung 87, 105
Querschnitt 86, 88, 93
Querschwellengleis 244

Sachwörterverzeichnis

Radialspannung 284, 301
Radkraft 81, 192, 227, 245, 284
Radweg 243, 247
Rampenspritze 163, 170
Randeinfassung 142, 198, 251
Randstreifen 60, 96, 254, 309
Rasen 62, 95
Rauhbettrinne 96
Rauhigkeit 175
Rauhigkeitsbeiwert 90
Rauhtiefe 174
Raumbeständigkeit 43
Raumdichte 205, 212
Raumfuge 160, 222, 231, 233
Reflexion 114, 171, 175
Regelachskraft 264, 270, 279
Regenausfallzeit 89
Regeneriermittel 26
Regenintensität 83
Reibungsbeiwert 223, 224
Reibungsspannungen 224, 301
Reifenaufstandsfläche 283
Reinheit 50
Reinigungsschacht 257
Resthohlraumgehalt 131, 141, 152, 181, 205
Rißbildung 211, 225
Rohdichte 74, 140, 180, 201
Rollrasen 64
Rollwiderstand 81
Rückgewinnungsfüller 176, 184, 338
Rüttelschottertragschicht 140

Saatzeiten 65
Sammelleitung 85, 259
Sammelstraße 253, 258
Sandäquivalent 51
Sandbeton 159
Sandfleckverfahren 174
Schaffußwalze 127
Schalung 36
Scheinfuge 224, 231, 361
Scherfestigkeit 103, 177, 209
Schichtdicke 141, 156, 188, 267, 310
Schichtleistung 142, 318
Schlagfestigkeit 52
Schlämmemischer 166
Schnellextraktion 204
Schotter 96
Schottertragschicht 138, 143
Schürfkübel 79
Schutzschicht 160, 162
Schwinden 45, 158, 216, 233
Seitenablauf 254
Selbstkosten 105, 130, 159, 363
Setzmaß *(Abrams)* 216, 233
Setzung 76, 78
Sickerleistung 87
Sickerwasser 85, 212, 312

Sieblinienbereich 137, 158, 168, 177, 219
Siebsummenlinie 114, 131, 148, 177, 195
Sohlgefälle 90
Spaltzugprüfung 177, 210, 234
Spannungen 227, 234, 278, 293
Spannungsnachweis 301, 308, 310
Spezifische Oberfläche 214, 215
Spezifische Wärme 15
Splitt-Mastix-Asphalt 192
Splittverteiler 142, 163, 198
SRT-Pendelgerät 174
Stabilität 149, 201
Steifigkeit 201, 301
Stempeleindruckprüfung 79, 196
Stoffkosten 331
Straßenablauf 93, 254
Straßenbahn-Gleisbereich 244
Straßenbaubitumen 19, 147, 162, 177
Straßenbeanspruchung 62, 270
Straßenbefestigung 264, 278
Straßenbeton 354
Straßenabfertiger 156, 319, 341, 350
Straßenhobel 63, 79, 120, 134
Straßenkörper 60, 98
Straßenoberbau 131
Streckenwiderstand 81
Streumakadem 147, 169
Stufenbildung 227, 312

Tandemglattradwalze 163, 170, 195
Teerpech 35, 36
Temperaturausdehnungszahl 224
Temperaturdifferenz 223, 293, 305
Temperaturgradient 305, 308
Temperaturschwankungen 106, 148, 272
Temperaturspannungen 158, 224
Temperaturverlauf 118, 239
Thermoplaste 15
Tragfähigkeit 77, 97, 128, 150, 273
Tragfähigkeitskennwert 76, 148, 274, 285, 297
Tragfähigkeitsmessung 272, 300
Tragfähigkeitsschaden 98, 107
Tragfähigkeitsschwankung 97, 130, 272, 297
Tragschicht 60, 97, 146, 212, 297
Tränkmakadem 147, 164
Transportkocher 198
Transportkosten 105, 131, 333
Transportweg 80, 84, 104, 143
Triaxialversuch 208
Trinidadasphalt 13
Trinidad-Epuré 14
Trockenrohdichte 72, 139
Trockentrommel 153, 335

Überkorn 51
Überlappungsbereich 116, 120, 166
Überlaufschotter 140, 143
Unebenheit 81, 146

Ungleichkörnigkeitsgrad 100, 131
Unterbau 90, 98, 135, 231, 264
Untergrund 60, 98, 135, 231, 264
Unterirdische Leitungen 261
Unterkorn 49

Verarbeitbarkeit 216, 233
Verdichtung 76, 115, 148, 187, 238
Verdichtungsanforderungen 71, 139
Verdichtungsarbeit 72, 188
Verdichtungsgrad 138, 177
Verdichtungsregime 158, 195
Verdichtungszahl 216, 233
Verfestigung 102, 111, 120
Verformung 60, 148, 227, 278, 298
Verformungskriterium 292
Verformungsmodul 138
Vergußstoffe 226, 229
Verkehrsbeanspruchung 60, 148, 211, 264, 281
Verkehrsbelastungszahl 268
Verkehrskräfte 60, 148, 210
Verkehrsspannung 301
Verschiebungsfuge 222, 224, 230
Verschleißschicht 162, 187
Verstärkung 147, 273
Verteilermaschine 120, 156, 237
Vertikalspannung 284
Vibrationsanhängewalze 120, 126, 140
Vibrationsbohle 156, 192, 238
Vibrationsplatte 122, 244
Vibrationswalze 134, 141, 160
Vierschichtsystem 290
Viskosität 35, 184, 188, 195
Volumen-Temperatur-Koeffizient 15, 205
Vordosierung 180, 185
Vorkopfeinbau 104, 143
Vorschubgeschwindigkeit 113, 201, 209
Vorspannen 231, 312
Vorumhüllung 164
Vorverdichtung 188, 238, 342

Walze 145, 190, 242
Walzenregime 188
Walzübergang 141, 188, 353
Wärmedämmschicht 105
Wärmedurchlaßwiderstand 106
Wärmekapazität 157
Wärmeleitfähigkeit 16, 105
Wärmeleitwert 106
Wasserabführung 84, 95, 253
Wasserberieselung 157
Wasserbeständigkeit 113
Wasserdurchlässigkeit 16, 83
Wasserempfindlichkeit 72, 183
Wassergehalt 72, 97, 109, 221, 298
Wassergehaltsschwankung 76, 97, 272
Wassermenge 89, 112, 259
Wasser-Zement-Wert 215, 221
Wettereinfluß 63, 80, 82, 239, 264
Wiederverwendung 343
Winkeländerung 172
Wirkungsgrad 81
Wölbspannung 212, 224, 305

Zement 39, 111, 159, 215
Zementbeton 211, 277
Zementbetondeckschicht 222, 237, 301
Zementbetontragschicht 161
Zementgehalt 115, 221
Zementmörtel 96, 160, 232
Zementschottertragschicht 160
Zementverfestigung 113, 130, 277, 298
Zementverteiler 120, 126
Zielfestigkeit 220
Zugspannung 158, 210, 276, 293, 301
Zugschlagstoff 105, 147, 159, 176, 215
Zweischichtsystem 134, 285, 293